新・食肉衛生検査マニュアル

全国食肉衛生検査所協議会・編

中央法規

推薦のことば

　明治39年「屠場法」の制定によりと畜検査制度が我が国に取り入れられ，以来100有余年が経過している。この間に我が国の経済は飛躍的な成長を遂げ，国民の生活水準の向上につれ，食生活も高度化，多様化してきている。食肉はその中で，国民にとって重要なたんぱく源として確固たる地位を築いている。

　このような状況の下，食肉の処理・加工及び保存等の技術の高度化や，流通の広域化・複雑化，輸入食肉の増加等，食肉を取り巻く環境も大きく変化してきている。

　近年，腸管出血性大腸菌による食中毒や牛海綿状脳症（BSE）の発生など，食肉の安全性を脅かす問題も生じており，それに伴い国民の食肉の安全に対する関心も高まり，その安全性確保が一段と重要性を増しているところである。

　その中で，と畜検査は食肉の安全と衛生を確保するため，獣医学を基礎として行政により実施される公衆衛生獣医師の主要な業務であり，最新の獣医学的知識を背景とし，科学的根拠に基づく厳正な検査が実施されなければならない。

　と畜検査に関する専門書には，昭和58年に刊行された「食肉衛生検査マニュアル」があるが，このたびこれを全面的に見直し，最新の獣医学的知見，検査技術及び衛生管理手法並びに食肉衛生行政に関する法令等を盛り込んだ「新・食肉衛生検査マニュアル」が出版されることになったことは，誠に意義のあることである。

　本書が，旧版以上にと畜検査及び食肉衛生行政に携わる方々の今後の研鑽の方向を示すものとして，大いに活用されることを希望する次第である。

　　平成23年7月

厚生労働省医薬食品局食品安全部長
梅　田　　勝

発刊にあたり

　安全で衛生的な食肉の製造のためには，疾病罹患獣畜及び異常獣畜の排除，衛生的なと殺・解体及び残留有害物質の残留防止のための措置を講じると共に，と畜場での食肉の生産段階から消費者に供給されるまでの各工程において，適切に取り扱われることが重要である。

　と畜検査は，疾病罹患獣畜及び異常獣畜の排除を目的として実施される行政検査であり，その検査にあたっては，内科学，病理学，微生物学，寄生虫学，理化学，生化学など，広範囲の分野に係る獣医学的専門知識が求められる。これらの科学的根拠に基づいて，と畜検査は獣医師の資格を有す検査員により実施されており，国民の健康の保護のために極めて重要な役務といえる。と畜検査のための一定の指針となっている専門書としては，昭和58年に発刊された「食肉衛生検査マニュアル」がある。今般，最新の知見に基づき，さらに全国で行われていると畜検査の平準化を目的に改訂を行うとともに，前マニュアルでは記述されていなかった衛生管理や残留有害物質に係る監視，指導及び検査等，安全で衛生的な食肉の生産のために，本書を発行することとした。

　と畜検査については，平成13年の国内における牛海綿状脳症の発生及び平成15年のと畜場法の改正に伴い，家畜の生産段階における規制との整合性を図るため，家畜伝染病予防法に指定されている疾病をと畜検査の対象疾病として追加した。これに伴い，牛海綿状脳症等の新たな疾病についても記述し，さらに，既存の疾病について新たな検査法を追加した。また，各疾病に判定基準を示したが，最終的には各施設においてと畜検査員が総合的な視点から判定を行う。今後，各食肉衛生検査所においての疾病又は異常の判定については，日常の検査知見に基づいて積極的に議論を行い，と畜検査員の資質の向上を図り，と畜検査水準をより高く押し上げることも重要である。さらに，と畜場の衛生管理については，食肉の喫食による腸管出血性大腸菌O157やサルモネラなど，食中毒の発生防止のため，HACCPの考え方に基づいた衛生管理手法の導入を推進すべく新たに記述した。また，食肉への残留有害物質の防止については，と畜場において適切な措置を講じることが重要であり，平成15年の食品衛生法の改正において，「ポジティブリスト制度」が導入され，と畜段階での検査方法についても新たに記述した。

　本書は，と畜場においてと畜検査員の役務の指針となることを主な目的として作成されたものであるが，と畜検査やと畜場の衛生管理において，必要な設備・機器等が不足している場合，これらの整備については所管部署に対し十分な理解を求め，可能な限り本書に記載された検査方法を導入されることを望む。

また，本書の内容は，安全で衛生的な食肉生産を行うためにと畜場で行われる疾病異常家畜の排除及び衛生管理について記述されたものであり，より多くの人に理解をしていただければ幸いである。

編集委員長　品　川　邦　汎

編集委員長（50音順）

品川 邦汎	岩手大学農学部獣医学科特任教授
土肥　暁	全国食肉衛生検査所協議会会長／千葉県東総食肉衛生検査所長

編集幹事（50音順）

石村 幸夫	全国食肉衛生検査所協議会副会長／神奈川県食肉衛生検査所長
上野 俊治	北里大学獣医学部獣医学科准教授
長田 久光	全国食肉衛生検査所協議会病理部会長／山梨県食肉衛生検査所長
重茂 克彦	岩手大学農学部獣医学科教授
加地 祥文	厚生労働省医薬食品局食品安全部監視安全課長
小橋　隆	前全国食肉衛生検査所協議会副会長
高橋 紀久夫	前全国食肉衛生検査所協議会会長／前千葉県東総食肉衛生検査所長
高橋 公正	日本獣医生命科学大学獣医学部教授
田中 啓一郎	全国食肉衛生検査所協議会副会長／大阪府松原食肉衛生検査所長
棚林　清	国立感染症研究所獣医科学部第三室長
露崎 隆司	元全国食肉衛生検査所協議会長／横浜市食肉衛生検査所長
中村 憲久	全国食肉衛生検査所協議会理化学部会長／東京都芝浦食肉衛生検査所長
仁科 徳啓	株式会社中部衛生検査センター取締役
星野 利得	全国食肉衛生検査所協議会微生物部会長／群馬県食肉衛生検査所長
村山 三徳	社団法人日本食品衛生協会食品衛生研究所化学試験部第一試験課長

編集委員（50音順）

阿部 太樹	前厚生労働省医薬食品局食品安全部監視安全課
五十嵐 隆雄	山梨県食肉衛生検査所
石岡 大成	群馬県食肉衛生検査所
今西　保	厚生労働省医薬食品局食品安全部監視安全課
大古場 正史	前厚生労働省医薬食品局食品安全部監視安全課
小野内 章	神奈川県食肉衛生検査所
久島 昌平	前神奈川県食肉衛生検査所
佐竹 浩之	東京都芝浦食肉衛生検査所
佐藤 重紀	千葉県東総食肉衛生検査所
田中 鈴子	前厚生労働省医薬食品局食品安全部監視安全課
中村 重信	東京都芝浦食肉衛生検査所
温井 健司	厚生労働省医薬食品局食品安全部監視安全課
萩谷 友洋	厚生労働省医薬食品局食品安全部監視安全課
畑野 克巳	千葉県東総食肉衛生検査所

原　みゆき	横浜市食肉衛生検査所
東良　俊孝	厚生労働省医薬食品局食品安全部監視安全課
柊　　寿珠	前厚生労働省医薬食品局食品安全部監視安全課
松岡　隆介	厚生労働省医薬食品局食品安全部監視安全課
三澤　尚明	宮崎大学農学部獣医学科教授
横田　栄一	前厚生労働省医薬食品局食品安全部監視安全課

執筆機関

福島県食肉衛生検査所
茨城県県西食肉衛生検査所
群馬県食肉衛生検査所
千葉県東総食肉衛生検査所
東京都芝浦食肉衛生検査所
神奈川県食肉衛生検査所
横浜市食肉衛生検査所
富山県食肉検査所
山梨県食肉衛生検査所
静岡県東部食肉衛生検査所
静岡県西部食肉衛生検査所
名古屋市食肉衛生検査所
大阪市食肉衛生検査所
兵庫県食肉衛生検査センター
福山市食肉衛生検査所
高知県食肉衛生検査所
北九州市立食肉センター
厚生労働省医薬食品局食品安全部監視安全課

新・食肉衛生検査マニュアル●目次

推薦のことば
発刊にあたり

I と畜検査

1 と畜検査にあたって……2
1 と畜検査の歴史 2
(1) 獣肉食の伝統 2
(2) 取締りの始まり 2
(3) 屠場法 3
(4) と畜場法 4
2 と畜検査の目的 6
(1) 食品衛生法との関連 6
(2) と畜検査の基本原則 6
3 食肉安全確保の方法論 7
(1) 微生物汚染防止 7
 1) 自己汚染防止 7
 2) 交差汚染防止 8
 3) 検査による汚染の防止 8
(2) 疾病の診断 8
(3) 食品衛生法関係の検査 8
(4) 検査に臨む態度 9
4 家畜の取扱いおよびと殺 9
5 と畜検査と関連する他法令 11
(1) 牛海綿状脳症対策特別措置法 11
(2) 家畜伝染病予防法 11
(3) 薬事法および飼料の安全性の確保及び品質の改善に関する法律 11

2 と畜検査……12
1 生体検査 12
(1) 生体検査の概要 12
(2) 繋留中の取扱い 12
(3) 検査申請書,病歴,証明書等の確認・受理 13

目　次

　　(4)　**検査方法**　13
　　　　1)　望診　13
　　　　2)　触診等　13
　　　　3)　望診，触診時における観察事項　15
　　　　　　静止時，歩様，動作の状態／皮膚，被毛，発汗／可視粘膜／体表リンパ節／呼吸，体温，脈拍／その他の観察事項
　　(5)　**生体検査時の検査室における検査等**　21
　　(6)　**生体検査の結果に基づく措置**　22
　　　　1)　と殺禁止　22
　　　　2)　条件を付けて行うと殺　22
　　　　3)　検査の結果による識別　22
　　　　4)　検査番号票（合札）　22
　　参考❶▶消毒の基準　26
2　**解体前検査**　29
　　(1)　**解体前検査の概要**　29
　　(2)　**検査方法**　29
　　(3)　**解体前検査時に注意を要する疾病**　29
　　(4)　**解体前検査に基づく措置**　29
3　**解体後検査**　29
　　(1)　**解体後検査の概要**　29
　　(2)　**検査方法**　29
　　(3)　**解体後検査時に注意を要する疾病**　30
　　(4)　**解体後検査結果に基づく措置**　30
　　　　1)　全部廃棄　30
　　　　2)　一部廃棄　30
　　(5)　**検印**　30
　　　　1)　枝肉　30
　　　　2)　内臓　30
　　　　3)　皮　30
　　(6)　**廃棄を命じた枝肉，内臓等の措置**　30
　　参考❷▶解体後検査時に肉眼所見から疑われる疾病等　41
　　参考❸▶リンパ管系の検査　49
4　**検査室における検査（疾病の診断に関する検査）**　58
　　(1)　**検査室における一般的注意事項**　58
　　(2)　**微生物検査**　58
　　　　1)　微生物検査室における一般的注意事項　58
　　　　　　微生物検査の基本事項／無菌操作／洗浄および消毒／滅菌／使用器具，機器など
　　　　2)　微生物検査における一般的注意事項（特に細菌検査について）　59
　　　　　　検体採取／染色法／培地／培養／動物接種試験および組織培養検査／血清学的検査／微生物数測定法／遺伝子検査／精度管理

3) 微生物検査における一般的注意事項（特にウイルス検査について） 60
検体（血液，血清）／検体（臓器などの組織）／ウイルス分離／ウイルス遺伝子の検出／血清学的検査／中和試験／補体結合反応／赤血球凝集抑制反応／免疫標識法
- (3) **寄生虫学的検査** 62
  1) 蠕虫の形態観察 62
  2) 線虫類 62
  3) 吸虫類・条虫類 63
- (4) **病理組織検査** 65
  1) 検査材料の採材 65
  2) 記録 65
  3) 固定 66
  4) 切り出し 67
  5) 包埋 67
  6) 薄切 67
  7) 伸展 67
  8) 乾燥 67
  9) 染色 67
  HE染色／主な特殊染色と染色態度／免疫組織化学検査
- (5) **血液検査** 68
  1) 採血 68
  生体時の採血方法／と殺後の採血方法
  2) 主な血液検査 68
  血球数の測定／ヘマトクリット値の測定／血液塗抹標本の観察／理化学検査（血液生化学検査を除く）

3　衛生管理 ……76

1　と畜場の施設および設備の衛生管理　76
- (1) 施設周囲の衛生管理（施設内の舗装，排水溝）　76
- (2) 施設設備の衛生管理（天井，壁，床，頭上構造物（各種配管およびダクト等），照明器具，換気装置等）　76
- (3) 給水給湯設備の管理（使用水の消毒，水質検査，貯水槽，給湯温度）　76
- (4) 汚水・汚物および不可食部分の管理（汚水浄化，不可食物および廃棄物の保管管理）　77
- (5) 冷蔵設備の衛生管理（温度の管理および記録）　77
- (6) 使用薬剤（消毒剤等）の管理　77
- (7) ねずみ，昆虫等の管理（発生および侵入防止，駆除）　78
- (8) 枝肉出庫（積み込み）の衛生管理（運搬車両）　78

2　食肉処理（分割）施設における衛生管理　79
- (1) 施設の衛生管理　79
- (2) 食肉処理（分割）の衛生管理（枝肉分割の衛生管理）　79
  1) 共通事項　79

目　次

   2）　枝肉冷蔵および枝肉分割処理室への搬出　79
   3）　大割り，除骨，整形　79
   4）　包装・計量・箱詰　80
   5）　入庫・保管　80
  (3)　汚物等廃棄物の取扱い　80
  (4)　包装梱包材料の衛生保持　80
  (5)　脊柱の取扱い（牛，めん羊および山羊の場合）　80
 3　内臓処理室における衛生管理　81
  (1)　内臓処理室の衛生管理　81
  (2)　内臓処理の衛生管理　81
   1）　消化管処理　81
   2）　心臓，肝臓および舌処理　82
   3）　頭部および足処理　82
 4　外皮の衛生管理　82
 5　廃棄物等の衛生管理　82
 6　従事者の衛生管理　83
  (1)　被服等の衛生管理　83
  (2)　使用器具の衛生管理　83
  (3)　手指の衛生管理　83
  (4)　従事者の健康管理　83
 7　衛生管理体制　84
  (1)　と畜場の自主衛生管理　84
   1）　衛生管理責任者の設置と責務　84
   2）　HACCP（危害分析重要管理点）方式の考え方の導入　84
   3）　適正製造基準（GMP：Good Manufacturing Practice）　84
   4）　衛生標準作業手順（SSOP：Sanitation Standard Operation Procedures）　84
   5）　HACCP方式　85
   6）　作業衛生責任者の設置と責務　86
   7）　衛生教育および訓練　86
   8）　自主検査（拭き取り検査）　86
  (2)　と畜検査員による検証，指導　88
   1）　衛生監視（施設設備および器具の衛生状況）　88
   2）　SSOPに記載された衛生管理手順の履行確認および妥当性の評価　88
 8　牛処理の衛生管理　89
  (1)　牛処理における微生物汚染に関する重要度　89
  (2)　汚染に係る重要な処理工程での確認方法および指導　89
   1）　生体受入れ・繋留工程　89
   2）　食道結紮・肛門結紮工程　89
   3）　内臓（消化管等）摘出工程　90
   4）　乳房除去工程　90

                5) 正中線切皮工程　90
                6) 剥皮前処理工程　92
            (3) 汚染の除去および低減を行う工程　92
            (4) 牛処理施設における衛生管理総括表　92
        9　豚処理の衛生管理　92
            (1) 微生物汚染を防止するための工程　92
                1) 重要度の評価および処理工程での汚染の確認方法および指導　92
            (2) 汚染の除去または低減を行う工程　100
                1) 重要度の評価　100
            (3) 豚処理施設における衛生管理総括表　100

4　食肉中の動物用医薬品等の残留有害物質検査　101
    1　基本的事項　101
    2　検査の実施　101
    3　検査法　102
        参考❹▶畜水産食品中の残留抗生物質簡易検査法（改訂）　103
        参考❺▶畜水産食品中の残留抗生物質の分別推定法（改訂）　109

II　検査対象疾病

1　口蹄疫　114
    1　解説　114
    2　診断　115
    3　類症鑑別　116
    4　判定基準　116

2　流行性脳炎　118
    1　解説　118
    2　診断　119
    3　類症鑑別　121
    4　判定基準　121

3　炭疽　123
    1　解説　123
    2　診断　123
    3　類症鑑別　128
    4　炭疽と診断された際の措置　128

目次

    5   判定基準 130

4 ブルセラ病 …………………………………………………………… 131
    1   解説 131
    2   診断 131
    3   類症鑑別 133
    4   判定基準 134

5 結核病 ……………………………………………………………… 135
    1   解説 135
    2   診断 135
    3   類症鑑別 137
    4   判定基準 137

6 ヨーネ病 …………………………………………………………… 138
    1   解説 138
    2   診断 138
    3   類症鑑別 140
    4   判定基準 140

7 ピロプラズマ病 …………………………………………………… 141
    1   解説 141
    2   診断 142
    3   類症鑑別 145
    4   判定基準 145

8 アナプラズマ病 …………………………………………………… 147
    1   解説 147
    2   診断 148
    3   類症鑑別 150
    4   判定基準 151

9 伝達性海綿状脳症 ………………………………………………… 152
    1   解説 152
    2   診断 153
    3   判定基準 154
        参考▶伝達性海綿状脳症（TSE）の検査 154

10　馬伝染性貧血 ……………………………………………………… 160
　　1　解説　160
　　2　診断　161
　　3　類症鑑別　165
　　4　判定基準　166

11　豚コレラ ……………………………………………………………… 167
　　1　解説　167
　　2　診断　167
　　3　類症鑑別　169
　　4　判定基準　169

12　牛白血病 ……………………………………………………………… 171
　　1　解説　171
　　2　診断　172
　　3　類症鑑別　175
　　4　判定基準　176

13　牛丘疹性口炎 ………………………………………………………… 178
　　1　解説　178
　　2　診断　178
　　3　類症鑑別　179
　　4　判定基準　179

14　破傷風 ………………………………………………………………… 181
　　1　解説　181
　　2　診断　182
　　3　類症鑑別　184
　　4　判定基準　185

15　気腫疽 ………………………………………………………………… 186
　　1　解説　186
　　2　診断　186
　　3　類症鑑別　188
　　4　判定基準　188

16　レプトスピラ症 ……………………………………………………… 190
　　1　解説　190

目　次

  2　診断　191
  3　判定基準　195

17　サルモネラ症 　196
  1　解説　196
  2　診断　197
  3　類症鑑別　200
  4　判定基準　201

18　牛カンピロバクター症 　202
  1　解説　202
  2　診断　202
  3　類症鑑別　204
  4　判定基準　205

19　伝染性膿疱性皮膚炎 　206
  1　解説　206
  2　診断　206
  3　類症鑑別　207
  4　判定基準　207

20　トキソプラズマ病 　209
  1　解説　209
  2　診断　210
  3　類症鑑別　215
  4　判定基準　216

21　疥癬（めん羊） 　217
  1　解説　217
  2　診断　217
  3　判定基準　218

22　萎縮性鼻炎 　220
  1　解説　220
  2　診断　220
  3　類症鑑別　223
  4　判定基準　223

23 豚丹毒 ·· 225
- 1 解説 225
- 2 診断 225
- 3 類症鑑別 231
- 4 判定基準 231

24 豚赤痢 ·· 233
- 1 解説 233
- 2 診断 233
- 3 類症鑑別 236
- 4 判定基準 237

25 Q熱 ·· 238
- 1 解説 238
- 2 診断 239
- 3 判定基準 240

26 悪性水腫 ·· 241
- 1 解説 241
- 2 診断 241
- 3 類症鑑別 243
- 4 判定基準 244

27 白血病 ·· 245
- 1 解説 245
- 2 診断 245
- 3 類症鑑別 248
- 4 判定基準 248

28 リステリア病 ··· 251
- 1 解説 251
- 2 診断 251
- 3 類症鑑別 254
- 4 判定基準 254

29 痘病 ·· 255

29-1 牛痘 ·· 255
- 1 解説 255

目　次

39⁻³　住肉胞子虫 …… 304
　1　解説　304
　2　診断　304
　3　判定基準　305

40　中毒諸症 …… 307
　1　解説　307
　2　判定基準　307

41　熱性諸症 …… 313
　1　解説　313
　2　判定基準　313

42　注射反応 …… 314
　1　解説　314
　2　生体所見および剖検所見　314
　3　判定基準　314

43　放線菌病 …… 315

43⁻¹　アクチノミコーシス …… 315
　1　解説　315
　2　診断　315
　3　判定基準　316

43⁻²　アクチノバチローシス …… 317
　1　解説　317
　2　診断　317
　3　判定基準　319

44　ブドウ菌腫 …… 321
　1　解説　321
　2　診断　321
　3　判定基準　323

45　外傷 …… 325
　1　解説　325
　2　診断　326
　3　判定基準　330

46 炎症 331
1 解説 331
2 診断 331
3 判定基準 338

47 変性 339
1 解説 339
2 診断 339
3 判定基準 340

48 萎縮 341
1 解説 341
2 診断 341
3 判定基準 341

49 奇形 343
1 解説 343
2 診断 343
3 判定基準 343

50 臓器の異常な形, 大きさ, 硬さ, 色または におい（臓器の一部に局限されているもの） 345
1 解説 345
2 類症鑑別 345
3 判定基準 345

51 潤滑油および炎症性産物等による汚染 346
1 解説 346
2 診断 346

掲載疾病一覧表 348
その他の検査対象疾病 350

目　次

Ⅲ　関係法令等

と畜場法関係 ……………………………………………………………………… 354

- ◉と畜場法（昭和28年法律第114号）　354
- ◉と畜場法施行令（昭和28年政令第216号）　359
- ◉と畜場法施行規則（昭和28年厚生省令第44号）　363
- ○と畜検査実施要領（昭和47年5月27日環乳第48号）　375
- ○対米輸出食肉を取り扱うと畜場等の認定要綱（平成2年5月24日衛乳第35号）　379
- ◉牛海綿状脳症対策特別措置法（平成14年法律第70号）　406
- ◉牛海綿状脳症対策特別措置法施行規則（平成14年農林水産省令第58号）　408
- ◉厚生労働省関係牛海綿状脳症対策特別措置法施行規則（平成14年厚生労働省令第89号）　409

関係法令 ……………………………………………………………………………… 411

- ◉食品衛生法(抄)（昭和22年法律第233号）　411
- ◉食品衛生法施行令(抄)（昭和28年政令第229号）　413
- ◉食品衛生法施行規則(抄)（昭和23年厚生省令第23号）　414
- ◉食品，添加物等の規格基準(抄)（昭和34年厚生省告示第370号）　414
- ◉家畜伝染病予防法(抄)（昭和26年法律第166号）　418
- ◉家畜伝染病予防法施行規則(抄)（昭和26年農林省令第35号）　420
- ◉薬事法(抄)（昭和35年法律第145号）　424
- ◉動物用医薬品等取締規則(抄)（平成16年農林水産省令第107号）　425
- ◉動物用医薬品の使用の規制に関する省令(抄)（昭和55年農林水産省令第42号）　427
- ◉飼料の安全性の確保及び品質の改善に関する法律(抄)（昭和28年法律第35号）　428
- ◉飼料の安全性の確保及び品質の改善に関する法律施行令(抄)（昭和51年政令第198号）　430
- ◉飼料の安全性の確保及び品質の改善に関する法律の規定に基づく飼料添加物（昭和51年農林省告示第750号）　430
- ◉飼料及び飼料添加物の成分規格等に関する省令(抄)（昭和51年農林省令第35号）　432
- ◉水道法(抄)（昭和32年法律第177号）　432
- ◉水質基準に関する省令（平成15年厚生労働省令第101号）　433
- ◉水質汚濁防止法(抄)（昭和45年法律第138号）　434
- ◉水質汚濁防止法施行令(抄)（昭和46年政令第188号）　435
- ◉排水基準を定める省令(抄)（昭和46年総理府令第35号）　438
- ◉廃棄物の処理及び清掃に関する法律(抄)（昭和45年法律第137号）　440
- ◉廃棄物の処理及び清掃に関する法律施行令(抄)（昭和46年政令第300号）　443
- ◉感染症の予防及び感染症の患者に対する医療に関する法律(抄)（平成10年法律第114号）　444
- ◉感染症の予防及び感染症の患者に対する医療に関する法律施行令(抄)（平成10年政令第420号）　448
- ◉感染症の予防及び感染症の患者に対する医療に関する法律施行規則(抄)（平成10年厚生省令第99号）　450

●動物の愛護及び管理に関する法律(抄)(昭和48年法律第105号) 451

関係通知（施行通知・と畜検査・残留物質検査・衛生保持・その他） 453
※関係通知は題名のみ収載

Ⅳ 参考資料
食肉衛生検査マニュアル判定基準一覧 462

索引 475

I

と畜検査

1 と畜検査にあたって

1　と畜検査の歴史

(1) 獣肉食の伝統

　わが国における肉食の習慣は，一般的には仏教の影響で，明治維新までは長らく禁止されてきたとされ，明治維新を契機に，西欧の文化の移入とともに西洋料理としての肉料理が入ってきたのが始まりとされている。

　しかしながら，古代から，肉食は容認されていたようで，肉食に対する禁忌が最も強かったのは，17世紀後半の江戸時代，元禄期ということらしい。中世までの日本人は，実質的に肉食をしており，また，19世紀になると肉食の禁忌もゆるんできて，「山鯨」といったりして，薬の名目で肉食が盛んになってきている。原田（2010）によれば，近世の肉食禁忌は，あくまでも建前であるとしており，米を政治，経済の中心においた江戸幕府の体制維持のための方便としている。

　明治政府は，早急に日本を欧米化して西欧の列強大国と肩を並べる必要から富国強兵政策を採用した。それにより，国民の体位の向上が望まれ，肉食が推奨された。明治4（1871）年には，宮中でも西洋料理が食卓に上り，明治天皇の食膳には，牛肉，羊肉，豚肉なども上ったという。その後，肉食禁止令が解かれると，すぐさま，庶民の間にも肉食が広まっていったという。文明開化の味として牛鍋が普及していった背景には，すでに江戸時代からの紅葉鍋（鹿肉），牡丹鍋（猪肉），桜鍋（馬肉）が庶民にも定着しており，その延長線上であったという。

　しかしながら，肉食の普及の一方で，病気や死亡した牛の肉が販売されるような事例が増加していたらしい。そのため，明治政府は全国に最初の取締り方を命じることとなる。

(2) 取締りの始まり

　わが国での最初のと畜場の取締りは，明治4（1871）年8月に出された「屠牛取締方」（大蔵省布達第38号）になる。この布達の要旨は，
- 屠場を人家より離れた土地に開設すること。
- 病牛，死牛を販売しないよう取り締まること。
- 牝牛は，繁殖の基本であるので，すべてをと殺しないこと。ただし，12，3歳以上になって，妊娠しがたくなったものはと殺して差し支えないこと。

となっている。主に病死牛の食用としてのと殺の禁止と設置場所の規制といえる。

これに加えて，明治6（1873）年3月には，太政官布告第76号により，病死した鳥獣の肉を食用として販売することが禁止された。

これら布達と布告に基づいて，明治8（1875）年の東京府警視庁による府達を嚆矢として，明治10年代になって各府県において順次「屠獣場及び売肉取締規則」等の名称による取締りの規則が整備されていった。

このように明治のなかばまでは各府県において地方長官がそれぞれ定めていたが，明治20（1887）年3月になって，警察令による「屠獣場取締規則」が公布された。これがどういう理由でもって公布されたのか，資料がないので確かめることができないが，おそらく各府県でと畜場が飛躍的に増加してきたためと，各府県での地方令による取締りに齟齬が生じてきたためではないだろうか。そのために全国的にも統一した取締規則が必要とされたのであろう。

この警察令「屠獣場取締規則」では，屠獣場の構造設備の基準のほかに，獣類は出張官吏による検査を受けなければならないとされた。また，検査を受けた獣肉は検査官吏の検印を受けなければならないこととされた。

東京府の場合，「屠獣場取締規則」の施行規則に相当する警視庁訓令「屠獣場派出検査官勤務心得」が発令されており，検査は検査医官によることとされ，検査医官は警察医をもって充てている。

検査の対象疾病には，豚麻疹，トリキネ，狂犬病，インフルエンザ，黄疸，有熱疾患，水腫症，膿毒症，敗血症，尿毒症，赤痢，痘瘡，悪液質，壊疽，胞膜肺炎，重症の肝蛭，膵蛭，結核および胞虫などとなっている。

実質的な疾病の検査ということとなると，この明治20（1887）年から始まったということがいえよう。

(3) 屠 場 法

当時の屠場の経営は，極めて収益のいいものであったようで，明治27（1894）年には全国で903か所となっており，しかもその後，急速に増加して明治37（1904）年には1346か所を数えている。まさに乱立状態であったといえよう。おまけに各府県の施策もばらばらの状態であった。これらのことから，環境的にも，また食肉の衛生でも憂慮される状況であり，全国的に統一された取締立法を求める気運が盛り上がってきた。その結果，明治39（1906）年4月に，第22回帝国議会において「屠場法」が内務省の所管として制定された。

屠場法の大きな特徴は，市町村立の公営屠場の育成を図ったことである。そもそも屠場法の制定目的であった，乱立している粗悪な屠場を整理して，もって公衆衛生の向上を図ることとして，屠場の設立を地方長官の許可事項としたほかに，次のような規制を設けている。

・ 市町村において屠場を設立するときは，地方長官は必要と認める地区内の私設の屠場の廃止を命ずることができ，
・ 市町村立の屠場については，国の土地を譲渡するか，無償で使用させることが

できるようにし，公営屠場の育成を図った。その結果，明治43（1910）年には屠場は483か所に激減している。

　この屠場法では，生体検査および解体後検査が，明確に義務付けられたが，同法の施行当時には，検査基準等の規定がなく，その具体的な検査方法や廃棄すべき疾病等については，各府県の屠畜検査員の知識に依存するものであった。このための混乱を回避するため，国として獣畜の食用の適否を判断する統一基準を設定する必要性が高まり，大正2（1913）年に「屠畜検査心得」が制定されることとなった。この屠畜検査心得こそ，「食肉衛生検査マニュアル」の原型であるといえよう。

(4) と畜場法

　「屠場法」は，当時としては極めて整備された法律であり，わずかに戦後3回の改正が行われただけで，と畜場およびと畜検査の基本法として戦後もそのままの状態で施行されてきた。しかしながら，戦後の急激な社会情勢の変化に対応するため，昭和28（1953）年に「屠場法」が廃止され，代わって「と畜場法」（昭和28年法律第114号）が制定されることとなった。

　「屠場法」から「と畜場法」になって変わった（注：このとき「屠」という漢字は当用漢字表になかったため，「と」と仮名書きされることになった。当初は「と」の上に丸点が打ってあったが，その後，丸点も削除された）。主な点は，次のとおりである。

- 従来の一般と畜場のほかに，1日のと殺頭数10頭以下の小規模な簡易と畜場の設置を認めたこと。
- と畜場の市町村公営の原則を廃止したこと。
- と畜場の処理能力を超えた頭数の処理が行われることによる衛生上の危害の発生を防止するため，都道府県知事は，と畜場の構造設備や規模に応じて処理できる獣畜の種類および1日当たりの頭数の制限をすることができることとしたこと。
- と畜場の衛生保持および食肉等の汚染防止に関し，と畜場の設置者等に対しそれぞれ講ずべき公衆衛生上必要な措置を義務付けたこと。

　昭和30年代になり，高度経済成長の時期に入ると，国民の食生活は急激に欧米化し，食肉の需要が急増する。しかしながら，大半のと畜場は明治年間に設立された老朽施設であり，公衆衛生上，種々の問題が生じていた。これを解決するため，昭和32年度から「と畜場再建整備10か年計画」を推進し，公営と畜場については地方債による資金をもって再建整備を促進し，昭和42年度までに延べ405か所の整備が行われた。昭和43年度からは，年金積立金還元融資の引き受けによる低利の特別地方債によって，中小規模のと畜場の整理統合，汚水汚物処理施設の整備，検査施設の整備等，食肉衛生管理の徹底が図られた。

　昭和47（1972）年には，家畜の飼養形態の変化により，家畜疾病も変化し，また

多様化するなどしてきたことから、と畜場法施行規則（昭和28年厚生省令第44号）が改正され、検査対象疾病に、流行性感冒（牛流行熱、イバラキ病）、Q熱、悪性水腫、レプトスピラ症等新たに14の疾病が追加された。

さらに、昭和48（1973）年には、この年に国内で初めて発生した豚水胞病が追加されている。

昭和58（1983）年には、と畜検査のより一層の充実を図るために、精密検査体制の整備を目的として、「食肉衛生検査所整備要綱」を定め、各自治体が設置する食肉衛生検査所を国庫補助の対象とする等、検査体制の強化が行われた。

平成8（1996）年に堺市において学校給食を原因とする腸管出血性大腸菌O157による大規模食中毒が発生した。牛肉が直接の原因食品ではなかったが、腸管出血性大腸菌O157は、健康な家畜が腸管内に一定の率で持っているということが報告されはじめて、食肉の安全確保のためには、あらためてと畜場における汚染防止と徹底した衛生管理の必要性が高まった。このため、平成8（1996）年12月にと畜場法施行規則が改正され、衛生管理を強化した。その主なものは次のとおりである（平成8年12月25日厚生省令第73号（平成9年4月1日から段階的に施行））。

・ 体表に多量の糞便等（いわゆる「ヨロイ」）が付着している獣畜は、洗浄すること。
・ と殺、解体に使用するナイフ、のこぎり等は摂氏83度以上の温湯で消毒すること。
・ 消化管の内容物が漏出しないよう、牛、めん羊及び山羊は食道結紮すること。同じく直腸を肛門の近くで結紮すること。
・ と殺解体処理を行う作業者の手指についても、血液等で汚染した場合にはその都度、洗浄すること。
・ と畜場の設置者または管理者は、と畜場を衛生的に管理するために、「衛生管理責任者」を置くこと。
・ と畜業者は、処理が適切に行われるよう「作業衛生責任者」を置くこと。

平成13（2001）年に、わが国で初めての牛海綿状脳症（BSE）の牛が発生したことを契機として、食の安全性に対する国民の不安、不信がかつてないほどつのってきた。このような状況のなかで、平成15（2003）年に、食品安全基本法（平成15年法律第48号）が成立し、内閣府に「食品安全委員会」という新たな組織が設置されることとなった。これら一連の動きのなかで、と畜場法についても、食品衛生法（昭和22年法律第233号）等、食品関連の法律の一つとして改正されることとなった。このときの主な改正点は次のとおりである（平成15年5月30日法律第55号（食品衛生法等の一部を改正する法律））。

・ 従来、と畜検査については都道府県知事（保健所を設置する市にあっては、市長（以下同じ））が行ってきていたが、伝達性海綿状脳症の疾病の確認検査に限っては、厚生労働大臣が実施することとされた。
・ 衛生管理責任者および作業衛生責任者の設置が法律で明記された。

- と畜検査の対象として，疾病に加え，「異常」が追加された。

　また，家畜伝染病予防法（昭和26年法律第166号）との連携強化という観点から，と畜検査の対象疾病の見直しもなされ，家畜伝染病予防法で規定する疾病との整合化が図られた。

2　と畜検査の目的

(1)　食品衛生法との関連

　と畜場における「と畜検査」の目的は，平成2（1990）年以前は，家畜疾病の排除を目的として，病理学的，微生物学的，さらに理化学的検査が実施されてきた。その際，微生物汚染の防止対策については，必ずしも十分な配慮がされていたとはいえない。

　平成2（1990）年に「食鳥処理の事業の規制及び食鳥検査に関する法律」（平成2年法律第70号）（以下「食鳥検査法」という）を制定した際に，「と畜場法」ともども食品衛生法との関連を整理する機会があった。その結論としては，と畜場法も食鳥検査法も，食品の安全性を確保するための一般法である「食品衛生法」の一部特殊な対象について特化した特別法という位置付けがなされた。換言すれば，と畜場，食鳥処理場においても食品衛生法の規制がかかっており，獣畜および食鳥の特殊性から，特に疾病の検査や施設の構造設備の規定や衛生管理の方法が定められている，ということになる。

　したがって，と畜場においてのと畜検査にあたっても，微生物汚染を発生させない検査を実施しなければならないことは言うまでもない。また，と畜検査員は，基本的にすべからく「食品衛生監視員」であるべし，ということである。

　この観点での改善が行われるようになったのは，平成8（1996）年の省令改正（平成8年厚生省令第73号（と畜場法施行規則の一部を改正する省令））からであった。なお，動物用医薬品の食肉への残留問題については，これよりも早くから対応されていたが，注射痕や残留が認められても，食品衛生法ではなく，と畜場法に基づいた措置がとられていた。残留動物用医薬品の措置を食品衛生法に基づいて行うようになったのは，昭和60（1985）年頃からである。ただし，全国の食肉衛生検査所においてと畜検査員に食品衛生監視員の補職と所長に食品衛生法の処分権限を委任するようになったのは，平成になってからである。

　しかしながら，まだまだ，と畜検査員の意識は十分ではなく，食品衛生的な視点がともすると忘れがちになるので，食品衛生監視員としての自覚も十分もって検査にあたらなければならない。

(2)　と畜検査の基本原則

　と畜場における検査は，と畜処理の流れのなかで迅速に判断していかなければな

らない。そのため，肉眼検査を中心に考え，検査材料を検査室に持ち出して精密検査を行うにしても，と体を保留にしている以上，遅くとも5日以内には判定を下すことが望ましいが，必要な場合はそれ以上の検査期間を要する場合もある。

　疾病の診断，排除がと畜検査の目的ではあるが，ここでいう疾病の意味は，ヒトに対する病原性ということで，一つの疾病であってもその症状，病期，部位によって，ヒトへの病原性はさまざまであろう。最近は検査法が発達して，簡易で迅速に検査できるキットも多く利用できる状況になってきた。しかしながら，これらの検査キットが何を検査しているのか，抗体なのか，病原体そのものなのか，病原体の遺伝子なのか，等々，検査結果の意味を把握して，食用としての適否を判断しなければならない。

　また，ヒトへの病原性が知られていない疾病や，一般的な症状であるところの黄疸や変性，萎縮といったもの等，現時点での病原性はわかっていないものであっても，将来，それが判明する可能性もあり，そのために家畜の伝染病や病変部については，「病畜は食わず」という基本哲学に則るべきである。

　疾病の診断にあたっては，と畜検査という目的に基づいた判定が求められる。それは学問的には不十分との誹りを免れないかもしれないが，診断判定の迅速性とヒトへの危害を防止するという立場からなされる判定結果は重視される。したがって，日常のルーチン検査においては，どの程度までの精密検査を実施するか，どこまでの検査で判定を下すこととするのかをあらかじめ決めておくことが重要である。本マニュアルは，そのための指針となるであろう。

3　食肉安全確保の方法論

　食肉の安全性を確保するためには，疾病の排除と微生物汚染の防止が何よりも重要である。

(1)　**微生物汚染防止**
　最終的に食肉の状態にあって，調理原料，食材として消費者に摂食される段階を考えて，

1)　**自己汚染防止**
　　獣畜は，口腔から肛門に至る消化管内部に微生物を保有し，体表に糞便を付着させている。そのため，消化管内容物を漏出させないよう処理することが肝要である。具体的には，解体時に食道結紮と肛門結紮を行うことにより，消化管からの汚染を防止する。また，剥皮にあたっては，被毛や尻尾がと体表面に接触しないように注意して剥皮しなければならない。
　　なお，放血にあたっては，感染症の罹患畜によって他の獣畜を汚染させないために，釣り上げた後で，放血槽の上で放血することが望ましい。

2) 交差汚染防止

処理に使用する背割り鋸，エアーナイフ等については，1頭ごとに83℃以上の温湯によって消毒することにより，交差汚染を防止しなければならない。また，作業員の手袋，素手の場合は手指については，汚染された都度洗浄消毒することが必要である。なお，処理室内では，軍手などは微生物が付着しやすく，殺菌が困難なため，使用してはならない。

また，最終的な枝肉の検査が終了するまでは，枝肉同士が接触しないようにしなければならない。

3) 検査による汚染の防止

検査は，望診および触診による他，必要に応じ切開して行う。膿瘍などを不用意に切開すると汚染を広げることになるため，注意が必要である。

また，1頭の検査ごとまたは汚染の都度に，検査に使用した検査刀は83℃以上の温湯で消毒し，手指は洗浄消毒することはいうまでもない。

(2) 疾病の診断

食用に供される獣畜は，健康であることが前提である。外見上，健康に見えても部分的に病変を有することがあれば，その病変部位は排除されなければならない。

重要なことは，と畜検査においての疾病診断は，いたずらに疾病名を追及したり，感染の有無を究明したりする研究的なものではなく，安全であるか否かを，言い換えれば，食用に適しているかどうかを判断するものである。したがって，診断がつかないまま，判定を下さなければならない場面も生じることもあろう。また，診断がつかないまでも廃棄と判断すべき場合もあろう。逆に診断がついている疾病であっても，その診断の方法によっては，食用に適すと判断される場合も皆無ではない。健康な状態の獣畜で，免疫学的検査によって陽性という結果を得た場合，すでに疾病から回復しているのか，現在，不顕性感染の状態なのかなど，ヒトへの危害の有無を考慮して，合格とするか不合格とするのか，判断しなければならない。

と畜検査員の行った検査結果については，行政不服審査法（昭和37年法律第160号）による不服申し立てをすることができないことから，法令遵守を基本としつつも，一方で消費者へのリスクに応じた科学的な検査として，極めて実用的な診断行為でなければならない。

(3) 食品衛生法関係の検査

家畜の生産段階において使用される動物用医薬品や飼料添加物については，最終的に食肉や可食部臓器等に残留する可能性があるため，食品衛生法の規定によってポジティブリスト制による残留規制がとられている。また，飼料，水等を通じて家畜にとりこまれる農薬についても同様に残留規制がしかれている。これらの検査は食品衛生法に基づく検査であるが，と畜場において検査することにより，検出された際にトレースバックが容易にでき，生産者に指導できること，できるだけ流通の

川上で止めることができること，川下の小売の段階で検査してもその結果を適用すべき同一個体の他の部位を回収することは不可能であること等々，と畜場の段階で検査することのメリットは大きい。

(4) **検査に臨む態度**

と畜検査員の実施する検査は，食肉の安全性を左右する極めて重要で責任の重い業務である。したがって検査にあたっては，次のような態度で臨む必要がある。

- 検査は，獣医学に立脚した公衆衛生行政の実践であることを常に念頭において，法律に基づき厳正に行うこと。
- 自らが法令を遵守することはもちろんであるが，と畜場関係者に対しても法令を遵守させること。
- と畜場は，と畜場法だけでなく，牛海綿状脳症対策特別措置法（平成14年法律第76号），食品衛生法，感染症の予防及び感染症の患者に対する医療に関する法律（平成10年法律第114号），家畜伝染病予防法，薬事法（昭和35年法律第145号）等の関係法令が施行されているものであることを十分に認識すること。
- 検査員はいたずらに高圧的態度で臨むことなく，また，卑屈な態度で臨むことなく，常に適切かつわかりやすい指導を行い，と畜場関係者の信頼を得るとともに，常に協力を得られるよう心がけること。
- 検査は的確かつ迅速に行うこと。
- たゆまず技術の研鑽に努め，最新の獣医学に基づいた検査を行うこと。
- と畜検査員相互の連絡はもとより，家畜衛生部局および医学領域とも情報交換を密にし，相互の連携と業務の円滑な遂行を図ること。
- 動物の愛護及び管理に関する法律（昭和48年法律第105号），産業動物の飼養及び保管に関する基準（昭和62年総理府告示第22号）に留意し，獣畜の人道的な取り扱いに配慮するとともに，と畜場関係者に対しても同様の取り扱いを行わせること。

4　家畜の取扱いおよびと殺

家畜取扱者はと殺される動物の生理，生体，習性等を理解し，生命の尊厳性を尊重することを理念として，その動物に苦痛を与えない方法をとるよう努めなければならない。家畜の取扱いおよびと殺に人道的な方法を用いることは，獣畜の無用な苦痛を防止し，生体を取り扱う作業をより安全にし，食肉の品質向上と経済的損失の減少をもたらす。

- 繋留場，搬入路の安全性の確保

繋留場，搬入路の床は，家畜が確実に歩行でき，滑らないような構造であること。囲いやフェンス，扉などは，家畜の外傷や内出血を避けるために，突起物等がなく

滑らかな構造であること。施設は適切に補修され，良好な状態で維持管理すること。
　　家畜が歩行できる傾斜を確保するためのプラットホームを設け，搬入時には家畜が運搬車両から落下したり，転倒することがないように注意して取り扱うこと。
・　繋留時のストレス軽減
　　家畜は群をつくる動物なので，可能な限り同一ロットで繋留すること。繋留場は家畜が横になって休める広さを確保すること。
　　また，熱暑，極寒等の天候の影響を最小限にするような対策をとる必要がある。停車している運搬車両は天候の影響を受けやすいことから，処理施設に到着した家畜は，できるだけ速やかに繋留場に移動すること。
・　給水・給餌の実施
　　繋留時には，家畜が常時飲水できるようにすること。24時間以上繋留する場合には，各家畜に適した給餌をすること。
・　追い込み時の刺激，苦痛の軽減
　　家畜の移動時には，興奮や不快な状態を最小限にすること。家畜を過度に叩いたり，急がせたり，他の家畜の上に乗り上げさせたり，追い込み枠に過剰に詰め込んだり，狭い通路に押し込んだり，扉を押しつけたりしないこと。
　　スタンガンの使用は極力抑え，眼，耳，口，鼻，肛門などの敏感な部分には使用しないこと。使用する際には50V以下で使用すること。
　　また，家畜が受傷するような道具や器具は使用してはならない。
　　歩行不能や動けなくなった動物を意識のある状態で引きずらないこと。スライドボード，ソリ，クリップルカートなどを使用し，と畜検査員による検査場所，スタニングエリア等に移動すること。
・　効果的スタニング
　　スタニング作業は人道的と殺を実施する上で重要である。スタニングが適切に行われることにより，動物は痛みを感じることなく，即座に意識のない状態となる。これは動物福祉の観点からだけではなく，肉質も向上させる。
　　動物は騒音により敏感になるので，スタニングエリアでは特に騒音を軽減するように努めること。動物が落ち着いていれば，正確で効果的なスタニングを行うことが容易になる。
　　1度のスタニングで確実に意識のない状態にすること。もし，意識のある兆候がみられた場合には，速やかに再スタニングを行うこと。
　　スタンナーは確実なスタニングを実施するために，常に良好な状態に維持する。
　　スタニングされた動物に意識のないことを確認し，放血作業を行う。意識のある動物を放血したり，その後の作業（四肢の切断や剥皮）を行ってはならない。

5 と畜検査と関連する他法令

　と畜検査員は，と畜場法に基づいてと畜検査を実施するが，と畜場法以外の関係法令についても十分理解しておく必要がある。その主要なものは「Ⅲ　関係法令等」に掲げるが，特に次の法令に留意する必要がある。

(1) 　牛海綿状脳症対策特別措置法

　牛海綿状脳症対策特別措置法（平成14年法律第70号）は，牛海綿状脳症の発生を予防し，まん延を防止するための特別措置を定めるものであり，と畜場法の規定により除去された特定部位の焼却および牛海綿状脳症に係る検査並びに飼料規制等について定められている。牛の特定部位は，牛の頭部（舌および頬肉を除く），せき髄および回腸（盲腸との接続部分から2mまでの部分に限る）とされており，これらの部位については焼却することにより衛生上支障のないように処理されなければならない。

(2) 　家畜伝染病予防法

　家畜伝染病の発生予防およびまん延防止の上で，と畜検査の果たす役割は大きい。特に，家畜伝染病の患畜および疑似患畜が発見された場合は，家畜衛生行政担当部局に通報する等，常に十分な連携を保つ必要がある。

(3) 　薬事法および飼料の安全性の確保及び品質の改善に関する法律

　食肉中への抗生物質等の残留防止の見地から，薬事法では，①特定の医薬品の使用規制，②要指示医薬品の指定，「飼料の安全性の確保及び品質の改善に関する法律」（昭和28年法律第35号）では，③飼料添加物に関する基準等が設けられている。と畜場へ搬入される獣畜について，これらの規制に適合しているかどうかについても留意し，これらの規制に違反していることが明らかであれば，家畜衛生行政担当部局に通報する必要がある。

［1　と畜検査にあたって：参考文献］
原田信男：日本人はなにを食べてきたか，角川書店，2010.
山本俊一：日本食品衛生史（明治編），中央法規出版，1980.
厚生省五十年史編集委員会編：厚生省五十年史（記述篇），厚生問題研究会，1988.
山野淳一：と畜場法施行規則の一部改正について，食品衛生研究，47(3)，pp.7-26，1997.
道野英司，高島洋平：食品衛生法等の改正に伴う関係法令等の整備の概要について(1)，食品衛生研究，53(11)，pp.7-17，2003.

2 と畜検査

1 生体検査

(1) 生体検査の概要

　生体検査は，と畜場に搬入された獣畜（と畜場法（昭和28年法律第114号）対象動物：牛，馬，豚，めん羊，山羊）について，病歴に関する情報等を確認した上で，疾病や異常等について「望診」「触診」「聴診」等により生前の検査を行うことである。異常を認めた場合には，血液検査等の検査室における検査を実施し，その結果，と畜場法施行規則（昭和28年厚生省令第44号）別表第4（第16条関係：以下，別表第4）に定める疾病または異常があると認められた場合には「と殺禁止」処分とする。

　食用に供する目的で出荷された獣畜は，健康であることが基本であるが，と畜場法対象動物は，経済動物であるため，飼養に耐えられなくなったり，疾病に罹患したり，または罹患の疑いがある場合にも，と畜場に搬入されることがある。したがって，と畜検査の第1段階である「生体検査」では，疾病の有無や程度も含めて検査をする必要がある。疾病によっては，人獣共通感染症も考えられることから，と畜場関係者の健康管理や感染症のまん延を防止するため，疾病の早期発見は大きな意義がある。

　検査にあたっては，個体そのものの検査にとどまらず，感染症や異常疾病等の国内外発生状況等も考慮する。日本の動物疾病の発生状況は，交通手段の発達，国際交流の活発化や環境の変化等から，海外から新たな疾病が侵入したり，以前は発生していても，現在は発生がみられない感染性疾病や寄生虫病が再度出現する可能性も考えられるため，注意を必要とする。特に，近隣の国々での発生状況に注意が必要となる。また，飼育形態や飼養環境の変化および予防法，治療法，飼料，飼料添加物等の最新の情報を把握しておくことも重要である。

　検査時は，病原微生物の感染を防御するため，検査用衣服，帽子，マスク，手袋，眼鏡等を身に付ける必要がある。

(2) 繋留中の取扱い

　と畜場に搬入された直後の動物は，興奮，疲労し，生体検査に支障を来すことがある。疲労時のと畜は放血不十分となり，筋肉のpHにも異常を来すことがあるため，肉質や保存性の低下を引き起こし，食肉の安全性にも影響することがある。そ

のため，繋留中の獣畜は，安静にしておく必要がある。したがって，検査前には十分休息させて，疲労が回復し，生理的に正常な状態になるまで繋留しておかなければならない。さらに，感染症の拡大や解体室等への汚染持ち込みの防止も考慮して，繋留所の清掃消毒に努めるとともに獣畜の体表の泥や汚物を除去し，清潔に保つことも重要である。

(3) **検査申請書，病歴，証明書等の確認・受理**

検査申請書に記載された獣畜の種類，品種，性別，年齢，特徴，産地，頭数，畜主の住所氏名等を照合し，病歴や動物用医薬品等の使用状況や使用禁止期間等が守られていることを確認の上，手数料とともに検査申請書を受理する。また，家畜伝染病予防法（昭和26年法律第166号）などの規定に基づく証明書（検査，予防注射などの証明書または証明手帳等），輸入検疫証明書，標識（らく印，耳標（個体識別番号），マイクロチップ）などの有無を必要に応じて確認する。切迫と殺（と畜場外と殺）の場合は，獣医師の死亡診断書または死体検案書を必ず確認する。

(4) **検査方法**

検査は，獣畜の体表を清潔にし，安静にした上で，と殺間際に実施する。特に豚は，短時間に急変，発症し，急死することもあるので注意を要する。

と畜検査員は望診を行い，必要に応じて触診，聴診等により異常の有無を調べ，異常を認めたときは症状によりさらに詳しい検査を行う。

1) 望診

牛・馬

生体検査所に係留されていると畜に静かに，ときには軽く声をかけながら近づき，全身の状態と局所疾病の有無など外観的変化を観察する。

豚・めん羊・山羊

牛，馬と同様の観察を行うが，豚については望診が主体となるので，収容区画内の個体各部，特に横臥しているものは起立させて，下腹部まで観察する。

2) 触診等

牛・馬

角根または耳根を握って体温の異常の有無を調べ，次に眼瞼，鼻腔および口腔を開いて可視粘膜の異常の有無，天然孔からの異常排出物の有無を検査したのち，一方の側面について頸部，躯幹および前肢を触診し，皮膚，体表リンパ節，体表の異常の有無を検査する。次いで，後方に回って肛門，生殖器および後肢を検査し，さらに他方の側面についても同様に検査する。発熱の疑いのあるものは，体温計を用いて直腸温を測定する。なお，望診，触診等により判断しがたいときは，聴診器を用いて心内外音，ラッセル音などを聴診し，必要に応じて，打診器を用いて胸部，左けん部，肋間部などの打診を行う。生体検査で異常を認めたときは，さらに詳しい検査を行う。

Ⅰ と畜検査

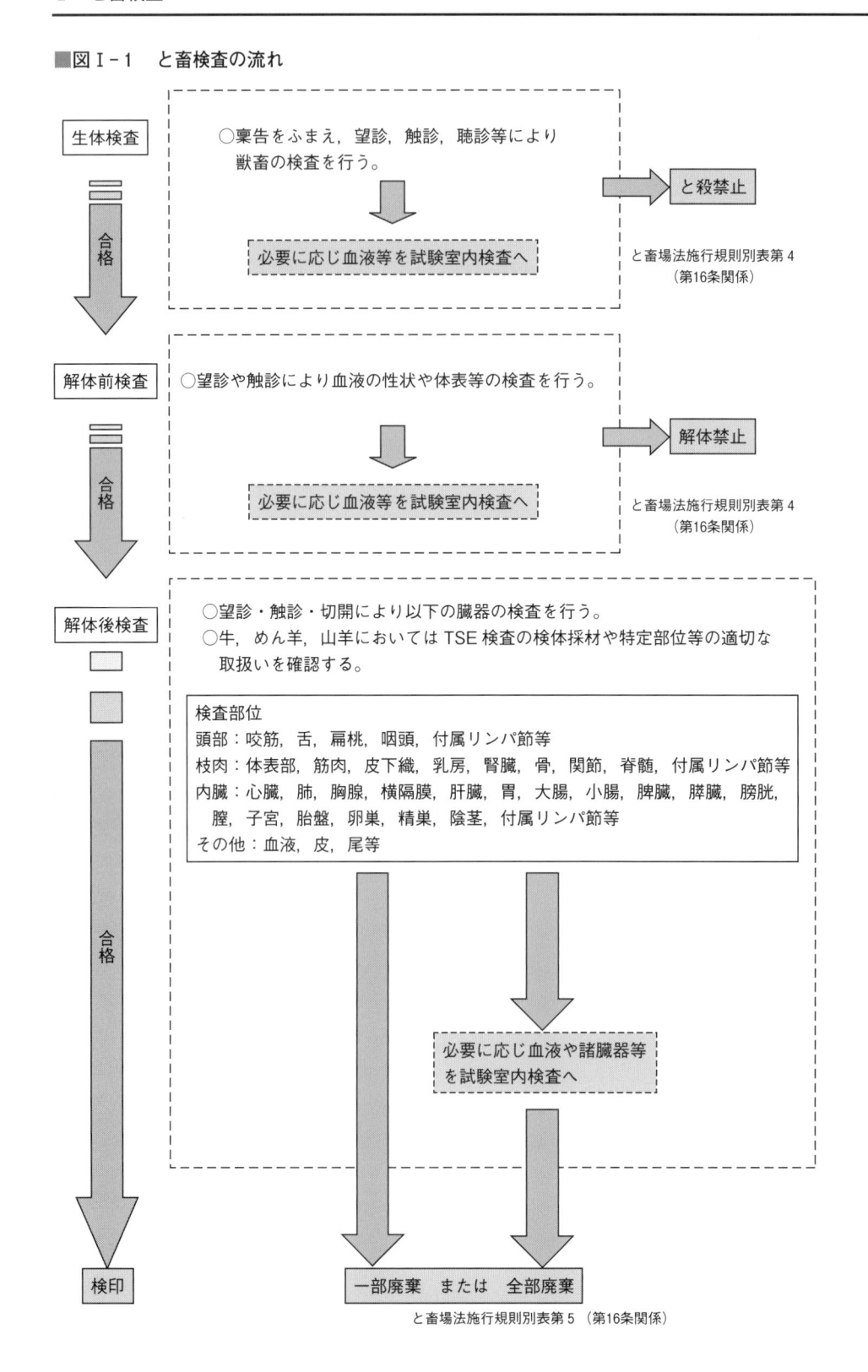

■図Ⅰ-1　と畜検査の流れ

生体検査
- 合格 ↓
- ○稟告をふまえ，望診，触診，聴診等により獣畜の検査を行う。
- ↓ 必要に応じ血液等を試験室内検査へ
- → と殺禁止
- と畜場法施行規則別表第4（第16条関係）

解体前検査
- 合格 ↓
- ○望診や触診により血液の性状や体表等の検査を行う。
- ↓ 必要に応じ血液等を試験室内検査へ
- → 解体禁止
- と畜場法施行規則別表第4（第16条関係）

解体後検査
- ○望診・触診・切開により以下の臓器の検査を行う。
- ○牛，めん羊，山羊においてはTSE検査の検体採材や特定部位等の適切な取扱いを確認する。

検査部位
頭部：咬筋，舌，扁桃，咽頭，付属リンパ節等
枝肉：体表部，筋肉，皮下織，乳房，腎臓，骨，関節，脊髄，付属リンパ節等
内臓：心臓，肺，胸腺，横隔膜，肝臓，胃，大腸，小腸，脾臓，膵臓，膀胱，膣，子宮，胎盤，卵巣，精巣，陰茎，付属リンパ節等
その他：血液，皮，尾等

必要に応じ血液や諸臓器等を試験室内検査へ

- 合格 → 検印
- 一部廃棄　または　全部廃棄
- と畜場法施行規則別表第5（第16条関係）

■図 I-2　牛の生体検査部位（望診）

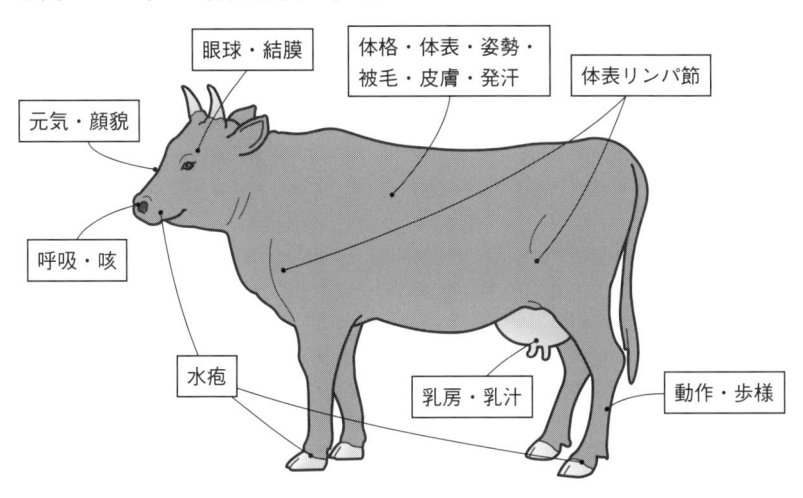

眼球・結膜／体格・体表・姿勢・被毛・皮膚・発汗／体表リンパ節／元気・顔貌／呼吸・咳／水疱／乳房・乳汁／動作・歩様

■図 I-3　豚の生体検査部位（望診）

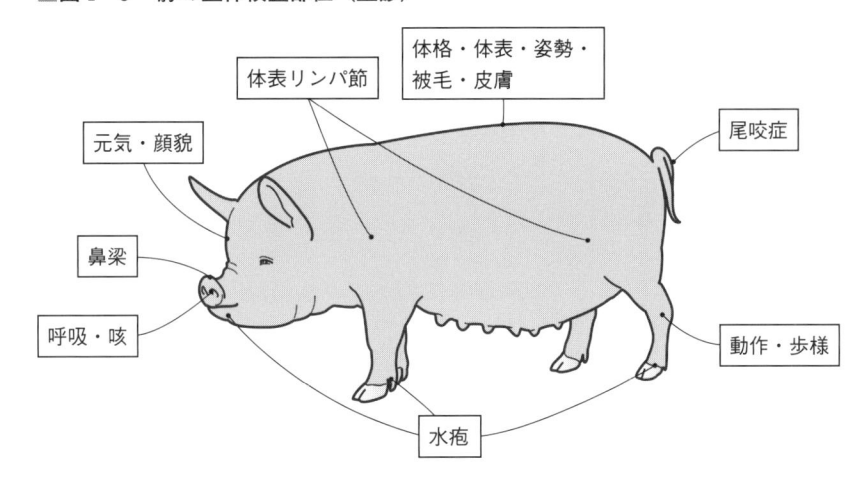

体表リンパ節／体格・体表・姿勢・被毛・皮膚／尾咬症／元気・顔貌／鼻梁／呼吸・咳／水疱／動作・歩様

豚・めん羊・山羊

発熱の疑いのあるものについては，体温計を用いて直腸温を測定する。

3) 望診，触診時における観察事項

❶ 静止時，歩様，動作の状態

横臥しているものは起立させ，跛行など歩様異常を示すものはさらに歩行をさせ，動作，全身状態を細かく観察する。なお，長時間の輸送による疲労時や挫傷時は，平常の状態の観察ができないため，一定時間休息させた後，検査を行う。

牛・馬

元気，顔貌，動作，体格，栄養状態，体表，姿勢，被毛および発汗，歩様，呼吸，発咳，乳房および乳汁，眼球および結膜，腹部膨大，天然孔からの排出

■図I-4　牛の生体検査部位（触診）

ラベル: 体温、体表、肛門・生殖器、体温、可視粘膜、体表リンパ節

牛・馬	体温の異常の有無 ↓ 可視粘膜の異常（鼻腔，口腔，結膜等）の有無 ↓ 天然孔からの異常排出物の有無 ↓ 体表の異常の有無（一方の側面） ↓ 肛門・生殖器・後肢の異常の有無 ↓ 体表の異常の有無（一方の側面）

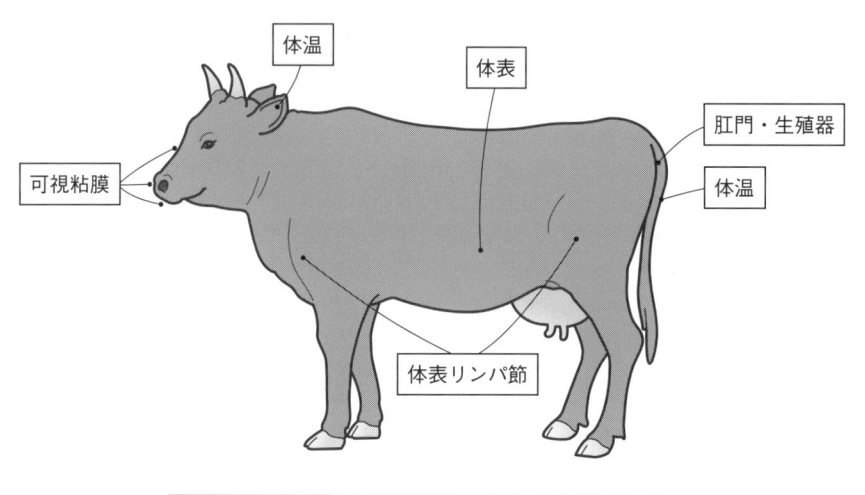

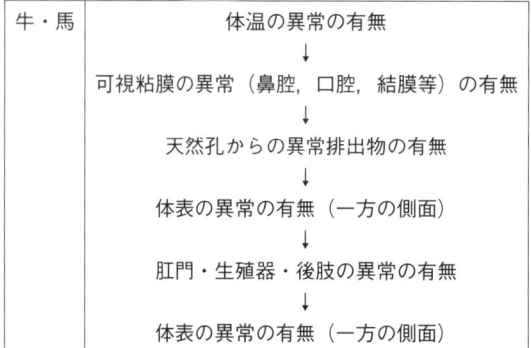

■図I-5　豚の生体検査部位（触診）

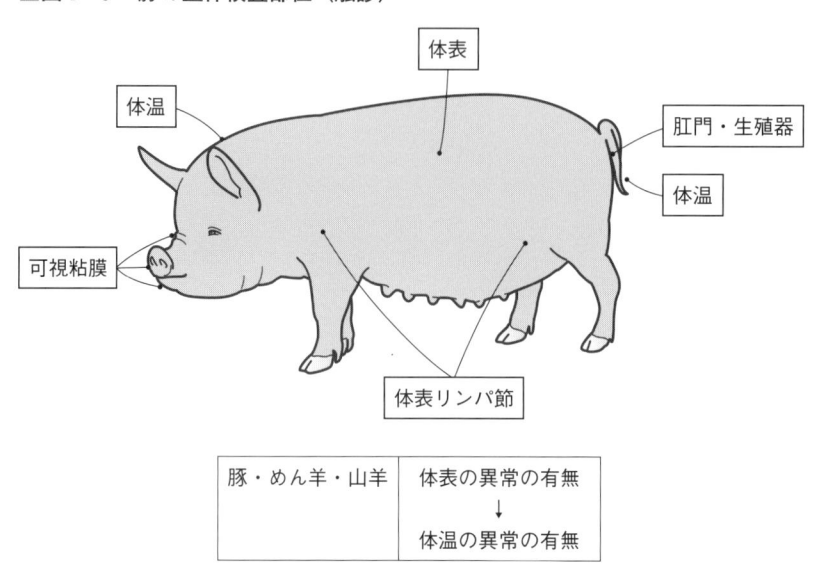

ラベル: 体表、体温、肛門・生殖器、体温、可視粘膜、体表リンパ節

豚・めん羊・山羊	体表の異常の有無 ↓ 体温の異常の有無

物等について観察する。

跛行は単純な外因による場合と，骨軟症，関節炎，筋炎，神経麻痺，腱や靱帯の障害などによる場合がある。起立不能のものは，乳熱，腰麻痺のほか各種感染症の末期の可能性が高いため，輸送時のスリップによる脱臼，打撲，圧迫，骨折など，物理的原因であることが明確な場合を除き，検温を行い，体温異常がある場合は隔離してさらに詳しい検査を行う。

牛においては，歩行異常，起立困難などは伝達性海綿状脳症の主症状であるため，異常反応，斜頸，旋回運動などの神経異常もあわせてみる必要がある。

熱性諸症，各種疾病の重症期，長時間の輸送直後などの場合に，沈うつ，動作緩慢，無関心などの状態を示す。また，破傷風や脳炎の興奮期，急性熱性伝染病，伝達性海綿状脳症の一時期などには不安，興奮の状態を示す。

豚・めん羊・山羊

元気，顔貌，動作，体格，栄養状態，体表，姿勢，被毛および発汗，歩様，呼吸，発咳，腹部膨大について観察する。

豚では，尾咬症により膿毒症を引き起こすことがあるため注意を要する。

豚コレラでは歩様異常を呈することがある。口蹄疫では鼻端，蹄部に水疱を形成し，これが破れてびらん，潰瘍となり，疼痛のため起立不能，歩行困難を呈する。

熱性諸症，各種疾病の重症期，長時間の輸送直後などの場合に，沈うつ，動作緩慢等の状態を示し，破傷風や脳炎の興奮期，急性熱性伝染病の一時期などには不安，興奮の状態を示す。

❷ 皮膚，被毛，発汗

健康で栄養状態が良好なものは，皮膚は弾力に富み，被毛は柔軟で光沢を有し毛並みも一様である。

被毛の状態をみる場合，後方または斜め後方からみると，被毛が膨隆もしくは逆立している状態がよくみえるので，このようなときは触診すると皮膚の異常が発見しやすい。また，必要に応じて，毛をバリカン等で刈ると病変が明瞭になる。黒色または茶褐色の豚では特にこのような観察をすると，発疹や悪性黒色腫等を発見しやすい。

牛・馬

疾病に罹患していたり，飼養管理の悪いものは被毛は光沢を失い，逆立することがある。被毛が粗剛なものは，胃腸障害，寄生虫病，慢性疾患等が疑われる。膿瘍や潰瘍は，その状態により痘病，結核病，放線菌病，フレグモーネ，膿毒症等の診断の一助となる。乳房炎では乳房の腫大，硬結，熱感，圧痛等がある。

発汗は，熱性諸症，急性脳疾患，破傷風，疝痛，腸炎，中毒症などにみられることがある。なお，輸入牛については，各種ウイルス病，寄生虫病などに注意して検査を行う必要性がある。

■表Ⅰ-1　望診時の着目点

着目すべき部位等	状態（1）	状態（2）	疑うべき病変または疾病
体表	外傷		筋炎，血腫等
	異常	膨満	ヘルニア，鼓脹症，尿毒症等
		浮腫	水腫（全身性）
		腫瘤	牛白血病，白血病，乳頭腫，黒色腫，膿瘍等
		怒張	循環障害等
		色調	黄疸（黄色調），敗血症等（チアノーゼ）
		発疹	豚丹毒
	削痩		栄養障害，慢性疾患，皮膚病等
	発汗		疝痛，中毒等
	尾咬症		膿毒症等
姿勢	異常姿勢		破傷風，四肢疾患，奇形等
被毛	粗剛		栄養障害
	脱毛		皮膚病，栄養障害等
歩様	跛行		関節炎，骨折等
	歩行異常		伝達性海綿状脳症，神経系疾患，栄養障害等
発咳	発咳		呼吸器疾患等
眼	眼球突出		牛白血病

■表Ⅰ-2　可視粘膜の異常

状態	疑うべき病変または疾病
貧血	栄養失調，中毒諸症，レプトスピラ症，寄生虫病（ピロプラズマ病，アナプラズマ病等），悪性腫瘍，白血病，牛白血病等
充血	眼病，熱性伝染病，心肺疾患，急性鼓脹症，疝痛等 樹枝状充出血は，心臓弁膜症，肺気腫，頭部うっ血などの際に認められる。
出血	敗血症，急性伝染病，中毒諸症等（時間の経過したものでは飴色に変化する）
黄色	肝臓疾患，黄疸，溶血性疾患等

豚・めん羊・山羊

　豚では，水洗後も被毛の汚れが目立つ場合は，何らかの疾病が存在する可能性がある。膿瘍や潰瘍は，その状態により，膿毒症などの診断の一助となる。
　蕁麻疹型の豚丹毒では，皮膚の健康部と境界明瞭な四角または菱形の不整形の発疹がみられ，豚コレラやトキソプラズマ病，急性敗血症型豚丹毒では，耳翼，鼻端，頸部，下腹部などに特徴的なチアノーゼが現れ，黄疸の豚では，皮膚はやや黄色を呈す。

❸ 可視粘膜

　可視光線下で，眼結膜・鼻粘膜・口腔粘膜・膣粘膜・直腸粘膜について，色

調・分泌物・腫脹の程度および病変を観察する。

口腔粘膜については，特に口内炎，潰瘍および損傷，異物刺入，歯牙疾患，木舌，舌麻痺などの有無について調べる。

❹ 体表リンパ節

生体検査において，体表リンパ節の状態は，診断上極めて意義が高い。ある種の菌やウイルスが体内に侵入するときは，それらが血行性にあるいはリンパ行性に広がり，リンパ節炎を引き起こす。

急性リンパ節炎では，リンパ節が高度に腫脹，硬結して熱痛を伴い，なかには膿瘍を形成して自潰するものがある。例えば，馬の腺疫では下顎リンパ節が，四肢末梢の化膿性疾患では腋窩やそ径リンパ節に炎症を引き起こす。また，鼻カタル，喉嚢カタル，咽喉頭炎（蓄膿症），化膿性歯槽骨髄炎などでは，それぞれの近在リンパ節炎を招く。

慢性リンパ節炎の場合，リンパ節は腫脹し，比較的硬く熱痛を欠く。例えば，牛の結核病，牛白血病では体表リンパ節の腫大が顕著で，また，末梢部の慢性湿疹，皮膚炎，挫創，齲歯，潰瘍，放線菌病，ブドウ菌腫，腫瘍等では近在リンパ節に慢性炎症が発生する。

検査すべき主な体表リンパ節は，図Ⅰ-6のとおり。また，参考❸（p.49）も参照のこと。

❺ 呼吸，体温，脈拍

ⅰ) 呼吸

呼吸状態の異常は，診断の参考となる。正常時の1分間の呼吸数は表Ⅰ-3のとおりである。

■表Ⅰ-3　呼吸数（1分間当たり）

牛	成獣	20～30
	幼獣	24～36
馬	成獣	8～16
	1週～6か月齢	10～25
	1週齢未満	20～40
豚	成獣	10～20
	幼獣	24～36
めん羊	成獣	20～30
	幼獣	36～48
山羊	成獣	20～30
	幼獣	36～48

出典　日本獣医内科学アカデミー編：獣医内科学大動物編，p.3，文永堂出版，2011.

■図 I-6　着目すべき体表リンパ節（望診または触診）

牛	下顎，耳下腺，浅頸，外側咽頭後，腸骨下，浅そ径，膝窩の各リンパ節
馬	下顎，耳下腺，浅頸，腋窩，肘，腸骨下，膝窩の各リンパ節
豚	下顎，耳下腺，背および腹浅頸，外側咽頭後，腸骨下，膝窩の各リンパ節

牛の体表リンパ節

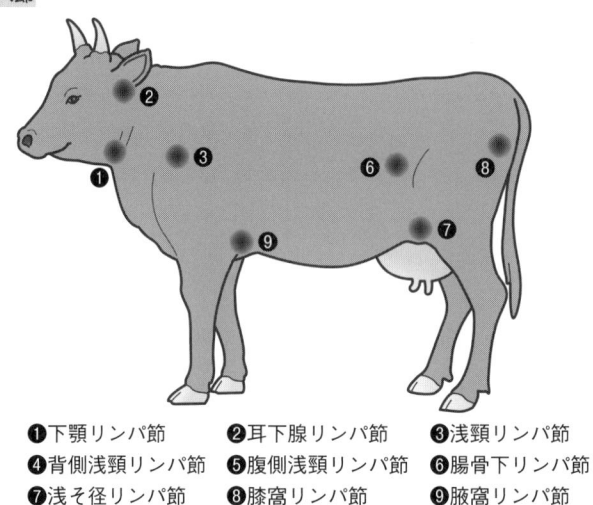

❶下顎リンパ節　❷耳下腺リンパ節　❸浅頸リンパ節
❹背側浅頸リンパ節　❺腹側浅頸リンパ節　❻腸骨下リンパ節
❼浅そ径リンパ節　❽膝窩リンパ節　❾腋窩リンパ節

豚の体表リンパ節

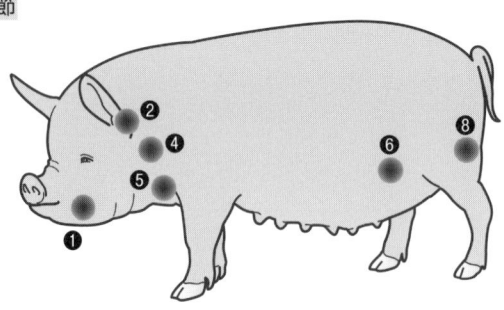

　　胸式呼吸は，横隔膜，腹膜などの帯痛性疾患（創傷性胃横隔膜炎，腹膜炎など）にみられ，腹式呼吸は胸腔臓器の帯痛性疾患（急性胸膜炎，胸壁外傷，創傷性心膜炎など）にみられる。呼吸数の増加ならびに呼吸困難は，すべての熱性疾患にみられるが，呼吸器の障害を主徴とする感染症としては，牛の結核病，豚の流行性肺炎等があげられる。

ⅱ）体温，脈拍

　　生体検査においては，角根，耳根で確認して検査するが，疾病の疑いのあるものは体温計を用いて測定する。

　　体温は，疾病の診断と病勢の判定に重要で，41℃を超える豚，40.5℃を超える牛，馬，めん羊および山羊は，急性伝染病をはじめ熱性諸症が疑われる。

■表I-4　体温・脈拍数比較表

種類		体温（℃）	脈拍数（1分間当たり）
牛	成獣	37.8～39.2	60～72
	幼獣	38.5～39.5	80～120
馬	成獣	37.5～38.5	28～46
	1週～6か月齢	37.5～38.9	40～60
	1週齢未満	37.2～38.9	60～120
豚	成獣	37.8～38.5	60～90
	幼獣	38.9～40.0	100～120
めん羊	成獣	38.5～40.0	70～90
	幼獣	39.0～40.0	80～90
山羊	成獣	38.6～40.2	70～90
	幼獣	38.8～40.2	100～120

出典　表I-3と同じ

　その場合は脈拍の増数，不安な挙動および顔貌，皮温不整，可視粘膜の異常，尿の異常色，震せんの有無等を確認する。
　なお，と畜場に搬入される豚で疾病によらない体温の異常が見受けられることがあるが，1℃くらいの上昇は疾病と言いきれないので，このような場合は他の諸所見を十分に観察して，診断を行う。また，毛刈をしていないめん羊は，夏季などに40.5℃を超える場合がある。

❻　その他の観察事項
　以上の事項のほか，必要に応じ，流涎，鼻汁，嘔吐，下痢，血便および血尿などの天然孔からの排出物，乳房および乳汁，関節の異常などを観察して参考とする。

(5) **生体検査時の検査室における検査等**
　望診，触診等の検査で，異常を認めたときは，症状により隔離してさらに詳しい検査を行う。
　この検査は，感染症，膿毒症，敗血症，尿毒症，高度の黄疸，熱性諸症等，食用に供することができない疾病を，と殺前に診断するため，重要である。また，生体検査時の詳しい検査の結果は，解体前，解体後検査や診断するにあたり重要な情報となる。したがって，一般の臨床診断において行う血液，尿等の理化学的検査，微生物学的検査，病理組織学的検査をできるだけ採用して診断の一助とするのが望ましい。しかし，と畜検査の場においては限界があるので，血液検査では赤血球数，白血球数，ヘマトクリット値，血液像，血中尿素窒素値，血中総ビリルビン値等を，尿検査では，色調，臭気，比重，pH，蛋白量，血球，血色素，糖，ビリルビン値，

ケトン体，沈渣および異常成分等の検出を必要に応じて行う。

敗血症は，血液の塗抹染色鏡検によって細菌を検出することができるので，疑わしいものについては実施する。採血は，牛では頸静脈ないし尾静脈，豚では四肢末端の静脈や尾根部等から行い，少量の採血で十分な場合は，通常外耳翼辺縁部の静脈から行う。

(6) **生体検査の結果に基づく措置**

生体検査の結果，異常を認めないものはと殺を許可し，異常を認めた場合は，その疾病および病勢により，と殺禁止あるいは条件をつけてと殺を行う。

1) **と殺禁止**

別表第4（p.371）に掲げる疾病にかかっていると明らかに診断された場合，と殺を禁止し，必要に応じ直ちに隔離させ，病原体に汚染されたおそれのあるものについてはすべてを消毒する必要がある（消毒については，参考❶参照のこと（p.26））。

なお，家畜伝染病予防法（昭和26年法律第166号）に基づく監視伝染病，あるいは他の感染性疾病が発見された場合には，家畜保健衛生所との連絡を密にして必要な措置を講ずる。

2) **条件を付けて行うと殺**

以下の各項目に該当する場合は，一般と畜場にあっては病畜と室で，簡易と畜場にあっては他の獣畜のと殺，解体がすべて終了した後にと殺および解体する。

　ア　と殺禁止に該当する疾病として確実に診断することはできないが，その疑いがあるもの。
　イ　皮下織膿瘍等により解体室等を著しく汚染させるおそれのあるもの。
　ウ　と畜検査員が必要と認めた場合。

3) **検査の結果による識別**

と殺を禁止したものあるいは病畜と室でと殺するものについては，他の健康なものと間違わないように区別し，必要により識別できるような標識を付ける等十分注意する。

4) **検査番号票（合札）**

と殺を許可したものには，それぞれの検査が終了するまで，検査番号票（合札）等により個体識別できるようにする。ただし，明らかに確認できると認められる場合は，この限りではない。

■表 I-5　生体検査で着目すべき部位と症状

牛・馬			
検査部位等		症状または病変	疾病等
全身の状態	体格	削痩	ヨーネ病（牛），結核病（牛），ピロプラズマ病，慢性消化器病，寄生虫病，栄養障害
		腫瘤	膿瘍，乳頭腫，黒色腫，白血病，牛白血病
		腫脹	膿瘍，血腫，フレグモーネ
		関節の異常	関節炎，栄養障害
	姿勢	異常姿勢	伝達性海綿状脳症（牛），腹部・四肢の障害，奇形，呼吸器系疾患，流行性脳炎，栄養障害
		背弯姿勢	胃腸炎，腹膜炎，腸閉塞，排尿障害
		開張姿勢	伝達性海綿状脳症（牛）
		犬座姿勢	伝達性海綿状脳症（牛），起立不能症（産前・産後）
		四肢硬直	破傷風
		起立不能	骨折，関節炎，筋炎，脱臼，蹄病，伝達性海綿状脳症（牛），代謝性疾患
	歩様	跛行	伝達性海綿状脳症（牛），骨折，関節炎，筋炎，脱臼，蹄病
		異常行動	リステリア病，流行性脳炎，伝達性海綿状脳症（牛），中毒諸症
	体温	体温上昇	熱性諸症，炭疽，敗血症，ピロプラズマ病（牛），アナプラズマ病（牛）
	呼吸	呼吸速迫	破傷風，流行性感冒
体表の状態	体表リンパ節	腫脹	白血病，牛白血病
	頸部	頸静脈拍動	心疾患，貧血（重度）
	胸部	浮腫	高度の水腫，敗血症，気腫疽（牛），悪性水腫（牛）
	腹部	腹囲膨大	鼓脹症，尿毒症，悪性水腫（牛），尿石症
		下腹部浮腫	高度の水腫，尿毒症，腹腔内出血，疝痛，妊娠子宮
	可視粘膜	蒼白	結核病（牛），ヨーネ病（牛），ピロプラズマ病，レプトスピラ病（牛），アナプラズマ病，中毒
頭部	眼	充血	眼病，鼓脹症，慢性伝染病，心肺疾患，破傷風
		出血	敗血症，破傷風，中毒諸症
		目やに・流涙	眼病，結膜炎
		眼球突出	牛白血病，奇形
	眼結膜	黄色	肝臓疾患，黄疸，血色素尿症，溶血性疾患
	鼻腔鼻粘膜	出血	炭疽，肺出血
		発赤・腫脹・鼻漏	鼻カタル

	口腔粘膜	出血斑	敗血症
		潰瘍	鼻疽（馬）
		流涎・嚥下困難 咀嚼困難 水胞・潰瘍	口内炎，異物刺入，歯牙疾患，放線菌病，アクチノバチルス症，破傷風，口蹄疫
		舌腫脹・硬結	アクチノバチルス症［木舌］
	頭蓋骨・下顎骨	腫脹・硬結	放線菌病
その他	泌尿器	血尿	膀胱結石，尿道結石，膀胱炎，尿道炎，腎炎，腎盂腎炎，中毒諸症，尿毒症
		血色素尿	敗血症，ピロプラズマ病，レプトスピラ症（牛），ポルフィリン症
		暗赤色尿	膀胱結石，尿道結石，膀胱炎，尿道炎
		尿石	腎炎，腎盂腎炎，尿毒症
	生殖器	包皮腫脹	尿毒症，尿石症
		悪露	子宮炎，膣炎，胎盤停滞
		外陰部潮紅 血様分泌物	ブルセラ病（牛）
		脱出	子宮脱，膣脱
	乳房	発赤・硬結・熱痛	乳房炎
		紫斑・硬結・冷感	壊疽性乳房炎（牛）
	乳頭	水胞	口蹄疫
	肛門	出血	腸炎，中毒，炭疽
		黄白色下痢便	サルモネラ症
		水様性下痢便	ヨーネ病（牛）
		脱出	直腸脱
	蹄	水胞・びらん	口蹄疫

豚・めん羊・山羊			
検査部位等		症状	疾病
全身の状態	体格	削痩	慢性疾病，寄生虫病，サルモネラ症
		発育不良	敗血症，膿毒症
		腫瘤	膿瘍，膿毒症，黒色腫，白血病
		異常姿勢	腹部・四肢の障害，流行性脳炎，リステリア症，奇形，栄養障害
	姿勢	四肢硬直	破傷風
		後躯麻痺	浮腫病（豚），腰椎骨折

	歩様	跛行	骨折，関節炎，筋炎，脱臼
		起立不能	骨折，関節炎，筋炎，脱臼
		異常行動	リステリア症，流行性脳炎
	体温	体温上昇	豚丹毒，豚コレラ，熱性諸症，流行性感冒，サルモネラ症
	呼吸	呼吸速迫 呼吸困難	破傷風，流行性感冒
	皮膚	菱形疹	豚丹毒
		掻痒による脱毛	疥癬（めん羊）
		びまん性紫斑	豚コレラ，トキソプラズマ病
		黄色	黄疸，レプトスピラ症（豚）
		貧血	豚赤痢，胃潰瘍
	体表リンパ節	腫脹	結核病（めん羊・山羊），白血病
躯幹	胸部	気腫	気腫疽
	腹部	下腹部浮腫	悪性水腫（めん羊・山羊）
		下腹部丘疹・水胞	豚痘
		下腹・内股部の発疹	豚丹毒，トキソプラズマ病，豚痘，サルモネラ症
	可視粘膜	貧血	結核病，レプトスピラ病
頭部	眼	目やに	結膜炎，眼病，萎縮性鼻炎（豚），浮腫病，豚コレラ，トキソプラズマ病
	鼻	鼻曲がり	萎縮性鼻炎（豚）
	口腔粘膜	知覚過敏・腫脹・流涎	口内炎，豚流行性肺炎
		丘疹・水胞	伝染性膿疱性皮膚炎（めん羊・山羊）
その他	生殖器	水胞・潰瘍	口蹄疫
		膣粘膜発赤・腫脹	ブルセラ病
	乳房	腫大・硬結	乳房炎
	肛門	出血	炭疽
		水様性下痢	豚伝染性胃腸炎，サルモネラ症
		粘血性下痢便	豚赤痢
		脱出	直腸脱
	蹄	水胞・びらん	口蹄疫

参考❶▶消毒の基準

種類	方法	適当な消毒目的	摘要
蒸気消毒	消毒目的物を消毒器内に格納した後なるべく消毒器内の空気を排除してから流通蒸気を用いて消毒目的物を1時間以上摂氏100度以上の湿熱に触れさせる。	被服，毛布，器具，布製の飼料袋等	他物に染色のおそれがある物は，他物とともにしないこと。
煮沸消毒	消毒目的物を全部水中に浸し，沸騰後1時間以上煮沸する。	被服，毛布，毛，器具，布製の飼料袋，肉，骨，角，蹄，飼料等	他物に染色のおそれがある物は，他物とともにしないこと。
薬物消毒	1　消石灰による消毒 　　生石灰に少量の水を加え，消石灰の粉末として直ちに消毒目的物に十分にさん布する。	畜舎の床，ふん尿，きゅう肥，ふん尿だめ，汚水溝，湿潤な土地等	生石灰は，少量の水を注げば熱を発して崩壊するものを用いること。
	2　サラシ粉による消毒 　　消毒目的物に十分にさん布する。	畜舎の床，尿だめ，汚水だめその他アンモニアの発生の著しいもの及び井水用水等	サラシ粉は，光線及び湿気による作用を受けないように貯蔵されたものであること。
	3　サラシ粉水（／サラシ粉　5分／水95分／）による消毒 　　定量のサラシ粉に定量の水を徐々に加え，十分にかきまぜた後直ちに消毒目的物に十分にさん布し，又はと布する。	畜舎の隔壁，隔木，さく，土地等	サラシ粉水に用いるサラシ粉は，光線及び湿気による作用を受けないように貯蔵されたものであること。
	4　石炭酸水（／防疫用石炭酸　3分／水　97分／）による消毒 　　加熱してよう解した定量の防疫用石炭酸に少量の温湯又は水を加えてかきまぜ，又は振とうしながら徐々に水を注ぎ，定量にいたらせた後，消毒目的物に十分にさん布し，又はこれに消毒目的物を浸す。	手足，死体，畜舎，さく，器具，機械，革具類等	さん布の場合は，かきまぜながら使用すること。
	5　ホルムアルデヒドによる消毒 　　密閉した室内又は消毒器内において容積1立方メートルについてホルマリン15グラム以上を噴霧若しくは蒸発させ，又はホルムアルデヒド5グラム以上を発生させ，同時に28グラム以上の水を蒸発させる比例をもって処置した後7時間以上密閉しておく。	室内，被服，毛布，畜舎，骨，肉，角，蹄，革具類，器具機械，内容の汚染していない飼料袋等	1　ホルムアルデヒドによって毛束，被服若しくは毛布又はこれらの類似品でその内部にいたるまで消毒する必要があるものは，真空装置を使用すること。 　　この場合における消毒時間は，その装置によって定めること。

			2 ホルムアルデヒドによる消毒は，消毒効果が不安定にならないように保温（おおむね摂氏18度以上）に努めること。
	6 ホルマリン水（／ホルマリン 1分／水 34分／）による消毒 　定量のホルマリンに定量の水を加えて直ちに消毒目的物に十分にさん布し，と布し，又はこれに消毒目的物を浸す。	畜舎，畜体，死体，器具，機械，骨，毛，角，蹄，革具類等	
	7 クレゾール水（／クレゾール石けん液 3分／水 97分／）による消毒 　定量のクレゾール石けん液に定量の水を加えて消毒目的物に十分にさん布し，と布し，又はこれに消毒目的物を浸す。	手足，被服，畜舎，畜体，死体，さく，器具，機械（搾乳用のものを除く。），革具類等	
	8 塩酸食塩水（／塩酸 2分／食塩10分／水88分／）による消毒 　定量の塩酸及び食塩に定量の水を加えてこれに十分に消毒目的物を浸す。	皮	
	9 苛性ソーダその他アルカリ水剤（アルカリ度1〜2％）による消毒 　これを消毒目的物に十分にさん布し，又はこれに消毒目的物を浸す。	畜舎，器具等	さん布し，又は浸した後ブラシ等でこすり水で洗うこと。
	10 アルコール（70％以上）による消毒 　これを浸した脱脂綿等で十分にふく。	手指	
醗酵消毒	幅1メートルから2メートル，深さ0.2メートル，長さ適宜の土溝を掘り，この中に消石灰（生石灰に水を加えて粉末とした直後のものをいう。以下本項において同じ。）をさん布し病原体に汚染していない敷わら，きゅう肥等を満たし，その上に消毒目的物を1メートルから2メートルの高さに積む。その表面に消石灰をさん布してから病原体により汚染していないこも，むしろ，敷わら，きゅう肥等をもつて適当な厚さにこれをおおい，その上をさらに土をもっておおって少なくとも1週間放置醗酵させる。	ふん，敷わら，きゅう肥等	牛又は豚のふんの消毒にあっては，消石灰に代えて生石灰を用い，適量のわらを混じて醗酵を十分にさせること。

I と畜検査

注意　消毒の実施の基準は，次のとおりとする。
1　畜舎の土床を消毒するには，土床に消石灰又はサラシ粉をさん布してから深さ 0.3 メートル以上掘り起こして，これを搬出した後，消石灰又はサラシ粉をさん布し，新鮮な土を入れ，搬出した土は，焼却又は埋却する。ただし，ブルセラ病又は家きんコレラ等の場合にあつては，消石灰，ホルマリン水，クレゾール水等を十分にさん布するだけでよい。
2　著しく汚物が固着した畜舎，さく等を薬物消毒するときは，あらかじめ，熱ろ汁（／粗製カリ若しくは粗製ソーダ　1分／水　20分／）又は熱湯をもって洗うこと。
3　畜体の消毒は，ホルマリン水，クレゾール水等をもって浸した布片を用いて十分にふき，とくに汚物の附着している部分は，これらの消毒薬液をもって洗うこと。ただし，多数の畜体を消毒するときは，天候，中毒等に注意して，これらの消毒薬による薬浴をさせてもよい。
4　患畜若しくは疑似患畜の死体又は汚染物品を運搬しようとするときは，石炭酸水，ホルマリン水，クレゾール水等に浸した布片等をもって，病原体をもらすおそれのある鼻孔，口等の天然孔及びその他の部分を塞いで汚物の脱ろうを防ぎ，これらの消毒薬に浸したむしろ，こも等で全体を包むこと。
5　患畜若しくは疑似患畜又はこれらの死体の移動中において，ふん尿その他汚物をもらしたときは，病原体を含有しないと認められる汚物を除き，適当な場所においてこれを焼却し，埋却し，又は消毒し，その汚物をもらした場所には，石炭酸水，クレゾール水を十分にさん布して消毒すること。
6　ふん尿だめ，汚水溝等を薬物消毒する場合においてサラシ粉を用いるときは，ふん尿だめ，汚水溝等をあらかじめ粗製塩酸等を用いて弱酸性にし，その量は汚物量の 10 分の 1 以上，クレゾール水を用いるときはその量は汚物量と同量以上をそれぞれ消毒目的物中に投入してかきまぜ，その汚物をくみとって他の場所に深く埋却し，ふん尿だめ，汚水溝等はさらにクレゾール水を十分さん布すること。（汚物をくみとることができないときはおおいをして 5 日間以上放置すること。）
7　塩酸食塩水を用いて皮を消毒するときは，摂氏 20 度から 22 度の塩酸食塩水中に消毒目的物を 2 日間以上浸しておくこと。
8　ホルマリン水を用いて毛，角又は蹄を消毒するときは，ホルマリン水中に消毒目的物を 3 時間以上浸しておくこと。
9　芽胞を形成する病原体を薬物消毒するときは，次のいずれかの消毒薬を用いること。
　　ホルマリン水，サラシ粉水，塩酸食塩水又はシュウ酸，塩酸等を加えた石炭酸水
10　薬物消毒は，通常，摂氏 20 度内外の環境において行うべきものであるが，その環境がこれに満たない場合でも，薬物の使用濃度の 2 倍を超えない範囲内においてその濃度を，又は薬物の変質を生じない程度においてその温度をそれぞれ適当に加減することにより行うことも差し支えない。
11　異常プリオン蛋白質を薬物消毒するときは，有効塩素濃度 2 パーセント以上の次亜塩素酸ナトリウム水又は 2 モル毎リットル水酸化ナトリウム水を用いること。
備考　薬物消毒の場合において，農林水産大臣の指定した医薬品は，農林水産大臣の別に定めるところに従って使用する場合には，この表の相当欄に掲げた薬品として用いることができる。
（家畜伝染病予防法施行規則別表第 2 より抜粋）

2　解体前検査

(1) **解体前検査の概要**

　解体前検査の目的は，と畜場内の汚染を最小限にとどめ，と殺，放血の各工程を観察し，特に血液を中心に検査を行い，別表第4に掲げる疾病に罹患していると診断した場合，解体禁止の措置を講じることにある。

　生体検査時に異常を認め，条件（病畜と室対応等）を付けてと殺を行った場合は，慎重に解体前検査を実施しなければならない。

(2) **検査方法**

　一般外部検査を行った後，天然孔，排泄物や可視粘膜の状態について検査を行う。放血時の血液の性状（凝固状態，量，色調および臭気）を観察し，異常を認めたときは，さらに詳しい検査を行う。

(3) **解体前検査時に注意を要する疾病**

　炭疽，牛白血病，膿毒症，黄疸。

(4) **解体前検査に基づく措置**

　別表第4に掲げる疾病や，異常があり食用不適と認めた場合は解体禁止の措置を講じる。さらに，感染症のおそれがある疾病については，当該獣畜を隔離し，その肉，内臓，その他の部分および汚染が疑われる器具，施設の消毒を実施するとともに，作業従事者等に対し感染を防止するために必要な措置を講じる。

　家畜伝染病予防法に基づく監視伝染病に該当する場合には，速やかに関係諸機関に通報する。

3　解体後検査

(1) **解体後検査の概要**

　解体後検査の目的は，解体して肉眼検査を行い，必要に応じさらに詳しい検査を実施し，それらの所見と生体および解体前検査所見を総合して，枝肉，内臓等の食用適否を判断することにあり，疾病または異常を認めた場合は「全部廃棄」「一部廃棄」の措置を講じる。

(2) **検査方法**

　解体後検査は，筋肉や臓器等獣畜のすべての部位について表Ⅰ-6のとおり行い，

望診および触診によるほか，必要に応じて検査刀を用い切開する。特に病変部を切開するときは，当該病変部により，枝肉，内臓，検査台，手指等を汚染しないよう，また切開は必要最小限にとどめるように留意する。検査に際しては，枝肉と内臓等において個体の同一性を確保する。また，検査時にと畜検査員は2本以上の検査刀を携帯し，検査刀は1頭の検査ごとまたは汚染の都度に，必要に応じ洗浄した後，83℃以上の温湯により消毒する。手指についても，1頭の検査ごとまたは汚染の都度に洗浄消毒する。洗浄後，手指を拭く場合は，使い捨て紙タオル等を使用し，手指への再汚染を防ぐ。

(3) 解体後検査時に注意を要する疾病
　　枝肉と内臓等の所見から疑われる疾病（p.41，参考❷）

(4) 解体後検査結果に基づく措置
　1) 全部廃棄
　　　別表第4に掲げる疾病に罹患していると診断された場合には，枝肉，内臓，皮等，獣体の全部を廃棄し，解体禁止の措置に準じ消毒等を行うとともに，監視伝染病については関係諸機関に通報する。
　2) 一部廃棄
　　　別表第4に掲げる疾病を除く，と畜場法施行規則別表第5（第16条関係）における疾病または限局した異常部位については，その病変部分を廃棄させる。

(5) 検　　印
　　解体後検査に合格した枝肉，内臓等には，次の部位に検印を押す。
　1) 枝　　肉
　　　見やすく脂肪が厚い背部に押す。豚において湯はぎ法により処理した場合は当該部位の皮に押す。
　2) 内　　臓
　　　心臓・肺・肝臓・胃または腸のうちいずれかの部位に押す。
　3) 皮
　　　尾根部（内側）に押す。ただし，食用に供さないことが明らかなものは押印しなくても構わない。
　　＜運用上の注意点＞
　　　地域の実態に応じ，これ以外の部分に押印することおよび検印に焼印を用いても差し支えない。

(6) 廃棄を命じた枝肉，内臓等の措置
　　廃棄を命じた枝肉，内臓等については，焼却，化製処理，または適当な消毒薬を用いた消毒のいずれかにより処理させる。

■表Ⅰ-6 解体後検査

検査部位およびポイント	検査方法等	図説
1 頭、舌、扁桃、咽頭および付属リンパ節ならびに諸腺 ・咬筋割面に嚢虫はいないか。 ・リンパ節に結核性の病変はないか。 ・伝染病を疑う口内炎はないか。 ・口粘膜に水疱、潰瘍はないか。 ・著しい腫脹はないか。	(1) 頭部の検査方法 ①頭部全体を望診、触診し膿瘍等の有無を確認する。 ②咬筋を切開し割面の状態を検査する。 ③舌を触診し、硬結感や潰瘍、膿瘍等の異常の有無を確認する。 ④下顎リンパ節、内(外)側咽頭後リンパ節、耳下腺リンパ節を細切する。 (2) 頭部の検査で認められる疾病等 ①無鉤嚢虫症（牛） ②放線菌病（牛） ③アクチノバチルス症（牛） ④非定型抗酸菌症（豚） ⑤萎縮性鼻炎（豚）	頭部の切開 下顎骨に沿って、咬筋を切開する。 牛の頭部 耳下腺リンパ節　咬筋 牛の頭部のリンパ節 耳下腺リンパ節　内側咽頭後リンパ節 耳下腺 咬筋 下顎リンパ節 出典　山田俊雄監：獣医公衆衛生学, p.174, 文永堂出版, 1975.
	特定部位等 牛：頭部（舌および頬肉を除く） めん羊・山羊：扁桃 頭部（月齢が満12か月齢以上に限る：舌、頬肉および扁桃を除く）	

検査部位およびポイント	検査方法等	図説
2　心臓および心膜 ・心外膜面に線維素の析出はないか。 ・弁膜に疣状物はないか。 ・心内膜・心筋に出血，変性等はないか。 ・心筋に結節や嚢虫はいないか。 ・腫瘍化している部位はないか。	(1)　心臓の検査方法 ①心膜を切開し，心臓の大きさ，形，色調，心臓外膜面の状態を観察する。 ②心臓を切開し，心筋割面，弁膜，腱索および心内膜面の異常の有無を確認する。	心臓の切開 ①心膜を切開する。 牛の心臓
	(2)　心臓の検査で認められる疾病等 ①疣状心内膜炎 ②心外膜炎 ③好酸球性心筋炎 ④心筋炎 ⑤心筋出血 ⑥心肥大 ⑦心冠脂肪水腫 ⑧黄疸 ⑨石灰沈着症 ⑩住肉胞子虫症 ⑪有鉤嚢虫症（豚） ⑫無鉤嚢虫症（牛） ⑬牛白血病 ⑭リポフスチン沈着症	②右の心室・心房から左の心室・心房にかけて切開する。 大動脈弁　左房室弁（二尖弁）　肺動脈弁　右房室弁（三尖弁）

検査部位およびポイント	検査方法等	図説
3　肺，気管，気管支，縦隔膜，胸腺，横隔膜，食道および付属リンパ節 ・肺に気腫，水腫，充血・出血はないか。 ・肺胸膜に線維素の析出を認めないか。 ・肺実質および付属リンパ節に結核性病変はないか。 ・膿瘍はないか。 ・寄生虫はいないか。 ・食道，横隔膜等に嚢虫はいないか。 ・胸腺に腫瘍化を認めないか。	(1) 肺等の検査方法 ①肺の退縮状態，形（癒着など），色調等を確認する。 必要に応じて，気管支の走行に対し直角に，気管支に達するまで肺を切開し，その割面および気管支を検査する。 ②左右気管支リンパ節，前縦隔リンパ節，中縦隔リンパ節，後縦隔リンパ節を細切する。 (2) 肺および横隔膜等の検査で認められる疾病等 ①肺炎（APP様，MPS様） ②肺膿瘍 ③胸膜炎 ④肺水腫 ⑤肺気腫 ⑥気管支拡張症 ⑦エキノコックス症 ⑧黒色腫 ⑨肺虫症 ⑩住肉胞子虫症 ⑪有鉤嚢虫症（豚） ⑫無鉤嚢虫症（牛） ⑬結核病（牛） ⑭非定型抗酸菌症（豚） ⑮白血病（豚） ⑯牛白血病 ⑰横隔膜膿瘍 ⑱横隔膜水腫 ⑲横隔膜出血	**肺の切開** 豚の肺（背面） 前葉／中葉／後葉 出典　加藤嘉太郎・山田昭二：家畜比較解剖図説（下巻），p.27, 養賢堂，2003. 改変 **牛の気管および肺のリンパ節** 気管気管支リンパ節／前気管気管支リンパ節／肺リンパ節 出典　上図と同じ，p.205 **豚の頭・頸部のリンパ節** 胸骨リンパ節／前深頸リンパ節／前縦隔リンパ節／下顎リンパ節／耳下腺リンパ節 出典　山田俊雄監：獣医公衆衛生学，p.177, 文永堂出版，1975.

検査部位およびポイント	検査方法等	図説
4　肝臓および付属リンパ節ならびに胆嚢 ・肝臓包膜に線維素の析出がないか。 ・胆管の肥厚，拡張はないか。 ・充血，うっ血，出血，壊死はないか。 ・結節，膿瘍はないか。 ・寄生虫はいないか。	(1) 肝臓の検査方法 ①肝臓の大きさ，形，色調等を確認する。 ②胆汁が漏出しないように肝臓臓側面，横隔面の病変の有無を確認する。 ③肝門部のリンパ節を細切する。 必要に応じて，病変部や胆管壁の確認のため肝臓の臓側面の左葉から右葉にむかい門脈に沿って垂直に切開し，その切開面より胆管を縦に切開する。 (2) 肝臓の検査で認められる疾病等 ①肝包膜炎 ②肝膿瘍 ③胆管炎 ④うっ血肝 ⑤肝出血 ⑥嚢胞肝 ⑦横隔膜ヘルニアによる肝臓奇形 ⑧退色肝（脂肪肝） ⑨産褥肝 ⑩肝硬変 ⑪鋸屑肝 ⑫肝富脈斑（牛） ⑬肝蛭症（牛） ⑭間質性肝炎（豚） ⑮サルモネラ症（豚） ⑯トキソプラズマ病（豚） ⑰非定型抗酸菌症（豚） ⑱白血病 ⑲牛白血病 ⑳肝砂粒症	肝臓の切開 牛の肝臓（臓側面） 左葉　肝リンパ節　後大静脈 　　　　　　　　　　　膵臓 　　　　　　　　　　　胆嚢 出典　山田俊雄監：獣医公衆衛生学, p.183, 文永堂出版, 1975. 豚の肝臓（臓側面） 外側左葉　　　　　尾状葉 　　　　　肝門 　　　　　方形葉 　　　　　　　　　外側右葉 内側左葉　肝円索　内側右葉 出典　川田新平・醍醐正之：図説家畜比較解剖学（上巻）, p.336, 文永堂出版, 1982.

検査部位およびポイント	検査方法等	図説
5　胃，腸，腸間膜および付属リンパ節ならびに大網 　検査を行うに当たって，消化管内容物の漏出により，正常部位や施設等への汚染がないようにする。 ・腸間膜リンパ節に結核性の病変はないか。 ・出血，充血，脆弱，肥厚はないか。 ・漿膜面に線維素の析出がないか。 ・パイエル板に変化はないか。 ・膿瘍，潰瘍はないか。 ・腸間膜等に水腫，気泡，脂肪壊死はないか。	(1)　胃および腸の検査方法 ①各臓器の位置関係を一定に保つ。 ②胃および腸の漿膜面全体を望診および触診する。 ③付属リンパ節や腸間膜の状態を確認する。 （必要に応じて，小腸，大腸，付属リンパ節を切開し，割面の状態を検査する。） (2)　胃および腸の検査で認められる疾病等 ①腹膜炎 ②大腸炎 ③小腸炎 ④胃炎 ⑤黄疸 ⑥水腫 ⑦胃潰瘍（豚） ⑧腸気泡症（豚） ⑨腸炭疽（豚） ⑩豚赤痢 ⑪非定型抗酸菌症（豚） ⑫白血病（豚） ⑬脂肪壊死症（牛） ⑭牛白血病 ⑮ヨーネ病（牛）	牛の消化器系 （直腸，膵臓，十二指腸，盲腸，空回腸，結腸，第四胃） 出典　加藤嘉太郎・山田昭二：家畜比較解剖図説（下巻），p.205，養賢堂，2003．改変
	特定部位等 牛：盲腸との接続部分から2mまでの回腸 めん羊・山羊：小腸および大腸（付属するリンパ節を含む）	

検査部位およびポイント	検査方法等	図説
6 膵臓 ・膵臓に出血，壊死，膿瘍はないか。 ・膵結石は認めないか。 ・膵臓周囲脂肪に水腫等は認めないか。	(1) 膵臓の検査方法 ①膵臓の間質の変化や膵臓周辺の脂肪を観察する。 (2) 膵臓の検査で認められる疾病等 ①膵臓水腫 ②膵臓周囲脂肪壊死 ③膵臓結石	牛の膵臓 （後大静脈，十二指腸，胃脾静脈，門脈，胆嚢） 出典 加藤嘉太郎・山田昭二：家畜比較解剖図説（上巻），p.267，養賢堂，2003．改変
7 脾臓およびそのリンパ節 ・出血，うっ血，結節，膿瘍はないか。 ・形態，大きさに異常はないか。	(1) 脾臓の検査方法 ①臓側面，横隔面を観察し，大きさ，色調等を検査する。 必要に応じ，以下の検査を実施する。 ・脾門に沿って横隔面に割面を入れる。 ・リンパ節に割面を入れ観察する。 (2) 脾臓の検査で認められる疾病等 ①脾うっ血 ②脾捻転（豚） ③白血病 ④牛白血病 ⑤炭疽 ⑥非定型抗酸菌症（豚） ⑦豚コレラ ⑧馬伝染性貧血	脾臓の切開 牛の脾臓 ※牛には，脾リンパ節はない。 出典 厚生省乳肉衛生課編：改訂食肉衛生検査と畜検査編，p.79，納屋書店，1968． 豚の脾臓 脾リンパ節 出典 上図と同じ，p.199
	特定部位等 めん羊・山羊：脾臓	

検査部位およびポイント	検査方法等	図説
8　腎臓および付属リンパ節 　脂肪を剥離し，腎臓を露出させ検査を行う。 ・腎臓の包膜の剥皮は容易であるか。 ・腎臓の表面に出血，梗塞，囊胞はないか。 ・腎臓に膿瘍，腫瘍はないか。 ・形状，硬さに異常はないか。	(1) 腎臓の検査方法 　①腎臓周囲の脂肪や副腎，尿管，腎リンパ節の状態を観察する。 　②被膜の剥離状態を観察した後，腎臓の大きさ，形，表面の凹凸，色調，硬さを確認する。 　（必要に応じて，腎臓を一部矢状断切開し，割面を観察する。） (2) 腎臓の検査で認められる疾病等 　①腎炎 　②腎膿瘍 　③囊胞腎 　④水腎症 　⑤腎芽腫 　⑥尿毒症 　⑦腎臓結石 　⑧リポフスチン沈着症 　⑨脂肪壊死症（牛）	腎臓の切開 豚の腎臓 （腎乳頭，腎杯，腎静脈，尿管，腎動脈，腎盤） 出典　加藤嘉太郎・山田昭二：家畜比較解剖図説（下巻），p.49, 養賢堂, 2003. 改変 牛の腎臓 （尿管，腎葉，腎動脈，腎静脈，尿管，腎乳頭，腎杯） 出典　上図と同じ

I と畜検査

検査部位およびポイント	検査方法等	図説
9　膀胱 ・充血，出血，肥厚，結石がないか。	(1) 膀胱の検査方法 　①膀胱，尿道の漿膜面を観察する。 （必要に応じて，膀胱および尿道を切開して粘膜面の異常および内容物を確認する。） (2) 膀胱の検査で認められる疾病等 　①膀胱炎 　②膀胱結石 　③膀胱乳頭腫 　④尿毒症	**膀胱の切開** 豚の膀胱 — 膀胱体，尿道 出典　加藤嘉太郎・山田昭二：家畜比較解剖図説（下巻），p. 59，養賢堂，2003. 改変
10　精巣，陰茎，卵巣，子宮，膣，および外陰 ・充血，出血，肥厚はないか。 ・腫瘍化している部位はないか。 ・子宮内に膿の貯留はないか。	(1) 子宮・卵巣および精巣の検査方法 　①子宮全体の視診，触診を行い，大きさ，形状，硬さ等に異常がないか確認する。 （必要に応じて，子宮を切開し，粘膜面や内容物を観察する。） 　②卵巣を確認する。 　③精巣は精巣上体とともに外観を観察する。 （必要に応じて，割面を入れ検査する。） (2) 子宮・卵巣および精巣の検査で認められる疾病等 　①子宮炎 　②子宮蓄膿症 　③生殖器奇形 　④妊娠子宮（妊孕） 　⑤卵巣嚢腫 　⑥牛白血病 　特定部位等 　めん羊・山羊：胎盤 　（月齢が満 12 か月齢以上に限る）	**子宮の切開** 牛の子宮 — 子宮角，角間間膜，子宮小丘，卵巣，子宮間膜，子宮頸管，膀胱 出典　上図と同じ，p. 107

検査部位およびポイント	検査方法等	図説
11 乳房 　乳房は，剥皮しないまま，と体から切除する。 　必要な場合を除き切開しないこととし，乳汁による汚染部位は完全に切り取ること。 　なお，未経産牛の場合は，剥皮を行い，枝肉と併せて検査する。 ・乳房に腫瘤はないか。 ・乳房実質に炎症，変性はないか。 ・乳房注入剤の有無	(1) 乳房の検査方法 ①望診，触診により異常の有無を観察する。 ②未経産牛においては，乳汁による枝肉の汚染がないかを確認する。 必要に応じて，以下の検査を行う。 ・乳房上リンパ節を切開し検査する。 ・各乳房を縦に乳管を露出させるように乳房実質を切開して検査する。 (2) 乳房の検査で認められる疾病等 ①化膿性乳房炎（牛） ②壊疽性乳房炎（牛）	**乳房の切開** 牛の乳房 （乳腺，乳管洞の乳頭部，乳頭） 出典　加藤嘉太郎・山田昭二：家畜比較解剖図説（下巻），p.327，養賢堂，2003．改変 牛の乳房の血管 （外陰部動脈，乳腺動脈，外陰部静脈，乳腺動脈） 出典　上図と同じ

I　と畜検査

検査部位およびポイント	検査方法等	図説
12　枝肉 ・脂肪，筋肉の色等に異常はないか。 ・筋肉および脊椎に膿瘍，腫瘍はないか。 ・筋肉，脂肪に出血，壊死，水腫，変性は認められないか。 ・注射痕は認められないか。 ・潤滑油または炎症産物等による枝肉の汚染はないか。	(1) 枝肉の検査方法 ①枝肉全体の外観を観察する。 ②枝肉の内外側を観察し，膿瘍や骨の異常の有無を確認する。 ③体表リンパ節や内側腸骨リンパ節の状態を確認する。 （必要に応じて切開し，割面を観察する。） ④脊髄および硬膜が除去されていることを確認する。（牛・めん羊・山羊） (2) 枝肉検査で認められる疾病等 ①筋肉膿瘍 ②筋肉出血 ③筋肉水腫 ④筋肉変性 ⑤好酸球性筋炎 ⑥脱臼 ⑦骨折 ⑧関節炎 ⑨黄疸 ⑩膿毒症 ⑪ポルフィリン症 ⑫滑膜嚢腫 ⑬筋脂肪置換症 ⑭住肉胞子虫症 ⑮豚丹毒〔関節炎型〕 ⑯中皮腫（牛） ⑰無鉤嚢虫症（牛） 特定部位等 牛：脊髄(頚椎・胸椎・腰椎・仙骨) めん羊・山羊：脊髄 （月齢が満12か月齢以上に限る。）	牛の体表および躯幹リンパ節 膝窩リンパ節 腸骨下リンパ節 浅頸リンパ節 出典　山田俊雄監：獣医公衆衛生学, p.179, 文永堂出版, 1975. 浅そ径リンパ節 内側腸骨リンパ節 腎リンパ節 腎臓 前胸骨リンパ節 肋頸リンパ節 出典　上図と同じ, p.185.

参考❷ ▶ 解体後検査時に肉眼所見から疑われる疾病等

検査部位		認められる病変	疑われる疾病等	主な解体所見等
頭部検査	顎	不動性腫瘤	放線菌病（牛）	頭部，特に上顎や下顎骨などに好発する硬組織の肉芽腫性炎を形成する。
	咬筋	嚢虫による結節病変	無鉤嚢虫症（牛）	小豆大から大豆大，乳白色から淡黄緑色の結節を形成する。心筋・咬筋・横隔膜などに認められる。
	下顎リンパ節	結節（結核性病変）	非定型抗酸菌症（豚）	中心部に石灰化を伴う黄白色の粟粒大結節が散見される。肺・肝臓・脾臓・下顎および腸間膜リンパ節に認められる。
	舌	硬化・腫脹	アクチノバチルス症【木舌】	舌等軟組織の肉芽腫性炎を形成する。
内臓検査	心臓	大きさ・形の異常	心肥大	心臓の著しい肥大を認める。心臓の形態上の異常を伴う場合もある。
		心外膜への線維素析出	心外膜炎	心外膜面の線維素の析出および心膜との癒着を認める。
		心筋の色調の異常	急性伝染病，敗血症	脾臓やリンパ節の腫大のほか，諸臓器の出血・炎症・梗塞等を認める。
			中毒	消化器系臓器の出血や諸臓器の出血・変性を認める。
			好酸球性心筋炎	淡緑黄色縞状の病変の形成を認める。
			リポフスチン沈着症	リポフスチン沈着による心臓・肝臓・腎臓の暗褐色化を認める。
		心筋・心内膜下の出血	急性伝染病，敗血症	脾臓やリンパ節の腫大のほか，諸臓器の出血・炎症・梗塞等を認める。
			中毒	消化器系臓器の出血や諸臓器の出血・変性を認める。
			心筋出血（と殺性変化もある）	心筋に点状もしくは縞状の出血を認める。
		心筋内の寄生虫性結節	住肉胞子虫症	粟粒大から米粒大，乳白色から淡黄緑色の紡錘形結節（サルコシスト）を形成する。心臓・食道・横隔膜・全身の筋肉などに認められる。
			無鉤嚢虫症（牛）	小豆大から大豆大，乳白色から淡黄緑色の結節を形成する。心筋・咬筋・横隔膜などに認められる。
			有鉤嚢虫症（豚）	小豆大から大豆大，乳白色から淡黄緑色の結節を形成する。横隔膜・全身の筋肉などに認められる。
		心筋の変性または炎症	心筋炎	心筋の灰白色斑状病変を認める。
			心筋壊死	心筋の灰白色斑状病変を認める。

検査部位		認められる病変	疑われる疾病等	主な解体所見等
内臓検査	心臓		心臓脂肪症	心臓への著しい脂肪の沈着を認める。
		心筋・心冠部の腫瘍化	牛白血病	リンパ節の腫大および諸臓器に乳白色髄様腫瘤を認める。
		弁膜の疣状物	疣状心内膜炎	諸臓器の出血・変性・壊死を認める。
		心内膜の変性	石灰沈着症	心内膜や血管系の内膜下への石灰沈着を認める。
		心冠脂肪の水腫	心冠脂肪水腫	心冠脂肪の水腫性変化を認める。
			高度の水腫	諸臓器および皮下織に高度の水腫を認める。
		心冠脂肪の黄色変化	高度の黄疸	皮下織や皮下脂肪などに全身性の黄疸を認める。
	肺	線維素の析出と胸膜との癒着	胸膜炎	肺表面に線維素の析出を認めるほか胸膜との癒着を認める。
		気腫	肺気腫（と殺性変化もある）	小葉間結合織の著しい含気性拡張を認める。
			豚肺虫症（豚）	肺辺縁部の小葉間結合織に著しい拡張を認める。
		退縮不全，水腫	疣状心内膜炎	諸臓器の出血・変性・壊死を認める。
			肺水腫	小葉間結合織の水腫性増幅を認める。循環器系の障害が原因。
		充血・出血	急性伝染病，敗血症	脾臓やリンパ節の腫大のほか，諸臓器の出血・炎症・梗塞等を認める。
			血液吸入肺（と殺性変化）	小葉単位での暗赤色斑状病変を認める。
		実質内の結核性結節	結核病（牛）	粟粒大から小豆大の淡黄白色の乾酪壊死巣を形成する。肺・肺リンパ節・腸間膜リンパ節などに認める。
			非定型抗酸菌症（豚）	中心部に石灰化を伴う黄白色の粟粒大結節が散見される。肺・肝臓・脾臓・下顎および腸間膜リンパ節等に認められる。
		実質内の寄生虫性結節	無鉤嚢虫症(牛)	小豆大から大豆大，乳白色から淡黄緑色の結節を形成する。心筋・咬筋・横隔膜などに認められる。
			エキノコックス症	肝臓や肺に蚕豆大の嚢胞を認める。
		実質内の結節	肺膿瘍	大小さまざまの膿瘍を認める。
			気管支拡張症	拡張した気管支による結節病変を認める。結節内に粘稠性の高い滲出物を含む。
		黒色結節病変	黒色腫	諸臓器やリンパ節の黒色浸潤性病変を認める。
		炎症	アクチノバチル	肺表面にドーム上に隆起した暗赤色病変や

	検査部位	認められる病変	疑われる疾病等	主な解体所見等
内臓検査	肺		ス（App）性肺炎	線維素の付着を認める。
			マイコプラズマ（MPS）性肺炎	肺辺縁部に水腫性の境界明瞭な病変を認める。
	胸腺	腫大・腫瘍化	牛白血病	リンパ節の腫大および諸臓器に乳白色髄様腫瘤を認める。胸腺型の場合は主として胸腺に腫瘍塊を認める。
			白血病	リンパ節の腫大および諸臓器に乳白色髄様腫瘤を形成する。
	横隔膜	寄生虫性結節	住肉胞子虫症	粟粒大から米粒大，乳白色から淡黄緑色の紡錘形結節（サルコシスト）を形成する。心臓・食道・横隔膜・全身の筋肉などに認められる。
			無鉤嚢虫症(牛)	小豆大から大豆大，乳白色から淡黄緑色の結節を形成する。心筋・咬筋・横隔膜などに認められる。
			有鉤嚢虫症(豚)	小豆大から大豆大，乳白色から淡黄緑色の結節を形成する。横隔膜・全身の筋肉などに認められる。
			旋毛虫病	横隔膜・咬筋などに多数の被嚢幼虫を認める。
			肝砂粒症	表面に境界明瞭な粟粒大白色結節が散見される。
	肝臓	大きさの異常	うっ血肝	肝臓は暗赤色を呈し，著しい腫大を認める。
		包膜への線維素析出	肝包膜炎	肝臓包膜の肥厚と肝臓表面に線維素の析出を認める。
		実質の色調の異常	退色肝（脂肪肝）	肝臓の退色を認める。腫大・脆弱化または硬化を認める場合もある。
			にくずく肝	にくずくの実を割ったような割面。
			産褥肝	肝臓の退色および脆弱化を認める。周産期にみられる。
			高度の黄疸	皮下織や皮下脂肪など全身性の黄疸を認める。
			リポフスチン沈着症	リポフスチン沈着による心臓・肝臓・腎臓の暗褐色化を認める。
			ポルフィリン症	肝臓の黒色化と骨や歯の変色（チョコレート色）を認める。
		硬さの異常	肝線維症または肝硬変	著しい硬化と間質組織の著しい増生を認める。
			アミロイドーシス	肝臓・腎臓は淡褐色を呈し肥大を認める。

I と畜検査

検査部位		認められる病変	疑われる疾病等	主な解体所見等
内臓検査	肝臓	胆管の肥厚・拡張	胆管炎	胆嚢内の著しい胆汁の貯留と胆管の著しい肥厚を認める。
			肝蛭症（牛）	胆管の著しい肥厚および胆管内に肝蛭を認める。
		充血・出血	急性伝染病，敗血症	脾臓やリンパ節の腫大のほか，諸臓器の出血・炎症・梗塞等を認める。
			中毒	消化器系臓器の出血や諸臓器の出血・変性を認める。
			肝出血	肝臓に暗赤色から赤色の点状出血病変を認める。肉用牛に多い。
		出血・壊死	サルモネラ症（豚）	肝臓に出血と針頭大から粟粒大の壊死巣を認めるほか，肺の限局性肺炎および腎臓の混濁腫脹を認める。
			トキソプラズマ病（豚）	肝臓・腎臓・腸粘膜に点状出血と針頭大から粟粒大の灰白色病変を認めるほか，肺に全葉性水腫性病変を認める。
		陥凹した暗赤色斑	肝富脈斑	肝臓表面にやや陥凹した小豆から大豆大の血管網を認める。
		白斑・結節性病変	非定型抗酸菌症（豚）	中心部に石灰化を伴う黄白色の粟粒大結節が散見される。肺・肝臓・脾臓・下顎および腸間膜リンパ節に認められる。
			鋸屑肝（牛）	肝臓に粟粒大の灰白色鋸屑様病変を多数認める。肉用牛に多い。
			間質性肝炎	肝臓に小豆大から大豆大の灰白色結節を認める。
			エキノコックス症	肝臓や肺に蚕豆大の囊胞を認める。
			リンパ組織の過形成	小豆から大豆大の表面の隆起した白色結節病変を認める。
			白血病	リンパ節の腫大および諸臓器に乳白色髄様腫瘤を形成する。
			肝膿瘍	肝臓に大小不定の膿瘍を認める。
		囊胞形成	囊胞肝	肝臓に囊胞を認め，内腔に液体の貯留を認める。
	胃	漿膜面の線維素の析出	腹膜炎	消化器系臓器の漿膜面への線維素の析出を認める。
		色調の異常	高度の黄疸	皮下織や皮下脂肪など全身性の黄疸を認める。
		粘膜の充出血漿膜下出血	胃炎	粘膜の菲薄化，粘膜面に点状出血を認める。
		粘膜面の潰瘍病変	胃潰瘍（豚）	粘膜面に糜爛・出血・クレーター状病変を認める。

検査部位		認められる病変	疑われる疾病等	主な解体所見等
内臓検査	胃	第四胃など粘膜の肥厚	牛白血病	リンパ節の腫大および諸臓器に乳白色髄様腫瘤を認める。
	大腸・小腸	粘膜の充血・出血 漿膜下出血	消化器系感染症（病原性大腸菌など）	消化器系臓器に炎症を認める。
			急性伝染病, 敗血症	脾臓やリンパ節の腫大のほか, 諸臓器の出血・炎症・梗塞等を認める。
			中毒	消化器系臓器の出血や諸臓器の出血・変性を認める。
			消化器系寄生虫病（コクシジウム症）	消化器系臓器に炎症を認める。
			小腸炎	小腸壁の肥厚, 充血・出血および粘膜面に点状出血を認める。
			大腸炎	大腸粘膜の肥厚もしくは菲薄化, 粘膜面の充血・出血, 結腸腸間膜の水腫を認める。
			豚赤痢	大腸粘膜の充血・出血と結腸腸間膜の高度な水腫を認める。
		粘膜の肥厚	慢性感染症（豚サルモネラ症など）	消化器系臓器に炎症を認める。
			ヨーネ病(牛)	回腸遠位部から十二指腸の粘膜が好発部位でワラジ状病変を認める。
			腸炭疽（豚）	出血性腸炎を呈し, 慢性経過で腸壁の肥厚を認めるほか, リンパ節の出血・腫大を認める。
		粘膜の結節様病変	腸気泡症（豚）	小腸の漿膜面を中心に多数の気泡を認める。
			腸結節虫症	小腸・大腸粘膜下に米粒大の暗赤色, 乳白色または緑色の結節を認める。
	腸間膜	水腫性病変	腸間膜水腫	腸間膜に水腫性変化を認める。
		腫瘤様病変	脂肪壊死症(牛)	腎臓周囲・直腸周囲・腸間膜・大網等に大小さまざまの硬い白色腫瘤を認める。
	リンパ節またはパイエル板	結節または腫瘤	非定型抗酸菌症（豚）	中心部に石灰化を伴う黄白色の粟粒大結節が散見される。肺・肝臓・脾臓・下顎および腸間膜リンパ節に認められる。
			白血病（消化器型）	リンパ節の腫大, 諸臓器に乳白色髄様腫瘤を認める。
			牛白血病	リンパ節の腫大および諸臓器に乳白色髄様腫瘤を認める。
	膵臓	膵臓実質	膵結石	膵管内に白色結石を認める。

検査部位		認められる病変	疑われる疾病等	主な解体所見等
内臓検査	膵臓	膵周囲脂肪組織の異常	膵臓周囲脂肪壊死	膵臓間質および周囲の脂肪組織に米粒大の不整形白色結節を認める。
			膵臓水腫	膵臓周囲の脂肪に水腫性変化を認める。
	脾臓	大きさの異常	うっ血性脾腫	肝臓は暗赤色を呈し，大量の血液による著しい腫大を認める。
			白血病性脾腫	腫大し乳白色腫瘍結節を認める。リンパ節の腫大，諸臓器に乳白色髄様腫瘤を認める。
			急性伝染病，敗血症	脾臓やリンパ節の腫大のほか，諸臓器の出血・炎症・梗塞等を認める。
			炭疽	天然孔からの出血，血液の凝固不全を認める。
		形態の異常	脾捻転（豚）	脾臓の捻転によるうっ血脾
		出血・梗塞	豚コレラ	心臓，腎臓，膀胱粘膜等の点状出血，播種性血管内凝固を認める。
		結節形成	脾膿瘍	脾臓に大小不定の膿瘍を認める。
	腎臓	点状出血	中毒	消化器系臓器の出血や諸臓器の出血・変性を認める。
			急性伝染病，敗血症	脾臓やリンパ節の腫大のほか，諸臓器の出血・炎症・梗塞等を認める。
		出血・壊死・梗塞	腎炎	腎臓表面に出血，壊死，梗塞巣を認める。
		大きさの異常	慢性腎炎	腎臓は腫大もしくは萎縮しており，全体的に灰白色を帯び，被膜下に微細な囊胞の密発を認め，硬結感を有している。割面において皮質と髄質の境界が不明瞭な病変を認める。尿毒症の可能性も高い。
		大きさの異常 肥大	アミロイドーシス	肝臓・腎臓に淡褐色化と肥大を認める。
		萎縮	萎縮腎	腎臓の萎縮，退色，硬化を認める。
		形状の異常	囊胞腎	腎臓に大小不定の囊胞を認める。
			水腎症	尿路の一部狭窄または閉塞を認め，腎臓においては腎盂の拡張を認める。
		色調の異常	リポフスチン沈着症	リポフスチン沈着による心臓・肝臓・腎臓の暗褐色化を認める。
		結節または腫瘤	非定型抗酸菌症（豚）	中心部に石灰化を伴う黄白色の粟粒大結節が散見される。肺・肝臓・脾臓・下顎および腸間膜リンパ節に認められる。
			腎膿瘍	腎臓に大小不定の膿瘍を認める。
			腎芽腫	大小さまざまな乳白色充実性の分葉状腫瘤を認める。
			牛白血病	リンパ節の腫大および諸臓器に乳白色髄様

検査部位		認められる病変	疑われる疾病等	主な解体所見等
内臓検査	腎臓			腫瘤を認める。
			白血病	リンパ節の腫大および諸臓器に乳白色髄様腫瘤を形成する。
		腎盂内異物	腎結石	腎盂に結石を認める。
		腎周囲の脂肪の硬化	脂肪壊死症（牛）	腎臓周囲・直腸周囲・腸間膜・大網等に大小さまざまの硬い白色腫瘤を認める。
	膀胱	粘膜の肥厚・充血・出血	膀胱炎	膀胱壁の肥厚と粘膜の充血・出血を認める。
		粘膜の肥厚および腫瘍化	牛白血病	リンパ節の腫大および諸臓器に乳白色髄様腫瘤を認める。
			白血病	リンパ節の腫大および諸臓器に乳白色髄様腫瘤を形成する。
		膀胱内異物	膀胱結石	膀胱内に多数の結石を認めるほか，膀胱粘膜の肥厚と充血・出血を認める。
	子宮および卵巣	大きさの異常	子宮蓄膿症	左右対称に大きさを増しており，内腔に膿の貯留を認める。
			妊娠子宮	左右非対称で内腔に胎児を認める。
			子宮炎	子宮内膜の充血と浮腫性の肥厚を認める。
		形態の異常	生殖器奇形	半陰陽やミューラー管の奇形など先天性の奇形を認める。
			卵巣嚢腫	卵巣に水様液を含有する病的な嚢状物を認める。
		腫瘤	牛白血病	リンパ節の腫大および諸臓器に乳白色髄様腫瘤を認める。
枝肉等の検査	乳房	腫大・硬結感	急性乳房炎	乳房の腫大・硬結感と乳房上リンパ節の腫脹・充血・出血を認める。
			化膿性乳房炎	乳房内に灰白色膿汁貯留と乳房上リンパ節の腫脹・充血・出血を認める。
			壊疽性乳房炎	乳房の腫大，硬結感，紫赤色斑と皮下組織の水腫を認める。
	筋肉	出血	急性伝染病，敗血症	疾病の種類により内臓検査所見を参考として，必要に応じ精密検査を行う。
			中毒	症状および内臓検査所見を参考に，必要に応じて精密検査を行う。
			と殺性変化	筋肉に点状の出血性病変を認める。
			骨折・脱臼	骨折・脱臼部位周囲の筋肉の著しい出血を認める。
		出血・変性	筋肉注射部位の変化	注射部位の局所的な反応性病変で，出血や変性を認める。
		筋肉の色調の異常	好酸球性筋炎（牛）	淡黄緑色縞状病変を認める。

検査部位		認められる病変	疑われる疾病等	主な解体所見等
枝肉等の検査	筋肉		白筋症	健常部とは明瞭に区別される筋肉の退色を認める。セレン・ビタミンE欠乏による。
			PSE肉	筋組織は弾力性を欠き，変性白色化を認める。ストレスや遺伝的素因などによる。
			筋脂肪置換症	筋は萎縮し，脂肪組織で置換される。
			高度の黄疸	皮下織や皮下脂肪など全身性の黄疸を認める。
			黒色腫	諸臓器やリンパ節の黒色浸潤性病変を認める。
		水腫	筋間脂肪水腫	諸臓器および皮下織の水腫を認める。
		結節または腫瘤	住肉胞子虫症	粟粒大から米粒大，乳白色から淡黄緑色の紡錘形結節（サルコシスト）を形成する。心臓・食道・横隔膜・全身の筋肉などに認められる。
			無鉤嚢虫症（牛）	小豆大から大豆大，乳白色から淡黄緑色の結節を形成する。心筋・咬筋・横隔膜などに認められる。
			有鉤嚢虫症（豚）	小豆大から大豆大，乳白色から淡黄緑色の結節を形成する。横隔膜・全身の筋肉などに認められる。
			旋毛虫病	横隔膜・咬筋などに多数の被嚢幼虫を認める。
			牛白血病	リンパ節の腫大および諸臓器に乳白色髄様腫瘤を認める。
			筋肉膿瘍	筋肉内に大小不定の膿瘍を認める。
	骨	色素の沈着	ポルフィリン症	肝臓の黒色化と骨や歯の変色（チョコレート色）を認める。
			抗生物質（テトラサイクリン系）の連用	胸骨等に黄緑色の色素沈着
	内側腸骨リンパ節およびその他の躯幹リンパ節	腫大・出血・壊死	関節炎	四肢関節の腫大，関節液の増量を認める。豚においては関節炎型の豚丹毒を疑う。
			白血病	リンパ節の腫大および諸臓器に乳白色髄様腫瘤を形成する。
			牛白血病	リンパ節の腫大および諸臓器に乳白色髄様腫瘤を認める。

参考文献　見上彪監：獣医感染症カラー・アトラス（第2版），文永堂出版，2006.
　　　　　小沼操ほか編：動物の感染症（第2版），近代出版，2006.
　　　　　日本獣医病理学会編：動物病理学各論（第2版），文永堂出版，2010.
　　　　　今井壮一ほか編：最新家畜寄生虫病学，朝倉書店，2007.

参考❸▶リンパ管系の検査

1 リンパ管系検査の意義
○リンパ節を観察することによって,そのリンパ節の支配域の病的状態を推察することができる。
○リンパ流に沿って臓器,組織を精査することによって,病変の広がりを知り,病状の全容を把握することができる。

このようなことから,と畜検査に際して,リンパ節の支配域およびリンパ流の関係について,よく理解しておく必要がある。

2 頭部・頸部のリンパ節

リンパ節の名称	支配部位	備考
耳下腺リンパ節	扁桃,口腔粘膜	
下顎リンパ節	咬筋部,下顎部の皮膚・筋肉,舌,歯肉,扁桃	豚は非定型抗酸菌症の感染経路として重要
内側咽頭後リンパ節	頭頸部の筋肉,扁桃	牛:3〜6cmで大きい,豚:1〜2cmで小さい。豚では,このリンパ節に受容されたリンパは直接,静脈に流入するので,注目を要する。
外側咽頭後リンパ節	頭頸部の筋肉,舌,下顎骨,胸腺	牛では,頭部のリンパをすべて受容して,静脈に流入し,極めて重要なリンパ節
背側浅頸リンパ節	頸部,肩部,胸郭,前肢	頭頸部のリンパ流の中心で,極めて重要なリンパ節

頭部のリンパ節間のリンパ流(牛)

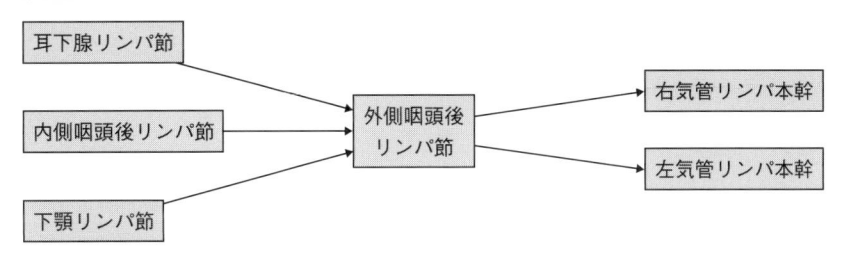

耳下腺リンパ節 ─┐
内側咽頭後リンパ節 ─→ 外側咽頭後リンパ節 ─→ 右気管リンパ本幹
下顎リンパ節 ─┘   └→ 左気管リンパ本幹

頭・頸部のリンパ節間のリンパ流(豚)

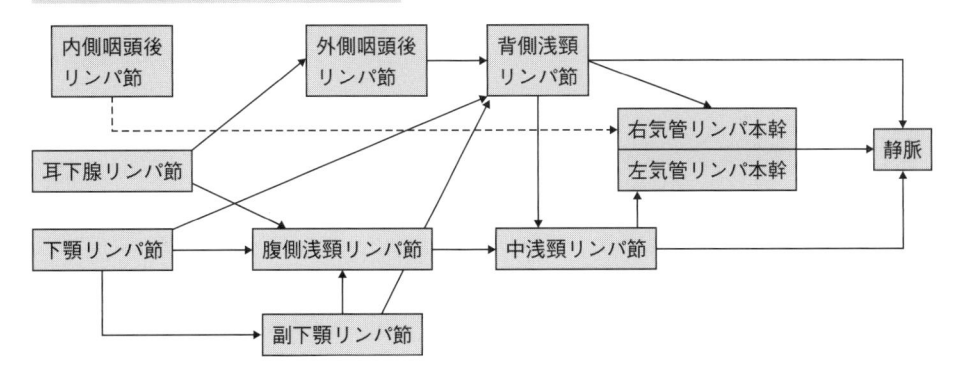

内側咽頭後リンパ節 → 外側咽頭後リンパ節 → 背側浅頸リンパ節 → 右気管リンパ本幹 → 静脈
耳下腺リンパ節   左気管リンパ本幹
下顎リンパ節 → 腹側浅頸リンパ節 → 中浅頸リンパ節
          副下顎リンパ節

Ⅰ と畜検査

牛の頭部

気管リンパ本幹
外側咽頭後リンパ節
内側咽頭後リンパ節
下顎リンパ節
前深頸リンパ節

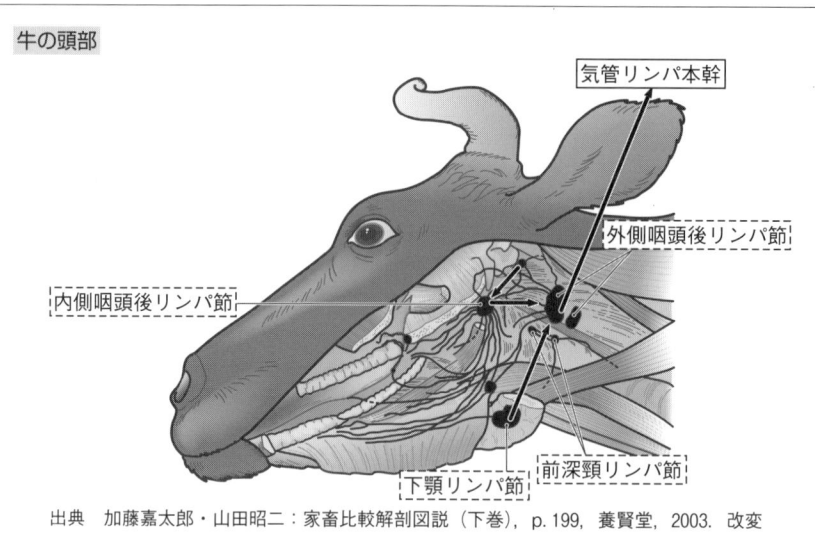

出典 加藤嘉太郎・山田昭二：家畜比較解剖図説（下巻），p.199，養賢堂，2003．改変

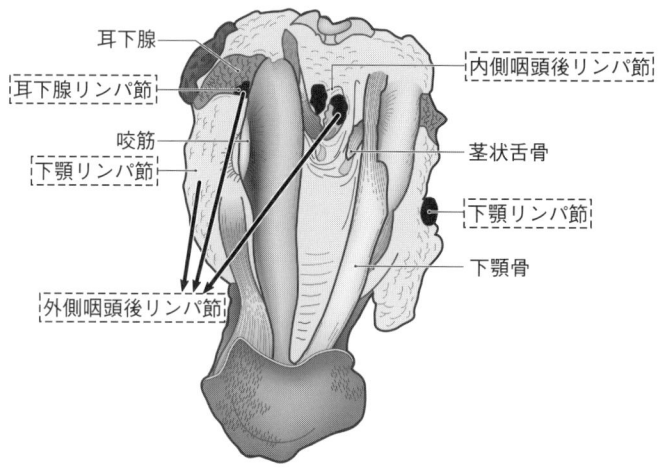

耳下腺
耳下腺リンパ節
内側咽頭後リンパ節
咬筋
下顎リンパ節
茎状舌骨
下顎リンパ節
外側咽頭後リンパ節
下顎骨

出典 山田俊雄監：獣医公衆衛生学，p.174，文永堂出版，1975．

牛の頸部

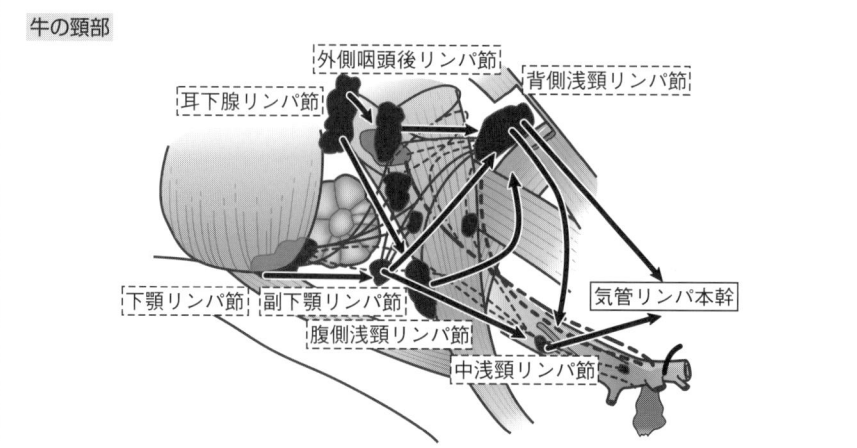

外側咽頭後リンパ節
耳下腺リンパ節
背側浅頸リンパ節
下顎リンパ節
副下顎リンパ節
腹側浅頸リンパ節
気管リンパ本幹
中浅頸リンパ節

出典 Dunne HD : *Disease of Swine Third edition*, p.29, The Iowa state university press, 1970.

3 胸腔のリンパ節

リンパ節の名称	支配部位	備考
気管支リンパ中心	肺, 気管, 心臓, 食道	左気管気管支リンパ節は, 左側の全肺葉と右側のすべての肺葉からリンパを受容し, これらのリンパ節群中, 最大のリンパ節である。
縦隔リンパ中心	〃	牛の後縦隔リンパ節は, 脾臓, 肝臓から, リンパを受容する。 後縦隔リンパ節以外は, 明確に区別は困難である。

胸部のリンパ節間のリンパ流（牛）

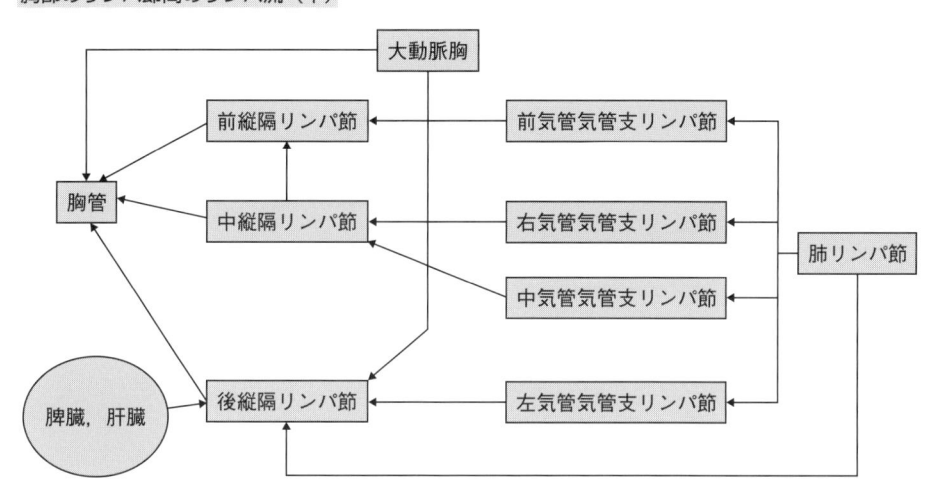

胸部のリンパ節間のリンパ流（豚）

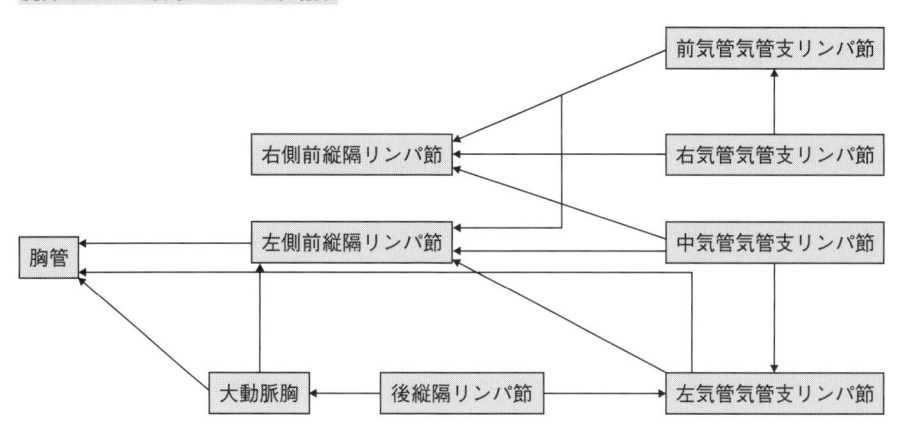

Ⅰ と畜検査

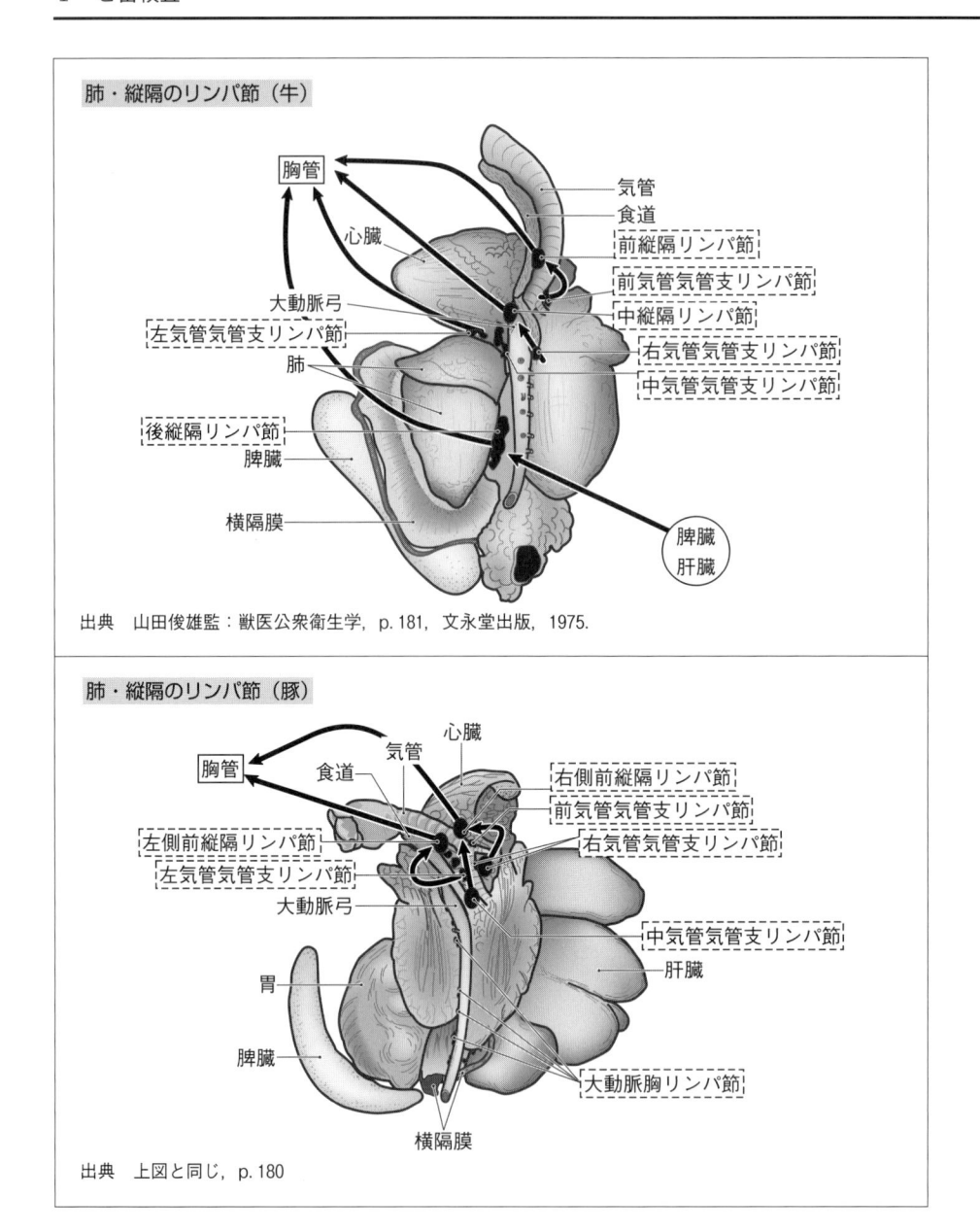

肺・縦隔のリンパ節（牛）

- 胸管
- 気管
- 食道
- 心臓
- 前縦隔リンパ節
- 大動脈弓
- 前気管気管支リンパ節
- 中縦隔リンパ節
- 左気管気管支リンパ節
- 右気管気管支リンパ節
- 肺
- 中気管気管支リンパ節
- 後縦隔リンパ節
- 脾臓
- 横隔膜
- 脾臓 肝臓

出典　山田俊雄監：獣医公衆衛生学，p.181，文永堂出版，1975.

肺・縦隔のリンパ節（豚）

- 胸管
- 気管
- 心臓
- 食道
- 右側前縦隔リンパ節
- 前気管気管支リンパ節
- 左側前縦隔リンパ節
- 右気管気管支リンパ節
- 左気管気管支リンパ節
- 大動脈弓
- 中気管気管支リンパ節
- 胃
- 肝臓
- 脾臓
- 大動脈胸リンパ節
- 横隔膜

出典　上図と同じ，p.180

4 腹腔のリンパ節

リンパ節の名称	支配部位	備考
腹腔リンパ中心	その支配する臓器および隣接臓器	
前・後腸間膜リンパ中心	〃	

腹腔臓器リンパ節間のリンパ流（牛）

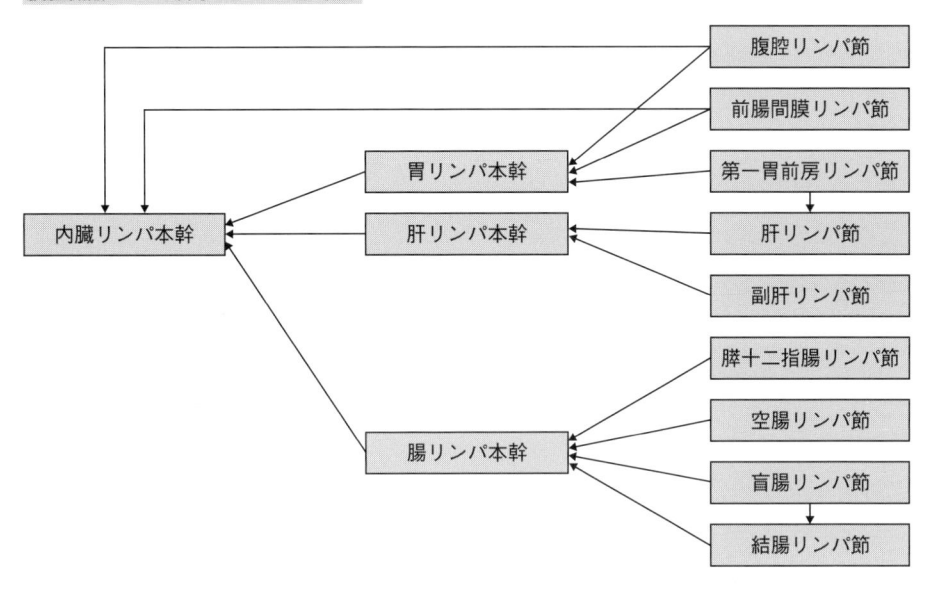

```
                                                    ┌─ 腹腔リンパ節
                                                    ├─ 前腸間膜リンパ節
                          ┌─ 胃リンパ本幹 ←─ 第一胃前房リンパ節
                          │                         ┌─ 肝リンパ節
内臓リンパ本幹 ←──────── ├─ 肝リンパ本幹 ←────┤
                          │                         └─ 副肝リンパ節
                          │                         ┌─ 膵十二指腸リンパ節
                          │                         ├─ 空腸リンパ節
                          └─ 腸リンパ本幹 ←────┤
                                                    ├─ 盲腸リンパ節
                                                    └─ 結腸リンパ節
```

腹腔臓器リンパ節間のリンパ流（豚）

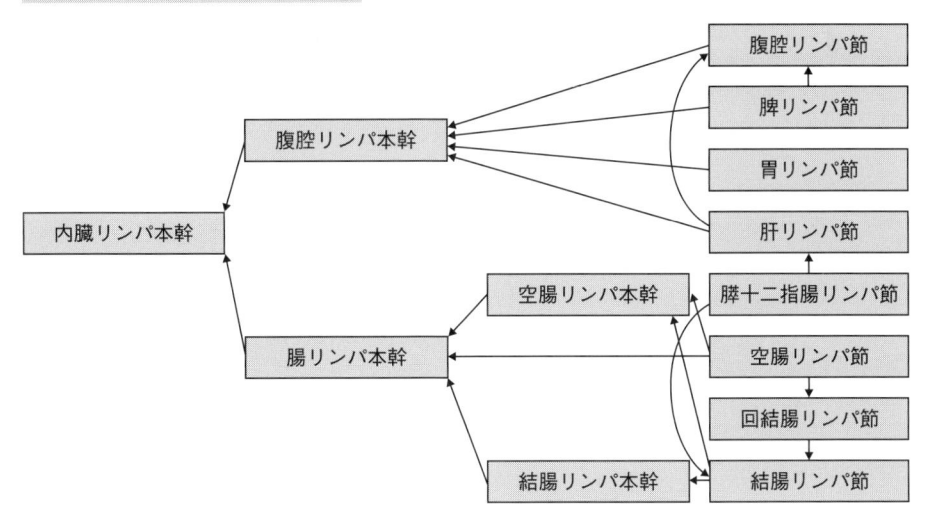

```
                                    ┌─ 腹腔リンパ節
                                    ├─ 脾リンパ節
                 ┌─ 腹腔リンパ本幹 ←┤
                 │                  ├─ 胃リンパ節
                 │                  └─ 肝リンパ節
内臓リンパ本幹 ←┤
                 │        ┌─ 空腸リンパ本幹 ←─ 膵十二指腸リンパ節
                 │        │                    ── 空腸リンパ節
                 └─ 腸リンパ本幹 ←┤            ── 回結腸リンパ節
                          │                    
                          └─ 結腸リンパ本幹 ←─ 結腸リンパ節
```

I と畜検査

腹部のリンパ節（牛）

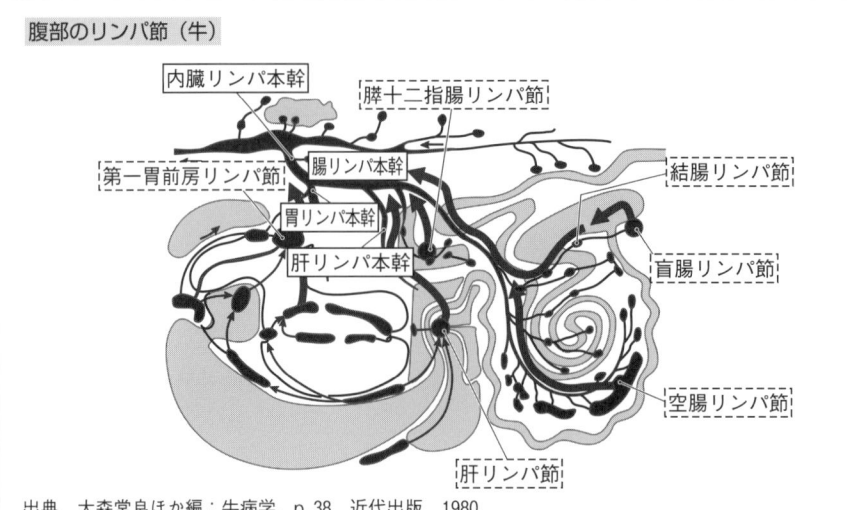

- 内臓リンパ本幹
- 膵十二指腸リンパ節
- 第一胃前房リンパ節
- 腸リンパ本幹
- 胃リンパ本幹
- 結腸リンパ節
- 肝リンパ本幹
- 盲腸リンパ節
- 空腸リンパ節
- 肝リンパ節

出典　大森常良ほか編：牛病学, p.38, 近代出版, 1980.

腹部のリンパ節（豚）

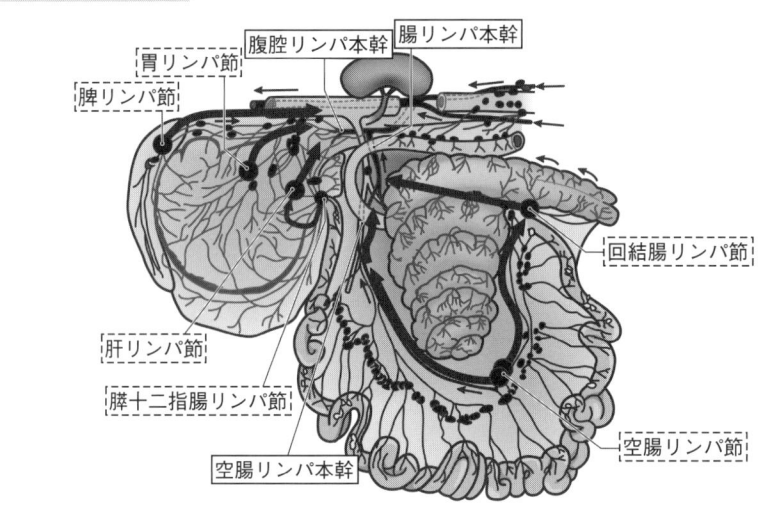

- 胃リンパ節
- 腹腔リンパ本幹
- 腸リンパ本幹
- 脾リンパ節
- 回結腸リンパ節
- 肝リンパ節
- 膵十二指腸リンパ節
- 空腸リンパ節
- 空腸リンパ本幹

出典　熊谷哲夫ほか編：豚病学―生理・疾病・飼養―（第3版）, p.19, 近代出版, 1987.

5 腰部のリンパ節

リンパ節の名称	支配部位	備考
内側腸骨リンパ節	骨盤腔，後肢の筋肉・骨・関節，泌尿器	周辺のリンパ節中で最も発達しているため，指標となる。
外側腸骨リンパ節	〃	
固有深そ径リンパ節	〃	
腸骨下リンパ節	胸郭・腹壁・骨盤壁・大腿部の皮膚，腹壁・大腿部の筋肉	後躯の浅層組織の病変診断には欠くことができない。
固有浅そ径リンパ節（乳房上リンパ節）	下腹部・大腿部・内股部の皮膚および浅層の筋肉，外生殖器，乳房	
膝窩リンパ節	後肢の皮膚・筋肉・骨・関節・蹄	

腰部リンパ節間のリンパ流（牛）

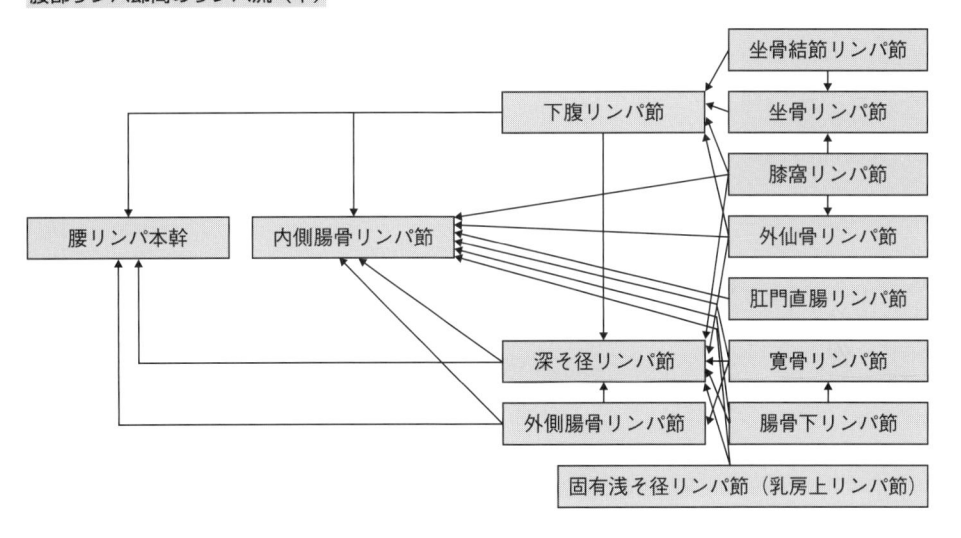

腰部リンパ節間のリンパ流（豚）

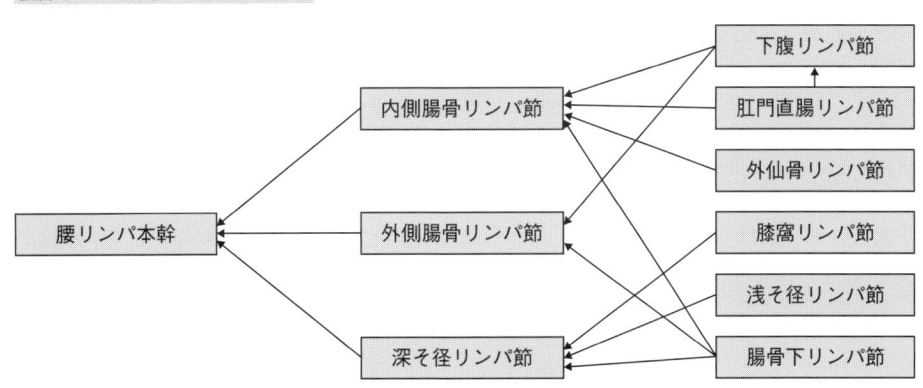

Ⅰ　と畜検査

腰部のリンパ節（牛）

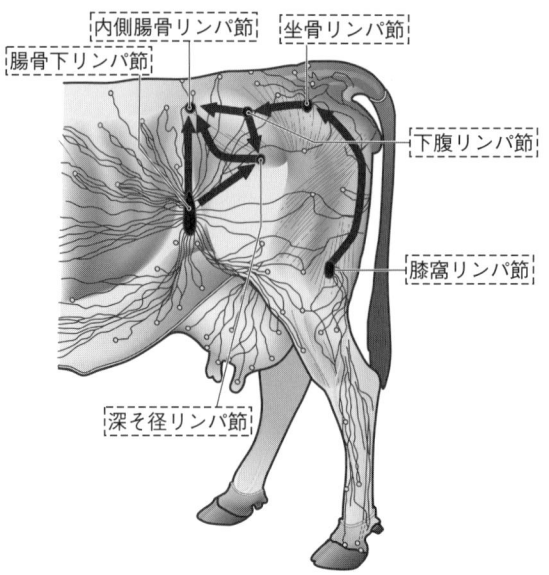

腸骨下リンパ節
内側腸骨リンパ節
坐骨リンパ節
下腹リンパ節
膝窩リンパ節
深そ径リンパ節

出典　川田信平・醍醐正之：図説家畜比較解剖学（下巻），p.308，文永堂出版，1982．

腰部のリンパ節（豚）

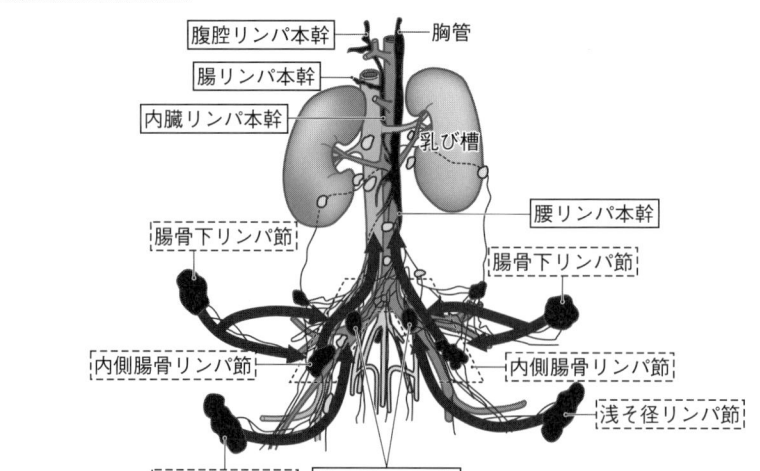

腹腔リンパ本幹
胸管
腸リンパ本幹
内臓リンパ本幹
乳び槽
腰リンパ本幹
腸骨下リンパ節
腸骨下リンパ節
内側腸骨リンパ節
内側腸骨リンパ節
浅そ径リンパ節
浅そ径リンパ節
深そ径リンパ節

出典　熊谷哲夫ほか編：豚病学―生理・疾病・飼養―（第3版），p.18，近代出版，1987．

2 と畜検査

腰部のリンパ節（豚）

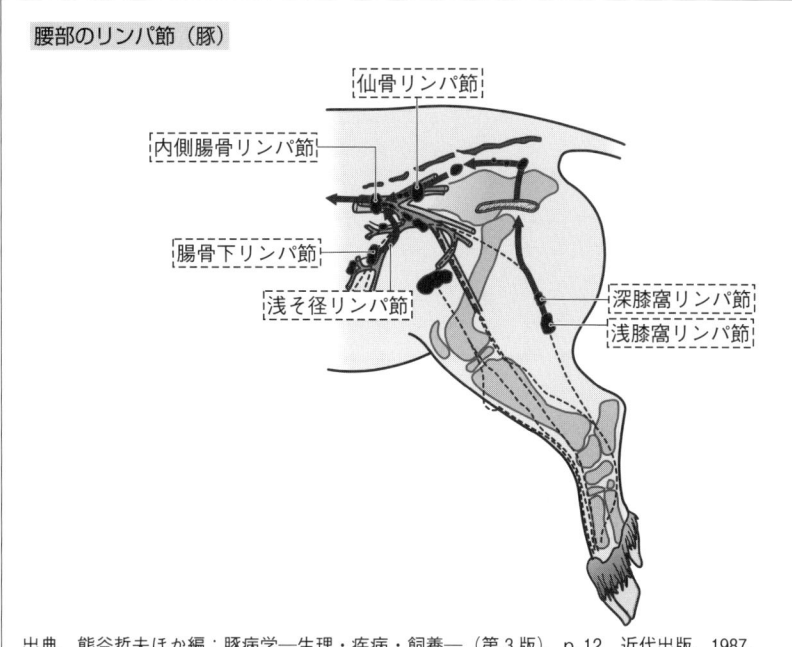

- 仙骨リンパ節
- 内側腸骨リンパ節
- 腸骨下リンパ節
- 浅そ径リンパ節
- 深膝窩リンパ節
- 浅膝窩リンパ節

出典　熊谷哲夫ほか編：豚病学―生理・疾病・飼養―（第3版），p.12，近代出版，1987.

豚のリンパ節の組織像

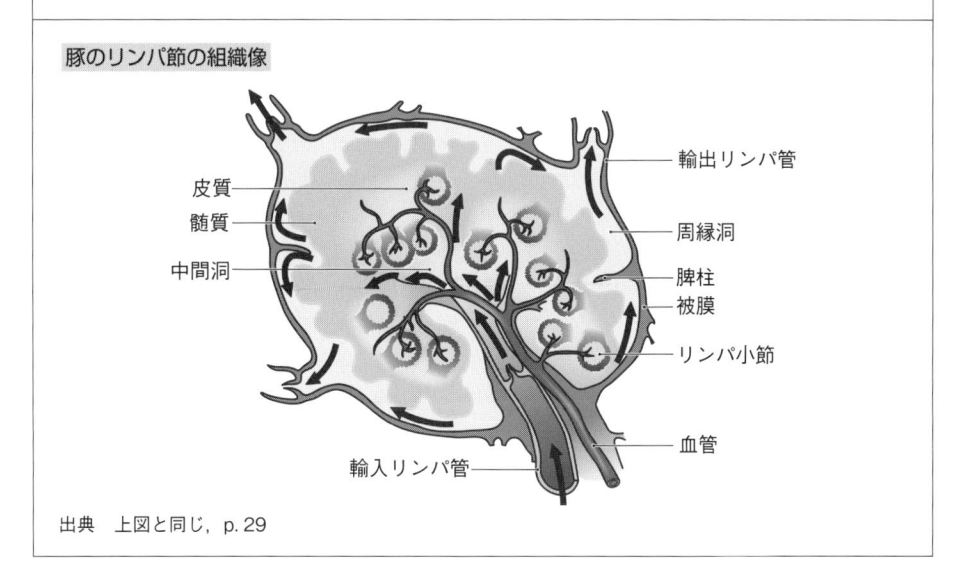

- 皮質
- 髄質
- 中間洞
- 輸出リンパ管
- 周縁洞
- 脾柱
- 被膜
- リンパ小節
- 血管
- 輸入リンパ管

出典　上図と同じ，p.29

4　検査室における検査（疾病の診断に関する検査）

(1) 検査室における一般的注意事項
① 検査室内では，飲食，喫煙はしない。
② 作業中は，必要以外の会話はせず，試験操作に集中すること。
③ 作業中は，顔面，眼，髪，口，鼻などに手で触れないようにする。
④ 微生物を取り扱うときは，確実な取り扱いができるような体勢で行うこと。
⑤ 試薬や器具などは，置き場所を決めて取り扱い，整理整頓に努めること。
⑥ 微生物に汚染した培地や器具などは，確実に滅菌のうえ危険性をなくしてから廃棄すること。
⑦ 白衣は検査室専用として着用し，常に清潔なものを使用すること。
⑧ 検査室は土足厳禁とし，履き物は検査室専用として着用し所定の場所に置くこと。
⑨ 検査の前後や検査室の出入りの際には，手指を洗浄，消毒すること。
⑩ 検査台は少なくとも1日1回は消毒し，汚染の可能性があると思われるときは，その都度消毒すること。
⑪ 検査室内には，関係者以外入室させないこと。
⑫ 検査中は，窓や扉などを開放せず，大きな空気の流れがない状態で作業すること。

(2) 微生物検査
1) 微生物検査室における一般的注意事項
❶ 微生物検査の基本事項
ⅰ) 取り扱いが不完全であったために，本来含まれていない他の微生物を混入させ増殖させてしまうこと（コンタミネーション）を避けること。
ⅱ) 不用意な取扱いによる，検査室内の汚染，周囲の汚染，自身の汚染を防止すること。
ⅲ) 微生物についての十分な知識をもち，洗浄，消毒，滅菌，無菌操作などを確実に身につけること。
ⅳ) 標準作業書（SOP：Standard Operating Procedure）を作成し，誤差が生じないような基本的な知識と技術を習得する。
ⅴ) 内部精度管理や外部精度管理を実施して，検査の技能について正しく評価すること。
ⅵ) 病原性微生物や疑いのある検体を取り扱う場合には，バイオハザードが起こらないように，病原体の危険度に応じた厳格な物理的封じ込めを行うこと。
ⅶ) 廃棄物が汚染源とならないように，確実な滅菌をするなどの安全対策を施

すこと。
❷ **無菌操作**
ⅰ) 微生物検査にとって最も基本的で重要な操作である。そのためには，個人の基本操作技術の鍛錬が必要である。
ⅱ) 検査室は，無菌操作ができるような設備や器具を備えていなければならない。
❸ **洗浄および消毒**
器具，手指，検査台について，各々適切な薬品を選択して実施する。
❹ **滅　菌**
使用する器具や培地などにより，火炎滅菌，乾熱滅菌，高圧蒸気滅菌などを利用する。そのほかに，紫外線による殺菌，エチレンオキサイドによるガス滅菌，孔径 $0.22\mu m$ のメンブランフィルターなどによる濾過滅菌などが行われる。
❺ **使用器具，機器など**
必要に応じ，以下の器材をそろえておくとさまざまな検査に対応できる。
器具類：試験管，試験管ラック，ピペット類，メスシリンダー，三角コルベン，連続式分注器，滅菌スポイト，コンラージ棒，スライドグラス，カバーグラス，シャーレ，ストマッカー，エーゼおよびループ，嫌気ジャー，ガスバーナー，薬匙，ハサミ，ピンセット，薬包紙，酒精綿　など
機器類：インキュベーター，オートクレーブ，恒温水槽，冷蔵庫，冷凍庫，ディープフリーザー，天秤，乾熱滅菌器，蒸留水製造装置，pH メーター，ストマッカー，スパイラルプレーター，光学顕微鏡，コロニーカウンター　など

2) **微生物検査における一般的注意事項（特に細菌検査について）**

病原微生物による感染が疑われる場合，検体の塗抹標本の検査，あるいは培養などによって分離された病原細菌の同定が必要となる。特に前者にあっては，事後の検査に与える影響が大きいので，直接塗抹標本の検査を忘れてはならない。また，細菌感染による疾病診断の決め手となる重要な検査であるので，慎重かつ迅速な原因菌の分離同定が要求される。

❶ **検体採取**
検体採取にあたっては，生体検査，解体前または解体時および解体後の検査所見を参考にして，適切な検体を採取する。
❷ **染　色　法**
微生物検査に際して，通常使用される染色法としては，グラム染色，芽胞染色，ギムザ染色，ライト染色，アクリジンオレンジ染色およびそれらの変法がある。目的に応じて染色法を使い分ける。
❸ **培　地**
粉末培地（粉末，顆粒，分包），生培地，ペトリフィルムなどから，疑われる病原細菌などに適切な条件のものを採用する。

❹ 培　養

好気培養，嫌気培養，微好気培養，炭酸ガス培養など，疑われる病原細菌などにより適切な条件で培養する。また，培養温度についても，設定温度を維持できるように適切に管理する。

❺ 動物接種試験および組織培養検査

と畜検査では，その性格上，病原体の検索に動物接種試験または組織培養検査が行われることは比較的まれである。しかしながら，分離同定された病原体の in vivo での反応について検討することは，今後多様化すると畜検査に対応していく上で検討すべき課題である。

❻ 血清学的検査

微生物の侵入を受けた生体は，それに対して抗体を産出する。従来，と畜検査においては，ペア血清の検査は不可能であること，また検査に時間がかかることなどの理由から，炭疽におけるアスコリーテスト以外あまり実施されてこなかった。しかしながら，近年の免疫学的検査法の発展に伴い，より科学的な検査を実施するためには，と畜検査における診断の一助として取り組んでいく必要がある。

検査法：沈降法（混合法，重層法，ゲル内沈降反応など），凝集法（のせガラス凝集試験，ラテックス凝集試験，間接血球凝集試験など），酵素抗体法（ELISA法）

血清型：菌体抗原（O抗原），鞭毛抗原（H抗原），莢膜抗原（K抗原）などの抗原に抗体が結合することにより，集合して凝塊を生じる。

❼ 微生物数測定法

混釈平板培養法，塗抹平板培養法（コンラージ法），吸収平板培養法などが採用される。

❽ 遺伝子検査

PCR法，DNAプローブ法などが主として行われる。細菌の遺伝子検査については，ボイル法や市販キットを用いてDNAを抽出し，これをテンプレートとして増幅させ，電気泳動により確認する。

❾ 精度管理

内部精度管理，外部精度管理の両方を実施して，常に各検査員の技術向上に努め，さらには検査の技能について正しく評価することが必要である。

3) 微生物検査における一般的注意事項（特にウイルス検査について）

一般には，ウイルス分離，ウイルス遺伝子の検出と血清学的診断が基本となる。急性期および慢性期の血清などから，ウイルス分離，RT-PCR（RNAウイルス）による遺伝子の検出を試みる。

❶ 検体（血液，血清）

血液採取の際は，凝固阻止剤としてEDTAを用い（PCR反応を阻害するヘパリンによる採血は避ける），冷蔵（4℃）または凍結して輸送することが望ま

しい（保存は −80℃）。可能であれば，急性期（発病後 5 日以内），回復期（発病後 14 日以上）の 2 回以上血液を採取してペア血清として抗体測定に用いる（一般に，と畜検査では極めて困難である）。

遠心処理にて血清を採取し，IgM-capture ELISA 法，中和抗体試験，HI 試験，CF 試験など，種々の試験を実施する場合を考えて凍結融解を繰り返さないよう凍結保存する前に数本のチューブに分注しておくのが望ましい。

❷ 検体（臓器などの組織）

検体を乳剤にするため，ゲンタマイシンなどの抗生物質を加えた希釈液を用いる（材料は無菌的でないことがほとんどのため）。ウイルスの不活化を防ぐ目的でウシ胎児血清を 5％程度加えるとよい。乳剤作製後，高速遠心処理を行い，遠心上清を 0.45μm または 0.22μm のフィルター濾過を行い最終接種材料とする。

❸ ウイルス分離

マウス等の実験動物に接種する方法，培養細胞に接種する方法などが実施される。

❹ ウイルス遺伝子の検出

検体からウイルス RNA を抽出するには市販の Viral RNA 抽出 kit などが便利である。抽出後の Viral RNA は，RT (Reverse Transcript)-PCR 法により cDNA に逆転写する。その後，ターゲットに特異的なプライマーを用いた PCR 法により遺伝子を検出する。なお，RT-PCR 反応および PCR 反応をワンステップで行う方法を用いれば，時間の短縮となり迅速診断に利用できる。また，リアルタイム PCR を使用することにより，高感度で遺伝子の定量ができる。

なお，臓器から RNA を抽出する場合は，目的外産物が生じやすい。よって，そのような場合には，抽出 RNA を Viral RNA purification kit などで再精製してから RT-PCR に用いるとよい。

❺ 血清学的検査

血清反応としては，HI 試験，CF 試験，中和試験，IgM-capture ELISA 法などがある。通常，血清診断では，急性期と回復期のペア血清による抗体上昇により感染を証明するが，と畜検査においては単一血清しか採取できないのが普通である。一般に，IgM 抗体は感染から早期に出現し，しかも，ウイルス特異性が高いため感染を証明できる抗体であるといえる。

❻ 中和試験

ウイルスと抗血清とを混和して一定時間おくと，この混合液を培養細胞などに接種してもウイルス感染が認められなくなる。一般に中和抗体価の測定は，培養細胞を用いたプラークアッセイにより実施される。

❼ 補体結合反応

抗原，抗体および補体の一定量を混和して，これに赤血球および溶血素を加

えて反応させる。一般に血清希釈法で行われることの方が多い。

❽ 赤血球凝集抑制反応

一部のウイルス（インフルエンザウイルスなど）は，種々の動物の赤血球を凝集するが，抗血清を加えることによって特異的に血球凝集が抑制される。また，赤血球凝集能を有するウイルスが培養細胞内で増殖すると，感染細胞は赤血球を吸着する。これらの原理を利用して，各種ウイルスの診断の一助として用いられている。

❾ 免疫標識法

抗原，抗体または補体のいずれかを標識物質（マーカー）で標識して，免疫反応（抗原抗体反応）を起こさせた後に，そのマーカーを検出する方法である。これにより，反応因子の所在を明らかにしたり，定量したりすることができる。標識物質として，放射性同位元素，酵素，フェリチン，蛍光色素などが用いられる。

(3) 寄生虫学的検査

1) 蠕虫の形態観察

寄生虫が自然に排泄されたり，剖検時に得られた場合，これを同定する必要がある。

寄生虫体（線虫，吸虫，条虫）の採取，固定

　ⅰ）採集

採集において特に注意することは，臓器を解剖して虫体を取り出すときに虫体を傷つけないようにすることである。腸管壁に吸着している条虫を無理やり引っ張ると種の同定に不可欠な頭節の部分が離断しやすいので虫体を組織ごと切り離し，真水に2～3時間入れておくと自然に離れる。また，線虫の生鮮虫体は水道水などの低張液に入れると膨化して破裂することがあるので，できるだけ生理食塩水中に溜めておく。

　ⅱ）固定

標本作成で最も大切なのは虫体の固定で，虫体が伸びた状態で固定するのが望ましい。

固定法は蠕虫の種類や目的によって異なり，吸虫や条虫の染色全体標本をつくる場合は固定前に圧平する。圧平しない場合には新鮮な虫体を固定液をやや加温して固定するとよい。

2) 線虫類

線虫は体表がクチクラに覆われ，しかもクチクラは染色されないので，吸虫類や条虫類のように染色封入した永久プレパラート標本を作製することはできない。

したがって固定後は保存液に浸けておき，必要に応じて透化剤に入れて虫体を透化させ，口部，外部生殖器・頭部・頸部・尾部の乳頭などを特によく観察し，

種類を同定する。

固定と保存

固定・保存液には通常5～10％ホルマリン液，70～80％エチルアルコールを使用する。線虫類では固定・保存に同じ液を用いるのが普通である。

線虫の種類を同定するのに特徴となる部分は，頭部，尾部，陰門部などであるため，固定状態が悪く虫体が曲がったまま固定されると観察や計測ができないことがある。そこで，できるだけ虫体が伸びた状態で固定されるように生きた虫体を少し加温（約70℃）した固定液に投入する。線虫は一般に圧平しない。

透化法

- ラクトフェノール液（透化剤）：固定液中の虫体を取り出し，ラクトフェノール原液を水で3～4倍に薄めた液中に数時間から1日入れた後，原液中に移すと虫体は透明になる。

  透明になったらスライドグラスに載せ，カバーグラスで覆い，透化液を加えて観察する。

  中型～大型の線虫では同定のために必要な部分だけを切り離して観察してもよい。

  ラクトフェノール中に長時間そのまま放置しておくと，虫体は褐色に着色してしまうので観察後は再び固定液中に戻して保存する。

  ※ラクトフェノール液：グリセリン40ml，乳酸20ml，石炭酸20ml，蒸留水20mlの混合液を原液とし，使用時希釈して用いる。なお，保存は褐色ビンで保存する。

- グリセリン・アルコール液：透化のみでなく固定・保存液としても使用できる。

  70％アルコールに5～7％の割合でグリセリンを加える。虫体をこの液に入れたまま容器のふたを取り，ふ卵器内に入れておくとアルコールが蒸発し，グリセリンが次第に濃くなる。蒸発した分だけアルコールを補給してさらに放置すると虫体は透明になってくる。完全にグリセリンに置き換わったら虫体をスライドグラスにとり，観察する。

  観察しやすさからいえばラクトフェノールのほうが一般にすぐれているが，放置しても虫体の損傷が少ない点ではグリセリン・アルコールが優れ，カバーグラスの周囲をマニキュア液で封じておけば半永久的標本ともなる。

3) **吸虫類・条虫類**

吸虫類・条虫類は，生殖器官が複雑であるため生鮮時によく観察しておく。特に排泄系は固定虫体では観察できない。

固定と保存

吸虫は，虫体の大小や肉厚か肉薄であるかにより，圧平法が違う。

肝蛭，膵蛭，肝吸虫などのように中型～大型で扁平な吸虫は2枚のスライドグラスの間か，スライドグラスとカバーグラスの間に挟み，木綿糸でしばって

固定液に入れる。

　なお、圧平するとき圧力を加えすぎると虫体が壊れるので、虫体の両端に短冊状に切った濾紙などを置いて適当な厚さのまくらとする。

　双口吸虫や肺吸虫のように肉厚で球状や円筒形に近い虫体の場合、無理に圧平するとスライドグラスの間から虫体が滑り出てしまうので、一方のスライドグラスに薄い濾紙を敷いてその上に虫体を載せ、もう1枚のスライドグラスで挟んだのちに糸でしばり、固定液に入れる。虫体の中心部まで完全に白くなったら糸を切り、圧平された標本だけをさらに固定液に入れて十分に固定する。

　条虫は固定前に真水に浸け、4～5時間冷蔵庫に入れ十分に伸展させてから圧平固定するとよい。

ⅰ）固定液
- AFA（Alcohol-Formol-Acetic Fixative）：40％ホルマリン水100ml、95％アルコール水250ml、グリセリン100ml、氷酢酸50ml、蒸留水500ml。
- ブアン液：ピクリン酸飽和水溶液75ml、市販ホルマリン原液25ml、氷酢酸5ml

固定時間は24時間以内。固定後、70％アルコールで十分洗う。
- カルノア液：無水アルコール60ml、クロロホルム30ml、氷酢酸10ml。
- 70％アルコール

ⅱ）染色

　寄生虫に一般に用いられている染色液には、デラフィールド・ヘマトキシリン染色液、エールリッヒ・ヘマトキシリン染色液、ハイデンハイン鉄・ヘマトキシリン染色液、バンクリープ・ヘマトキシリン染色液、ミョウバン・カルミン染色液、アラム・カルミン染色液などがある。

　＊材料に余裕があれば、数種類の染色液を用いた標本を作製しておくとよい。

- ハイデンハイン鉄・ヘマトキシリン染色法

　A液　鉄ミョウバン液：鉄ミョウバン4g、蒸留水100ml。鉄ミョウバンは紫色の結晶を用い、黄色のものは使えない。使用直前につくる。

　B液　ヘマトキシリン液：ヘマトキシリン1g、無水アルコール20ml、蒸留水180ml。ヘマトキシリンをアルコールに完全に溶かし、蒸留水を加える。これを広口びんに入れ、ガーゼで蓋をし、風通しのよいところに1か月間放置し、熟成させる。濾過したのち、2～3倍に薄めて用いる。染色に先立ち2～4％鉄ミョウバン液で媒染する。

操作法
① 虫体を固定後、流水中で水洗（数時間～一昼夜）
② 4％鉄ミョウバン液中に1日（媒染）
③ 流水中で水洗（数時間）
④ 蒸留水中で水洗（10～20分間、2～3回水を換える）

⑤ ハイデンハイン鉄・ヘマトキシリン液で染色（24時間）：原液を2～3倍に希釈
⑥ 流水中で水洗（数時間）
⑦ 2～3％鉄ミョウバン液で脱色（3～24時間）：2％以下にしてはならない。
　　染色の目安は真っ黒に染まった虫体が黄褐色になるまで
⑧ 流水中で水洗（数時間）
⑨ アルコールで脱水：70 → 80 → 90 → 95 → 100％
　　虫体の大きさに応じて各アルコールに3～24時間。なお，高濃度のアルコール中にあまり長く放置しない。
⑩ キシロールまたはクレオソートで透化後，カナダバルサムで封入
・ アラム・カルミン染色法
　　アラム・カルミン液：カルミン2g，カリウムミョウバン5g，蒸留水100ml
　　これらを混和して，最初は弱火で，30分後からは強火で30分間沸騰し，蒸発した分だけ水を補い，冷却・濾過後カビを防ぐためチモールを1g加え保存する。
　　使用に際して5～10倍に薄める。
　　脱色には1～3％の塩酸アルコールを用いる。

(4) 病理組織検査

　肉眼検査は，と畜検査で発見される病的変化を観察し，その疾病を診断する際の主要な手段である。しかし，肉眼では正確な診断ができない場合には，さらに組織あるいは細胞レベルでの検索が必要になる。また，逆に肉眼所見の裏づけとしての組織検査も重要である。

　組織検査を行う際には，生体所見ならびに解体前，解体時および解体後の肉眼所見を正確に把握しておくことが極めて重要である。

　組織検査は採材，記録，固定，切り出し，包埋，薄切，染色，鏡検によって行われるが，その手順を図Ⅰ-7に記す。

1) 検査材料の採材

　病変のある臓器および組織検査に必要と思われる臓器はすべて採材する。特に腫瘍性病変については，血液，リンパの流れによる病変の広がり方に十分留意して観察する。

　採材した検査材料は新鮮なうちに，できるだけ速やかに記録および写真撮影し，固定する。

2) 記　　録

　専用の記録用紙を作成し，（記録簿を用意しておいて）必要事項が迅速に記録できるようにしておく。主な記録項目は以下のとおり。

■図 I-7　病理組織検査の流れ

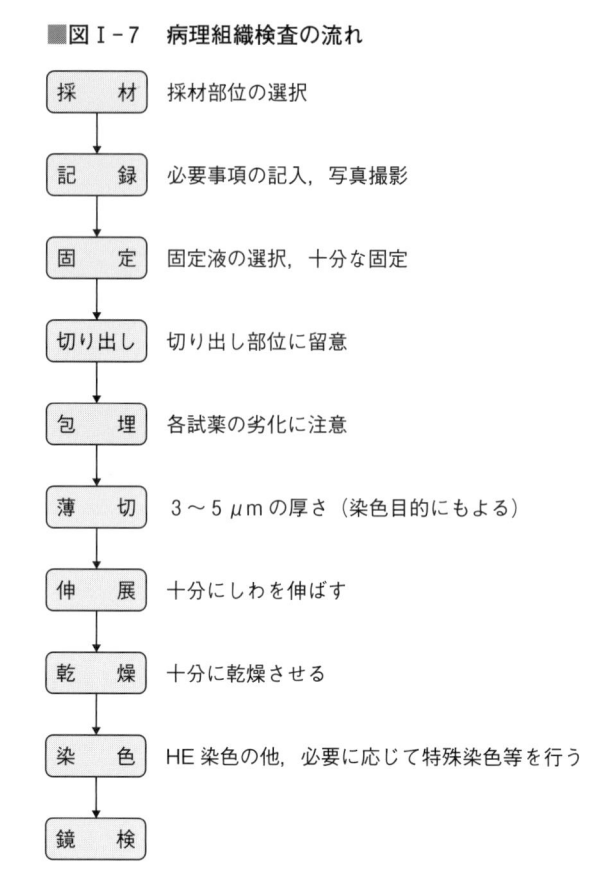

```
採　　材 ── 採材部位の選択
   ↓
記　　録 ── 必要事項の記入，写真撮影
   ↓
固　　定 ── 固定液の選択，十分な固定
   ↓
切り出し ── 切り出し部位に留意
   ↓
包　　埋 ── 各試薬の劣化に注意
   ↓
薄　　切 ── 3～5μmの厚さ（染色目的にもよる）
   ↓
伸　　展 ── 十分にしわを伸ばす
   ↓
乾　　燥 ── 十分に乾燥させる
   ↓
染　　色 ── HE染色の他，必要に応じて特殊染色等を行う
   ↓
鏡　　検
```

① 当該畜について：処理年月日，検査対象畜の畜種，品種，性別，年齢（月齢，日齢），毛色，その他臨床所見を含め外見の特徴等。

　また，疫学的調査の必要性に関連して畜主名，飼育地，飼育状況，飼料等の記録もできるだけ調べておく。病畜で診断書があればその写しを添付しておく。牛では個体識別番号を必ず記録しておく。

② 採材臓器等について：病変部の位置，大きさと形，分布状況，表面および割面の状況，色彩，形，固さ，重さ，臭い，内容物等できるだけ詳細に記録する（また，各々の表現については教科書，文献等で一般的に使用されている用語を用いるようにすること）。

③ 写真撮影：病変が新鮮なうちにカメラで肉眼写真を撮影する。

3) 固　　定

　固定液として，10％あるいは20％中性緩衝ホルマリンが汎用されているが，用途により他の固定液（アルコール，カルノア等）を用いる。震盪することで固定時間を短縮できる。自家融解・腐敗を避けるためできるだけ早く固定液（材料の10～20倍量）に入れる。

4) 切り出し

鋭利な刃物を用い，組織の挫滅を極力避けるよう注意しながら，病変部，境界部，正常部の各部を切り出す。スライドガラスに載る大きさで，3～5mm程度の厚さに切り出す。また，イラスト等を用いてどの部分を切り出したかを記録しておく。

5) 包　埋

アルコールによる脱水，キシレンによる透徹を経た後，組織片をパラフィン中に包埋する。

6) 薄　切

滑走式ないし回転式ミクロトームを使用して，パラフィン包埋組織片を3～5μmの厚さに薄切する。

7) 伸　展

一旦，切片を水に浮かべて大きなしわを伸ばしてからさらに温湯に移してしわを取った後，十分に脱脂されたスライドグラス上に切片を付着させる。

8) 乾　燥

十分に乾燥させる。乾燥器（56～60℃）中で切片を十分に乾燥させる。

9) 染　色

染色法として最も普通に用いられているヘマトキシリン・エオジン（HE）染色の手順を以下に示す。

❶ HE染色

① キシレンで脱パラフィン後，100～70％のアルコールを通し水洗
② マイヤーのヘマトキシリン液　5～15分
③ 流水洗（色出し）　10～20分
④ エオジン液　2～10分
⑤ 水洗，軽く
⑥ 70～100％までのアルコールを通し分別・脱水
⑦ キシレンによる透徹
⑧ 封入

HE染色に限らず，染色液を作成する際にはその処方に従って調整するのはもちろんであるが，市販のものを利用する場合には，メーカー，製造ロットによってその染色性に差が出ることがある。実際に使用する前に試験染色を行い，その傾向を把握しておく必要がある。

ヘマトキシリンは中性～弱アルカリ性の水を用い，十分色出しをする。しかし，水道水に塩素が多く含まれている場合にはあまり長く水洗しすぎないよう注意する。使用する水質によって影響を受ける部分であるため，試行錯誤して最適な時間を決める必要がある。また，エオジンの染色性が悪いのは液がアルカリ性に傾いているためであるから，酢酸を加えてpHを酸性に調整する。

最後に透徹，封入を行う際にエタノールを通して十分に脱水を行うが，この

時に脱水が不十分だと後々標本が退色する。また，染色中に切片を乾燥させてはならない。

HE染色標本をよく観察してから必要に応じて特殊染色，免疫組織化学検査等を行う。そのためにも，きれいに染め分けられたHE染色標本を作製できるよう努力する必要がある。

❷ 主な特殊染色と染色態度（表I-7）

❸ 免疫組織化学検査

免疫組織化学検査は，抗原抗体反応により組織および細胞内の抗原を検出する方法であり，蛍光抗体法，酵素抗体法，重金属標識抗体法に大別される。永久標本作製可能，陽性細胞同定が容易，検出感度良好などの理由から，現在，酵素抗体法が最も汎用されている。

方法としては，酵素などで標識した一次抗体を抗原に結合させる直接法と，抗原に結合した一次抗体に対し，標識した二次抗体を作用させる間接法とがあり，感度の高い間接法のうち，LSAB法および高分子ポリマー法がよく用いられる。表I-8に家畜の腫瘍診断に用いられる主なマーカー（抗原）を示す。

(5) 血液検査

1) 採　　血

可能な限り溶血しないように注意し，全血や血漿が必要な場合は抗凝固剤入り採血管等を用いる。抗凝固剤としてEDTA-2Na，ヘパリンナトリウムが一般的であるが，血球計算用には必ずEDTA-2Naを用いる。また，測定項目によってはヘパリンナトリウムの方がよい場合もあるので，適切な抗凝固剤を選択する。

❶ 生体時の採血方法

採血部位の周囲を広範囲に剃毛し，消毒用アルコールで十分消毒を実施した後，無菌的に採取する。牛等の大動物では頸部や尾根部の静脈から，豚等の小動物では耳翼部や四肢の静脈から採取する。

❷ と殺後の採血方法

牛等の大動物では頸部の血管等から枝残血を採取するほか，心臓や肋間部の静脈などから採血する。豚等の小動物では，頸部の血管や総腸骨静脈等の枝残血，腸間膜の残血を採取する。

2) 主な血液検査

と畜検査で行われている血液検査には次のようなものがある。

❶ 血球数の測定

血球数の測定は病態の把握に重要である。ここでは一般的な方法であるトーマ血球計算器を用いた赤血球と白血球の測定法を紹介する。

ⅰ) トーマ血球計算器

本器は血液を希釈するのに用いる2本（赤血球用と白血球用）のメランジュルと，希釈した血液を盛って鏡下で計算する計算盤とからなっている。

■表Ⅰ-7 主な特殊染色と染色態度

目的		染色法	染色態度
アミロイド		コンゴー赤染色	アミロイド―橙赤色
結合組織		アザン染色（マッソントリクローム染色も同様）	膠原線維―鮮やかな青色
		リンタングステン酸（PTAH染色）	神経膠線維―青藍色，横紋筋内横紋―青藍色，平滑筋線維―青藍色，線維素―青藍色，神経細胞―茶褐色，結合線維―茶褐色
		エラスチカ・ワンギーソン染色	弾性線維―紫黒色，膠原線維―赤色，筋線維―黄色
		銀染色（鍍銀法）	細網線維―黒色，膠原線維―赤紫～レンガ赤色
脂肪	細胞質内脂質	ズダン黒B染色	脂質―黒～黒褐色
		オイル赤O染色	脂質―赤色
腎		過ヨウ素酸メセナミン銀（PAM染色）	腎糸球体基底膜，細網線維―黒色
組織内無機物	カルシウム	コッサ法	カルシウム沈着部―黒褐色
	鉄（ヘモジデリンが対象）	ベルリン青染色	ヘモジデリン―青色
生体内色素	消耗性色素（リポフスチン）	シュモール反応	消耗性色素，メラニン―暗青色
	メラニン色素	フォンタナ・マッソン染色	メラニン―黒色
		漂白法―過マンガン酸カリウム―シュウ酸法	メラニン消失
		ドーパ反応	酵素活性部位―黒～黒褐色
組織内病原体	一般細菌	グラム染色	グラム陽性菌―濃青色，グラム陰性菌―赤色
	抗酸菌	チール・ネルゼンの抗酸菌染色	抗酸菌―赤色
	真菌	グロコット染色	真菌―黒色
中枢神経組織	ニッスル小体	クレシル紫染色	ニッスル顆粒，神経膠細胞核―赤紫色，核，核小体―紫色
	神経原線維，軸索	ボディアン染色	神経原線維，軸索―黒色
	髄鞘，ニッスル小体重染色	ルクソール・ファスト青染色（クリューバー・バレラ染色）	髄鞘―青緑色，ニッスル顆粒，核―紫色
組織内血液細胞		ギムザ染色	核―赤紫色，核小体―赤色，好酸球顆粒―桃赤色
組織内酵素		ペルオキシダーゼ染色	ペルオキシダーゼ活性部―褐色（好中球，好酸球の顆粒），骨髄顆粒球系細胞―陽性，リンパ球系細胞―陰性
多糖類	多糖体染色，顆粒球系細胞とリンパ球系細胞の鑑別	PAS反応	PAS陽性物質―桃色～紅色のび慢性または顆粒状

■表 I-8　各種免疫組織化学的マーカーとその分布
　　　　　（ホルマリン固定パラフィン切片）

	マーカー／抗原	正常組織における分布
上皮系	CEA	大腸粘膜，胃粘膜，唾液腺
	EMA	腺上皮，導管上皮
	Keratin	すべての上皮細胞，中皮細胞
間葉系	Vimentin	間葉系細胞，筋上皮
筋肉系	Desmin	横紋筋，平滑筋，中皮細胞
	α-SMA	平滑筋，筋上皮，血管外皮
神経系	NSE	神経細胞，神経内分泌細胞
	S-100	神経膠細胞，schwann 細胞

　計算盤はその中央にあるガラス板に分画があり，この分画は1辺が1mmの正方形で，各辺がさらに20等分されて400個の小正方形（$1/400\,mm^2$）に区分されている。計算盤と被いガラスの間は$1/10\,mm$の深さがあり，したがって小正方形の容積は$1/4,000\,mm^3$となる。

ⅱ）赤血球数の求め方

ア）清浄にした101までの目盛を有するメランジュールで，0.5の目盛まで血液を吸引し，直ちに希釈液（Hayem液かHayem液は毒性が強いので生理食塩でもよい）で101倍まで希釈する。

■図 I-8　白血球用メランジュール

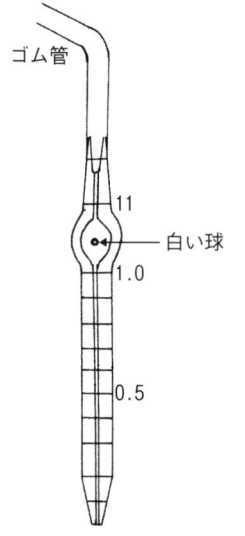

出典　東京都衛生局：食肉衛生検査ハンドブック，p.95, 1989.

イ）メランジュールの両端を指頭で塞ぎ，約30秒間激しく振った後，小滴をガーゼで吸い取り，さらに30秒間強力に振とうする。

ウ）計算盤を清掃し，被いガラスを載せてNewton Ringができるように滑らせる。

エ）メランジュールの毛細管部の希釈されていない部分を捨て，側面から希釈液を静かに表面張力で広がるように注入する。

オ）血球の沈降するまで2〜3分間水平に静置してから鏡検する（200倍）。

カ）トーマ分画の1，2，3，4，5の5か所を選び，各16の小区画の総数を一度に数え，5か所分を合計すると80小区画の総数（E）が得られる。

■図Ⅰ-9　トーマ分画と小区画の測定

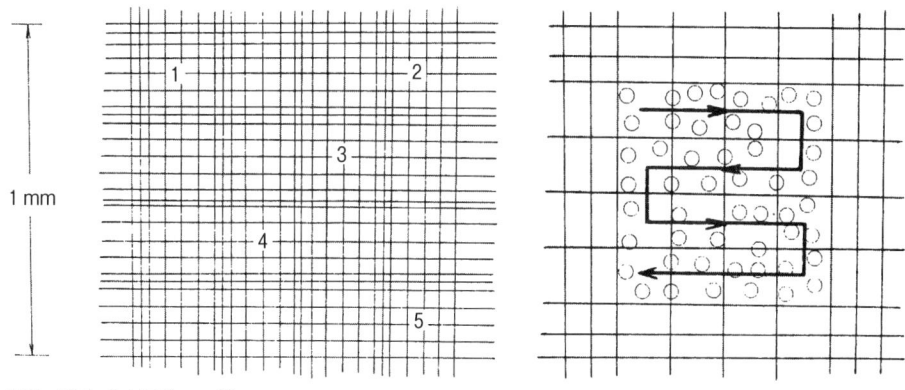

出典　図Ⅰ-8と同じ，p.96

$$\chi = E \times \frac{400 (全区画)}{80} \div 0.1 (計算室の深さ) \times 200 (希釈倍数)$$
$$= E \times 10,000$$

iii) 白血球数の求め方

ア) 11の目盛を有するメランジュールの1まで血液を吸引し，Turk液を11まで吸い取る。

イ) 赤血球のときと同様によく振盪して計算盤に注入する。

ウ) 1mm² 中の全数（E）を数え，これを100倍すると 1mm³ 中の総数が得られる。

$$\chi = E \times 10 (容積) \times 10 (希釈倍数)$$
$$= E \times 100$$

（参考）メランジュールの洗浄方法

一般に水流ポンプ（アスピレーター）を用い，
流水→酢酸液→アルコール→エーテル→空気の順序で通じる。

iv) 血球数測定の意義

ア) 赤血球数

減少は各種貧血，増加は赤血球増多症などの指標となる。

イ) 白血球数

白血球数の変化は病態を把握する重要な指標となる。

・減少の原因：細菌毒，化学毒など諸種の刺激で起こり，その原因としては結核等の伝染病，悪性腫瘍，激性の毒血症などがあげられる。また，血球をつくる骨髄の機能低下，古くなった白血球を壊す脾臓の機能の異常亢進，薬剤の副作用による骨髄の機能障害などにより引き起こされることもある。

・増加の原因：生理的な増加と病的な増加に分けられ，生理的な増加の原因として，採食，妊娠，分娩，過労などがあげられる。また，病的な

増加の原因としては,細菌,化学毒等による炎症(好中球が主に増加し,好酸球やリンパ球は減少),急性伝染病,化膿性疾患,悪性貧血(伝染性貧血,ピロプラズマ等),白血病,大出血(直後は減少するが翌日頃より増加する)などがあげられる。

❷ ヘマトクリット値の測定

ヘマトクリット値(Ht値)は赤血球数と同じく各種貧血,赤血球増多症などの指標となる。ここでは,ヘマトクリット毛細管を用いた方法について紹介する。

内径1.1～1.2mm,長さ75mm程度のヘマトクリット毛細管に毛細管現象を利用して血液を約2/3程度入れ,血液を入れた一端をパテで封じ専用のヘマトクリット遠心器(高速遠心機11,000～12,000rpm程度)で遠心し,専用の目盛盤や計測器で測定する。

Ht値(%)＝赤血球層の高さ/全血の高さ×100

❸ 血液塗抹標本の観察

赤血球,白血球および血小板等の形態,数,性状,大きさ,異常細胞等の検査を目的とするものであるが,これらは動物の種類により種々異なるため,その判定には十分注意を払う必要がある。

ⅰ) 標本の作成法

血液を素早くカバーグラスの一角に採り,これを反転,スライドグラスに20°前後の傾斜で接し,接触部分に血液が拡がったならば一気に引く。このとき全体が薄く,かつ段のつかないようにすることが大切である。

速やかに自然乾燥させること。火炎乾燥等を行うと血球の崩壊が起こるため鏡検の際によいデーターを欠くおそれがある。

後述するギムザ染色の場合は,固定は純メタノールを使用する。この場合は自然乾燥したものに載積し3分間で固定できる。

血液は凝固防止剤を用いないものを使用することが望ましい。塗抹標本は少なくとも2枚は作製しておくこと。

ⅱ) 染色法

ギムザ染色が代表的な染色法である。以下にギムザ染色法について解説するが,ディフ・クイック染色など,迅速簡易な方法もある。

ア) 染色液のつくり方

試験管に必要量の蒸留水を入れて,ギムザ原液を蒸留水1ml当たり1滴入れ攪拌する。また2～3時間位染色するものにあっては,2～3滴を10mlの蒸留水で希釈して用いる。

イ) 染色方法

・ 試験管に蒸留水をとり,5～10分間煮沸した後急速に流水で冷し,30～40℃にする。

・ この蒸留水1mlに対しギムザの液1滴の割合で加える。

- メタノールで 3 ～ 5 分間固定した標本にギムザ液を加えた蒸留水を注ぎ染色。染色時間は標本の種類により，トキソプラズマの場合は 20～30 分間，血液標本では 30 分～1 時間である。
- 蒸留水で洗い，自然に乾かし，鏡検する。

iii) 鏡検

ア) 血液像

普通の動物における白血球像は，分葉核 3 ～ 4 が多いが，分葉核の数が 5 以上になった場合は右方推移といい，また逆に分葉 2 ～桿状核になった場合を左方推移と呼ぶ。

iv) 血液の組織所見

ア) 赤血球
- 大赤血球：諸般の貧血（特に悪性貧血・伝染性貧血），伝染病，中毒症
- 小赤血球：諸般の貧血，伝染病，中毒症
- 赤芽細胞（新生仔以外）：重症貧血
- 多染性：塩基性斑点

イ) 白血球
- 顆粒細胞

    好中球

    　　増加—化膿性疾患

    好酸球

    　　増加—寄生虫症，アレルギー症，急性伝染病の回復期

    好塩基球

    　　増加—骨髄増殖性疾患

■表 I-9　各血球のギムザ染色像

血球	原形質	核	顆粒
赤血球	赤～橙色		
赤芽球	赤～橙色	濃紫色	
好中球	淡褐色	赤紫色	淡褐色
好酸球	淡褐色	赤紫色	赤色
好塩基球		顆粒で見えにくい	青色
小リンパ球	辺縁………濃青色 核隣接部…淡青色	赤紫色	アズール顆粒 青色
大リンパ球	辺縁………濃青色 核隣接部…淡青色	赤紫色	アズール顆粒 青色
単球	帯藍青色	赤紫色 クロマチン質に乏しい	中性顆粒

- 顆粒細胞以外

    リンパ球

        増加—急性ウイルス感染症，細菌による慢性感染症，白血病など

    単球

        増加—細菌感染症，原虫の感染など

❹ 理化学検査

　と畜検査における理化学検査は，主に血液の生化学検査を行い，生体所見および剖検所見を補完して疾病判断の一助としている。また，中毒諸症においては，必要に応じ腎臓，肝臓など血液以外の検体を採取して中毒の原因物質の検査を実施することもある。

　これらの例として，多くの食肉衛生検査所において実施されているものは以下のとおりである。

- 黄疸の判定におけるビリルビン量の測定
- 尿毒症の判定における尿素窒素量の測定

　なお近年では，これらの測定は市販の検査キットおよび専用の測定機器が整備されている。

ⅰ　ビリルビンの測定

　血液中のビリルビン量の定量分析は，Rappaport-Eichhorn 法（ジアゾ法）が適当と考えられる。また，近年はこの原理を用いた簡易検査キットが市販されている。以下にこの検査法の原理を示す。

検査（Rappaport-Eichhorn の変法）の原理

　試料中の間接および直接ビリルビンは，ダイフィリンの存在下でジアゾニウム塩と反応し，赤色のアゾビリルビンを生成する。この呈色物質を比色定量することにより総ビリルビン値を求める。

$$\text{総ビリルビン} + \text{スルファニル酸} + \text{亜硝酸} \xrightarrow{\text{ダイフィリン}} \text{赤色色素}$$
$$(540\,\text{nm で測光})$$

ⅱ　尿素窒素の測定

ア）検体

　血清または血漿

イ）方法

　Urease-Indophenol 法など（簡易検査キットが市販）

ウ）血中尿素窒素の正常範囲（参考）

　牛：成牛　$10\sim16\,\text{mg/d}l$　　馬：$3\sim5$ 歳　$10\sim16\,\text{mg/d}l$

　豚：成豚　$12\sim18\,\text{mg/d}l$

　※農林水産省　家畜衛生試験場のデータによる

■表Ⅰ-10　各獣畜の血液諸数値

獣畜	赤血球数（×10^6/μl）	白血球数（×10^3/μl）	赤血球の径（μm）	Ht値（％）
牛	7.0　（5.0～10.0）	8.0　（4.0～12.0）	5.8　（4.0～8.0）	35.0　（24.0～46.0）
馬	9.0　（6.8～12.9）	9.1　（5.4～14.3）	5.5　（5.0～6.0）	41.0　（32.0～53.0）
豚	6.5　（5.0～8.0）	16.0　（11.0～22.0）	6.0　（4.0～8.0）	42.0　（32.0～50.0）
めん羊	12.0　（9.0～15.0）	8.0　（4.0～12.0）	4.5　（3.2～6.0）	35.0　（27.0～45.0）
山羊	13.0　（8.0～18.0）	9.0　（4.0～13.0）	3.2　（2.5～3.9）	28.0　（22.0～38.0）

獣畜	白血球像（単位：％）				
	好塩基球	好酸球	好中球	リンパ球	単球
牛	0.5（0～2.0）	9.0（2.0～20.0）	28.0（15.0～45.0）	58.0（45.0～75.0）	4.0（2.0～7.0）
馬	0.49（0～4.0）	3.35（0～10.0）	52.97（22.0～72.0）	38.73（17.0～68.0）	4.32（0～14.0）
豚	0.5（0～2.0）	3.5（0.5～11.0）	37.0（28.0～47.0）	53.0（39.0～62.0）	5.0（2.0～10.0）
めん羊	0.5（0～3.0）	5.0（0～10.0）	30.0（10.0～50.0）	62.0（40.0～75.0）	2.5（0～6.0）
山羊	0.5（0～1.0）	5.0（1.0～8.0）	36.0（30.0～48.0）	56.0（50.0～70.0）	2.5（0～4.0）

[2　と畜検査：参考文献]

医科学研究所学友会編：細菌学実習提要，丸善，1988.
森地敏樹：食品微生物検査マニュアル（新版），栄研機材，2002.
三瀬勝利ほか編：食品中の微生物検査法解説書，講談社，1996.
獣医臨床寄生虫学編集委員会編：獣医臨床寄生虫学，文永堂出版，1979.
新版獣医臨床寄生虫学編集委員会編：新版獣医臨床寄生虫学(産業動物編)，文永堂出版，1995.
内田明彦，野上貞雄，黃鴻堅：図説獣医寄生虫学，メディカグローブ，2008.
赤尾信古，赤塚由子，朝隈容子他：染色法のすべて，月刊 MEDICAL TECHNOLOGY 別冊，
　pp. xi-xvii，医歯薬出版，1988.
渡辺慶一，中根一穂編：改訂三版酵素抗体法（1，2巻），学際企画，1992.
全国食肉衛生検査所協議会ホームページ，病理部会：美しい切片を作るための情報交換
基田三夫，一条茂ほか監訳：血液学的所見の正常値，pp.143-251，医歯薬出版，1980.

3 衛生管理

1 と畜場の施設および設備の衛生管理

(1) 施設周囲の衛生管理（施設内の舗装，排水溝）
- 施設敷地内は，適切な頻度で清掃し整理整頓すること。
- 施設敷地内の道路，駐車場，建物の出入り口周辺の舗装等に破損が生じた場合には随時補修すること。
- 排水溝は，固形物の流出を防ぎ，さらに排水がよく行われるように適切な頻度で清掃すること。

(2) 施設設備の衛生管理（天井，壁，床，頭上構造物（各種配管およびダクト等），照明器具，換気装置等）
- 床，内壁，扉等は作業終了後毎日清掃すること。
- 設備器具は定期的に点検し，破損，故障等があるときは，速やかに補修または修理を行うこと。
- 施設の天井，内壁，床等の亀裂，はがれ，ひび割れ，錆，ペンキのはげ落ち等は定期的に点検し，補修すること。
- 各種配管，ダクト等は定期的に点検し，正常な状態を保持するとともに随時清掃すること。
- 枝肉が汚染されないようトロリーレールを随時清掃すること。
- 天井内壁に生じた結露による枝肉汚染を防止するため，過度の湿気を除くこと。
- 換気扇，フィルター，防虫網ならびに換気用ダクトの網は，定期的に清掃すること。
- 照明器具は定期的に清掃するとともに照度は半年に1回以上測定し，良好な照明を確保すること。この照度は生体検査所の床面から90cmの高さにおいて110ルクス以上，解体処理室の作業面で220ルクス以上，検査場所および枝肉トリミング作業場所においては540ルクス以上を確保すること。

(3) 給水給湯設備の管理（使用水の消毒，水質検査，貯水槽，給湯温度）
- 水道法（昭和32年法律第177号）に規定する水道事業および専用水道により供給される以外の水を使用する場合は，1年に1回以上（災害等により水源が汚染され，水質が変化したおそれがある場合は，その都度）水質検査を行い，飲用適

であることを確認すること。また，その結果を証する書類を検査の日から1年間保存すること。
- 消毒装置または浄水装置を設置している場合は，当該装置が正常に作動していることを毎日確認すること。また，確認日，確認結果，確認者その他必要な記録を確認日から1年間保存すること。
- 貯水槽を使用する場合は，定期的に点検および清掃を行うこと。
- 施設の消毒に用いる温湯は83℃以上を維持すること。
- ボイラーは，定期的に点検および清掃を行うこと。

(4) 汚水・汚物および不可食部分の管理（汚水浄化，不可食物および廃棄物の保管管理）
- 汚水浄化施設は，排水が漏出しないよう管理するとともに，点検，補修，清掃を実施し，これらの結果を記録保管すること。
- 汚水浄化施設の維持管理は水質汚濁防止法（昭和45年法律第138号），各自治体で定められている条例等に従い管理すること。
- 汚水浄化施設の点検により浄化能力の維持管理および衛生管理を行い，管理記録を保管すること。
- 汚水浄化施設から産出される汚泥等は適正に処理すること。
- と畜検査により廃棄されたもの，不可食部分およびその他廃棄物を収納する容器は，その用途を表示した上で使用すること。
- と畜検査の結果，伝染病罹患以外により廃棄されたものおよび家畜のと畜解体により生じる不可食部分は，専用容器に収納および保管し，化製場へ搬出する等して適切に処分すること。
- と畜検査の結果，伝染病の罹患により廃棄されたものは，専用容器に収納，保管し，焼却する等により衛生上支障のないよう処理すること。
- 雑廃棄物（耳標，引き縄，使い捨て紙タオル等）についても焼却等により衛生上支障のないよう処理すること。
- 廃棄物の処理を行った場合は，その内容を記録し1年間保管すること。

(5) 冷蔵設備の衛生管理（温度の管理および記録）
- 枝肉の中心温度が速やかに10℃以下となるように管理すること。
- 冷蔵庫内温度の測定は，作業開始前に1回および作業時間内に1回以上行い，測定した記録を1年間以上保管すること。
- と畜検査で保留された枝肉等は，冷蔵設備内に施錠できる専用のケージ内で保管する等，その他の枝肉と区別して管理すること。

(6) 使用薬剤（消毒剤等）の管理
- と畜場施設内外で使用される薬剤（洗浄剤，消毒剤，殺そ剤，殺虫剤等）は，

目的に応じて適正な方法により使用すること。
- 使用薬剤は，解体処理室や枝肉等を保管する場所以外に薬品保管庫を設けて保管し，必要に応じて施錠するとともに担当者を決めて管理すること。
- 薬剤の使用方法および使用にあたっての注意事項等が記載されている説明書（化学物質安全性データシート）を整理し，担当者等が確認しやすい場所に保管すること。
- 薬品を小分けして使用する場合は，小分けした容器に薬剤名，使用期限等を表示すること。
- と体および枝肉ならびに食用に供する内臓の薬剤による汚染を防止すること。
- 洗浄剤および消毒剤等の容器を新たに開封した場合は，開封日，開封した薬剤の名称，開封者その他必要な記録を開封日から１年間保存すること。
- 殺そ剤および殺虫剤を使用した場合は，使用日，使用した薬剤の名称，使用量，使用者その他必要な記録を使用日から１年間保存すること。

(7) ねずみ，昆虫等の管理（発生および侵入防止，駆除）
- 防そ防虫設備のない窓および出入り口については開放状態にせず，定期的にこれら設備の機能を点検し，必要に応じ補修すること。
- そ族，昆虫の発生を防止するために，それらの餌や飲水となるものの排除および巣や隠れ家となるゴミなどの除去を随時実施すること。
- 施設外から搬入される物品の梱包箱等に入り込んだ昆虫等の侵入を防止するため，当該物品の荷受け時には，昆虫等の有無を確認するとともに，不要となった梱包箱等は速やかに焼却等の処置を施すこと。
- 薬剤によるねずみ，昆虫の駆除を実施する場合は，食肉への薬剤汚染を防止すること。

(8) 枝肉出庫（積み込み）の衛生管理（運搬車両）
- 枝肉をと畜場から出庫する際は，枝肉を10℃以下で保管できる冷蔵または冷凍機を備え，荷室内部がステンレス製等不浸透材質で覆いのある専用の運搬車両を使用すること。
- 荷室内部は適切な頻度で洗浄消毒し，運搬車両に枝肉を横臥させて積み込むときは，清潔な専用の履物を使用するか，枝肉を不浸透性材質の包装材で包むなどして衛生的に取り扱うこと。

2　食肉処理（分割）施設における衛生管理

(1)　施設の衛生管理

と畜場の施設および設備の衛生管理に準じる。

(2)　食肉処理（分割）の衛生管理（枝肉分割の衛生管理）
　1）　共通事項
　　・　帽子（ネット帽）を着用し，頭髪の落下を防止すること。
　　・　前掛け，着衣等は清潔なものを着用し，異物の付着のないことを確認すること。
　　・　手袋は，原則として洗浄消毒することが容易な材質であること。やむを得ず繊維性製品等を使用する場合は，1時間に1回程度，清潔なものと交換すること。
　　・　手指，ナイフ，まな板，前掛け等が直接，食肉に接する器具等は，作業前，作業中の汚染の都度および作業終了後に洗浄消毒すること。
　　・　使用した器具は，洗浄消毒後専用の棚等に保管すること。
　　・　不可食物等の廃棄物は，専用容器に収納し，これらによる製品，器具設備の汚染を防止すること。
　　・　作業中の処理室内温度は，10℃以下に保持するか，それが困難な場合には，室温を15℃以下とし，少なくとも処理作業中5時間毎に製品に接触する機械器具の表面を洗浄，消毒すること。
　2）　枝肉冷蔵および枝肉分割処理室への搬出
　　・　枝肉冷蔵庫内温度および枝肉温度の確認および記録を行い，枝肉温度10℃以下を保持すること。
　　・　枝肉の残毛等の異物および汚れの付着の有無を確認し，付着を認めた場合には，清潔なナイフ等を用いて除去すること。
　　・　枝肉の移動または保管の際は，壁，扉等の設備に接触させないこと。
　3）　大割り，除骨，整形
　　・　部分肉の残毛等の異物，汚れの付着および骨片の残存の有無を確認し，付着等を認めた場合には，清潔なナイフ等を用いて除去すること。
　　・　部分肉等を床に落とした場合は，洗浄消毒された専用台上で汚染部分を清潔なナイフ等を用いて除去すること。
　　・　牛，めん羊および山羊の場合には，背根神経節を破壊しないために，次の点に留意すること。
　　　 i ）　脊柱に付着した食肉を機械的に分離・回収する設備を使用しないこと。
　　　 ii ）　脊柱を電気ノコギリで除去（脱骨）する場合には，背根神経節を破壊しな

いように行うこと。
　　　　　ⅲ）仙骨部分の背根神経節は，仙骨腹側面の脂肪層に位置するため，仙骨腹側面に付着する脂肪層をナイフ等を用いて削り取る等の処理は行わないこと。
　　4) **包装・計量・箱詰**
　　　・ 部分肉の残毛，金属製等の異物，汚れの付着および骨片の残存の有無を確認し，付着等を認めた場合には，清潔なナイフ等を用いて除去すること。
　　　・ 分割処理後の食肉は，洗浄消毒した専用の可食容器に速やかに収納するか，または清潔な資材で包装すること。包装された食肉は，取扱いが容易になるようにダンボール等の箱に梱包するのが望ましい。
　　　・ 可食容器，包装資材および梱包資材は，床面に直置きせず，汚染されないような方法で保管すること。
　　　・ シュリンカー，冷却水（チラー）の温度，湯量および水量が適切であることを確認すること。
　　5) **入庫・保管**
　　　・ 容器，包装等に収納した製品は，速やかに冷蔵庫または冷凍庫に保管すること。
　　　・ 冷蔵庫内温度および製品温度の確認ならびに記録を行い，製品温度10℃以下を保持すること。
　　　・ 冷蔵庫内は整理整頓し，容器，包装等に収納した製品は，床に直置きせず，衛生上支障がないように保管すること。また，梱包や包装が破れないように丁寧に取り扱うこと。
　　　・ 収納した製品は，入庫日等の日付等により在庫管理および出庫管理を行うこと。
　　　・ 製品の在庫および出庫管理を記録等により適正に行うこと。

(3) **汚物等廃棄物の取扱い**
　・ 汚物等の廃棄物は，色または表示等で区分した専用容器に収納し，これらによる食肉等の製品，包装資材および器具設備等の汚染を防止すること。
　・ 汚物等を収納した容器は，速やかに施設外に搬出し，焼却その他衛生上支障のない処理を行うこと。

(4) **包装梱包材料の衛生保持**
　・ 包装梱包材料は，専用保管庫で材料毎に整理して，床上0.3m以上の高さの棚等に衛生的に保管すること。
　・ 包装梱包材料の保管庫は，随時清掃すること。

(5) **脊柱の取扱い（牛，めん羊および山羊の場合）**
　・ 脊柱を除去する場合には，背根神経節による食肉等の汚染を防止すること。

- 除去した脊柱は，他の汚物等の廃棄物とは色または表示等で区分した専用容器に収納し，これらによる食肉等の製品，包装材料および器具設備等の汚染および他の容器への混入を防止すること。
- 脊柱を収納した容器は，速やかに施設外に搬出し，廃棄物の処理及び清掃に関する法律（昭和45年法律第137号）に基づき適切に処理すること。

3 内臓処理室における衛生管理

(1) 内臓処理室の衛生管理
　と畜場の施設および設備の衛生管理に準じる。

(2) 内臓処理の衛生管理
　サルモネラ，カンピロバクター，病原性大腸菌O157を原因菌とする食中毒は，その多くが内臓または取扱い中に汚染された食肉を生または加熱不十分な状態で喫食することに起因するとされている。これら原因菌は消化管内容物や胆汁などに存在することから，食肉等の汚染源と考えられている。したがって，と畜場においては，消化管内容物，胆汁，呼吸器粘膜，尿等による臓器，枝肉，施設設備の汚染を防止することは最も重要である。
　と畜場において，と体からの内臓摘出は，舌から肝臓までの臓器と，胃から直腸までの消化管等に分割して摘出される。この時点から処理を2系統に明確に分けることにより相互汚染を防止することができる。
- 消化管は，消化管内容物による臓器への汚染を防ぐために，区分して処理する。
- 内臓が，床および内壁等に接触することにより汚染されるのを防ぐ。
- 舌，胸腔臓器および肝臓等の処理台が消化管内容物により汚染された場合は，その都度洗浄消毒する。
- 内臓はそれぞれ区分し冷蔵庫で10℃以下となるよう冷却する。
- 毎日の清掃および清掃確認を重点的に実施する。
- 器具および容器は区分して使用し，二次汚染を防止する。
- 伝達性海綿状脳症（TSE）における特定部位等は的確に分離，除去し，専用容器に保管後特定の廃棄物業者に引き取らせるか，と畜場内で焼却する。

1) 消化管処理
- 消化管の処理に当たっては，特に内容物の取扱いに注意しなければならない。消化管内容物による汚染を防ぐよう消化管内容物を除去するとともに，当該消化管を十分に洗浄する。
- 消化管の切開は，飲用適の水で消化管内容物を洗い流してから切開するか，洗い流しながら切開する等，消化管内容物により消化管の漿膜面を汚染しないように処理する。

- 加熱処理後は清潔な容器内で速やかに冷却する。
- 加熱処理後の二次汚染を防止する。保存容器（水切りカゴ等）は床への直置きや水の跳ね上がる場所に置かないこと。速やかに冷蔵または冷凍保存する。
- 消化管を加熱処理せず製品とする場合は，消化管内容物等を清潔な流水で十分に洗い流したのち，清潔な容器に入れ速やかに10℃以下に冷却する。

2) **心臓，肝臓および舌処理**
- 相互汚染防止のため各臓器は速やかに分割する。分割，整形した各臓器は流水で洗浄後速やかに冷却する。
- 二次汚染を防止するため，内臓処理場内では整形された臓器をさらに細分割しない。
- 肺は他の臓器を汚染しないよう，なるべく切開せずに分割し，区分して保管する。
- 清潔なナイフ，器具を使用し，整形時の汚染を防ぐ。また，製品保管は清潔な容器を使用し10℃以下に保つ。

3) **頭部および足処理**
- 十分な水量で洗浄し，剥皮，湯剥き時の再汚染を防止する。
- 製品は，専用容器に保管し二次汚染を防止する。
- 牛，めん羊・山羊においては，頭部（牛においては舌および頬肉，めん羊・山羊においては舌，頬肉，扁桃を除く）が伝達性海綿状脳症における特定部位に該当する。

4　外皮の衛生管理

- 外皮は，枝肉または食用に供する内臓に接触しないように保管し，床および内壁等を汚染しないように搬出する。
- 外皮取扱室は，外皮の移動の際にと体および内臓等を汚染しない場所に設置し，直接室外に搬出できる出入り口が設けられていることが望ましい。
- 外皮取扱室は，搬出ごとに清掃し清潔を保持する。

5　廃棄物等の衛生管理

- 廃棄物および不可食部は専用の不浸透性容器に保管し，枝肉等食用に供するものおよび施設を汚染しないようにすること。
- 廃棄物集積施設は，他と区画され衛生上問題のない場所に位置すること。
- 廃棄物集積施設は，そ族，昆虫などの発生，侵入を防止すること。
- 廃棄物集積施設の衛生保持を行うこと。

- 廃棄物の運搬の際には，内容物が漏出しないように注意すること。
- 汚水処理施設から発生する汚泥等は適正に処理すること。
- 汚水処理施設は定期的に点検を実施し，管理記録を1年間保管すること。

6 従事者の衛生管理

(1) 被服等の衛生管理
- 服装等は，衛生的で清潔な作業用衣服，帽子，履物を着用する。また，前掛け，手袋なども衛生的で清潔なものを用いる。
- 作業中の前掛け等の洗浄は所定の場所で行い，洗浄水の飛散を防止する。
- 衛生点検者は，常に作業従事者が衛生的で安全な服装や装備をしていることを確認する。

(2) 使用器具の衛生管理
- 作業前のすべての機械器具は清潔である。
- 機械器具の破損，部品の欠落に際しては，管理者に報告し，適切な処置をとる。
- 作業後の洗浄は，分解できるものは分解し行う。
- 温湯を用いて消毒する場合は，83℃以上の温湯で行う。
- 使用した器具は，洗浄，消毒後専用の清潔な戸棚等に保管する。

(3) 手指の衛生管理
- 作業従事者は常に爪は短く清潔にし，作業中は指輪，腕時計，マニュキュア等は身につけない。
- 作業中は，ゴム・ビニール等の手袋を活用する。特に手指に外傷やその治療のために絆創膏等を使用している場合は，食中毒および異物混入の原因となりうるので着用することが重要である。
- 手指（手袋を使用する場合は手袋）は，作業開始前および血液，外皮などで汚染された場合にその都度洗浄剤を用いて洗浄する。

(4) 従事者の健康管理
- と畜場の管理者等は，従事者に対し年1回以上定期的な健康診断を実施し，結果を保管するとともに日常的な健康チェックを行う。
- 従事者またはその同居者が，飲食物を介して感染するおそれのある疾病に罹患している場合またはその疑いがある場合は，衛生管理責任者に報告し指示を受ける。

7　衛生管理体制

(1)　と畜場の自主衛生管理

1)　衛生管理責任者の設置と責務

　　と畜場の管理者等は，と畜場法（昭和28年法律第114号）第7条に基づき，と畜場を衛生的に管理するために「衛生管理責任者」を置かなければならない。また，「衛生管理責任者」は，と畜場の衛生管理に関して法律を遵守するよう，衛生管理に従事する者を監督し，施設設備を管理しなければならない。

2)　HACCP（危害分析重要管理点）方式の考え方の導入

　　安全で衛生的な食肉を生産するためには，家畜のと畜場への搬入，と殺解体，枝肉の冷蔵までの各工程において，HACCP方式を基本とする衛生管理システムの導入を行う必要がある。本衛生管理システムを構築するためには，食肉によるヒトへの危害（生物学的，化学的，および物理学的危害）要因を特定し，これらの危害を除去または低減，削減することが重要である。食肉，食肉加工品による危害要因として重要なものは生物学的危害であり，特に食中毒，経口感染症の発生原因となることが多い，腸管出血性大腸菌（Shigatoxin-producing *E. coli*：STEC）O157，O26など，サルモネラ（*Salmonella* spp.），カンピロバクター（*C. jejuni*）などが重要である。

　　平成8（1996）年12月，と畜場法施行規則の一部改正により，安全で衛生的な食肉生産のため，HACCP方式の考え方を取り入れた衛生管理方法の導入が求められるようになった。HACCP方式の考え方を取り入れた衛生管理方法については，「対米輸出食肉を取り扱うと畜場等の認定要綱」（平成2年5月24日衛乳第35号別紙）を参考とすることができる。

　　HACCP方式の導入にあたっては，その前提となる適正製造基準（GMP：Good Manufacturing Practice）および衛生標準作業手順（SSOP：Sanitation Standard Operation Procedures）を整備しておくことが必要である。

3)　適正製造基準（GMP：Good Manufacturing Practice）

　　HACCP方式の前提であるGMPとしては，①施設・設備の衛生管理，保守点検，②機械・器具の衛生管理，保守点検，③使用水の衛生管理，④排水・廃棄物の衛生管理，⑤そ族・昆虫等の防除，管理，⑥従業員の教育，訓練，⑦食品等の衛生的な取扱い，⑧製品の回収などのマニュアルなどを作成しておくことが必須である。

4)　衛生標準作業手順（SSOP：Sanitation Standard Operation Procedures）

　　SSOPの作成にあたり，衛生管理に関する重要事項には次のようなものがある。と畜場の管理者等は，と畜場法施行規則（昭和28年厚生省令第44号）第7条で定められている衛生管理基準を適切に実施するために，衛生管理の方法に関

する標準作業手順書（SSOP）を作成して実施するとともに，必要な改訂を行い，衛生管理の維持向上に努めなければならない。

（施設設備管理に関する事項）
ア　清掃手順に関すること
イ　施設・換気・採光および照明・冷蔵庫・汚水処理施設等の管理に関すること
ウ　使用水に関すること
エ　ネズミおよび昆虫の防除に関すること
オ　薬剤の取り扱いに関すること

（作業に関する事項）
ア　清潔な生体の受け入れ
イ　外皮，消化管内容物の枝肉への汚染防止
ウ　と殺解体に携わる従事者による衛生的処理
エ　枝肉の衛生的取扱い

5) HACCP方式

HACCP方式は食品の安全性を確保するシステムであり，と畜場で安全で衛生的な食肉を生産するために，以下に示す七つのステップに基づいて構築される。

① 危害分析（HA：Hazard Analysis）：HAは，と畜場においてと殺処理工程で発生する可能性のある危害要因を分析し，これらの危害を制御する方法を明らかにする。食肉の安全性に及ぼす危害要因としては，生物学的要因である微生物等（ウイルス，細菌，原虫・寄生虫等），化学的要因である農薬，抗生物質残留，および物理学的要因である異物（金属片，ガラス，骨等）等があげられる。

② 重要管理点（CCP：Critical Control Points）の特定：危害要因の制御には，家畜の生産農場からと畜場への搬入段階から最終処理の枝肉洗浄，冷蔵段階までの各工程において発生する危害要因を明らかにし，重要管理点（CCP）を設定する。

③ 危害許容限度（CL：Critical Limit）の設定：と畜処理の各工程に設定されたCCPについて，守らなければならない危害の許容限度を設定する。処理工程の各重要管理点に対し，危害要因である食中毒起因菌（STEC，サルモネラ等の病原菌）の許容限度基準を定める。

④ 監視方法（Monitoring）の決定：各工程において設定された重要管理点に対して，許容限度基準が十分に遵守されているかどうかについて，管理状況等を監視する方法を決定する。

⑤ 改善措置の決定：各工程の重要管理点における限度基準からの逸脱がみられた場合，その改善措置を設定する。

⑥ 記録保管：各重要管理点について監視を行った結果，およびそれに基づく改善措置の結果等の記録を保管する体制を確立する。

⑦ 検証方法の確立：HACCP方式が適正に実施されていることの検証方法および実施頻度を定める。なお，次のような場合は，HACCP方式が適正に行われ

ていないと判断し，改善措置を行うことを求める必要がある。
・ HACCP方式に定められている作業内容が適正に実施されていない場合。
・ 改善措置における指摘された事項に対し，必要な修正が行われていない場合，またはそれらが実施されていない場合。
・ HACCP方式に定められている記録が十分保管されていない場合。

6) 作業衛生責任者の設置と責務

と畜場法第10条第1項では，獣畜のと殺または解体を衛生的に管理させるため，と畜場ごとに「作業衛生責任者」の設置を求めており，と殺解体作業時における作業衛生の監督責任は作業衛生責任者が担うことになる。

作業衛生責任者は，作成したSSOPの実施状況を確認するために，管理基準の遵守状況をチェックする文書（チェック表）等を用いて，作業開始前から作業終了にかけての点検結果を記入する。不適の場合の改善措置等の記録および点検結果について，衛生管理責任者の確認を受けること等の体制作りが重要となる。

7) 衛生教育および訓練

衛生的な食肉を生産するためには，と畜場の管理者等を中心に，従業員が一体となって積極的かつ自主的な衛生管理に取り組むことが重要である。衛生管理責任者等は従事者およびと畜場関係者の食肉衛生に対する理解を深めるための教育を行うとともに，食肉の取扱い等について必要な訓練を行わなければならない。

また，と畜検査員は，衛生管理責任者等が行うと畜場の衛生管理，食肉衛生の取り組みに対し，日常的に指導，監督するとともに，定期的に下記項目について衛生教育を実施する必要がある。

① と畜場法および食品衛生法関係法令
② 人獣共通感染症
③ と畜場における衛生管理
④ 病畜および切迫と畜の取扱い
⑤ 廃棄を命じられた枝肉，内臓等の適正処理

8) 自主検査（拭き取り検査）

と畜場の管理者等は，HACCP方式の考え方に基づいた衛生管理が確実に実施されていることの確認のため微生物検査を行うこととされており，その検査項目として大腸菌数検査は必須である。大腸菌数の検査方法は，「と畜場法施行規則の一部を改正する省令の施行等について」（平成9年1月28日衛乳第25号）における別紙1により次のとおり示されている。

大腸菌数の検査法
① 検体採取の頻度
牛：300頭に1検体
豚：1000頭に1検体程度となるよう無作為に枝肉を選定すること。
② 検体

牛及び豚の枝肉
③ 検体の拭き取り場所（別図参照）
牛：胸部及び肛門周囲
豚：牛と同一場所
牛及び豚のそれぞれの拭き取り場所2か所を混合したものを1検体とする。
拭き取りの面積は，それぞれの拭き取り場所で各10cm×10cmとする。
④ 検体拭き取り方法
(1) 各拭き取り場所を滅菌ガーゼタンポンを用いて，一定の強さで均等に拭き取って採取する，又はこれと同等の方法で採取する。
(2) と畜検査終了後の枝肉から拭き取ること。
⑤ 検査の方法
「食品衛生検査指針，微生物編」及び国際公認分析化学者協会（AOAC：Association of Official Analytic Chemicals International）によって認定された方法に準じて実施するものとする。
⑥ 判定
単位面積1cm^{2}当たりのコロニー数を求める。
⑦ その他
この検査は，と畜場の衛生管理の状況を把握するための検査であるので，検体となった枝肉を留め置く必要はない。

(別図)

大腸菌数検査に係る検体の拭き取り場所

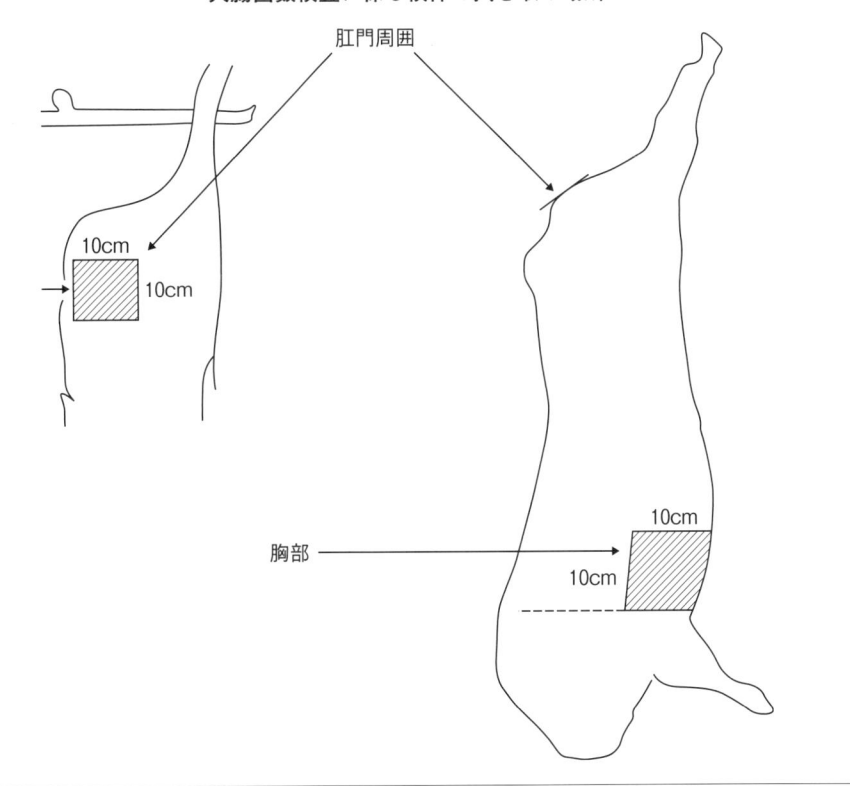

肛門周囲

10cm
10cm

胸部

10cm
10cm

(2) と畜検査員による検証，指導

と畜場法においては，従来からと畜検査員による「監視と指導」を行うための一定の衛生基準が設定されているが，HACCP方式は，これらの基準を順守するためにと畜場の設置者等の主体的責任により行われるべき手法である。と畜検査員の役割としては，衛生管理基準やHACCP計画が適正に行われていることを審査し，さらにこれらが適正に実行されていることを検証する。そして適さない事項があった場合，必要な指導を行うことなどである。

1) 衛生監視（施設設備および器具の衛生状況）

検査員は作業開始前，作業中に衛生監視を実施しなければならない。

作業開始前の点検事項として，施設の清掃状況の適否，設備・器具の破損・補修状況の確認，消毒槽の温度管理，使用水の残留塩素濃度，ねずみ・昆虫の捕獲器の状況，各作業場所や検査場所の照度，作業員の衣服の清潔，冷蔵庫温度，消毒薬等の保管状況等の各項目について確認し，適正であることを確認した後に作業を開始させる。不適切な事項がある場合，衛生管理責任者または作業衛生責任者に指示し，改善措置がとられたことを確認してから作業開始とすることが，現場における1日の衛生監視の始まりとして重要である。

作業中には，SSOPに基づく作業の履行状況や，消毒槽の温度管理状況，施設内の防虫状況，処理した枝肉の取扱い，冷蔵保管庫の温度管理状況，廃棄物やSRM（特定部位）の取扱い等に留意して監視を行い，問題のある箇所は適宜，指導して改善を図るようにしなければならない。

と畜検査を実施する職員が同時に衛生監視を実施することは，現場の状況によっては非常に困難な場合もあることから，と畜検査の人員配置を工夫するなどして衛生監視専任の職員を置くことが望ましい。

作業後点検については，自主衛生管理としてと畜場の衛生管理責任者等に一任することが望ましい。

2) SSOPに記載された衛生管理手順の履行確認および妥当性の評価

SSOPの運用開始前にと畜検査員が確認すべき事項は，と畜場法との整合性および衛生管理の妥当性である。法律に適合しないものや衛生管理上不適切な内容は修正を求めなければならない。

と畜検査員はと畜場のSSOPを把握し，作成されたSSOPが現場で決められたとおりに運用されているか履行状況を各作業工程で確認し，必要に応じて作業衛生責任者や衛生管理責任者に改善指示を行う。また，作成されたSSOPの運用開始後に新たな問題が発生する場合も少なくないため，SSOPの内容に係る妥当性の評価を継続し，と畜検査員の指導を参考にするなどして，よりよいSSOPを作り上げるために必要な改良を繰り返していくべきである。

8 牛処理の衛生管理

(1) 牛処理における微生物汚染に関する重要度

と体（枝肉）への微生物汚染について，各処理工程ごとに重要度の高い順に1～3段階で評価すると，生体受入れ・繋留，食道結紮，肛門結紮，乳房除去および内臓摘出工程は重要度1であり，汚染防止が最も重要である。また，乳房除去工程についても，乳牛（特に，乳廃牛）処理を行っているところでは重要度1であり，と体へ乳汁（乳房炎感染乳）からの汚染に注意すべきである。この他，正中線の切皮および剥皮前処理工程についても重要度1または2と評価され，体表からの汚染防止が必要である。

重要度1と判定される理由としては，①生体受入れ・繋留工程では牛体表の糞便などの汚染および農場での有害微生物の保有により，これ以降のと畜処理の工程で，と体を汚染する。②食道結紮および肛門結紮工程では，結紮の失宜（不完全な結紮，結紮器挿入時の消化管損傷等）により，胃内容物または直腸内容物の漏出を起こしと体を汚染する。③乳房除去工程については，乳房除去時の乳汁が剥皮と体へ付着する。④内臓摘出工程では腹部切開時および胃腸摘出時の胃腸破損や腸切れによる胃腸内容物がと体を汚染する等である。⑤正中線の切皮工程では，切皮時のナイフによる体表から汚染，剥皮前処理工程（この工程での作業は，多くはエアナイフを用いて四肢，臀部を一部剥皮）では，剥皮時に外皮が直接と体に接触，あるいは残皮・残毛により汚染を起こす。

(2) 汚染に係る重要な処理工程での確認方法および指導

これらの管理工程での汚染の確認方法および指導内容は次のとおりである。

1) 生体受入れ・繋留工程

体表の糞便等の汚染確認は，生体検査時1頭ごと体表の汚染を目視で確認する。不適の場合の改善指導は，その場でヨロイ（体表の糞便等が付着，乾燥したもの）の除去，体表の汚れを水洗する。体表汚染牛の搬入頻度の多い（1月の搬入回数：牛で2割（各と畜場で割合を設定）以上のもの）生産者等に対しては文書で指導する。

2) 食道結紮・肛門結紮工程

汚染の確認は，内臓（消化管等）検査時に食道の結紮状況の適否を確認し，枝肉汚染の可能性を推測する。また枝肉検査時に枝肉への胃（消化管内容物）等の付着を直接目視で確認する。

手技の不適の指導は，結紮の失宜が当日処理頭数の2～3％（各と畜場で割合を設定）を超える場合，作業手順書の見直しを行わせる（事後改善の命令を行う）。

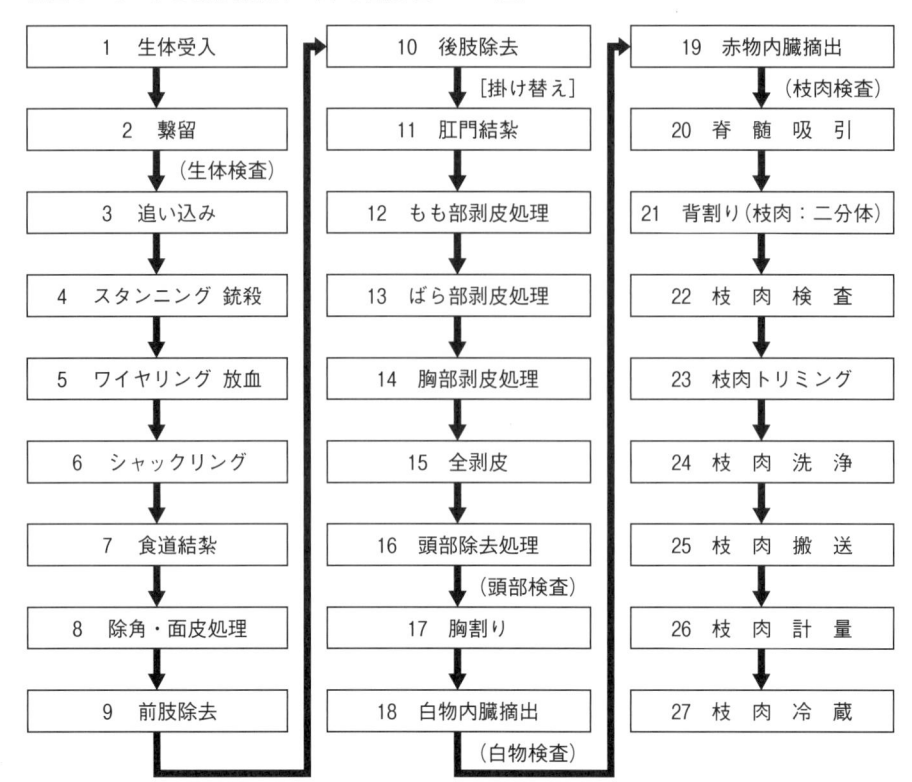

■図 I-10 牛と畜作業標準（牛と畜処理フロー図）

1 生体受入	10 後肢除去	19 赤物内臓摘出
↓	↓ [掛け替え]	↓ (枝肉検査)
2 繋留	11 肛門結紮	20 脊髄吸引
↓ (生体検査)	↓	↓
3 追い込み	12 もも部剥皮処理	21 背割り(枝肉：二分体)
↓	↓	↓
4 スタンニング 銃殺	13 ばら部剥皮処理	22 枝 肉 検 査
↓	↓	↓
5 ワイヤリング 放血	14 胸部剥皮処理	23 枝肉トリミング
↓	↓	↓
6 シャックリング	15 全剥皮	24 枝 肉 洗 浄
↓	↓	↓
7 食道結紮	16 頭部除去処理	25 枝 肉 搬 送
↓	↓ (頭部検査)	↓
8 除角・面皮処理	17 胸割り	26 枝 肉 計 量
↓	↓	↓
9 前肢除去	18 白物内臓摘出	27 枝 肉 冷 蔵
	(白物検査)	

3) 内臓（消化管等）摘出工程

確認は概ね食道結紮・肛門結紮工程と同様である。手技の不適の指導は，胃腸摘出時に胃腸破損を起こしたものが当日処理頭数の一定割合（10〜15％：各と畜場で割合を設定）を超える場合，作業手順書の見直しを行わせる（事後改善の命令を行う）。

また，枝肉への汚染が確認された場合，枝肉トリミング工程において汚染部位を完全に除去させる。また，骨等の硬組織や胸腔内壁等のトリミングが困難な部位の汚染の場合，枝肉洗浄工程において通常の洗浄後，さらに次亜塩素酸水溶液100ppmなど（各と畜場で殺菌消毒法を設定）を散布する。

4) 乳房除去工程

確認は，枝肉検査時に乳汁の付着を目視で確認する。汚染があった場合の改善指導は，枝肉トリミング工程において汚染部位をナイフで除去し，消毒殺菌を行う。

5) 正中線切皮工程

汚染の確認は，と体切皮面の残皮，残毛および糞便等の付着の有無（各と畜場で指標の基準を設定）を確認する。汚染があった場合の改善指導は，枝肉トリミング工程で汚染部位をナイフで切除する。

■表I-11 一般的な牛処理施設における衛生管理総括表

工程	危害	危害の要因	防止措置	管理点	管理基準	確認方法	改善措置	検証方法	記録文書名
生体受入・繋留	病原微生物による汚染 腸管出血性大腸菌 サルモネラ カンピロバクター等	・搬入個体の汚れ ・搬入車両の汚染 ・個体の腸管内保菌	受入時の確認	CCP	体表の糞便汚染がないこと	目視確認（全頭） 担当： 頻度：	・汚染の除去 ・搬入者（生産者）指導 ・健康個体搬入を指導		
	異物の混入	・注射針の残留	適正飼養の徹底 受入れ時の確認	CCP	異物残留のないこと	飼養管理履歴等関連書類の内容確認	検査員への通報		
	動物用医薬品等の残留	・生産者，獣医師の取り扱いの不備	飼養履歴の確認	CCP	残留のないこと	飼養管理履歴等関連書類の内容確認	・搬入中止 ・生産者，獣医師への通知		
肛門結紮	病原微生物による汚染	・肛門周囲の汚染 ・肛門結紮失宜等による消化管内容物汚染	従事者訓練	CCP	・肛門周囲に汚染がないこと ・結紮不良がないこと	目視確認 担当：内臓摘出担当者 頻度：	・消化管内容物が付着した場合のトリミング ・作業訓練（発生を確認した場合） ・作業手順書の見直し（1日の処理頭数の2%を超えて発生した場合）		
		・肛門結紮機器の衛生管理不良 ・と体の接触 ・作業手技の不良	肛門結紮機器の洗浄，消毒 従事者訓練		付着がないこと 結紮器の汚染がないこと	目視確認 担当： 頻度：	・肛門結紮機器等の再洗浄，消毒		
	獣毛等のと体への付着	・と体の接触 ・従事者の作業不良	従事者訓練		獣毛等の付着がないこと	目視確認 担当： 頻度：	異物が付着した場合はトリミングを実施		
乳房除去	病原微生物による汚染	・乳汁漏出による汚染 ・従事者の作業不良	乳汁による汚染を最低限に抑える	CCP	乳汁による汚染を最低限に抑える	目視確認 担当：乳房除去工程担当者 頻度：	乳汁が付着した場合はトリミングを実施		
		・ナイフ等の衛生管理不良 ・と体の接触 ・従事者の作業不良	ナイフ等の洗浄，消毒 従事者訓練		汚染がないこと	目視確認 担当： 頻度：	・ナイフ等の再洗浄，消毒 ・接触等により汚染の可能性がある部位はトリミングを実施		
	獣毛等のと体への付着	・と体の接触 ・従事者の作業不良	従事者訓練		獣毛等の付着がないこと	目視確認 担当： 頻度：	異物が付着した場合はトリミングを実施		
内臓摘出 腹部切開 白物摘出 赤物摘出	病原微生物による汚染	・消化管内容物の枝肉汚染 ・従事者の作業不良	従事者訓練	CCP	消化管内容物に汚染されていない	目視確認 担当：内臓摘出担当者 頻度：	・汚染部位をトリミング，汚染部位が硬組織の場合は100ppm塩素水を噴霧 ・作業訓練（1日処理の10%を超えた胃腸破損によると体汚染が発生した場合）		
冷却・保管	病原微生物の増殖	・温度管理不良	施設の保守点検 庫内温度管理の徹底	CCP	庫内温度0℃以下（枝肉の温度が10℃以下になるように設定）	頻度：作業開始前1回 作業時間内1回以上	庫内温度の調整		

91

6) 剥皮前処理工程

確認およびその指導方法は，正中線切皮工程の場合と同様である。

(3) 汚染の除去および低減を行う工程

処理工程の中で，と体（枝肉）の汚染を除去または低減できる工程として，枝肉トリミング工程が最も重要（重要度1）である。

その他，重要度1または2（除去に準ずる効果がある）の工程としては，生体搬入・係留工程および枝肉洗浄工程で，体表のヨロイの除去および糞便等汚染を水洗除去する。さらに，枝肉の汚染除去としてスチームバキューム工程を設けている施設では重要度1または2（各と畜場で判定基準を設定）である。

(4) 牛処理施設における衛生管理総括表

と畜場での牛処理における微生物汚染防止のための標準的なHACCP方式の構築については，各と畜場に合った方式を確立して，安全で衛生的な食肉生産を行うことが重要である。

一般的な牛処理工程について，工程の危害，危害の要因，危害の防止措置，管理点，管理基準，確認方法および改善措置をまとめて，「一般的な牛処理施設における衛生管理総括表」を表Ⅰ-11に示す。

9　豚処理の衛生管理

豚のと殺・解体処理方式について，ここでは以下の3つのタイプに分けて衛生管理を示す。各タイプにおける主な処理工程は表Ⅰ-12のとおりである。
①オーバーヘッド方式：と殺・放血後，以降の処理はと体を吊り上げたまま行う。
②ベッド方式：と殺・放血後，と体をベッドに降ろし，前処理（胸割り，腹割り，股割りおよび肛門周囲の一部処理）を行った後，以降の処理はと体を吊り上げて行う。
③湯はぎ方式：基本的な処理はオーバーヘッド方式と同じであるが，剥皮しないで湯漬け，脱毛，毛焼き処理を行う。

(1) 微生物汚染を防止するための工程
1) 重要度の評価および処理工程での汚染の確認方法および指導

基本的には牛のと殺・解体工程と同様であり，枝肉へ微生物汚染を防止するための工程は，SSOPにより管理可能である。

特に，肛門抜き（ベッド方式では肛門周囲の一部処理），腹割り（股割り），内臓摘出工程は「重要度1」と評価される。従業員の失宜（ナイフ等の使用器具による消化管等の破損）のみならず，腹膜炎や胸膜炎等により腹・胸壁へ癒着した内臓をと体から分離する際には，消化管内容物，膿瘍等の漏出により枝肉が汚染

■表Ⅰ-12 豚のと畜工程と作業内容

工程	作業内容
生体受入・繋留	搬入された豚の受付および繋留所への係留
生体洗浄	繋留されている豚の洗浄
追い込み	繋留されている豚のと室への追い込み
電殺・放血	電気ショッカーによるスタンニング，ナイフによる喉刺しおよび放血
シャックリング（片足懸垂）	と体の吊り上げ
と体洗浄	と体洗浄機による洗浄
と体降ろし《ベ，湯》	《ベ》ベッドへのと体の吊り下げ，《湯》湯漬け槽へのと体の吊り下げ
湯漬け《湯》	湯漬け
脱毛《湯》	脱毛機，手作業による脱毛
吊り上げ《湯》	脱毛したと体の吊り上げ
毛焼き《湯》	毛焼き機等による毛焼き
前後肢剥皮・切断	前後肢の剥皮および切断
掛け替え《オ》	又管（ギャンブレル）への掛け替え
肛門抜き，尾切り《オ》	肛門抜き機またはナイフによる肛門周りの切開
股割り，肛門周囲処理《ベ》	恥骨および肛門周りの切開
下腹部処理（股割り），腹割り，胸割り	恥骨，腹部，胸部の切開
吊り上げ（両脚懸垂）《オ》	又管（ギャンブレル）への掛け替えおよびと体の吊り上げ
舌出し，耳切除，頭部切断	頸部の切開，舌の引き出し，耳の切除，頭部の切り離し
内臓摘出	検査台への内臓の取り出し
剥皮前処理	エアーナイフ，ナイフによる後躯，側面，前肢の剥皮
剥皮	縦型または横型スキンナーによる剥皮
背割り	背割機による背割り
整形	脊髄，リンパ，残皮等の除去
トリミング	消化管内容物，毛等による汚染部位の切除
枝肉洗浄	枝肉の洗浄
計量・格付	枝肉の計量，格付
冷蔵保管	枝肉保管庫における冷蔵保管

※ 《オ》：オーバーヘッド方式，《ベ》：ベッド方式，《湯》：湯はぎ方式

■表Ⅰ-13　豚処理施設における衛生管理総括表

工程名	危害	危害の要因	防止措置	管理点
生体受入・繋留	病原微生物による汚染（サルモネラ，カンピロバクター，リステリア，病原性大腸菌等）	・搬入豚の糞便等による汚染 ・搬入豚の病原微生物の保菌 ・搬入車両の汚染	・受入時の確認（目視，生体記録簿の確認）および排除 ・出荷時の体表の洗浄	CCP
	異物（金属）の混入	・注射針の残留	・受入時の確認 ・適正飼養の徹底	
	動物用医薬品等の残留	・生産者，獣医師の獣畜取扱い不良	・飼養・治療履歴，投薬履歴，休薬期間の確認	
生体洗浄	病原微生物の残存	・洗浄不良による糞便，病原微生物等の体表への残存	・生体洗浄の徹底 ・施設洗浄の徹底 ・洗浄設備の作動確認，保守点検	CCP （SSOP）
と体洗浄	病原微生物の残存	・洗浄不良による病原微生物の残存 ・洗浄機の管理・作動不良	・機械の作動確認，保守点検，維持管理 ・施設設備の洗浄	CCP （SSOP）
湯漬け《湯》	病原微生物による汚染	・湯漬け機器類の整備不良 ・温湯の低下 ・汚染された湯漬け水	・湯漬け機器類のSSOPの遵守 ・受け台の洗浄の徹底	CCP

管理基準	確認方法	改善措置	検証方法
・糞便等による体表の汚染がないこと ・生体に異常が認められないこと	・目視検査 　担当：生体受付担当者 　頻度：全頭 ・飼養管理履歴等に係る生産者（搬入者）申告書類の確認 　担当：生体受付担当者 　頻度：出荷者ごと	・汚染の除去（洗浄） ・搬入者（生産者）指導 　健康豚搬入 　餌切り徹底 　洗浄徹底 ・逸脱ロットの受入停止	・生体受付簿，生体搬入記録，保菌にかかる健康診断書，生産者指導記録，体表汚染記録票，是正措置実施記録の確認
・異物（注射針等）の残留のないこと	・飼養管理履歴等にかかる生産者（搬入者）申告書類の確認 　担当：生体受付担当者 　頻度：出荷者ごと	・と畜検査員への通報，作業員への周知 ・該当個体，部位を精査（金属探知機）	・金属探知の実施
・残留のないこと	・飼養管理履歴等にかかる生産者（搬入者）申告書類，動物用医薬品の使用歴の確認 　担当：生体受付担当者 　頻度：出荷者ごと	・搬入（と殺）中止 ・生産者，獣医師への通知	・病歴・投薬歴類，搬入記録，改善措置実施記録，と畜申請書の確認 ・残留検査の実施
・体表の糞便汚染がないこと ・繋留施設に汚染がないこと	・目視検査 　担当：繋留所担当者，追い込み担当者 　頻度：繋留枠ごと，全頭	・生体の再洗浄 ・洗浄水量等，洗浄方法の見直し ・生体洗浄設備，給水設備の点検および調整 ・繋留所の排水に関する補修，改善	・作業日報，施設の保守点検表，生体洗浄実施記録，是正措置実施記録の確認 ・生体洗浄後の外皮汚染状況の目視確認
・体表に残毛や汚染がないこと ・洗浄機に異常（ビータの摩耗，ノズルから十分な水量の洗浄水が噴射しない，ゴムベルトの劣化）がないこと ・施設設備が清潔であること	目視検査 　担当：湯漬け担当者，施設担当者，衛生管理責任者 　頻度：開始前・中間・終了時，全頭 ・流量計・水圧計の設置	・洗浄機の点検修理調整 ・と体の再洗浄 ・施設設備の再洗浄	・作業日報，保守点検表の確認
・温湯（63℃）が一定であること ・と体受け台は，血液による汚染がないこと ・湯漬け水が浮遊物等により著しく汚染されていないこと	目視確認 　担当：湯漬け担当者，施設担当者 　頻度：全頭，始業前・午前・午後	・湯漬け機器類の不備を確認したら，施設課に連絡し必要な措置を講ずる ・と体の受け台の洗浄の徹底 ・湯漬け水の十分な潅水の確保	・標準衛生作業書

I と畜検査

工程名	危害	危害の要因	防止措置	管理点
毛焼き《湯》	獣毛や汚染物質の残留	・毛焼き機の整備不良	毛焼き機の保守点検	CCP
肛門抜き,尾切り《オ,湯》	病原微生物による汚染 獣毛等のと体への付着	・直腸破損による消化管内容物の付着 ・直腸結紮不良等による肛門からの消化管内容物漏出 ・従事者の作業不良 ・器具,手指,作業衣の洗浄消毒不良 ・バングカッターの整備不良	・従事者訓練 ・器具,手指,作業衣の洗浄,消毒 ・バングカッターの保守点検	SSOP
股割り・肛門周囲処理《ベ》	病原微生物による汚染 獣毛等のと体への付着	・作業の失技による消化管内容物の漏出による汚染 ・ナイフの衛生管理不良 ・作業手技の不良 ・肛門から消化管内容物の流出	・ナイフ,手指の洗浄,消毒 ・従事者訓練 ・餌きり時間の厳守	SSOP
下腹部処理(股割り),腹割り,胸割り《オ,湯》	病原微生物による汚染 獣毛等のと体への付着	・ナイフ,手指の洗浄消毒不良 ・従事者の作業不良 ・消化管破損による内容物の付着	・従事者訓練 ・ナイフ,手指の洗浄,消毒	SSOP
内臓摘出	病原微生物による汚染 獣毛等のと体への付着	・消化管破損による消化管内容物の付着 ・ナイフ,手指,作業衣の洗浄消毒不良 ・従事者の作業不良 ・膿瘍や炎症生産物による汚染	・ナイフ,手指,作業衣の洗浄,消毒 ・従事者訓練	SSOP

管理基準	確認方法	改善措置	検証方法
・残毛や汚染物質の残留のないこと	目視確認 担当：施設担当 頻度：毎日	・毛焼き機の不備を確認したら，施設課に連絡し必要な措置を講ずる	・標準衛生作業書の確認
・バングカッターに異常（刃こぼれ，真空度の異常等）がないこと ・と体に汚染がないこと ・ナイフやバングカッターで直腸を破損しないこと ・骨盤腔に直消化管内容物が付着しないこと ・獣毛等の付着がないこと ・器具，手指，作業衣に汚れがないこと	目視確認 （作業状況） 担当：肛門処理・尾切り担当，作業衛生責任者 頻度：全頭，2回／日 （機械状況） 担当：作業衛生責任者 頻度：1回／日	・消化管内容物および獣毛による汚染部位のトリミング ・器具，手指，作業衣の再洗浄，消毒 ・バングカッターの点検整備 ・汚染と体のマーキング ・従事者の再訓練 ・SSOPの見直し（直腸破損が一日処理数の規定割合を超えた場合）	・バングカッター整備点検票，直腸破損記録の確認 ・作業状況の点検 ・標準衛生作業書の確認
・消化管内容物による汚染がないこと ・ナイフ，手指の汚染がないこと ・と体に獣毛等の付着がないこと ・作業手順の遵守 ・餌きり12時間以上	・目視検査 担当：担当者 頻度：全頭 ・飼育履歴等の確認	・ナイフ，手指の再洗浄，消毒 ・汚染部位，獣毛等が付着した部位のトリミングまたは洗浄 ・生産者指導（十分な餌切り） ・従事者の再教育，技術研鑽	・作業日報，保守点検表，生産者指導記録の確認 ・枝肉検査時，整形時の確認
・設備，器具，手指，作業衣に汚れがないこと ・消化管内容物の漏出がないこと ・と体に獣毛等の付着がないこと ・消化管内容物，膿瘍その他の胸腔内内容物によると体の汚染がないこと	目視確認 担当：胸部腹部切開担当者，衛生管理責任者等 頻度：全頭，2回／日	・と体に付着した消化管内容物等の汚染，獣毛のトリミングまたは洗浄 ・従事者の再訓練 ・汚染と体のマーキング（札つけ） ・ナイフ，手指，作業衣の再洗浄，消毒	・作業日報，保守点検表の確認 ・枝肉検査時，整形時の確認
・消化管内容物による汚染がないこと ・剥皮箇所に汚染や獣毛付着がないこと ・設備，ナイフ，手指，作業衣の汚染がないこと ・ナイフや手指で消化管を破損しないこと	目視検査 担当：内臓担当者，衛生管理責任者 頻度：全頭，2回／日等	・汚染部位のトリミングまたは洗浄 ・ナイフ，手指，作業衣の再洗浄，消毒 ・汚染された枝肉にマーキング（札つけ） ・従事者の再教育，技術研鑽 ・作業手順の見直し	・作業日報，保守点検表，消化管破損記録の確認 ・整形時に確認

Ⅰ　と畜検査

工程名	危害	危害の要因	防止措置	管理点
トリミング	病原微生物の残存 病原微生物による汚染 獣毛等のと体への付着	・ナイフ，手指の洗浄消毒不良 ・従事者の作業不良 ・不十分な汚染物除去	・ナイフ，手指の洗浄，消毒 ・従事者訓練	CCP
枝肉洗浄	病原微生物の残存 獣毛等のと体への付着	・洗浄機の作動不良（故障，水量・水圧不足）による洗浄不足 ・清掃不十分な設備のはね水 ・手動洗浄水の飛散 ・従事者の作業不良	・機械器具の保守管理徹底 ・従事者訓練 ・設備の洗浄，消毒	CCP (SSOP)
冷蔵保管	病原微生物，腐敗菌の増殖	・冷蔵装置の故障，設定不良等の庫内温度管理不良（上昇）による細菌の増殖	・冷蔵庫内温度の適正管理（庫内温度，枝肉中心温度の測定） ・施設設備の保守点検 ------ ・庫内保管頭数の遵守	CCP
	病原微生物による汚染	・枝肉の接触による二次汚染	・枝肉は間隔をあけて保管する ・枝肉は壁面と接触しないように保管する	

※　《オ》：オーバーヘッド方式，《ベ》：ベッド方式，《湯》：湯はぎ方式
※　CCP（SSOP）：CCPだが，SSOPとして対応

管理基準	確認方法	改善措置	検証方法
・目に見える糞便,消化管内容物,獣毛,レールダストおよびその他異物の付着がないこと ・ナイフ,手指の汚染がないこと ・汚染物に接触した場合,ナイフを温湯消毒すること	目視検査 　担当:トリミング担当者 　頻度:全頭	・ナイフ,手指の再洗浄,消毒 ・逸脱枝肉の再トリミング	・作業日報,保守点検表,是正措置実施記録,作業衛生点検記録の確認
・洗い残しによる汚染,獣毛等の残存がないこと ・洗浄機(水量・水圧,噴射角度)に故障等異常がないこと ・洗浄設備内壁にカビその他の汚染物がないこと	目視検査 　担当:整形等担当者 　頻度:開始前・中間・終了時,全頭等 (作業状況) 　担当:衛生管理責任者 　頻度:2回／日 (設備状況) 　担当:作業衛生責任者 　頻度:1回／日	・洗浄機の点検修理調整 ・枝肉のトリミング,再洗浄 ・洗浄機の清掃,再洗浄,消毒	・作業日報,保守点検表の確認
・庫内温度,枝肉中心温度が基準範囲内であること	自記記録計による温度確認 　担当:施設保守,冷蔵保管担当 　頻度:連続 庫内温度計による定時の温度確認 　担当:冷蔵保管担当者等 　頻度:3回／日,作業前後,作業中等 枝肉中心温度の確認	・冷蔵設備の点検および調整 ・枝肉の再冷却 ・別冷蔵庫へ移動	・温度記録,作業日報,保守点検表,冷蔵保管および枝肉中心温度記録,是正措置実施記録の確認
・枝肉の保管数:規定以下	目視検査 　担当:保管担当 　頻度:入出庫ごと	・庫内頭数調整 ・庫内温度の再調整 ・別冷蔵庫へ移動	・作業日報,入出庫記録の確認
・枝肉同士の接触がないこと ・枝肉と壁面が接触しないこと	目視による確認 　担当者:冷蔵庫担当 　頻度:全頭	・従事者の教育	・作業記録の確認

I　と畜検査

される可能性が高い。また，従業員が直接と体に接触する工程は「重要度2」，その他の工程は「重要度3」と評価される。

(2) 汚染の除去または低減を行う工程
 1) 重要度の評価

基本的には牛のと殺・解体工程と同様であり，枝肉の汚染を除去または低減できる工程は，CCPとして管理する意義が高い。

枝肉の汚染の除去（低減）については，いずれの処理方式でもと畜処理工程へ汚染を持ち込まないことが重要であるため，「生体受入・繋留工程」は「重要度1」と評価される。また，枝肉の可視的な汚染を確実に除去する「トリミング工程」，枝肉表面の微生物の増殖を防ぐ「冷蔵保管工程」も重要性が高く，同様に「重要度1」と評価される。また，湯はぎ方式では，と体の浸漬を行う「湯漬け工程」および枝肉表面を炎で焼く「毛焼き工程」も微生物汚染を低減できることから「重要度1」と評価される。

「生体洗浄」「と体洗浄」「枝肉洗浄」等の各工程は，豚の体表および枝肉等を洗浄することにより微生物汚染を除去できることから「重要度2」である。しかしながら，洗浄には微生物汚染を洗い流して除去するだけでなく，微生物汚染を拡散する側面ももつことから注意が必要である。このため，枝肉洗浄前には，糞便，消化管内容物および乳汁の枝肉への付着の有無について目視確認し，これらの汚染をトリミングして物理的に除去することが重要である。

(3) 豚処理施設における衛生管理総括表

と畜場での豚処理における微生物汚染防止のための標準的なHACCP方式の構築については，各と畜場で適切な方式を確立して，安全で衛生的な食肉生産を行うことが重要である。

一般的な豚処理工程について，工程の危害，危害の要因，危害の防止措置，管理点，管理基準，確認方法および改善措置をまとめて，「一般的な豚処理施設における衛生管理総括表」を表I-13に示す。

[3　衛生管理：参考文献]
(財)日本食肉生産技術開発センター：食肉処理品質管理マニュアル（平成15年度），2003.

4 食肉中の動物用医薬品等の残留有害物質検査

　食肉中の残留有害物質検査は，と畜検査と並んで食肉衛生検査機関における主要な業務の一つであり，平成15（2003）年の食品衛生法（昭和22年法律第233号）改正によりポジティブリスト制度が導入されて以来，その重要性はより一層高まっている。食肉中の残留有害物質のなかでも特に重要なものとして，抗生物質，合成抗菌剤，寄生虫用剤およびホルモン剤等の動物用医薬品，飼料添加物，ならびに農薬があげられる。

　ポジティブリスト制度では，これらの残留有害物質について残留基準あるいは「0.01 ppm」という一律基準が定められた。ただし，基準値が定められていない抗生物質および合成抗菌剤については一律基準が適用されず，食品一般の成分規格である，「食品は，抗生物質または化学的合成品たる抗菌性物質を含有してはならない。」という基準が従来どおり適用される。

　しかし，残留基準値があっても検査法が定められていない物質や標準品が手に入らない動物用医薬品も多く，今後の検査法の整備等が求められる。

1　基本的事項

　検査にあたっては，食品衛生法第28条に基づき検体を収去する。検体の取扱法や検査法についてSOP（標準作業手順書）を整備するなど，検体採取から検査結果の通知に至るまで，各検査機関のGLP（業務管理基準）に基づいた取扱いを行うことが必要である。また，検査に必要な検体量を考慮した上で，十分な量の検体を収去することが重要である。

　なお，3に示す検査法以外の方法で機器分析によって検査を実施しようとする場合には，「食品中に残留する農薬等に関する試験法の妥当性評価ガイドラインについて」（平成19年11月15日食安発第1115001号）に基づき，適切に実施することが不可欠である。

2　検査の実施

　厚生労働省の通知および各検査機関の計画に基づくモニタリング検査等の他に，検査が必要な事例として，次の場合があげられる。
　① と畜検査申請書の内容から，動物用医薬品等の残留が疑われる場合

② と畜検査において乳房等に薬品の注入が認められた場合
③ 注射痕，または注射針の残存が認められた場合
④ その他，検査員（食品衛生監視員）が必要と判断する場合

3 検 査 法

　残留有害物質の検査法としては，分析機器を用いた理化学的分析法と抗生物質のバイオアッセイ法がある。
　ポジティブリスト制度導入により，物質同定の必要性がますます高まったことから，理化学的分析法が主流になりつつある。
　食肉における残留有害物質検査法は，「食品，添加物等の規格基準」（昭和34年12月28日厚生省告示第370号）で食品一般の成分規格で「不検出」とされる農薬等の成分である物質については，規格基準に定められた試験法（以下，「告示法」という），それ以外の物質については，「食品に残留する農薬，飼料添加物又は動物用医薬品の成分である物質の試験法について」（平成17年1月24日食安発第0124001号）で示された試験法（以下，「通知法」という）に基づき実施することが原則である。実際には，各検査機関における過去の検出事例や検査の必要性，機器整備状況や体制等に応じて検査項目を設定して実施することとなる。なお，試験法についての最新情報は厚生労働省ホームページ（http://www.mhlw.go.jp）から入手できる。
　抗生物質のバイオアッセイ法では，平成6年7月1日衛乳第107号中の「畜水産食品中の残留抗生物質簡易検査法（改訂）」（参考❹）でスクリーニング検査を実施し，陽性と判定された検体または阻止円が確認された検体については，同通知中の「畜水産食品中の残留抗生物質の分別推定法（改訂）」（参考❺）により試験を実施することとなるが，結果残留が疑われた物質については，告示法又は通知法により陽性物質名の同定および定量を行う必要がある。
　また，合成抗菌剤については平成5年4月1日衛乳第79号中の別添2「畜水産食品中の残留合成抗菌剤の一斉分析法（改定法）」により，また有機塩素系農薬は昭和62年8月27日衛乳第42号（平成17年に廃止）中の「牛肉中の有機塩素化合物の分析法」によるスクリーニング検査が行われているが，バイオアッセイ法と同様に基準を超えて残留が疑われる物質については，告示法・通知法により同定および定量を行う必要がある。

参考❹▶畜水産食品中の残留抗生物質簡易検査法（改訂）

1 材料
 1）試験菌
  ア　*Kocuria rhizophila* ATCC 9341（旧 *Micrococcus luteus* ATCC 9341。以下，*K. rhizophila* という）
  イ　*Bacillus subtilis* ATCC 6633（以下，*B. subtilis* という）
  ウ　*Bacillus cereus* ATCC 11778（旧 *Bacillus mycoides* ATCC11778。以下，*B. cereus* という）
 2）培地
  ア　保存及び継代用寒天培地
    普通寒天培地*1)
  イ　増殖用液体培地
    感受性測定用ブイヨン*1)
  ウ　試験菌混合用培地
    ①　Antibiotic Medium 5（Difco）（以下，AM5 という）
    ②　Antibiotic Medium 8（Difco）（以下，AM8 という）
  ＊1)　日水製薬（株）製またはこれと同等の培地。
 3）ペトリ皿
    内径 86±1mm のペトリ皿で，滅菌したもの。
 4）ペーパーディスク
    直径 10mm，厚さ 1.1〜1.2mm のペーパーディスク*2)を用いる。
    ペーパーディスクは，121℃で 15 分間高圧滅菌し，十分乾燥させてから用いる。
  ＊2)　ペーパーディスクは，東洋ろ紙（株）から「枝肉の抗菌性物質検査用濾紙」として販売されている。
 5）緩衝液
  ア　クエン酸・アセトン緩衝液
    1/5M クエン酸溶液と 1/2M 水酸化カリウム溶液を等量混合した溶液 35 溶，アセトン 35 溶および蒸留水 30 溶を混合して調製する。
    1/5M クエン酸溶液はクエン酸一水和物（$C_6H_8O_7$：MW210.14）4.2g を蒸留水に溶解して 100ml としたもの。
    1/2M 水酸化カリウム溶液は水酸化カリウム（KOH：MW56.11）2.8g を蒸留水に溶解して 100ml としたもの。
  イ　pH4.5 リン酸緩衝液
    リン酸一カリウム（KH_2PO_4：MW136.09）13.6g を蒸留水に溶解し 1,000ml とする。
  ウ　pH6.0 リン酸緩衝液
    リン酸一カリウム（KH_2PO_4：MW136.09）8.0g およびリン酸二カリウム（K_2HPO_4：MW174.18）2.0g を蒸留水に溶解し 1,000ml とする。
  エ　pH8.0 リン酸緩衝液
    リン酸一カリウム（KH_2PO_4：MW136.09）0.523g およびリン酸二カリウム（K_2HPO_4：MW174.18）16.73g を蒸留水に溶解し 1,000ml とする。
  注）

I と畜検査

　　pH 4.5，6.0 及び 8.0 リン酸緩衝液は用時調製が望ましいが，保存貯蔵する場合は 121℃で 15 分間高圧滅菌した後，密封し保存する。
　　ただし，濁りおよび沈澱物等が生じたものは使用してはならない。

2　試験菌の継代保存
　1）K. rhizophila
　　① 普通寒天斜面培地で 30℃，18 時間培養し，斜面全体に K. rhizophila が発育したことを確認した後，滅菌ゴム栓で密封し冷蔵保存する。継代移植は 1 か月から 1 か月半間隔で行う。
　　② 純培養した新鮮菌（普通寒天平板培地で増殖）を 10〜20％脱脂粉乳またはグリセリン添加普通ブイヨン[*3)] 1ml 中に濃厚に接種し，滅菌ゴム栓で密封して冷凍保存する。普通寒天斜面培地よりも長期間保存できる。
　　③ 凍結乾燥し，冷蔵または冷凍保存する。
　　＊3）グリセリン濃度は，－70℃で保存する場合は 10〜16％，－20℃で保存する場合は 40％が適当である。
　2）B. subtilis
　　① 普通寒天斜面培地で 30℃，18 時間培養し，斜面全体に B. subtilis が発育したことを確認した後，滅菌ゴム栓で密封し冷蔵保存する。継代移植は 1 か月から 1 か月半間隔で行う。
　　② 「3　試験菌液の調製」で作製した試験菌を小分けして，1 か月以内の短期保存は冷蔵，それ以上の長期保存は冷凍する。
　　③ 凍結乾燥し，冷蔵または冷凍保存する。
　3）B. mycoides
　　① 普通寒天斜面培地で 30℃，18 時間培養し，斜面全体に B. mycoides が発育したことを確認した後，滅菌ゴム栓で密封し冷蔵保存する。継代移植は 1 か月から 1 か月半間隔で行う。
　　② 「3　試験菌液の調製」で作製した試験菌を小分けして，1 か月以内の短期保存は冷蔵，それ以上の長期保存は冷凍する。
　　③ 凍結乾燥し，冷蔵または冷凍保存する。
　　注）
　　　これら試験菌は数本（個）を同時に継代保存しておくと便利である。継代保存はいずれの方法を採用してもよいが，それぞれ 3 方法で継代保存することが望ましい。

3　試験菌液の調製
　1）K. rhizophila
　　継代保存した菌株を感受性測定用ブイヨンに接種し，30℃，18 時間の培養を 3 代継代し，3 代目の培養液を試験菌液とする。
　2）B. subtilis
　　継代保存した菌株を普通寒天培地平板に塗抹し，30℃，1 週間培養して芽胞を形成させる[*4)]。この平板上に発育した菌苔をかきとって滅菌生理食塩水に浮遊させた後，65℃で 30 分間加熱する。これを 3,000rpm 20 分間遠心分離し，上清液を捨てる。この沈

渣を滅菌生理食塩水に再浮遊させ，これを芽胞原液とする。

芽胞原液の逓減希釈液を作り，これら芽胞希釈液を約50℃に保温したAM5に1％の割合で混和し，それぞれの8mlをペトリ皿に流して平板とする。各平板上にカナマイシン0.5μg/ml含有ペーパーディスクをおいて30℃，18時間培養し，現われる阻止円の直径が14±1mmを示す平板を見出し，それに相当する芽胞希釈液を作製して，これを試験菌液とする。この時の芽胞数はおおむね10^7〜10^8/mlとなっている。

3) B. mycoides

継代保存した菌株を普通寒天培地平板に塗抹し，30℃，1週間培養して芽胞を形成させる*4)。この平板上に発育した菌苔をかきとって滅菌生理食塩水に浮遊させた後，65℃で30分間加熱する。これを3,000rpm20分間遠心分離し，上清液を捨てる。この沈渣を滅菌生理食塩水に再浮遊させ，これを芽胞原液とする。

芽胞原液の逓減希釈液を作り，これら芽胞希釈液を約50℃に保温したAM8に1％の割合で混和し，それぞれの8mlをペトリ皿に流して平板とする。各平板上にオキシテトラサイクリン0.25μg/ml含有ペーパーディスクをおいて30℃，18時間培養し，現われる阻止円の直径が14±1mmを示す平板を見出し，それに相当する芽胞希釈液を作製して，これを試験菌液とする。この時の芽胞数はおおむね10^7〜10^8/mlとなっている。

*4) 芽胞染色し，顕微鏡で観察して一視野に80％以上の芽胞が形成していることを確認する。芽胞形成率が低い場合はさらに数日間培養し，芽胞を形成させる。ただし，10日間以上培養しても芽胞形成が悪い場合は試験菌の変異等が考えられるので，このような試験菌は使用しない。

4 検査用平板の調製

1) K. rhizophila 平板

121℃で15分間高圧滅菌した後約50℃に保持したAM5にK. rhizophila試験菌液を培地の1/5の量を加え，十分混和した後，ペトリ皿に8mlずつ分注し，水平に保って凝固させる。ただし，平板上にアンピシリン0.025μg/ml含有ペーパーディスクをおいて，30℃，18時間培養したとき，現われる阻止円の直径は14±1mmを示さなければならない。この感受性試験は同一ロットにおいて1枚以上の平板で行い，全平板で行う必要はない。

阻止円直径が14±1mm以上または以下を示すロットの平板は使用しない[5)]。

2) B. subtilis 平板

121℃で15分間高圧滅菌した後約50℃に保持したAM5にB. subtilis試験菌液を培地の1/100の量を加え，十分混和した後，ペトリ皿に8mlずつ分注し，水平に保って凝固させる。ただし，平板上にカナマイシン0.5μg/ml含有ペーパーディスクをおいて，30℃，18±1時間培養したとき，現われる阻止円の直径は14±1mmを示さなければならない。この感受性試験は同一ロットにおいて1枚以上の平板で行い，全平板で行う必要はない。

阻止円直径が14±1mm以上または以下を示すロットの平板は使用しない[5)]。

3) B. mycoides 平板

121℃で15分間高圧滅菌した後約50℃に保持したAM8にB. mycoides試験菌液を培地の1/100の量を加え，十分混和した後，ペトリ皿に8mlずつ分注し，水平に保って凝

固させる。ただし，平板上にオキシテトラサイクリン $0.25\mu g/ml$ 含有ペーパーディスクをおいて，30℃，18±1時間培養したとき，現われる阻止円の直径は 14±1mm を示さなければならない。この感受性試験は同一ロットにおいて1枚以上の平板で行い，全平板で行う必要はない。

阻止円直径が 14±1mm 以上または以下を示すロットの平板は使用しない[*5)]。

*5) これらの原因として，①試験菌の変異，②接種菌量の間違い，③平板培地調製の間違い，④ペーパーディスク中の薬剤濃度が正確でなかった等が考えられるので，改めて調製すること。

注)

K. rhizophila 平板，*B. subtilis* 平板および *B. mycoides* 平板に形成される阻止円は，いずれも阻止円の境界が明瞭であり，阻止円内に細菌の発育（集落）は認めない。

また，平板に発育した試験菌は滑らかであり，平板は斑にならない。

以上，これらの条件に合致しない平板は，試験菌の変異あるいは雑菌混入の疑いが考えられるので，このような試験菌を使用してはならない。

5 抗生物質標準溶液

各抗生物質の力価の明らかな粉末を 0.1mg の単位まで正確に秤量し，減菌精製水を適当量加えて，力価 $1,000\mu g/ml$ の原液を調製する。

原液は，減菌メスピペットを用いて，リン酸緩衝液で原則として最小発育阻止濃度（MIC）測定法に従って希釈し，抗生物質標準溶液を作る。

この際希釈に用いるメスピペットは，必ず希釈のたびごとに取替える。

$1,000\mu g/ml$ の原液は原則として測定のたびごとに調製する。

なお，必要とする薬剤濃度については10倍希釈法で調製しても構わない。

(例) アンピシリン原液の調製法

アンピシリンナトリウムの入った容器のラベルに表示された力価が 840mg となっていた場合，この粉末を正確に 10mg 秤量し，減菌精製水を 8.4ml 正確に加えて溶解すれば，力価 $1,000\mu g/ml$ の原液を作ることができる。

以下の各薬剤においても同様に調製できる。

1) アンピシリン標準溶液

アンピシリンはナトリウム塩を用い，希釈には pH6.0 リン酸緩衝液を用いる。

2) カナマイシン標準溶液

カナマイシンは硫酸塩を用い，減菌精製水で溶解して力価 $1,000\mu g/ml$ の原液を調製する。希釈には pH8.0 リン酸緩衝液を用いる。

3) オキシテトラサイクリン標準溶液

オキシテトラサイクリンは塩酸塩を用い，最初少量の 0.1NHCl で溶解後，減菌精製水を適当量加えて，力価 $1,000\mu g/ml$ の原液を調製する。希釈には pH4.5 リン酸緩衝液を用いる。

(追加)

マクロライド系抗生物質は，最初少量のメタノールで溶解後，減菌精製水を適当量加えて，力価 $1,000\mu g/ml$ の原液を調製する。希釈には pH8.0 リン酸緩衝液を用いる。

6 試験溶液の調製

 筋肉，臓器等の 5 g を秤取し，クエン酸・アセトン緩衝液 20 ml を加え，ホモジナイズした後濾紙で濾過し，その濾液を試験溶液とする。

 濾過がしにくい場合は，3,000 rpm で 15 分間遠心分離し，その上清液を濾過する。

7 試験方法
 1) 直接法

  検体の表面をスパーテルで滅菌後，滅菌したはさみとピンセットで検体を約 1 cm 角に切り取り，これを各培地上に直接置く。これを 30 分間以上冷蔵放置後，培地を倒置しないで 30℃ で 18 時間培養する。

 2) ディスク法

  試験溶液中にペーパーディスクを浸漬した後，これを検査用平板上におき[*6)]，ピンセットの先で軽く固着させる。これを 30 分間以上冷蔵放置後，30℃ で 18 時間培養する。

  なお，クエン酸・アセトン緩衝液に浸漬したペーパーディスクを陰性対照とする。

  *6) 一試験溶液につき 2 枚以上のペーパーディスクをそれぞれの検査用平板上におくこと。

8 判定
 1) 直接法

  検体の周囲に 1 mm 以上の明瞭な阻止円を形成したものを陽性とする。

 2) ディスク法

  阻止円の直径が 12 mm 以上のものを陽性とする[*7)]。

  なお，クエン酸・アセトン緩衝液の陰性対照を確認する。

  *7) 鮮明な阻止円を陽性とし，不鮮明な阻止円は陰性と判定する。

I と畜検査

|参考| 検査法のフローチャート

〈直接法〉
 検体（筋肉，臓器）の表面をスパーテルで滅菌
  ↓
 検体を約1cm角に切り取る（滅菌したはさみとピンセット）
  ↓
 培地上に直接置く
  ↓
 30分間以上冷蔵放置
  ↓
 培養（30℃で18時間）
  ↓
 判定（検体の周囲に1mm以上の明瞭な阻止円を形成したものを陽性とする）

〈ディスク法〉
 試料
  ｜秤量　5g
  ｜クエン酸・アセトン緩衝液20ml
 ホモジナイズ
  ↓
 濾過（または3,000rpmで15分間遠心分離後上清を濾過）
 濾液にペーパーディスクを浸漬
  ｜一試験溶液につき2枚以上のペーパーディスクをそれぞれの検査用平板上に置くこと。
 検査用平板に固着
  ↓
 30分間以上冷蔵放置
  ↓
 培養（30℃で18時間）
  ↓
 判定（鮮明な阻止円の直径が12mm以上のものを陽性とし，不鮮明な阻止円は陰性と判定する。クエン酸・アセトン緩衝液に浸漬したペーパーディスクを陰性対照とする。）

参考❺▶畜水産食品中の残留抗生物質の分別推定法（改訂）

1　材料
　1）　試験菌
　　　ア　*Kocuria rhizophila* ATCC 9341（旧 *Micrococcus luteus* ATCC 9341。以下，*K. rhizophila* という）
　　　イ　*Bacillus subtilis* ATCC 6633（以下，*B. subtilis* という）
　　　ウ　*Bacillus cereus* ATCC 11778（旧 *Bacillus mycoides* ATCC11778。以下，*B. cereus* という）
　2）　培地
　　　ア　保存および継代用寒天培地
　　　　普通寒天培地＊1)
　　　イ　増殖用液体培地
　　　　感受性測定用ブイヨン＊1)
　　　ウ　試験菌混合用培地
　　　　①　Antibiotic Medium5（Difco）（以下，AM5 という）
　　　　②　Antibiotic Medium8（Difco）（以下，AM8 という）
　　　＊1)　日水製薬（株）製またはこれと同等の培地
　3）　ペトリ皿
　　　内径 86 ± 1mm のペトリ皿で，滅菌したもの。
　4）　ペーパーディスク
　　　直径 10mm，厚さ 1.1〜1.2mm のペーパーディスク＊2) を用いる。
　　　ペーパーディスクは，121℃で 15 分間高圧滅菌し，十分乾燥させてから用いる。
　　　＊2)　ペーパーディスクは，東洋ろ紙（株）から「枝肉の抗菌性物質検査用濾紙」として販売されている。
　5）　緩衝液
　　　ア　pH4.5 リン酸緩衝液
　　　　畜水産食品中の残留抗生物質簡易検査法　改訂「1　材料　5）　緩衝液　イ　pH4.5 リン酸緩衝液」と同様にする。
　　　イ　pH8.0 リン酸緩衝液
　　　　畜水産食品中の残留抗生物質簡易検査法　改訂「1　材料　5）　緩衝液　エ　pH8.0 リン酸緩衝液」と同様にする。
　　　ウ　pH4.0 マキルベン緩衝液
　　　　0.1M クエン酸溶液 12.29ml に 0.2M リン酸二ナトリウム溶液 7.71ml を加える。
　　　エ　0.01M EDTA-2Na 含有マキルベン緩衝液
　　　　pH4.0 マキルベン緩衝液にエチレンジアミン四酢酸二ナトリウム（EDTA-2Na）を 0.01M になるように加える。
　　　オ　pH3.0 マキルベン緩衝液
　　　　0.1M クエン酸溶液 15.86ml と 0.2M リン酸二ナトリウム溶液 4.11ml を混合して調製する。
　6）　カラム
　　　ア　SEP-PAK　C_{18} カートリッジ＊3)（以下，C_{18} カラム）
　　　　C_{18} カラムをメタノール 5ml, 蒸留水 5ml, 飽和 EDTA-2Na 5ml の順に湿潤洗浄処

理して用いる。この時の流速は約1.5ml/minである。

　イ　COOH型エキストラクションカラム*4)（以下，COOH型カラム）

COOH型カラムをヘキサン5mlを通筒し，空気を吸引して1分間乾燥する。次にメタノール5ml，蒸留水5ml，pH4.0マキルベン緩衝液5mlの順に処理して用いる。この時の流速は約1.5ml/minである。

なお，カラムの中はpH4.0マキルベン緩衝液で濡れた状態に保持しておく。

*3)　Waters社製あるいは相当品を用いる。
*4)　Baker社製あるいは相当品を用いる。

2　試験菌液の継代保存

畜水産食品中の残留抗生物質簡易検査法　改訂　「2　試験菌液の継代保存」と同様にする。

3　試験菌液の調製

畜水産食品中の残留抗生物質簡易検査法　改訂　「3　試験菌液の調製」と同様にする。

4　検査用平板の調製

畜水産食品中の残留抗生物質簡易検査法　改訂　「4　検査用平板の調製」と同様とする。

5　試験溶液の調製

試料10gに0.01M EDTA含有マキルベン緩衝液30mlを加えホモジナイズし，3,000rpmで15分間遠心分離する。上清液を採取し，これにヘキサン10mlを加えてよく攪拌した後，3,000rpmで15分間遠心分離する。水層を採取し，これにクロロホルム30mlを加えてよく攪拌した後，3,000rpmで15分間遠心分離する。つぎに，クロロホルム層を採取し40℃以下で減圧乾固し，その残渣をpH8.0リン酸緩衝液1mlに溶解して，これを試験溶液Aとする。

一方，水層はC_{18}カラム，次いでCOOH型カラムを通筒させる。C_{18}カラムは蒸留水10mlを通筒して洗浄した後，メタノールを流す。最初の水（約0.5ml）を捨てた後，溶出液（メタノール）5mlを採取する。溶出液は40℃以下で減圧乾固し，その残渣をpH4.5リン酸緩衝液1mlに溶解して，これを試験溶液Bとする。

COOH型カラムはpH3.0マキルベン緩衝液を通筒させ，溶出液5mlを採取する。次に5N-NaOHおよび1N-NaOHを用いてpH7.5に調整し，これを試験溶液Cとする。

6　試験方法

試験溶液に浸漬したペーパーディスクは，*B. subtilis*平板，*K. rhizophila*平板および*B. mycoides*平板の3種類の検査用平板におく。ペーパーディスクを置いたこれらの平板は30分間以上冷蔵放置後，30℃で18時間培養する。

7　判定

阻止円の直径が12mm以上のものを陽性とし，表に示す3種類の試験菌感受性パターンから，畜水産食品中に残留する単剤の抗生物質を系統別に推定する。

なお，ペニシリンはペニシリナーゼで不活化する。
注） 3 試験菌の平板が，いずれも阻止円を形成した場合，試験溶液を適宜希釈して再検査を行う。

■表　試験菌の感受性パターンによる抗生物質の分別推定

試験溶液	試験菌			抗菌性物質
	B. subtilis	K. rhizophila	B. mycoides	
A	＋	＋＋	－	マクロライド系
	－	＋	－	マクロライド系
B	＋	－	＋＋	テトラサイクリン系
	－	－	＋	テトラサイクリン系
	＋	＋＋	－	ペニシリン系
	－	＋	－	ペニシリン系
C	＋＋	－	＋	アミノグリコシド系
	＋	－	－	アミノグリコシド系

注）　＋＋は＋よりも大きい阻止円（直径）を示す。
　　　－は阻止円を形成しないことを示す。

■図　抗生物質の試験溶液の調製法

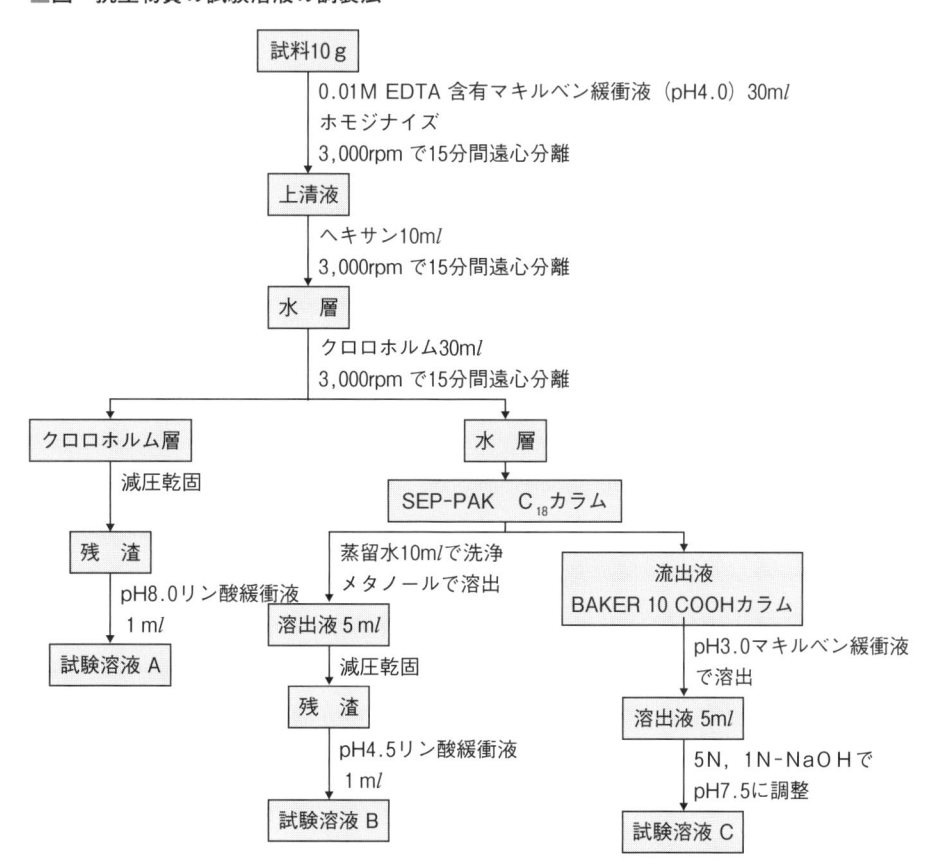

```
試料10g
  │ 0.01M EDTA 含有マキルベン緩衝液（pH4.0）30ml
  │ ホモジナイズ
  │ 3,000rpmで15分間遠心分離
上清液
  │ ヘキサン10ml
  │ 3,000rpmで15分間遠心分離
水　層
  │ クロロホルム30ml
  │ 3,000rpmで15分間遠心分離
┌─────────┴─────────┐
クロロホルム層        水　層
  │ 減圧乾固          │ SEP-PAK C18カラム
残　渣         ┌──────┴──────┐
  │ pH8.0リン酸緩衝液  蒸留水10mlで洗浄   流出液
  │ 1ml              メタノールで溶出   BAKER 10 COOHカラム
試験溶液 A        溶出液 5ml           │ pH3.0マキルベン緩衝液
                  │ 減圧乾固           │ で溶出
                  残　渣              溶出液 5ml
                  │ pH4.5リン酸緩衝液    │ 5N，1N-NaOHで
                  │ 1ml              │ pH7.5に調整
                  試験溶液 B          試験溶液 C
```

II

検査対象疾病

1 口蹄疫

Foot-and-Mouth Disease

1 解　説

　口蹄疫は，口蹄疫ウイルスに起因する偶蹄類の急性熱性伝染病である。牛をはじめ，水牛，豚，めん羊，山羊，鹿，いのししにおいては家畜伝染病予防法（昭和 26 年法律第 166 号）に基づく家畜伝染病とされている。

　動物の伝染病に関する国際機関である国際獣疫事務局（OIE）において OIE Listed diseases に指定され国際防疫上重要性は高く，非常にまれではあるが人にも感染することがあり，軽い発熱や口内炎を起こす。

　本病はウイルスを含んでいる汚染材料，水胞の破壊に伴うウイルスの付着，飛散，および患畜の乳，糞，尿，唾液，精液の直接的または間接的な接触や空気伝播によって流行する。また処理不十分な肉や厨芥からも感染する。

　本病の伝播性は極めて強く，口唇，舌，蹄部および乳頭に水胞を形成する。致死率は幼若動物では高いものの，一般的には低いとされている。しかし，体力の消耗による経済的被害は顕著である。また，本病は感受性の動物が多種類にわたっているので，一度発生すると防圧は難しい。

　わが国においては，明治 41（1908）年の発生を最後に長く清浄性を保ってきたが，平成 12（2000）年 3 月に宮崎県で，5 月に北海道で 92 年ぶりとなる発生が確認された。

　また，平成 22（2010）年 4 月〜7 月にかけて宮崎県で大規模な流行が発生し，牛豚等 20 万頭以上が殺処分された。

　世界における発生状況はアフリカ，南アメリカの一部およびアジアの大部分で発生がみられる。

　口蹄疫ウイルスは，RNA の核酸をもつ *Picornaviridae* の *Aphthovirus* に属する。小型の直径 25 nm の球状で，熱や酸，アルカリに弱いが，エーテルや日光に対しては抵抗性である。

　このウイルスは，相互にワクチンが効かない 7 種類（O，A，C，Asia1，SAT1，SAT2 および SAT3）のタイプ（血清型）が存在する。また，さまざまな抗原性を示し，同一血清型でも抗原性が異なる。

参　考

　口蹄疫はその伝染力の強さ，さらにその防圧の困難さと被害の甚大さから，初動措

置の適否が最重視されている。

　と畜場で口蹄疫に類似した疾病が発見された場合，家畜伝染病予防法に基づき，直ちに管轄の家畜保健衛生所へ通報することになっている。家畜保健衛生所が立入り検査を行い，本病が否定できない場合，動物衛生研究所において，OIEの定める本病の診断方法に基づき病性鑑定が行われる。

　最終的な判断がなされるまで，当該畜は完全に隔離され，人，動物，車，器材など一切の出入は制限される。

　病性鑑定，現地調査および疫学調査の結果から，農林水産省動物衛生課が当該畜を本病の患畜または疑似患畜と判断した場合は，所管の家畜保健衛生所，発生都道府県および農林水産省動物衛生課にそれぞれ防疫対策本部が設置され，それらの指示により行動することとなっている。

2　診　断

(1) **生体所見**

　牛においては，本病は通常3〜8日の潜伏期を経て，突然40〜41℃の発熱があり，食欲減退と流涎がみられ，その後，口唇や舌に水胞が形成されるようになる。本病の特徴である水胞の好発部位は，口唇，口腔内では舌上面，歯齦，口蓋，蹄では蹄冠，蹄踵，趾間である。また，鼻鏡，乳房，陰唇および腟などにも水胞が形成される。形成された水胞は，灰白斑点あるいは透明な液を含み，さらに水胞が破れてびらん，潰瘍になったものもみられる。初発牛が発見されると，同一牛群では数日中に全群に感染が広がる。水胞は大きくなりやがて破れてらん斑を形成し，跛行を呈する。また舌を水中に浸すこともある。合併症がない場合には2〜3週間で回復に向かうが，通常細菌の二次感染を起こし，治癒に長期間を要する。重篤な症状として，歩行困難，食欲不振，泌乳停止などのほか，死亡するものや体重の著しく減少するものがみられる。

　豚，めん羊，山羊も牛とほぼ同じ症状を示すが，特に跛行を起こしやすい。

(2) **剖検所見**

　水胞とその崩壊によるらん斑潰瘍は，好発部位のほか，ときに咽頭，気管，食道，第一胃などにも認められる。その他，腸の点状出血，脾臓の軽度の腫大，心膜の水腫と点状出血，肺の水腫などもみられる。また，無症状で急死した幼若動物の心筋には虎斑と呼ばれる灰白色ないし灰黄色の線状病巣（虎斑心）が認められることがある。

(3) **病理組織検査**

　皮膚や粘膜のウイルス感染により上皮細胞は風船状に腫大し，細胞質が好酸性と

なり壊死に陥る。上皮細胞が壊死や融解して消失した部分は液体が浸潤して小水胞となる。小水胞の表面は角質層，底部は基底層からなり，互いに癒合して大きくなる。この部の皮膚の真皮層や粘膜固有層に，充血や炎症細胞浸潤がみられる。呼吸器系ではカタル性炎，乳腺では腺上皮細胞の巣状壊死，腺管内の脱落細胞などの貯留，間質の炎症細胞浸潤がある。幼若動物では心筋に硝子様変性，壊死および炎症細胞浸潤を伴った心筋炎がみられる。

(4) その他検査
1) ウイルス学的検査
ウイルス分離，抗原検出 ELISA 法または補体結合反応，RT-PCR 検査
2) 血清学的検査
ELISA または中和試験

3 類症鑑別

類似疾病として，豚水胞病，水胞性口炎，豚水胞疹があるが，本病と生体所見のみでは鑑別が困難である。動物種に対する病原性が異なるので次表に示した。これらの水疱性疾病が発見された場合は，まず口蹄疫を疑う対応が必要である。

■表Ⅱ-1　水疱形成ウイルスの病原性

動物	ウイルス			
	口蹄疫	豚水胞病	水胞性口炎	豚水胞疹
牛	＋	－	＋	－
馬	－	－	＋	±※
豚	＋	＋	＋	＋

※株により小病変を作る

4 判定基準

(1) **生体検査**
前述の生体所見が認められた場合は口蹄疫を疑う。

(2) **解体前検査**
判定基準なし。

(3) **解体後検査**
前述の剖検所見が認められた場合は口蹄疫を疑う。

[1　口蹄疫：参考文献]
清水悠紀臣ほか編：獣医伝染病学（第5版），pp. 77-79，近代出版，1999.
梅村孝司ほか編：動物病理学各論，p. 169，文永堂出版，2000.
明石博臣ほか編：獣医感染症カラーアトラス（第1版），pp. 147-150，文永堂出版，1999.
熊谷哲夫ほか編：豚病学（第3版），pp. 283-290，近代出版，1987.
(独)農業・食品産業技術総合研究機構動物衛生研究所ホームページ，口蹄疫

2 流行性脳炎

Infectious Encephalitis

1 解 説

　現在，わが国で発生している流行性脳炎は，病原が日本脳炎ウイルスにほぼ限られているので，日本脳炎の意味と考えてよい。日本脳炎は人獣共通感染症で，流行すると高率に感染するが，発病率は低く不顕性感染の様相を呈する。人や馬では発病し神経症状を示すようになると，予後不良となり治癒は困難である。本病は家畜伝染病予防法（昭和26年法律第166号）に基づく家畜伝染病である。

　牛，めん羊，山羊あるいは豚などでもまれに発病し神経症状がみられる。しかし，妊娠している豚が感染すると，母豚自体は一過性の発熱を認める場合もあるが，普通なんら異常を示さず，死産子を分娩したり，虚弱子が出生することが多い。また，雄豚が感染すると精巣炎を起こし，繁殖能力の低下を起こす。

　本病はわが国をはじめ，台湾，朝鮮半島，中国で被害が大きく，シベリア，東南アジアなどでも，ウイルスが分離されたり抗体が証明されている。

　日本脳炎ウイルスは，RNAの核酸をもつ *Flaviviridae* の *Flavivirus* に属し，大きさは直径約45 nmの球状である。熱に弱くエーテルに感受性で，紫外線によっても容易に不活化する。

　本ウイルスの伝播に関与する媒介節足動物はコガタアカイエカで，ウイルスは感染豚がウイルス血症を呈しているとき，吸血とともに蚊の体内に取り込まれる。蚊の体内でウイルスが増殖し，数日後から蚊の唾液腺にかなりのウイルスが現れるようになり，蚊の生涯を通して証明される。このような蚊が人や家畜を吸血するときに，ウイルスが注入され感染させる。

　このように，蚊が日本脳炎ウイルスの媒介の主役であるので，と畜場における蚊の発生に注意することは大変重要なことであり，定期的に殺虫消毒を実施し，清潔を保持する必要がある。

　本病の予防には，馬に対しては不活化ワクチン，豚の死産予防に対しては生ワクチンと不活化ワクチンがある。またウイルスの増幅を抑える目的で，子豚や肉豚に対しても生ワクチンあるいは不活化ワクチンを使用する場合もみられている。

2 診　断

(1) **生体所見**

1) **馬**

　　1～2週間の潜伏期間を経て，40℃以上の高熱と沈うつがみられるが，1～2日で下熱し，食欲も回復してくる場合と，高熱が続き興奮状態となり，騒擾，狂躁，旋回，痙れん，麻痺などの神経症状を呈し，昏睡から死亡する例や，回復に長期間かかり後遺症を残す例がある。

　　また，呼吸数の増加，心拍の不整促迫がみられる。

2) **牛**

　　牛での報告は極めてまれであるが，高熱，食欲廃絶，しぶり，歯ぎしり，呼吸および心拍の増数，痙れん，昏睡などの症状があり，1～2日で急死する例や，高熱と食欲不振が数日間続いて回復する例などがみられている。

3) **めん羊，山羊**

　　これら動物でも発生はまれであるが，発熱，沈うつ，下行性の麻痺，口唇麻痺による流涎，摂食不能などを呈する。

4) **豚**

　　豚で神経症状を認めることは成豚では極めてまれであるが，胎内感染し生後まもない子豚ではしばしばみられる。また，輸入豚などでは一過性の発熱と元気，食欲の不振がみられている。

　　一方，妊娠豚にみられる異常分娩は顕著で，ほとんど予定分娩時になって，死亡胎児や死産子を分娩したり，生きていても数日で死亡するような虚弱子を出産する。

　　また，雄豚では精巣炎を起こし陰嚢が腫大し，性欲の減退や繁殖能力の低下がみられる。

　　一般的には，豚では不顕性感染が主で，感染によって強い免疫を獲得する。毎年夏季に流行があり多数の豚が免疫を獲得するので，未感染の初産豚では死産が多発するが，経産豚の死産は少ない。

(2) **外景所見**

　　体温が高く，食欲もなく，呼吸心拍の増数のほか，沈うつあるいは過敏，麻痺等の神経症状がみられ，しかもその時期が日本脳炎の流行期と一致するような場合は，疑似脳炎として診断される。もちろん，解体は許されない。

　　麻痺し，起立不能あるいは昏睡瀕死状態になった切迫と体については，問診により前記の症状がみられたかどうかを確認し診断する。

　　死産や異常産などの理由でと殺された雌豚の場合は，その原因が日本脳炎ウイル

Ⅱ　検査対象疾病

スによったとしても，その時点ではすでに免疫を獲得している。また雄豚で，精巣炎で陰嚢が腫大している場合には，日本脳炎ウイルスが精巣内や脳内に存在する場合があるので注意する必要がある。

(3) 剖検所見

　　日本脳炎の神経症状を明らかに認めた家畜においても，剖検所見で認められる変化は少ない。脳や脊髄では軟膜，脈絡叢の浮腫，血管の拡張，髄液の増量などがある。

　　豚では生後間もない虚弱子や死産子に脳水腫がみられるほか，妊娠豚の子宮内には脳水腫を呈する胎児やミイラ化した胎児などを認める。この場合，地域の日本脳炎流行期との関係，また，死亡胎児のサイズから感染時期の推定を行うことが必要である。

　　雄豚の精巣炎では精巣の萎縮，割面では車軸状灰白色巣，黄土色変性巣が認められ，蔓状静脈叢ではリンパ組織の腫大がある。

(4) 病理組織検査

　　剖検所見では特徴的変化は豚の死産の場合を除いてみられないが，組織所見ではかなり明瞭である。

　　神経症状のみられる例では，脳や脊髄のどの部位の組織切片においても，神経細胞の変性，核濃縮と崩壊，空胞化などが観察される。また，神経食現象，グリア増殖，囲管性細胞浸潤，充血・出血などがみられる。

　　灰白質部の病変は，白質部のそれに比べて強い。腺状体の変化が最も強く，診断には特に有意義とされている。

　　また，雄豚にみられる精巣炎では，精細管内に多数の変性細胞の出現，基底膜に沿って円形細胞の増加，間質には出血や細胞浸潤が観察されている。なお，これらの豚で非化膿性脳炎像のみられるものもある。

　　これらの組織所見の認められる脳，脊髄，あるいは豚の精巣等の薄切切片で，特異蛍光標識抗体による特異蛍光が証明される。

(5) その他検査

　　馬をはじめ，その他神経症状を示した家畜では脳を取り出し乳剤を作る。また，発熱時の豚の血液や血清もウイルス分離材料にする。

　　脳の乳剤は通常弱アルカリ性のpH7.6～8.0の緩衝食塩液で10～20％とし，3,000rpm，10分間の遠心上清を用いる。血液の場合はヘパリンあるいはクエン酸を加えて採取する。血清は3,000rpm，10分の遠心上清を用いる。これらの材料を哺乳マウスあるいは培養細胞に接種する。

1) 哺乳マウス接種法

　　生後2～4日の10匹以上の哺乳マウスの脳内に0.02m*l*，腹腔内に0.05m*l*ず

つ接種する。接種後4～7日で，群から離れ，活力が低下し，皮膚に光沢がなく暗褐色となり，反転したり，歩行困難になる。このような症状を認めた場合は直ちに採脳し，次代継代あるいは病理検査やウイルス抗原の検査をする。ウイルス抗原としては血球凝集抗原，蛍光抗原や補体結合抗原などで，既知陽性血清と反応させる。

2) **培養細胞接種法**

細胞には鶏胎児線維芽細胞，豚腎細胞，ハムスター腎細胞などの初代培養が用いられる。しかし，豚の異常産児の脳や流行期の豚の血液からの分離には，豚胎児腎細胞の継代培養したもの（ESK細胞）がよく用いられる。

細胞変性作用は接種後3～5日で現れ，細胞の萎縮，試験管壁からの脱落がみられる。また，プラックもよく形成される。

3 類症鑑別

臨床所見では狂犬病と混同されやすいが，狂犬病の発生がわが国ではみられなくなっているので現実には無視できる。

破傷風，リステリア病，糸状虫症などによる神経症状との区別には，病理組織所見による診断が必要である。

妊娠豚における異常産では，豚パルボウイルスによる死産がある。豚パルボウイルスによる死産は，一腹の一部死産が多く，日本脳炎ウイルスの場合のように全部死産は少なく，脳水腫や神経症状もみられない。ウイルス分離は豚腎細胞やESK細胞でよく増殖するが，マウスでは増殖しない。

4 判定基準

(1) **生体検査**

前述の生体所見が認められ，時期や地域が日本脳炎の流行と疫学的に一致する場合は，流行性脳炎を疑う。

(2) **解体前検査**

判定基準なし。

(3) **解体後検査**

前述の剖検所見および病理組織所見が認められた場合は流行性脳炎を疑う。

[2 流行性脳炎：参考文献]
清水悠紀臣，鹿江雅光：伝染病学，p.131，メディカルサイエンス社，1997.
農林水産省消費・安全局監：病性鑑定マニュアル（第3版），pp.206-207，全国家畜衛生職員
　会，2008.

3 炭疽

Anthrax

1 解説

　炭疽は，炭疽菌に起因する急性・熱性感染病であって，主に牛，馬，めん羊，山羊などの草食獣に発生するが，豚にも発生がみられる。本病は家畜伝染病予防法（昭和26年法律第166号）に基づく家畜伝染病である。わが国における本病の発生は必ずしも多くはないが，本病が主要な人獣共通感染症であること，動物の炭疽が土壌病であってその根絶が難しいこと，さらに，いわゆる切迫と畜としてと畜場に搬入されようとすると体のなかから炭疽罹患獣が発見されるケースがあり，その処置を誤った場合の公衆衛生的・経済的・社会的影響が大きいことから，本病はと畜検査上最も注意しなければならない疾病の一つである。さらにワクチン接種による免疫が不完全な場合，あるいは抗生物質の注射を受けた場合などに起こりうると考えられる非定型的炭疽の出現は，検査の複雑化，判定に要する時間の延長等新しい問題を招来している。

　病原体の炭疽菌（*Bacillus anthracis*）は好気性・グラム陽性大桿菌で，体内では単独または2～4個の短連鎖のものが多く，両端は特有の竹節状を呈し，その周囲に明瞭な莢膜を形成する。菌の大きさは2～4×1～1.5μmである。豚，ときには馬の血液塗抹標本では連鎖する本菌がみられることがある。生体内では，通常，芽胞は形成されないが，空気にふれると速やかに芽胞が形成される。

　培養性状は通性好気性で普通寒天培地によく発育し，長連鎖を形成するため縮毛状コロニーを作り，1～2日後からは芽胞の形成がみられる。通常の培地で培養した本菌には莢膜はみられない。運動性を欠き，栄養型は理化学作用に対する抵抗性は弱いが，芽胞は抵抗性が著しく高く，普通の消毒薬では死滅しない。

　国内での本病における家畜の発生状況は，1980年代までは発生がみられたが，平成3（1991）年の発生以降は，平成12（2000）年に宮崎県で牛で2頭の発生が報告されているのみである。

2 診断

(1) **生体所見**

　本病は，定型的な敗血症を示す場合は症状が発現してから短時間で死の転帰をとるため，生体時に発見されるケースは例外に属する。

仮に生体検査を実施するときが、たまたま本病の菌血症期に当たれば、発熱、皮温の上昇、可視粘膜の潮紅、呼吸および脈拍の増数、心悸亢進、食欲の増進、食欲の著減、腸蠕動の亢進または減退、泌乳中の動物であればその停止、疝痛症状などが所見され、また本病の敗血症期に当たれば茫然として起立する状態、知覚の消失、皮温の不整一、四肢の厥冷、歩行蹌踉、可視粘膜の浮腫・チアノーゼあるいは血斑形成、肺水腫による呼吸困難、心音の混濁・分裂・暴跳、糸状脈の触知、血色素尿、血乳、虚脱体温などが所見される。

牛で局所に病変を形成して慢性経過をとった場合、すなわち非定型的炭疽では、生体時には痩削以外に特に認むべき所見を欠いたという報告がある。またワクチン接種による不完全免疫の場合や抗生物質の注射を受けた場合などに起こりうると想像される非定型的経過をとる炭疽罹患獣の診断は、生体時にはほとんど期待できない場合もあると考えられる。この場合は、解体後の検査所見も含め、いろいろな角度からの総合診断が必要である。

豚の場合は、炭疽菌に対する抵抗性が牛などよりやや高い関係で、敗血症を起こすことはまれであり、咽喉頭部、頸部のリンパ節に病変が局在する場合が多いといわれる。この場合には下顎部の水腫、頭頸部の硬直、嚥下困難等が所見される。しかしながら、わが国で発見された症例では、敗血症か、または生体検査時には異常を示さず、解体後の検査で回腸末端に限局した出血性腸炎像が認められた。

いわゆる切迫と畜としてと畜場に搬入されようとするものは生体時の検査を欠くので、問診および解体前の検査によって判定を行う。

天然孔の出血は炭疽に必発するものではないにしても、診断上の価値は高い。出血部位は肛門が多く、鼻孔のときもあり、普通は黒味を帯び、タール状である。血液の凝固不全は高率にみられる。

(2) 剖検所見

炭疽罹患獣の解体は絶対に避けなければならない。本病の診断はあくまで末梢血管から採取した血液の染色標本の鏡検により、また必要に応じてその血液を用いてのアスコリーテスト、培養試験、動物試験により行うべきである。炭疽と診断されたと体は、環境汚染防止に細心の注意を払い、家畜防疫責任機関の手によって焼却されなければならない。しかし、と畜場には疾病の各ステージの獣畜が搬入される関係上、解体後の検査で初めて炭疽を疑う場合も多い。

炭疽罹患獣の解体後の所見は以下のとおりである。

急性脾腫：牛および馬に多くみられ、通常2〜3倍、ときに5倍大にも達し、包膜は緊張して辺縁は円味を帯び、外見的には暗褐赤色または黒赤色を呈する。割面は、濾胞と脾材が消失し、泥状を呈する。

筋肉、臓器の出血：脾臓、枝肉、その他の臓器、リンパ節に大小さまざまの出血がみられる。

局所病巣を中心とした皮下あるいは粘膜下織に形成される漿液性膠様浸潤巣：原発

部には出血と壊死を伴うのが通例であり，豚の場合下顎部に認められることが多い。

血液の凝固不全と暗黒赤色化：これは浮腫性変化に由来する血液水分の脱水作用によるものといわれている。

出血性終末回腸炎：豚に認められる。回腸末端に限局した出血性腸炎像を示し，腸壁の肥厚，偽膜形成などの所見がみられる。また，症例によっては腸間膜リンパ節の腫脹，出血，ならびにその周辺の脂肪組織の膠様浸潤，肝臓および脾臓の腫大，小葉単位の赤橙色壊死，点状出血などの病変もみられる。

(3) **病理組織検査**

脾臓：高度の充血・出血に起因する血海状変化と壊死

肝臓：充血・出血と変性および壊死

肺：充血・出血と高度の水腫

膵臓：充血と壊死

その他の臓器における充血・出血，主要臓器の毛細血管内および壊死巣における菌塊の検出などが主な所見とされる。

(4) **微生物検査**

1) **血液塗抹標本の染色鏡検**

と畜場での炭疽の診断は，いわゆる切迫と畜としてと畜場に搬入されようとするものが対象となることが多いので，これらについてはと室への搬入を許可する前に血液塗抹標本の染色鏡検を実施する。血液採取部位として，と体の下側の耳翼の内側の静脈，趾静脈，尾根部の静脈等があるが，尾根部から採取する方法が血液による汚染を防ぐ上で最も都合がよい。注射器で採血した後は絆創膏などで血液の漏出を防止する。切迫創からの採血は，血液が環境からの細菌で汚染され，診断に混乱を起こすことがあるので避けなければならない。染色は適当な染色液を用いて莢膜染色を行い，明瞭な莢膜をもつ竹節状の大桿菌の検出に努める。

❶ レビーゲル法

染色液：ゲンチアナバイオレット 10 g をホルマリン 100 ml に溶かし，数時間後に濾過して保存する。

染色法：塗抹標本を固定せず染色液を 20～30 秒間作用させ，水洗し鏡検する。瞬間的に染色した方が結果がよい場合もある。

所見：菌体は濃い紫色，莢膜は菌体の周囲が淡い紫色に染まる。

❷ メチレンブルー法

染色液：メチレンブルー原液（粉末 5 g を純アルコール 100 ml に溶かしたもの）30 ml と 0.01％の苛性カリ溶液 100 ml を混ぜる。この方法では，古い液で染めるほど莢膜の赤味が増す。

染色法：火炎固定してから染色液を数秒間作用させ，水洗し鏡検する。

■表Ⅱ-2　動物材料の鏡検所見

病原菌	連鎖	芽胞	莢膜
炭疽菌	1～数個	－*	＋
ウェルシュ菌	1～2個	＋	＋
セプティック菌	長連鎖	－	－
気腫疽菌	1～2個	＋	－

＊生体内では通常芽胞は形成されないが，空気に触れると速やかに形成される。

所見：菌体は青色に莢膜は淡桃色に染まる。

　レビーゲル法はホルマリンを含んでいるので消毒作用があるが，危険防止の完璧を期するため，いずれの染色の場合でも操作中は周囲を汚染しないように注意し，特に水洗した際の水は適当な容器に入れ，滅菌してから捨てるようにする。

　血液塗抹標本の場合，炭疽菌は培養菌のように長連鎖せず，1ないし数個の連鎖の莢膜をもつ竹節状の形態を示す。莢膜は死後時間の経過とともに，どの染色法によっても染まりが悪くなるから，たとえそれが確認できなくても炭疽を否定することはできない。

　なお，過去に炭疽罹患牛の枝肉の検査で，死後時間の経過のため筋肉部の塗抹染色では莢膜の消失，あるいは菌体の消失等が認められたが，枝肉脂肪中のヘモリンパ（牛の背部などの脂肪のなかにみられ，黒赤色大豆大である）の塗抹標本で完全な炭疽菌が認められた例がある。

　鏡検で炭疽菌と間違いやすい嫌気性菌との相違点は表Ⅱ-2のとおりである。

　と畜場においては，血液塗抹標本の鏡検で形態的に炭疽菌と合致する菌を認めた場合には炭疽発生時の措置を直ちに開始し，確認のための諸検査はそれと並行して実施する。

　病理所見の勉学のため，解体を実施したい誘惑は抑えなければならない。

2)　動物接種

　血液などの被検材料をマウスあるいはモルモットの下腹部皮下に注射する。死亡した動物を剖検し，注射部位を中心として起こる膠様浸潤の存在と，心血等の塗抹染色鏡検により炭疽菌の存在を確認する。

　と畜検査の場では判定の迅速を要するので動物はマウスを用い，通常の動物試験の場合と同様に数匹のマウスの下腹部皮下に少量の可検材料を注射して観察すると同時に，数匹のマウスの腹腔内に可検材料の1mlを接種し，3時間後に殺処分して，腹腔液および臓器の塗抹染色標本を鏡検する。またこの大量接種したマウスについて，2～3時間後から1時間おきに毛細管で腹腔液を採取すれば，マウスを殺さずに連続観察が可能である。

3) 培　養
❶　普通寒天平板による方法
　　と畜場で炭疽を疑う場合，一般に新鮮な検体を使用しうるので培養，分離は容易である。尾根部の静脈などから無菌操作で採血した血液などを普通寒天平板に塗抹し，20〜24時間後に出現する縮毛状集落を検査して炭疽菌の有無を判断する。

❷　パールテスト
　　パールテストはペニシリンに対する炭疽菌と類似菌との感受性差を利用して同定する方法である。0.5および0.05単位のペニシリンを含む2種類の寒天を用意し，コルクボーラーなどで適当な大きさに切り取る。切り取った寒天上に臓器乳剤あるいはブイヨン培養菌を移植する。37℃で約3時間培養後，寒天表面にカバーグラスをかけて鏡検する。対照として，ペニシリンを含まない寒天にも移植する。炭疽菌は変形して真珠の首飾状を呈するが，類似菌は変化しないことで区別される。ただし炭疽菌がペニシリンに対し耐性になっている場合にはこの検査は意味をなさない。

❸　ファージテスト
　　ファージテストは炭疽菌のみに溶菌作用をもつγファージを使用し，溶菌現象の有無によって判別する方法である。ファージ液滴下部が溶菌を起こして発育しないものは炭疽菌と同定される。
　　普通寒天平板上に材料（臓器乳剤またはブイヨン培養液）を塗り，十分乾燥させてからファージ液の1滴を中心部に滴下し，37℃に3〜4時間おいて観察する。ファージ液を滴下した部分が，周囲との比較で丸く透明になっている場合は陽性と判定する。

(5)　アスコリーテスト
　　血液を材料として生理食塩液で5〜10倍の乳剤を作る。特別な事情のある場合は脾臓などを用いる。乳剤を試験管に移し，沸騰水中に15〜20分間おく。流水で冷却し，ろ紙で濾過して透明な抗原を得る。反応用の細小試験管に炭疽沈殿素血清を1cmほどの高さまで入れ，抗原を入れた毛細管ピペットを試験管の口に当て，1滴の3分の1〜4分の1くらいの少量の抗原を流して管壁に一筋の道をつけ，その道を伝わるように抗原を流し入れて1cmほどの高さまで重層する。室温で数分後に両液の接触面に鋭く一線を画した白輪が生じた場合，陽性とする。
　　と畜場の材料は新鮮であるので，この方法は有力な診断法の一つと考えて間違いない（ワクチン接種や抗生物質投与のために血液，脾臓などにおける菌数が減少している場合はアスコリーテストが陰性になることがある）。

Ⅱ　検査対象疾病

(6)　その他検査

遺伝子学的診断法としてPCR検査がある。

3　類症鑑別

　と畜場においては，食肉衛生の立場から汚染の防止を第一に考えなくてはならないので，炭疽が疑われる獣畜を診断の目的で，安易に解体，剖検してはならない。経過が急性であることならびに血液塗抹標本の鏡検成績で，ガス壊疽が特に炭疽と間違われることがある。悪性水腫および気腫疽の場合の塗抹標本鏡検における炭疽との相違点は染色鏡検の項に表示した。

　夏季の高温のため腐敗の進んだ切迫と畜を検査した際，被検材料にみられた腐敗クロストリジウムの形態および腐敗に基づくアスコリーテストでのまぎらわしい反応（白濁）により炭疽を疑うというような初歩的な誤りをおかすことが，と畜検査態勢が十分整備されていなかった時代に起きたことがあった。

4　炭疽と診断された際の措置

- 生体検査時：と殺禁止
- 解体前の検査時：解体禁止
- 解体時および解体後の検査時：全部廃棄

　また，仮に他の枝肉，臓器が炭疽菌に汚染され，あるいはそのおそれが生じた場合には，それらもすべて全部廃棄の対象となる。

　炭疽と判明した場合の具体的措置は次のとおりである。

(1)　隔　　離

　と室，繋留場所等汚染され，または汚染されたおそれのある場所には，縄張りや掲示をして人の出入りを禁止するよう，と畜場管理者を通じて場内に徹底させ，かつ従業員の作業区分，遵守事項を明示する。

(2)　連　　絡

　上司に速やかに報告して指示を受けるとともに，所轄の家畜保健衛生所または本庁の家畜防疫主管部局に通報する。

(3)　当該獣畜の処置

　家畜保健衛生所と連携をとり，と体，内臓，胃腸内容物ならびに汚染した敷物等は焼却を原則とするが，血液など焼却困難なものについては煮沸消毒を行う。周囲

(4) 接触者の衛生措置

当該獣畜の運搬者および作業に従事した者は直ちに温流水と石けんで、ブラシを用いて手、腕など接触部付近を、特に爪の間は注意して洗浄を繰り返させ、現場に衣類、はきものなどを置いて入浴させ、全身を完全に洗浄させる。手指は70％アルコールなどに浸した脱脂綿で十分消毒する。

被服類は1時間以上煮沸するかまたは30分以上の加圧蒸気による消毒を行う。安価な被服類は焼却する。また、接触者については、併せて医師への受診の指導をする。

(5) 汚水溜の閉鎖

直ちに汚水溜の流出口を閉鎖して、と室、溝等の消毒が完了するまで流出しないようにする。炭疽は、と畜場内で発見されるのは、病畜と室に限られる関係上、汚染を病畜と室に限局するように努める。

(6) 処理室などの消毒

次の方法によって消毒を行う。この方法以外の方法によるときは、これと同等以上の効果がある場合に限り採用、実施するものとする。

① 処理室、運搬車：次亜塩素酸ソーダ（5,000ppm）またはホルマリン水（ホルマリン1：水34）を十分散布、浸潤させ、もしくは洗浄し数日にわたり3回以上反復実施し、最終回には常水で洗浄すること。

② 繋留所、生体検査所通路その他の場所：次亜塩素酸ソーダ（5,000ppm）またはクロール石灰を十分散布し、数日にわたり3回以上反復実施すること。土壌の場合は表面にクロール石灰または消石灰を散布してから深さ20～30cm掘り起こし、これを搬出した後、クロール石灰または消石灰を散布し、新しい土を入れること。搬出した土は焼却または埋却すること。

③ 糞尿溜、汚水溝と畜廃水、その他：次亜塩素酸ソーダまたはクロール石灰を用い遊離塩素が十分残存するまで投入すること。

④ 器具器械、その他：1時間以上煮沸または流通蒸気による消毒をするか、もしくは30分以上1cm^2/kg以上の加圧蒸気消毒をすること。ただし、この方法による消毒が困難な場合は、次亜塩素酸ソーダ（500～1,000ppm）の水溶液に十分浸漬するか、同水溶液（5,000ppm）、またはホルマリン水（ホルマリン1：水34）を散布浸潤させるか、もしくは洗浄すること。

5　判定基準

(1)　**生体検査および解体前検査**

　　前述の生体所見を認め，血液塗抹標本でレビーゲル染色またはメチレンブルー染色を行い，竹節状大桿菌および明瞭な莢膜をもった菌体を認めた場合は，炭疽と判定する。

(2)　**解体後検査**

　　前述の剖検所見が認められ，次のいずれかの検査により炭疽菌が分離された場合は，炭疽と判定する。

① 細菌検査（直接鏡検，培養検査）
② 動物接種試験
③ PCR検査

4 ブルセラ病

Brucellosis

1 解説

　ブルセラ病は，ブルセラによる全身感染病で，反芻獣，豚などに発生する人獣共通感染症である。牛，水牛，めん羊，山羊，豚における本病は家畜伝染病予防法（昭和26年法律第166号）に基づく家畜伝染病である。

　ブルセラ属には，*Brucella abortus*，*B. suis*，*B. melitensis*，*B. ovis* などがあり，それぞれ牛，豚，山羊，めん羊を自然宿主とする。ブルセラと自然宿主との関係は必ずしも固定したものでなく，他の宿主にも感染する。

　感染した動物では菌血症を起こし，次いで諸臓器に炎性壊死性の病変をつくる。雌では子宮および胎盤，乳房に特徴的な病変がつくられ，死産，流・早産を起こし，雄では精巣に炎症性変化をつくる。関節に病変が形成されることもある。

　人は，患畜からの生乳の飲用，あるいは患畜との接触により感染する。感染した人は，発熱，頭痛，発汗，関節痛，全身の疼痛などの症状を示す。発熱の際の経過は特徴的で，1～3週間の発熱後，数日の平熱～微熱が続き，再度発熱を繰り返すという熱型（波状熱）を示す。体温の日差が大きく，夕方は高く朝は平熱に近い。人に対する病原性は，*B. melitensis* が最も強く，次いで *B. suis* であり，*B. abortus* は最も弱い。

　ブルセラは細胞内寄生性であるので，抗生物質による治療には長期間を要する。また，治療により現症が消失しても，再度発症することがあり，完治は難しい。

　わが国では，平成19（2007）～21（2009）年にかけて牛での感染が年間で1例確認されている。また，人では平成11（1999）年4月から「感染症の予防及び感染症の患者に対する医療に関する法律」（平成10年法律第114号）に基づく発生の届出が行われるようになり，平成19（2007）年までに8例の感染例が報告されている。この内の2例では，それぞれ海外での羊肉やミルクの摂食が原因と推測されている。

2 診断

(1) **生体所見**

　感染した動物はほとんど症状を示さない。妊娠牛では，妊娠末期（7～8か月）に突然流産することにより気づくことが多い（ビブリオ流産は妊娠5～6か月が多い）。妊娠子宮と並んで乳房は本菌による病変の好発部位であるが，著明な乳房炎

の所見を示さない。慢性感染例では関節炎，雄牛では精巣炎，腫脹を起こすこともある。

(2) 剖検所見

子宮：妊娠子宮は病変の出現度が高く，胎盤に病変が形成され，通常流産を起こす。宮阜は混濁し，顆粒状を呈し，表面に壊死部がみられる。胎膜は水腫性で，肥厚し，硬くなる。粘稠で褐色の滲出物をみる。流産を免れた場合は，仔牛に病変がみられ，母畜は子宮内膜炎の所見を示す。

乳房：全体的に硬度を増す。内部に黄色の小結節をみることもある。

精巣：腫大，硬結し，化膿巣を形成することがある。

関節：腫脹する。顆粒状の小結節をみることもある。

(3) 病理組織検査

ブルセラ結節（肉芽性病変）が全身各臓器に形成される。結節の中心部には，細胞質の広い淡明な円形細胞が集簇し，その周囲をリンパ球が取り囲む。中心部に壊死，細菌の集塊がみられることもある。ブルセラ結節以外の病変として，カタール性・化膿性子宮内膜炎，壊死性・化膿性胎盤炎，乳腺の背負小葉あるいは小葉間質に炎症性変化をみる。また，乳管に慢性カタール性炎を示すこともある。

(4) 微生物検査

1) 塗抹標本の染色鏡検

流産牛腟排出物や流産胎児の第4胃内容，盲腸内容を無菌的に採取し，抗酸性染色を行って検査し，トリコモナスあるいはカンピロバクターによる流産と類症鑑別する。また，当該材料を用いてブルセラ属特異的PCRにより同定を行う。

2) 培養

前記の胎児材料，子宮滲出物，胎盤，リンパ節，臓器，生殖器，乳房，精液，血液，あるいは骨髄液を培養する。他種の菌による汚染のない材料のときには，基礎培地としてOxoid血液寒天用No.2培地，Albimiブルセラ寒天，Trypticase soy寒天，Tryptose寒天又はトリプトソイ寒天培地に発育支持物質として馬血清5％およびブドウ糖1％を加えたものを用いる。乳汁，悪露のように他種菌の存在する材料のときは，下記のFarrellの改良培地を使用する。また，乳汁の場合は，4分房より採取し，1,000rpm，10分遠心後，クリーム層と沈澱物を取り，両者を混合したものを培養する。いずれの培地の場合でも，10％炭酸ガス下，37℃で8〜10日間分離培養を行う。通常は検査3日くらいから，帯青色透明，光沢のある小円形コロニーが認められ，両端鈍円のグラム陰性無芽胞小桿菌である場合は，生物，生化学性状を検査（表Ⅱ-3）して同定する。また，菌の死滅を考慮し，蛍光抗体法，ELISAも併用するとともに，PCRはブルセラ菌か否かのスクリーニングに有用である。

■表Ⅱ-3　分離菌の性状

	血清要求	CO_2要求	LPS	オキシダーゼ	ウレアーゼ	ファージ感受性		
						Tb	Wb	R/C
B. melitensis	－	－	S	＋	＋	－	＋	－
B. abortus	－d	＋/－	S	＋	＋	＋	＋	－
B. suis	－	－	S	＋	＋R	－	＋	－
B. neotomae	－	－	S	－	＋R	－	＋	－
B. ovis	＋	＋	R	－	－	－	－	＋
B. canis	－	－	R	＋	＋R	－	－	＋

d：B. abortus 生物型 2 は初代分離に血清を要求。
＋/－：B. abortus 生物型 1～4 は初代分離に CO_2 を要求。
S/R：スムース／ラフ
＋R：迅速
ファージ感受性：1 単位ファージによる。

〈分離用選択 Farrell の改良培地〉
　　基礎培地である血清ブドウ糖加培地に以下の抗菌薬剤を添加
　　Bacitracin…………25 単位/ml
　　Polymyxin B……… 5 単位/ml
　　Cyclohecimide……100μg/ml
　　Vancomycin………20μg/ml
　　Nalidixic acid……5μg/ml
　　Nystatin……………100 単位/ml
　※ Polymyxin B の希釈液は －20℃に，他の希釈薬液は 4℃に保存して用いる。
　帯青色透明，光沢のある小円形コロニーで，両端鈍円のグラム陰性無芽胞小桿菌である場合は，生物，生化学性状を検査（表Ⅱ-3）して同定する。また，菌の死滅を考慮し，蛍光抗体法，ELISA も併用するとともに，PCR はブルセラ菌か否かのスクリーニングに有用である。

(5) その他検査

　血液検体が得られる場合には，血清学的検査を行うことも可能である。検査法は，家畜伝染病予防法施行規則の別表第 1 に規定されている。牛の場合，スクリーニング検査として急速凝集反応を行い，陽性となったものについて，ELISA 法による検査を行う。これで陽性と認めたものは，さらに補体結合反応検査を実施して判定する。

3　類症鑑別

　カンピロバクターおよびトリコモナスによる流産と類症鑑別する。

4 判定基準

(1) **生体検査**
多くの場合,明確な臨床症状を伴わないため,解体後の検査所見により判定する。

(2) **解体前検査**
判定基準なし。

(3) **解体後検査**
前述の剖検所見が認められ,ブルセラ菌の分離またはPCR検査により陽性と判定された場合はブルセラ病と判定する。

[4 ブルセラ病:参考文献]
清水悠紀臣,鹿江雅光:伝染病学,p.194,メディカルサイエンス社,1997.
農林水産省消費・安全局監:病性鑑定マニュアル(第3版),pp.36-37,全国家畜衛生職員会,2008.
国立感染症研究所ホームページ(http://idsc.nih.go.jp/disease/brucellosis/idwr200704.html)

5 結核病

Tuberculosis

1 解説

　結核病は，結核菌による慢性感染症で，牛，めん羊，山羊，豚などの哺乳類および鳥類に発生をみる人獣共通感染症である。牛，水牛，山羊における結核病は家畜伝染病予防法（昭和26年法律第166号）に基づく家畜伝染病である。

　Mycobacterium 属は，人結核菌（*M. tuberculosis*），牛結核菌（*M. bovis*），鳥結核菌（*M. avium* subsp. *avium*），パラ結核菌（*M. avium* subsp. *paratuberculosis*，ヨーネ菌），非定型抗酸菌（Atypical Mycobacteria）に大別される。鳥結核菌は，非定型抗酸菌の一種である *M. avium-intracellulare* complex（MAIC）として一括して扱われる場合もある。

　わが国の家畜における結核病の発生は，非常に少ない。家畜が感染する結核菌は，牛結核菌，まれに人結核菌である。牛は人結核菌，鳥結核菌に抵抗性であるので，それらに感染しても限局性の病巣を示すか，あるいは肉眼的病変を欠く"無病巣反応牛"となる。豚は鳥結核菌，めん羊，山羊は牛結核菌にも感染性を有する。非定型抗酸菌のなかには，温血動物に病原性を示し，結核様病変をつくるものがある。豚では，下顎リンパ節，空腸リンパ節に結核様病変をみることがあり，それから非定型抗酸菌（*M. avium-intracellulare* complex）が分離される。また *Rhodococcus equi* は豚の下顎リンパ節に結核に類似した病変をつくることがある。したがって，豚のリンパ節に結核様病変が発見されたときには，病理組織および細菌検査を行い類症鑑別を慎重に行う必要がある。

　人の感染源としては，結核患者が最も重要であるが，場合によっては患畜，特に罹患牛からの生乳が感染源となる。

2 診断

(1) **生体所見**

　重症例では，痩削，貧血，食欲不振，泌乳量の減少を示す。肺に病変を形成した場合には，咳，軽い発熱などがみられる。リンパ節に限局する場合は，ほとんど症状を示さない。

(2) 剖検所見

　動物が気道感染した場合には，肺とその付属リンパ節に，経口感染した場合には，腸とその付属リンパ節に病変，すなわち初期変化群が形成される。肺および腸に形成された小さい原発病変は，乾酪化まで至らずに治癒するので，初期病巣はリンパ節にだけみられることが多い。初期感染病巣は通常治癒する。初期感染病巣より転移（内因性再感染）したり，体外から侵入した菌に再感染したときは，内臓あるいは全身に病変が形成される（粟粒結核）。

　全身症状を示すものでは，諸臓器に結核病変が認められる。ツベルクリン反応で摘発された乳牛の場合，早期のものが多いので，病変は肺，肺リンパ節，腸リンパ節に局在する。豚では，頭部，頸部のリンパ節に限局した病変を示すことが多い。

　結核結節は，大小不同，周囲組織との境界明瞭な病変としてみられ，中心部は壊死（乾酪化）のため灰白色，半透明を示す。

(3) 病理組織検査

　滲出性変化と増殖性の変化（結核結節）とからなる。

　滲出性変化は，増殖性変化とともに，あるいは独立してみられる。一般の滲出性炎の場合と基本的に同一で，滲出液，線維素，白血球，大単核細胞の滲出がみられ，炎性反応が高度のときは，広範にわたる乾酪性変化を起こす。

　結核結節（増殖性変化）の中心部は凝固壊死巣で，その周囲を類上皮細胞層（中間層）が取り囲む。最外層はリンパ球，線維芽細胞，結合織細胞，および膠原線維よりなる肉芽組織である。中間層には多核巨細胞が出現する。病変が進むと中心部は乾酪変性を起こし，後期には石灰沈着がみられる。

　結核菌は，乾酪変性部，結節の中間層の巨細胞あるいは類上皮細胞内にみられる。

(4) 微生物検査

　病変のある臓器および付属リンパ節を採材する。

　1) 塗抹標本の染色鏡検

　　直接法：病巣と健康部との境界部から取り，そのままスライドグラスに塗抹するか，適当な方法ですりつぶし，それを塗抹する。

　　集菌法：検体を乳鉢で磨砕し，4〜5倍量の1〜4％の水酸化ナトリウムを加えて乳剤とし，室温に30分放置する。金網（60メッシュ）で濾過し，濾液を3,500rpm，30分遠心する。沈渣に2mlの滅菌生理食塩水を加えて，浮遊液をつくり，スライドグラスに塗抹する。

　　直接法あるいは集菌法で作製した塗抹標本は，チールネルゼンの抗酸染色法で染色する。

　2) 培　　養

　　前記の集菌法で調製した試料を，各5本の1％の小川培地および同培地の組織からグリセリンを除いたもの（牛結核菌はグリセリン加培地では発育しない）に

移植する（移植する量は 0.1 ml/本）。綿栓のまま培地の斜面部が水平になるように横に倒し，37℃で 2～3 日培養する。その後，綿栓をゴムキャップに換え，約 2 か月間 37℃で培養する。

発育したコロニーは，カタラーゼ試験，抗煮沸試験，ニュートラルレッド反応で性状を検査する。結核菌であった場合は，グリセリン加 1％小川培地での発育状況，ウサギ，モルモットおよびニワトリに対する病原性，ナイアシン産生，ニコチン酸アミダーゼ産生，およびウレアーゼ産生などの性状を検査して同定する。

3) 動物接種

集菌法で調製した試料（0.5 ml/匹）を 2～3 匹のモルモットの筋肉内あるいは皮下に接種する。接種後約 3 週間で，ツベルクリン陽性となり，接種付近のリンパ節の腫脹がみられる。以下の検査は，上記の病原体の検査の方法に準じて行う。

(5) その他検査

ツベルクリン反応，補体結合反応，受身血球凝集反応が行われる。このうち，ツベルクリン反応の信頼性が最も高い。ツベルクリン診断液 0.1 ml を尾根部皺壁皮内に接種する。72 時間後に注射部位の厚さを測定し，接種前あるいは反対側の皮膚の厚さとの差が 5 mm 以上で硬結を伴うものを陽性と判定する。3 mm 以下で硬結を伴わないときは陰性，3～5 mm のときは疑陽性とする。

3　類症鑑別

他種菌による膿瘍，寄生虫性結節，ヨーネ病，非定型抗酸菌感染症と類症鑑別する。

4　判定基準

(1) **生体検査**

重症例では削痩，発咳，発熱が認められるものの，多くの場合，ほとんど症状を示さないので，解体後の検査所見により判定する。

(2) **解体前検査**

判定基準なし。

(3) **解体後検査**

前述の剖検所見が認められ，次の検査においていずれも陽性のもの。
① 病理組織検査による特異的病変。
② 直接塗抹標本，組織標本での抗酸菌染色による菌体の検出。

6 ヨーネ病

Johne's Disease

1 解 説

　ヨーネ病は，ヨーネ菌（*Mycobacterium avium* subsp. *paratuberculosis*，パラ結核菌）による慢性感染病で，牛，めん羊，山羊などに発生する家畜伝染病予防法（昭和26年法律第166号）に基づく家畜伝染病である。本菌に感染した宿主は下痢を主徴とする慢性の腸炎を起こし，衰弱する。肉眼的な病理所見としては，病変部の腸粘膜が皺襞状に肥厚するのが特徴である。

　わが国では，過去には主として輸入された種畜に散発的に発生をみたが，近年国内生産牛に増加傾向にあり，毎年数百頭程度の発生がある。ほぼ全国的に発生がみられるが，北海道に多く，発生頭数の約半分を占める。

　病原体のヨーネ菌は，強い抗酸性を有するグラム陽性の短桿菌で，大きさは $0.5 \times 1 \sim 2 \mu m$ である。糞便や腸粘膜の塗抹標本，組織病理学的標本では数個から十数個以上の菌塊状を呈するのが特徴である。

2 診 断

　ヨーネ菌の分離には，いろいろな困難が伴うので病理所見，直接鏡検による診断が中心となる。

(1) **生体所見**

　感染初期の症状は軽く，数日間下痢が持続する程度である。病気が進行すると，下痢の持続期間が長くなり，それに伴って食欲減退，削痩，貧血，泌乳量の減少など一般状態が悪くなる。直腸粘膜あるいは下痢便に抗酸菌の菌塊がみられる。

(2) **剖検所見**

　肉眼所見は，腸管と腸管膜リンパ節に限局する。その他の臓器では，栄養失調に基づく病変がみられる。

　腸管：初期のものでは，病変は回盲部に限局するが，重症例では腸管全域にみられる。腸粘膜はヨーネ病の特徴的所見である皺襞状の肥厚がみられ，充血・出血をみることがある。

腸間膜リンパ節：浮腫性に腫脹し，時として充血・出血を伴う。

(3) 病理組織検査

腸管：粘膜上皮および固有層に類上皮細胞，巨細胞が増殖し，これらの細胞内に抗酸菌の菌塊がみられる。めん羊，山羊では乾酪変性，石灰化がみられることがあるが，牛ではこのような変化はみられない。

腸間膜リンパ節：類上皮細胞，巨細胞が増生し，同細胞内に抗酸菌の菌塊がみられる。

(4) 微生物検査

1) 直接鏡検

病変部の腸粘膜面の直接塗抹標本を作製し，抗酸菌染色（チールネルゼン染色）を行う。類上皮細胞，巨細胞内に抗酸菌の菌塊が認められる。糞便の直接塗抹標本でも集塊状の抗酸菌が観察される。

2) 菌の分離培養

ヨーネ菌は発育が悪く，菌分離に長時日（3か月以上）を要する。したがって，菌の分離培養はと畜検査における診断として実用性にかける。

病変部の臓器乳剤あるいは糞便をHPC（1-Hexadecylpyridinium Cloride）で処理した後，マイコバクチン加ハロルド培地，卵黄およびマイコバクチン添加Middlebrook 7H10寒天培地，あるいは，1％または3％小川培地等で37℃3か月以上分離培養を行う。ヨーネ菌は，灰白色〜象牙色のコロニーを形成する。ヨーネ菌が疑われるコロニーについて，DNAを抽出し，IS900遺伝子等ヨーネ菌に特異的な遺伝子をPCR検査により検出することにより同定する。

3) リアルタイムPCR検査

糞便中より遺伝子を抽出精製し，リアルタイムPCR法によりヨーネ菌の遺伝子を検出，定量する。数時間以内にヨーネ菌の検出が可能である。

上記1)〜3)の検査の詳細は，「ヨーネ病検査マニュアル」（(独)農業・食品産業技術総合研究機構動物衛生研究所ホームページ）等を参照すること。

(5) 免疫学的検査

ヨーニン検査，補体結合反応検査，ELISA法による検査が行われる。ヨーニン，ヨーネ病診断用補体結合反応抗原，ヨーネ病診断用ELISAキットは(独)農業・食品産業技術総合研究機構より，ヨーネ病診断用のELISAキットは，共立製薬(株)，(株)微生物化学研究所から市販されている。ただし，ヨーニン検査は生体での検査であり検査日数も2〜3日必要で，と畜検査の診断には実用的ではない。また，補体結合反応検査は検査に2日ほどかかる。

3 類症鑑別

特徴のある病理所見を示すが，念のため腸結核と類症鑑別する。また，ヨーネ菌以外の *Mycobacterium avium* による黒色和牛での類似病変の報告がある。12か月齢の若齢での発症で，通常のヨーネ病とは異なり，肺，肝臓，脾臓などからも菌が分離され，類上皮細胞の集簇巣も全身諸臓器に観察された。また，類上皮細胞は大小不同が著しく，細胞境界が明瞭で大型の細胞は多核巨細胞に移行する傾向にあり，菌の形態は長桿状を示した（宮崎県都城・宮崎家畜保健衛生所，坂元ほか，2008）。

4 判定基準

(1) **生体検査**

前述の症状が認められ，糞便の直接鏡検で集塊状の抗酸菌が検出された場合はヨーネ病を疑う。

(2) **解体前検査**

判定基準なし。

(3) **解体後検査**

前述の病理組織所見が認められ，かつ次のいずれかの検査により陽性と判定された場合はヨーネ病と判定する。

① リアルタイム PCR 法
② ELISA 法
③ 補体結合反応
④ 原因菌の分離

[6 ヨーネ病：参考文献]

Bruner DW ほか：ヨーネ菌，家畜感染症（上）（波岡茂郎ほか監訳），pp. 434-448, 医歯薬出版，1976.
梁川良ほか編：*M. paratuberculosis*, 新編獣医微生物学，pp. 451-453, 養賢堂，1989.
坂元和樹ほか：黒毛和種肥育牛にみられた非結核性抗酸菌症と牛ヨーネ病との病態の比較，第146回日本獣医学会学術集会講演要旨集，156, 日本獣医学会，2008.
(独)農業・食品産業技術総合研究機構動物衛生研究所ホームページ（http://niah.naro.affrc.go.jp/index-j.html），ヨーネ病検査マニュアル（2009年3月31日版）
(独)農業・食品産業技術総合研究機構動物衛生研究所ホームページ，家畜伝染病発生情報データベース，ヨーネ病

7 ピロプラズマ病

Piroplasmosis

1 解　説

　ピロプラズマ病は，アピコンプレックス門（Apicomplexa）住血胞子虫綱（Haematozoea）に属するピロプラズマ原虫の寄生による急性または慢性の伝染病で，自然界ではダニ（Tick）の媒介によって伝播する。わが国でピロプラズマと呼んでいる原虫は，バベシア科（Babesiidae）とタイレリア科（Theileriidae）の原虫を含んだ広義のものであるが，海外でピロプラズマと呼んでいる原虫は狭義のものであり，バベシア科のなかでも形態が大きい大型種を意味している。また，わが国の放牧地に流行している牛のピロプラズマ病はタイレリア科の小型ピロプラズマ（*Theileria sergenti* または *T. orientalis sergenti*）によるものであるが，バベシア科の大型ピロプラズマ（*Babesia ovata*），アナプラズマ（*Anaplasma centrale*）およびエペリスロゾーン（*Eperythrozoon* spp.）の混合感染に起因していることが多い。

　ピロプラズマには多くの種類があるが，家畜に寄生する主なピロプラズマ病原体は表Ⅱ-4のとおりである。このなかでと畜場法に基づく検査対象となるピロプラズマ病原体は，バベシア・ビゲミナ（*Babesia bigemina*），バベシア・ボビス（*B. bovis*），バベシア・エクイ（*B. equi*），バベシア・カバリ（*B. caballi*），タイレリア・パルバ（*Theileria parva*），タイレリア・アヌラタ（*T. annulata*）の6種である。また，これらは家畜伝染病予防法（昭和26年法律第166号）に基づく家畜伝染病の病原体としても指定されている。したがって，わが国の牛に広く分布している小型ピロプラズマ，大型ピロプラズマはと畜検査の対象とならない。なお，かつて沖縄地方で *B. bigemina* および *B. bovis* に起因するピロプラズマ症が発生していたが，媒介ダニの駆除が進んだことにより，国内では上記6種すべてについて近年での発生報告はない。

　自然界での媒介は主としてダニによって行われ，原虫の種類によって媒介ダニの種類，発育期は異なっている。本病の特徴は発熱，貧血，黄疸，血色素尿などであるが，原虫の種類によって症状は異なる。また，感染しても必ずしも発症するわけではなく，不顕性感染が多いことも特徴である。バベシアでは幼牛が感染しても発症の程度が軽く，常在地で生産された牛は畜主が気づかないうちに耐過してしまうことが多い。耐過牛でも放牧，輸送，妊娠，合併症などの悪条件が重なると，原虫は再び増殖を開始し再発症する。免疫を獲得した耐過牛が再発症するのは，本病の免疫が持続感染免疫（相関免疫（premunition））の状態にあり，原虫は耐過後も少数が潜在し，免疫の均衡が破れると再発症する。ただし，潜在している少数の原虫は少量の抗体を産生するた

■表Ⅱ-4　家畜に寄生する主なピロプラズマ

属	種	宿主	病名
Babesia	B. bigemina ＊	牛	ダニ熱
	B. bovis ＊	牛	
	B. ovata	牛	大型ピロプラズマ病
	B. divergens	牛	
	B. jakimovi	牛	
	B. major	牛	
	B. occultans	牛	
	B. equi ＊	馬	
	B. caballi ＊	馬	
Theileria	T. parva ＊	牛	東海岸熱
	T. annulata ＊	牛	熱帯タイレリア病
	T. sergenti	牛	小型ピロプラズマ病

＊と畜場法に基づく検査対象ピロプラズマ病原体

め，ある程度までは発症を予防できる。貧血は原虫の寄生による赤血球の破壊と自己免疫性溶血性貧血に起因するものと考えられる。

　本原虫は宿主特異性が強く，人には感染しないものと考えられてきたが，1957 年，ユーゴスラビアで B. bovis と考えられる原虫の人体感染例が発表された。その後，アメリカ，アイルランド，フランスなどでも報告された。当初の報告例では，なんらかの理由で摘脾した人が発症し，多くは死の転帰をとったが，1976 年に Osorno はメキシコで集団不顕性感染と考える例を報告し，抗体陽性の不顕性患者から原虫を分離している。

2　診　　断

　ピロプラズマ病に感染した獣畜では，症状，病変の有無にかかわらず，原虫がほぼ永久的に寄生している。しかし，感染あるいは発病後の経過によって原虫の寄生数，寄生部位は異なっている。本病の診断には普通，血液塗抹標本の鏡検が行われているが，ピロプラズマの種類は多く，と畜検査の対象になる種類を原虫の形態だけから鑑別することは困難であり，疫学調査，臨床病理学的検査が必要である。

　しかし，本病では不顕性感染や原虫保有の無症状耐過例が多いので，原虫の種類，感染の有無を臨床病理所見だけから診断することは困難である。疫学・臨床病理学的に疑問がある場合は，血清反応による抗体調査が省力的，かつ確実な診断法である。血清反応は特異性が高く，耐過例でも診断できるが，抗原は市販されていないため，抗原を試作するか，動物衛生研究所に血清を送付して診断を依頼しなければならない。最も確実な診断法は原虫を分離し，種の同定を行うことである。

(1) 生体所見

1) *Babesia bigemina*

本原虫は，韓国，中国から東南アジア，オーストラリア，アフリカ，南・北・中央アメリカなどに広く分布し，主としてウシマダニ属（*Boophilus*）のダニが媒介する。オウシマダニ（*Boophilus microplus*）は沖縄，九州にも分布しているが，本原虫は鹿児島県以北には分布していない。

成牛が初感染した際は，バベシア病の特徴であるけい留熱（40～42℃），貧血，黄疸，血色素尿，白血球減少などが認められ，心衰弱，胃腸障害，乳量減少も出現する。重症牛では横臥，食欲廃絶，呼吸困難となり，死の直前には解熱する。しかし，幼牛や汚染地で生産された牛や再感染牛では症状が軽く，畜主が発症に気づかない程度である。なお，血色素尿は，流血中の原虫寄生赤血球数が血液1 mm^3 当たり 10^4 個以上にならないと排泄されない。

2) *Babesia bovis*

バベシアの小型種に属する本原虫は，東南アジア，オーストラリア，南アメリカなどに分布しているが，ウシマダニ属が媒介するため，*B. bigemina* と混合感染していることが多い。本原虫は流血中での増殖性が低く，急性貧血，黄疸，血色素尿などの所見が認められないうちに軽度の脳症状を呈して死亡する。これは脳の毛細血管内皮細胞に原虫寄生赤血球が付着し，血管内に充満した寄生赤血球によってガス代謝に障害を生じ，血管周辺の水腫を来すことによる。

3) *Babesia caballi* および *B. equi*（馬のピロプラズマ）

B. caballi と *B. equi* の2種類が混合感染していることが多く，北アフリカ，ヨーロッパ，シベリア，中国および中央・南アメリカに分布している。間歇性の発熱と黄疸が強く，*B. caballi* では後躯麻痺がみられ，*B. equi* では血色素尿が著明である。急性型では多くが死亡するが，常在地で生産された馬は不顕性感染で耐過する。

4) *Theileria parva*

中央および南アフリカに限局して分布する悪性種で，本種のみは赤血球寄生原虫を接種したのでは継代できず，シゾントを含有した血液またはリンパ節などの組織乳剤を接種しなければ感染しない。バベシア属と異なり，貧血，黄疸，血色素尿は特徴的でないが，けい留熱，体表リンパ節の腫脹，呼吸困難，タール様血便，白血球減少などは認められる。予後は一般に不良であり，致死率は90％以上である。

5) *Theileria annulata*

北アフリカ，中近東，ソ連，インド，中国などに分布し，症状は *T. parva* に類似している。致死率は90％以上である。

(2) 剖検所見

剖検ならびに病理組織所見だけから寄生原虫の種類を診断することは極めて困難

である。一般に，バベシア属では貧血，黄疸に起因した病変であり，タイレリア属の悪性種では消化管の潰瘍が特徴的である。

1) *B. bigemina*

全身の黄疸と貧血が強く，水腫と出血も認められる。脾腫は著明であり，濾胞および脾髄は不明瞭，貪食細胞が充満し，多量の遊離血色素が顆粒状に認められる。肝臓は腫大，退色し，脂肪変性を認め，胆管には胆汁が充満している。腎臓は腫脹し，尿細管上皮では核は濃縮消失して硝子滴が散在し，多量の血色素が認められる。膀胱内には多くの場合，血色素尿が充満している。

2) *B. bovis*

感染の特異的病変として，脳皮質，髄質の充血，原虫寄生赤血球の充満による毛細血管腔の拡張，小血管壁の粗造化に基づく周囲組織における出血，水腫がみられる。

3) *B. caballi* および *B. equi*

急性症以外では全身性に黄疸がみられる。血液は貧血のため水様で，皮下織の水腫，胸・腹水および心膜腔液の顕著な増量がみられる。肺，肝臓，腎臓および脾臓のうっ血や水腫性肥大がみられる。*B. caballi* の感染では，血漿中のフィブリノーゲンが増加し，DIC（播種性血管内凝固）が毛細血管でみられる。

4) *T. parva* および *T. annulata*

全身リンパ節の腫大，腸の出血性潰瘍，腎臓の梗塞などが特徴であるが，脾腫は認められない。肝臓では星細胞の増数，腫大，赤血球および血鉄素の貪食と類洞内遊離が認められ，死亡例では肝小葉の中心性の類壊死，壊死がある。

(3) **微生物検査**

病原体の検査

疫学，臨床病理学的検査だけでは本病の診断は困難であり，確診するためには原虫を確認して種類を同定しなければならない。しかし，光学顕微鏡では詳細な内部構造が観察できず，原虫の形態だけから種の同定はできない。ただし，群，属の鑑別はある程度可能である。検査材料としては，血液塗抹ギムザ染色標本を用いる。また，肝臓，腎臓および肺のスタンプ標本も有用である。特に，*B. bovis* では流血中に原虫が増加しない感染初期から，脳の毛細血管内に原虫寄生赤血球が集積しているから，脳スタンプ標本の検査が必要である。表Ⅱ-5に牛のピロプラズマ病の鑑別点を示す。

(4) **血清学的検査**

血清反応による診断は，開発が進められているが複雑で困難である（と畜検査の対象ではない *T. sergenti* においては実施されている）。間接蛍光抗体法による検査がタイレリア属および *B. bovis* の検査に利用されている。しかし，すべてのピロプラズマ症に利用できないため，必要に応じ動物衛生研究所に診断を依頼する。

■表Ⅱ-5　牛のピロプラズマ病の鑑別点

病原体	T. sergenti	B. ovata	B. bigemina	B. bovis
と畜検査対象	対象外		対　象	
形態	コンマ状，桿状，柳葉状，円形，不正円形，四球菌型など	洋梨子状，紡錘形，双梨子状，円形，不正円形，出芽状など		
		円形型は20％以下 双梨子状の結合は鋭角		円形は20～80％ 結合は鈍角
大きさ（μm）	0.2～4.0× 0.2～2.0	2.0～5.0　×　1.0～3.0 ※B.bovisに比べて大型		0.8～2.5× 0.8～1.5
媒介ダニの種類	チマダニ属		ウシマダニ属，コイタマダニ属	
ダニの媒介期	若ダニ，成ダニ	原虫は卵を通過し，孵化した次世代の幼ダニ		
症状	弛張熱，慢性貧血	けい留熱，急性貧血，黄疸，血色素尿		B. bigeminaと同様，また神経症状が特徴
剖検所見	貧血，溶血に伴った所見	黄疸，貧血，リンパ節・実質臓器の腫大出血，肝壊死		
死亡率	死亡はまれ	低い	急性50～90％，慢性1～2％ 幼牛では死亡率は低い	
国内分布	沖縄県を除く全国		近年での国内発生なし	

3　類症鑑別

と畜検査対象ではないピロプラズマ感染症，アナプラズマ症，エペリスロゾーン，レプトスピラ症，産褥性血色素尿症，中毒性貧血，トリパノソーマ，白血病などとの類症鑑別をする。

4　判定基準

(1)　**生体検査**

前述の生体所見が認められ，血液塗抹標本の鏡検によりピロプラズマ病原体を確認し，さらに抗体検査により，と畜検査対象ピロプラズマの抗体を確認した場合はピロプラズマ病と判定する。

(2)　**解体前検査**

判定基準なし。

(3) **解体後検査**
次のいずれかの場合にピロプラズマ病と判定する。
① 前述の剖検所見に加え，血液塗抹標本での病原体の確認および抗体検査でと畜検査対象ピロプラズマの抗体を確認した場合。
② 血液塗抹標本にて病原体を確認し，と畜検査対象ピロプラズマの発生地域および発生時期などが疫学情報と一致する場合。

［7　ピロプラズマ病：参考文献］
新版獣医臨床寄生虫学編集委員会：獣医臨床寄生虫学, pp. 1-9, pp. 19-25, 文永堂出版, 1995.
農林水産省消費・安全局監：病性鑑定マニュアル（第3版），pp. 44-47, 全国家畜衛生職員会, 2008.

8 アナプラズマ病

Anaplasmosis

1 解　説

　アナプラズマ病は，アナプラズマの感染によって起こる貧血，黄疸，衰弱などを主徴とした反芻獣の病気である。

　アナプラズマは，最近まで原虫として類別されてきたが，形態学，電子顕微鏡学，免疫血清学的研究から，リケッチアに似ていることが明らかになり，Bergey の同定細菌学第 8 版ではリケッチア目，アナプラズマ科，アナプラズマ属として分類されている。

　牛に寄生するアナプラズマは *Anaplasma marginale*（AM）と *A. centrale*（AC）の 2 種類である。病原性は AM の方が AC より強い。と畜場法（昭和 28 年法律第 114 号）に基づく検査対象病原体は AM である。なお，AM は家畜伝染病予防法（昭和 26 年法律第 166 号）に基づく家畜伝染病の病原体として指定されている。

　本病の分布地域は非常に広く，南・北アメリカ，アフリカ，地中海沿岸，中央アジアからアジア熱帯および亜熱帯とオーストラリアに発生しているが，北部ヨーロッパ，ニュージーランドには発生がない。わが国では，石原らが昭和 39（1964）年に青森県下の牛から AC を分離したのに始まり，その後，岩手県，群馬県，大分県，長崎県などの放牧牛からも AC があい次いで分離された。これに対し，沖縄県由来の牛および米国輸入牛からは AM が分離されている。

　本病の常在地で生産された幼牛では，症状も軽く，ほとんど耐過して病原体保有牛（carrier）となって，不顕性感染の型をとり，症状，病変も認めない。また，放牧経験牛では，ピロプラズマと混合感染している。アナプラズマ感染牛ではピロプラズマによる干渉現象が認められるため，アナプラズマの増殖が抑制され，ほとんど発症をみない。したがって，と畜として搬入された牛は生体検査でアナプラズマによる臨床症状を認めないが，ピロプラズマに起因する症状，病理変化が剖検時に認められる。

　本病は混合感染が多いが，単独の感染発症例も認められる。その病変は，ピロプラズマおよび他の住血性原虫病の感染による貧血に伴った病理変化に酷似しており，形態学・免疫血清学的検討を併用しなければ，剖検所見のみでその原因の究明は不可能である。さらに AM，AC の鑑別については非常に困難である。

2 診断

本病に感染したと畜の臨床所見，病理所見は，アナプラズマ病のみに特異的な変化ではないので，病原体の確認，血清反応の結果などから総合的に診断することが必要である。また，貧血，黄疸，血色素尿などが認められる場合はバベシア病，レプトスピラ病，出血性敗血症，中毒などとの鑑別に注意する。

(1) 生体所見

牛は反芻獣のなかで最も感受性が高く，また，その抵抗性は若齢牛に強く，年齢が増加するにしたがって弱くなる。成牛が感染した場合は著しい症状を現すのが特徴である。

AM感染牛では40℃以上の高熱，貧血，全身の黄疸，浮腫が強く，呼吸困難，脈拍数の増多などの症状を示し，ときには便秘，下痢を認める。乳用牛では乳量の著しい減少がある。

AC感染牛では一般に病原性が弱く，症状も軽いが，多数の病原体が寄生すると，発熱，白血球数の増加，貧血，全身黄疸が起こり，漸次衰弱する。

AM，AC感染牛とも血色素尿をみない。アナプラズマ病の貧血は赤血球の溶血ではなく，網内系細胞による赤血球破壊の増加が原因している。

(2) 剖検所見

可視粘膜の貧血，皮下組織の膠様化（特に頸や肩の部位の皮下織に著しい），および黄疸がみられる。肝臓は軽度に腫大し，濃黄褐色を呈している。胆嚢は腫大し，濃厚粘稠な多量の胆汁が充満し，腎臓は黄褐色を呈している。脾臓は腫大し，髄質は暗赤褐色で軽度の軟化がある。

その他，心外膜の点状出血，リンパ節の髄様腫脹，胃・腸管粘膜の出血性炎を認めることもある。

(3) 病理組織検査

肝臓：小葉中心性に類壊死，壊死があり，類洞には好中球がみられる。また星細胞は腫大し，増数がみられ，血鉄素を貪食した細胞が遊走している。小葉間結合織ではリンパ球および形質細胞の浸潤がある。

脾臓：濾胞は軽度に拡張し，網内系細胞の活性化があり，軽度にリンパ様細胞の増殖がある。脾髄は多血で血鉄素の沈着が多い。

リンパ節：リンパ濾胞は拡張し，核濃縮，核崩壊があり，皮質，髄索のリンパ組織では網内系細胞，リンパ様細胞の増殖が認められる。洞では赤血球貪食細胞，好中球の浸潤がある。

副腎：束状層では毛細管内皮が腫大しており，皮質・髄質の毛細管周囲にはリンパ球の浸潤巣が散在している。

肺：間質，肺胞には著しい水腫が認められ，間質は幅を増し，ときにはリンパ球の軽い浸潤および出血がある。胞隔上皮には微細血鉄素が少数沈着している。

心臓：心外膜には著しい水腫と，軽度の出血，組織球，リンパ球，好中球が浸潤している。

腎臓：皮質・髄質には軽度のうっ血があり，血管内皮は血鉄素を貪食し，間質にはリンパ球，形質細胞の浸潤がある。また，尿細管上皮が変性しているものもみられる。

（注）　変性変化は高度病変例にみられるが，間葉系組織の増殖性変化は全例に共通して観察される。しかし，いずれの変化もアナプラズマ病の特異的病変ではない。

(4) 微生物検査

1) 直接塗抹標本の染色鏡検

被検血液の薄層塗抹標本をつくり，風乾後，メタノール（ギムザ染色）あるいはアセトン（蛍光抗体染色）で10分間固定する。蛍光抗体染色を行うときは薄手の無蛍光スライドグラスを使用する。固定標本は4℃で1週間，−20℃で約半年間保存できる。

ギムザ染色：ギムザ原液をpH6.2〜7.0の希釈液で30倍に希釈し，30分間染色する。油浸レンズを使用して100視野を鏡検し，病原体の有無を検査する。

蛍光抗体染色：血液塗抹標本に蛍光標識抗体をかけ，保湿容器に入れて密閉し，37℃の恒温室で60分間反応させる。染色後，pH7.2の冷却したリン酸緩衝食塩液で軽く洗浄し，さらに3回おのおの7分間液を換えて振盪して洗う。洗浄後，塗抹面が濡れているうちに，pH7.2のリン酸緩衝グリセリン（pH7.2リン酸緩衝食塩液1：無蛍光グリセリン9）を1〜2滴，滴下してカバーグラスで封入して鏡検する。

2) スタンプ標本の鏡検

組織の小片をスライドグラスに押捺して，風乾後，メタノールで固定し，血液塗抹と同様にギムザ染色を行う。リンパ節，肝臓，肺，骨髄のスタンプ標本からアナプラズマ小体を検出することができる。

AMとACとの鑑別

アナプラズマ小体はクロマチン質で，ギムザ染色では濃赤紫色に染色された大きさ0.3〜1.0μmの点状，コンマ状，小円形として検出される。赤血球内には本小体は1個ないし2〜3個散在し，大きいものでは辺縁は明らかに不整である。AMとACとの鑑別は，本小体の赤血球内における寄

■図Ⅱ-1　寄生部位によるスコア採点

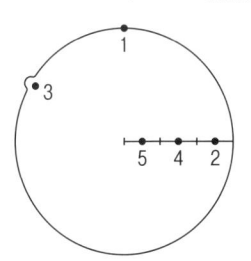

生部位によって行っている。AMではおおむね本小体の70〜80％以上が赤血球の外縁に密着あるいは辺縁にみられるのに対して，ACでは逆に80％以上が中央部に位置しているのが特徴である。このことから石原らは赤血球の本小体の寄生部位からスコアを採点して両種を鑑別する方法を採用している。

スコアの採点法は赤血球の半径を3等分して，本小体が赤血球の辺縁に密着したものを1，半径の外側3分の1に位置しているものを2，中3分の1のものを4，内側3分の1のものを5とし，辺縁であるが突出しているものを3とする。寄生赤血球100個以上を鏡検して採点し，その平均値を算出して，その標本のスコアとする。スコアが3.0以下ではAM，3.5以上であればACとする。株間にも若干の差があり，また3.0〜3.5の場合には再検査する必要がある。血液塗抹標本のギムザ染色による本小体の検査は発症中のもので，その上感染赤血球が0.1％以上検出されるものでなければ判定が難しい。

3） 類似小体との鑑別

貧血牛，または少数寄生例では赤血球の好塩基顆粒，アナプラズマ類似小体，ジョリー小体，核の残骸，タイレリア原虫，ごみなどとの鑑別が難しいが，本小体はジョリー小体や核残骸に比較して濃染し，大型のものでは周辺が不正円形である点に注意する。

(5) 血清反応

補体結合反応（CF反応）により血清抗体を検出する。補体結合抗体はアナプラズマの増殖にほぼ一致した期間に産生される。抗原を80℃・10分間加熱することによりAC抗体の交差反応が消失することから鑑別が可能である。海外では競合ELISA法に基づく診断キットが発売されているが，ACとの鑑別ができないため国内使用は推奨されない。

3　類症鑑別

ピロプラズマ病，エペリスロゾーン，レプトスピラ症，中毒性貧血，トリパノソーマなど，一般に貧血を伴った全身臓器に黄疸の認められるものに対して，本症との類症鑑別が必要である。

放牧経験牛では大部分がピロプラズマに感染していると思われるので，貧血，黄疸の原因を究明して，それとの鑑別をする必要がある。

4　判定基準

(1) **生体検査**

前述の生体所見に加え，血液塗抹標本の鏡検による病原体の確認および補体結合反応（CF反応）の結果，と畜検査対象アナプラズマの抗体を確認した場合にアナプラズマ病と判定する。

(2) **解体前検査**

判定基準なし。

(3) **解体後検査**

前述の剖検所見に加え，血液塗抹標本の鏡検での病原体の確認およびCF反応の結果，いずれも陽性を呈したものをアナプラズマ病と判定する。

[8　アナプラズマ病：参考文献]

新版獣医臨床寄生虫学編集委員会：獣医臨床寄生虫学，pp.32-36，文永堂出版，1995.
農林水産省消費・安全局監：病性鑑定マニュアル（第3版），pp.48-49，全国家畜衛生職員会，2008.

9 伝達性海綿状脳症

Transmissible Spongiform Encephalopathy；TSE

1　解　　説

　伝達性海綿状脳症は，未だ十分に解明されていない伝達因子（病気を伝えるもの）と関係する病気の一つで，動物の脳組織にスポンジ状の変化を起こし，歩行異常，起立不能，知覚過敏等の神経症状を示す中枢神経系の疾病で，遅発性かつ悪性である。原因は，プリオンと考えられており，宿主の正常プリオン蛋白質（PrP^C）の構造異性体である異常プリオン蛋白質（PrP^{Sc}）がその主要構成成分となる。

　現在，伝達性海綿状脳症と考えられている主な病気には，牛海綿状脳症（Bovine Spongiform Encephalopathy：BSE），めん羊および山羊のスクレイピー，鹿慢性消耗病（CWD）等が含まれている。

　ヒトについても同様に脳にスポンジ状変化を起こすクロイツフェルト・ヤコブ病（CJD）があり，異常プリオンが原因とされており，致死率は100％とされている。そのなかでも，1996年に初めて報告された変異型CJD（vCJD）は従来のCJDと異なる臨床的特徴を有しており，これについては，直接的な確認はされていないものの，BSEと同一の病原体と考えられている。

　BSEは，1986年に英国で初めて報告されて以来，現在までにヨーロッパ，北米のほか，イスラエル，日本等25か国で18万頭以上の感染牛が確認されている。わが国においては平成13（2001）年9月に初めて発生が確認され，平成21（2009）年12月までに36頭の感染牛が確認されている。

　BSEは，BSE感染牛に蓄積された異常プリオンを別の牛が摂取することにより感染するものと考えられており，異常プリオンを含む肉骨粉を牛の飼料としていたことが感染経路と考えられている。この知見により，各国において，異常プリオンを含む飼料の利用を禁止する規制等のBSEの感染拡大防止対策を講じている。これらの対策の結果，各国のBSE発生件数は著しく減少している。一方，異常プリオンは特定の部位（脳，扁桃，脊髄，回腸遠位部等）に蓄積することが知られているため，公衆衛生上，これらの部位を特定部位（頭部（舌および頬肉を除く），脊髄および回腸（盲腸との接続部分から2mまでの部分に限る））として，と畜場における除去・焼却を法令上義務化している。さらに，BSEに感染した牛由来の食肉の販売等を防止するため，平成13（2001）年10月18日より全月齢のと畜牛を対象にELISA法によるスクリーニング検査と，免疫生化学的検査（ウエスタンブロット法）および免疫組織化学検査から構成される確認検査が開始された。検査対象月齢については，食品安全委員

会の科学的評価を基に，平成17（2005）年8月より法定検査の対象月齢を0か月齢以上から21か月齢以上に変更された。

めん羊，山羊のスクレイピーは250年以上前から知られており，ヨーロッパ，北米のほか，わが国でも散発的な発生が確認されている。スクレイピーの伝播経路は不明であるが，宿主の遺伝子型も感受性に影響すると考えられている。

めん羊および山羊の特定部位（扁桃，脾臓，小腸および大腸（これに付属するリンパ節を含む）ならびに月齢が満12月以上の頭部（舌，頬肉および扁桃を除く），脊髄および胎盤）についても，公衆衛生上の対策からと畜場における除去，焼却が義務化されている。さらに，羊および山羊のTSEについても，平成13（2001）年からと畜場におけるサーベイランス検査を実施し，平成17（2005）年10月より牛同様，ELISA法によるスクリーニング検査を実施している。

CWDは北米での発生が確認されている。

2　診　断

(1) 生体所見

通常，感染牛は3～6歳でBSEを発症する。BSEの潜伏期間は3～7年程度であり，一旦発症すると動物は消耗して死亡し，発症から死亡までの期間は2週間から6か月である。臨床症状としては，まず中枢神経障害に起因した，音や体への接触などの外部刺激に対する過剰反応，不安行動，鼻を頻繁になめる等の異常行動が出現し，次いで，後肢の開脚，四肢を高く上げた歩行，歩行時のふらつきなど運動失調が認められるようになる。病気の進行につれ，攻撃的な興奮状態も現れ，歩行時や体の向きを変える動きに動物は転倒しやすくなる。さらに，症状が進行すると協調運動失調から起立不能に陥り死亡する。また，泌乳量の低下，一般的な健康状態の悪化なども認められる。上記の特徴的な症状を呈せず，と畜検査（BSE検査）の結果，感染が確認される症例も多い。

羊スクレイピーの好発年齢は2～5歳で，掻痒症，脱毛を認める例もある。

(2) 剖検所見・病理組織検査

肉眼的に特徴的な所見は認められないが，組織学的には中枢神経組織，特に延髄閂部の迷走神経背側核，孤束核，三叉神経脊髄路核や脳幹部の神経細胞と神経網の空胞変性（海綿状変化），および星状細胞の活性化が観察され，免疫組織学的検査では，空胞の出現部位に一致してPrP^{Sc}の蓄積が認められる。

羊スクレイピーではリンパ組織内の濾胞樹状細胞（FDC）にもPrP^{Sc}が蓄積するが，リンパ組織には病理学的な変化は認められない。

(3) 病原体検査

BSE 検査は，中枢神経系における PrP^{Sc} の有無を確認する検査である。延髄への侵入経路に一致して，迷走神経の起始核である延髄門部の迷走神経背側核で最初に PrP^{Sc} の蓄積が認められるので，延髄門部を被検材料とする。スクリーニング検査として ELISA 法が活用されている。スクリーニング検査で陽性となったものについては，免疫生化学的検査（ウエスタンブロット法）および免疫組織化学検査で確認検査が行われ，いずれかで陽性の結果が出たものについて BSE の可能性が高いとして，最終的な BSE 検査の診断を，厚生労働省に設置した「牛海綿状脳症の検査に係る専門家会議」において実施している。スクリーニング検査および確認検査を含む BSE 検査の実施については，「牛海綿状脳症に関する検査の実施について」（平成 13 年 10 月 16 日食発第 307 号）で規定されている。

スクレイピー，CWD ではリンパ組織に蓄積する PrP^{Sc} 検出による診断も可能である。

3 判定基準

(1) 生体検査

外部刺激に対する過剰反応，不安行動，運動失調が認められた場合 TSE を疑う。最終判定は，解体後検査の結果により行う。

(2) 解体前検査

判定基準なし。

(3) 解体後検査

各スクリーニング検査を実施，陽性と判定されたものは確認検査に供する。

参考▶伝達性海綿状脳症（TSE）の検査

1　生体検査

生体検査では，奇声，旋回等の行動異常，運動失調等の神経症状の有無を歩様検査の結果とあわせて判断する。牛においては歯列（第 3 切歯が生えている場合は生後 30 か月齢以上）を確認するとともに，と畜検査申請書に添付された書面や耳標（個体識別番号）を参考に月齢を総合的に判断する。めん羊および山羊は，第 2 後臼歯（上顎および下顎）の萌出があれば生後 12 か月齢と判断する。

2　生体検査に基づく措置

生体検査の結果，TSE に罹患している疑いがあると判断した場合には，と畜場法第 16

条第1号の規定に基づきと殺禁止の措置をとる。
3 解体後検査
(1) スクリーニング検査

検査は21か月齢以上の牛（めん羊・山羊については，12か月齢以上）について実施する。なお，20か月齢以下の牛（めん羊・山羊については，11か月齢以下）であっても，疾病鑑別の観点等からと畜検査員が必要と認める場合には，スクリーニング検査を実施することができる。

(2) 検体採取等

検体の採取方法および特定部位等の取扱いについては表により実施する。

(3) 解体後検査に基づく措置

スクリーニング検査結果または確認検査結果が陽性の場合は，下記の特定部位等に接触したまたはそのおそれがある施設設備，機械器具等について，後述の消毒措置等を確実に行う。また，特定部位等に接触しない施設設備，機械器具等については，入念な洗浄消毒を行う。

＜特定部位等＞

1) 牛

頭部（舌および頬肉を除く）
脊髄
回腸（盲腸との接続部分から2mまでの部分に限る）

2) めん羊および山羊

扁桃，脾臓，小腸および大腸（これらに付属するリンパ節を含む）
【月齢が満12か月齢以上のものに限る】
頭部（舌，頬肉および扁桃を除く），脊髄および胎盤

(4) 確定診断の結果，TSEと判断された場合

スクリーニング検査結果等の陽性時に準じた消毒措置を行う（すでに措置したものを除く）。

当該牛，めん羊および山羊に由来する肉，内臓，血液（再利用するものに限る），骨，皮，頭部，脚，尾部，分離した廃棄部位等を焼却する。

(5) 廃棄を命じたもの等の消毒方法

消毒対象	消毒法
と体，ゴム手袋，防護服等	800℃以上の完全な焼却
器具等	132～134℃，1時間の高圧蒸気滅菌
施設，汚染物等	水酸化ナトリウム1モル濃度以上，20℃，1時間の処理 次亜塩素酸ナトリウム有効塩素濃度が最低2％溶液で1時間による処理

Ⅱ　検査対象疾病

■表　検体（延髄）の採取方法および特定部位等の取扱い

TSE検体の採材部位	採材方法	図説
門（Obex）を含む延髄 　脳幹部の摘出においては，延髄門部を破損しないよう，細心の注意を払う。	大孔法 (1) 頭部の大孔（大後頭孔）から延髄と硬膜の間にスパーテル等を挿入し，延髄から硬膜を剥離する。 (2) スパーテル等で小脳脚を切断する。 (3) さらに奥にスパーテル等を挿入し，中脳において脳幹部を切断し，脳幹部を摘出する。	小脳脚を切断 脳幹部背側面 小脳脚の断面　1.5cm 1.5cm 中脳前丘 門（Obex）
すべての特定部位等	周囲を汚染しないように除去され，専用の容器に保管されていることを確認する。	牛の特定部位 眼：0.04% 脳（三叉神経節を含む）：66.7% 背根神経節（脊柱に含まれる）：3.8% 扁桃 回腸：3.3%
頭部 　舌および頬肉を除く。 　牛については全月齢，めん羊および山羊については12か月齢以上が対象	(1) 頭部について 　ここでいう頬肉は咬筋の一部位を示す。 (2) 舌の取り扱い 　1) 舌扁桃は特定部位と同様に取り扱い，舌扁桃が除去されたことを確認する。 　2) 舌扁桃は舌の背面および側面の粘膜固有層内にのみ存在し，筋肉内には存在しない。	舌扁桃の除去 （除去の一例）

特定部位等	確認事項	図説
脊髄 　牛については全月齢、めん羊および山羊については12か月齢以上が対象	脊髄の除去 (1) 脊髄を吸引後、背割りが適正に行われ、脊髄が除去できる状態であるか確認する。 (2) 背割り後、脊髄除去が確実に行われていることを確認する。 (3) 枝肉等に脊髄の付着がないことを確認する。	脊髄の神経 （胸椎、背根、背根神経節、脊髄）
※脊柱について 　脊柱は、食品衛生法により規制され、対象部位は頚椎・胸椎・腰椎・仙骨（胸椎横突起、腰椎横突起、仙骨翼および尾椎を除いた部分） 〔平成16年1月16日 食安発第0116001号〕	脊柱を外す場合は、背根神経節を含めて除去する。	背根神経節の除去 （胸椎、背根神経節、肋骨）
牛の回腸（盲腸との接続部分から2mまでの部分に限る） めん羊および山羊の扁桃、脾臓、小腸、大腸（付属リンパ節を含む）および胎盤（月齢が12か月以上に限る）	回腸遠位部の除去 　回腸遠位部が適正な部位で除去されていることを確認する。	牛の回腸遠位部 （盲腸との接合部（回腸口）、直腸、盲腸、十二指腸、第三胃、第四胃、空回腸、結腸） 出典　加藤嘉太郎・山田昭二：家畜比較解剖図説（上巻）、p.247、養賢堂、2003.

II 検査対象疾病

付❶▶ TSE 検査フローチャート

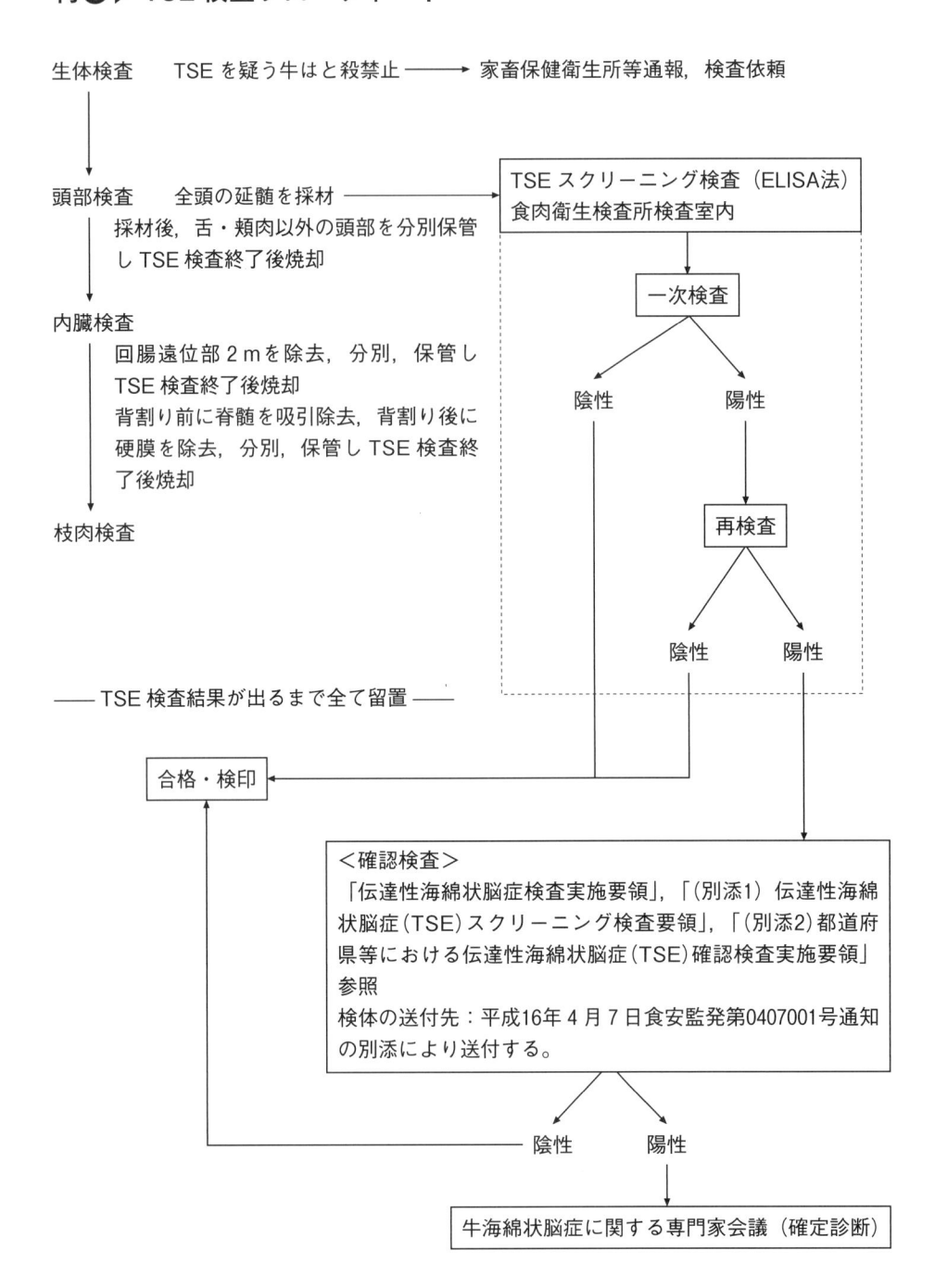

生体検査　　TSE を疑う牛はと殺禁止 ──→ 家畜保健衛生所等通報，検査依頼

↓

頭部検査　　全頭の延髄を採材 ───→ ┌─ TSE スクリーニング検査（ELISA法）
　　　　　　採材後，舌・頬肉以外の頭部を分別保管　│　食肉衛生検査所検査室内
　　　　　　し TSE 検査終了後焼却　　　　　　　　│
　　　　　　　　　　　　　　　　　　　　　　　　│　　　　↓
↓　　　　　　　　　　　　　　　　　　　　　　　│　　┌─一次検査─┐
内臓検査　　回腸遠位部 2 m を除去，分別，保管し　│　　│　　　　　│
　　　　　　TSE 検査終了後焼却　　　　　　　　　│　　↓　　　　　↓
　　　　　　背割り前に脊髄を吸引除去，背割り後に　│　陰性　　　　陽性
　　　　　　硬膜を除去，分別，保管し TSE 検査終　│　　　　　　　　│
　　　　　　了後焼却　　　　　　　　　　　　　　│　　　　　　　　↓
↓　　　　　　　　　　　　　　　　　　　　　　　│　　　　　　　再検査
枝肉検査　　　　　　　　　　　　　　　　　　　　│　　　　　　　　│
　　　　　　　　　　　　　　　　　　　　　　　　│　　　　　　┌──┴──┐
　　　　　　　　　　　　　　　　　　　　　　　　│　　　　　　↓　　　　↓
── TSE 検査結果が出るまで全て留置 ──　　　　　　│　　　　　陰性　　　陽性
　　　　　　　　　　　　　　　　　　　　　　　　└──────────────
　　　　　┌─合格・検印─┐←──────────────────────┘
　　　　　　　　　　　　　　　　　　　　　　　　　　　↓
　　　　　　　　　　　　　　　　┌──────────────────────────┐
　　　　　　　　　　　　　　　　│ ＜確認検査＞
　　　　　　　　　　　　　　　　│ 「伝達性海綿状脳症検査実施要領」，「（別添1）伝達性海綿
　　　　　　　　　　　　　　　　│ 状脳症（TSE）スクリーニング検査要領」，「（別添2）都道府
　　　　　　　　　　　　　　　　│ 県等における伝達性海綿状脳症（TSE）確認検査実施要領」
　　　　　　　　　　　　　　　　│ 参照
　　　　　　　　　　　　　　　　│ 検体の送付先：平成16年4月7日食安監発第0407001号通知
　　　　　　　　　　　　　　　　│ の別添により送付する。
　　　　　　　　　　　　　　　　└──────────────────────────┘
　　　　　　　　　　　　　　　　　　　　　┌──┴──┐
　　　　　　　　　　　　　　　　　　　　　↓　　　　↓
　　　　　　　　　　　　　　　　　　　　陰性　　　陽性
　　　　　　　　　　　　　　　　　　　　　　　　　　↓
　　　　　　　　　　　　　　　　　　　　　　　牛海綿状脳症に関する専門家会議（確定診断）

付❷▶ TSE スクリーニング検査について

「伝達性海綿状脳症検査実施要領」,「(別添1)伝達性海綿状脳症(TSE)スクリーニング検査要領」により検査を実施する。

(1) スクリーニング検査は,「(別添1)伝達性海綿状脳症(TSE)スクリーニング検査要領 第3.牛海綿状脳症用キット操作方法」に従って実施する。

(2) スクリーニング検査は,下記のいずれかの検査キット(ELISA法)を用いること。
  ① ダイナボット　エンファーBSEテスト
  ② フレライザBSE
  ③ テセーBSE
  ④ プリオンスクリーン
  ⑤ ニッピブルBSE

(3) スクリーニング検査で陽性の場合

「伝達性海綿状脳症検査実施要領」,「(別添1)伝達性海綿状脳症(TSE)スクリーニング検査要領」,「(別添2)都道府県等における伝達性海綿状脳症(TSE)確認検査実施要領」に基づき,確認検査を行い最終判定する。

＊確認検査のための検体処理(右図参照)

門を含む周辺組織を正中で,2分し,50ml容器に入れ15～20％緩衝ホルマリンで固定し常温にて送付。

残りを免疫生化学的検査(ELISA法,ウエスタンブロット法等)材料として,凍結状態にて送付する。

検体採取の際に残ったサンプルおよびELISAに用いたサンプルの残り(ホモジナイズした乳剤サンプル等)についても,凍結状態にて併せて送付。

検体送付先：平成16年4月7日食安監発第0407001号通知の別添により送付する。

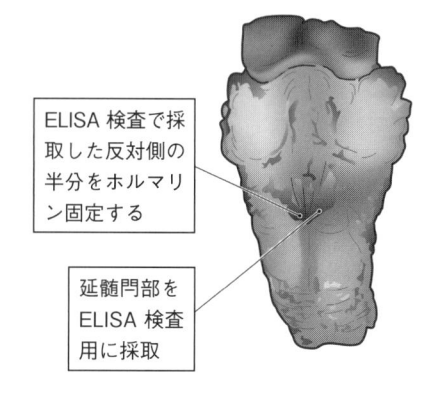

Ⅱ 検査対象疾病

10 馬伝染性貧血

Equine Infectious Anemia

1 解　説

　馬伝染性貧血（伝貧）は，伝貧ウイルスによって起こる馬属に固有の感染症で他の動物への感染は証明されていない。本病は家畜伝染病予防法（昭和26年法律第166号）に基づく家畜伝染病である。世界各国で馬が集団的に飼育されている所ではどこにでもその発生が知られている。本病は原則的には慢性に経過する疾病であり，いったん感染するとウイルスは排除されず，臨床症状が消失しても長く体内に保有され続け完全に治癒することはなく，いわゆる持続性感染の状態を呈する。したがって，ウイルス学的，免疫学的研究はなかなか進展せず，長年にわたってその診断は臨床所見，血液所見，病理所見に委ねられていた。特にわが国では，流血中に現れる担鉄細胞（Prussian blue反応で染め出される含鉄物質をもった白血球）の検出に基づく診断と病馬の淘汰による防疫が行われてきた。

　しかし，組織培養法の導入により，近年伝貧ウイルスが培養馬白血球で増殖することが明らかにされてから，ウイルス学的，免疫学的研究が急速に進展した。それに伴って各種の液性抗体の検出が可能になり，特異性の高いゲル内沈降抗体の検出による診断が各国で行われるようになった。

　伝貧ウイルスは直径90～140 nmのほぼ球形の粒子で外被をもち，感染培養細胞において感染細胞の表面から出芽方式（budding）により成熟放出されることが電顕的に観察されており，形態学的，物理学的，生物学的性状からRetroviridaeに属するものとみなされている。感染馬には沈降抗体のほかに補体結合抗体，補体結合阻止抗体，中和抗体，間接赤血球凝集抗体などが証明される。これらの抗体は接種後おおむね14～50日，初回発熱後2～10日から検出されるが中和抗体はやや遅れてから出現する。また，補体結合抗体を除いては生涯持続される。中和抗体が産生され，それが生涯持続されるにもかかわらず，ウイルスが影響を受けずに馬体内に保有されて持続性感染の状態を呈することについては，病気の経過中に馬体内でウイルスの抗原変異が次々に起こり，抗原変異ウイルスは変異前に生じた中和抗体から影響されることなく病原性を保持するためとみなされている。しかし，伝貧ウイルスはすべて共通の沈降抗原，補体結合抗原をもっているので変異はウイルス粒子の表面に限られると考えられる。

　わが国では，昭和25（1950）年前後には馬の飼育頭数は100万頭を超え，本病の発生も年間数千頭に達していた。しかし，末梢血液中における担鉄細胞の検出による病

馬の診断と淘汰が義務づけられて以来，飼育頭数の急速な減少ともあいまって本病の発生は激減した。現在では，担鉄細胞の検出に代わってゲル内沈降反応による診断が実施されており，不顕性感染馬も容易に診断摘発されるようになっている。したがって，典型的な症状や病変をもった病馬に遭遇する機会は非常に少なく，国内では平成5（1993）年に2頭の陽性馬が確認されて以降，発生は認められていなかったが，平成23（2011）年に宮崎県の野生馬での感染が確認されている。

2　診　　断

(1)　生体所見

　潜伏期は多くのもので2～3週間であるが，これより延びて1か月を超す場合もある。一般には急に39℃台から40℃以上の発熱を起こし数日で解熱する。このような発熱は数日ないし数か月の間隔をもって反復し，いわゆる回帰熱型を示すのが特徴である。回帰熱の間隔が短ければ病馬は反射機能の減退，食欲減退，元気消失を来し漸次消耗してくるが，長い無熱期間をもつものではほとんど症状を表さない。数回の回帰熱を経たあと発熱を示さなくなり無症状に経過するもの，あるいは不顕性感染の状態のものも少なくない。

　発病とともにけい留熱あるいは弛張熱を示し，反射機能の低下，食欲不振，元気消失，心機能の異常，浮腫などの症状がみられる。急性または亜急性経過をとるものもないわけではないが，それらでは細菌感染などとの合併によって病性が強くなっていることが多く，最近ではこのような症例はめったに存在しない。また，慢性に経過していた病馬がなんらかの外的，内的要因により病性が悪化し，急性例のような症状を出して致死的経過をとる場合があり，再燃型と呼ばれている。

(2)　剖検所見

　皮下，腸間膜，腹腔臓器周囲などに存在する脂肪織の膠様化は急性型や頻回の発熱を繰り返した慢性型症例に目立つ。また，内臓漿膜下の浮腫を伴った出血斑あるいは実質臓器内点状出血は急性型，再燃型にみられる。

脾臓：急性型では腫大が高度で，包膜は緊張している。割面は血量に富み，暗赤色ゼリー状を呈し，白色髄や脾柱は認め難い。亜急性型でも腫大は著しいが，割面においてはリンパ濾胞周囲組織が灰赤色を呈して粒状に盛り上がり，実質は全体としてゆでアズキ色とかエゾイチゴ色と形容される色調を示す。慢性型では概してリンパ濾胞が明瞭で割面は顆粒状を呈し脾髄は赤色ないし赤褐色である。

肝臓：ほとんど例外なく腫脹する。混濁腫脹であって，割面をつくると実質の色は肝臓固有の帯緑紫色調を失い，灰褐色，淡緑褐色，淡紫褐色などの色調を呈し，中心静脈の拡張，うっ血とあいまって小葉像が明瞭になる。亜急性型，頻回の発熱を繰り返した慢性型，再燃型では割面の濃淡の紋理が著明になりいわゆるニク

ズク肝を呈することがある。
　腎臓：概して貧血性で褐色がみられる。水腫性の腫大が急性型に，混濁腫脹が亜急性型に著しい。点状出血や多発性出血斑は急性型，再燃型に出現頻度が高い。慢性型には実質が帯黄灰色のいわゆる貧血腎を呈するものがある。
　リンパ節：リンパ節の腫大も例外なく認められる。特に内臓付属リンパ節の腫大が目につきやすい。慢性型では比較的硬く髄様腫脹を示すが，急性型，亜急性型では湿潤で，リンパのうっ滞があり，充血・出血のあることも珍しくない。

(3) **病理組織検査**
　1) 組織所見
　　　組織病変はリンパ組織，網内系，血管周囲組織に主座し，特にこれらの組織系統における細胞増殖が特徴で，診断上価値ある所見である。しかし，それとともにこれらの組織の退行性変化や実質変性も見逃せない。
　脾臓：急性型では脾髄の充血・出血が著明で，リンパ球は変性壊死に陥っている。したがって，脾は血海状を呈し，顕著な粗性化を示す中心動脈周囲組織には多数の破砕核と組織球の増数がみられ，リンパ濾胞は消失している。亜急性型では，リンパ濾胞の萎縮あるいは胚中心域のリンパ球の核破砕があり，中心動脈，莢動脈などの周囲に好塩基性円形細胞の増数がみられる。また，組織球の増数も著明である。慢性型では概してリンパ濾胞は腫大かつ数を増し，莢動脈や筆毛動脈の周囲にリンパ球を主体とする細胞集簇が目立つようになる。
　肝臓：実質変性は急性型，亜急性型に脂肪変性，巣状壊死などの形でみられることがある。一般に類洞は拡張し，亜急性型ではクッパー細胞の腫大増数と剥離（いわゆる網内系の活性化）が著しく，これらにはヘモジデリンの沈着が目につく。グリソン鞘には組織球とリンパ球から成る細胞巣が形成される。グリソン鞘の細胞巣は，慢性型にも大なり小なり存在し，リンパ球が主体をなしている。また，慢性型ではクッパー細胞の軽度の腫大増数と類洞に沿ったリンパ球浸潤がみられ，しばしばこれらの細胞は小集簇をつくり，小葉内多発性小結節を形成する。再燃型の特徴は組織球やリンパ球の著明な増数を伴った小葉中心の壊死で，いわゆる中心崩壊像（虚脱肝）を呈する。
　腎臓：間質血管周囲における細胞集簇が共通した所見であるが，それほど強くないものが多い。急性型，再燃型では間質の水腫，尿細管上皮の変性，巣状壊死などがみられる。
　リンパ節：急性型ではリンパ球のびまん性変性が著明で，多数の破砕核が全域にみられる。亜急性型ではリンパ組織の退行性変化は胚中心域の核破砕ないしリンパ濾胞の萎縮としてみられる。一方，副皮質，髄索には好塩基性円形細胞の増数が目立つ。また淡明核のマクロファージもびまん性に増数し洞内にも流出している。慢性型ではリンパ組織の過形成がみられ，リンパ濾胞は大きく数も多い。副腎皮質もリンパ球の増数により拡大している。

伝貧の病理所見の概要は上に述べたようなものであるが，これらは発熱などの症状があったり，担鉄細胞が検出されたりして，実際に病的状態にあるものに観察される所見である。軽微感染で，長く無症状に経過したものでは病変は極めて微弱である。後述するゲル内沈降反応では陽性を呈しても病的徴候を示さないような感染例では，病理所見の上でも特徴的変化を指摘し難いことも多い。

2) 血液検査所見

貧血は発熱極期から明瞭に現れ解熱後まで持続するが，それ以降回復し，無熱期間が長く続くと赤血球数は正常に復する。したがって，病馬でも無熱状態で経過したものには全く貧血がみられないことが多い。これに反して，回帰熱の間隔が短く，熱発作を繰り返している病馬では無熱期でもかなりの貧血がみられる。

発熱があると白血球数も減少し，特に発熱極期に著しい。これはリンパ球の減少に基づくもので白血球百分比では好中球の相対的増加として現れる。解熱すると逆にリンパ球の相対的増加がみられ，白血球総数も増多傾向を示し，かつ単球も増加する。

発熱極期から解熱後にかけて末梢血液中に担鉄細胞が出現する。この所見は，本病の特徴的所見としてわが国では長年にわたって診断に利用されてきた。しかし，病馬でも長く無熱に経過すると漸次検出され難くなる。担鉄細胞は血液原虫性疾患あるいは新生児黄疸のような生理的要因によって赤血球の崩壊がある場合にも出現することがあるが，その検出は病的状態を表している伝貧馬の診断には優れた手段である。

担鉄細胞の検出法：試験管に1〜2mlの10％クエン酸ソーダ溶液を入れ，これに約10倍量（10〜20ml）の血液を採取し混和する。EDTAなどの抗凝固剤を用いて採取した血液でも差し支えない。これを30〜60分放置すると赤血球は沈み血漿と分離してくる。血漿の部分を尖底試験管に移しこれを1,000 rpmで約5分間遠沈すると血漿中に浮遊していた白血球とわずかな赤血球が沈渣となって集まる。上清を捨て沈渣を混和して毛細ピペットでその一滴をスライドグラス上に取り塗抹標本をつくる。塗抹標本をメタノールで5分間固定し風乾したのち，20％塩酸と10％黄血塩溶液の等量混合液で20分間反応させる。水洗後0.2％ピロニン液にて5〜10分間核染色を施し軽く水洗して風乾する。標本は油浸により500〜1,000倍で鏡検する。白血球の核は桃赤色に染まり，赤血球は褐色に染まっている。白血球のなかに細胞質がびまん性に青色に染まっていたり，濃青色の顆粒をもっているものがあればこれが担鉄細胞である。塵埃が塗抹についていると青色に染まることがあり，鑑別を紛らわすが，この場合焦点が白血球の核と一致しないので区別できる。

(4) その他検査

1) PCR法

感染馬は持続的なウイルス血症を示すため，感染馬の血清を馬末梢血単球の初

代培養に接種してウイルス分離する。末梢白血球や血清から PCR および RT-PCR によってウイルス遺伝子を検出することも可能である。

2) 血清反応

診断方法として家畜伝染病予防法施行規則（別表第１）に寒天ゲル内沈降反応および ELISA 法が規定されている。ここではゲル内沈降反応についての概略を説明する。

抗原：診断用抗原は使用前によく攪拌する。抗原は高温に不安定なので 2〜5℃の冷暗所に保存する。一度開封したものは−20℃に凍結保存した方がよい。融解を繰り返しても力価や反応に影響はなく１年間は使用できる。

指示血清：室温に１週間程度放置しても差し支えないが、開封後は凍結保存するのがよい。使用前によく振盪する。

可検血清：一般的方法で分離した血清あるいは抗凝固剤を用いて採取した血液の血漿を使用する。担鉄細胞検出のために採取したクエン酸ソーダ加血漿でも血清と同様に使える。血清中に絮状物があるときは遠沈により取り除く。検査のためには 0.5 ml あれば十分である。検査前に 56℃, 30 分非働化して使用する。

検査方法：穿孔器で穴をあけたゲル内沈降反応用の寒天平板あるいは伝貧診断用に市販されている寒天平板を反応箱の架台に置く。可検血清を、図Ⅱ-2 の数字番号の付してある箇所の穴に、各例ごとに別々の毛細ピペットで寒天平板の表面と平らになるように満たす。１つの穴に入る量は 0.05 ml なので、血清の少量をピペットに取り溢れ出ないよう注意して流し込む。１枚の寒天平板で 12 例の検査ができる。所定の穴に可検血清を入れたのち、指示血清（PS）を図示の位置の穴に同じ要領で満たす。最後に抗原を中央の穴に入れる。

試料を入れ終わったら、乾燥を防ぐため、反応箱の四隅に水を吸わせた濾紙かガーゼを置き、蓋をして静置する。ついで、15〜25℃の常温で反応させる。5〜6 時間後から抗原と指示血清の間に沈降線が出現し始め、24 時間後になるとはっきりと認められる。したがって、観察は反応開始後 24 時間から始め、96 時間（４日目）まで毎日１回続ける。その間に指示血清と抗原との間の標準沈降線と一致する沈降線が可検血清と抗原との間に形成されて陽性と判定できるか、あるいは標準沈降線の先端が可検血清の入った穴につき当たって明らかに陰性と判定できた例については、その時点で観察を終えてよい。一度できた沈降線は消えることはない。沈降線の観察は顕微鏡用光源で間に合うが、イムノビュワーを用いるとより容易である。

判定：標準沈降線がまっすぐ伸びてその端が可検血清の入った穴に達したり、標準沈降線が外側に反り気味に湾曲する反応の場合、当該可検血清は陰性と判定される。また、可検血清と抗原の間の沈降線が生じても、その端が標準沈降線とつながらずに交差してしまうようなときは、伝貧に特異的な反応ではないと判断され、陰性と判定される。

可検血清と抗原との間に標準沈降線と一致する沈降線が形成された場合、す

■図Ⅱ-2　可検血清，指示血清，抗原を入れる位置

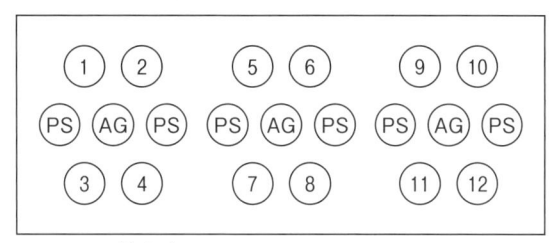

```
  1  2         5  6         9  10
 PS AG PS    PS AG PS    PS AG PS
  3  4         7  8        11  12
```

1～12：可検血清
PS：指示血清
AG：抗原

なわち可検血清と抗原との間にできた沈降線は，その端が標準沈降線の端とつながって，あたかも標準沈降線がスムーズに折れて，可検血清と抗原との間に伸びているようにみえるとき，当該可検血清は陽性と判定される。この場合沈降線の生ずる位置は，抗原側に寄ったり，可検血清の方に近づいたりする。これは抗体価の高低によるもので，抗体価が高いと抗原側に近づく。抗原と可検血清との間に標準沈降線と一致する沈降線があれば，別にもう1本の非特異的沈降線があっても陽性と判断してよい。

抗体価が非常に高いと，沈降線が抗原に近づくと同時に認められないくらい淡くなる。このようなときには，判定は疑反応とし，15～25日後にもう一度採血し，可検血清を数倍から10倍に希釈して検査すると沈降線は明瞭になる。

また，標準沈降線が，可検血清の穴の内側に曲がるような形でつき当たっていて，完全な沈降線が形成されない場合も疑反応とし，15～25日後に再検査を必要とする。再検査で再び疑反応を示した場合は陽性としないで開放してよい。

3　類症鑑別

馬インフルエンザ：発熱は鼻漏，発咳などの呼吸器症状を伴っている。細菌の二次感染などで病状が悪化すると肺炎がみられる。

馬ウイルス性動脈炎：発熱とともに眼結膜の充血，眼瞼の浮腫があり肺炎症状を併発することがある。肉眼的に鼻粘膜，咽喉頭粘膜の浮腫を伴った紫斑，胸膜，縦隔膜，心嚢，肺間質の水腫，胸水の貯留などが特徴である。わが国では，この病気の存在は，確認されていない。

住血原虫症：トリパノゾーマ，ピロプラズマによる感染症で，病理変状は伝貧に類似し，末梢血中に担鉄細胞の出現も予測される疾病である。馬におけるこれらの病気は，わが国には存在しない。血液塗抹標本での原虫の確認，伝貧ゲル内沈降抗体の検出により鑑別されるべきものである。

炭疽：急性型伝貧は現在では野外にほとんどみられないが，肉眼的に高度の脾腫，漿

膜下出血などを呈し，血液も凝固しにくくなり，炭疽を思わせることがある。この場合は炭疽を否定することと，ゲル内沈降反応や担鉄細胞検出により診断することが必要になる。いずれにしろ，ゲル内沈降反応が陽性であれば伝貧に感染していることは間違いない。ただし，この場合は伝貧に感染していても，症状として現れているものは他の原因によるものであることもありうる。

4 判定基準

(1) **生体検査**
前述の生体所見が認められた場合は馬伝染性貧血を疑う。

(2) **解体前検査**
判定基準なし。

(3) **解体後検査**
前述の剖検所見に加え，ゲル内沈降反応により陽性を呈した場合，またはPCR検査あるいはRT-PCR検査のいずれかで馬伝染性貧血ウイルス遺伝子を検出した場合は馬伝染性貧血と判定する。

[10 馬伝染性貧血：参考文献]
清水悠紀臣, 鹿江雅光：伝染病学, p.130, メディカルサイエンス社, 1997.
農林水産省消費・安全局監：病性鑑定マニュアル（第3版）, p.400, 全国家畜衛生職員会, 2008.
中央競馬会ホームページ, 感染症シリーズ(http://www.equinst.go.jp/JP/book/kansenS/EIA.html)

11 豚コレラ

Classical Swine Fever ; Hog Cholera

1 解　説

　豚コレラは，豚コレラウイルスに起因する豚の急性熱性敗血症性伝染病で，家畜伝染病予防法（昭和 26 年法律第 166 号）に基づく家畜伝染病である。本ウイルスはフラビウイルス科（*Flaviviridae*），ペスチウイルス属（*Pestivirus*）に属する。わが国では，平成 4（1992）年の熊本県が最終発生で，それ以降の発生はない。しかし，アジア，ヨーロッパ，中南米の各地域では依然として発生がみられている。本病は伝染性が強く，感染豚の致命率が高いことから，ひとたび発生すると養豚経済に多大の損失を与えることになるため，今後とも最も注意しなければならない伝染病の一つである。
　豚コレラの生ワクチンは，平成 8（1996）年から段階を踏んで接種中止になり，平成 12（2000）年 10 月から，家畜伝染病予防法施行規則（昭和 26 年農林省令第 35 号）の一部が改正され，ワクチン接種が全国的に原則禁止となった。平成 18（2006）年，上記の施行規則に代わり，豚コレラに関する特定家畜伝染病防疫指針が施行され，ワクチン接種の原則禁止が継続されているが，平成 20（2008）年，ワクチン接種による問題事例があった。
　豚コレラウイルスは豚の生体だけでなく，豚肉やその加工品などの流通によって遠隔地まで移送される。と畜場で発見された場合には他の家畜に伝染するおそれをなくすため，消毒等の適切な措置を講ずるなど，家畜防疫に対する貢献も，と畜検査の重要な部分を占めている。

2 診　断

(1) **生体所見**

　と畜場に搬入される本病罹患豚は，各種のステージのものがあり，生体時の所見は多様である。
　豚コレラに罹患した豚は 40～42℃の発熱と，元気消失，結膜炎，便秘に次ぐ下痢，後躯麻痺，体表の紫斑などの症状を示すが，これらの症状が定型的に現れない場合があり，疫学的関連性を考慮に入れた上で豚コレラを疑うことが多い。
　過去において豚コレラの大発生があった際に，幼若豚がと畜場に多数搬入され，豚コレラ発見の端緒となったことがある。

注意すべき外景所見は皮膚の紫斑であり，皮膚の薄い下腹部や耳翼が好発部位である。結膜炎を認める場合もある。全身のリンパ節の腫大は本病に特徴的な症状であるが，解体前に体表リンパ節の腫大は確認しえないのが普通である。

疑わしい症状を呈するものは隔離所に繋留のうえ観察する必要があり，隔離中は，体温その他一般状態と併せ，白血球数の減少ならびに好中球の核の左方移動などを参考として診断をする。豚コレラと診断された場合は，家畜防疫責任機関にその措置をゆだねる。

(2) 血液学的診断

著しい白血球の減少と血液像における核の左方移動が，豚コレラに特徴的な所見である。白血球数は $10,000$ 個/mm^3 以下に減少することが多くみられる。

(3) 剖検所見

典型的な所見としては，リンパ節の腫脹，心外膜，腎臓や膀胱，皮膚や皮下組織における出血がみられる。亜急性や慢性の場合，これらの所見に加えて，胃腸，喉頭蓋，咽頭の粘膜に炎症変化あるいは大腸のボタン状潰瘍がみられる。

膀胱粘膜の点状出血は比較的早期から出現する所見である。腎皮質の点状出血も出現頻度が高い。これらの出血性病変は細菌性敗血症や殺そ剤中毒でもみられる。

また，脾臓の辺縁に出血性梗塞をみることもあるが，必ずしも出現頻度は高くない。

(4) 病理組織検査

組織病理学所見には特徴はみられない。病変はリンパ組織の実質変性，血管結合織の細胞増殖，囲管性細胞浸潤を伴ったまたは伴わない非化膿性髄膜脳炎などがみられる。

急性例では，脾臓白脾髄の出血・壊死，リンパ球の消失，骨髄の顆粒球の消失がみられる。慢性例では，脾臓白脾髄に網内系細胞の増生がみられる。

(5) 微生物検査

豚コレラの診断は当然にウイルス証明によらなければならないが，と畜検査は判定を下すまでに時間的制約があり，また現実には人的・物的制約もあり，複雑な諸検査は実施しえない場合が多い。

迅速性および検体処理可能数から，凍結切片の蛍光抗体染色による豚コレラウイルスの抗原検出が最良である。RT-PCR は，診断の補助および感染を否定する手段としては有効だが，交差汚染や RT-PCR 産物の同定（牛ウイルス性下痢ウイルス（BVD ウイルス）等，豚に感染性をもつ他のペスチウイルスも検出するため，シークエンス等の遺伝子解析が必要）の問題が残る。

採材は，病原体の拡散を防止するため，十分な注意を払う。各組織は滅菌 6 穴プ

レート等に入れ，ビニールテープ等で蓋を固定して密閉し，ビニール袋に入れて冷蔵（氷冷）して検査室に持ち帰る。使用した器具類はウイルスに汚染されていると考えられるため，取り扱いには注意を要する。

蛍光抗体法の凍結切片作製に使用する臓器は扁桃の他，脾臓や腎臓も用いられるが，非特異反応の少ない扁桃が最も適している。抗原陽性の場合，扁桃の凍結切片では，陰窩上皮細胞に特異蛍光が認められる。

(6) **抗体検査**

間接証明としての抗体検査には，ELISA 法および中和試験が用いられる。急性例では抗体を産生する前に死亡すること，生ワクチン接種により抗体を一生保有しつづけることから，抗体検査は診断よりむしろ清浄化の監視に意義がある。なお，豚が BVD ウイルスに感染した場合，豚コレラの ELISA 試験および中和試験で交差反応が生じ，相互の識別は困難である。

3　類症鑑別

わが国の豚における伝染病発生の現状を考慮に入れて，豚丹毒菌，溶連菌，サルモネラ等の細菌検索，さらにはトキソプラズマの検索を並行して行う必要がある。

4　判定基準

(1) **生体検査**

前述の生体所見および血液学的所見が認められた場合は，豚コレラを疑う。

(2) **解体前検査**

判定基準なし。

(3) **解体後検査**

前述の剖検所見が認められ，扁桃の塗抹または凍結切片の蛍光抗体染色により豚コレラウイルス抗原を検出した場合は豚コレラと判定する。

[11　豚コレラ：参考文献]
清水悠紀臣：豚コレラ，獣医伝染病学（第 4 版）（清水悠紀臣ら編），pp.192-193，近代出版，1995.
成田實：豚コレラ，動物病理学各論（日本獣医病理学会編），p.65, p.72, p.216, p.373, 文

永堂出版,1998.
(独)農業・食品産業技術総合研究機構動物衛生研究所ホームページ,病性鑑定マニュアル(第3版)
(独)農業・食品産業技術総合研究機構動物衛生研究所ホームページ,山田俊治:豚コレラ解説

12 牛白血病

Bovine Leukemia

1　解　説

　家畜の造血器系の腫瘍は多くがリンパ腫あるいはリンパ性白血病で，各リンパ節で腫瘍細胞が増殖する多中心型，胸腺で増殖する胸腺型，皮膚型，胃，腸およびその付属リンパで増殖する消化器型等に分類される。また，増殖形態から濾胞型とびまん型に分けられるが，動物ではほとんどがびまん型である。本病は家畜伝染病予防法（昭和26年法律第166号）に基づく届出伝染病である。

　牛白血病のほとんどはリンパ性白血病で，主として以下のように分類される。
① 　地方病性成牛型
② 　散発性　子牛型
　　　　　　胸腺型
　　　　　　皮膚型

　地方病性成牛型牛白血病は多中心型で，主として4～8歳（特に5～7歳）の牛に多く，全身のリンパ節や脾臓の腫大および全身諸臓器にリンパ腫の形成が認められる。これはレトロウイルス科に属するRNAウイルスである牛白血病ウイルス（*Bovine leukeosis virus*；BLV）によるもので，感染様式はほとんどが水平伝播だが，垂直伝播することもある。ここ数年，わが国では本病発生の増加傾向がみられる。腫瘍化するリンパ球はCD5陽性のB1細胞である。

　子牛型牛白血病は6か月齢未満の子牛にみられることが多く，大部分は多中心型であるが，成牛型とは異なり骨髄の腫瘍性病変が目立ち，発熱を伴い急性の経過をとるものが多い。子牛型ではCD5陰性のB2細胞あるいはT細胞が腫瘍化する。

　胸腺型牛白血病は6～24か月齢の若齢牛にみられ，胸腺の他，全身に肉腫が形成される。皮膚型白血病も2～3歳の若齢牛にみられ，ほぼ全身の皮膚に病変を認める。胸腺型，皮膚型牛白血病共に腫瘍化するのはT細胞である。

　散発型の各牛白血病の病原因子，伝染性は不明である。

　家畜の造血器系腫瘍のWHO分類については，白血病（p.245）を参照のこと。

2 診断

(1) 生体所見

牛の白血病に特異的な臨床症状というものはなく，おかされた臓器組織の部位により症状が異なる。

生体検査時に牛の白血病を摘発する手がかりは，以下のとおりである。

① 元気消失，削痩
② 食欲不振，嚥下困難，鼓張，食滞，消化不良，下痢：頭頸部，胸腔内の腫瘍による圧迫，胃（特に第四胃）および腸壁への浸潤，さらには潰瘍形成などの結果であることが多い。
③ 貧血
④ リンパ節腫脹
⑤ 胸垂および四肢浮腫，全身性うっ血，頸静脈怒脹，頸静脈拍動など：外傷性心膜炎との類症鑑別が必要である。
⑥ 頸部膨隆：頸部上半の腫大は牛白血病の場合，主にリンパ節の腫瘍のために生ずるが，牛にはいわゆる甲状腺腫や真の甲状腺腫瘍がときどきみられ，これらとの区別も必要である。
⑦ 眼球突出：眼窩に腫瘍が形成され，眼球が突出することがある。
⑧ 歩様蹌踉，腰麻痺，後躯麻痺，起立不能など：神経系への腫瘍浸潤によりこれらの症状がみられることがある。
⑨ 妊娠との誤認
⑩ 呼吸困難
⑪ 発熱：ほとんど末期の症状
⑫ 分娩後または衰弱時の発病
⑬ 泌乳量の減少
⑭ 皮膚腫瘍
⑮ 白血球数の変化：白血球数の高度の増加。ただし，増加しない例もある。また，残血を検査すると，採血した場合に比べて白血球が多く残っているので注意すること。
⑯ 末梢血液中には量的な差はあるが幼弱リンパ球の出現と増数がみられる。

（注）④⑤⑥⑦⑭⑯の所見は，特に強く白血病が疑われる。⑧⑨⑫⑮のような稟告または診断書に記述のあるものは，疑いをもって検査を行う。

(2) 血液所見

BLV感染牛の一部は末梢血に持続性リンパ球増多症（persistent lymphocytosis；PL）を示す。また，リンパ腫を発症した牛の半数以上がPLを示す。しかしながら

長期間の潜伏期の後，実際に発症するのは感染牛の数％であり，前述したように発症牛の末梢血には幼弱リンパ球（正常なリンパ球より大型で不規則な形態の核をもち細胞質が濃染する）の出現がみられる。また，軽度の貧血を示すものもある。

(3) 剖検所見
1) 1ないし数個のリンパ節もしくはリンパ節群の腫大
  腫瘍化したリンパ節は腫大し，さらに隣接するものが融合して大型腫瘍を形成することがあるが，ときには，これらに混在してさほど肉眼的変化の著しくないリンパ節が残存することもある。腫瘍化したリンパ節の特徴は，乳白色脆弱で，割面における皮質髄質の区別の消失，出血，壊死，それに周囲への浸潤増殖などである。
2) 心臓（特に右心房を中心とする），第四胃，腎臓，膀胱，子宮，脾臓，肝臓，漿膜の髄様白色ないし乳白色の結節状もしくは大小の浸潤性病巣の存在。
3) 胸腺部腫瘍，眼窩内腫瘍，脊髄硬膜上腔および脊髄神経幹を囲む腫瘍，骨髄の腫瘍化。
4) と畜検査において実際に多くみられる所見は以下のとおりである。
  ① 内腸骨リンパ節腫大
  ② 心臓病変
  ③ 腸間膜リンパ節腫大
  ④ 腎臓の白色化，結節病変
  ⑤ 肺リンパ腫大
  ⑥ 第四胃粘膜肥厚
  ⑦ 子宮病変
5) 牛白血病の代表的な解剖型の特徴の明らかなもの（図Ⅱ-3参照）。
  成牛型：全身リンパ節，心臓，第四胃，肝臓，腎臓，子宮，脊髄周囲脂肪織，腸壁に腫瘍性病変が多発する。消化管や子宮のような管状の器官は著しく壁が肥厚する。各器官には浸潤性か巣状に病変が認められる。また，症例ごとに臓器病変の程度が異なり，ときには骨盤腔リンパ節群と子宮を主たる病変存在部とするような症例もあり，妊娠と誤認される。第四胃病変の前胃への波及拡大や腸パイエル板の腫瘍化を認めるものもあるが，独立した消化器型の存在は知られていない。臓器の腫瘍性変化の程度と血液の変化とは一般に並行しない。
  子牛型：全身リンパ節の明らかな腫瘍化（左右対称性），肝臓および脾臓の腫瘍化，長管骨，椎骨，肋骨などの骨髄の塊状腫瘍化が特徴的で，半数以上に胸腺，心臓，腎臓，子宮病変がある。
  胸腺型：6～24か月齢の若齢牛には，胸腺型が多く，胸腺は胸部，頸部ともに塊状腫瘍と化し，連続癒合して先の切れたような円錐状の大型腫瘍塊となることがあり，背側にある食道，気管を圧迫，変形させ種々の障害を惹き起こすが，隣接するリンパ節を除けば，リンパ節の変化は軽度で目立たないことが多い。

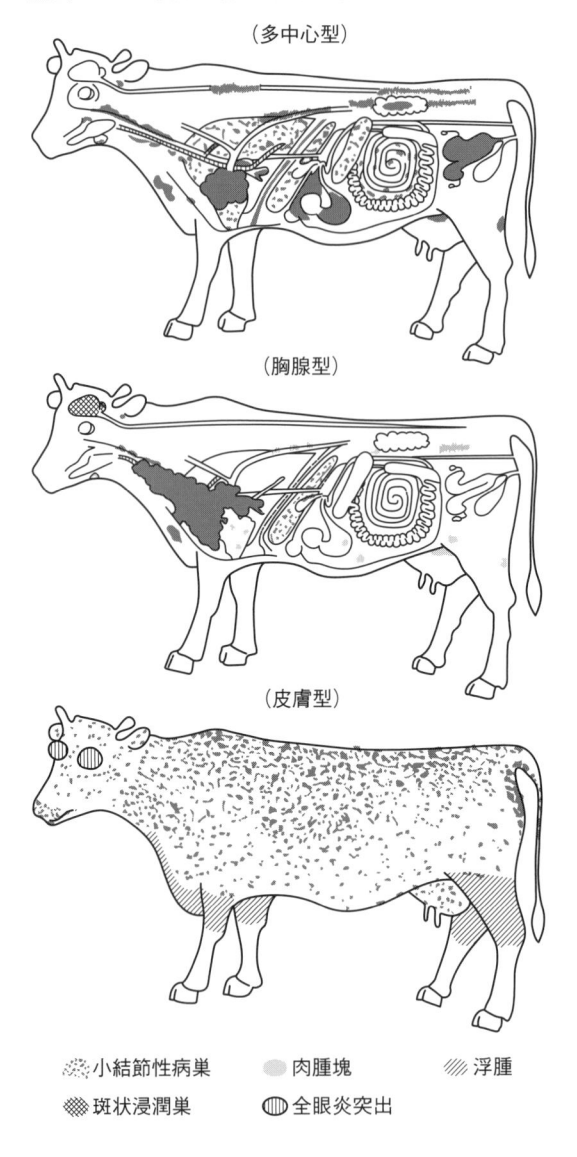

■図Ⅱ-3　牛白血病の解剖型（病変分布）の模式図

（多中心型）

（胸腺型）

（皮膚型）

小結節性病巣　　　肉腫塊　　　浮腫
斑状浸潤巣　　　全眼炎突出

　胸腺腫瘍は割面分葉状を呈し，左右両葉のいずれかが他側よりも大きな腫瘍を形成するようにみえる。牛が十分長く生存すれば胸腺型の病変も全身性に拡大する。

皮膚型：発生はまれで，皮膚の小結節状ないし丘疹状腫瘍の全身的多発が特徴である。腫瘍結節は腹側には比較的少なく，会陰部など貧毛部に目立ち，ときどき癒合性の大型結節をつくることがある。また，一部は潰瘍化し，中心部に壊死がみられる。皮膚結節は数か月で退行し，消失することもある。リンパ節の腫大はこの段階では認められないが，将来的には多中心型のリンパ腫を発症する。

(4) 病理組織検査

　リンパ節は部分的または全体的にリンパ濾胞，髄索，リンパ洞などの固有構造の変形や消失がみられる。腫瘍細胞はリンパ洞内で増殖し，リンパ節全体に影響が及ぶようにみえることが多い。心臓では病変はまず心外膜下に出現し，次いで筋間に浸潤する。第四胃では粘膜下織に，前胃および腸では主として漿膜下層に始まり，壁全層をおかすことが多い。と畜検査時にはびまん性に増殖した腫瘍によって構造が置換されていることが多い。肝臓においては，腫瘍細胞は類洞内でびまん性に増殖するとともに中心静脈を含む小葉中心部に集積する。肺では肺胞毛細血管に腫瘍細胞がびまん性に充満し，管腔の拡張を来す。しばしば血管内にも腫瘍細胞の充満がみられる

　リンパ腫は濾胞型およびびまん型リンパ腫に分けられるが，牛ではほとんどがびまん型であり，濾胞型は極めて少ない。成牛型では腫瘍細胞は未分化または低分化型の大型リンパ球様細胞で，核に陥凹のある細胞および核分裂像が散発型と比べて多くみられる。また，スターリースカイ像がみられることもある。散発型では腫瘍細胞は大型と小型の細胞から成るものが多く，核に陥凹のみられる細胞は少ない。

(5) 免疫組織化学検査

　前述したように各型ごとに腫瘍化するリンパ球はB細胞あるいはT細胞に分けられる。B細胞の腫瘍マーカーとしてはCD79αが，またT細胞にはCD3等が利用できる。

(6) 微生物検査

　ウイルス学的検査：牛または羊胎児由来細胞，CC81細胞を用いて末梢血リンパ球を材料に培養を行い，蛍光抗体法で同定する。

　PCR法：末梢血リンパ球または腫瘍組織よりプロウイルスDNAを抽出してPCR検査を行う。

(7) その他検査

　寒天ゲル内沈降反応，受身赤血球凝集反応，ELISA法などがある。

3　類症鑑別

脂肪壊死症，好酸球性筋炎，心嚢炎など。

4 判定基準

(1) **生体検査**
① 白血病との関連が否定できない著しい体表リンパ節の腫大が認められること。
② 前述の生体所見が認められ，次のいずれかの所見が認められるものを牛白血病と判定する。
　ア　血液塗抹標本で幼弱あるいは異型リンパ球の認められるもの。
　イ　体表リンパ節，皮膚腫瘤等の細胞診で腫瘍化したリンパ球の認められるもの。

(2) **解体前検査**
判定基準なし。

(3) **解体後検査**
前述の剖検所見および病理組織所見が認められた場合は牛白血病と判定する。

[12　牛白血病：参考文献]

Meulen DJ,ed : *TUMORS in Domestic Animals Fourth Edition*, pp. 151-154, Iowa State Press, 2002.
板倉智敏，後藤直彰編：動物病理学総論，pp. 213-214，文永堂出版，1997.
日本獣医病理学会編：動物病理学各論，pp. 80-84，文永堂出版，1998.
農林水産省消費・安全局監：病性鑑定マニュアル（第3版），pp. 72-73, 全国家畜衛生職員会，2008.
全国食肉衛生検査所協議会病理部会：平成21年度調査研究事業「牛白血の病疫学調査」．

付❶▶牛の骨髄性白血病

　牛の骨髄性腫瘍の発生はまれである。骨髄性白血病の肉眼的に際立った特徴はリンパ節，肝臓，脾臓，腎臓，肺および骨髄が緑色調を呈することで，おかされた臓器は正常の２～３倍の大きさになる。腫瘍細胞はリンパ性腫瘍と同様の分布を示す明らかな腫瘍塊を形成し，繊細な間質が認められる。核は円形または卵形，クロマチンが豊富でやや偏在性，核の中には軽度な陥凹のみられるものもあり，細胞質は多数の好酸性顆粒を含む。多くの腫瘍細胞は正常の好酸性骨髄球または骨髄芽球に類似するが形は大きく，成熟型多形核好酸球はまれである。肝臓では腫瘍細胞は小葉間間質内にみられ，小葉周囲に幅広い縁取りをつくる。

付❷▶牛の肥満細胞腫

　牛の肥満細胞腫の発生は比較的まれである。病変は皮膚ないし皮下織が一般的であるが，舌や消化管に発生することもある。皮膚の肥満細胞腫は多発性で，最大径１～10 cm 程の結節状であるが，牛の皮膚白血病の病変のように全身性に生ずるようなことは少なく，限局したものが多い。患牛の年齢は３歳以上のものが多いが，子牛にも生ずることがある。

　牛の皮膚肥満細胞腫は皮下織に存在することが多く，これらは付属リンパ節，肝臓，脾臓，腎臓，肺，心臓および骨格筋などに転移性腫瘍結節や浸潤巣を形成することがある。病巣には著しい結合組織の増生と石灰沈着がよくみられる。また，腫瘍組織内への好酸球の浸潤も著しい。

　舌腫瘍は粗大結節状で炎症性変化を伴う。胃および大網腫瘍はいずれが原発部とも決めがたいことが少なくない。腹膜，腸間膜に播種性に不規則な結節を形成することが多く，横隔膜に浸潤することもある。肥満細胞腫瘍は白色～黄色～緑色と種々の色調を示すが，これは壊死の存在と好酸球の集積の程度により左右されるものである。腫瘍細胞は細胞質に好酸性顆粒をもち，顆粒はトルイジンブルーで異染性を示す。また，アルシアンブルー染色陽性である。

13 牛丘疹性口炎

Bovine Papular Stomatitis

1 解　説

　牛丘疹性口炎は，2本鎖 DNA をもつパラポックスウイルス感染によって起きる牛，水牛の皮膚疾患である。原因は，抗原的に交差し，形態的にも類似する2種類のパラポックスウイルス（*Chordopoxvirinae, Parapoxvirus*）である牛丘疹性口炎ウイルスおよび偽牛痘ウイルス（Pseudocowpox Virus）である。

　日本を含む世界各地で発生がみられる。感染は，皮膚の創傷から直接，あるいはウイルス汚染飼料等を介して経口的に成立する。感染牛では潜伏感染が起こり感染源となる。発病率は高いが，死亡率は低い。牛，水牛では家畜伝染病予防法（昭和26年法律第166号）に基づく届出伝染病に指定され，有効な予防法・治療法は確立されていない。人へも感染する人獣共通感染症である。

2 診　断

(1) **生体所見**

　主に口腔粘膜，口頭および鼻鏡周囲の皮膚に小豆大から大豆大の丘疹を形成する。まれに膿疱，潰瘍まで進行する。また，丘疹は褐色の壊死部の周囲を取り巻くように紅色の充血部を形成し，潰瘍となることもある。全身症状や死亡することは少なく，30日程度で外見上治癒する。

(2) **剖検所見**

　鼻鏡，鼻孔，頬粘膜，歯茎，口唇内面，硬口蓋に丘疹を認める。また，これ以外に食道および前胃の粘膜表面に丘疹が生じることがある。

(3) **病理組織検査**

　上皮細胞の増殖と風船様変性による上皮の肥厚がみられるが，慢性化病変では角化が亢進する。組織検査においては，病変部上皮細胞に水腫性変化，風船様変性した上皮細胞質内に好酸性封入体の形成を確認できる。また，病変部の組織を透過型電子顕微鏡で観察すると特徴的な竹籠状ウイルスが確認できる。

(4) 微生物検査

　発病初期の病変組織乳剤を検体として，培養細胞に接種し，37℃静置培養を行い，CPE の発生の有無を確認する。培養には，牛またはめん羊由来細胞を用いる。特に精巣細胞が感受性が高い。なお，初代培養は CPE 出現まで 10 日以上かかることが多いが，継代が進むと接種後 2〜3 日で CPE が生じる。

　同定には，電子顕微鏡により感染細胞中のウイルス粒子の確認，培養細胞中の細胞質内封入体の確認，培養細胞中の特異蛍光を呈する細胞の確認により行う。

　また，寒天ゲル内沈降反応により感染細胞乳剤中のウイルス抗原を検出する。最近では，プロテイン AG-ELISA が応用されている。なお，偽牛痘ウイルスおよび伝染性膿性皮膚炎ウイルスと交差反応があるが，ウイルス DNA の制限酵素切断や塩基配列の解析により識別が可能である。

(5) その他検査

　丘疹，潰瘍などの病変部から DNA を抽出し PCR 検査を行う。特異的な遺伝子断片が増幅され，当該断片が Xmn I により切断されたものを牛丘疹性口炎ウイルス遺伝子陽性と判定する。また，Pfm I により切断されたものは偽牛痘ウイルス，Drd I により切断されたものは伝染性皮膚炎ウイルス陽性とする。

3　類症鑑別

　口蹄疫との類症鑑別が重要となる。PCR によるウイルス遺伝子の検出，ウイルス分離，電子顕微鏡によるウイルス粒子の検出，免疫組織学的手法によるウイルス抗原の検出，有棘細胞の増殖と空胞形成，細胞質内封入体の観察などにより，鑑別を行う。

4　判定基準

(1) 生体検査

　前述の生体所見が認められた場合は牛丘疹性口炎を疑う。ただし，口蹄疫との類症鑑別を実施すること。

(2) 解体前検査

　判定基準なし。

(3) 解体後検査

　前述の剖検所見が認められ，① PCR によるウイルス遺伝子の検出，②ウイルス分離および③病理組織所見が認められた場合は牛丘疹性口炎と判定する。

[13　牛丘疹性口炎：参考文献]

農林水産省消費・安全局監：病性鑑定マニュアル（第3版），pp. 80-82, 全国家畜衛生職員会,
　2008.

14 破傷風

Tetanus

1 解説

　破傷風は，土壌菌の一種である破傷風菌の創傷感染によって起きる疾病で，破傷風菌が産生する毒素による急性中毒である。本病は，家畜伝染病予防法（昭和26年法律第166号）に基づく届出伝染病であり，また，人獣共通感染症である。この毒素は，随意筋の強直性痙れんを現すので強直症と呼ばれることがある。感受性は家畜によってかなりの差があり，馬は最も敏感で，山羊，めん羊，豚，牛などほとんどの家畜が感染するが，鳥は極めて感受性が弱い。牛は比較的感受性が低いといわれるが，現在，国内発生数は牛が多く，毎年数十頭程度発生している。地域的には，北海道，九州の一部，沖縄に発生頭数が多い傾向がみられる。馬では毎年1～数頭発生している。人は馬と同じ程度に感受性が高いので，と畜場に勤務する者は特に関心をもたなければならない感染病である。

　病原体の破傷風菌（*Clostridium tetani*）は，嫌気性芽胞形成桿菌で，幅 $0.4～0.6\mu m$，長さ $2～5\mu m$ の細長く，まっすぐな桿菌である。体内でも培養中でも単立することが多いが，ときには長い糸状の連鎖としてみられることがある。莢膜はつくらない。芽胞は24～48時間培養すると形成され，菌の桿状体の一端が膨大しているので，あたかも太鼓のバチ状，ラケット状を呈するのが特徴である。培養した破傷風菌は，初期には鞭毛によって運動性があり，グラム陽性であるが，2～3日するとグラム陰性になる。

　培養性状では偏性嫌気性であって，一般的に用いられる嫌気性培地によく発育する。寒天の深部培地では球状で綿くず様の深部コロニーを形成し，発育してブラシ状となる。

　破傷風菌の芽胞は高度の抵抗性を有し，冷暗所では何年間も生存でき，多くの芽胞は $100℃$，40～60分の加熱に抵抗するが，菌株によって若干の差がある。5％の石炭酸では10～12時間で死滅するといわれるが，0.5％の塩酸を加えると通常2時間で死滅する。

　破傷風菌はいたるところの土壌中に存在するが，特に濃厚な汚染地帯がある。そのような地帯は，過去に家畜，特に馬が放牧あるいは飼育されていた地域に多い。また，馬糞はもとより，牛，めん羊，犬，鶏，ラット，モルモットの糞中および一部の堆肥中にも破傷風菌の芽胞を認めることが多い。これは，破傷風菌芽胞が動物体を一時的な宿主あるいは保菌者とすることを意味するものであり，と畜場における家畜の糞の

処理に問題を生ずることになる。

2 診　　断

(1) **生体所見**

　破傷風菌が創傷から侵入し，特徴ある強直症を現すまでの期間は，最短24時間から最長数か月の開きがあるが，通常1〜3週間である。一般に感染部位が中枢神経に近いほど潜伏期は短い。したがって，と畜検査においては，この強直症状が明瞭になっていない時期の検査が問題になる。最初に現れる筋の強直が咬筋となる場合が多いので，生体検査においては，開口の難易を検査しなければならない。馬の破傷風は他の家畜の症状に比べて明瞭なことが多く，特に額頭部の搞打による瞬膜の露出は早期発見に役立つことがある。牛の破傷風の初期には急性鼓張症と誤診される場合があるが，棒切れを口角に入れて検査する開口状態の異常は，この類症鑑別に対して必要な方法である。

　すでに全身的な強直症状を現している場合は，生体検査時の歩様検査で容易に摘発することができるが，その他の一般症状を示すと次のようになる。

　体温は正常かあるいはわずかに上昇する。脈拍も変化が少ないが，末期には呼吸困難となり脈拍も増加する。頭部所見では，咬筋の痙れん性強直による牙関緊急を認め，口を開けることが困難となる。採食欲があっても開口できず，泡沫を含んだ唾液を流出し，耳をそばだて，瞳孔は拡散する。やがて眼球は眼窩内に陥没する。瞬膜の露出と緩慢な還納は馬において明瞭であるが，牛，豚は馬ほどはっきりしない。

　頸部の諸筋が強直すると板状に硬くなり，激しい強直が起こると凹背状となる。尾は挙上するようにして動かない。四肢は開張姿勢となって歩様強拘を呈し，各関節の屈折は困難となり木馬様となる。このようなとき，歩行を強要すれば四肢を伸展したまま倒れる。

　症状の進むのに比例して反射機能が亢進し，光線，音響，接触などの外来刺激に極端に敏感となり，感作を受けるつど痙れん強直が増強される。感染病巣が中枢に近いほど潜伏期間が短く，経過も甚急性となって1〜2日で死亡することがあるが，この場合は強直の牙関緊急と呼吸困難を起こし，高熱と著明な発汗を現す。しかし，通常は，7〜10日の経過をとって死亡する。極めて早期に治療を加えた場合は，4〜7週の慢性経過をとって治癒する場合があるが，致命率は高く，50〜80％といわれている。

　破傷風の病理所見では，特異的な変化がない。しかし，死後の体温上昇は注目しなければならない。一般に，家畜は死後，その体温は漸次低下し，1〜24時間後には外界の温度と同じ程度になる。しかし破傷風の場合は，死後に強度な筋肉の収縮が起こるため，体温が42〜44℃に上昇し，持続するのが特徴である。したがって，

破傷風の疑いがある死体を検査するときは検温する必要がある。

　破傷風は皮膚あるいは粘膜の創傷感染が大部分で，しかも深部組織に異物や土砂とともに本菌が侵入した場合に感染しやすい。馬は踏創などの蹄の損傷，あるいは去勢創からの感染が多く，豚もまた去勢後の感染が多い。牛は去勢，除角のほかに分娩時の産道感染，胎盤除去後に発病することがあり，めん羊では断尾後に感染することがある。したがって，外景検査では，患畜の各部の皮膚および粘膜の創傷の有無を確認する必要がある。しかし，破傷風の直接原因となった感染創が極めて小さくて発見できない場合もありうる。

(2)　剖検所見

　破傷風の剖検所見として共通した特異な変化はない。外景検査で創傷が発見できなかった場合，口腔，鼻腔，第二胃および横隔膜，子宮などの粘膜あるいは漿膜面の炎症に注意しなければならない。しかし，患畜の死直前の強度な強直症のために，心嚢，心外膜および心臓筋肉に多数の点状出血を認めることがある。また中等度の脾腫，副腎の循環障害による充血をみることもある。

(3)　病理組織検査

　組織所見でも，破傷風に特異な変化はない。したがって，破傷風は生前における臨床診断を最も重要視しなければならないことになる。

(4)　微生物検査

　と畜検査において破傷風は生体検査時，その特有な症状で診断できるので，破傷風菌を感染局所から分離しなければならない場合はほとんどない。しかし，疫学的調査の目的で土壌中の破傷風菌の検査を行う場合も少なくない。また，他の疾病との類症鑑別の必要に迫られて病原体の検査をしなければならないときもあるが，その場合は感染創と思われる部位から，なるべく大量の材料を採取したほうがよい。

1)　塗抹標本の染色鏡検

　　創傷の膿を用いて直接塗抹することによって破傷風菌を認めることがあるが，創傷局所からの菌の検出率は30％以下と少ないので，十分注意して根気よく検査しなければならない。染色は通常用いるアニリン色素，ギムザ染色でよく染色する。グラム染色では，新しい菌はグラム陽性であるが，古くなると陰性になりやすいので注意を要する。また，グラム染色のルゴール処理は2分ぐらいとし，アルコール脱色を30秒ぐらいに短縮し，後染色は希釈液で短時間染色したほうがよい。形態的には前述したとおりで（太鼓のバチ状，ラケット状の芽胞菌），他の桿菌との区別は容易である。

　　なお，鞭毛染色では周縁多毛性の菌としてみられ，新鮮な標本を暗視野で検査すると，活発に運動する破傷風菌を認めることがある。

2) 培　　養

　本菌は偏性嫌気性菌で，培養にはかなり厳密な嫌気度が必要である。嫌気的な条件が維持されれば，37℃を適温として一般的に用いられる培地で十分に発育する。

（増菌培養）

　検体（感染創）1gを細切し，クックドミート培地等に接種，37℃48～72時間培養する。クックドミート培地では，消化はしないが，混濁して悪臭を放つ。

（分離培養）

　GAM寒天など嫌気性菌用寒天培地の斜面培地の底部，または，平板培地の辺縁部に，増菌培養液あるいは検体を接種し，37℃24時間培養する。斜面培地上部あるいは平板培地辺縁部対極から強遊走菌を分離する。

　なお，寒天の深部培養では綿くず様の深部コロニーをつくる。血液加培地では径4～6mmの周辺に縮毛状突起をもつ集落を作り，溶血を示す。ゼラチン穿刺培養すると，穿刺線に沿って白く棘状に発育する。次いで穿刺線に直角に試験管壁に向かって発育し，ブラシ状を呈する。

　ブドウ糖を加えると単純な培地でも発育が促進するなどの特性がある。

(5) その他検査

　1) 動物接種

　破傷風菌の侵入を疑いうる創傷があれば，その局所の組織片を磨砕し，その上清を取って数頭のマウスの尾根部筋肉内に注射すると2～数日で尾を挙上して尾の強直が起こる。次いで後肢の強直が現れる。これに対し，対照として試験前数時間に抗毒素血清を注射したマウスでは，強直症は発症しない。

　同様に，検体（感染創）の1％ブドウ糖加クックドミート培地の37℃48～72時間培養液をマウス後肢筋肉内に0.1ml接種し，3日間特徴的臨床症状の発現と生死の観察を行う方法もある。

　動物接種による検査はPCR検査で代替可能である。

　2) PCR検査

　増菌培養液あるいは分離株の同定に，破傷風毒素遺伝子を標的とするPCR検査を行う。毒素遺伝子脱落株が高頻度に派生する株も報告されており，なるべく継代を繰り返さないことと，複数株の検査を行う。

3　類症鑑別

　破傷風は，その特有な臨床症状によって，生体検査において他の疾患との鑑別が困難なことは少ない。しかし，他の強直性痙れんを現す疾患，例えばグラステタニー，輸送性強直症，狂犬病，脳炎，中毒などとの鑑別を要することもある。なかでもグラ

ステタニーは，激しい強直性痙れんを間歇的に繰り返し，甚急性の経過をとって死亡するので，急性型の破傷風と誤診することがある。しかし，グラステタニーの場合は破傷風のように死亡前に高熱を発することはない。慢性の経過をとる場合，歩様強拘，牙関緊急，後躯諸筋の強直などは類似する。これとの鑑別は血液検査による血中マグネシウムの低下（0.4～0.9 mg/dl：正常は，1.8～3.2 mg/dl）以外にない。

4　判定基準

(1) **生体検査**
　　前述の生体所見が認められた場合は破傷風と判定する。

(2) **解体前検査**
　　判定基準なし。

(3) **解体後検査**
　　臨床症状から破傷風が疑われる個体について，感染創と考えられる部位の組織を用いて次のいずれかの検査を行い，これらの所見に基づき総合的に破傷風と判定する。
　① 細菌検査（直接鏡検，培養検査）
　② 動物接種試験
　③ PCR 検査

15 気腫疽

Blackleg

1 解説

　気腫疽は，*Clostridium chauvoei* によって起こる感染症で土壌病の一つであり，家畜伝染病予防法（昭和26年法律第166号）に基づく届出伝染病に指定されている。本菌は主として牛を冒し，めん羊，山羊，豚にも感受性があるが，わが国ではめん羊，山羊の症例をみることはほとんどなく，ごくまれに豚の症例に遭遇する。

　本病は夏季に発生しやすい。4～24か月齢の幼牛，若牛，特に高栄養の飼料で飼育されたものが主にかかり，老齢牛には少ないといわれる。平成12（2000）年以降は，北海道に多く，次いで九州，中国地方の一部に発生がみられる。

　気腫疽菌は幅 $0.5～0.7\mu m$，長さ $3～6\mu m$ の偏性嫌気性，芽胞形成菌で通常孤在し，まれに短連鎖を示すが，長連鎖や長糸状のものは認められない。この点は，悪性水腫菌との鑑別に役立つ。

　動物の体内でも芽胞を形成する。芽胞は通常菌体の一端にあり，その幅は菌体の幅より大である。まれに，菌体中央部に認められることもある。芽胞が菌体の一端にある場合はスプーン状にみえる。グラム陽性菌だが，培養が長くなると陰性となる。

　侵入門戸は，牛の場合は創傷，経口の両者がありうるが，めん羊の場合，分娩，去勢，断尾などの傷口からの感染によることが多いといわれる。

2 診断

　類似疾病に，悪性水腫，出血性敗血症，牛壊死性腸炎，急性鼓張症，亜硝酸中毒がある。診断にあたっては，予防接種歴（気腫疽，炭疽），周辺地域，施設内での過去の発生状況，畜舎内外の土砂の移動・掘り起こしの有無，経過が甚急性または急性，好発年齢（4～24か月齢に多い）など疫学状況を考慮する。本病は家畜伝染病予防法の届出伝染病であることから，と畜場における本病の迅速な診断は，罹患畜の食用からの排除とともに，家畜防疫上からも重要である。

(1) **生体所見**

　　急に発熱，反芻停止，食欲減退を示し，背部，頸部，胸部，股部，臀部，舌根部など，厚い筋肉を有する部位に腫瘤ができる。この腫瘤は急速に広がり，初めは疼

痛があるが後に無痛となり，冷感，乾燥，黒変を示す。圧診により皮下織に捻髪音を発し，切開すると赤黄色の腐敗臭のある泡沫液が流出する。近接のリンパ節は著しく充血し，腫脹する。また，浮腫部周辺の体表リンパ節の腫脹を認める。まれに天然孔からの出血を認める。病勢が進むと呼吸困難，頻脈となり，元気消失し，ついには起立不能となって死亡する。発症後1〜2日で死亡する。

(2) 剖検所見

主として多肉部に気腫疽瘤を生じ，圧診により捻髪音を発する。浮腫部周辺の体表リンパ節の腫脹がみられる。

悪性水腫の場合，浮腫の発生は一定部位でなく，捻髪音も気腫疽の場合より軽いといわれるが，両者の区別は困難である。

罹患部皮下織は血様色の膠様浸潤を呈し，ガス泡を形成する。

骨格筋病変は酪酸臭を伴い，中心部は赤黒色，スポンジ状を呈し，乾燥して脆弱である。深部筋肉では乾燥した海綿様の構造がみられ，その部を切開すると，あたかも肺を切開するような感触，音がする。病変は辺縁に向かい暗赤色，湿潤，水腫性となる。

胸腔や腹腔には血様の体液が貯留する。近接リンパ節に充血と腫脹がみられる。脾臓は変状を認めないか，あるいは軽度の腫脹にとどまる。

(3) 微生物検査

1) 直接塗抹による鏡検

患部の筋肉，体表リンパ節，末梢血，頸静脈血の直接塗抹標本のレビーゲル染色，メチレンブルー染色またはギムザ染色により，単在または2連鎖の有芽胞，無莢膜，鈍端，中型直桿菌を確認する。芽胞は端在性でスプーン状にみえるが，まれに中央部にみられることがある。

2) 分離培養

主要臓器，病変部筋肉等の乳剤を5％血液加GAM寒天培地等で37℃，24〜48時間嫌気ジャー法で嫌気培養する。5％血液加GAM寒天培地上で溶血性の灰白色コロニーを純培養し，以下の生化学性状を確認する。その他，VL変法寒天培地，ツアイスラー血液寒天培地も用いられる。

分離菌の性状

C. chauvoei：グラム染色（＋），桿菌，ブドウ糖（＋），麦芽糖（＋），乳糖（＋），白糖（＋），サリシン（－），ゼラチン液化（＋），レシチナーゼ（－），リパーゼ（－），凝固血清（－），ミルク（凝固）等

(4) その他検査

1) PCR検査

病原体の分離，純培養には時間を要し，また *C. chauvoei* は *C. septicum*，*C.*

perfringens に比べ培養条件が厳しいことから，PCR検査は分離菌株の同定だけではなく，筋肉やリンパ節などの病変部からの迅速な病原体の証明のために有効な方法である。*C. chauvoei* の他に *C. septicum*，*C. novyi* 等を同時に検出するマルチプレックスPCR法が用いられている。

2) 蛍光抗体法

病変部のスタンプ標本を用いて行う蛍光抗体法は，PCR法とともに迅速な診断を可能とする。市販のFITC標識抗 *C. chauvoei* 抗体を用いた直接反応法を行う。対照として，*C. chauvoei* 参照株，*C. septicum* 参照株についても同時に染色する。

3) 動物接種試験

重度の雑菌汚染が予想される場合などに有効である。

材料：病変部，肝，脾の乳剤（5～10倍）

方法：1検体につき2匹以上のマウスまたはモルモットの大腿部筋肉内に0.1～0.5m*l* 接種する。なお，接種1時間前に $CaCl_2$ 水溶液（モルモットで2％液，0.5m*l*，マウスで3％液，0.1m*l*）を同接種部位に筋肉内接種しておく。

成績：モルモットでは1～2日，マウスでは1～3日で死亡。接種局所および接種側腹部の皮下に赤色膠様浸潤，浮腫，軽度の気泡形成。

同定：心血または実質臓器を材料として分離培養するとともに肝表面のスタンプ標本で単在または2連鎖の無莢膜の鈍端，中型直桿菌を確認。

3　類症鑑別

悪性水腫，出血性敗血症，牛壊死性腸炎，急性鼓張症，亜硝酸中毒，炭疽等。

4　判定基準

(1) **生体検査**

前述の生体所見が認められた場合は気腫疽を疑う。

(2) **解体前検査**

判定基準なし。

(3) **解体後検査**

前述の剖検所見が認められ，細菌検査の結果，原因菌が分離された場合は気腫疽と判定する。

[15 気腫疽：参考文献]

新城孝志：気腫疽, 獣医伝染病学（第4版）（清水悠紀臣ら編）, pp.112-113, 近代出版, 1995.

佐々木貴正ほか：牛のクロストリジウム感染症におけるマルチプレックスPCR法を利用した原因菌の検出, JVM, 55, pp.889-893, 2002.

(独)農業・食品産業技術総合研究機構動物衛生研究所ホームページ, 病性鑑定マニュアル（第3版）

農林水産省消費・安全局動物衛生課：最近の家畜衛生をめぐる情勢について, 2006.

16 レプトスピラ症

Leptospirosis

1 解 説

　レプトスピラ症は,病原レプトスピラ(*Leptospira interrogans*)による急性,亜急性または慢性の感染症で,ネズミなどのげっ歯類をはじめとする多くの野生動物,家畜および人に発生する人獣共通感染症である。また,本病は,家畜伝染病予防法(昭和26年法律第166号)に基づく届出伝染病である。レプトスピラ症は,不顕性感染する場合が非常に多く,発症は感染した事例の一部にすぎない。本病は世界的に広く分布するが,原因となるレプトスピラの血清型は多様で,地域および動物種により異なる。感染経路は感染動物の尿に汚染された水,土壌,飼料などに家畜が接触することにより経口感染や経皮感染する。ネズミなどのげっ歯類は,本病の病原巣(reservoir)として最も重要な役割を担っている。生体内に侵入したレプトスピラは,血中に入り急速に増殖し,レプトスピラ血症を起こす。その後,レプトスピラは,抗体の出現により,抗体の影響を受けにくい腎臓へ移行して長期間生存し,尿中に排出する。牛では数週間,豚では数か月から1年以上尿中に排菌することから,他の家畜の感染源となると同時に,動物由来感染症としても留意すべき疾病である。平成12(2000)年以降のわが国のレプトスピラ症の発生は,豚において沖縄県などで散発的な発生が認められるが,発生はあまり多くはない。

　レプトスピラは他の細菌とかなり異なった性状をもつ。形態は非常に細長く,幅0.1μm,長さ6〜20μmで,らせん形である。軸糸によって前進および後退,回転,屈伸の三つの方法で活発に運動する。この運動様式は独特で,レプトスピラを暗視野顕微鏡下で確認する場合に有用である。

　レプトスピラの培養には,10%の割合に正常家兎血清を加えた低張の塩類溶液(コルトフ培地:コルトフ培地はデンカ生研,EMJH培地はDifcoから市販されている)やEMJH培地のような液体培地が普通に用いられ,数日から十数日くらいを要して発育する。寒天を加えた固形培地では,コロニーとして発育する。普通ブイヨンや普通寒天培地などには発育しない。至適培養温度は28〜30℃である。

　本菌は,遺伝学的性状によって13菌種,5遺伝子型に分類される。また,これらの菌種はさらに28種の血清群,並びに250種以上の血清型に型別される。このうち *L. pomona*,*L. canicola*,*L. icterohaemorrhagiae*,*L. grippotyphosa*,*L. hardjo*,*L. autumnalis*,*L. australis* の7血清型は家畜伝染病予防法に基づき,平成10(1998)年から届出伝染病に指定され,届出が義務づけられている。

わが国の豚のレプトスピラ症に関する最初の血清学的調査（昭和35（1960）年）では，*L. icterohaemorrhagiae* が最も多く，次いで *L. autumnalis*，*L. canicola* であったが，最近の調査（平成18（2006）年）では，*L. bratislava* の陽性率が最も高く，本菌がわが国に広範囲に浸潤していることが明らかになった。一方，牛においては，*L. hebdomadis*，*L. autumnalis*，*L. australis* の感染が報告されている。

2　診　断

(1) 生体所見

牛・豚では，急性レプトスピラ症の初期症状は，特徴的なものはなく，倦怠感，衰弱，沈うつ，食欲不振，発熱などで，病勢が進展すると黄疸，血色素尿（牛），貧血（牛）などが認められる。また，急性期の終わりには，流産，死産などが起こる。慢性レプトスピラ症では，腎炎に伴う症状が認められる（表Ⅱ-6）。一般に，幼獣には急性例が多く，症状も激しい。

(2) 剖検所見

1) 牛

亜急性例では，皮下織，諸臓器の黄疸，皮下織，粘膜の点状〜斑状出血，膀胱の血色素尿貯留，腎臓の皮質表面の点状〜斑状出血の密発などが認められる。ま

■表Ⅱ-6　牛・豚のレプトスピラ症の主要症状

主要症状			牛	豚
急性感染	初期	発熱（上昇温度℃）	1〜2.5	0.5〜1.5
		倦怠・衰弱・沈うつなど	＋	＋
		食欲不振	＋	＋
		下痢	＋	＋
		けいれん		＋
		結膜炎	＋	
		出血	＋	
		黄疸	＋	＋
		無尿	＋	
		血色素尿	＋	
		乳房炎・無乳	＋	
	後期	肺炎	＋	
		流死産	1〜3週間	2〜4週間
慢性感染		腎炎	＋	＋
		脳炎	＋	＋
		腎の灰白斑点	＋	＋

＋普通に認められる　±時に認められる
出典　梁川良：レプトスピラおよびレプトスピラ病, 山口獣医学雑誌, (10), p. 2, 1983. 改変

た，腎臓，肝臓の混濁，腫脹がみられる。

慢性例では，病変は腎臓に限局し，皮質に灰白色で不整形の小斑点，小結節が認められる。

2) 豚

亜急性例では，病変はほとんどみられない。不顕性あるいは異常産例では，病変は腎臓に限局し，散発的な小灰白斑が認められる。

(3) **病理組織検査**

主な変化は腎臓と肝臓にあり，特に腎臓の病変は特徴的である。

腎臓：亜急性期では，糸球体の変性，壊死，ときに出血，ボーマン嚢腔と尿細管腔に多量の異常滲出物があって尿細管は拡張し，尿細管上皮細胞は圧迫を受けて扁平化し，類壊死を示す。皮質の結合織には，リンパ球の浸潤がある。慢性期には，腎臓皮質に肉眼で認められる灰白巣が病変の主体をなし，リンパ球を主とする細胞浸潤巣が増大し結合織線維の増殖が強く，時間の経過とともに線維化が進行する。

組織内のレプトスピラは，ワルチン・スタリー法などにより腎尿細管上皮細胞内あるいは管腔内に認められる。組織切片標本のワルチン・スタリー法による鍍銀染色では，レプトスピラは黒く，組織は黄ないしは黄褐色に染まる。

肝臓：小葉中心帯の凝固壊死巣が広く分布し，残る部分の肝細胞には，類壊死像が強い。壊死巣には少数の好中球と腫大した星細胞があり，肝静脈洞内には，ヘモジデリンを貪食した星細胞が軽度に散在し，細胆管内にしばしば胆汁栓塞を認める。

(4) **微生物検査**

1) 直接塗抹標本の染色鏡検

レプトスピラは普通の細菌染色法では染色されない。まれに尿の沈渣などをうすめのギムザ液で24時間染色してレプトスピラを認めることがある。

2) 暗視野鏡検

感染初期には，血液や尿，髄液を暗視野顕微鏡（倍率100倍）で鏡検することにより，直接レプトスピラが観察される場合があり，早期の診断が可能である。しかしながら，感度が低いため，暗視野顕微鏡1視野にレプトスピラ1細胞を観察するには，1×10^4/ml 以上のレプトスピラが必要である。レプトスピラは前述のように独特の運動性をもつので，尿や髄液などはそのまま，血液などはあらかじめスライドグラスに滅菌蒸留水を1滴とり，そこに1白金耳を混和して，暗視野顕微鏡下で調べる。顕微鏡に暗視野集光器を装着し強い光を当てる。集光器の上に水を乗せ，スライドグラス（厚さ1mm内外のうすめのもの）と集光器の間をこの水でつなぐ。可検材料を生のまま1白金耳スライドグラスの上に置き鏡検する。必要に応じて高倍率を用いるが，その場合はカバーグラスで材料を覆う。

雑菌的なスピロヘータ，運動性の細菌，あるいはひも状になったフィブリンや蛋白質をレプトスピラと見誤ることがあり，習熟が必要である。あらかじめ培養レプトスピラを鏡検して，その独特の運動性を把握しておくことを要する。

3）培　養

急性期あるいは有熱期に血液，髄液，尿を培養する。1～2滴の血液，髄液，尿を無菌的に5ml入り液体培地に入れ，29±1℃で少なくとも16週，可能であれば26週まで培養する。多量のヘモグロビンがあるとレプトスピラの発育が阻害されるので，血液は，1本の培地に多く入れるよりは，培地の本数を増やして培養するほうがよい。液体培地でレプトスピラが増殖しても，培地の混濁は極めてわずかにすぎない。半流動培地では，レプトスピラは表層下0.5～2cmくらいのところに，濁った層として発育する。1～2週おきに暗視野で鏡検する。

慢性期には，腎臓皮質の小片（1～2mm^3）を液体培地に入れて培養する。尿や髄液も検査材料となるが，検体は無菌的に得ることが必要である。なお，固形培地を用いる場合は，液状の検査材料はそのまままたは希釈して，また，腎臓などは，乳剤（むしろハサミで粗く切るくらいがよい）の階段希釈を塗抹または画線培養する。シャーレをビニールテープなどでわずかに隙間を残して封じ，30℃で培養する。コロニーは培地上ではなく，培地中に発育する。発育の有無は，暗視野鏡検でレプトスピラを確認して決定する。

分離されたレプトスピラの血清型の同定を行ってはじめて原因学的診断が完結される。血清型の同定は標準菌株を用いた顕微鏡下凝集試験（Microscopic Agglutination Test：MAT）の他に凝集素交差吸収試験やマウス単クローン抗体を使用した方法があり，限られた専門機関で実施されている。

(5) その他検査

1) 顕微鏡下凝集試験（Microscopic Agglutination Test：MAT）

最も普通に用いられ，生菌を抗原とする。敏感で特異性もかなり高い。急性期と慢性期の血清を調べ，抗体価の上昇が明瞭なときは感染を疑う。ペア血清で4倍以上の抗体価上昇が認められた場合は，陽性と判定される。感染初期では抗体価が十分に上昇していない場合があること，また，既往の感染と区別することができないことから，ペア血清を用いて行うことが重要である。1回だけの採血しか行われないときは，抗体価が対照の陽性血清ほどに高ければ（例えば50％凝集価が1：1,000などのとき），近い過去に感染があったと考えてよい。

抗原としては，日本に存在することが知られている *L. icterohaemorrhagiae*，*L. canicola*，*L. hebdomadis*，*L. autumnalis* および *L. australis* などを用いるのが普通である。継代培養しているレプトスピラを新しい培地に1/10程度植え継ぎ，28～30℃で4～7日培養したもの（1～2×10^{8}細胞/ml）を用いる。あらかじめ非特異凝集がないことを鏡検により確かめ，生のまま抗原として用いる。

5倍に希釈した血清をPBSで2倍段階希釈して等量のレプトスピラ培養液を

加えて混合し，37℃，3時間反応させた後，白金耳のようなもので抗原抗体混合液をそれぞれスライドグラスの上に少量ずつ置き，暗視野顕微鏡下（倍率100倍）で鏡検する。

反応結果の記載を次のように行う。

- －　　　　凝集陰性
- ＋　　　　25％のレプトスピラが凝集
- ＋＋　　　50％のレプトスピラが凝集
- ＋＋＋　　75％のレプトスピラが凝集
- ＋＋＋＋　100％のレプトスピラが凝集

一視野当たりの凝集していないレプトスピラ数が対照のそれと同じであれば－，半分であれば＋＋というように記載される。他方，凝集塊は，凝集しないレプトスピラ数が少ないほど大型となる。小さい凝集塊は，数個のレプトスピラが遊離端を運動させながら凝集しているにすぎないが，大きい凝集塊は，光線を強く反射するレプトスピラの大きい塊で周辺に少数の遊離端が運動しているのを認める。終末凝集価は，50％凝集を示す血清の最高希釈倍数で示される。

ところでレプトスピラ症を顕微鏡凝集反応で診断する際には次のような問題点があることを知る必要がある。第一に，同じ血清群に属する血清型の間には，高度の交差凝集反応が認められる。抗原性がかなり似通っているいくつかの血清型は，実用面からもそれぞれある血清群に属するとされる。例えば，*L. icterohaemorrhagiae* 血清群のなかには，*L. icterohaemorrhagiae*, *L. copenhageni*, *L. mankarso*, *L. naam* などの血清型が含まれる。このうちの代表として，*L. icterohaemorrhagiae* を抗原として用いるが，もしも，高い凝集価が認められたときは，*L. icterohaemorrhagiae* またはこれに類似の血清型に感染した可能性（わが国では *L. icterohaemorrhagiae* または *L. copenhageni* の可能性が最も強い）を考えるのがよい。第二に，一般的に動物は感染した血清型に対して最も高い凝集価を示すが，必ずしもそうではない場合もある。すなわち，ホモの型に対する反応よりもヘテロの型に対する反応のほうが高いことが，例えば，発病後数日くらいにはあり得る。第三に，濃厚汚染地帯では，複数の血清型のレプトスピラに感染することがある。兵庫県北部地方などでは *L. hebdomadis* と *L. autumnalis* のように抗原性の異なるレプトスピラに感染したと考えられる牛が少なくなかった。第四に，もしも，抗原に用いられるレプトスピラが陳旧であると，新鮮菌を抗原として用いたときよりも反応は少し弱い。第五に，抗原が非特異凝集を起こしていないことを確認するために常に対照によりチェックするべきである。

2) **動物接種**

血液や尿，臓器乳剤を若いモルモット（150〜175g）やゴールデンハムスター（4〜6週齢）の腹腔内に0.5〜1m*l* 接種する。尿などの雑菌混入の懸念されるものは特に動物接種がよい。接種後3日目に腹水を採取し，暗視野顕微鏡で菌の存在の有無を観察する。培養には血液，腎臓および肝臓などを用いる。

■表Ⅱ-7　レプトスピラ症診断の方法

方法	病期	検査材料			
		血液	尿	肝臓	腎臓
暗視野鏡検	第8病日まで	＋	－	＋	＋
	それ以降	－	＋	－	＋
培養検査	第8病日まで	＋	－	＋	＋
	それ以降	－	＋	－	＋
動物接種	第8病日まで	＋	－	＋	＋
	それ以降	－	＋	－	＋
血清反応	第8病日まで	(＋)	－	－	－
	それ以降	＋	－	－	－

＋適当　　(＋)陰性か弱陽性　　－不適当

3) PCR検査

血液，尿，髄液および組織検体からレプトスピラDNAの検出を行う。

4) IgM-ELISA法やDipstick法等のキットがあるが感染血清型を同定することはできない。

病期に応じて，どのような検査方法が望ましいかを表Ⅱ-7に示す。

3　判定基準

(1) **生体検査**

前述の生体所見が認められた場合はレプトスピラ症を疑う。

(2) **解体前検査**

判定基準なし。

(3) **解体後検査**

前述の剖検所見が認められ，細菌検査の結果，原因菌が分離された場合はレプトスピラ症と判定する。

[16　レプトスピラ症：参考文献]

足立吉數：レプトスピラ症，豚病学（第3版）（熊谷哲夫ら編），pp.337-339，近代出版，1987．
足立吉數：レプトスピラ病，豚病学（第4版）（柏崎守ら編），pp.387-389，近代出版，1999．
菊池直哉：豚のレプトスピラ症の現状と対策，豚病会報，50，pp.1-6，2007．
国立感染症研究所ホームページ，小泉信夫ほか：レプトスピラ症　病原体検査マニュアル
藤倉孝夫：レプトスピラ病，牛病学（第1版）（大森常良ら編），pp.595-605，近代出版，1981．
梁川良：総説レプトスピラ及びレプトスピラ症，山口獣医学雑誌10，pp.1-14，1983．

17 サルモネラ症

Salmonellosis

1 解説

　サルモネラ症は，サルモネラ属菌による感染症で，各種の動物，鳥類に発生をみる人獣共通感染症である。

　サルモネラには多数の血清型がある。少数の血清型は人に対してのみ病原的意義を有するが，他の血清型は人，動物，鳥類に，保菌あるいは感染症の型で分布し，人の食中毒の原因ともなる。家畜伝染病予防法（昭和26年法律第166号）において S. Dublin, S. Enteritidis, S. Typhimurium および S. Choleraesuis によるサルモネラ症は届出伝染病に指定されている。牛では S. Typhimurium, S. Dublin, 豚では S. Choleraesuis, S. Typhimurium による発生が多い。また，食品衛生法等の一部を改正する法律（平成15年法律第55号）の施行により，と畜場法（昭和28年法律第114号）が改正され，家畜伝染病予防法との整合性が図られた。「と畜場法等に基づく検査対象疾病及び措置基準の見直し等について」（平成16年2月27日食安監発第0227006号）により，改正後のサルモネラ症の疾病範囲について「サルモネラ症とは，サルモネラ・ダブリン，サルモネラ・エンテリティディス，サルモネラ・ティフィムリウム及びサルモネラ・コレラエスイスによるものに限ること。」と示されている。

　食肉，内臓可食部のサルモネラ汚染源としては，感染発症している動物よりもいわゆる健康保菌動物が重要である。保菌動物では，サルモネラは主として，腸管，空腸リンパ節に，ときとして躯幹リンパ節に分布する。また，体表が汚染していることも少なくない。このような保菌畜は，直接，あるいはと畜場の諸環境を介して間接的に枝肉，内臓可食部を汚染することになる。したがって，獣畜のと殺，解体においては枝肉，内臓可食部が汚染しないような一般的な衛生的配慮が必要であると同時に，と殺，解体，と畜検査に使用する機械器具，特にリンパ節あるいは腸管の検査に用いた刀などは，熱湯などで適切な消毒を随時行い，無意識のうちに汚染を広げないように留意することが必要である。

　と畜検査において注意すべき動物種は，豚，牛が中心となる。

2 診 断

(1) 生体所見

　幼弱なものでは急性経過をとることが多い。発熱、下痢が主徴となり、重症例では粘血便を排泄する。食欲、元気を失い、衰弱がみられる。肺炎を併発することも少なくない。重症例では、数日以内の経過で死亡する。

(2) 剖検所見

　消化管：充血・出血を示し、腸管には悪臭性の黄白色泥状の内容を入れ、偽膜性腸炎を起こしたものでは脱落した腸粘膜の細片をみる。
　リンパ節：空腸リンパ節は、充血・出血、腫脹を示す。
　肝臓、腎臓、脾臓：混濁腫脹し、ときとして肝臓に出血斑および小壊死斑をみる。
　肺：限局性の肺炎病巣がみられることが多い。
　なお、急性経過で死亡したときには、特徴的な肉眼病変を示さないこともある。

(3) 病理組織検査

　消化管：カタール性ないし偽膜性の腸炎像を示す。
　肝臓：牛では、小壊死巣およびチフス様結節がみられる。豚では小壊死巣がみられることもある。
　その他：リンパ節、脾臓における網内系細胞の増生、胸膜、腹膜、心外膜、腎臓に小出血斑がみられる。

(4) 微生物検査

　1) 培　養

　　発症している例では、消化管、空腸リンパ節、肝臓、脾臓、血液、その他病変の認められる臓器を培養し、サルモネラの検出を試みる。保菌畜を検査する場合は、消化管、特に小腸下部と大腸上部の粘膜および内容物、直腸便ならびに空腸リンパ節を中心に検査する。臓器材料の場合には、ホモジナイザー等で乳化する。

　❶ 増菌培養

　　選択増菌培地：ハーナ・テトラチオン酸塩培地、ラパポート培地、セレナイト・シスチン培地など
　　非選択培地：緩衝ペプトン水、EEMブイヨンなど
　　無菌的に採取された臓器は、非選択増菌培地で増菌する。汚染した材料、あるいは通常他種の菌が混在する消化管などを培養するときには、選択増菌培地を使用する。培地の量は、検体の10倍量を目安とし、18～24時間培養する。

❷ 分離培養

選択分離培地：DHL寒天，MLCB寒天，ESサルモネラ寒天培地Ⅱなど

非選択培地：血液寒天，普通寒天など

　上記の培地に，増菌材料，あるいは乳剤を1白金耳塗抹するか，検体の小片を直接塗抹し，35～37℃で24時間培養する。それぞれの培地におけるサルモネラのコロニーの特徴は以下のとおりである。

DHL寒天：コロニーは無色ないし中心部のみが黒色を示し，半透明である。

MLCB寒天：黒色のコロニーをつくる。

ESサルモネラ寒天培地Ⅱ：桃色のコロニーをつくる。

血液寒天および普通寒天：大きなコロニーをつくる。集落は灰白色，円形，浸潤，半透明で，溶血性を示さない。

2) 生化学的性状試験

生化学性状試験培地：TSI培地，LIM培地など

　同定に先立って，グラム陰性無芽胞桿菌であること，被検菌株が純粋であることを確認する。

　疑わしいコロニーを数個取り，上記の培地に接種し，35℃，18～20時間培養する。サルモネラの確認判定は，表Ⅱ-8のとおりである。

　また必要に応じて，さらに生化学性状試験を実施する。サルモネラの性状は表Ⅱ-9に示すとおりである。

　同定に使用する培地，血清は市販されている。同定に関する詳細な方法は，『食品衛生検査指針微生物編』を参照する。

3) 血清学的検査

診断用血清：O抗原，H抗原診断用および相誘導用血清（デンカ生研）

　最初にO群別試験を行い，O群別された検体についてH型別を行う。なお，O群別試験で二つの多価血清に陰性を示した検体はVi抗原の検出を行う。

■表Ⅱ-8　一般的なサルモネラの確認判定

TSI培地	LIM培地
斜面（－・R）	リジン（＋）
高層（＋・Y）	インドール（－）
ガス（±）	運動性（＋）
硫化水素（±）	

※判定上の注意事項
a　TSI培地の斜面部が鮮やかな赤色を呈するものを選ぶこと。
b　LIM培地の高層部が明らかに紫色のものだけをリジン陽性と判定し，上層部のみ紫色のものは陰性とすること。

出典　全国食肉衛生検査所協議会微生物部会：検査実施標準作業書，1998.

■表Ⅱ-9 サルモネラの性状

	一般の Salmonella	S. Abortusequi	S. Abortusovis	S. Choleraesuis	S. Typhisuis	S. Gallinarum	S. Typhi	S. Paratyphi-A	S. Sendai
インドール	-	-	-	-	-	-	-	-	-
VP	-	-	-	-	-	-	-	-	-
MR	-	-	-	-	-	-	-	-	-
クエン酸 (Simmons)	+	-	-	d	-	-	-	-	-
H$_2$S	+	-	-	d	-	-	+	-	-
リシン脱炭酸	+	+	+	+	-	+	+	-	d
オルニチン脱炭酸	+	+	+	+	+	d	-	+	+
運動性	+	+	+	+	+	-	+	+	+
グリセリンフクシン	+								
有機酸発酵 (KP 培地) クエン酸	+	+	+	+	-	-	-	+	-
有機酸発酵 (KP 培地) d-酒石酸	+	+	+	+	-	d	+	-	-
有機酸発酵 (KP 培地) 粘液酸	+	-	-	-	-	d	-	-	-
ガス (ブドウ糖)	+	+	+	+	+	d	-	+	+
O 群		O4	O4	O7	O7	O9	O9	O2	O9

d：不定

❶ **O群の決定（ためし凝集反応）**
　ⅰ　ガラス鉛筆等で清浄なスライドグラスを数区画に分け，O群多価血清と生理食塩水（対照）の1滴ずつを各区画に滴下する。
　ⅱ　TSI寒天培地等の新鮮培養菌を白金耳でかきとり，それぞれ血清滴及び生理食塩水滴とよく混和したのち，さらに手で数十秒間攪拌する。
　ⅲ　肉眼で凝集の有無を判定する。
　　　1分間以内に強く凝集した場合のみを陽性とし，微弱な反応，1分以後に遅れて現れる反応は陰性とする。なお，生理食塩水で自然凝集でないことを確認する。
　ⅳ　抗原が多価血清に凝集しないときは，Vi血清で同様な手法で試みる。

❷ **群別検査**
　ⅰ　TSI寒天培地等の新鮮培養菌を白金耳でかきとり，0.2mlの生理食塩水に濃厚に浮遊させ，抗原とする。
　ⅱ　ガラス鉛筆等で清浄なスライドグラスを数区画に分け，各O群血清（単味血清）をそれぞれ1滴ずつスライドグラス上に採り，抗原を1滴ずつ加え速やかに白金耳で混和し，さらに手で数十秒間攪拌する。

iii 肉眼で凝集の有無を判定する。1分間以内に強く凝集した場合のみを陽性とし，微弱な反応，1分以後に遅れて現れる反応は陰性とする。なお，生理食塩水で自然凝集でないことを確認する。

❸ H抗原の決定
i H型別試験用液体培地（中試 10 ml）に検体を接種し，37℃，一晩（18～24時間）静置培養または 6～8 時間振盪培養後，1 v/v％ホリマリン加生理食塩水 10 ml を加えて，よく攪拌したものを H 抗原液とする。
ii 小試験管に各 H 血清を容器付属のスポイトで 2 滴ずつ入れ，さらに i の抗原液をそれぞれ 0.45～0.50 ml ずつ加える。対照として血清の入らないものを 1 本作る。
iii よく攪拌後，50～52℃の恒温水槽中に 1 時間静置して，凝集の有無を肉眼で観察する。判定にあたっては，激しく試験管を振盪させないように慎重に扱うこと。
  ・ 白雲状の凝集塊を認めた場合：陽性
  ・ 試験管底に比較的均一沈殿している場合：陰性
  1 時間経過しても，凝集反応の判定が明瞭にできない場合は試験管をあまり振らずに，そのまま，再度 50～52℃の恒温水槽中に 1 時間静置後，判定する。
  以上の H 凝集反応試験では，両相菌の場合でも一方の相のみ検出される場合が多いので，以下の方法で逆相の誘導を試みる。
iv 加温溶解して 50℃に保った滅菌済みの SIM 培地（小試験管 3 ml）に同定された H 抗原に相当する抗体を含む相誘導用血清 0.1 ml を無菌的に加え，よく混和する。
v 滅菌クレイギー管を SIM 培地中に立て，冷却する。
vi クレイギー管内の培地表層部に白金耳で被検菌を接種し，37℃で一夜培養する。クレイギー管の外側培地表面に逆相菌が到達しない場合は，さらに 1 日培養するか，添加血清量を 0.05 ml に減量して再び相誘導を行う。
vii i ～ iii の操作を行う。
❷，❸の結果からサルモネラの血清型を確定し，菌名を決定する。

3 類症鑑別

　胃腸炎あるいは敗血症，菌血症が疑われると畜では，本症との類症鑑別が必要である。動物種別の類症鑑別を必要とする疾病は以下のとおりである。
豚：大腸菌症，パスツレラ病，豚赤痢，マイコプラズマ肺炎，豚コレラ，トキソプラズマ病
牛：大腸菌症，コクシジウム症，ウイルス性下痢症

4　判定基準

(1) **生体検査**

　明確な臨床症状を伴わないことが多く，非定型的な症状を示す個体も認められることから，解体後検査の検査所見により判定する。

(2) **解体前検査**

　判定基準なし。

(3) **解体後検査**

　前述の剖検所見を認め，細菌検査の結果，原因菌が分離された場合，サルモネラ症と判定する。

[17　サルモネラ症：参考文献]
厚生労働省監：食品衛生検査指針　微生物編，社団法人日本食品衛生協会，2004．
全国食肉衛生検査所協議会微生物部会：検査実施標準作業書〔サルモネラ症〕，1998．

18 牛カンピロバクター症

Bovine venereal campylobacteriosis

1　解　説

　牛カンピロバクター症は，グラム陰性，微好気性らせん菌である *Campylobacter fetus* の感染による伝染性低受胎および散発性流産などの繁殖障害を主徴とする疾病である。*C. fetus* はさらに二つの亜種（*C. fetus* subsp. *fetus*，*C. fetus* subsp. *venerealis*）に分類され，両者には生息部位や病型に違いがみられる。*C. fetus* subsp. *fetus* は健康な牛の腸管や胆囊内に保菌されており，胎盤親和性が強く散発性流産を起こす。さらに羊に対しても流産を起こす。流産は妊娠期間を通じてみられるが，妊娠中期での流産が多い。本亜種は人にも感染し，菌血症，髄膜炎，流産，腸炎（食中毒）などを起こすため，人獣共通感染症としても重要である。一方，*C. fetus* subsp. *venerealis* は生殖器に対する親和性が強く，雌牛では子宮，腟，卵管などに定着して伝染性低受胎（不妊）や散発性流産を起こす。種雄牛では包皮腔に菌が定着して不顕性感染となり，感染源となる。感染経路は保菌牛との自然交配や，人工授精の際に菌に汚染された精液や人工授精用器具等を介した感染である。

　自然交配で放牧を行っている北南米やオーストラリア等では広く分布し，清浄化は困難となっている。日本国内では散発的な発生が認められる程度である。本症は繁殖障害を主徴とする疾病であることから，人工授精や受精卵移植を行う施設，家畜保健衛生所等で診断される場合がほとんどであり，と畜検査において診断されるケースは稀である。牛カンピロバクター症は，牛，水牛で家畜伝染病予防法（昭和26年法律第166号）の届出伝染病に指定されている。

2　診　断

(1)　**生体所見**

　本症では臨床所見はほとんどみられないので，生体検査時に診断することは困難である。

(2)　**剖検所見**

　雄牛は不顕性感染であるので，病変は認められない。雌牛では子宮内膜炎や子宮頸管炎がみられる。流産胎子では皮下組織や体腔の膠様浸潤，胸水および腹水の貯

留，臓器表面への線維素の付着，肝臓の巣状壊死等が認められる。

(3) 微生物検査
1) 細菌学検査

　　C. fetus はバイオセーフティレベル 2（BSL2）の病原体であるので，安全キャビネット，オートクレーブなどの設備が整った P2 クラスの施設で検査を行う必要がある。

　　細菌学検査は，図Ⅱ-4 に示した手順で行う。1％グリシン発育試験が両亜種の重要な鑑別点となるが（表Ⅱ-10），判定が困難な場合もある。試験法は，1％グリ

■図Ⅱ-4　牛カンピロバクター症の診断法

【細菌学検査】

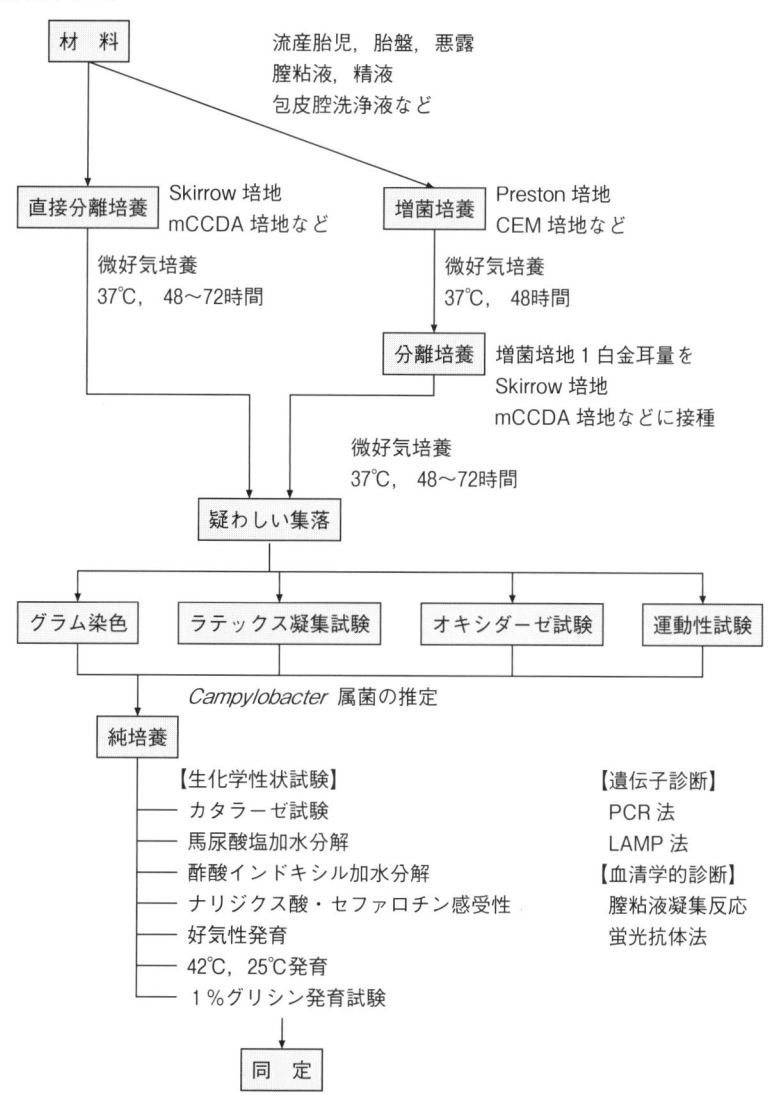

```
材料 ─── 流産胎児，胎盤，悪露
         膣粘液，精液
         包皮腔洗浄液など
  │
  ├──────────────┐
  ▼              ▼
直接分離培養      増菌培養
Skirrow 培地     Preston 培地
mCCDA 培地など   CEM 培地など
  │              │
微好気培養        微好気培養
37℃，48〜72時間  37℃，48時間
  │              │
  │              ▼
  │            分離培養 ─── 増菌培地1白金耳量を
  │                         Skirrow 培地
  │                         mCCDA 培地などに接種
  │              │
  │            微好気培養
  │            37℃，48〜72時間
  ▼              │
疑わしい集落 ◀────┘
  │
  ├────────┬────────┬────────┐
  ▼        ▼        ▼        ▼
グラム染色 ラテックス凝集試験 オキシダーゼ試験 運動性試験
                Campylobacter 属菌の推定
  │
  ▼
純培養
  ├─【生化学性状試験】       【遺伝子診断】
  │  ─ カタラーゼ試験         PCR 法
  │  ─ 馬尿酸塩加水分解       LAMP 法
  │  ─ 酢酸インドキシル加水分解  【血清学的診断】
  │  ─ ナリジクス酸・セファロチン感受性  膣粘液凝集反応
  │  ─ 好気性発育             蛍光抗体法
  │  ─ 42℃，25℃発育
  │  ─ 1％グリシン発育試験
  ▼
同定
```

■表Ⅱ-10 カンピロバクター属菌の主な鑑別性状

菌　種	カタラーゼ	硫化水素(TSI)	酢酸塩水解インドキシル	馬尿酸塩水解	発育温度 25°C	発育温度 42°C	感受性 ナリジクス酸	感受性 セファロチン
C. jejuni subsp. *jejuni*	＋	－	＋	＋	－	＋	S	R
C. coli	＋	－	＋	－	－	＋	S	R
C. sputrum viovar bubulus	－	＋	－	－	－	＋	(R)	S
C. fetus subsp. *fetus*	＋	－	－	－	＋	(－)	R	S
C. fetus subsp. *venerealis*	(＋)	－	－	－	＋	－	(R)	S
C. hyointestinalis subsp. *hyointestinalis*	＋	＋	－	－	＋	＋	R	S

＋：陽性，－：陰性，（　）：大部分の株，S：感受性，R：耐性

出典　Vandamme P : Taxonomy of the family, *Campylobacteraceae*. *Campylobacter* 2nd ed (Nachàmkin I, Blàser MJ, ed.), pp. 3-26, ASM Press, 2000.

シン添加血液寒天培地とグリシン不含血液寒天培地を作製し，McFarland No.1 以下に調整した菌液を各培地上に接種して微好気培養を行い，菌の増殖の有無を観察する。包皮腔内からは *C. bubulus* が分離されることがあるので，鑑別には注意を要する。

2) 血清学検査

　流産牛では，感染後1週間で腟粘液中に凝集抗体価の上昇がみられるので，菌体抗原を用いた凝集試験を行う。不受胎牛では抗体が出現しない場合が多く，擬陽性となる場合もあるため，個別の診断ではなく汚染牛群の摘発に用いる。診断用抗原は，動物衛生研究所で製造している。雄牛の包皮垢，精液，流産胎児の消化管内容物などから蛍光抗体法により菌体を検出する方法もあるが，*C. fetus* に対する特異抗体は市販されていないので，特定の研究機関でなければ実施できない。

3) 遺伝子診断

　C. fetus を検出するPCR法や亜種レベルまで鑑別できるLAMP法が報告されている。特に亜種レベルで鑑別できる生化学的性状が乏しく，判定も困難な場合があるため，遺伝子診断は有効な診断法と言える。

3　類症鑑別

ブルセラ症との鑑別を行う（ただし，*Brucella abortus* はBSL3の病原体）。

4 判定基準

(1) **生体検査**

多くの場合,明確な臨床症状を伴わないため,解体後の検査所見により判定する。

(2) **解体前検査**

判定基準なし。

(3) **解体後検査**

前述の剖検所見を認め,細菌検査の結果,原因菌が分離された場合は,牛カンピロバクター症と判定する。

19 伝染性膿疱性皮膚炎

Contagious ecthyma

1 解　説

　伝染性膿疱性皮膚炎は，2本鎖DNAをもつポックスウイルス科（*Poxviridae*），コルドポックスウイルス亜科（*Chordopoxvirinae*），パラポックスウイルス属（*Parapoxvirus*），オルフウイルスによって起きるめん羊，山羊の皮膚疾患である。ウイルスのゲノムは1分子の直鎖状2本鎖DNAであり，その抗原性は，同属の牛丘疹性口炎ウイルスおよび偽牛痘ウイルスと血清学的に交差するが，ウイルスDNAの制限酵素切断や塩基配列の解析により識別が可能である。

　日本を含め，世界各国で発生しており，自然宿主はめん羊，山羊，ニホンカモシカなどである。主な伝播様式は接触感染で，皮膚の創傷から直接的に感染する。また，ウイルス汚染飼料等を介した経口感染することもある。めん羊，山羊においては家畜伝染病予防法（昭和26年法律第166号）に基づく届出伝染病に指定されているとともに，人へも感染する人獣共通感染症である。

2 診　断

(1) **生体所見および剖検所見**

　生体所見においては，口唇，口腔粘膜あるいは顔面，乳頭や趾間の皮膚等に丘疹や水胞を形成する。これらが膿瘍や潰瘍まで進行することもあるが，全身症状や死亡することはまれで，痂皮の形成，脱落を経て1，2か月で治癒することが多い。ただし，病変部によって哺乳，採食，歩行が困難なものや二次感染により重症となるものもある。

(2) **病理組織検査**

　組織学的には，病変部の組織に有棘細胞の増生および空胞変成が認められ，感染細胞の細胞質内には封入体が観察される。また，病変部の組織を透過型電子顕微鏡で観察すると特徴的な竹籠状ウイルスを確認する。

(3) **微生物検査**

　発病初期の病変組織乳剤を検体として，培養細胞に接種し，37℃静置培養を行い，

CPEの発生の有無を確認する。培養には、牛またはめん羊由来細胞を用いる。特に精巣細胞が感受性が高い。なお、初代培養はCPE出現まで10日以上かかることが多いが、継代が進むと接種後2〜3日でCPEが生じる。

同定には、電子顕微鏡により感染細胞中のウイルス粒子の確認、培養細胞中の細胞質内封入体の確認、培養細胞中の特異蛍光を呈する細胞の確認により行う。

また、寒天ゲル内沈降反応により感染細胞乳剤中のウイルス抗原を検出する。最近では、プロテインAG-ELISAが応用されている。なお、偽牛痘ウイルスおよび伝染性膿疱性皮膚炎ウイルスと交差反応があるが、ウイルスDNAの制限酵素切断や塩基配列の解析により識別が可能である。

(4) その他検査

その断片がDrd Iにより切断されたものを伝染性膿疱性皮膚炎ウイルス遺伝子陽性とする。また、Xmn Iにより切断されたものを牛丘疹性口炎ウイルス陽性と判定し、Pfm Iにより切断されたものは偽牛痘ウイルス陽性と判定する。

3　類症鑑別

口蹄疫との類症鑑別が重要となる。PCRによるウイルス遺伝子の検出、ウイルス分離、電子顕微鏡によるウイルス粒子の検出、免疫組織学的手法によるウイルス抗原の検出、有棘細胞の増生と空胞形成、細胞質内封入体の観察などにより、鑑別を行う。

4　判定基準

(1) **生体検査**

前述の生体所見が認められた場合は伝染性膿疱性皮膚炎を疑う。ただし、口蹄疫との類症鑑別を実施すること。

(2) **解体前検査**

判定基準なし。

(3) **解体後検査**

前述の生体所見および剖検所見に加え、前述の病理組織学的所見が認められる場合またはウイルス学的検査で陽性となった場合は、伝染性膿疱性皮膚炎と判定する。

[19 伝染性膿疱性皮膚炎:参考文献]
清水悠紀臣,鹿江雅光:伝染病学,p.147,メディカルサイエンス社,1997.
農林水産省消費・安全局監:病性鑑定マニュアル(第3版),pp.86-87,全国家畜衛生職員会,2008.

20 トキソプラズマ病

Toxoplasmosis

1　解　説

　トキソプラズマ病は，トキソプラズマ原虫（*Toxoplasma gondii*）による感染症で，ほとんどすべての哺乳類や鳥類等の温血動物および数種類の冷血動物に感染する宿主域の広い人獣共通感染症である。動物種により感受性は異なり，と畜検査において特に注意すべき動物種は，豚，めん羊，山羊である。わが国の牛には不顕性感染が低率に存在するが，顕性感染例は発見されていない。国内の馬では，抗体の陽性例が発見されているが，本原虫を分離することにより確認された感染例はない。2007年に国外の馬で本原虫を分離した報告がされている。

　本病は過去において全国的に確認されており，と畜検査で10万頭当たり5～25頭の豚が本病により全部廃棄処分されていたが，1980年代末に著しく減少した。近年では一部の地域に集団的ないし散発的に発生するのみとなったが，年間30～50頭前後（10万頭当たり0.1～0.3頭）の豚で本原虫の感染が発見されている。しかし，終宿主である猫科の動物を含め，と畜検査対象動物以外の動物に感染が広く確認され，全国的に環境が汚染されていることから，今後のと畜検査においても注意を怠ることはできない。

　本原虫は，生きた細胞のなかでしか増殖ができない偏性細胞内寄生体で，中間宿主内で無性生殖を行い，シストを形成する。オーシストは終宿主である猫科動物の小腸粘膜でのみ形成されるため，と畜検査の対象とならない（図Ⅱ-5参照）。

　本病は感染しても発症しない，いわゆる不顕性感染を起こすことが多い。豚の場合には，生体検査時に異常を示さず，剖検時に発見された病変（リンパ節，肝臓，肺など）の検査でトキソプラズマ病と診断される感染（有病変不顕性感染）が大多数である。このことから，と畜場法に基づく検査対象疾病となるトキソプラズマ病は，生体時においてこの疾病特有の症状が認められるものはもちろんのこと，この疾病特有の症状が認められないものであっても，解体後の検査において，臓器等に本疾病特有の病変を確認することが重要となる。

　顕性感染あるいは有病変不顕性感染例でみられる病変は，リンパ節，肝臓，肺などにおける炎症性，壊死性の変化を中心とする。本原虫は，有核細胞であれば寄生，増殖する細胞の種類を選ばないので，感染した宿主の示す症状は多様である。また，妊娠母体からの胎盤感染が豚，牛や人等で確認されており，胎児の異常による死流産等が起こる。

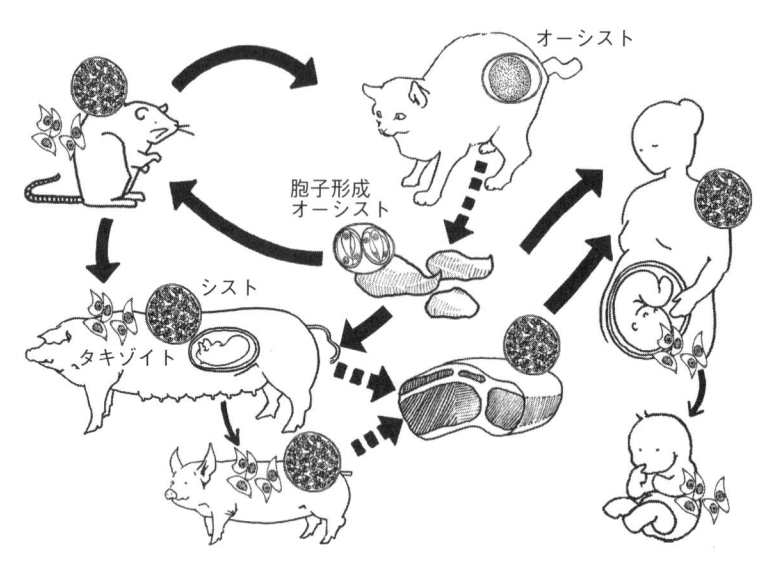

■図Ⅱ-5　トキソプラズマ原虫の感染環

　感染した家畜では，症状，病変の有無にかかわらず，筋肉，脳，内臓，リンパ節などに本原虫が分布する。人に対する感染源の一つとして，生肉あるいは加熱不十分な肉および内臓可食部が重視されている。

　なお，家畜伝染病予防法（昭和26年法律第166号）に規定する届出伝染病として，豚（いのしし），めん羊，山羊が本病の対象となっている。

2　診　　断

　感染した家畜の示す症状および病変は，トキソプラズマ病にのみ特異的なものではないため，本病を疑う有力な根拠とはなっても，それらのみで診断することは難しい。最も確実な方法はトキソプラズマ原虫を検出することである。血清反応による抗体検査は，異常に高い抗体価を示すか，経過とともに抗体価の上昇をみたときに診断的意義を有するが，と畜検査においては限られた意義しか有しない。近年，感染した臓器やリンパ節中から本原虫特異DNAの検出を行うPCR（polymerase chain reaction）法も検討され，本病診断の一助となっている。

(1) 生体所見

　　発熱と呼吸困難（顕著な腹式呼吸）を伴う肺炎症状を示す。場合によっては下痢，嘔吐，神経症状，運動障害を伴う。妊娠した動物では死流産を起こすこともある。豚の示す症状は，豚コレラの初期症状に類似し，末期には耳，下腹部，下肢にチアノーゼ，あるいは皮下の漏出性出血を示す。鼻口の周縁は鼻汁で汚れ，犬座姿勢をとる。

(2) **剖検所見**

リンパ節：腫脹し，充血・出血，あるいは壊死を伴う。一般に躯幹リンパ節よりも呼吸器，消化器付属リンパ節における変化が強い。

肝臓：混濁腫脹，小灰白斑（巣状壊死），うっ血，中心静脈の拡張がみられる。

肺：胸膜面は水腫性で，表面に小出血斑，壊死巣が散在する。小葉間結合織の水腫の強い例では，割面から漿液が流出する。肺は全般的に弾力性を失い，硬度を増し，収縮状態は悪い。無気肺部もみられる。

その他：脾臓の腫脹，腎包膜下の出血斑，まれに胸水や腹水の貯留，腸炎や腸の充血・出血，白血球の減少などがみられることもある。中枢神経系は，肉眼的に著変を示さない。

(3) **病理組織検査**

リンパ節：びまん性出血，濾胞壊死，濾胞消失，細網細胞の増殖，洞カタール，胚中心部の核濃縮，核破片，凝固壊死がみられ，洞内皮細胞に本原虫がみられる。

肝臓：実質の巣状壊死，円形細胞の浸潤を伴うチフス様結節がみられる。壊死部に虫体がみられる。

肺：漿液性，増殖性間質肺炎像が強く，気管支周囲には不完全壊死を伴う細胞集簇がみられる。本原虫は，肺胞上皮，遊走細胞内，あるいは肺胞腔内にみられる。

脳：ミクログリアのびまん性あるいは結節性の増殖，巣状壊死，脳室腔および軟脳膜の水腫，血管周囲の細胞集簇がみられる。この細胞集簇はミクログリアが主体で，リンパ球は少ない（豚コレラの場合は，リンパ球が主体）。

（注１）顕性感染と有病変不顕性感染の病変との間に基本的差異はないが，前者の方が程度は強い。

（注２）病変部の組織検査を行う場合には，類症鑑別の観点から病変を精査するのみでなく，本原虫の検出に留意する。ただし，原虫の形態は組織切片における断面によりさまざまな形となる。染色法などの手技は原虫検査法に準じて行う。

(4) **その他検査**

顕性感染例および有病変不顕性感染例の場合は，リンパ節（腸間膜リンパ節，肺門リンパ節および肝門リンパ節等），肝臓，肺の病変部などを中心に採取する。胸水や腹水が貯留している場合にはこれらも材料となる。検査は短時間で実施することが求められるため，直接塗抹標本または組織標本の観察により本原虫を検出することが現実的な検査方法である。

病変を伴わない不顕性感染の場合は，筋肉，脳などを採取する。ただし，この場合は，動物接種試験で本原虫を分離することができるが，塗抹標本あるいは組織切片の検査で検出することは困難である。

1) **直接塗抹標本**

病変部と健康部との境界部の塗抹標本を作り，ギムザ，ライト，アクリジンオ

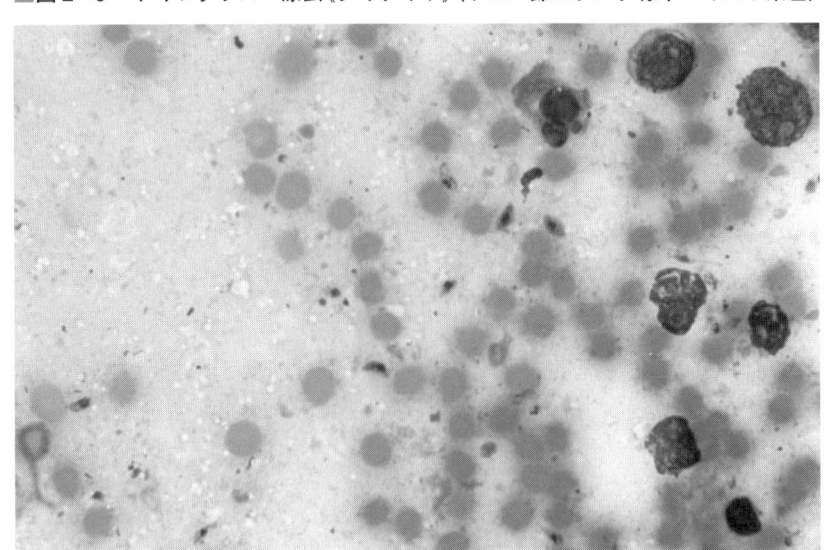

■図Ⅱ-6　トキソプラズマ原虫《タキゾイト》(リンパ節スタンプ標本　ギムザ染色)

レンジ，または蛍光抗体で染色する。

　本原虫の検出には，蛍光抗体法が最も優れており，アクリジンオレンジ染色はそれに次ぐ。ギムザ染色は前者らに比べ，原虫検出における精度は劣るが，長時間の保存に適している。なお，蛍光抗体法とアクリジンオレンジ染色の標本は長時間保存できない。

蛍光抗体染色：塗抹標本をPBSに浸漬して洗浄後，蛍光抗体を標本上に満載し，4℃で一夜染色する。急ぐときは，37℃で1時間染色する。染色中は，乾燥を防ぐ目的で，標本を適当な保湿容器に入れる。染色後，PBSで軽く洗浄（塗抹が剥離しないように注意する）後，塗抹面にグリセリン食塩水（1：1）を1～2滴，滴下し，カバーグラスをかけて蛍光顕微鏡で観察する。診断用蛍光色素標識抗体は市販されている。

(注1)　塗抹が厚いと虫体の観察に支障となるので，なるべく薄い標本を作るように心がける。

(注2)　アクリジンオレンジあるいは蛍光抗体染色を行うときは，薄手のスライドグラス（蛍光抗体用）を使用する。

(注3)　固定後，直ちに染色しないときは，標本を冷蔵庫に保管する。

(注4)　いずれの染色法の場合でも，よい染色結果を得るためには，あらかじめ染色液の濃度，染色時間などについて検討しておく必要がある。

2)　組織標本

　前記1)の方法に準じて組織切片を染色するか，またはヘマトキシリン・エオジン染色を行う。ただし，蛍光抗体染色を行う場合は，凍結切片とするか，または酢酸アルコール（1：19）で固定後，パラフィン包埋切片とする。

3) 圧平標本

　米粒大の大脳皮質標本をスライドグラス上に取り，その上にカバーグラスをかけ，手で静かに加圧して圧平標本とする。視野をやや暗くして，通常の光学顕微鏡で観察する。実験的に感染させたマウスの脳では比較的容易に検出しうるが，自然例，特に不顕性感染例の脳から検出されることはまれである。

4) 動物接種

　接種動物としてマウスが大変優れている。検査を実施する臓器の乳剤あるいは消化材料浮遊液を3～5匹のマウスの腹腔内に接種し，6週間観察後に殺処分して脳内シストを検査する。観察期間中に死亡したときは，腹水，肝臓，脾臓などの塗抹標本をつくり，増殖型虫体の有無を検査する。シスト陰性の場合は，殺処分時に採血した血清を用いて本原虫に対する抗体の検出を行う。

5) 原虫の形態

　検査対象となる中間宿主（豚など）では増殖型虫体とシストの形態で発見される。シスト内の虫体をブラディゾイト（bradyzoite）と呼ぶのに対比して，増殖型虫体をタキゾイト（tachyzoite）と呼ぶ。両者の形態はきわめてよく似ており区別できないが，タキゾイトは増殖性が速く，PAS染色陰性なのに対し，ブラディゾイトは増殖がゆっくりでPAS染色陽性を示すなど，特徴が異なっている。

❶ タキゾイト

　半月型～弓型を呈し，大きさは，長さ4～7μm×幅2～4μm，一端は尖，他端は鈍円である。ときとして楕円形を呈することもある。組織切片の場合は，断面によりさまざまな形を示し，宿主細胞のなかに充満した集簇巣は一見シストに類似するが，壁は宿主細胞由来であり，terminal colonyと称される。

　ギムザ染色では，細胞質は淡青～紫色に，核は赤紫色に染まる。アクリジンオレンジ染色では，細胞質は赤く顆粒状に，核は黄緑色に染まる。蛍光抗体染色では，虫体は特異蛍光を示し，核の部分はぬけてみえる。ヘマトキシリン・エオジン染色では，細胞質はエオジン，核はヘマトキシリンの色をとる。

❷ シストおよびブラディゾイト

　シストは10～80μmの球形を呈する。外側は本原虫に由来する膜に覆われ，内部に多数のブラディゾイトを包含する。

　ギムザ染色の場合は，紫色に染まり，内部に多数の虫体が観察される。ヘマトキシリン・エオジン染色の場合は，外側にエオジンの色をとる薄い膜が観察される。ブラディゾイトの細胞質はエオジンの色をとる。核はヘマトキシリンの色をとり，多数の小円形物としてシストの内部にみられる。蛍光抗体染色では特異蛍光を示す。組織切片の場合は，シスト壁が境界明瞭な円形物としてみられ，通常，周囲に細胞反応を伴わない。

6) 類似原虫との鑑別

　住肉胞子虫（*Sarcocystis* spp.）との鑑別が重要である。鑑別点は表Ⅱ-11に示す。

7）血清反応

本病の補助診断またはスクリーニング検査として各種の血清反応が実施されている。特に不顕性感染の摘発における信頼性は Sabin-Feldman の色素試験（DT）が高く、間接血球凝集反応（HA）はやや劣る。ラテックス凝集反応（LA）は、HA にみられるような非特異な反応がなく、患畜のスクリーニングあるいは診断に有用な方法と報告されている。そのほか、ELISA 法による抗体価の測定が本病に応用されているが、家畜における実用性については今後の検討に待つところが多い。

感染動物では、感染後 7～10 日ころより抗体産生がみられ、3～4 週でほぼピークに達する。したがって、感染初期の動物を検査した場合には、本原虫が証明されても、血中抗体は陰性の場合がある。

❶ Sabin-Feldman の色素試験（DT）

トキソプラズマ病の診断に、最も特異性の高い試験である。トキソプラズマ原虫のタキゾイト（生きているもの）はアルカリ性メチレンブルーで紫色に染まる。トキソプラズマ原虫に抗体とアクセサリー・ファクター（人血漿に含まれる補体様の物質（AF））を加えると、虫体は変性を起こし、アルカリ性メチレンブルーで染まらなくなる。この原理を抗体価測定に応用したものである。この試験法には、絶えず RH 株（強毒株で、いろいろな実験に用いられている有名な株である）をマウスで継代していなければならないこと、およびトキソプラズマ抗体を有せず、かつ色素試験に使用できることの確認された人血漿を常備しなければならないという難点がある。キットとして市販されていないので、実施できる機関は限られる。

❷ 間接血球凝集反応（HA）

トキソプラズマ虫体から抽出した抗原で感作した血球を用い、凝集反応で抗体価を測定する方法である。方法としては、Lewis and Kessel（人の O 型血球）、Jacobs and Lunde（めん羊血球）および信藤・花木（めん羊固定血球）の 3 法がある。信藤・花木法に使用される赤血球と同等な感作赤血球が市販されている。

❸ ラテックス凝集反応（LA）

原理的には、上述した HA と同様である。ただし、感作血球の代わりにラテックスにトキソプラズマ抽出抗原を吸着させたものを用い、凝集反応で抗体価を測定する。感作ラテックスは市販されている。

❹ ELISA 法

プレートに固相化した本原虫の抗原と酵素標識抗イムノグロブリン抗体を用い、抗原抗体反応で抗体価を測定する方法である。感受性と特異性が高いことから、きわめて有用な免疫学的手法である。抗体に標識した酵素と基質を利用して呈色反応を起こし、吸光光度計により血清抗体価を定量的に測定することから、他の血清反応の検査に比べて客観性が高い。人の患者では、IgG または IgM の抗体価測定用 ELISA キットが市販されているが、家畜用のキットは市

■表Ⅱ-11　トキソプラズマ原虫と住肉胞子虫との比較

		トキソプラズマ原虫	住肉胞子虫
寄生部位		筋肉，脳など各種の臓器	横紋筋，心筋
形態	増殖型	幅2〜4μm，長さ4〜7μm，三日月型，一端尖，他端鈍	幅1〜4μm，長さ5〜12μm，ソーセージ型，両端とも鈍*
	シスト	小（顕微鏡的），10〜80μm，球形，壁は薄い	大（肉眼的），長径100μm〜5mm，紡錘形，壁は厚く，ときとして隔壁有
免疫学的な関係（色素試験）		両者の間に交叉反応なし	
マウスに対する病原性		感染して死亡（1〜2週）するか，または不顕性感染**する。	なし

＊シスト内に存在する虫体
＊＊不顕性感染したマウスは，抗体を産生し，脳内にシストをつくる。

販されておらず，研究や調査での試験的な利用にとどまっている。

8）原虫特異 DNA の検出

本原虫では，1989年に B1 遺伝子をターゲットとした PCR 法が Lawrence Burg らによって報告され，本原虫特異 DNA の検出が可能となっている。PCR 法は感度が高く，原理・手技とも簡単にできることから応用性はきわめて高く，一度に多検体を検査することができる。しかし，病巣との関連性が明確にならないこともあり，現在は診断の補助として利用されている。

3　類症鑑別

一般に呼吸困難を伴う肺炎症状を示すと畜では，本病との類症鑑別が必要である。流産した個体の場合は，ブルセラ病，カンピロバクター感染症，および流産を起こすウイルス感染症との鑑別を行う。牛の死流産では，トキソプラズマ原虫と形態が酷似しているネオスポラ症との鑑別が必要で，特異抗体を用いた免疫染色で両者の鑑別がつく。

豚の場合，侵される臓器や病変が豚コレラと類似しているので，特に鑑別に慎重を期すべきである。しかし，発生状況は豚コレラと異なり，散発的な発生で，農家の豚が数日で全滅するような例はない。また，剖検所見は敗血症，敗血症型豚丹毒，サルモネラ症，間質性肝炎とも類似しているので鑑別を要する。

4　判定基準

(1)　**生体検査**
　　末期には耳，下腹部，下肢にチアノーゼあるいは皮下出血が認められるが，多くの場合，明確な臨床症状を伴わないため，解体後の検査所見により判定する。

(2)　**解体前検査**
　　判定基準なし。

(3)　**解体後検査**
　　前述の剖検所見を示し，リンパ節等の病変部の直接塗抹標本あるいは病理組織標本を用いた前記染色でトキソプラズマ原虫（タキゾイト・シスト）を認めたものはトキソプラズマ病と判定する。

[20　トキソプラズマ病：参考文献]
伊藤進午：トキソプラズマ，獣医臨床寄生虫学　産業動物編（藤田溥吉ほか編），pp. 215-230，文永堂出版，1995.
今井壮一ほか編：トキソプラズマの検査と分離方法，獣医寄生虫検査マニュアル，pp. 13-16, pp. 169-189, pp. 205-208，文永堂出版，1997.
志村亀夫：トキソプラズマ，獣医感染症カラーアトラス（第2版）（見上彪ほか編），pp. 569-573，文永堂出版，2006.
平野陽一：豚トキソプラズマ病の病理組織学的研究，久留米医学会雑誌，45，pp. 315-324，久留米医学会，1982.
Burg JL, Grover CM, Pouletty P, et al : Direct and Sensitive of a Pathogenic Protozoan, Toxoplasma gondii, by polymerase Chain Reaction, *Journal of Clinical Microbiology*, 27(8), pp. 1782-1792, American Society for Microbiology, 1989.

21 疥癬（めん羊）

Scabies

1 解　説

　ヒツジキュウセンヒゼンダニ（*Psoroptes ovis*）によって生じる外部寄生虫疾患で、このダニは成虫が表皮を穿刺して組織液を吸うので、ダニの分泌物や排出物の刺激に対する過敏反応により局所に強い痒みと組織液の滲出を来し皮膚炎が生じ、痂皮を形成する。羊毛の品質低下を招くので、めん羊では大問題となる。主に病畜との接触で伝搬する。本病は家畜伝染病予防法（昭和26年法律第166号）に基づく家畜届出伝染病である。

2 診　断

(1) **生体所見**

　初期症状は痒覚であり、かゆみにより皮膚を噛んだり、器物にこすりつけたりするため、皮膚に脱毛、損傷がみられる。病巣は一般に耳介、頭、首に始まって全身に広がり、皮膚に紅斑、丘疹、水胞、膿疱、痂皮、表皮剥離等がみられる。滲出液で被毛が糾合し、フェルト状の痂皮で覆われる。病状が進行すると削痩、貧血、浮腫を生じて悪液質の状態となる。

(2) **病理組織検査**

　病巣は好酸球の浸潤と痂皮を伴う過形成性、海綿状表在性血管周囲性皮膚炎がある。

(3) **その他検査**

　寄生部位からダニを検出、同定する。虫体は痂皮の辺縁に活発で、病変が周辺に蔓延していくので、一般的に病巣の中心部より辺縁部から検出される。

　1) **検出方法**

　　病変部を掻爬して試料を得る
　　　　適切な検査のためには、皮膚が出血するぐらい掻爬しなければならない。
　　　　組織が落屑状であれば、少量の油やグリセリンを用いる道具に塗布しておく。
　　掻爬した組織を鉱物油に混ぜ、カバーグラスをのせ鏡検する

■表Ⅱ-12　形態学的特徴

	雄	雌
大きさ	0.5〜0.6mm	0.6〜0.7mm
形態	肛門は末端，脚は体辺縁を出る，吸盤は長い柄を有する	
吸盤	第1，2，3脚	第1，2，4脚

　　試料が厚すぎて鏡検できない場合は，1，2滴の10％水酸化カリウム溶液を加え，数分放置した後鏡検する

2）　消化―集虫法

　　上皮組織物を消化する必要があるときには浮遊法で虫体を集める

　　5％水酸化ナトリウム（消化液）と掻爬材料を10/1の割合で混合する。

① ロートをかぶせたビーカーやフラスコを用いて静かに加熱する。凝縮物は消化液に戻す。
② 毛が溶解すれば加熱をやめ冷却する。
③ 遠心して上清を捨てる。
④ 沈渣に水を加えて混ぜ，再度遠心する。
⑤ 上清を捨て，沈渣を鏡検する。虫体が発見されない場合は次の操作で虫を集める。
⑥ 沈渣を飽和ショ糖液と混ぜ遠心する。
⑦ 液面から虫体を白金耳等で採取する。

3　判定基準

(1)　**生体検査**

　　病変部からダニを検出し，ヒツジキュウセンヒゼンダニと同定した場合は疥癬と判定する。

(2)　**解体前検査**

　　判定基準なし。

(3)　**解体後検査**

　　寄生部位からヒツジキュウセンヒゼンダニを検出し，同定した場合は疥癬と判定する。

[21 疥癬（めん羊）：参考文献]

板垣博ほか：疥癬，新版家畜寄生虫学，pp.329-335，朝倉書店，1995.

平諂亨ほか：ヒゼンダニ，家畜寄生虫アトラス，pp.146-148，チクサン出版社，1995.

Coles EH：寄生性節足動物検査法，獣医臨床病理学（加藤元ほか監訳），pp.550-556，医歯薬出版，1984.

(独)農業・食品産業技術総合研究機構動物衛生研究所ホームページ，疥癬，家畜の監視伝染病

22 萎縮性鼻炎

Atrophic Rhinitis

1 解　説

　萎縮性鼻炎は，鼻甲介の萎縮または変性を主徴とする豚の慢性呼吸器疾病であり，本病は家畜伝染病予防法（昭和26年法律第166号）に基づく届出伝染病である。本病は *Bordetella bronchiseptica* の単独，あるいは毒素産生性 *Pasteurella multocida* との混合感染によって起こる。

　主たる原因菌の *B. bronchiseptica* は，幅0.2～0.5μm，長さ0.5～2.0μmのグラム陰性微小桿菌である。莢膜を有して血球凝集性を示し，強い皮膚壊死毒を産生するⅠ相菌が病原性を示すが，*in vivo* あるいは *in vitro* で病原因子を欠くⅢ相菌に解離することがある。

　この菌はボルデー・ジャング培地あるいは血液寒天培地によく発育し，マッコンキー培地にも発育する。また，豚の鼻腔に容易に定着して鼻粘膜に炎症を導き，産生される皮膚壊死毒の作用により幼若豚の鼻甲介骨形成を阻害する。

　P. multocida はグラム陰性短桿菌で，両端染色性を示す。莢膜抗原によりA，B，D，E，Fの5型に分けられ，本病の原因となるのはA型およびD型で，毒素産生性のものに限られる。

　この菌は多種の動物から分離されているが，人から分離される毒素産生株は豚にも病原性を示す。正常な粘膜には定着せず，*B. bronchiseptica* 感染などに起因する粘膜の損傷により定着が可能となる。

　本病は保菌豚の導入により豚群に侵入し，直接接触や飛沫により伝播する。母豚は子豚の感染源となり，感染時の日齢が低いほど強い症状を発現する。

　本病はマイコプラズマ肺炎，胸膜肺炎とともに豚の三大呼吸器病の一つであり，死亡率は低いが罹患率は高く，発育の遅延や飼料効率の低下を来すので経済的被害は大きい。

2 診　断

(1) **生体所見**

　感染初期には，くしゃみ，流涙，水様性鼻汁などがみられる。次第に鼻汁は粘稠性を増していき，粘液膿性となる。内眼角下部の皮膚には，泥や塵埃が涙で体毛に

固着して「アイパッチ」と呼ばれる特徴的な黒褐色の斑点が生じる。

発病1か月を過ぎると上顎の発達の遅れに伴い顔面の変形が現れ、鼻梁背側の皮膚に皺襞や、前歯の不正咬合などが認められるようになる。また、くしゃみの際に鼻出血を起こすこともある。

発病2か月以降になると、鼻甲介の萎縮は鼻中隔やその周辺におよび、重症例では鼻梁の側方弯曲「鼻曲がり」がみられる。

(2) 剖検所見

鼻部を剥皮した後、鋸で第1臼歯と犬歯の中間を上顎面に垂直に切断し、その断面を観察する。病変は呼吸器に限定される。本病に特徴的な鼻甲介の形成不全あるいは萎縮を除けば、肉眼的変化に乏しい。

① 鼻甲介の萎縮または消失
② 鼻粘膜の水腫性肥厚、粘稠性滲出物、出血

鼻甲介の形成不全あるいは萎縮は、背鼻甲介よりも腹鼻甲介で著しく、渦巻状の甲介は種々の程度に萎縮し、重症例では完全に消失する。さらに背鼻甲介まで消失すると鼻腔は空洞となり、時に鼻中隔は弯曲する。

(3) 病理組織検査

① 骨組織の吸収と骨組織形成不全による鼻甲介の萎縮と消失
② 鼻甲介粘膜の急性または慢性カタル性炎

感染初期には鼻粘膜上皮細胞の剥離や粘膜固有層の充血などの急性カタル性鼻炎を示し、次第に粘膜固有層の線維芽細胞の増殖と線維化を特徴とする慢性カタル性鼻炎へ移行する。また骨芽細胞の変性、壊死、類骨形成の低下、線維性置換など造骨機構への抑制が顕著である。毒素産生性 P. multocida の感染が加わると、破骨細胞の増生に伴う活発な骨解により、激しい病変が導かれる。

(4) 微生物検査

1) 培　養

滅菌綿棒を用いて鼻粘膜粘液を採取し、B. bronchiseptica および P. multocida を検出する。

鼻腔からは多種の菌が分離されるので、選択培地を用いる。B. bronchiseptica の分離率のピークは生後3～4か月ころにあり、6か月齢以上の豚からは検出されにくい。P. multocida では毒素産生の有無を調べる必要がある。

❶ 検　体

左右鼻腔の鼻粘膜粘液

❷ 採取方法

鼻孔周囲をアルコール綿でよく清拭し、滅菌綿棒を豚の鼻腔内に向かって深く挿入（10～15cm程度、第2臼歯付近）し、その位置で数回綿棒を回転させ、

粘液を擦りとる。このまま数秒間止めて綿棒に粘液を浸潤させた後，すばやく鼻腔から抜き取る。

鼻粘膜粘液の採材後，鼻甲介の萎縮・変性の確認のために鼻部を切断する。

❸ 培養方法

B. bronchiseptica：1％ブドウ糖加マッコンキーまたは1％ブドウ糖加DHL培地（ともにフラゾリドン加）に，鼻腔スワブを直接塗布し，37℃，24時間，好気培養を行う。発育したコロニーはグラム染色後，ボルデー・ジャング培地で37℃，24時間好気培養し，β溶血環をもち真珠様光沢を呈する小型円形コロニーを確認する。さらには，簡易同定キットで生化学性状を検査する。

鼻腔スワブからの菌分離にはDHLまたはマッコンキーのどちらか一方を使用すればよい。両培地の特徴として，*B. bronchiseptica*の発育性がよいのはDHL培地，抑制が強いのはマッコンキー培地である。ボルデー・ジャング培地は純培養用であり，選択性は高くない。

P. multocida：デキストローススターチ寒天培地（バンコマイシン，ゲンタマイシン加）に鼻腔スワブを直接塗布し，37℃，24時間，好気培養を行い，白色半透明のムコイド状コロニーを確認する。グラム染色後，上記同様，簡易同定キットで生化学性状を検査する。

❹ 培地作成方法

・1％グルコース加DHL寒天培地（フラゾリドン25μg/ml最終濃度）

DHL寒天培地（日水製薬）※　　　12.7g
グルコース　　　　　　　　　　　2.0g
DW　　　　　　　　　　　　　　200.0ml

電子レンジ等で加温溶解し，約50℃に冷却後フラゾリドン（12.500μg/ml）を0.4ml添加し，速やかに混和しシャーレに無菌的に分注する。オートクレーブ処理は不要。

・1％グルコース加マッコンキー寒天培地（フラゾリドン25μg/ml最終濃度）

マッコンキー寒天培地（日水製薬）※　10.3g
グルコース　　　　　　　　　　　2.0g
DW　　　　　　　　　　　　　　200.0ml

121℃　15分　オートクレーブ

約50℃に冷却後フラゾリドン（12.500μg/ml）を0.4ml添加し，速やかに混和後シャーレに無菌的に分注する。

・ボルデー・ジャング（Bordet Gengou）培地（抗菌剤未添加，血液15％濃度添加）

Bordet Gengou培地（DIFCO）※　　6.0g
DW　　　　　　　　　　　　　　170.0ml

121℃　15分　オートクレーブ

約50℃に冷却後，馬（羊）脱線維血液30mlを静かに混和し，速やかにシャー

レに無菌的に分注する。
- デキストローススターチ（Dextrose starch）寒天培地（バンコマイシン 25 μg/ml，ゲンタマイシン 0.1 μg/ml 最終濃度）

Dextrose Starch Agar（DIFCO）※　　　13.0 g
DW　　　　　　　　　　　　　　200.0 ml
121℃　15 分　オートクレーブ

約 50℃に冷却後，バンコマイシン（25.000 μg/ml）を 0.2 ml，ゲンタマイシン（100 μg/ml）を 0.2 ml 添加し，速やかに混和しシャーレに無菌的に分注する。
※日水製薬，DIFCO または相当品を使用する。

(5) その他検査
1) 血清学的診断

B. bronchiseptica に関しては，莢膜抗原に対する血清抗体を凝集反応により検出することができる。ホルマリン不活化Ｉ相菌液を抗原とした試験管内またはスライド凝集反応による。

ただし，抗体陽性豚のなかには菌の分離されない個体，無症状の個体，病変の認められない個体もある。*P. multocida* の血清診断法は実用化されていない。

2) 遺伝子学的診断

P. multocida に関しては，培養したコロニーを用いてリアルタイム PCR により毒素産生遺伝子 Pm-toxA の検出を行うことができる。Pm-toxA 陰性の場合は原因菌としない。

3　類症鑑別

豚パスツレラ症，豚マイコプラズマ肺炎，豚インフルエンザは萎縮性鼻炎の初期症状と類似した呼吸器症状を示す。

4　判定基準

(1) **生体検査**
前述の生体所見が認められた場合は，萎縮性鼻炎を疑う。

(2) **解体前検査**
判定基準なし。

II 検査対象疾病

(3) 解体後検査

前述の剖検所見が認められ，原因菌が分離された場合は，萎縮性鼻炎と判定する。

[22 萎縮性鼻炎：参考文献]
(独)農業・食品産業技術総合研究機構動物衛生研究所ホームページ，病性鑑定マニュアル（第3版），萎縮性鼻炎
清水悠紀臣：獣医伝染病学（第4版），近代出版，1995.

23 豚丹毒

Swine erysipelas

1　解　説

　豚丹毒は，豚丹毒菌（*Erysipelothrix rhusiopathiae*）に起因する豚の細菌性疾患で，急性型である敗血症型および蕁麻疹型，慢性型である関節炎型および心内膜炎型の四つの病型に分けられる。本病は，家畜伝染病予防法（昭和26年法律第166号）により届出伝染病に指定されている。

　最近，本病は全国で年間1,500～2,000頭発生し，食肉衛生検査では全部廃棄される疾病の上位を占めている。食肉衛生検査において検出される豚丹毒は，関節炎型が大部分を占めているが，蕁麻疹型，心内膜炎型もみられる。一方，敗血症型はほとんどみられない。主な感染経路は，経口感染であるが，創傷感染もある。発病豚や保菌豚は，糞，尿，唾液，鼻汁へ本菌を排菌し，これらで汚染された水や飼料を摂取することで経口感染する。潜伏期間は1～2日である。

　本病は人獣共通感染症で，豚丹毒菌が人に感染した場合，限局性皮膚疾患型（類丹毒），全身性皮膚疾患型，敗血症型の三つの病型がある。人の感染事例は，ほとんどが限局性皮膚疾患型（類丹毒）であり，主たる感染経路は，手指の創傷感染で，潜伏期は2～7日である。症状は，創傷部を中心に限界明瞭な隆起した紫斑がみられ，激しい痛みと弱い発熱がある。通常は，局所感染にとどまり，予後は良好である。感染事例は，動物，食肉・魚介類等の食品を取り扱う人に多く，職業病的な様相を呈している。

2　診　断

(1) 生体所見

　1)　敗血症型

　　突然の食欲廃絶，歩行困難，横臥，呼吸速迫，嘔吐，42℃以上の高熱，全身にわたって淡紅色～暗赤色の斑紋がみられる。死亡率は非常に高く，妊娠豚では流産が起こる。なお，この病型は，と畜検査の現場で遭遇することはほとんどない。

　2)　蕁麻疹型

　　豚の生体検査において発見される疾病のなかでも重要な位置を占める。感染数日後には，皮膚に淡赤色～赤色，隆起した菱形あるいは四角形の特徴的な病変（菱

形疹）がみられ，この時期の診断は比較的容易である。この皮膚病変は2～5cmの大きさで，通常複数の病変がみられる。好発部位は，頸部，肩甲部，後肢，臀部などの背側側で，胸部や腹部などの腹側側に発生することはまれである。生ワクチンの接種による反応としてみられる場合もある。経過が進むと，皮膚病変は，赤色から暗赤色あるいは褐色に変化し，形が不整形になったり，痂皮を形成して，診断が難しくなる。確実に発見するためには，豚生体の洗浄を十分行う必要がある。また，発熱を伴うことが多いので，本病を疑った場合は必ず体温を測定する。

有色豚の場合は，皮膚病変が発見しにくいため，剥皮後に発見されることがある。この場合，菌数が多ければ，皮下病変部を直接鏡検するとグラム陽性桿菌を観察することができ，寒天培地による分離培養も可能である。経過が長く，菌数が少ない場合は，増菌培養を行う。

予後は良好で，生体検査で発見された場合は，抗生物質による治療が行われることもある。

疫学的には，蕁麻疹型の発生の後に，同じ生産者において心内膜炎型や関節炎型などの慢性型の豚丹毒が続発することがあるので，継続した監視が必要である。

3） 関節炎型

慢性型の豚丹毒で，四肢の関節に好発するが，まれに脊椎など他の関節にも病変がみられる。臨床的には関節の腫脹，疼痛，跛行がみられるとされているが，と畜検査では，これらの所見を認めることはまれで，ほとんどが，解体後の枝肉検査において，内側腸骨リンパ節の腫脹により発見される。発育不良を示さない例も多い。

4） 心内膜炎型

特徴的な臨床症状がみられないため，生体検査で罹患豚を発見することは困難であり，解体後検査の際に発見されることがほとんどである。同様の細菌性心内膜炎は，豚丹毒菌以外にも *Streptococcus* spp., *Arcanobacterium pyogenes* などによっても起こる。

(2) 剖検所見

1） 敗血症型

皮下のうっ血，心外膜の点状出血，胃腸出血，脾腫，肺水腫，腎皮質の点状出血，リンパ節の腫脹と充血などがみられる。

2） 蕁麻疹型

皮膚のほかは，病変に乏しい。

3） 関節炎型

病変は経過によって種々の像を呈し，経過の進んだものは次のような所見を示す。関節腔内に黄色～赤褐色の粘性の高い滑液が多量に認められる。滑膜は肥厚し，関節腔に向かって絨毛の増生がみられる。さらに経過の進んだものは関節軟骨の潰瘍がみられる。関節の支配リンパ節は著しく腫大し，ときに充出血および

壊死を呈する。枝肉検査において，内側腸骨リンパ節や第一肋骨腋窩リンパ節の腫大に注意する必要がある。しかし，他の原因による関節炎も同様の所見を示すため，肉眼による類症鑑別は困難である。

　4） 心内膜炎型

　　二尖弁，三尖弁にカリフラワー状の肉芽組織が形成される。心機能障害に起因する肺水腫や弁膜から剥離した栓子による梗塞が腎臓などの臓器にみられることがある。

(3) **病理組織検査**

　1） 敗血症型

　　血管壁の硝子様変性，硝子血栓形成，出血が著しく，心筋線維間の毛細血管と腎の糸球体毛細血管の硝子様変性がみられる。

　2） 蕁麻疹型

　　真皮層における血管の拡大と白血球の浸潤がみられ，同時に，乳頭体に沿った表皮と真皮との間に菌の集簇がみられる。

　3） 関節炎型

　　四肢の関節には，関節滑膜嚢炎，関節周囲における線維素の増生および軟骨，軟骨基質と靭帯の退行性変化が認められる。

　4） 心内膜炎型

　　弁膜に器質化しつつある血栓塊の形成が認められる。

(4) **微生物検査**

　1） 塗抹標本の染色鏡検

　　疣状心内膜炎または皮下の病変部の塗抹標本についてグラム染色を行い，鏡検する。Hucker変法によるグラム染色では，豚丹毒菌は青〜薄紫色に染色され，短桿あるいは長糸状を示す菌体として観察される。なお，脱色抵抗が弱いので脱色工程には注意を要する。

　2） 培養検査

　　❶ 心内膜炎型

　　　疣状心内膜炎の病変部，実質臓器，リンパ節等を消毒用アルコールに浸すか，消毒用アルコールを塗布した後，表面を十分に焼烙して無菌的操作で深部組織を取り出し，非選択培地および選択培地に直接スタンプした後，37℃で24〜48時間培養する。

　　　非選択培地は，好気培養用として血液寒天培地，血液加トリプトソイ寒天平板培地などを，嫌気培養用にGAM変法寒天培地，ABHK寒天培地などを使用する。

　　　選択培地は，アザイド平板培地を使用する。

　　　これらの培地上に発育する本菌のコロニーは極めて微細であって，24時間培

養ではコロニーが密生した場合でも，培地の表面が曇った程度にしかみえない。48時間培養では，直径1mm前後となり，正円で露滴状の透明コロニーとして認められる。

培養して得られた豚丹毒菌は，グラム染色で弱陽性，0.2～0.4×0.8～2.5μmの小桿菌で単在，または数個連鎖するが，しばしば独特な毛髪状長連鎖を示す。芽胞，莢膜は形成しない。

アザイド平板培地上の集落形態とグラム染色での菌の形態により，豚丹毒菌の判定を行って差し支えないが，確認のため，「3)生化学的性状検査」，あるいは「5)遺伝子学的検査」を実施し，同定することが望ましい。

❷ 関節炎型

リンパ節等は，消毒用アルコールに浸し，表面を十分に焼烙して無菌的操作で深部組織を取り出したものを，関節液は滅菌注射筒で採材したものを，関節絨毛は可能な限り汚染のないものを増菌培地に入れ，37℃で24時間培養した後，3,000rpm，15分間遠心分離する。上清を廃棄し，沈渣の1白金耳を分離平板培地に塗抹し，37℃で24～48時間培養する。

増菌培地はアザイド液体培地，抗生物質添加液体培地などを，分離平板培地はアザイド平板培地を使用する。

これらの培地上に発育する本菌のコロニーは極めて微細であって，24時間培養ではコロニーが密生した場合でも，培地の表面が曇った程度にしかみえない。48時間培養では，直径1mm前後となり，正円で露滴状の透明コロニーとして認められる。

培養して得られた豚丹毒菌は，グラム染色で弱陽性，0.2～0.4×0.8～2.5μmの小桿菌で単在，または数個連鎖するが，しばしば独特な毛髪状長連鎖を示す。芽胞，莢膜は形成しない。

アザイド平板培地上の集落形態とグラム染色での菌の形態により，豚丹毒菌の判定を行って差し支えないが，確認のため，「3)生化学的性状検査」，あるいは「5)遺伝子学的検査」を実施し，同定することが望ましい。

3) 生化学的性状検査

血液寒天培地，血液加トリプトソイ寒天平板培地，TT平板培地などの非選択培地に純培養した菌株を使用する。

純培養した菌株をTween80加TSI培地（37℃，24時間培養），Tween80加SIM培地（37℃，24時間培養），ゼラチン培地（22℃培養，7日間観察）に穿刺する。

TSI培地で糖分解が斜面（＋）高層（＋），H_2S（＋），ガス（－），SIM培地で，運動性（－），H_2S（＋），インドール（－），ゼラチン培地でブラシ状発育（＋）のものを豚丹毒菌と同定する。

なお，使用する培地は，メーカーによって結果が異なることがあるので，注意する必要がある。

4) 培　地
   ❶ アザイド液体培地
   　以下の組成で混合し，1mol/l HCl で pH7.6 に調整後，121℃，15 分間滅菌する。滅菌後，ブドウ糖 3g を蒸留水で溶かしろ過滅菌したものを加えた後，滅菌中試験管に 10ml ずつ分注する。

Tryptic Soy Broth（Difco）	30g
0.1g/ml Tween80	10ml（1g）
0.3g/ml トリスバッファー	10ml（3g）
0.5％ クリスタルバイオレット水溶液	1ml
2％ アジ化ナトリウム水溶液	5ml
蒸留水	1000ml

   ❷ 抗生物質添加液体培地
   　以下の組成で混合し，1mol/l HCl で pH7.6 に調整後，121℃，15 分間滅菌する。滅菌後，直ちに冷却し，ゲンタマイシン 50mg 力価/l およびカナマイシン 500mg 力価/l を加えた後，滅菌中試験管に 10ml ずつ分注する。

Tryptic Soy Broth（Difco）	29.5g
0.1g/ml Tween80	10ml（1g）
0.3g/ml トリスバッファー	10ml（3g）
蒸留水	1000ml

   ❸ アザイド平板培地
   　以下の組成で混合し，1mol/l HCl で pH7.6 に調整後，121℃，15 分間滅菌する。滅菌後，ブドウ糖 3g を蒸留水で溶かしろ過滅菌したものを加えた後，滅菌シャーレに 20ml ずつ分注する。

Tryptic Soy Ager（Difco）	40g
0.1g/ml Tween80	10ml（1g）
0.3g/ml トリスバッファー	10ml（3g）
0.5％ クリスタルバイオレット水溶液	1ml
2％ アジ化ナトリウム水溶液	10ml
蒸留水	1000ml

   ❹ TT 平板培地
   　以下の組成で混合し，1mol/l HCl で pH7.6 に調整後，121℃，15 分間滅菌する。滅菌後，60℃の恒温水槽で 30 分間保持した後，滅菌シャーレに 20ml ずつ分注する。

Tryptic Soy Broth（Difco）	30g
Bacto Agar（Difco）	15g
0.1g/ml Tween80	10ml（1g）
0.3g/ml トリスバッファー	10ml（3g）
蒸留水	1000ml

❺ Tween80加TSI培地

　以下の組成で混合し，加温溶解後，小試験管に3mlずつ分注し，121℃，15分間（メーカーにより115℃，15分間）滅菌する。滅菌後，半斜面培地にする。なお，BBLおよびDifcoの培地を使用する場合は，Tween80を添加する必要はない。

Triple Sugar Iron Agar（栄研）	19.5 g
0.1g/ml Tween80	3 ml
蒸留水	300 ml

❻ Tween80加SIM培地

　以下の組成で混合し，加温溶解後，小試験管に3mlずつ分注し，121℃，15分間滅菌する。滅菌後，高層培地にする。なお，BBLの培地を使用する場合は，Tween80を添加する必要はない。

SIM培地（栄研）	30 g
0.1g/ml Tween80	3 ml
蒸留水	300 ml

❼ ゼラチン培地

　以下の組成で混合し，加温溶解後，小試験管に3〜5mlずつ分注し，121℃，15分間滅菌する。滅菌後直ちに冷却，脱気し高層培地にする。

Nutrient Gelatin（BBL, Difco, Oxoid, Merck）	128 g
酵母エキス（BBL, 極東, Difco, Oxoid）	1.5 ml
蒸留水	1000 ml

　※　培地の組成等は一例であり，文献等により詳細は異なる。

5）遺伝子学的検査

　補助的診断または同定手法として，PCR（Polymerase Chain Reaction）法，リアルタイムPCR法等が開発されている。遺伝子学的検査は生菌，死菌にかかわらず，豚丹毒菌の遺伝子を増幅することに注意を払い診断しなければならない。

(5) 血清学的検査

　関節炎型豚丹毒の確定診断には，時間がかかる選択増菌培養が必要なため，迅速診断法としての血清学的診断が検討されている。これは，関節炎型豚丹毒が感染後長い経過をとる慢性炎であるため，抗体価がワクチンによるものと比べて顕著に上昇することを利用したもので，スクリーニング検査として抗体価を定量または半定量し，抗体価が低い個体を関節炎型豚丹毒ではないと診断する検査法である。したがって，抗体価が高い場合は，最終的には豚丹毒菌の分離培養の結果で判定しなければならない。

　なお，次に記載する検査法は，血清を用いる検査法であるが，生菌発育凝集反応法は，関節液でも代用できることが報告されている。市販のラテックス凝集反応法は，関節液成分の影響で抗体価が正確に測定できないことに注意する必要がある。

血清は，腸間膜の静脈残血によるもので良好な結果が得られる。

1) **生菌発育凝集反応法**

被検関節液または被検血清を液体培地で2倍階段希釈したものに，調整した抗原液（血清型1aのMarienfelde株の0.1％ Tween80加 Trypticase soy Broth (BBL) 一夜培養液）を接種し，37℃で24時間培養後，培地中における菌の凝集の有無により抗体価を測定する。

2) **ラテックス凝集反応法**

被検血清25μlを試料とし，アグテックSE（日生研製）を用いて抗体価を測定する。

3) **スライド凝集反応法**

被検血清を0.01M PBSで16倍および32倍に希釈したものに，調整した抗原液（血清型1aのMarienfelde株を，0.1％ Tween80および0.3％トリスヒドロキシアミノメタンを加え1mol/l HClでpH7.4に調整したTrypticase soy Broth (BBL) で一夜培養後，PBSで洗浄し，McFarland No.6の濃度に調整し，0.5％ (V/V)の割合でホルマリンを加えたもの）をスライドグラス上で等量混合する。室温で10分間反応させ，両希釈血清で菌の凝集を認めないものを陰性と判定する。

3　類症鑑別

生体検査時にあっては，種々の皮膚疾患がときとして蕁麻疹型の豚丹毒と紛らわしい場合がある。また，急性敗血症型の豚丹毒にみられる下腹部の皮膚の紫斑は，豚コレラあるいはトキソプラズマ病などと紛らわしい。

豚丹毒の診断の決め手は豚丹毒菌の証明にあるが，豚コレラ，トキソプラズマ病などの発生のある地域では，本菌が分離されても直ちに豚丹毒と決定せず，それらとの合併の可能性も考慮に入れて慎重な検査が必要とされる。

4　判定基準

(1) **生体検査**

皮膚に淡赤色～赤色，隆起した菱形あるいは四角形の特徴的な病変（菱形疹）を認めた場合は，豚丹毒（蕁麻疹型）と判定する。

(2) **解体前検査**

判定基準なし。

Ⅱ 検査対象疾病

(3) **解体後検査**

① 前述の敗血症型所見を認め，微生物検査により豚丹毒菌を認めた場合は，豚丹毒（敗血症）と判定する。
② 前述の関節炎型所見を認め，微生物検査により豚丹毒菌を認めた場合は，豚丹毒（関節炎型）と判定する。
③ 前述の心内膜炎型を認め，微生物検査により豚丹毒菌を認めた場合は，豚丹毒（心内膜炎型）と判定する。

[23 豚丹毒：参考文献]

Holt JG et al : *Bergey's Manual of Determinative Bacteriology Ninth Edition*, pp. 566-568, Williams & Wilkins, 1994.
橋本和典：豚丹毒，豚病学（第3版）（熊谷哲夫ほか編），pp. 370-337，近代出版，1987.
岡谷友光アレシャンドレほか：モダンメディア 53，pp. 231-237，栄研化学，2007.
澤田拓士：豚丹毒，動物の感染症（清水悠紀臣ほか編），pp. 220-222，近代出版，2004.
高橋敏雄ほか：豚丹毒，豚病学（第4版）（柏崎守ほか編），pp. 342-352，近代出版，1999.
全国食肉衛生検査所協議会微生物部会：検体取扱標準作業書および検査実施標準作業書，豚丹毒，1998.

24 豚赤痢

Swine Dysentery

1 解　説

　豚赤痢は，*Brachyspira hyodysenteriae* の感染によって起こる粘血下痢便を主徴とする急性または慢性の豚の大腸疾患である。家畜伝染病予防法（昭和26年法律第166号）においては届出伝染病とされている。

　本病が，1921年に Whiting らにより最初に報告され，その病原体が不明なまま50年が過ぎた。その後，発症豚から嫌気性のスピロヘータが分離され，この嫌気性スピロヘータを用いた豚への実験感染により豚赤痢様症状が再現されたことから，このスピロヘータが豚赤痢であることが認められた。その形態と性状から *Treponema hyodysenteriae* と命名された。その後，DNA相同性試験により，*Treponema* 属から *Serupulina* 属へと独立し *Serupulina hyodysenteriae* とされた。しかしながら，1997年には，16SrDNA 配列が *Brachyspira aalborgi* と高い相同性を示すことが報告され，現在は *Brachyspira hyodysenteriae* と改名されている。

　本菌は，長さ7〜10 μm，幅0.3〜0.4 μm の緩やかなラセン状を示すグラム陰性の嫌気性細菌である。羊，馬および牛の血液を加えた寒天平板培地で培養すると，明瞭な溶血（β溶血）が観察される。*B. hyodysenteriae* は，インドール産生性（陽性）および馬尿酸加水分解性（陰性）により他の *Brachyspira* 属と鑑別される。*B. hyodysenteriae* は現在，A群からK群までの11種の血清群に分類されている。豚の腸管からは，*B. pilosicoli*，*B. innocens*，*B. murdochii* および *B. intermedia* が分離されることがある。

　国内での豚赤痢の発生は，1960年代の後半から増加し，1979年代中頃には全国に蔓延した。農場においては，発症豚や保菌豚の排出する便から経口感染し，農場全体に蔓延してしまうと浄化することが困難となり常在化する。

2 診　断

(1) **生体所見**

　本病の特徴的な臨床症状として粘血下痢便の排出がみられる。排出される便は，次第に粘液が増量し，血液，膿，粘膜片，不消化物が混入してくる。下痢の進行により，感染豚は元気消失，食欲減退，体重減少がみられ，犬座姿勢をとることもある。

(2) 剖検所見

　病変は大腸に限局してみられる。急性例では，大腸壁と腸粘膜の充血と水腫が顕著であり，腸間膜リンパ節の腫脹がみられる。粘膜面は暗赤色を呈し，血液斑を伴った粘液と繊維素で被われている。病勢が進むにつれ，粘膜の病変は繊維素滲出物が増加し重度となる。血液を含む厚い偽膜が形成されることが多い。慢性化すると粘膜表面の壊死像を呈する。

(3) 病理組織検査

　病理組織学的所見も大腸に限局して観察される。急性病変では，粘膜および粘膜下織は強い充血と水種により肥厚し，好中球の浸潤がみられる。感染の進行に伴い粘膜上皮細胞が脱落し毛細血管が露出することもある。結腸粘膜の出血斑は，出血が起こり，粘膜を覆う粘液に血液が留まることにより起こる。粘膜表面が破綻すると，次第に未分化な上皮細胞により修復され，陰窩では有糸分裂増を示す上皮細胞の増加と杯細胞の過形成が観察される。

　後期には陰窩と腸粘膜表面に大量の繊維素，粘液，細胞残渣が蓄積する。広範囲にわたり壊死がみられるが，深い潰瘍がみられることは少ない。粘膜固有層には好中球の浸潤が観察され，鍍銀染色（Warthin-Starry法）を実施すると，管腔および腸陰窩内にスピロヘータが多数観察される。

　慢性病変では，特徴的な変化に乏しく，充血，水種は軽度であるが，ときに厚い繊維素性偽膜を伴う壊死が粘膜面で進行している場合もある。

(4) 微生物検査

　発症豚の糞便，粘膜病変部を検体とする。分離培地として，BJ培地またはCVS培地を用いて，37℃（または42℃）にて3～5日間，嫌気的条件下で培養する。分離培地上に発育するコロニーの溶血性を観察し，疑わしいコロニーについて生化学性状試験およびPCR法（またはPCR-RFLP法）を実施し菌種を同定する。

　本書では「豚赤痢の判定基準について」（平成18年2月6日17全食検協微第12号，全国食肉衛生検査所協議会微生物部会長から全国食肉衛生検査所協議会長宛）により示された判定基準IおよびIIに準じた検査方法を以下に記載する。

1) 判定の流れ
■図Ⅱ-7　判定基準Ⅰ

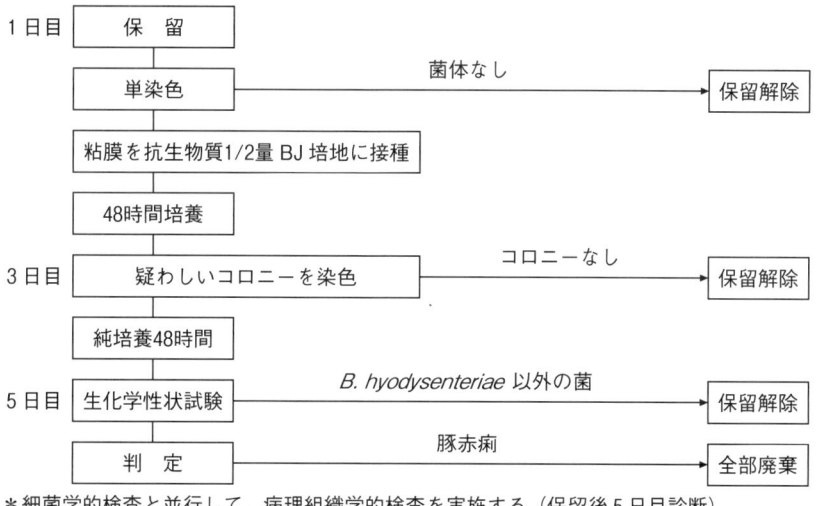

```
1日目   保　留
         │
        単染色 ──────────菌体なし──────→ 保留解除
         │
    粘膜を抗生物質1/2量 BJ 培地に接種
         │
       48時間培養
         │
3日目  疑わしいコロニーを染色 ──コロニーなし──→ 保留解除
         │
      純培養48時間
         │
5日目  生化学性状試験 ──B. hyodysenteriae 以外の菌──→ 保留解除
         │
        判　定 ────────豚赤痢──────→ 全部廃棄
```

＊細菌学的検査と並行して，病理組織学的検査を実施する（保留後5日目診断）

■図Ⅱ-8　判定基準Ⅱ

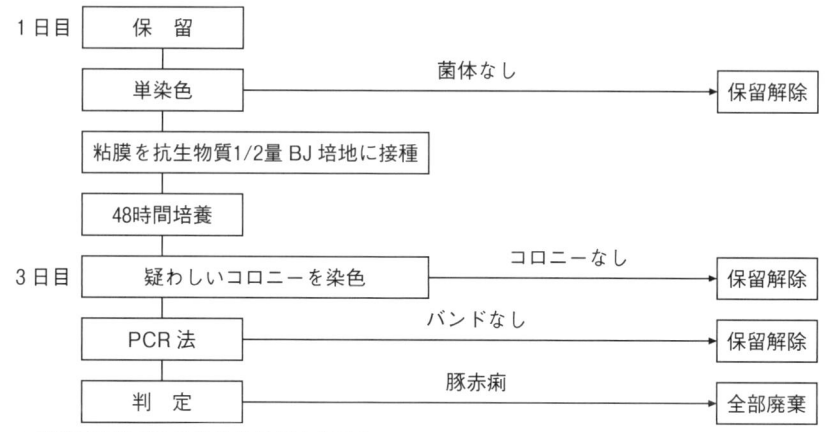

```
1日目   保　留
         │
        単染色 ──────────菌体なし──────→ 保留解除
         │
    粘膜を抗生物質1/2量 BJ 培地に接種
         │
       48時間培養
         │
3日目  疑わしいコロニーを染色 ──コロニーなし──→ 保留解除
         │
        PCR 法 ─────────バンドなし─────→ 保留解除
         │
        判　定 ────────豚赤痢──────→ 全部廃棄
```

＊必要に応じて生化学的性状検査を行う。

2) 検査方法

❶ 検査材料の採取

　　大腸病変部粘膜を切り出して粘膜表面の糞便を拭き取った後，病変部粘膜を薬匙でかき取り検査材料とする。

❷ 顕微鏡検査

　　培養に使用した材料の10倍希釈液をスライドグラスに1滴とり，カバーガラスを載せて直接鏡検する。暗視野顕微鏡を用いると激しい菌体の運動性が黒い背景に明るく観察されるが，通常の顕微鏡を用いても十分である。単染色による菌形態の観察には，石炭酸フクシンまたはビクトリアブルーが使われる。

Ⅱ 検査対象疾病

❸ 培　養

　検査材料を10倍段階希釈で10^{-6}まで希釈し，10^{-1}，10^{-2}，10^{-4}および10^{-6}希釈の0.1mlを抗生物質1/2量BJ培地*に塗布し，42℃，48時間嫌気培養する。培地上の豚赤痢菌に特徴的なβ溶血を示す薄膜状のコロニー部分を釣菌し，グラム陰性らせん状菌の有無の確認を行う。純培養にはトリプチケースソイⅡ血液寒天培地を用いて42℃，48時間嫌気培養する。

〔BJ寒天培地〕

基礎培地：トリプチケースソイ寒天培地　　　16.0g/DW350ml
添加物：20％豚糞便抽出液＊＊　　　　　　　　20.0ml

——121℃，15分間滅菌後，50℃に保持し，以下の抗生物質，血液を加える——

コリスチン（2,500μg/ml）	1.0ml
バンコマイシン（2,500μg/ml）	1.0ml
スペクチノマイシン（40,000μg/ml）	2.0ml
リファンピシン（1,250μg/ml）	4.0ml
スピラマイシン（2,500μg/ml）	4.0ml
羊血液（脱線維血）	20.0ml

＊ 抗生物質1/2量BJ培地を作製する場合には，上記の抗生物質（合計12ml）を2倍希釈し，その12mlを加える。

＊＊〔20％豚糞便抽出液の作製法〕

　健康豚の大腸内容物をPBS（－）で5倍希釈し，4℃で一晩撹拌する。5,000rpm, 20分遠心後上清を分離し，－20℃で保存する。

❹ 生化学的性状試験

ⅰ）インドール産生試験
ⅱ）馬尿酸加水分解試験
ⅲ）α-glucosidase
ⅳ）β-glucosidase
ⅴ）α-galactosidase

3　類症鑑別

　赤痢症状を呈する疾病としては，他にサルモネラ症，壊死性腸炎，増殖性腸炎，鞭虫症，コクシジウム症などがある。これらの疾病との類症鑑別は，導入歴，病歴，臨床症状，肉眼病変，組織所見の検討のみでは不十分であり，確定診断のためには原因菌である*B. hyodysenteriae*の分離と同定が必要である。

■表Ⅱ-13　*Brachyspira* 属の鑑別性状

	B. hyodysenteriae	*B. pilosicoli*	*B. innocens*	*B. intermedia*	*B. murdochii*
インドール産生	+	−	−	+	−
馬尿酸加水分解	−	+	−	−	−
α-glucosidase	+	+w	+	+	+
β-glucosidase	+	−	+	+	+
α-galactosidase	−	+	+	−	−
溶血性	β	弱β	弱β	弱β	弱β
豚病原性	+	+	−	?	関節炎?

出典　（独）農業・食品産業技術総合研究機構動物衛生研究所九州支所ホームページ

4　判定基準

(1) **生体検査**

前述の生体所見が認められた場合は豚赤痢を疑う。

(2) **解体前検査**

判定基準なし。

(3) **解体後検査**

前述の剖検所見が認められ，細菌検査の結果，原因菌が分離された場合は豚赤痢と判定する。

[24　豚赤痢：参考文献]

大宅辰夫：豚赤痢，豚病学（第4版）（柏崎守ほか編），pp. 367-374，近代出版，1999.

（独）農業・食品産業技術総合研究機構動物衛生研究所九州支所ホームページ，豚赤痢及び豚赤痢の細菌学的検査法（http://niah.naro.affrc.go.jp/sat/index.html）

（独）農業・食品産業技術総合研究機構動物衛生研究所ホームページ，家畜の監視伝染病—79豚赤痢（swine dysentery）（http://niah.naro.affrc.go.jp/index-j.html）

末吉益雄：サープリーナ・豚赤痢，感染症カラーアトラス（見上彪編），pp. 274-278，文永堂出版，1999.

25 Q 熱

Q Fever

1 解　説

　Q熱は，偏性細胞内寄生性の細菌 *Coxiella burnetii*（*C. burnetii*）の感染によって起こる人獣共通感染症である。病名は，1935年にオーストラリア・クイーンズランド州ブリスベンのと畜場作業員の間に原因不明の熱病が発生し Query fever（不可思議な熱）と呼ばれたことに由来する。

　本病の分布はわが国を含め世界的である。わが国の「感染症の予防及び感染症の患者に対する医療に関する法律」（平成10年法律第114号）では，四類感染症（全数把握）に位置し，*C. burnetii* は第3種病原体に指定され，所持等の届出が義務付けられている。

　C. burnetii は構造的にはグラム陰性菌であるが，グラム染色では難染性から不染性，光学顕微鏡での観察には，Gimenez 染色が適している。宿主細胞の細胞質内で増殖し，人工培地での培養は未だ成功していない。菌体は多形性で球桿菌〜桿菌の形態を呈し，菌体の長さが 1μm 以上にもなる大型の Large cell variants（LCV），直径 0.2〜0.5μm の小型の Small cell variants（SCV），小型で特に圧力耐性がある Small dense cell（SDC）に分類できる。また，相変異という菌体表面の構造変化を起こし，野生型の完全な LPS 鎖をもつ強毒株である I 相菌と LPS が不完全な弱毒株である II 相菌があるのも本菌の特徴である。

　C. burnetii は自然界に広く分布し，人をはじめ多種多様な生物（野生動物，鳥類，ダニなどの節足動物，牛やめん羊などの家畜，犬や猫などの愛玩動物）と環境中において維持されている。家畜では牛，ヤギ，羊とこれらに由来する乳肉製品が人への感染源として重要である。また，*C. burnetii* は乾燥状態のダニ糞中で 586 日以上，4℃前後保存の生乳や脱脂粉乳で約 42 か月，その他未殺菌乳から製造したバターやチーズでも長期間生存するといわれる。わが国では平成 14（2002）年 12 月の乳等省令の改正において，乳の殺菌基準が結核菌から本菌に変わり，殺菌温度が 63℃ 30 分に変更された。

　動物は *C. burnetii* に感染しても無症状に経過する場合が多いが，不顕性感染の保菌動物は乳汁，流産胎児，胎盤，羊水，糞便，尿から病原体を排泄する。特に流産では大量の菌が排泄され，牛，ヤギ，羊などの家畜が人への感染源として注目されるほか，カナダなどでは犬や猫などの愛玩動物の出産に伴うアウトブレイクも報告されている。

人は C. burnetii を含むエアロゾルを吸入することによる感染が最も多い。

2　診　　断

(1)　生体所見

　　動物はほとんど臨床症状を示さないが，妊娠動物では流産することがある。その他妊娠率の低下などの繁殖障害や乳房炎を呈する。

　　人は C. burnetii に感染すると，約 50％の人が急性に発症し，残りは慢性か無症状に経過する。その病型は急性Q熱および慢性Q熱に大別され，きわめて多彩である。急性Q熱からの回復後に Post Q fever syndrome と呼ばれる不定愁訴を呈したり，慢性疲労症候群様の症状を呈することもある。

　　急性Q熱では，2〜4週間の潜伏期の後，発熱，異型肺炎，頭痛，筋肉痛等の症状を示す。

　　治療にはテトラサイクリン系およびニューキノロン系の抗生物質が有効で，一般に予後は良好である。一方，慢性Q熱は，心内膜炎が多く他に肝炎や脈管炎等を呈し，診断が遅れて重症化すると予後が悪い。

(2)　病理組織検査

　　実験的に免疫不全マウスに C. burnetii を感染させると，特に脾臓や肝臓で著しく増殖し，脾腫などを呈するが，一般に感染動物は特別な剖検所見を示さないので，病理解剖学的な診断は困難である。

(3)　その他検査

　　本病は症状が非特異的で症状だけでは鑑別診断できないため，血清学的および病原学的診断を行う。

　　血清学的診断は蛍光抗体法による抗体価の測定が最も一般的で，ペア血清のⅡ相菌に対する IgM および IgG を測定することが望ましい。ペア血清の場合には IgG の上昇が4倍以上，シングル血清の場合には IgM32〜64倍，IgG64〜128倍以上を陽性と判定する。

　　病原学的診断には PCR 法による遺伝子の検出が最も有用で，血液，咽頭ぬぐい液，バイオプシーなどさまざまな生体材料が検査可能である。

　　病原体の分離には P3 施設が必要であり，時間もかかることから一般的ではない。

3 判定基準

(1) **生体検査**
多くの場合，明確な臨床症状を伴わないため，解体後の検査所見により判定する。

(2) **解体前検査**
判定基準なし。

(3) **解体後検査**
前述の血清学的および病原学的検査で陽性と判定された場合はQ熱と判定する。

26 悪性水腫

Malignant Edema

1　解　説

　悪性水腫は，*Clostridium septicum*，*C. novyi*，*C. perfringens*，*C. sordellii* の単独あるいは混合感染によって起こる創傷感染病，すなわちガス壊疽である（わが国の場合，*C. septicum* を悪性水腫菌と呼び，その単独感染例が多い）。牛，馬，豚，めん羊，山羊に発生する。本病の主たる原因菌の悪性水腫菌は，幅 $0.6～0.8\mu m$，長さ $3～8\mu m$ の偏性嫌気性，芽胞形成菌で，培養では孤在あるいは短連鎖を示すが，動物の滲出液中あるいは肝表面では長連鎖あるいは長糸状を示す。短期間の培養ではグラム陽性であるが，長期間になると陰性となる。本菌は嫌気的条件下である限り，普通の培地によく発育する。ツアイスラーの血液寒天平板培地に発育したコロニーは，菲薄，不整型で，やや培地に陥入し周囲に狭い溶血環をつくる。高層寒天培地で培養すると，綿屑状あるいはいが栗状のコロニーをつくるがレンズ状にみえる場合もある。

　この菌は土壌細菌として広く自然界に分布する。動物が筋肉組織に深い創傷を受け，血液が滲出して本菌の発育ならびに毒素産生に至適の状態となった場合に感染が起きる。本病の発生と動物の年齢との間には関連性はない。

　牛では分娩後に急性の本病が発生することがある。これは不潔な手指あるいは器具によって子宮内に原因菌が侵入し，感染が成立することによる場合が多い。

　豚にあっては，創傷感染のみならず，消化器感染をすることもある。後者の場合では，原因菌が胃の粘膜に侵入し，胃壁に水腫とガス形成を起こす。

　本病は気腫疽と誤りやすいが，気腫疽の発生は特定地方に限られるのに対し，悪性水腫は全国いずれの地方でも発生する。したがって，と畜場において発見される場合も決してまれではなく，常に注意を怠ることのできない疾病の一つである。

2　診　断

(1)　**生体所見**

　皮下および筋肉の浮腫と圧診による捻髪音が特徴的である。創傷感染によって本病が起こる場合は，感染部位に 24 時間以内に水腫を生ずる。腫脹部位は，はじめは疼痛を有するが，後に軟化して無痛となる。さらに進むと腫脹部位は気腫疽の場合と同様，圧診により捻髪音を発し，切開すると赤黄色の腐敗臭のある泡抹液が流出

する。
　気腫部は打診により鼓音を，圧診により捻髪音を発し，スポンジ様触感がある。全身気腫を呈した雌乳牛の場合，背線は両側から5cmくらい陥没し，背・臀・肩甲部は丸みを帯び，肥満した雄牛の体形を感じさせたという報告がある。
　分娩時産道感染を起こした場合は陰唇の腫脹，膣よりの不潔赤褐色粘稠液の排出をみる。陰唇は，はじめは疼痛があるがしだいに冷たくなり，無痛となる。色は暗色化し，圧診すると，捻髪音を発する。
　去勢時に感染した場合は，去勢創より下腹にわたって広い浮腫ができ，次いで疝痛，腹壁の知覚過敏および鼓張がみられる。

(2) **剖検所見**
　皮下織は汚血色または黄赤色の膠様血様浸潤があり，酸敗臭，チーズ臭のある泡抹ガスを含有する。筋は暗赤色またはれんが色を呈し，スポンジ様触感があり，チーズ臭の泡抹ガスを多量に含む。筋線維は所々に分離し，筋片は水に浮上する。肝臓および腎臓は網状脆弱となり，泡抹ガスを含有する。
　豚の消化器感染による本病の場合，胃壁は浮腫とガス形成を起こし，肝臓，腎臓はガス形成により多孔性となる。

(3) **病理組織検査**
筋肉：断裂または大間隙，小空胞または空胞の増加融合，筋線維の著明な変性，すなわち萎縮または肥厚，横紋縦紋の消失，硝子様変性，間質結合織の出血などがみられる。
肝臓：組織構造は不規則となり，境界不明瞭，小葉における大小多数の空胞。肝細胞の筋線維様萎縮または風船様変性などを示す。
腎臓：断裂または大間隙，糸球体の変化，ボーマン嚢の拡大緊張，空胞充満などの変化がみられる。

(4) **微生物検査**
　1) **塗抹標本の染色鏡検**
　　筋肉，肝臓，腎臓等の滲出液の塗抹標本のグラム染色では，単立または2個連鎖のグラム陽性桿菌として認められる。場合によっては，短連鎖あるいは中等度の長糸状の菌としてみられることもある。接種されたモルモットの肝表面および腹水の塗抹標本では，長連鎖または長糸状の菌が顕著に認められる。染色性はやや悪く，菌体に濃染部と不染部とがみられる。グラム陽性であるがときに陰性に染まる部位もある。
　2) **培　　養**
　　本菌は偏性嫌気性で，嫌気的条件下では普通の培地によく発育する。分離は病変部，体表リンパ節，肝臓，脾臓，筋肉等をVL変法寒天培地，ツアイスラー血液

寒天培地またはGAM寒天培地等を用いて行う。VL変法寒天培地ではガス噴射法，血液寒天培地またはGAM寒天培地では嫌気ジャー法により嫌気性培養（37℃で12〜24時間培養）を行う。

各培地とも次のようなコロニーを形成する。
・灰白，半透明，周縁根足状，やや隆起したコロニーは C. septicum
・扁平，塗抹線上に根足状に発育するコロニーは C. sordellii
・隆起した乳白色，正円形のコロニーは C. perfringens
・周辺根足状のコロニーは C. novyi

3) 動物接種

検体をモルモット大腿部の筋肉深く接種すると，多くの場合翌日までに死亡する。接種部位を中心として，下腹部皮下に不潔血様浸潤が認められる。炭疽の場合，モルモットが死亡するまでに数日かかることと，皮下にきれいな膠様浸潤ができることから両者の区別は明瞭である。筋組織は暗赤色を呈する。肝臓は半煮肉状を呈し，肝表面の圧扁標本では，長連鎖あるいは長糸状の菌がみられる。この点で気腫疽と鑑別できる。

(5) 蛍光抗体法

C. septicum, C. sordellii, C. novyi の蛍光抗体（外国製品）が試薬として入手できる。分離菌の簡易同定等に利用できるが，C. perfringens に対する蛍光抗体がないことから，悪性水腫の診断としては補助的である。

3 類症鑑別

本病は気腫疽と誤りやすいが，気腫疽は特定地方に発生するのに対し，悪性水腫はいずれの地方でも発生する。病的材料をモルモットに接種し，死亡したモルモットの肝表面の圧扁標本を染色鏡検すると，悪性水腫菌の場合は長連鎖または長糸状の桿菌としてみられる。これに対し，気腫疽菌の場合には単立あるいは短連鎖の桿菌としてみられる。

悪性水腫菌は見かけ上健康な草食動物の腸内に常在する。培養すると，気腫疽菌などと比較して発育が旺盛である。したがって，死亡した動物の材料などから本菌が分離されても，その病原的意義づけは慎重になされなければならない。

検査体制が不備であった過去において，菌の形態が似ているという点に加えてアスコリーテストでまぎらわしい反応が出るという偶然が重なり，悪性水腫を炭疽と誤った事例がみられた。

4 判定基準

(1) **生体検査**

前述の生体所見が認められ，病変部における滲出液の塗抹標本からグラム陽性の大桿菌を認めた場合は悪性水腫を疑う。

(2) **解体前検査**

判定基準なし。

(3) **解体後検査**

前述の剖検所見が認められ，当該菌を分離した場合は悪性水腫と判定する。

[26 悪性水腫：参考文献]

清水悠紀臣，鹿江雅光：伝染病学，p.177，メディカルサイエンス社，1997.

農林水産省消費・安全局監：病性鑑定マニュアル（第3版），pp.128-129，全国家畜衛生職員会，2008.

27 白血病

Leukemia

　白血病は造血細胞の系統的な腫瘍性増殖を示す疾患で，厳密には骨髄中で造血系細胞が腫瘍化したものであるが，広義にはリンパ腫を含む白血球系腫瘍全体のことをいう。

　白血性・白血化（Leukemic）は末梢血における造血系腫瘍細胞の顕著な出現を意味する用語としても用いられ，本来は骨髄に増殖巣のない牛白血病（bovine leukemia）などのリンパ腫で末梢血に腫瘍細胞が認められる場合にも白血性と呼ばれている。

　と畜検査において特に問題になるのは牛と豚の白血病であるが，ここでは豚の白血病について解説する。牛白血病についてはその項を参照されたい。また，表Ⅱ-14（p.249）として最新のWHOによる家畜における造血器系腫瘍の分類表を添付する。

豚の白血病

Swine Leukemia

1　解　説

　豚の白血病は，他の家畜の白血病と同じく大半はリンパ性腫瘍であり，種々の解剖学的病型をとりうるとされている。国内でも海外でも最も多いのは多発性（多中心型）で縦隔型（胸腺型）がこれに次いでいる。

2　診　断

(1) **生体所見**
　　生体検査時に発見することは難しく，解体後検査で見つかる例が多い。

(2) **血液所見**
　　軽ないし中度の貧血と赤血球生成の亢進がみられる。赤血球系の形態は，有核赤血球，赤芽球の出現をみることが多く，網状赤血球の出現，増数傾向も認められる。
　　白血球数は時に数万～10余万に達するが，高度の増加をみることは少ない。リン

Ⅱ　検査対象疾病

パ芽球，前リンパ球および異型リンパ球の出現を認める例が多い。

(3) 剖検所見

　豚の白血病は牛の白血病に比し，比較的安定した病変像を示す（図Ⅱ-9参照）。豚リンパ性白血病の主な解剖的病型は多発型（多中心型）と縦隔型（胸腺型）である。と畜検査で発見される場合は双方ともすでに病変が広範囲に拡大していることが多いので，胸腺型のものでも多中心型のごとき形を示すこともある。

　多中心型は体表の各リンパ節が半球状に種々の程度に隆起していることが多い。これらのリンパ節は親指大ないし鶏卵大ほどに腫大し，クルミ大のものは珍しくない。リンパ節被膜は緊張し，周囲への腫瘍浸潤が明らかに認められることもあるが，多くは可動性で癒着は少ない。色は髄様白色，充実性で大きさの割には壊死の乏しい腫瘍塊である。

　豚固有の体型からか，このような例では体重が明らかに減少しているのに，高度の削痩といった印象を受けることはまれで，皮下脂肪織の消失に至る例は少ない（あるいは，これは病の急速な進展を示唆するのかもしれない）。深部のリンパ節も例外なく腫瘍化し，牛白血病と同じく深部や内臓リンパ節の腫脹程度は体表リンパ節より一段と高度であり，ときに癒合して巨大化することの多い腹部内臓リンパ節では広範囲の壊死，出血をみることが多い。

　豚の白血病の内臓病変の特徴は，牛とは逆に肝臓病変がほとんど恒常的に存在する反面，心臓病変の出現が低率なことである。肝臓には結節性病変が多いが，びまん性の小葉間結合組織への腫瘍細胞浸潤，髄様増殖による透明感のある網目模様も

■図Ⅱ-9　豚白血病の解剖型（病変分布）の模式図

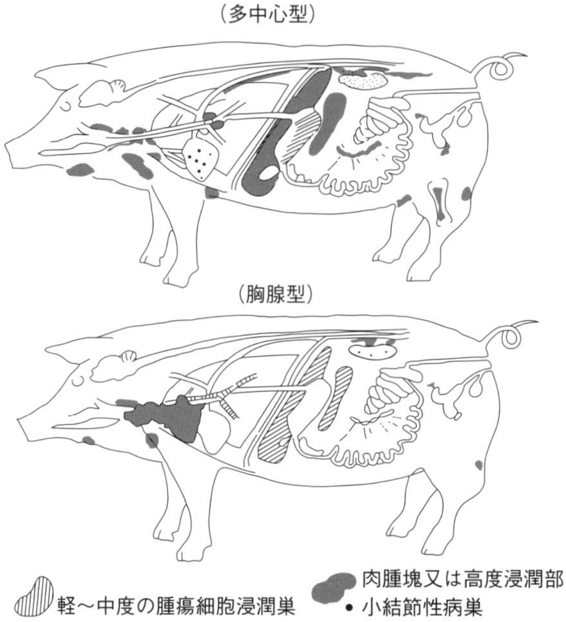

(多中心型)

(胸腺型)

▨ 軽〜中度の腫瘍細胞浸潤巣　　▰ 肉腫塊又は高度浸潤部
　　　　　　　　　　　　　　• 小結節性病巣

多く，結節型病変との中間型も認められる。肝臓表面に大型の中心陥凹をもつ灰白色結節が認められたのみという例があるが，肝臓のみに病変を認めるのは例外的である。

脾腫は比較的軽度なものが多く，巨脾を呈するものは少ない。脾臓はびまん性におかされることもあり濾胞腫脹の目立つ場合もある。

消化管病変はあまり目立たないが，回盲部から結腸上部にかけて，本来リンパ装置のよく発達した部分に腫瘍性変化をみることもある。腸のリンパ節の病変は症例により軽度から高度なものまであり一定しない。

腎臓では皮質に結節を形成するものが多いが，腎臓全体にびまん性浸潤をみる例もある。膀胱にも腫瘍結節を形成し出血を伴うこともあるが，頻度は低い。

卵巣がおかされることもあるが，比較的まれで，子宮や精巣などにはまれに腫瘍性変化をみる程度である。肺では肺葉基部において，気管気管支リンパ節の腫瘍から連続性に腫瘍の浸潤をみることがある。

心臓病変の出現頻度は低い。心臓全体に多数の不整形乳白色斑状ないしは結節状の病変がみられることがあるが，牛白血病のごとく一定部位を好んでおかす傾向はみられない。

胸腺がおかされると前縦隔リンパ節病変と合して大腫瘤となることが多いが，豚は頸部が著しく短く，リンパ節は連続する大腫瘤となることが少なくないため，胸腔前半から頭部にかけて付近の正常構造のすべてが腫瘍に埋没したかのようにみえることがある。

頸部リンパ節の変化の高度なものでは，甲状腺や扁桃がおかされることも多い。しかし，唾液腺や舌は大抵の場合肉眼的には著しい変化を示さない。中枢神経系がおかされることはまれである。

骨髄病変は牛の"成牛多中心型"よりもはるかに多く出現するもののようである。

わが国で認められた豚の白血病例は多くが多中心型であるが，胸腺部腫瘍を主体とする胸腺型も存在する。胸腺型では他臓器病変，特に腹腔臓器や同部リンパ節の変化が比較的目立たず軽度なものが多い。独立した皮膚型は確認されていない。

(4) 病理組織検査

リンパ節の所見は牛白血病の場合と本質的相違があるわけではないが，リンパ節が位置的に相接しているために，被膜への浸潤が腫瘍の融合巨大化につながることが多く，組織学的に腫瘍性変化を欠くリンパ節はほとんどみられない。リンパ濾胞は萎縮するが痕跡を留めていることが多い。

脾臓の腫瘍性変化は症例により一定しないが，高度の腫瘍性変化のみられる場合も多い。脾濾胞の腫大をみる場合と赤脾髄にびまん性に腫瘍細胞が増殖するものがあるが，後者では濾胞は萎縮する。脾静脈やリンパ管内に腫瘍細胞がみられることが多い。

肝臓はリンパ節と同様に，高度の腫瘍性変化のみられる部位である。腫瘍細胞の

浸潤は小葉間結合織を中心として生じ，軽度のものでは門脈の三つ組を中心として島状に，より高度なものでは小葉間結合織にびまん性に浸潤し，染色された切片の肉眼的観察ですでに網目状を呈する腫瘍浸潤部が明らかである。中心静脈周囲にも腫瘍細胞の浸潤をみることがあるが，類洞内に集積あるいは増殖することは少ない。結節型病変を認める場合は，結節中心部の肝臓組織は消失し周囲肝臓組織に向かって小葉間結合織を中心として放射状に浸潤拡大するが，結節から隔たった部位では腫瘍細胞の浸潤は極めて乏しい。中間型は双方の特徴を備えている。肝臓細胞は圧縮萎縮に陥ったり，空胞化ないし脂肪化することもあり，消耗性色素の沈着を認めることもある。また星細胞にヘモジデリン沈着をみることもある。肝リンパ節や膵十二指腸リンパ節の圧迫のため，胆道が閉塞され黄疸症状を呈し，胆汁円柱の証明されるものもある。

　消化管の腫瘍性変化は必ずしも著しくないが，リンパ装置の発達部に一致して腫瘍細胞の浸潤増殖による胃，腸壁の肥厚や二次的潰瘍化を招くこともある。

　腎臓では結節性病変もびまん性浸潤も皮質あるいは皮髄境界部に始まり，尿細管を離開し，変性萎縮さらには消失に至らせることが多い。糸球体は腫瘍細胞塊中に浮かぶ島のように残存することが多い。膀胱粘膜にも斑状あるいは結節状に腫瘍細胞が浸潤し，出血を伴うことが多い。

　心臓の腫瘍性病変は牛白血病に比較すれば非常に頻度は低いが，組織像は大同小異で，心外膜下や筋線維間におびただしい腫瘍細胞の浸潤がみられる。

　肺はリンパ節から連続する場合や，まれにみられる結節性病巣部以外には気管支周囲リンパ組織や血管周囲に腫瘍細胞の集積をみる程度である。

3　類症鑑別

血液，腫瘍の部分などについて検査を行い，他の腫瘍と類症鑑別する。

4　判定基準

(1) **生体検査**
多くの場合，明確な臨床症状を伴わないため，解体後の検査所見により判定する。

(2) **解体前検査**
判定基準なし。

(3) **解体後検査**
前述の剖検所見および病理組織所見が認められた場合は白血病と判定する。

27 白血病

■表Ⅱ-14　家畜の造血器腫瘍の分類（新 WHO 分類より引用）

リンパ系腫瘍	
1　B細胞リンパ腫瘍 　1.1　前駆B細胞腫瘍 　　1.1.1　B細胞リンパ芽球白血病／リンパ腫 　1.2　成熟B細胞腫瘍 　　1.2.1　B細胞慢性リンパ性白血病／リンパ腫 　　1.2.2　B細胞リンパ球性リンパ腫中間型（LLI） 　　1.2.3　リンパ形質細胞性リンパ腫 　　1.2.4　濾胞性リンパ腫 　　　1.2.4.1　マントル細胞リンパ腫 　　　1.2.4.2　濾胞中心細胞リンパ腫Ⅰ 　　　1.2.4.3　濾胞中心細胞リンパ腫Ⅱ 　　　1.2.4.4　濾胞中心細胞リンパ腫Ⅲ 　　　1.2.4.5　節性辺縁帯リンパ腫 　　　1.2.4.6　脾辺縁帯リンパ腫 　　1.2.5　粘膜内リンパ組織節外辺縁帯B細胞リンパ腫 　　　　（MALTリンパ腫） 　　1.2.6　有毛細胞性白血病 　　1.2.7　形質細胞性腫瘍 　　　1.2.7.1　不活性形質細胞腫 　　　1.2.7.2　未分化形質細胞腫 　　　1.2.7.3　形質細胞性骨髄腫 　　1.2.8　大型B細胞リンパ腫 　　　1.2.8.1　多数のT細胞を伴うB細胞リンパ腫 　　　1.2.8.2　大細胞型免疫芽球性リンパ腫 　　　1.2.8.3　びまん性大細胞型B細胞リンパ腫 　　　1.2.8.4　胸腺B細胞リンパ腫 　　　1.2.8.5　血管内大細胞型リンパ腫 　　1.2.9　バーキットリンパ腫 　　　1.2.9.1　高悪性度B細胞リンパ腫，バーキット様	2　T細胞及びNK細胞リンパ腫瘍 　2.1　前駆T細胞腫瘍 　　2.1.1　T細胞リンパ芽球白血病／リンパ腫 　2.2　成熟T細胞及びNK細胞腫瘍 　　2.2.1　大型顆粒リンパ球増多症（LGL） 　　　2.2.1.1　T細胞慢性リンパ性白血病 　　　2.2.1.2　T細胞（LGL）リンパ腫／白血病 　　　2.2.1.3　NK細胞慢性リンパ性白血病 　　2.2.2　皮膚T細胞腫瘍 　　　2.2.2.1　向表皮型皮膚リンパ腫（CEL） 　　　　2.2.2.1.1　CEL，菌状息肉腫型 　　　　2.2.2.1.2　パジェット病様細網症型 　　　2.2.2.2　非向表皮型皮膚リンパ腫 　　2.2.3　節外／末梢T細胞リンパ腫（PTCL） 　　　2.2.3.1　PTCL，混合リンパ型 　　　2.2.3.2　PTCL，混合炎症型 　　2.2.4　成獣型T細胞様リンパ腫／白血病 　　2.2.5　血管免疫芽細胞性リンパ腫（AILD） 　　2.2.6　向血管性リンパ腫 　　　2.2.6.1　血管中心性リンパ腫 　　　2.2.6.2　血管浸襲性リンパ腫 　　2.2.7　腸管T細胞リンパ腫 　　2.2.8　未分化大細胞リンパ腫（ALCL） 3　その他の腫瘍 　3.1　肥満細胞腫 　3.2　ホジキン様リンパ腫 　3.3　胸腺腫 　3.4　胸腺癌（悪性胸腺腫） 　3.5　骨髄脂肪腫 　3.5　悪性線維性組織球腫 4　良性のリンパ球増殖 　4.1　濾胞性リンパ過形成 　4.2　非定型的濾胞性リンパ過形成 　4.3　傍皮質リンパ過形成

骨髄系	
1　悪性の骨髄増殖 　1.1　前駆骨髄性白血病 　　1.1.1　急性骨髄性白血病最未分化型（AML M0） 　　1.1.2　急性骨髄性白血病未分化型（AML M1） 　　1.1.3　急性骨髄性白血病分化型（AML M2） 　　1.1.4　急性前骨髄球性白血病（AML M3） 　　1.1.5　急性骨髄単球性白血病（AML M4） 　　1.1.6　急性単芽球性白血病（AML M5A）	1.3　骨髄異形成症候群 　1.3.1　突発性骨髄線維症／骨髄化生（MMM） 　1.3.2　慢性骨髄単球性白血病（CMML） 　1.3.3　芽球増加型不応性貧血（RAEB） 2　充実性骨髄増殖 　2.1　皮膚組織球腫 　2.2　皮膚組織球症（皮膚反応性組織球症） 　2.3　全身性組織球症

```
    1.1.7  急性単球性白血病（AML M5B）              （全身性反応性組織球症）
    1.1.8  赤白血病（AML M6A）              2.4  組織球性肉腫／悪性組織球症
    1.1.9  赤血病性骨髄症（AML M6B）        2.5  顆粒球性肉腫
    1.1.10 急性巨核芽球性白血病（AML M7）
  1.2  慢性骨髄性白血病（CML）              3  良性の骨髄性増殖
    1.2.1  CML，好中球性                     3.1  類白血病反応
    1.2.2  CML，好酸球性                     3.2  白血球左方減少症
    1.2.3  CML，単球性                       3.3  中毒後性反応
    1.2.4  真性赤血球増多症                  3.4  レフレル様症候群
    1.2.5  巨核球性骨髄症／本態性血小板血症
```

[27 白血病：参考文献]

板倉智敏ほか：造血系腫瘍, 動物病理学各論（日本獣医病理学会編），pp.80-88, 文永堂出版, 1998.

28 リステリア病

Listeriosis

1 解説

　リステリア病は，リステリア（*Listeria monocytogenes*：Lm）による感染症で，人獣共通感染症である。Lmは通性嫌気性，グラム陽性，無芽胞の小桿菌で，鞭毛を有し20～25℃で活発な運動性を示す。

　LmはIntracellular bacteriaであり，広く環境中に存在している。また，Lmはsomatic（O）およびflagellar（H）抗原の組合せで13型に型別され，それらの多くは菌株の遺伝学的距離（多様性）により型別される。人，動物とも，4b型による感染が最も多く，次いで1型（1/2a型および1/2b型）であり，その他の血清型による感染は少ない。

　豚および馬は，本菌に感染するものの発症することはまれである。また，豚そのものの保菌率は高くはない。しかしながら，豚肉製品の摂食と人のLm感染は密接な関係がある。牛，羊などの反芻動物は，化膿性脳炎を伴う神経疾患および流産の例が多く，人では，髄膜炎例が圧倒的に多い。胎内感染した新生児では，肉芽性敗血症を起こす。また，軽い菌血症型の感染も発生する。乳幼児，高齢者，何らかの基礎疾患を有する患者の場合は，重症化し死亡率は高い。また，Lmの病原性を規定する遺伝子のなかでも，菌体の表面蛋白を構成するInternalinは，細胞への侵入に重要な役割を果たしていることがわかってきている。

　リステリアは，低温（4℃）でも発育し，比較的乾燥に耐え，しかも幅広い温度帯およびpH帯で発育が可能であるため，汚染した飼料に生残したり，飼料中で増殖したりする可能性が考えられる。特に羊などでは，品質不良の汚染したサイレージが感染源になった症例が数多く報告されている。

2 診断

(1) **生体所見**

　春先（3～6月）に好発し，散発的に発生する。神経症状や流産を認めた家畜飼育履歴のある農場や，分娩やその他のストレス感作があった場合に発生しやすい。

　脳炎例では，軽度の発熱と平衡感覚の失調に基づく所見，すなわち，頭部を物の間に押しつけて体の安定を保ったり，旋回運動，回転運動（横臥しているときに刺

激を加えると，横臥したまま回転する）を示す。この他，著しい流涎（水様），耳翼の下垂，麻痺（咽喉頭・咬筋・舌・眼瞼など），体の震え，斜頸，斜視，眼球震盪，角膜混濁，起立不能などの所見もみられる。敗血症例では，発熱など全身症状を示し，まれに急死する。妊娠した動物では，流・早産を起こすこともある。

(2) 剖検所見

　脳炎例では，脳軟膜の軽い充血がみられる。延髄，脳橋ではその割断面に小血管の充血，灰黄ないし灰褐色の変色斑，髄膜の水腫性肥厚がみられることもあるが，通常ほとんど特徴的な肉眼所見を示さない。

　敗血症例では，肝臓，脾臓，肺，リンパ節などは充血，腫脹，水腫性を示し，胎仔や新生仔の敗血症型では，肝臓に針先状の小白斑～黄色巣（壊死巣）が散在する。

(3) 病理組織検査

脳炎型：延髄および橋を中心とする脳幹部に微小膿瘍の形成を伴う化膿巣が存在し，周辺にグラム陽性の小桿菌を確認できることが多い。グリア細胞の反応を伴い，軟化病巣を形成することがある。また，神経細胞の変性，主として単核細胞からなる囲管性細胞浸潤が化膿巣から離れた部位にみられる（髄膜にもみられることがある）。この病変は，病性が軽く，経過の長引いたものにみられる。牛では羊，山羊に比較して好中球の浸潤が少なく，囲管性細胞浸潤も弱い。

敗血症型：肝臓における多発性巣状壊死または微小膿瘍形成がみられる。病巣にグラム陽性の小桿菌を確認できる。類似病変は，肺，心臓，腎臓，副腎，脾臓，脳においても認められる。

(4) 微生物検査

1) 採　材

　　リステリア脳炎の病巣は脳幹部に限局しているので，病原体検索用材料は延髄，脳橋，小脳髄質，大脳脚，頸髄上部髄液を中心に採取する。また，敗血症例では肝臓，脾臓などの臓器を中心に，流産例では胎仔の胃内容，母畜の悪露を採取する。さらに，可能であれば糞便サイレージも採取する。

2) 細菌検査（直接鏡検）

　　上記材料について，スライドグラスを用いて塗抹標本を作製し，グラム染色後，グラム陽性小桿菌を確認する。本菌は材料中では小さく，時に連鎖していることがあるため，連鎖球菌などと見誤られる可能性がある。

3) 細菌検査（直接・増菌・分離培養）

　　脳脊髄系，臓器については，乳剤を作製し，これを羊血液寒天培地，乳糖加BTB寒天培地に接種し，37℃，24～48時間培養する。また，増菌する場合は，検体を10倍乳剤としてブレインハートインフュージョンブロスまたはトリプティケース・ソイブロスに接種し，4℃で1～2週間静置（増菌）する。増菌後上記寒

■表Ⅱ-15　リステリアの主な生物化学的性状

菌種名	溶血性	グラム染色性	運動性	カタラーゼ	オキシダーゼ	VP反応	エスクリン分解	CAMPテスト S. aureus	CAMPテスト R. equi	糖発酵性 グルコース	糖発酵性 ラムノース	糖発酵性 キシロース	糖発酵性 マンニット
L. monocytogenes	+	+	+	+	−	+	+	+	−	+	+	−	−
L. ivanovii	++	+	+	+	−	+	+	−	+	+	−	+	−
L. innocua	−	+	+	+	−	+	+	−	−	+	d	−	−
L. welshimeri	−	+	+	+	−	+	+	−	−	+	d	+	−
L. seeligeri	+	+	+	+	−	+	+	+	−	+	−	+	−
L. grayi	−	+	+	+	−	+	+	−	−	+	d	−	+

天培地に移植し，37℃ 24～48時間分離培養を行う。血液寒天培地では，大きさが集落に一致した弱いβ溶血性を示し，乳糖加BTB寒天培地では，連鎖球菌（*Streptococcus agalactiae*）や腸球菌（*Enterococcus faecalis*）にきわめて類似した小コロニーを形成するが，連鎖球菌は，通常乳糖加BTB寒天培地に発育しないし，腸球菌とともにカタラーゼ反応陰性であることから鑑別することができる。寒天培地に発育した集落がグラム陽性無芽胞小桿菌であった場合は，表Ⅱ-15に示す生物学的，生化学的性状を検査して同定する。なお，診断用血清については，O抗原診断用因子血清8種類およびH抗原診断用因子血清4種類が市販されている（デンカ生研など）。

糞便サイレージなどから本菌を分離する場合は，UVMまたはHalf-Fraserブロスを用いて，30℃，24～48時間一次選択増菌培養し，さらには，一次増菌液をFraserブロスで10倍希釈して30℃，24～48時間二次選択増菌培養する。二次増菌培養後PALCAM寒天培地，Oxford寒天培地，CHROMagar Listeriaなどに接種し，30℃，24～48時間培養する。リステリアは，PALCAM寒天培地においては，暗視野実態顕微鏡で観察すると乳青白色の蛍光を発する微小集落を形成する。CHROMagar Listeriaでは，水色の集落に円形のハローを形成する。

また，ELISA法，免疫蛍光法，イムノクロマト法などの測定原理に基づき，リステリアの検出および同定用として数多くのキットが市販されている。迅速診断には，これらを活用することが有効である。

(5) その他検査

選択分離培地から単分離した集落であっても，分離株の溶血性が弱い場合は，*L. innocua*とLmとの鑑別が難しい場合がある。このような場合にはPCR法を用いると容易に鑑別できる。Lmに特異的なプライマーとして，ファゴソーム膜を障害して細胞質へ脱出させる機能に関与するlisteriolysinOをコードする*hly*を標的遺伝子とするプライマー，組織侵入性に関与するP60をコードする*ipa*を標的遺伝子とするプライマー，病原遺伝子転写促進に関与するPrfAをコードする*prfA*を標的遺

伝子とするプライマーなどが公表されている。また，PCR法に基づいたキットも各社から市販されており，迅速診断に有用である。

3　類症鑑別

脳炎を起こすウイルス性疾患，他種菌による敗血症と類症鑑別する。

4　判定基準

(1) **生体検査**
季節性を考慮し，前述の生体所見を認めた場合リステリア病を疑う。

(2) **解体前検査**
判定基準なし。

(3) **解体後検査**
脳炎例の場合は，延髄，脳橋，小脳髄質，大脳脚，頸髄上部髄液などから，敗血症例では，肝臓および脾臓などから，流産例では，胎仔の胃内容，母畜の悪露などから原因菌が分離された場合はリステリア病と判定する。

[28　リステリア病：参考文献]
Ragon M, Wirth T, Hollandt F, Lavenir R, Lecuit M, Le Monnier A, Brisse, S : A new perspective on *Listeria monocytogenes* evolution, PLoS Pathog. 5 ; 4(9):e1000146, 2008.
(独) 農業・食品産業技術総合研究機構動物衛生研究所ホームページ，病性鑑定マニュアル（第3版），牛伝染性疾病—リステリア症—
厚生労働省監：食品衛生検査指針　微生物編，pp. 249-265，日本食品衛生協会，2004.
カラーアトラス微生物検査，Medical Technology 別冊，pp. 60-63, 医歯薬出版，1996.

29 痘　病

Pox Diseases

　Poxviridae に属するウイルスに起因する痘病は，哺乳類，鳥類を通じて多種類の動物に認められている。現在わが国で認められているものは，牛痘，偽牛痘，牛丘疹性口炎，豚痘，伝染性膿疱性皮膚炎であり，いずれも比較的良性の疾患である。牛丘疹性口炎，伝染性膿疱性皮膚炎は別途記載しているので，ここでは牛痘，偽牛痘，豚痘について記載する。

29-1　牛　痘

Cowpox

1　解　説

　牛痘は，牛痘ウイルスに起因する牛の痘病で，人獣共通感染病である。Jenner が 18 世紀に天然痘の予防に本ウイルスを使用した。病原体は *Poxviridae*, *Chordopoxvirinae*, *Orthopoxvirus* 属に属する DNA ウイルスである。本病の宿主域は広く，牛，人，ネコ科の動物，象など多種である。ドブネズミなど多くのげっ歯類が病原巣となりうる。一般的に，本ウイルスはネズミ→猫→人→牛と伝播すると考えられるが，日本には存在しない。

2　診　断

(1) **生体所見**
　　乳頭およびその周辺の丘疹。小丘疹に始まり，結節あるいは水胞となり，膿胞となる。臍窩を形成することもある。その後痂皮を形成し，落屑する。

(2) **剖検所見**
　　上記病変と同様である。

(3) 病理組織検査

組織学的には上皮細胞の壊死，封入体形成がみられる。封入体にはギムザ染色で淡青色のA型封入体と赤紫色のB型封入体の2つがある。

(4) 微生物検査

ウイルス分離

ウイルス分離には発育鶏卵漿尿膜接種および牛腎細胞への接種が用いられる。牛痘ウイルスの漿尿膜上のポック，CPE，封入体の有無，赤血球凝集性などから判定する。迅速診断は，病変部乳剤の電子顕微鏡観察によるウイルス粒子の証明。また，PCR法も利用できる。

3　類症鑑別

偽牛痘との鑑別を要する。

4　判定基準

(1) **生体検査**

乳頭およびその周辺に丘疹が認められた個体であって，次のいずれかの検査において牛痘ウイルスを認めた場合は牛痘と判定する。

① ウイルス分離
② PCR法

(2) **解体前検査**

判定基準なし。

(3) **解体後検査**

乳頭およびその周辺の丘疹が認められ，かつ，病理組織検査で特異的病変を確認できた個体であって，次のいずれかの検査において牛痘ウイルスを認めた場合は牛痘と判定する。

① ウイルス分離
② PCR法

29-2 偽牛痘

Pseudocowpox

1 解　説

　偽牛痘は，偽牛痘ウイルスに起因する牛の痘病で，特に泌乳牛の乳頭を冒す疾病である。本病は人獣共通感染症で，搾乳者が感染して，手指に限局した半円形結節ができる。病原体は *Poxviridae* の *Parapoxvirus* 属に属する DNA ウイルスである。本病の宿主域は狭く，牛に限られているが，性別，年齢に関係なく発症する。また，免疫能が有効な期間は短いので，同一牛での再発があり，不顕性感染（キャリアー）牛が多い。

2 診　断

(1) **生体所見**
　　主に乳頭および乳房に生ずる限局性の丘疹，痂皮，紅斑および浮腫を主徴とする。病変は増殖性であり，潰瘍および水胞の形成は稀である。病気自体は良性で，全身症状は認められず，数週間後に回復する。

(2) **剖検所見**
　　上記病変と同様である。

(3) **病理組織検査**
　　組織学的には有棘細胞の増生および空胞変性が認められ，感染細胞の細胞質内には好酸性封入体が観察される。病変部の組織を透過型電子顕微鏡で観察するとウイルス粒子を確認できる。

(4) **微生物検査**
　　ウイルス分離
　　　　牛またはめん羊由来細胞を用いる。精巣細胞が感受性が高い。発病初期の病変組織乳剤を材料とし，37℃で静置培養を行う。CPE の確認，細胞質内封入体の観察をする。初代培養は CPE 出現まで 10 日以上かかることが多いが，継代が進むと接種後 2 ～ 3 日で CPE が生ずる。同定には，電子顕微鏡によるウイルス粒

子の確認，寒天ゲル内沈降反応，特異蛍光を呈する細胞の確認などがある。また，PCR法も利用できる。

3 類症鑑別

牛痘との鑑別を要する。

4 判定基準

(1) **生体検査**
　乳頭および乳房に生ずる限局性の丘疹，痂皮，紅斑および浮腫が認められた個体であって，次のいずれかの検査において偽牛痘ウイルスを認めた場合は偽牛痘と判定する。
① ウイルス分離
② PCR法
③ 寒天ゲル内沈降反応

(2) **解体前検査**
　判定基準なし。

(3) **解体後検査**
　乳頭および乳房に生ずる限局性の丘疹，痂皮，紅斑および浮腫が認められ，かつ，病理組織検査で特異的病変を確認できた個体であって，次のいずれかの検査において偽牛痘ウイルスを認めた場合は偽牛痘と判定する。
① ウイルス分離
② PCR法
③ 寒天ゲル内沈降反応

29-3 豚痘

Swinepox

1 解説

病原体は *Poxviridae* の *Suiparapoxvirus* 属に属するウイルスである。宿主域は狭く，豚のみに感染性を示す。接触あるいはブタジラミ（*Hematopinus suis*）によって伝染する。

2 診断

(1) 生体所見
   幼若な豚が罹患しやすい。軽い発熱とともに体表に病変が現れる。発赤，丘疹，水胞，膿胞，痂皮の経過を経て治癒する。病変は全身の皮膚に現れるが，下腹部や内股部に多発する傾向がある。

(2) 剖検所見
   上記病変と同様である。

(3) 病理組織検査
   感染細胞には細胞質内好酸性封入体，核内空胞が認められる。

(4) 微生物検査
   ウイルス分離
   　CPK または PK-15 を用い，CPE の確認，細胞質内封入体および核内の空胞を確認する。

(5) その他検査
   中和テスト，間接蛍光抗体法，寒天ゲル内沈降反応など

3　類症鑑別

　ワクチニアウイルスは自然界に存在しないが，ワクチニアウイルス感染によっても類似病変がみられる。幼弱豚のみでなく，成豚でも同様に罹患する。

4　判定基準

(1)　**生体検査**

　体表に発赤，丘疹，水胞，膿胞，痂皮が認められた個体であって，次のいずれかの検査において豚痘ウイルスを認めた場合は豚痘と判定する。
① 　ウイルス分離
② 　中和テスト
③ 　間接蛍光抗体法
④ 　寒天ゲル内沈降反応

(2)　**解体前検査**

　判定基準なし。

(3)　**解体後検査**

　体表に発赤，丘疹，水胞，膿胞，痂皮が認められた個体であって，かつ，病理組織検査で特異的病変を確認できた個体であって，次のいずれかの検査において豚痘ウイルスを認めた場合は豚痘と判定する。
① 　ウイルス分離
② 　中和テスト
③ 　間接蛍光抗体法
④ 　寒天ゲル内沈降反応

[29　痘病：参考文献]
甲斐知恵子：牛痘，獣医伝染病学（清水悠紀臣編），pp.79-81, p.89, 近代出版，1999.
森田千春：偽牛痘，獣医伝染病学（清水悠紀臣編），p.89, 近代出版，1999.
森田千春：豚痘，獣医伝染病学（清水悠紀臣編），p.208, 近代出版，1999.
森田千春：牛痘，動物の感染症（清水悠紀臣編），pp.105-106, 近代出版，2002.
森田千春：偽牛痘，動物の感染症（清水悠紀臣編），p.106, 近代出版，2002.
森田千春：豚痘，動物の感染症（清水悠紀臣編），pp.213-214, 近代出版，2002.

30 膿毒症

Pyemia

1 解　説

　膿毒症は，化膿菌が血管またはリンパ管などに侵入して中毒作用を呈したり，あるいは栓塞性（転移性）に化膿巣を生じた場合と定義づけられる。

　本症を生体検査時に診断しうるのは，外部から重度の膿瘍が認められ，同時に臨床上の異常が認められる場合にのみ限られる。一般には，本症は解体後の検査時にはじめてその疑いがある所見が見いだされ，綿密な病理検索，場合によっては細菌学的検査を併用して診断される例が圧倒的に多い。

　生体検査時に本性が疑われる場合は，体温，皮膚，血液，その他の臨床症状，膿瘍部の試験的穿刺による性状検査および末梢血管から採取した血液の細菌検査（直接鏡検）などで総合的診断を行う必要がある。また解体後の検査で本症が疑われる場合は，原発病巣の発見，発見膿瘍の系統的検索，すなわち転移（血行性，リンパ行性）による病巣について検査を行う必要がある。解体後の検査で明瞭な病理所見を呈するものは，直ちに膿毒症と判定することが可能である。本症を疑う所見を示すもので，解体後の検査では判定困難なものについては，細菌検査を実施し，菌の体内分布を調べたうえで判定を下す必要がある。

2 診　断

(1) **生体所見**

　生体検査時に膿毒症が発見される場合は，外部から重度の膿瘍が認められ，発熱，チアノーゼ，白血球増多，好中球の核の左方移動，跛行，起立困難，関節炎，削痩，発育不良（ひね豚），尾の咬傷，胃腸障害などの臨床症状を伴う例が多い。

(2) **剖検所見**

　膿毒症の剖検所見の主なものは，各部位に作られた膿瘍である。今までに実施された調査によれば，筋肉膿瘍の発現率が最も高く，躯幹リンパ節ならびに各臓器付属リンパ節の膿瘍がこれに次ぎ，臓器では，肝膿瘍，肺膿瘍，脾膿瘍，胃腸膿瘍，腎膿瘍の順である。また，筋肉変性（蛋白変性）や各臓器の充血・出血ならびに混濁が認められる。

豚の尾咬症は，膿瘍発生の原因となりやすく，ひいては膿毒症にまで進行することが多い。すなわち尾端より脊髄にかけて膿瘍の形成が上行性に多数認められ，同時に肝臓，肺などに小膿瘍の多発を認める。

(3) 微生物検査
1) 膿瘍から分離される細菌

トリプティケース・ソイ血液寒天平板培地（嫌気培養を行う場合は GAM 血液寒天平板培地）を通常使用する。豚の場合，膿瘍から分離される菌種は，アルカノバクテリウム・ピオゲネスが主で，ブドウ球菌，嫌気性グラム陰性桿菌，レンサ球菌（溶血性），レンサ球菌（非溶血性），アルカノバクテリウム属菌，嫌気性グラム陽性球菌，好気性グラム陰性桿菌，好気性グラム陽性桿菌，プロテウスなどが分離される。

膿瘍から分離される菌は，単一の場合は少なく，大部分は 2 ～ 4 種の菌が同時に検出されている。牛の場合は，主として *Arcanobacterium pyogenes*, *Fusobacterium necrophorum*（壊死桿菌）などが分離される。

2) 塗抹標本の染色鏡検

末梢血管より採取し，塗抹標本について直接鏡検により細菌の有無を判定する。

3) 培　　養

膿毒症を疑う所見であって，解体後の検査では判定困難なものについては，細菌学的検査を行う。

❶ 検体採取部位
　ⅰ）膿瘍および病変部
　ⅱ）臓器：心臓，肝臓，脾臓，腎臓
　ⅲ）リンパ節：浅頸，内側腸骨，腸骨下，膝窩
　ⅳ）筋肉：頸部（5 × 5 × 5 cm）大以上

❷ 培地および分離菌の同定
　ⅰ）培地：5％馬血液加トリプティケース・ソイ寒天平板，あるいは 5％馬血液加 GAM 血寒天平板を使用する。
　ⅱ）培養：37℃，24～48 時間好気性または嫌気性培養する。
　ⅲ）分離菌の同定
　　「図Ⅱ-10　細菌検査術式（膿毒症）」による。

30 膿毒症

■図Ⅱ-10　細菌検査術式（膿毒症）

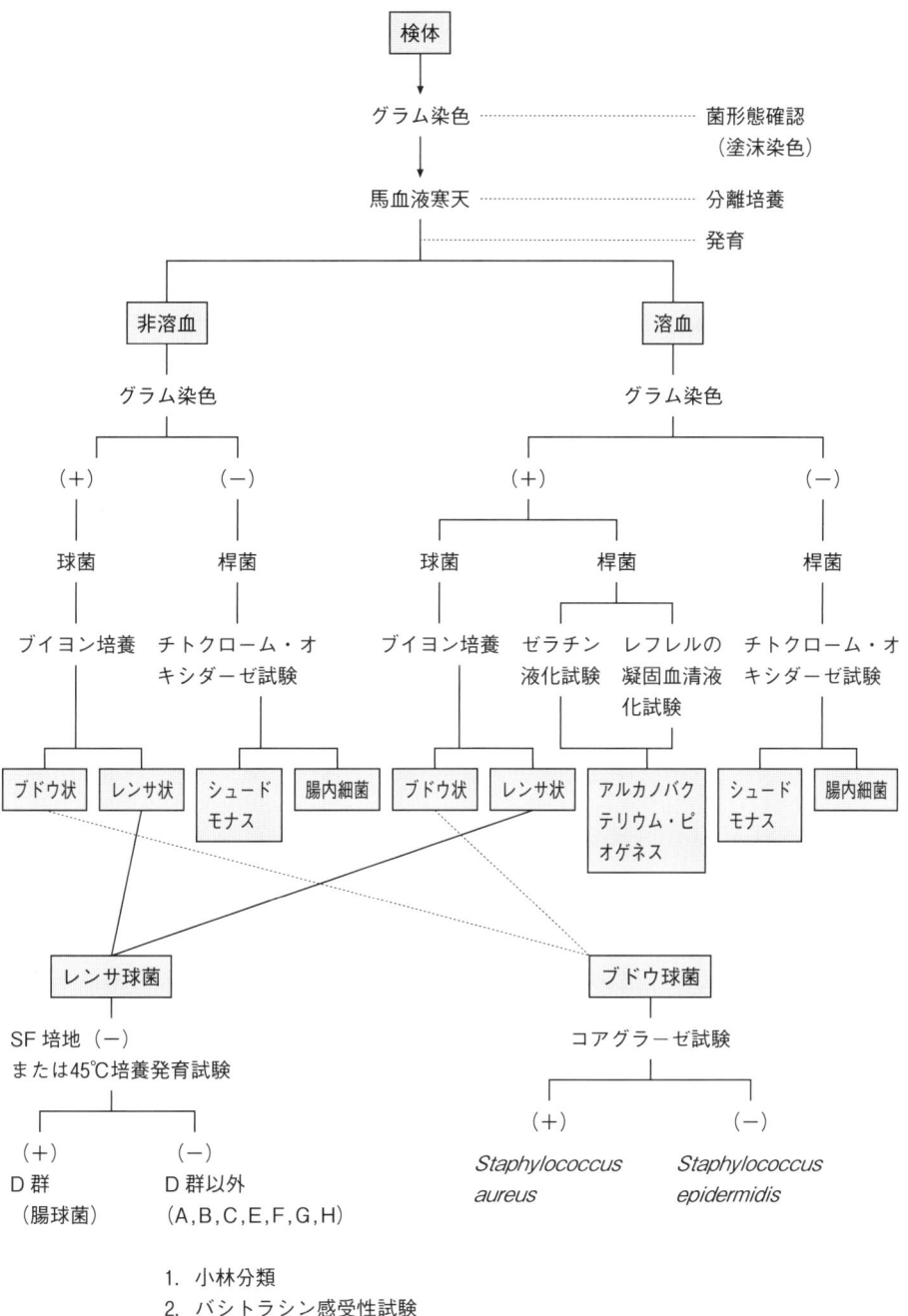

```
                    検体
                     ↓
                  グラム染色 ·············· 菌形態確認
                     ↓                        （塗抹染色）
                  馬血液寒天 ·············· 分離培養
                     ·················· 発育
          ┌──────────┴──────────┐
         非溶血                    溶血
        グラム染色                グラム染色
       ┌────┴────┐          ┌────┴────┐
      （＋）    （－）         （＋）        （－）
       球菌     桿菌       ┌───┴───┐       桿菌
                           球菌     桿菌
     ブイヨン  チトクローム・    ブイヨン  ┌───┴───┐   チトクローム・
     培養     オキシダーゼ試験  培養    ゼラチン  レフレルの  オキシダーゼ試験
                                      液化試験  凝固血清液
                                                化試験
   ┌──┬──┐  ┌──┬──┐  ┌──┬──┐        │        ┌──┬──┐
  ブドウ レンサ シュード 腸内  ブドウ レンサ    アルカノバク   シュード 腸内
   状   状   モナス  細菌   状   状       テリウム・ピ   モナス  細菌
                                          オゲネス
             │                │
          レンサ球菌         ブドウ球菌
       SF培地（－）         コアグラーゼ試験
       または45℃培養発育試験
        ┌────┴────┐        ┌────┴────┐
       （＋）    （－）       （＋）      （－）
       D群      D群以外    Staphylococcus  Staphylococcus
      （腸球菌） （A,B,C,E,F,G,H） aureus       epidermidis
```

1. 小林分類
2. バシトラシン感受性試験

（注）　本図以外の菌種の同定は成書に準じて実施する

3　判定基準

次の各項目の一に該当するものは，膿毒症と判定する。

(1) **生体検査**
　外部より高度な化膿巣または膿瘍が認められ，かつ全身症状を伴うもの。

(2) **解体前検査**
　判定基準なし。

(3) **解体後検査**
　① 2か所以上の臓器，筋肉にまたがって高度な化膿巣が認められ，原発巣から転移したもの。
　② 尾の咬傷に起因し，腰椎前方に化膿が波及したもの。または多発性，化膿性骨髄炎を伴うもの。
　③ 筋肉膿瘍のうち，離れた部分に複数発生したもの。ただし，小型の膿瘍の場合は，枝肉各部に散発したもの。
　④ 皮下膿瘍のうち，全身に多発したもの。
　⑤ 化膿性リンパ節炎の多発したもの。
　⑥ 化膿性関節炎で，枝肉部分に複数の転移性化膿巣を伴ったもの。
　⑦ 化膿巣または膿瘍に起因する著しい削痩あるいは発育不良を示すもの。
　⑧ 局所的化膿巣または膿瘍であっても培養の結果，筋肉，主要臓器，躯幹リンパ節から膿瘍と同一菌の認められるもの。
　（注）　血液学的検査（白血球増多，好中球の核の左方移動）は他の所見と総合して判定の資料とする。

31 敗血症

Septicemia

1 解説

　敗血症は，種々の細菌の感染によって起こる全身性の中毒症状（悪寒戦慄，発汗，不整弛張熱など）を伴う疾病に対する総括的な名称である。一般に，一定組織に細菌感染による一次病巣（原発巣）が存在し，そこから持続的にあるいは断続的に病原体が血行中に送り込まれた結果，原発巣付近あるいは遠隔の場所に二次病巣が形成され，全身汚染，すなわち敗血症を起こす。本症はその性質上，出現する病像は多彩であり，原発巣，二次病巣の存在が必ずしも明瞭でないことが少なくない。

　細菌感染症が進行して到達する末期はすべて敗血状態を示すので，炭疽，豚丹毒，サルモネラ症，その他さまざまな細菌感染症の末期は，いずれも敗血症の範疇に入る。しかしながら，と畜検査という実務の視点からは，経過が典型的で病名が確定しており，かつと畜検査関係法規に検査すべき疾病として明記されている炭疽，豚丹毒，サルモネラ症などは敗血症とは別途に扱うことが適当と考えられる。また化膿性転移の傾向の強い敗血症である膿毒症は，その病変と病性の特異性，ならびに法規の検査対象疾病名リストに明記されていることから，一般の敗血症とは区別して扱うことが適当と考えられる。さらに，敗血症へ進行する過程の一つとして，潰瘍性心内膜炎が起こり，それが器質化した疣状心内膜炎を伴う敗血症の場合は，と畜検査の視点からは豚丹毒との鑑別を必要とするので，一般の敗血症とは異なった注意が必要とされる。

　と畜検査における敗血症の定義は以下のとおりである。

　敗血症とは，種々の細菌によって起こり，

① 全身性の症状を呈し，血液中に菌の存在が確認されたもの
② 病理学的に敗血症を疑う所見を呈し，臓器，リンパ節，枝肉のいずれかの2か所以上から同一の菌種が分離されたもの
③ 病理学的に敗血症の一般所見を呈するもの

をいう。

　ただし，ここでいう敗血症とはサルモネラ症，豚丹毒などを除く狭義のものである。

　と畜検査で現実に多くみられる敗血症は，子宮炎，乳房炎，心膜炎，腸炎，犢の出血性腸炎，初生獣の臍静脈感染，創傷，非定型抗酸菌による場合が多い。

　本症の診断に当たって，生体検査時に本症が疑われる場合は，体温測定を含む一般臨床検査に加えて，血液の細菌検査（直接鏡検）を行い，総合的診断を行う必要がある。また，解体後の検査で本症が疑われる場合は，敗血症に伴って発現する可能性の

高い諸変状，および原発巣の発見に努める必要がある。もとより敗血症の各症状は，病原菌の種類，侵入門戸，細菌の毒力，疾病の経過および生体側における防御機転などが関与し，多種多様の病像を呈する可能性がある。

また，薬剤投与の影響もあるので，検査に際してはこの点も考慮に入れて実施する必要がある。本症を疑う所見を示すもので，解体後の検査で判定困難なものについては細菌検査を実施し，菌の体内分布を調べたうえで判定を下す必要がある。

なお，放血の状態，死後硬直の状態，筋肉のpHの経時的推移，筋肉の硬度および色調，臭気なども本症を疑う因子となりうる。

2 診　断

(1) 生体所見

生体検査時に敗血症が発見される場合は，子宮炎，乳房炎，腸炎，臍静脈感染，創傷などに起因するものは，発熱，全身症状とともにそれぞれの疾病に伴う所見が認められる。原発巣が外部から認められない場合は，一般に発熱，呼吸困難，可視粘膜充血，皮膚のチアノーゼ，削痩，栄養不良，下痢，起立不能，黄疸症状，関節炎などが認められることが多い。また牛の場合，褥瘡を伴う場合が多い。

(2) 剖検所見

臨床的に本症が疑われる症状を示す場合でも，解体後の所見が明瞭でない場合がしばしばある。特に本症の初期の段階でと殺された場合は，解体後の所見が極めて軽微であるので，生体検査の臨床所見と総合して慎重な判断を下す必要がある。初期の段階でと殺された場合，と体の軽度の放血不良，中等度の黄疸を認める場合もある。

一般に，敗血症の場合の解体後の検査に際しては，下記①〜⑦の病変の有無に注意する。それらの一つあるいは幾つかが欠けている場合であっても本症の診断は，と体，臓器の肉眼病変の所見を総合して行い，必要と認める場合は細菌学的検査を併用して実施することが必要である。

① と体は充血のため放血不良の状態を示し，死後硬直は軽微であるか，もしくはこれを欠く。敗血症のと体にはしばしば黄疸が認められる。
② 心筋，肝臓，腎皮質，心臓，肺などの漿膜に点状出血が認められる。また，場合によっては出血斑がこれらの臓器の漿膜面や大網，腸間膜に認められる。
③ リンパ節は腫大し，出血が認められる。
④ 肝臓，心臓，腎臓は混濁腫脹し，敗血症の状態が数日経過すれば脂肪変性を示す。脾臓は腫大して軟らかくなり，辺縁鈍となる。
⑤ 胸腔，腹腔に赤色粘液の貯留をみる。赤血球の急速な崩壊により大血管の内壁が赤染する。

31 敗血症

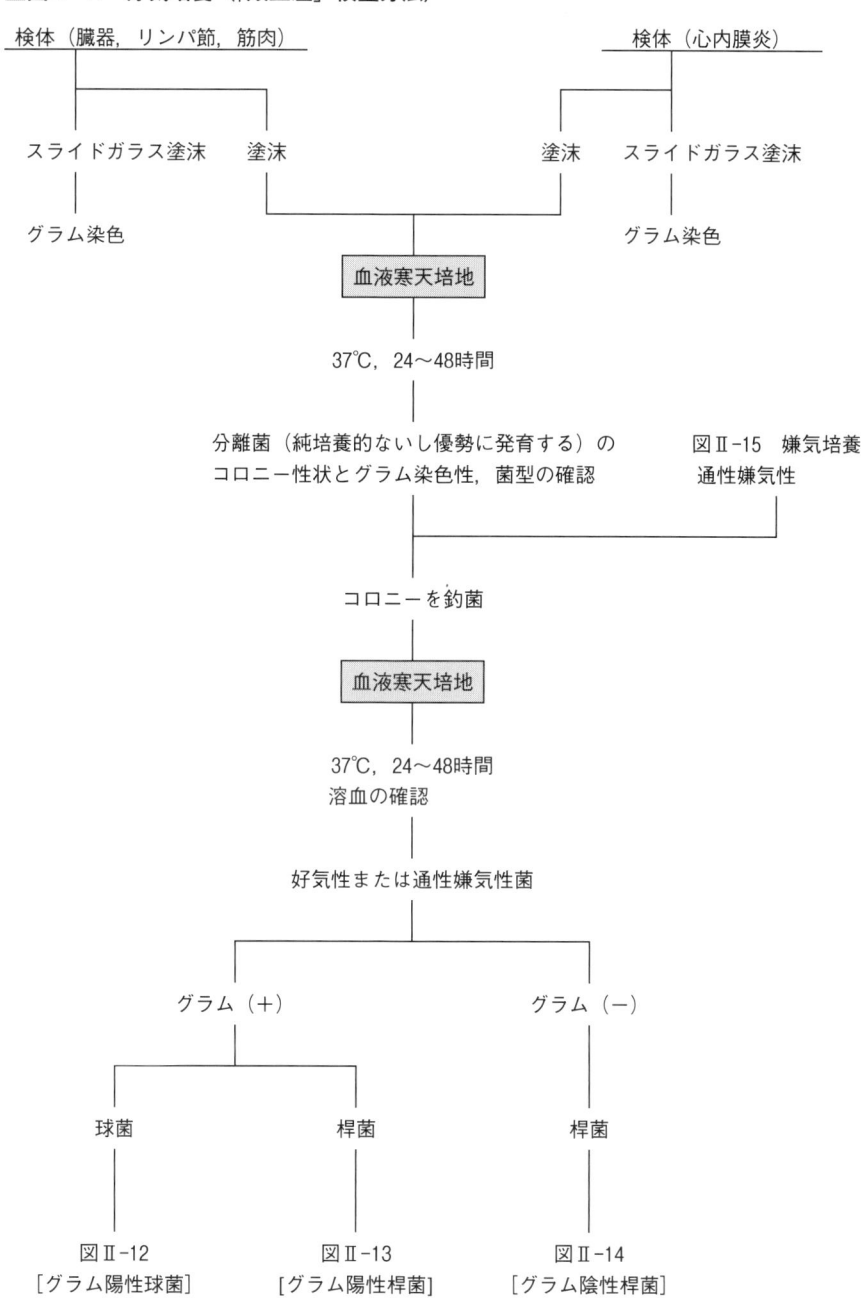

■図Ⅱ-11 好気培養（「敗血症」検査方法）

```
検体（臓器，リンパ節，筋肉）              検体（心内膜炎）
    │                                    │
スライドガラス塗沫  塗沫            塗沫  スライドガラス塗沫
    │                                        │
グラム染色              血液寒天培地          グラム染色
                           │
                    37℃，24～48時間
                           │
    分離菌（純培養的ないし優勢に発育する）の    図Ⅱ-15 嫌気培養
    コロニー性状とグラム染色性，菌型の確認      通性嫌気性
                           │
                      コロニーを釣菌
                           │
                       血液寒天培地
                           │
                    37℃，24～48時間
                       溶血の確認
                           │
                  好気性または通性嫌気性菌
                      ┌─────┴─────┐
                  グラム（＋）      グラム（−）
                   ┌──┴──┐           │
                 球菌    桿菌         桿菌
                   │      │           │
                図Ⅱ-12  図Ⅱ-13     図Ⅱ-14
              ［グラム陽性球菌］［グラム陽性桿菌］［グラム陰性桿菌］
```

出典　全国食肉衛生検査所協議会微生物部会：検体取扱標準作業書および検査実施標準作業書（第1回改訂版），p.80，2011.

⑥　正常な枝肉のpHは，と殺直後は中性を示すが，筋肉内のグリコーゲンが分解されて産生される乳酸のために急速に下降し，数時間内に5.5内外に達する。これに対し，敗血症罹患動物の枝肉は，pHの下降は極めて軽微か，あるいはほとん

Ⅱ 検査対象疾病

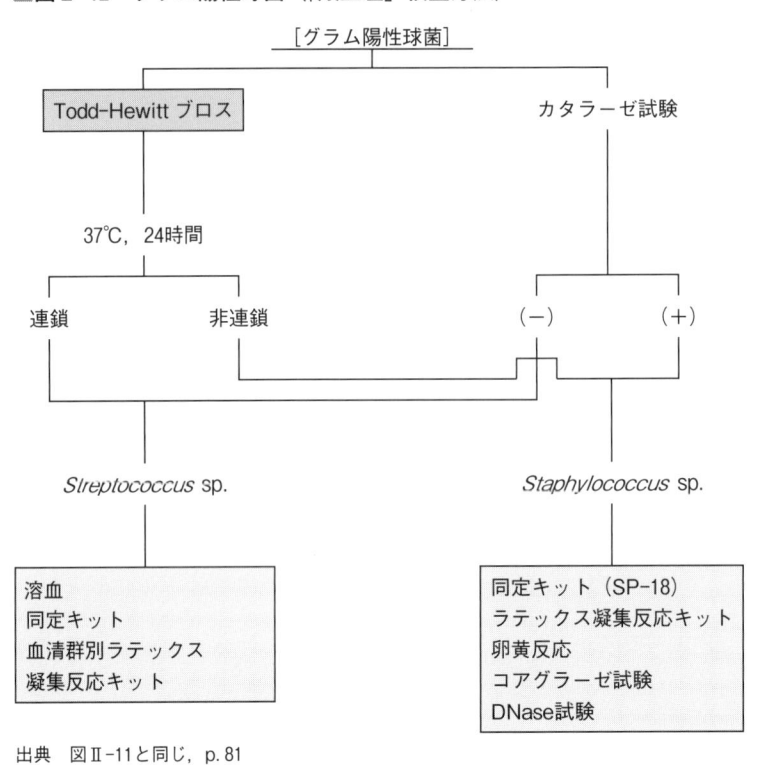

■図Ⅱ-12　グラム陽性球菌（「敗血症」検査方法）

```
                    [グラム陽性球菌]
              ┌──────────┴──────────┐
        Todd-Hewittブロス         カタラーゼ試験
              │
         37℃, 24時間
         ┌────┴────┐              ┌────┴────┐
        連鎖      非連鎖           (−)       (+)
         │          └──────────────┘         │
         │                                    │
    Streptococcus sp.                  Staphylococcus sp.

  ┌─────────────┐                   ┌─────────────────┐
  │ 溶血        │                   │ 同定キット（SP-18）│
  │ 同定キット   │                   │ ラテックス凝集反応キット│
  │ 血清群別ラテックス│               │ 卵黄反応         │
  │ 凝集反応キット │                 │ コアグラーゼ試験   │
  └─────────────┘                   │ DNase試験        │
                                    └─────────────────┘
```

出典　図Ⅱ-11と同じ，p. 81

ど認められない場合が多い。すなわち，時間が経過しても持続的にアルカリ性を示す。

⑦　肉質は軟弱で暗赤色を示し，一定の時間が経過するとアセトン臭を含む一種の悪臭を放つ。肉を加熱してみれば，その悪臭は明瞭となる。

　　ただしこれらの変化は，敗血症の初期の段階でと殺されたものではほとんど認められない。

(3)　微生物検査

1) 好気培養（図Ⅱ-11）

①　検体を塗抹した血液寒天培地を好気培養で37℃，24～48時間培養する。

②　①の培地で純培養的ないし優勢に発育する菌のコロニーの形態，性状を確認するとともに，グラム染色を実施し，菌の形態，染色性等を確認する。

③　②で確認したコロニーを好気培養で37℃，24～48時間培養し，グラム染色性および菌形に従い，グラム陽性球菌（図Ⅱ-12），グラム陽性桿菌（図Ⅱ-13），グラム陰性桿菌（図Ⅱ-14）に分類し，それぞれ生化学的性状の検査を実施する。

2) 嫌気培養（図Ⅱ-15）

①　検体を塗抹したABHK寒天培地または変法GAM血液寒天培地を嫌気条件

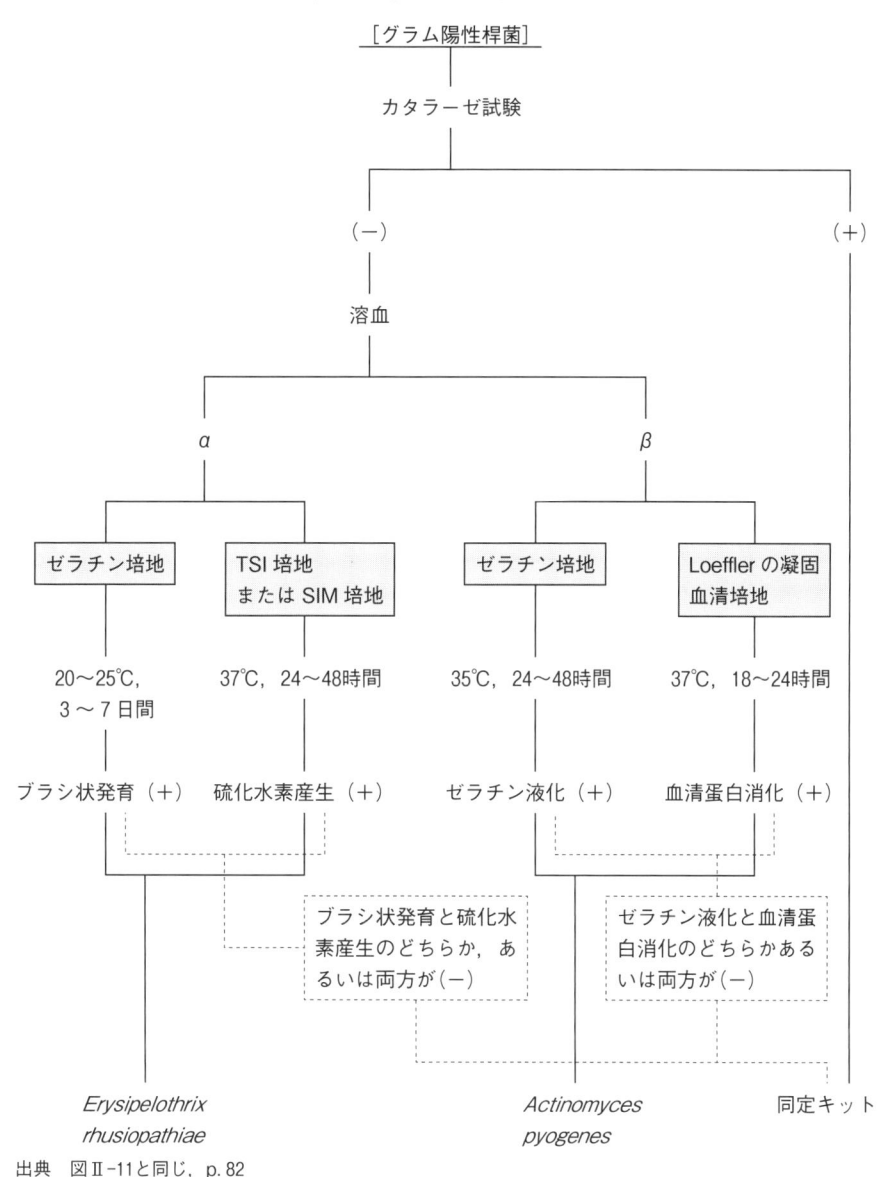

■図Ⅱ-13 グラム陽性桿菌（「敗血症」検査方法）

```
              [グラム陽性桿菌]
                    │
               カタラーゼ試験
            ┌───────┴───────┐
           (−)              (+)
            │
           溶血
        ┌───┴───┐
        α           β
   ┌────┼────┐   ┌────┼────┐
ゼラチン  TSI培地    ゼラチン  Loefflerの凝固
培地   またはSIM培地  培地    血清培地

20～25℃, 37℃,     35℃,      37℃,
3～7日間 24～48時間  24～48時間 18～24時間

ブラシ状  硫化水素   ゼラチン   血清蛋白
発育(+)  産生(+)   液化(+)   消化(+)

     ┌─────┐        ┌─────┐
     │ブラシ状発育と │        │ゼラチン液化と │
     │硫化水素産生の │        │血清蛋白消化の │
     │どちらか，あ  │        │どちらかある  │
     │るいは両方が(−)│       │いは両方が(−) │
     └─────┘        └─────┘

Erysipelothrix        Actinomyces    同定キット
rhusiopathiae         pyogenes
```

出典　図Ⅱ-11と同じ, p.82

で37℃，24～48時間培養する。

② ①の培地で純培養的ないし優勢に発育する菌のコロニーの形態，性状を確認するとともに，グラム染色を実施し，菌の形態，染色性等を確認する。

③ ②で確認したコロニーを釣菌し，再度，ABHK寒天培地または変法GAM血液寒天培地に塗抹し，好気および嫌気培養で37℃，24～48時間培養し，偏性嫌気性菌の場合は偏性嫌気性菌用同定キットを，通性嫌気性菌の場合は図Ⅱ-11に従い同定を進める。

検査法の詳細については，全国食肉衛生検査所協議会微生物部会の「検体取扱

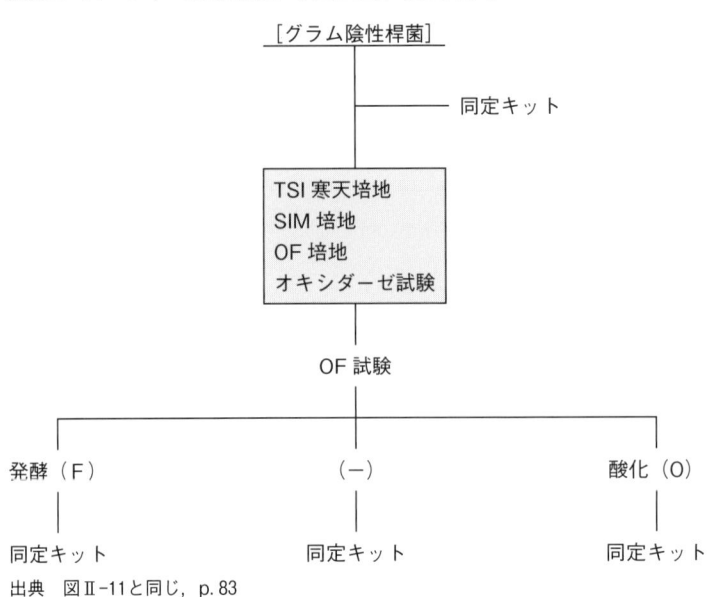

■図Ⅱ-14　グラム陰性桿菌（「敗血症」検査方法）

```
              ［グラム陰性桿菌］
                    │
                    ├─────── 同定キット
                    │
            ┌───────────────┐
            │ TSI 寒天培地    │
            │ SIM 培地       │
            │ OF 培地        │
            │ オキシダーゼ試験 │
            └───────────────┘
                    │
                  OF 試験
        ┌───────────┼───────────┐
     発酵（F）      （－）      酸化（O）
        │           │           │
     同定キット    同定キット    同定キット
```
出典　図Ⅱ-11と同じ，p.83

標準作業書および検査実施標準作業書（第1回改訂版）」の「敗血症」の検査方法を参照。

　過去に実施された調査によると，動物種と原因菌との関係は以下のようである。牛からは，主として *Arcanobacterium pyogenes*（同義語：*Corynebacterium pyogenes, Actinomyces pyogenes*），その他としてブドウ球菌，グラム陽性桿菌，緑膿菌，レンサ球菌，溶連菌，大腸菌，グラム陰性桿菌が，豚からは主として *Arcanobacterium pyogenes, Mycobacterium avium* complex，溶連菌，その他としてレンサ球菌，グラム陰性桿菌，グラム陽性桿菌が，犢からは主として病原大腸菌，グラム陰性桿菌が，それぞれ分離されている。これらの菌の多くの場合は単独で，また一部は2種類の組合せで検出されている。

3　判定基準

次の各項の一に該当するものは，敗血症と判定する。

(1) **生体検査**
　　全身性の症状を呈し，血液中に菌の存在が確認されたもの。

(2) **解体前検査**
　　判定基準なし。

■図Ⅱ-15　嫌気培養

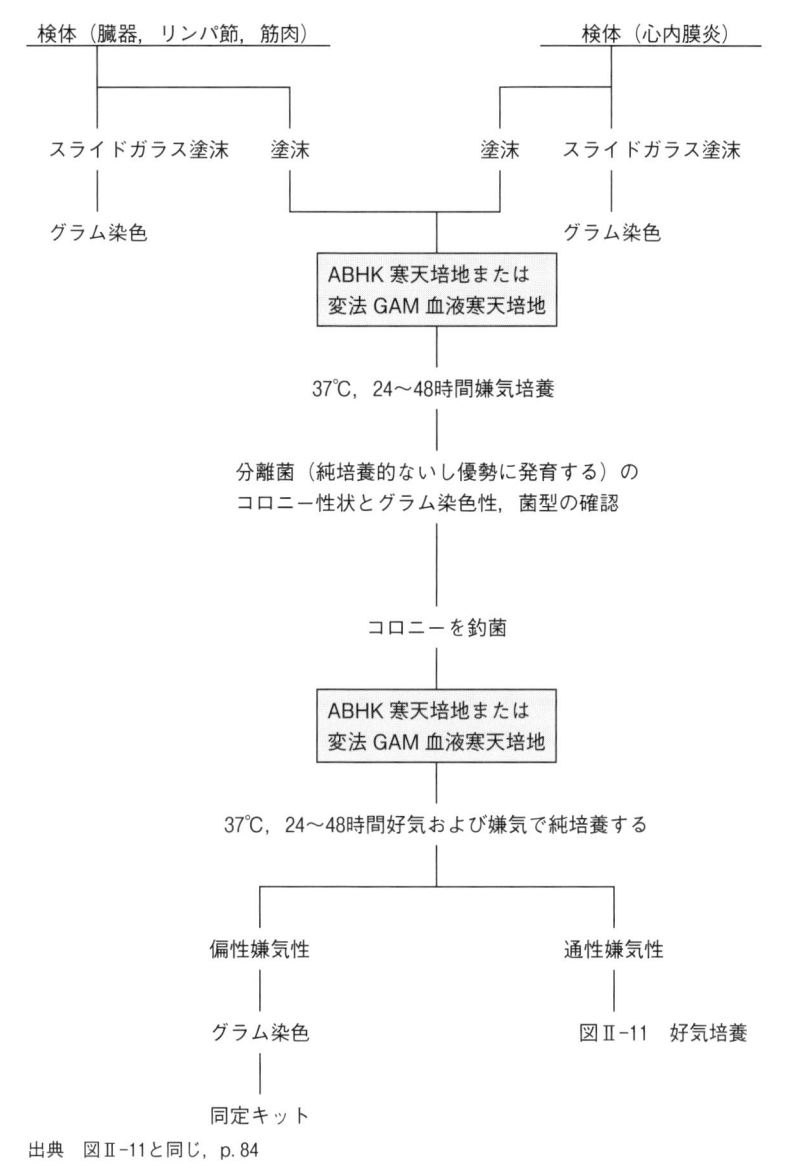

```
検体（臓器，リンパ節，筋肉）                    検体（心内膜炎）
        │                                          │
  ┌─────┴─────┐                              ┌─────┴─────┐
スライドガラス塗沫  塗沫                      塗沫  スライドガラス塗沫
        │          │                          │          │
    グラム染色      │                          │      グラム染色
                   │                          │
                   └──────────┬───────────────┘
                              │
                  ┌───────────┴───────────┐
                  │ ABHK 寒天培地または    │
                  │ 変法 GAM 血液寒天培地  │
                  └───────────┬───────────┘
                              │
                  37℃，24～48時間嫌気培養
                              │
              分離菌（純培養的ないし優勢に発育する）の
              コロニー性状とグラム染色性，菌型の確認
                              │
                       コロニーを釣菌
                              │
                  ┌───────────┴───────────┐
                  │ ABHK 寒天培地または    │
                  │ 変法 GAM 血液寒天培地  │
                  └───────────┬───────────┘
                              │
              37℃，24～48時間好気および嫌気で純培養する
                              │
                  ┌───────────┴───────────┐
               偏性嫌気性                通性嫌気性
                  │                          │
              グラム染色                  図Ⅱ-11　好気培養
                  │
              同定キット
```

出典　図Ⅱ-11と同じ，p.84

(3) **解体後検査**

① 病理学的に敗血症を疑う所見を呈し，臓器，リンパ節，枝肉のいずれかの2か所以上から同一の菌種が分離されたもの。

② 病理学的に敗血症の一般的所見を呈するもの。すなわち，皮下織の出血，呼吸器系（咽喉頭，肺等）の出血，主要臓器（心臓，肝臓，脾臓，腎臓，乳房など）の混濁腫脹，臓器付属リンパ節および躯幹リンパ節の腫脹，出血等の多くの所見を呈するもの。

31-2 非定型抗酸菌症(非結核性抗酸菌症)

Atypical Mycobacteriosis ; Nontuberculous Mycobacterial Infection

1 解　説

　非定型抗酸菌(Atypical Mycobacteria : AM, Mycobacteria other than tuberculous mycobacteria : MOTT, Non-Tuberculous Mycobacteria : NTB)は結核菌群(*Mycobacterium tuberculosis, M. bovis, M. africanum, M. microti, M. canetii*)を除く *Mycobacterium* 属菌と *M. leprae*(ヒトのらい菌)および *M. avium* subsp. *paratuberculosis*(反芻動物のヨーネ病菌)を除外する複数の菌の総称であり,それらの菌による感染症が非定型抗酸菌症(AM症)と呼ばれる。と畜検査で重要となるのは豚のAM症である。

　AMは多種の抗結核剤に耐性があるため,動物およびヒトに難治療性の病変を形成する。特にヒトでは免疫不全状態やエイズ患者からAMは高率に分離される。AMはヒトおよび動物の双方に病原的意義をもつものがあるが,ヒト→ヒト感染,動物→ヒト感染は明らかではなく,広義の「人獣共通感染症起因菌」である。AMのうちヒトと豚からは *Mycobacterium avium* complex(MAC)が主に分離される。

　豚の感染経路は飼育畜舎環境(特におがくず,甲虫等)および感染母豚からの排泄菌(分娩前後の短期間に糞便中に排菌)による経口感染といわれており,5週齢豚の経口投与実験では投与後10週間で腸間膜リンパ節に肉眼病変を形成(投与菌および菌量;MAC血清型8型,10^9個/頭)する。

2 診　断

(1) 生体所見

　生体検査時に臨床症状はなく,解体後検査時に臓器およびリンパ節に結節性病変を発見することで検出される。農場により発生頻度に差があり,おがくず使用農場に多発する傾向がある。生前診断は鳥型PPDツベルクリン皮内反応により可能である。

(2) 剖検所見

　臨床症状を示すことはなく,解体後検査において,頭部のリンパ節(下顎および耳下腺リンパ節),腸間膜リンパ節および肝臓等臓器の壊死性結節性病変を発見することで本症を疑う。特に回腸リンパ節においては石灰化を伴い好発する。肝臓お

よび肝リンパ節，肺および肺リンパ節，脾臓，腎臓，躯幹リンパ節に肉芽腫病変を形成する。

肝臓においては帯黄灰白色不整形の微細結節，またはその集合結節として単発，散発，もしくは密発する。肝リンパ節は顕著な腫脹を示すことが多く，通常，その割面に結節，出血は認められず，部分的または全体的に固有構造は消失し均質無構造となる。

脾臓における病変は，脾実質と同じ色調の直径 1 mm から 10 mm 程度の暗赤色，球状結節として確認される。通常，石灰化を伴うことはない。

肺における病変は，肝臓と同様に帯黄灰白色不整形結節を形成することもあるが，多くは光沢のある堅い白色，球状結節として認められる。結節の確認には視診だけでなく触診が有効である。肺における結節は，他の疾患により形成されるリンパ小節様病変と酷似していることから，肉眼で判別することが困難であり，特に留意を要する。肺リンパ節は肝リンパ節と同様の所見である。

腎臓においては，微細白色結節病変としてまれに認めることがあり，その場合，躯幹リンパ節にも結節病変を認めることが多いとされる。

躯幹リンパ節においては，複数臓器に病変を認めた場合に病変が認められるとの報告がある。肝臓に加え，肺，脾臓，腎臓に病変が認められた場合，腸骨下，内腸骨，浅そ径，および浅頸の各リンパ節における結節，病変の有無を確認する。

(3) **病理組織検査**

組織病変は限局的な慢性肉芽腫性炎であり，各臓器，リンパ節における結節性病変は同様な所見を呈す。

壊死石灰化巣を中心に，類上皮細胞，リンパ球，形質細胞および多核巨細胞が囲み，その周囲を結合組織が被う正常組織と明瞭に区画された層状構造を示すものと，同様の構成細胞がシート状に混在した組織像を示し正常組織との境界が不明瞭なものがある。

多核巨細胞およびラングハンス巨細胞の確認は本症同定の一助となるが，出現しない症例もある。壊死巣は各臓器および各リンパ節で認められる確率は高いが，石灰化は頭部のリンパ節，腸間膜リンパ節以外で認められることは比較的少ない。

本症は一部のリンパ節，臓器に限局して病変を形成するものと，多臓器およびリンパ節に広範囲に病変が確認されるものとがある。

臓器によって，また感染状況によっては，肉眼的に特異的な結節病変が確認できないことも多いことから，肉眼病変の認められない部位も組織学的検査を実施し，併せて抗酸菌の確認をすることが病変の分布確認，類症鑑別に必須である。

(4) **微生物検査**
 1) 塗抹標本の染色鏡検

内臓検査時に本症が疑われる場合には，当該病変部切開面のスタンプ標本を抗

■図Ⅱ-16　非定型抗酸菌症

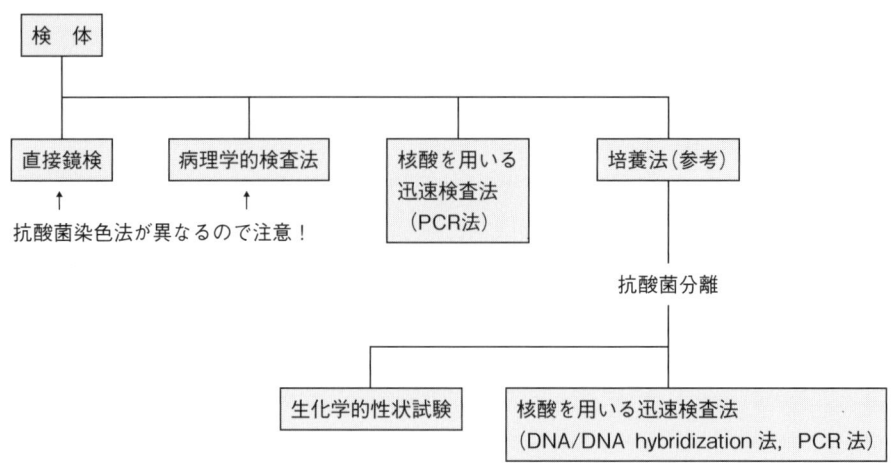

```
                        ┌──検体──┐
         ┌──────┬──────┼──────┬──────┐
      直接鏡検   病理学的検査法  核酸を用いる    培養法（参考）
         ↑        ↑        迅速検査法
   抗酸菌染色法が異なるので注意！   （PCR法）
                                              抗酸菌分離
                                        ┌──────┴──────┐
                                   生化学的性状試験   核酸を用いる迅速検査法
                                                （DNA/DNA hybridization法, PCR法）
```

（参考）
　病変部の乳剤から菌を分離。主な病原抗酸菌の培地での発育は表Ⅱ-16のとおりである。培地上で発育した集落について核酸を用いる迅速検査法、生化学的性状試験等の結果から菌種を同定。

■表Ⅱ-16　各病原抗酸菌の培地上での発育能

検　査 対象疾病	1 or 3％ 小川培地	グリセリン未添加 3％小川培地	Tween80加 卵培地	マイコバクチン加 ハロルド培地
M. bovis	±	+++	++	+
M. tuberculosis	++	+	+	+
M. avium complex	++	+	++	+
M. paratuberculosis	−	−	−	+++

出典　全国食肉衛生検査所協議会微生物部会：検体取扱標準作業書および検査実施標準作業書
　　（第1回改訂版），p.64，2001．

酸菌染色し，直接鏡検することにより抗酸菌の有無を判定する。
　2）　培養法・遺伝子検出法（PCR法）
　　非定型抗酸菌の増殖速度はきわめて遅く，MACでは集落が確認されるまでに約3週間を要する。よって，と畜検査においては，培養法で起因菌を分離することは無意味である。
　　培養法やPCR法については，全国食肉衛生検査所協議会微生物部会の「検体取扱標準作業書および検査実施標準作業書（第1回改訂版）」の「非定型抗酸菌症」の項目を参照のこと。

32 尿毒症

Uremia

1 解　説

　尿毒症は，一般に「腎機能不全および尿排出不全により，尿中の代謝産物が血中に蓄積され，その結果起こる症状群をいう」と定義される。しかし，本症に関しては，正常な食肉のみを消費者に供給するための関門としてのと畜検査の視点からは，必ずしも症状群に固執することなく，「尿排出障害のため，尿老廃物が体内に蓄積された状態にあるものをいう」という概念でとらえるのがより実際的と考えられる。具体的には腎臓，輸尿管，尿道の機能に障害が起こり，と体に強い尿臭を与える場合を尿毒症とする。

　片方の腎臓だけに機能障害，すなわち腎盂炎や腎嚢胞が起こっても，他方の健康な腎臓が代償性に働くので尿毒症にはならない。腎炎による尿分泌の停滞から排尿障害を来し，蛋白分解産物が血中に入るものを真性尿毒症，尿管の狭窄または閉塞，膀胱麻痺，腎臓，尿道などの結石によって尿閉を起こす結果起こるものを，仮性尿毒症と分類することがある。

　と畜検査の場でみられる尿毒症の原因は尿道の閉塞が高率を示している。解剖学的な原因で雄（去勢を含む）の動物に多い。すなわち，動物の雄の尿道はS字状に湾曲しているので，尿道結石症にかかりやすいためである。牛の尿石症について，過去に実施された一調査によれば，結石は陰茎のS字状部に最も多発し，次いで膀胱，前立腺部，腎臓および海綿体脚部で，亀頭は比較的低いという成績が得られている。

　雌の動物には，尿道結石はほとんど起こらない。それは，尿道に伸縮性があり，かつ短いためである。

　尿の排泄に障害を生じた場合，しばしば膀胱破裂を起こすことがある。このような症例あるいは尿道結石や去勢器の誤用により尿道に壊死を生じた場合には，ともに体組織中に尿成分の浸潤を起こしやすく，と体に強い尿臭を与える。

　膀胱破裂の場合は腹腔を切開したとき強い尿臭を放ち，水洗後も臭気は持続する。この臭気は数時間で軽減あるいは消失することもある。膀胱破裂の場合，腹膜はわずかに赤色を呈する。

　尿道に壊死を生じた場合には，腹部の皮下織への尿の浸潤は顕著である。この場合も，臭気は数時間で軽減あるいは消失することもある。

　尿毒症のと体は食用不適として全部廃棄の対象となるが，ボーダーラインにあるものについては慎重な検査が必要である。

ボーダーラインにあると体は 24 時間冷蔵庫内に保留し，肉の一部を煮沸して臭気の検査を行い，尿臭あるいはアンモニア臭のあるものは破棄し，他は合格とする措置が多くの国でとられている。

2　診　　断

(1) 生体所見

　尿毒症の場合，痴鈍，嗜眠，痙れん，興奮または沈うつ，てんかん様発作などの神経症状，動悸，心拍不整，脈疾速細弱，心不全，循環不全などの心機能障害，末期には呼吸障害，さらに気管支肺炎，肺水腫を起こすことがあり，口内炎，食欲不振ないし廃絶，嘔吐，胃腸炎，下痢，血便，発疹，発汗，呼気の尿臭，結膜の不潔帯黄赤褐色ないしチアノーゼ，後に貧血色，体温は初期上昇するが後に下降する，などの症状がみられるといわれる。

　しかし，と畜場には尿毒症の場合にあっても種々のステージのものが搬入されること，ならびにと畜場という特異な場所では一般的に動物は不安，興奮などの異常を現すことが多いので，尿毒症の臨床診断として重要な所見とされる脳神経症状を的確に診断することが容易ではない。このため生体検査では，一般臨床検査に加えて排尿の状態（乏尿，尿閉），下腹部の浮腫などの局所症状を精査し，神経症状（痴鈍，興奮，縮瞳），尿臭（口腔，呼気，汗），陰毛部結石など特に注意を要する。

(2) 剖検所見

　剖検所見の主なものは下記のとおりである。
　尿道：尿道閉塞，Ｓ字状部充血・出血，結石
　膀胱：粘膜充血・出血，結石，粘膜びらん，粘膜潰瘍，破裂
　腎臓：周囲浮腫，充血・出血，混濁腫脹，結石，壊死，包膜剥離困難
　その他：枝肉の尿臭，腹膜炎，肝臓の混濁腫脹，腸炎，皮下水腫，筋層水腫，胃炎，肺水腫，心膜炎

　解体後の検査においては，腎臓の病変（周囲脂肪層の浮腫，混濁，腫大，壊死，結石など），膀胱粘膜の充血・出血，膀胱結石および尿道閉塞（雄牛にあっては特にＳ字状部）など，泌尿器官を精査し，さらに，腹膜炎，下腹部皮下および筋層の水腫等について注意するとともに，枝肉については煮沸試験などにより尿臭の有無を検査する。

(3) 理化学検査

　本症の生化学的検査法は種々検討され，血中の尿素窒素値（BUN 値）の測定は多くの場合本症診断の数値的裏付けとなることが確かめられている。

　しかし，尿素窒素値がかなり高くても枝肉に尿臭を認められないもの，また逆に

尿素窒素値があまり高くなくても枝肉に尿臭を認めるものも例外的にではあるが見いだされている。このため，当然のこととしてBUN値の結果のみを診断の指標とするものではなく，生体所見および剖検所見と併せて総合的に判断する必要がある。

1) 検　　体
　　血清または血漿
2) 方　　法
　　Urease-Indophenol法など（簡易検査キットが市販）
3) 血中尿素窒素の正常範囲（参考）
　　牛：成牛 10〜16 mg/dl，馬：3〜5歳　10〜16 mg/dl，豚：成豚 12〜18 mg/dl
　　※農林水産省　家畜衛生試験場のデータによる。

3　判定基準

(1) **生体検査**
　① 乏尿，下腹部の浮腫，神経症状の臨床所見を呈し，かつ口腔，呼気，汗などに著しい尿臭を認めるもの。
　② 生体所見に加え，血中のBUN値が100 mg/dl以上であるもの。

(2) **解体前検査**
　　判定基準なし。

(3) **解体後検査**
　① 腎臓の周囲脂肪層の浮腫，腎混濁，腎腫大，腎壊死，腎結石，膀胱粘膜の充血・出血，膀胱結石，尿道閉塞などの病変が認められ，かつ枝肉に尿臭を認めるもの。
　② 尿毒症を誘発する所見が認められ，かつ血中（採血不能の時は眼房水）の尿素窒素値が100 mg/dl以上であるもの。
　③ 血中（採血不能の時は眼房水）の尿素窒素値は100 mg/dl未満であるが，解体後の検査の所見から総合的に尿毒症と判断し得るもの。

[32　尿毒症：参考文献]
日本獣医内科学アカデミー：獣医内科学，pp.123-124，文永堂出版，2005.
全国食肉衛生検査所協議会総会資料，1986.

33 黄 疸

Jaundice ; Icterus

1 解　説

　胆汁色素がなんらかの理由で血液中に増量し，そのためにこれが組織に沈着して組織が緑黄色を呈することを黄疸という。黄疸は家畜の伝染病および中毒の一症状として出現するほか，肝臓の諸疾患あるいは総胆管の閉塞によるもの，新生獣に特有のものなど，その成因は多彩である。また，研究者の立場により黄疸に対する観点を異にするので，黄疸の分類はさまざまである。

　と畜検査における黄疸検査の意義は，第一には人獣共通感染症を含む各種の伝染病，あるいは敗血症，膿毒症，または人体に有害のおそれのある原因物質による中毒諸症において出現する症状の一つとして黄疸に注意し，的確な診断を下す上に役立てることである。これら，伝染病，敗血症，膿毒症，中毒など，黄疸の原因が明確である場合は，その原因に基づいて判断を下す関係上，黄疸の程度はそれほど問題とはならない。

　黄疸検査の第二の意義は，現実にと畜検査の場で多く遭遇する，原因不明の黄疸について，その程度を正しく見極めて，一定の程度を超えた「高度の黄疸」罹患獣を排除し，安全性に不安がなく，食品としてふさわしいものだけが人の消費に供されるようにすることである。この場合，黄疸の重度，軽度の判断が大きな問題となる。

　と畜検査の場において，黄疸の検査，判定に際して問題となるのは，と畜場で発見される黄疸は，過去の経験からみて，生体時に発見される場合はむしろまれで，解体後の検査時に初めて異常を認める場合が大部分を占める。その関係で，理化学検査に最も必要な検体である血清および尿の採取が困難である場合が多い。

　本病の診断に当たっては，原病の確認に努め，悪性の伝染病あるいは各種の感染症，中毒に伴う場合は，その原病に基づく判定を下すべきである。

　一方，単純な物理的原因による場合，あるいは原因が必ずしも明確でなくても他の一般所見から成因が単純であると判明したものについては，肉眼所見ならびに必要ある場合には理化学検査を併用し，その試験法で得られた数値の意味を正しく理解した上で，軽度，重度に分類して判定を下す必要がある。

　と畜検査を実施する実際上の立場からは，黄疸そのものと，諸疾病の一分症として発現する黄疸とを明確に区別する必要がある。と畜検査対象疾病としての黄疸に対しては，以下のように定義づけるのが適切と考えられている。すなわち，ビリルビンが血液中に過剰に増加し，全身の組織臓器に沈着し，黄変した状態をいう。ただし，こ

こでいう黄疸とは，黄疸発現の原因が中毒，敗血症あるいは診断名の明らかな伝染病など，それらの判定と措置がすでに明確なものは除く。

2　診　断

(1) 生体所見

　　黄疸の症状は，その原因あるいは疾病のステージによって異なるが，次のような状態がみられる可能性が高い。

① 可視粘膜，皮膚などの黄変，尿は胆汁色を呈する。
② 元気消失，食欲の不振，反芻減退，渇欲亢進，不整脈，便秘または下痢，腹水，削痩，衰弱などがみられる。
③ 重症例では，発熱，意識障害，痙れんおよび呼吸困難などが認められる。

　　ただし，経験上，生体検査時に著変を示すものが発現されることは極めてまれである。

(2) 剖検所見

　　体の組織の黄変が認められ，黄疸の種類，程度により，レモン色，オレンジ色，緑黄色と種々の段階がある。

　　胆管に結石，寄生虫が詰まって起こる場合がある。その例として豚回虫による胆道閉塞性黄疸がよくあげられるが，黄疸の全発生数のなかで，機械的な胆道閉塞によるものは意外に少ない。肝硬変に起因する黄疸は，豚に多く，牛やめん羊に少ない。ただし，これらについては，わが国には正確でまとまった統計がない。

　　牛のアナプラズマ病，ピロプラズマ病，牛または豚のレプトスピラ病，馬伝染性貧血など，黄疸を伴う伝染性疾患の場合は，それらの疾病による諸病変が認められる。

　　伝染性疾患に伴う黄疸は，溶血性黄疸であり，黄変の原因が間接ビリルビンが主体となる。したがって，その黄変の程度は，黄変の原因として直接ビリルビンが主体である胆道閉塞性黄疸と比較して低いといわれる。

　　過去において，と畜検査の場で，高度の黄疸と決定された動物に高率に認められた病変は表Ⅱ-17のとおりである。なお，これらのものは生体検査時に削痩，発育不良，皮膚や可視粘膜の黄変を呈するものが散見されたほか，特記すべき所見は確認されなかったものである。

(3) 理化学検査

　　解体後の所見から高度の黄疸と判定された動物における血液中の総ビリルビン値は，肉眼的判定のと体の黄染度と比例した関係にある。また，健康動物の血中の総ビリルビン値と，肉眼で黄疸と判定された動物の血中の総ビリルビン値との間に有

■表Ⅱ-17　黄疸の動物に高率に認められた病変

牛	心脂肪黄変 肝臓の肥大，変性，混濁 靱帯，胸膜，筋膜，腎盂の黄変
子牛	肝臓の混濁，黄変 心脂肪，胸膜，筋膜，腎盂の黄変 脾臓の肥大
豚	心脂肪，筋膜，胸膜，腎盂，靱帯の黄変 肝臓の硬変，腫大，混濁，変性

（いずれも発生頻度は記載順）

意差が認められる。したがって，血中の総ビリルビン値を測定することは，黄疸を判定する一助となる。

血液中のビリルビン量の定量分析は，Rappaport-Eichhorn 法（ジアゾ法）が適当と考えられる。また，近年はこの原理を用いた簡易検査キットが市販されている。

以下にこの検査法の原理を示す。

検査（Rappaport-Eichhorn の変法）の原理

試料中の間接および直接ビリルビンは，ダイフィリンの存在下でジアゾニウム塩と反応し，赤色のアゾビリルビンを生成する。この呈色物質を比色定量することにより総ビリルビン値を求める。

$$\text{総ビリルビン} + \text{スルファニル酸} + \text{亜硝酸} \xrightarrow{\text{ダイフィリン}} \text{赤色色素}$$
$$(540\,\text{nm で測光})$$

3　類症鑑別

黄疸と外観的に似通っているものに，健康な動物で脂肪が黄色を呈する場合がある。老牛や，ある種の乳牛等の脂肪は生理的に黄色を示すことがある。

脂肪が黄色を呈するのはカロチン色素の存在によることが多く，ジャージー種，ガンジー種の牛にあっては，通常の飼料が給与された場合でも特徴的な黄色を示す。その他の牛にあっても，カロチンを多く含んだ飼料，すなわち，とうもろこし，ニンジン，かぼちゃ，みかんの皮などを多給することによって起こる。

めん羊にときどきみられる脂肪の黄変は，遺伝的な因子により，飼料中の葉黄素（キサントフィル）を酸化する能力が欠如することによる。

いわゆる黄豚は，魚粉，魚のあらなどの多給により，動物性の高級不飽和脂肪酸が酸化変敗し過酸化物となったものを多量に摂取することによって生じる。

飼料による黄変は脂肪のみに限定されるのに対し，黄疸の場合には結合織，筋膜，粘膜，および他の器官にも黄変がおよぶので両者の鑑別は可能である。

このため，筋膜，胸骨の内側などが観察に適した部位とされる。なお，黄豚の脂肪には，魚のような悪臭がある。

飼料による黄変のうち，カロチン色素によるものについては，レルヘの法で確認することができる。

【レルヘの法】

検査する脂肪約2gを中試験管に取り，5％の苛性ソーダ水溶液5mlを加える。1分間煮沸し，よく振盪する。

流水で冷却し，掌でつかんで熱くない程度の温度まで下げる。

苛性ソーダ溶液の半量，あるいは同量のエーテルを加える。

ビリルビンが存在する黄疸の場合は，水溶性のナトリウム塩を形成して下層にとどまるので，下の層が緑黄色を呈する。

カロチンが存在する飼料性の場合は上の層のエーテルが黄色になる。

また，両方の色素が存在する場合，すなわち飼料性の黄変に黄疸が併発している場合には上層が黄色となり，下層は緑黄色を呈する。

4　判定基準

次の各項のいずれかに該当するものを高度の黄疸と判定する。

(1) **生体検査**

① 可視粘膜，全身の皮膚などが著しく黄変しているもの。ただし，感染症，敗血症，膿毒症，中毒諸症などその原因が明確に判定できるものを除く。

② 可視粘膜，全身の皮膚などが著しく黄変し，血清中の総ビリルビン値が正常値（1.0 mg/dl 以下）と比べ著しく上昇（4.0 mg/dl 以上）しているもの。ただし，馬では総ビリルビン値に加え，特に黄変の程度を考慮した上で判定する。

(2) **解体前検査**

判定基準なし。

(3) **解体後検査**

① 全身の組織臓器が著しく黄変を呈しているもの。すなわち，皮下織，脂肪，主要臓器（心臓，肝臓，脾臓，腎臓，肺，胃，大腸，小腸），リンパ節が著しく黄変しているもの。

② 全身の組織臓器が黄変し，血清中の総ビリルビン値が正常値（1.0 mg/dl 以下）と比べ著しく上昇（4.0 mg/dl 以上）しているもの。ただし，馬では総ビリルビン値に加え，特に黄変の程度を考慮した上で判定する。

[33 黄疸：参考文献]
日本獣医内科学アカデミー：獣医内科学，pp.93-94，文永堂出版，2005.
全国食肉衛生検査所協議会総会資料，1985.

34 水　腫

Edema

1　解　説

　動物体の細胞間隙や体腔に余分の組織液がたまった状態を水腫と呼ぶ。

　正常時の組織液は，動脈性毛細血管の壁を通過して血液の水分が管外へ漏出し，細胞の間隙にたまったもので，細胞に栄養を与え，細胞の排泄物を運び去る働きをもっている。この組織液は，一部は静脈性毛細血管に吸収され，他はリンパ管に入って流れ去る。

　この仕組みは，図Ⅱ-17の矢印のように動脈に連結する動脈性毛細血管から出た液❶が組織液になり，次にその一部は静脈性毛細血管に吸収され❷，他の一部❸はリンパ管に流れ込む。正常時は，これらの出入のバランスが保たれて❶＝❷＋❸である。このバランスが破れて，❶＞❷＋❸になると，組織液が増加して水腫が起こる。

分　類

① ❶の増加は血圧が上昇して持続することによって起こる。炎症性の充血がこの条件をつくると炎症性浮腫が起こる。

② ❶の増加は，また，毛細血管壁の滲透性の増加によっても起こる。これは毒物の作用で起こることが多く，伝染病や中毒のときにもみられるので重要な意味をもっている。また重度の栄養障害や重症貧血のときにも起こる。

③ ❷の減少は，うっ血による静脈性毛細血管内圧の上昇によって起こり，うっ滞性浮腫となる。

④ ❸の減少は，リンパ管の狭窄，閉塞によって起こり，うっ滞性浮腫となる。

■図Ⅱ-17　水腫の図

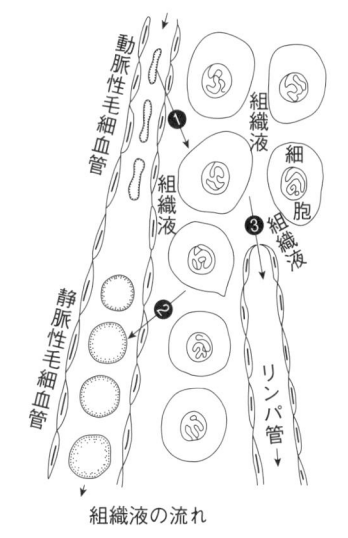

2　診　断

(1)　生体所見
　　生体検査でわかる水腫は，皮下織の浮腫で，たまった組織液は下方に向かって流れて移動するので，体の下側になった部分の皮下織に強く出る。すなわち，胸垂（牛），臍部，陰嚢，陰茎包皮，肢端，下顎などで患部は腫脹しているが，痛みも熱もない（炎症性浮腫の場合は熱がある）。指圧を加えると圧痕を示すが，時間がたつと復元することで診断できる。

(2)　剖検所見
①　水腫の起こった部分は腫脹し，色は淡色となる。
②　割面をつくると組織液が流れ出す。
③　水腫を起こした部分は指圧を加えると圧痕ができるが，時間がたつと旧に復する。

3　判定基準

次の各項のいずれかに該当するものを高度の水腫と判定する。

(1)　生体検査
全身の皮下織に浮腫が認められるもの。

(2)　解体前検査
生体検査に同じ。

(3)　解体後検査
水腫が全身の皮下織，筋肉に及んでいると認められるもの。

[34　水腫：参考文献]
板倉智敏，後藤直彰編：動物病理学総論，pp.81-83, 文永堂出版，1994.

35 腫　瘍

Tumor

1　解　説

　腫瘍とは，生体を構成する種々の臓器，組織の細胞が，なんらかの原因によって正常な生体の制御機構より逸脱し，原因の消失後も自己中心的に際限なく増殖したものである。

　この制御を受けない進行性増殖は自律性増殖と呼ばれ，腫瘍の大きな特徴である。したがって，腫瘍は体細胞に由来する異常細胞より成る組織塊である。その発育速度は，正常組織よりも速く，発育様式は周囲組織と調和せず，正常な組織，細胞を圧排し，変性，壊死に陥らせる。腫瘍細胞自体も急速な発育に血液供給が十分でないため中心部より壊死に陥ることが少なくない。

　腫瘍は，あらゆる細胞がその発生母体となりうるため，個々の腫瘍は，それぞれの発生母組織や発生部位等により修飾され，多様な特徴を示す。

　なお，造血臓器の腫瘍に入れられるリンパ腫，白血病などについては「白血病」に別項を設けてある。

　腫瘍の原因は，放射線，化学物質，ウイルス等の外来性因子と，ホルモン，免疫等の内因性因子に大別されるが，家畜ではウイルス性腫瘍が多く認められている。これら因子が，遺伝情報の担い手であるDNAに損傷を与えたり，これを修飾したり，あるいは遺伝子に組み込まれている内在性ウイルス等のもつ遺伝情報（通常はその発現が抑えられている）の抑制を解いたりすることが，正常細胞を腫瘍細胞に転換させるうえで重要な役割を演じていると考えられている。また，数多くの内因・外因物質が，この腫瘍細胞に転換した細胞の増殖，つまり腫瘍の顕在化に関与しているといわれている。

　家畜の腫瘍が生体検査で発見されることは末期の症例以外では少なく，解体後初めて発見される例が大半である。

2　診　断

　腫瘍は体のいずれの部分にも生じるが，動物種により腫瘍好発部位と好発腫瘍が異なり，国や地方によっても若干の差がある。こうした状況を知ることは，腫瘍と他の病変の鑑別のために重要な手がかりとなる（表Ⅱ-18）。

■表Ⅱ-18　と畜検査でよくみられる腫瘍

部　位	牛	豚
皮膚，皮下織	乳頭腫*	黒色腫*
循環器	心臓血管筋腫	心横紋筋腫（過誤腫）
造血器・リンパ系	牛白血病（悪性リンパ腫）*	リンパ腫*
呼吸器系	肺がん	
消化器系	肝細胞腫瘍* 胆管細胞がん	肝細胞腫瘍* （肝結節性過形成，肝腺腫，肝細胞がん）
泌尿器系	腎がん 膀胱腫瘍	腎芽腫（胎児性腎腫）*
生殖器系	卵巣顆粒膜細胞腫* 卵巣がん 子宮腺がん*	卵巣血管腫* 子宮筋腫*
内分泌系	副腎皮質腫瘍*，副腎髄質腫瘍	
末梢神経系	末梢神経鞘腫瘍	
漿膜	中皮腫*	

＊：頻度の高いもの

(1) 剖検所見

1) 形と性状

❶ 表在性腫瘍

皮膚表面，臓器表面（漿膜面），消化管等の粘膜面に生ずる腫瘍は，表面から空間に向かって発育する性質をもち，さまざまな形の腫瘍をつくる。有茎性の腫瘍は，ほとんどが良性腫瘍である。

上皮性の悪性腫瘍（がん腫）では，がん細胞は，上皮基底膜に沿って水平方向に，さらに基底膜を貫いて下層（内部）へと発育する。したがって，カリフラワー状，丘疹状〜台地状等の形を示す腫瘍は，悪性の可能性が大きい。

腫瘍の発育速度は，一定しているわけではなく，長い間発育停止状態であったものが急に大きくなったりする。悪性腫瘍は，増殖の早いものが多く，血液供給のバランスが崩れると壊死あるいは潰瘍を生じる。腫瘍中心部の壊死のために腫瘍結節の中央に生じる臍のような陥凹部をがん臍と呼び，表在性悪性腫瘍の一つの特徴とされる。ただ皮膚や消化管粘膜に生じた腫瘍は，良性でも表面に炎症性変化を伴い，潰瘍を生じていることもあり，ときには瘢痕形成のみられることもある。

これら表在性腫瘍では，どの層までどれほど深く腫瘍に冒されているか（浸潤度または深達度）が，病変の他臓器への拡大に関係する。腫瘍がリンパ管や血管に侵入すれば，付属リンパ節や遠隔臓器にリンパ行性または血行性転移を生じる。また，漿膜面に達すれば，隣接臓器に接触転移を生じ，漿膜腔に播種転移を形成する。接触転移は，漿膜直下に限局する半球状結節の形をとること

が多い．

❷ 内在性腫瘍

臓器・組織内部の腫瘍は，周囲組織を押しのけて（圧排性または膨張性）発育する．腫瘍の発育と周囲組織の抵抗性のバランスが，発育様式を左右する．発育の迅速なものは，次第に臓器実質の抵抗を克服して周囲組織間隙に浸潤増殖するが，脈管系を冒したり漿膜面にまで達したりすると広範囲に転移性腫瘍を生じる．

大静脈や大動脈でさえも隣接腫瘍の圧迫のため，血管壁が萎縮し，血管内腔に腫瘍が侵入することがある．ただし牛の副腎腫瘍等，時に良性腫瘍が結合織に包まれたまま血管内腔に突出していることもあり，血管内腔突起物は，肉眼で見ただけで良性か悪性か診断はできない．

内在性の上皮性腫瘍の基本的な形状は球状で，結合織に被包されたものは良性と考えられるが，副腎や肝臓の腫瘍は，良性でも肉眼的にも顕微鏡的にも明らかな被膜をもたないことが多い．小さくて周囲との境界の不明瞭なものには，良性の結節性増生の場合と悪性の場合とがあり注意を要する．大きな腫瘍の周りに小さな娘腫瘍を伴っていたり，それらが融合して不正形をなすものは，悪性であることを疑うべきである（表Ⅱ-19, 図Ⅱ-18）．

❸ 腫瘍実質と間質

上皮性の腫瘍細胞は，増殖部位の既存の結合組織を巻き込んで，肉眼的に認められる腫瘍にまで成長するが，腫瘍細胞（腫瘍実質）に対して，巻き込まれた結合織を腫瘍の間質という．腫瘍細胞の増殖は迅速であるが，間質は緩徐にしか増殖しない．そのため，腫瘍細胞は結合線維間で島状に増殖し，蜂の巣状の構造（胞巣）を形成し，肉眼的にも小区画の集合（分葉状）にみえることが多い．

一方，非上皮性の腫瘍では，腫瘍実質と間質が発生学的に同一胚葉起源で性質が類似するため，実質と間質は複雑に交じり合い，腫瘍細胞のもつ性質や増殖速度を反映して，特徴ある渦紋等をつくったりするが，未分化な悪性度の高い腫瘍では，より単調な充実性腫瘍塊となる．

2) 大きさ

さまざまな大きさの腫瘍がある．巨大な腫瘍は，広範な転移を伴う悪性のものもあるが，周囲組織に対して圧迫性の障害を与えても生体全体に与える影響が比較的軽微で，付属リンパ節にのみ転移がみられる悪性度の低いものや良性腫瘍が多い．

豚の腎芽腫（胎児性腎腫）の多くは，相当の大きさに達しても明らかな転移巣を形成するものは少ない．なかには体重の25％にも達する巨大腫瘍となり腹腔の大半を占拠し，その圧迫の結果尿毒症に陥るものもある．まれに，肺等にかなり広範な転移を形成する例もある．

II 検査対象疾病

■表II-19 腫瘍発生部位と腫瘍の形

発生部位	発育形式	腫瘍の形		推定性状
皮膚 体腔 管腔臓器 囊胞	外成長性発育 (表面から 空間に突出)	有茎性腫瘍(付着部細小)―ポリープ状,茸状,乳頭状, 　　　　　　　　　　　　　　　樹枝状		良性
		広基性腫瘍(付着部大)―カリフラワー状 無茎性腫瘍―丘疹状,台地状,結節状,浸潤性 中心部陥凹(がん臍) 表面潰瘍化		悪性
		浸潤(深達度)←→転移,播種		
皮膚深層 実質臓器 筋肉 中枢神経系	内成長性発育 (圧排性 (膨張性) 発育)	境界明瞭な腫瘍	被膜有 被膜無又は不完全	良性
		娘結節を伴う腫瘍 境界不明瞭な腫瘍* 浸潤性の明らかな腫瘍		悪性
		腫瘍の発育速度(大きさ)←→浸潤,転移		

*小さなものは,良性結節性増生のこともある。

■図II-18 腫瘍の形と性状

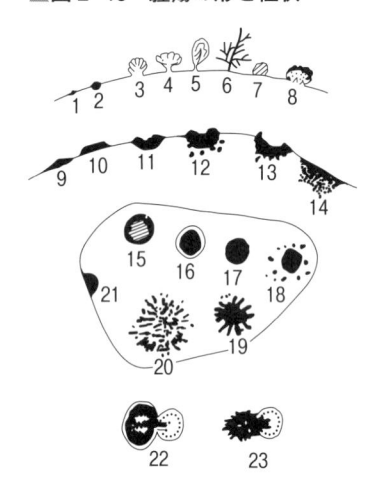

〈表在性腫瘍〉
1 微小結節性,2 結節性,3 乳頭状,4 茸状,5 ポリープ状,6 樹枝状,7 囊胞状,⑧ カリフラワー状(広基性),⑨ 隆起性(円盤状),⑩ 丘疹状(台地状―より隆起の著しいもの),⑪ がん臍のある隆起性腫瘍,⑫ がん臍と娘結節(衛星腫瘍)を伴う腫瘍,⑬ 噴火口状潰瘍と浸潤性発育を示す腫瘍,⑭ 浸潤性腫瘍
〈内在性腫瘍〉
15 囊胞状,16 被包された球状結節,⑰ 被包されていない球状結節,⑱ 娘結節(衛星腫瘍)を伴う球状結節,⑲ 浸潤性発育を示す球状結節,⑳ 瀰漫性浸潤性腫瘍,㉑ 接触性転移巣
〈血管内侵入〉
22 被包された良性腫瘍の血管内侵入(血管内皮残存),㉓ 悪性腫瘍の血管内侵入(被膜なく,血管内皮欠如)
□悪性の可能性のあるもの
○悪性と考えられるもの

3)色

腫瘍組織の基調色は透明感のある白色～灰白色であるが,腫瘍細胞の脂肪変性によって黄色を帯び,壊死巣は不透明化し,出血部は赤色,ヘモジデリンが沈着すれば褐色となる。悪性腫瘍では一般に多彩である。肝腫瘍には,周囲との区別が難しいほど母組織と似た色調を呈するものや,良性分化型腫瘍である緑色肝腺腫のように胆汁生成能を保持しているために,緑色を呈するものもある。

メラニン産生細胞の腫瘍である黒色腫は,皮膚,口腔に発生することが多く,褐色～黒色を呈する。悪性黒色腫は豚で多くみられ,墨汁のにじんだような感じの転移巣を形成する。メラニン(黒色色素)が沈着した黒色症との鑑別が重要である。

4) 硬　　さ

　腫瘍の硬さは，膠原線維の増生した腫瘍では極めて硬くなり，また臓器組織一般の例にもれず変性壊死部は軟化することが多く，同部に石灰化が起これば局所の硬化をもたらす。

5) 原発性腫瘍および転移性腫瘍

　と畜検査上最も必要な良性腫瘍と悪性腫瘍の鑑別に当たって，肉眼的転移巣の確認は，悪性であると判断する重要な根拠となる。ほぼ大きさのそろった腫瘤の1臓器内多発や，よく類似した特徴をもつ腫瘍の複数臓器内同時発現は，転移性腫瘍が強く疑われる。

　肺は，リンパ行性にも血行性にも多種多様な腫瘍の転移が頻繁に認められる。悪性腫瘍でも転移先では，血管等を中心とする球状結節をつくるのが一般で，比較的空間的にゆとりのある肺では，腫瘍はかなり長期にわたって膨張性発育を続けることが多い。

　肝臓は，胃，腸および脾臓から流入する門脈と大循環系の肝動脈を経由する血行性転移や，隣接臓器からの接触転移が生じやすい。また，肝門部に生じた肝細胞がん，胆管がんが門脈に侵入して多数の肝内転移巣を形成したり，リンパの逆行により小葉間結合織に転移巣を形成することもある。ただし，肝臓の結節性増生（非腫瘍性）でもほぼ同大，同性状の腫瘤が多発することがあるので，注意が必要である。

　脾臓の原発性腫瘍はまれで，腎臓も豚の腎芽腫（胎児性腎腫）を除けば原発性腫瘍は少ないが，ともに大循環を経由する血行性転移の場となることが多く，転移巣は球状または半球状を呈する場合が多い。

　漿膜腔内播種を生ずる腫瘍は豚よりも牛に多くみられ，卵巣顆粒膜細胞腫や中皮腫が播種性に多数の腫瘍結節を形成することがよく知られており，漿膜の結核との鑑別が必要である。

　腹腔内の原発部不明の腫瘍の診断は容易ではないが，副腎皮質腫瘍は，組織学的に石灰化が認められることが多く，一つの鑑別点となる（表Ⅱ-20）。

(2) 病理組織検査

1) スタンプ標本

　腫瘍は結節の形をとることが多いが，結節性病変は腫瘍に限ったことではなく，寄生虫性病変，膿瘍，結核をはじめとする特異性炎にも認められ，豚のミコバクテリウム感染症でも肝臓や脾臓に一見腫瘍を疑わせる病巣をつくることがあるため，鑑別のためにスタンプ標本を作製し，出現する細胞種と菌の証明を行う。

　結節性病変が頻発し鑑別の必要を生ずるのは，特に豚の肝臓についてである。豚の肝臓には，悪性リンパ腫（白血病），結節性増生～肝細胞腺腫といった腫瘍性病変とともに，寄生虫性結節性病変が多発する。

　これら慢性化した寄生虫性病変や膿瘍では，病巣周囲の結合織の被包が強く，

■表Ⅱ-20　肉眼的にみた腫瘍の良性，悪性

性　状	良　性	悪　性
病変分布	限局性	限局性，非限局性
形態	定型的	不整
色調	一様	多彩
壊死，出血	無	有
硬度	硬	軟
被膜	有	無／不完全
境界	明瞭	不明瞭
発育形式	圧排性（膨張性）	浸潤性，破壊性
発育速度	緩徐，途中で停止	迅速，進行性
血管侵入	まれ	多
癒着	無	多
転移	無	有
再発	まれに有 （不完全切除）	多
宿主への影響	局所性，巨大腫瘍でも悪液質化せず，腔所内占拠性病変やホルモン産生は，全身的に影響	局所性から全身性へ末期悪液質化

（付）　漿膜の結核では，結節の大きさはほぼ斉一で，乾酪化と石灰化がみられ，スタンプ標本で抗酸性菌が証明されることが多いという。

透明感の乏しい白色の硬結節であることが多い。一方，腫瘍は充実性で透明感があり比較的軟らかい。ただし，ミコバクテリウム症の肝病巣のある時期のものは，腫瘍性結節との肉眼的鑑別は至難であり，スタンプ標本は，このような場合腫瘍と非腫瘍性結節をより明確に区別することができる。炎症性結節性病変では，病変進行の時期にもよるが，スタンプ標本中に多種多様な炎症性細胞の出現を認め，菌染色等を行えば原因菌を検出できる場合もある。一方，悪性リンパ腫（白血病）をはじめ腫瘍性病変では，出現する細胞の種類は少なくより単調な印象を与え，細胞異型や多数の核分裂像を伴う悪性細胞をみることがある。特に造血器〜リンパ系の腫瘍の場合等で細胞の種別を明確にするには，組織切片以上に有用な情報を含んでおり，併用して初めて適確な診断のつく場合が少なくない。

2）　組織標本

　腫瘍の悪性の指標は，腫瘍組織の発生母組織からの形態学的な距離（異型度）で，組織学的構造の異常と細胞学的な異常に分けて観察，評価される（表Ⅱ-21）。

　分化度とは，腫瘍における母組織や母細胞との類似性を意味し，一般に分化型のものは，未分化型のものよりも悪性度が低いとされている。浸潤度（深達度）は，特に表在性腫瘍の悪性の指標となり，医学においては予後との関係から，転移と併せてがんの進行状況の区分（病期分類）がなされ重視されている。

　注意すべきことは，「がんらしくないがん」の存在で，顕微鏡的には腺腫様で，極めて良性にみえながら転移巣を形成する。肝腫瘍や副腎皮質腫瘍も，そのような意味で診断が難しい。逆に基底細胞がんは，顕微鏡的には悪性の特徴を備えているが，転移することはまれで，最近は基底細胞腫と呼ぶことが多い。

■表Ⅱ-21　組織学的にみた腫瘍の良性，悪性

性　状	良　性	悪　性
正常組織との関係	類似性有	著しく異なる
正常組織との境界	明瞭	不明瞭
配列の乱れ	ほとんど無	著明
基底膜	保存	破壊
間質への浸潤	無	有（高度）
間質の量	たいてい多	たいてい少
胞巣の大きさ	一定	不定
細胞の形態	一定	大小不同，多形性
細胞の極性	保持	保持～消失
核／細胞質	変化せず	増加（核大型化）
核の大きさ	均一	大小不同
核の形	一定（核膜陥凹なし）	不規則，多形性
クロマチン	細顆粒状／規則的分布	粗大顆粒状／不規則分布
核小体	小（変化せず）	大型化
核分裂像	少	多
異常核分裂像	無	有
壊死，出血	少	多
細胞の機能	たいてい残存	たいてい欠如

3) **免疫組織化学的検査法**

免疫組織化学的検査法は，腫瘍の鑑別によく用いられる染色法であり，抗原抗体反応（特異的反応）を用いて組織内の特定物を検出する方法である。

免疫組織化学的検査法では，用いる抗体の選択が重要となる。

3　判定基準

(1) **生体検査**

判定基準なし。

(2) **解体前検査**

判定基準なし。

(3) **解体後検査**

前述の剖検所見および病理組織所見が認められた場合は腫瘍と判定する。

[35　腫瘍：参考文献]
獣医学大事典編集委員会編：獣医学大事典，p.686，チクサン出版社，1989.

36 旋毛虫病（トリヒナ病）

Trichinosis

1 解説

　旋毛虫病（トリヒナ病）は，旋毛虫（トリヒナ）*Trichinella spiralis* による疾病で，人獣共通感染症である。動物では，豚，ねずみ，熊，その他の野生哺乳動物に寄生する。

　この寄生虫は，雌雄異体で，同一宿主内で幼虫期と成虫期を過ごし，外界で生活する時期のないのが特徴である。被嚢幼虫の存在する肉を生または不完全な加熱状態で摂取すると感染が成立する。胃内で幼虫（体長約1mm）が胞嚢から遊離して十二指腸粘膜内に穿入した後，腸管内で脱皮して成虫（体長は雄1.4～1.6mm，雌2.5～3.4mm）となる。交接後，雄は間もなく死ぬが，雌は感染6日目頃から小腸粘膜上皮内に4～6週間にわたり1,000～1,500匹の幼虫を産み，終了後に死滅する。幼虫（体長約0.1mm）は血行性に全身に移行し，横隔膜，咽喉，舌，腹，肋間の筋肉，咬筋，腓腹筋などの横紋筋に寄生する。筋肉に寄生した幼虫は，宿主によってつくられた嚢に覆われ，被嚢幼虫となって新たな宿主に侵入する機会を待つ。被嚢幼虫は数年にわたって感染性を有する。

　わが国における発生は，昭和32（1957）年に北海道の犬から検出されたのをはじめに，以後ミンク，テンおよびホッキョクグマにおける感染例が報告された。人においては，昭和50（1975）年に，青森県で捕獲されたツキノワグマの生肉の摂取による集団感染が報告され，その後，北海道および兵庫県産の熊の生肉の摂取による感染が報告された。

　一方，諸外国においては，人の感染源として，家畜では豚が重要とされている。わが国では豚肉からの感染報告はないが，世界的に見ても古くから豚肉を介して人へ感染する寄生虫として知られており，本病は食肉衛生上重要な人獣共通感染症である。

　わが国の野生動物に本病が存在していると考えられ，豚は，ねずみの捕食などにより感染することから，豚に対しても注意が必要である。

　患者は，初期に食中毒様症状を示し，次いでリウマチ様筋肉痛，インフルエンザ性腸炎のような症状を示し，眼瞼に浮腫をみる。死亡することもある。

2 診　断

(1) 生体所見

病原性や症状により次の3期に分類される。

第1期：侵襲期（腸トリヒナ症期：感染1～2週後）

通常は無症状であるが，摂取された虫体数が多数の場合，雌の腸壁侵入と幼虫の産出に起因する急性カタル性腸炎を発症し，下痢，腹痛，発熱などが起こる。

第2期：筋肉内寄生期（筋トリヒナ症期：感染2～6週後）

この時期の病原性が最も重要であり，幼虫の横紋筋への移行から被嚢までの時期に当たる。重感染では下痢，腹痛，発熱，筋肉硬直，筋肉痛，運動障害などがあり，呼吸筋の麻痺は呼吸困難から死を招くこともある。

第3期：被嚢期（回復期：感染6週後以上）

幼虫が被嚢した後の時期。時を経て，胞嚢は石灰化が起こる。豚では石灰化は感染後5か月から始まり9か月で完了する。筋肉内被嚢幼虫は豚で感染後15～24か月で死滅するが，食欲不振，貧血，浮腫などの症状は長く残る。成虫は長くても2～3か月で死滅してしまうため，以後は幼虫による筋肉への新たな侵襲はなくなり，症状は軽減していく。

(2) 剖検所見

第1期：侵襲期（腸トリヒナ症期）

腸粘膜は浮腫性に肥厚し，幼虫の毛細血管内侵入と梗塞による点状出血と小潰瘍がみられる。

第2期および第3期：筋肉内寄生期（筋トリヒナ症期）および被嚢期（回復期）

初期の胞嚢は透明で判別は困難である。虫体が死滅すると虫体および胞嚢は石灰沈着を呈し，筋肉中に微細な白斑を形成する。この白斑は横隔膜，咽喉，舌，腹，肋間の筋肉，咬筋，腓腹筋など身体各所の横紋筋の筋層間にけし粒大の白斑として確認できる。腱および関節に接着する部分や体表に近い筋肉ほどこれらを確認できる可能性が高い。

(3) 病理組織検査

1) 直接圧平法

小肉片を2枚のスライドグラスまたは旋毛虫検査用圧平板で圧平し，普通顕微鏡の低倍率あるいは双眼実体顕微鏡の弱拡大（15～30倍）で筋肉内に寄生する幼虫を鏡検する方法。旋毛幼虫の検査は2枚の圧平板に検体を挟んだのち，両端のボルトを締め，検体を圧平して鏡検する。検出率は後述の消化法に劣るが，簡便であり短時間で検査が行える利点がある。その他，トリヒノスコープによる圧平

試料の鏡検を行うトリヒノスコープ法でも検査は可能である。筋線維内にトリヒナの胞嚢がみられる。胞嚢の形はレモン状を呈し，約1mmの巻曲する幼虫を通常1匹包蔵している。胞嚢の大きさは宿主によって異なる（ヒト 0.4 × 0.25mm，ホッキョクグマ 0.88 × 0.32mm）。筋肉へ侵入後10～14日までの幼虫は筋形質に直接接触しているが，以降は徐々に嚢胞が形成され始め，4～5週間で完成する。胞嚢は筋線維由来の内層と筋線維膜に由来するガラス様の外層からなっている。幼虫の侵入していない筋線維にも，水腫，蝋様変性がみられ，間質に好酸球，好中球，リンパ球などが浸潤する。心筋には被嚢幼虫はみられないが，好酸球性間質心筋炎が存在する。胞嚢は後に石灰沈着が起きるが，石灰化が起こり不透明なものは，酢酸水（水30：酢酸1）を滴下し，石灰を除去して検査する。

2) 消化法

酸性にしたペプシン溶液で感染筋肉を人工消化して筋肉トリヒナ（トリヒナ幼虫）を生きたまま遊離させることができる。筋肉組織サンプルは寄生頻度の高い部位，豚では横隔膜あるいは舌，その他は咬筋か腹部から採取する。45 ± 2℃に温めた0.5～1.0％塩酸加水道水へ筋肉組織サンプル100gを加えて液料2～3lとし，その後ペプシン（力価1：10,000）を0.5～1.0％ w/vとなるように加える。消化作業は攪拌しながら少なくとも30分間，45 ± 2℃を維持しながら行う。消化物をメッシュ（180～355μm）に通して2～4l分離用漏斗に移し，30分静置する。沈殿作業後に沈渣10mlを採取し，ペトリ皿にあけ，実体顕微鏡（倍率15～40倍）でトリヒナ幼虫の検索を行う。

(4) 理化学検査

血液中の好酸球の増多と血清中のCPKの上昇がみられる。

3　類症鑑別

骨格筋に寄生する寄生虫として，本病の他に嚢虫，住肉胞子虫がある。嚢虫は剖検所見における胞嚢の形態学的な比較および胞嚢内の原頭節の鏡検による確認，住肉胞子虫は直接法およびトリプシン消化法によるシストの確認で本病と鑑別を行う。

4　判定基準

(1) 生体検査

生体所見による判定は容易ではない。

(2) 解体前検査

判定基準なし。

(3) **解体後検査**

前述の第2期および第3期（筋肉内寄生期および被嚢期）の剖検所見の確認後，直接圧平法等によりトリヒナ幼虫を確認した場合は旋毛虫病と判定する。

[36 施毛虫病（トリヒナ病）：参考文献]
石井進ほか編：獣医臨床寄生虫学（第8版），pp.329-335，文永堂出版，1988.
石井俊雄：獣医寄生虫学・寄生虫病学　第2巻（初版），pp.407-413，講談社サイエンティフィク，1998.
石井俊雄：獣医寄生虫学・寄生虫病学　第2巻，pp.414-421，講談社サイエンティフィク，2007.
内山充ほか編：食品衛生検査指針　微生物編，pp.403-408，（社）日本食品衛生協会，1992.
寺尾允男ほか編：食品衛生検査指針　微生物編，pp.558-560，（社）日本食品衛生協会，2004.

37 有鉤嚢虫症

Cysticercosis ; Cysticercus cellulosae

1 解 説

　有鉤嚢虫症は，有鉤条虫の幼虫（嚢虫）の寄生による疾病である。有鉤条虫は，人を終宿主（小腸）とする寄生虫で，豚，猪などを中間宿主とする。人も中間宿主となることがある。人の感染源としては豚が重要で，生または加熱不十分な豚肉の摂取により感染することが多い。

　豚は人の糞便に排泄された虫卵を経口摂取することにより感染し，咬筋，舌筋，心筋，躯幹筋などに嚢虫をつくる。通常，感染豚は症状を示さず，解体後の検査で発見される。

　人が豚肉から感染した場合は，その小腸で成虫となる（成虫寄生）。無症状のことも多いが，消化器障害，貧血などの症状を示すこともある。嚢虫寄生，すなわち人が中間宿主となる場合の感染は，虫卵で汚染した飲食物の摂取，または虫卵で汚染した患者の手指を介して起きる。嚢虫は，皮下織，眼，脳などに形成され，視野の欠損，てんかんなどの原因となる。

　わが国においては，ときどき人の症例が発見されており，人獣共通感染症である。豚の感染は，過去に沖縄で発生をみたが，現在では発生していない。しかし，前述の

■図Ⅱ-19　有鉤嚢虫症

骨格筋：画面中央部の嚢虫は乳白色で，卵円形に隆起してみえ，大きさは4〜5 mmで，指で圧すると弾力感がある。嚢虫は全身の骨格筋に寄生していた。繁殖豚，雌，3歳。
出典　全国食肉衛生検査所協議会編：食肉・食鳥衛生検査，マクロ病理学カラーアトラス，p.50，学窓社，1997.

■図Ⅱ-20　有鉤嚢虫症

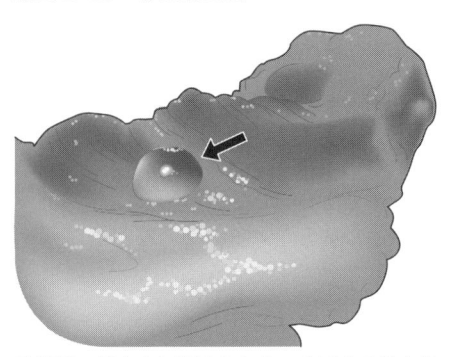

骨格筋：筋肉内に認められた，大豆大の乳白色球形の嚢虫。中に白色の原頭節もみえる。嚢虫は豚の骨格筋や心筋，横隔膜，肝臓，肺，脳などにみられ，人の体内に入ると十二指腸に寄生して有鉤条虫となり，2〜3か月で成熟して成虫となる。肥育豚。
出典　図Ⅱ-19と同じ

ごとく，人体感染はときどき発見されているので，豚を検査する際には十分注意を払う必要がある。

2　診　断

(1) **生体所見**

感染豚は，通常ほとんど認めるべき生体所見を示さない。眼瞼，結膜下織に寄生した場合には，その部に浮腫をみる。その他，運動障害，神経症状などを示すこともある。

(2) **剖検所見**

舌の場合は，その側縁，下面の視診，触診で胞嚢の存在を知ることができる場合もあるが，通常，咬筋，舌筋，心筋，胸筋，腹筋，肩甲筋，横隔膜筋などの割面に大豆大（8～10mm×5mm）の胞嚢として発見され，内部に透明な液を含有する（図Ⅱ-19, 図Ⅱ-20）。

(3) **その他検査**

原頭節を鏡検し，4個の吸盤と鉤（18～32個，普通24～32個）の存在を確認して同定する。古くなると石灰化が起こり死滅する。豚体内における寿命は数年といわれる。

原頭節の検査は以下のようにして行う。スライドグラス上に，直径1.5cmの孔をあけた2cm平方大の濾紙をのせ，水で湿らす。次いで，孔に水を1滴入れ，そのなかに原頭節を移す。スライドグラスをその上から重ね，圧平する。上下のスライドグラスが移動しないように固定して鏡検する。鉤の数，配列状況，長さを観察する。なお原頭節は，肉眼的に胞嚢の中央に白点としてみられる。

3　判定基準

(1) **生体検査**

判定基準なし。

(2) **解体前検査**

判定基準なし。

(3) **解体後検査**

前述の剖検所見が認められ，鏡検で原頭節を認めた場合は有鉤嚢虫症と判定する。

Ⅱ 検査対象疾病

38 無鉤嚢虫症

Cysticercosis ; Cysticercus bovis

1 解　説

　無鉤嚢虫症は，無鉤条虫（*Taenia saginata*）の幼虫（嚢虫）の寄生による疾病で，人獣共通感染症である。本条虫は，人を終宿主とし，牛，ときとしてめん羊，山羊などを中間宿主とする。

　本条虫は，世界中に分布しており，特に牛の放牧が盛んな地域（アフリカ，旧ソ連，中近東，南米および地中海諸国）に多い。国内では1960年代前半，牛のと畜検査において，0.1～0.3％の割合で検出（一部廃棄）され，年間0～3頭が全部廃棄処分されていた。1960年代後半から減少傾向がみられており，平成20年度食肉検査等情報還元調査の結果（平成22年1月6日医薬食品局食品安全部監視安全課），長野県，福岡県および熊本県で計10頭の胞虫症の一部廃棄が報告されている。また，平成5（1993）年に神奈川県の一農場において，71頭の牛に集団発生がみられたことや，人の無鉤嚢虫症患者が日本各地で散発的に発生していることなどから，今後のと畜検査においても注意を怠ることはできない。

　牛は，人の糞便中に排泄された虫卵を経口摂取することにより感染し，幼虫（嚢虫）が筋肉や内臓などに寄生する。感染牛は通常症状を示さない。

　人は，生または加熱不十分の牛肉の摂取により感染し，小腸内に成虫が寄生する。感染した人は，牛と同様に，通常症状を示さないが，腹痛や嘔吐などの消化器症状やまれに神経症状などを示すこともある。

2 診　断

(1) **生体所見**

　感染牛は，通常症状を示さない。高度に感染したときは運動障害，呼吸困難，神経症状を示すこともある。

(2) **剖検所見**

　心筋，咬筋，舌筋や横隔膜などに寄生することが多く，濃厚感染では肝臓，肺や骨格筋からも発見される。国内で唯一の集団発生例（神奈川県，1993年，牛71頭）では，心筋94％，横隔膜83％，咬筋78％の順に寄生率が高く，心臓の検査が最も

重要であることを報告している。

また，筋肉に割面をつくって検査すると小豆大から大豆大（7.5～10mm×4～6mm）の胞嚢としてみられる。胞嚢内には透明な液を入れ，原頭節がみられる。原頭節には4個の吸盤を有し，額嘴の鉤は欠く。検査方法は有鉤条虫に準じて行う。

3 判定基準

(1) **生体検査**
　判定基準なし。

(2) **解体前検査**
　判定基準なし。

(3) **解体後検査**
　前述の剖検所見が認められ，鏡検で原頭節を認めた場合は無鉤嚢虫症と判定する。

[38　無鉤嚢虫症：参考文献]
宮崎一郎, 藤幸治：無鉤条虫症, 図説人畜共通寄生虫症, pp.457-463, 九州大学出版会, 1998.
影井昇：食品の寄生虫汚染の実態・畜産物, 食品寄生虫ハンドブック（藤田紘一郎ほか編）, pp.116-123, サイエンスフォーラム, 1997.
藤田紘一郎：食品の寄生虫汚染の実態・加工品・無鉤条虫症, 食品寄生虫ハンドブック（藤田紘一郎ほか編）, p.140, サイエンスフォーラム, 1997.
奥祐三郎：有鉤条虫症　無鉤条虫症　アジア条虫症, 共通感染症ハンドブック（吉川泰弘ほか編）, pp.218-219, 日本獣医師会, 2004.
奥祐三郎, 神谷正男：牛の嚢虫, 獣医臨床寄生虫学　産業動物編（藤田濤吉ほか編）, pp.105-107, 文永堂出版, 1995.
盛信博, 池谷修, 阿部矩久ほか：神奈川県における牛無鉤嚢虫症の集団発生, 日本獣医師会雑誌49, pp.467-470, 日本獣医師会, 1996.

39 その他寄生虫病

39-1 肝蛭

Fasciola hepatica

1 解説

　扁形動物門，吸虫綱，棘口吸虫目，肝蛭科，肝蛭属の吸虫で世界的に分布し，牛，めん羊，山羊，鹿などの草食獣および人などの胆管に寄生する。

　人は，肝蛭の固有宿主でないが，終宿主として感染することもあり，感染経路として感染幼虫（メタセルカリア）が付着したセリやクレソンなどの摂取や，汚染された稲ワラからメタセルカリアが手指について口に入るなど，さらに感染牛の肝臓をレバ刺として生食し，感染する可能性なども考えられている。なお，わが国においては畜産上重要な寄生虫で特に牛，めん羊に与える被害が大きいが，近年減少傾向にある。

　肝蛭は体長20～50 mm，体幅8～13 mmで扁平な木の葉状を呈し，前端は円錐形をした口吸盤が突出しているのが特徴で腹吸盤は体の前方に位置する。

　虫卵は楕円形で双口吸虫卵と似るが双口吸虫卵が無色なのに対し，大きく淡黄色～黄褐色で卵殻は薄く一端に小蓋がある。

生活環

　終宿主（牛）から糞便とともに排泄された虫卵は，水中で孵化し，ミラシジウムとなり，中間宿主（ヒメモノアラガイ等）に侵入し，スポロシスト，レジア，セルカリアとなり，貝より遊出後は水草や水稲などの茎に付着し，被嚢してメタセルカリアになる。

　終宿主に経口摂取されるとメタセルカリアは小腸内で脱嚢し，腸壁を穿孔して腹腔内に出て，肝包膜を破り，肝臓に侵入し，肝実質から総胆管に到達し，成虫となり虫卵を産出する。

2 診断

(1) 生体所見

虫体の発育経過などにより急性肝蛭症，慢性肝蛭症，異所寄生とに分けられているが，生体検査ではほとんど無症状ではあるが，虫体数が多いとき（急性肝蛭症）には，削痩，被毛粗剛，発熱，好酸球の増多が起こる。なお，肝蛭の幼若虫が肺，子宮，脊髄および胎子等へ迷入（異所寄生）することもある。

(2) 剖検所見

肝蛭の寄生による慢性胆管炎を示す。胆管は拡張し，胆管壁は肥厚，石灰沈着をみる。

(3) 寄生虫検査

寄生虫疾患では特徴的な症状を欠くため，臨床所見のみで診断することはできない。

糞便から肝蛭卵を検出すれば，ほぼ確実に寄生を確認できる。

検査法としては，集卵法により虫卵を検出する。集卵法として，渡辺らの簡易肝蛭卵検査法，平らのビーズ層傾斜回転法（SRGB法），岩田の時計皿法などがある。

病理組織学的所見としては，胆管壁のすべてに病変がみられ，胆管腺上皮の壊死，脱落，壊死巣に近接する部における細胞浸潤，偽胆管の腺腫様増殖，粘膜固有層における肉芽組織の増殖などがみられる。

3 判定基準

(1) 生体検査

判定基準なし。

(2) 解体前検査

判定基準なし。

(3) 解体後検査

前述の剖検所見が認められ，扁平・木の葉状の虫体の確認または肝蛭の虫卵が確認された場合は肝蛭症と判定する。

[39-1 肝蛭：参考文献]
獣医臨床寄生虫学編集委員会編：獣医臨床寄生虫学，文永堂出版，1979.
新版獣医臨床寄生虫学編集委員会編：新版獣医臨床寄生虫学（産業動物編），文永堂出版，1995.
内田明彦，野上貞雄，黄鴻堅：図説獣医寄生虫学，メディカグローブ，2008.

39-2 細頸嚢虫

Cysticercus tenuicollis

1 解　説

　円葉目，テニア科の条虫で犬などを終宿主とする胞状条虫の幼虫で，豚，めん羊，牛，ときに人，猫等を中間宿主とする単尾虫で肝臓，腹腔臓器の漿膜面，大網，腸間膜等にみられ，大網や腸間膜に大豆大から鶏卵大の薄い結合織性の膜で被嚢された嚢胞をつくり，懸垂するように寄生する。嚢胞内には透明な胞内液を満たし，一つの頭節を有し，額嘴には28本から36本の鉤が並ぶ。

　大鉤長は175〜224μm，小鉤長は133〜157μmである。成熟嚢虫の内反する頭節は細長い頸部を有するので，細頸嚢虫と呼ばれる。最近埼玉県の食肉検査において豚から本虫が発見されている。日本の食肉検査では豚からは1万頭にほぼ1頭の頻度でみられるといわれている。

　生活環は，終宿主（犬，キツネ）の小腸に寄生し，虫卵が糞便とともに外界へ排泄され，中間宿主（豚，羊など）が虫卵を摂取するとその腸管で六鉤幼虫へと発育する。六鉤幼虫は血行性に肝臓や腹腔に移動し，細頸嚢尾虫へと発育する。

　終宿主が細頸嚢尾虫を摂取すると原頭節が小腸粘膜に吸着し成虫へと発育する。なお，と畜検査において周囲への汚染防止からむやみに切開は行わない。取扱いに注意する必要がある。

2 診　断

　通常の経度感染では症状を示さず食肉検査時においてはじめて嚢虫が発見され，診断される。

(1) 剖検所見

　　肝臓，腹腔臓器の漿膜面，大網，腸間膜等に大豆大から鶏卵大の薄い結合織性の膜で被嚢された嚢胞が懸垂するように寄生する。

(2) 寄生虫検査

　　嚢虫の寄生部位，嚢虫の大きさ，原頭節の鉤の数，大きさおよび形状から診断・同定する。

　　鉤の観察においては反転後させた頭部を観察するのがよいが，虫体が生きている場合は胆汁酸を加えると容易に翻転する。

　　病理組織学的所見としては，嚢胞は2層からなり，外層は均一で薄いクチクラ層，内層は粗造で網状構造を示す。

3　類症鑑別

有鉤嚢虫，単包虫，嚢胞肝，住肉胞子虫など。

4　判定基準

(1) 生体検査

　　判定基準なし。

(2) 解体前検査

　　判定基準なし。

(3) 解体後検査

　　肝臓，腹腔臓器の漿膜面，大網，腸間膜等に大豆大から鶏卵大の薄い結合織性の膜で被嚢された嚢胞が懸垂されていた場合，嚢虫の寄生部位，嚢虫の大きさ，原頭節の鉤の数，大きさおよび形状から診断・同定する。

[39-2　細頸嚢虫：参考文献]
獣医臨床寄生虫学編集委員会編：獣医臨床寄生虫学，文永堂出版，1979.
新版獣医臨床寄生虫学編集委員会編：新版獣医臨床寄生虫学(産業動物編)，文永堂出版，1995.
内田明彦，野上貞雄，黄鴻堅：図説獣医寄生虫学，メディカグローブ，2008.

39-3 住肉胞子虫

Sarcocystis

1　解　　説

　サルコシスティス属は分類学上アピコンプレックス門, 胞子虫網, コクシジウム目, 住肉胞子虫科に属し, 各種動物の筋肉内にシストを形成する原虫で牛を中間宿主とし, 犬などを終宿主とする *S. cruzi*, 猫を終宿主とする *S. hirsute*, ヒトなどを終宿主とする *S. hominis*, 豚を中間宿主として, 犬を終宿主とする *S. miescheriana*, 猫を終宿主とする *S. porcifelis*, 人を終宿主とする *S. suihominis* がある。

S. cruzi の生活環（他の種も基本的には同じ）

　終宿主（犬）の糞便中に排泄されたスポロシストが牛に経口的に摂取されると, その小腸内で脱嚢し, スポロゾイトが遊出して, 腸管から侵入, 腸間膜リンパ節の動脈を介して全身に血行性に移行して中小動脈の皮内細胞に侵入し, 初代シゾントが形成される。

　初代シゾントから遊出した初代メロゾイトは全身の毛細血管の内皮細胞に侵入し, 第2代シゾントを形成する。第2代シゾント内に形成された第2代メロゾイトは宿主細胞を破壊し, 血流を介して全身の骨格筋, 心筋などの細胞に侵入し, 類円形もしくは卵円形のメトロサイトとなる。メトロサイトは分裂を繰り返しブラディゾイトとなりシスト内部に充満して成熟シストを形成する。

　成熟シストを含む筋肉などを終宿主（犬）が食べると消化管でブラディゾイトがシストから遊出して小腸の粘膜固有層に侵入し, ミクロガメートおよびマクロガメートに発育する。

　有性生殖（ガメートゴニー）によって受精した接合体はオーシストとなり胞子形成を行い, スポロシストもしくはオーシストとして糞便中に排泄される。

2　診　　断

(1) **生体所見**

　特に特徴的な症状はみられないが, 牛を中間宿主とする *S. cruzi*, 豚を中間宿主とする *S. miescheriana* ともに2回目のシゾント期に発熱, 下痢, 貧血, 食欲減退, 呼吸・脈拍の増加, 流産の他に牛では泌乳量の減少, 脱毛（特に尾の脱毛が特徴的）

などの症状がみられる。

(2) 剖検所見

胸水，腹水，心嚢水の増加・貯留，リンパ節の腫大，全身諸臓器にみられる点状ないし斑状の出血と水腫がみられる。

(3) 寄生虫検査

一般的には，筋肉内のシストあるいはブラディゾイトの検出にトリプシン消化法や直接法が用いられている。

1) トリプシン消化法

可検肉 5g を採取し，これに 0.2％トリプシン加生理食塩液を検体の約 10 倍量加えてホモジナイズし，3～5 分間消化させ，かゆ状の検体とする。

これをガーゼ 2 枚でろ過したのち，3,000 rpm, 10 分間遠心し，上清を捨て，沈渣に適当量の生理食塩液を加えて攪拌し，その液を鏡検してブラディゾイトの有無を確認する。

2) 直接法

心筋を線維に垂直に厚さ約 0.5 cm の小片として切り出し（2×5×0.5 cm），これをスライドグラスにのせ，上方より光を当て，実体顕微鏡下でシストの有無を検査する。

病理組織学的所見としては，全身諸臓器の出血および単核細胞の浸潤。

3 判定基準

(1) 生体検査

判定基準なし。

(2) 解体前検査

判定基準なし。

(3) 解体後検査

全身諸臓器にみられる点状ないし斑状の出血と水腫を認め，かつトリプシン消化法や直接法によりシストあるいはブラディゾイトが確認された場合は住肉胞子虫症と判定する。

[39-3 住肉胞子虫：参考文献]
獣医臨床寄生虫学編集委員会編：獣医臨床寄生虫学，文永堂出版，1979.

新版獣医臨床寄生虫学編集委員会編：新版獣医臨床寄生虫学(産業動物編)，文永堂出版，1995．
内田明彦，野上貞雄，黄鴻堅：図説獣医寄生虫学，メディカグローブ，2008．

40 中毒諸症

Intoxications

1 解　説

　生体が毒性を有する化学物質（薬物，毒物および毒素）によって，生活機能が著しく障害され，そのために異常な反応を呈し，生命の危険を招くような症状を呈することを中毒という。

　広義には生体または生体組織になんらかの影響を与える化学物質を薬物といい，そのうち，疾病治療や健康状態を維持する目的に使用されるものを治療薬と呼び，生体に有害に作用する場合を毒物という。したがって，生体構成上の主要成分である食塩，塩酸などであっても，その量および濃度によっては毒物の性質をもち，また，蒸留水，グリセリンのようなものでも物理的に障害を招くことがある。逆に，毒物も，少量の使用で，疾病治療に安全に応用されている。したがって，薬物と毒物の区別は量的なもので，質的なものでなく，その間に明確な一線を画することはできない。

　家畜に中毒を起こさせる原因は数多くあるが，家畜の個体による毒物の感受性の差もあって一律に論ずることはできない。一般には飼料から生ずるものが多く，有毒植物，カビ毒，有害化学物質および農薬汚染などが知られている。

　以下に，家畜の主な中毒の概要および診断法を示す。なお，独立行政法人農業・食品産業技術総合研究機構動物衛生研究所のホームページでは「家畜中毒診断のためのオンラインマニュアル」（http://niah.naro.affrc.go.jp/disease/poisoning/manual/）が掲載されている。

2 判定基準

(1) **生体検査**

　次のいずれかに該当する場合に中毒諸症と判定する。

① 有毒物質の摂取が確認され，かつ当該物質による特異的な生体所見が認められた場合。

② 生体所見に加え，血液（血清）や吐物中から有毒物質が検出された場合。

(2) **解体前検査**

　判定基準なし。

(3) **解体後検査**

次のいずれかに該当する場合に中毒諸症と判定する。

① 有毒物質の摂取が確認され,かつ当該物質による特異的な剖検所見(表Ⅱ-22〜表Ⅱ-25参照)が認められた場合。

② 特異的な剖検所見に加え,血液(血清),臓器または消化管内容物から有毒物質が検出された場合。

[40 中毒諸症:参考文献]
農林水産省消費・安全局監:病性鑑定マニュアル(第3版),全国家畜衛生職員会,2008.
(独)農業・食品産業技術総合研究機構動物衛生研究所:家畜中毒診断のためのオンラインマニュアル

■表Ⅱ-22 化学物質による主な中毒(農薬を除く)

有毒物質	発生要因	生体・剖検所見	診断法
硝酸塩	堆厩肥の多量施肥作物の給与後2〜3時間で発生	可視粘膜のチアノーゼ,泡沫性流涎,血液凝固不全・チョコレート色化	HPLCによる血清または尿中の硝酸態窒素濃度の測定
尿素	尿素およびその誘導体含有飼料の給与後1時間前後で発症	全身性強直痙攣,呼吸困難,泡沫性流涎,胃内容のアンモニア臭,心外膜下出血,肝・腎のうっ血	血中アンモニア濃度の測定
鉛	古い牧柵等のペンキの舐食,鉛の散弾・錘等の誤食	(急性)頻脈,嘔吐,疝痛,興奮,凶暴,後躯麻痺 (慢性)口腔粘膜の潰瘍,貧血,下痢または便秘,呼吸困難,運動障害,歯根上に鉛緑	血液(全血)の鉛含有量の測定(全血:0.5〜1.2 $\mu g/ml$ で中毒例あり)
銅	子牛に育成牛用を,またはめん羊に牛用の配合飼料を多給	胃腸カタル,疝痛,黄疸,貧血,血色素血症,血色素尿症,腎尿細管上皮細胞内に赤色顆粒(ヘモグロビン)の出現	血清,肝,腎等の銅含有量の測定(原子吸光法)
食塩	同一豚房内で発生,食塩含有量の高い飼料の給与,給水不足,暑熱	極度の渇き,疝痛,下痢,神経症状(旋回運動,麻痺,泡沫性流涎,呼吸困難,咽喉口・舌の麻痺)	血清Naイオン濃度の測定(炎光光度計,ドライケミストリー)

■表Ⅱ-23　農薬による主な中毒

農薬	中毒症状
有機リン剤	運動失調，嘔吐，流涎，発汗，縮瞳，全身痙攣，肺水腫
カーバメート剤	有機リン剤と同様の症状だが，発症・回復が早い。
ピレスロイド剤	運動失調，筋の痙攣，流涎，間欠性麻痺，呼吸困難
カルタップ剤，チオシクラム剤，ベンスルタップ剤	嘔吐，流涎，間代性あるいは強直性麻痺，呼吸困難，散瞳
硫酸ニコチン	嘔吐，下痢，振戦，痙攣，呼吸困難
クロロニコチニル剤（ネオニコチノイド）	頻脈，血圧上昇，嘔吐，痙攣
有機塩素剤（殺虫剤）	嘔吐，不安，興奮，てんかん様痙攣，呼吸抑制
クロルピクリン剤	嘔吐，喘息様発作，振戦，運動失調，てんかん様発作，皮膚のびらん・水胞，呼吸困難，肺水腫
臭化メチル剤，D-D 剤，EDB 剤	嘔吐，呼吸困難，チアノーゼ，眼球震盪，四肢の麻痺，ショック症状
ジチオカーバメート剤	皮膚の発疹・掻痒感，結膜炎，血尿
無機銅塩剤	嘔吐，下痢，黄疸，ヘモグロビン血症，血圧低下，黒色便
有機ヒ素剤	嘔吐，呼気および便のニンニク臭，血便，痙攣，慢性中毒では脱毛，鼻中隔穿孔，貧血，ヘモグロビン尿
ジクワット剤，パラコート剤	粘膜の炎症，ショック症状，意識障害，乏尿，黄疸，呼吸困難，肺水腫
アニリン系除草剤	嘔吐，下痢，メトヘモグロビン血症
アミノ酸系除草剤	嘔吐，下痢，代謝性アシドーシス，血圧低下，痙攣，意識障害
クマリン剤	出血傾向（結膜下，鼻，歯肉，消化管等の出血，血尿，出血性ショック）
モノフルオロ酢酸ナトリウム剤	不安，興奮，嘔吐，痙攣，心不全
リン化亜鉛剤	嘔吐，疝痛，昏睡，ショック，低カルシウム血症，代謝性アシドーシス
硫酸タリウム	嘔吐，下痢，口内炎，痙攣

■表Ⅱ-24　有毒植物による主な中毒

有毒植物	有毒物質	中毒症状	診断法
キョウチクトウ，モロヘイヤ種子，スズラン，フクジュソウ	強心配糖体	疝痛，下痢，食欲不振等の消化器症状，頻脈等の心臓症状	臨床症状，採食の確認（胃内容物の残渣等），毒物の検出（TLC, LC-MS）
ハナヒリノキ，アセビ，ネジキ，レンゲツツジ	グラヤノトキシン	嘔吐，泡沫性流涎，四肢開張，蹌踉，知覚過敏，四肢の麻痺，起立不能，間欠性の疝痛，腹部膨満，	臨床症状，採食の確認（胃内容物の残渣等），毒物の検出（TLC, LC-MS）

Ⅱ 検査対象疾病

		呼吸促迫, 不整脈, 全身麻痺	
ドクゼリ	シクトキシン	旋回運動, 歩行異常, 痙攣, 呼吸困難	臨床症状, 採食の確認(胃内容物の残渣等), 毒物の検出(GC-MS, LC)
シキミ	アニサチン	発汗, 起立不能, 間欠性痙攣, 瞬膜痙攣	臨床症状, 採食の確認(胃内容物の残渣等), 毒物の検出 (TLC, LC-MS)
オナモミ, オオオナモミ	カルボキシアトラクティロシド	歩様蹌踉, 沈うつ, 筋収縮, 痙攣, 横臥, 呼吸および心拍数増加	臨床症状, 血液検査(低血糖, AST および LDH 上昇), 採食の確認(胃内容物の残渣等)
ワラビ	プタキロシド, ブラキシンC, チアミナーゼ	発熱, 血尿, 出血部位の血液凝固不全(馬ではチアミン欠乏)	臨床症状, 採食の確認(放牧地での採食痕), 血液検査(白血球数・顆粒球数・血小板数の減少, 軽度の貧血, 血液凝固時間の延長), 病理検査(骨髄造血組織の形成不全, 胃・腸・膀胱・腎などの出血, 慢性では膀胱腫瘍)
キク科キオン属植物, コンフリー	ピロリジジンアルカロイド	黄疸, 食欲不振, 沈うつ, 腹水, 浮腫	臨床症状, 採食の確認(放牧地の採食痕等), 血液検査(GGT, ALP, AST の上昇), 病理検査(肝の巣状壊死・細胞腫大, 門脈域の繊維化, 胆管増生)
イチイ	タキシン	元気消失, 食欲廃絶, 反芻停止, 四肢の振戦, 呼吸浅速, 心音不正, 体温低下	臨床症状, 採食の確認(胃内容物の残渣等), 病理検査(胃内容物の独特の芳香, 神経系における軸索障害, 肝臓からの毒物の検出 (GC-MS)
若いソルガム, アジサイ, ウメなどの種子	青酸配糖体	呼吸促迫, 興奮, あえぎ, ふらつき歩行, 痙攣, 麻痺	臨床症状, 血液所見(鮮紅色血液), 採食確認(給与の事実等), 遊離した青酸の検出(市販キットあり)
ユズリハ	グフニマクリン, ユズリミン	疝痛, 黄疸, 可視粘膜・胸垂・乳房などのチアノーゼ, 第一胃運動の停止, 便秘または下痢	臨床症状, 採食の確認(胃内容物の残渣等)
センダン	メリアトキシン	食欲不振, 嘔吐, 下痢, 便秘, 疝痛, 興奮, 痙攣, 運動失調, 沈うつ, 麻痺, 昏睡, 循環性ショック, 呼吸困難	臨床症状, 採食の確認(胃内容物の残渣等)

ウマノアシガタ	プロトアネモニン	口内の腫脹，胃腸炎，疝痛，下痢，黒色腐敗臭便あるいは血便，嘔吐，神経症状，呼吸緩除，瞳孔散大	臨床症状，採食の確認（給与の事実等），毒物の検出（HPLC）
チョウセンアサガオ類	アトロピン，スコポラミン	頻脈，散瞳，唾液分泌や胃運動の低下，痙攣，運動失調	臨床症状，採食の確認（給与の事実等），毒物の検出（TLC，GC）
オトギリソウ，ソバ	光感受性物質（ヒペリシン=オトギリソウ，ファゴピリン=ソバ）	光線過敏症（無毛部の皮膚炎）	臨床症状，採食の確認（給与の事実等），毒物の検出（HPLC）
セイヨウカラシナ，カラシナ	カラシ油配糖体	消化管粘膜・肝臓・心臓・腎臓などの出血，下痢，疝痛，血尿，起立困難，呼吸困難	臨床症状，採食の確認（給与の事実等），病理検査（消化管粘膜，肝，腎，心臓などに出血性の変化）
ケール，キャベツ	S-メチルシステインスルホキシド	暗赤色あるいは褐色尿，粘膜蒼白（溶血性貧血による），便秘	臨床症状，大量給与の確認，血液検査（貧血），病理検査（肝の壊死，腎の混濁）
ソテツ	原因物質不明	後躯の運動失調および麻痺（牛）	臨床症状，採食の確認（採食痕），病理検査（脊髄全長にわたる白質髄鞘の変性，脊髄路と延髄で10〜50μmの好酸性のスフェロイド）
イヌスギナ	原因物質不明	暗褐色泡沫性下痢，皮温低下，食欲不振，乳量低下	臨床症状，採食の確認（草地へのイヌスギナの進入）
カタバミ，ギシギシ，スイバ	可溶性シュウ酸	流涎，胃腸炎，重度の下痢，振戦，瞳孔散大，強直性痙攣，発汗，虚脱，体温低下	臨床症状，血液検査（カルシウム濃度の低下），採食の確認，毒物の検出（HPLC，キャピラリー電気泳動），病理検査（腎尿細管にシュウ酸カルシウムの多角形様結晶物）

■表Ⅱ-25 カビによる主な中毒

毒性物質	由来	中毒症状	診断
トリコテセン	麦類において Fusarium graminearum, F. culmorum などが産出	嘔吐，胃腸炎，皮膚炎，無白血球症，再生不良性貧血，豚の感受性が高い	飼料からのマイコトキシンの検出（ELISA キット，機器分析）
ゼアラレノン	麦類，トウモロコシにおいて F. grami-	子豚の外陰部の肥大，成豚の発情間隔の延長，死	飼料からのマイコトキシンの検出（ELISA キッ

	niearum が産出	流産	ト，機器分析）
フモニシン	主にトウモロコシにおいて F. verticillioides, F. proliferatum が産出	牛・馬：白質脳軟化，無気力，黄疸（肝障害）豚：肺水腫，胸水	飼料からのマイコトキシンの検出（ELISA キット，機器分析）
アフラトキシン	ピーナッツ，トウモロコシにおいて Aspergillus flavus, A.nomius が産生 粗飼料の汚染事例あり	黄疸，肝硬変，出血性下痢	飼料からのマイコトキシンの検出（ELISA キット，機器分析）
パツリン	Penicillium patulum, P. claviforme, P. expansum などが産生 麦芽根飼料での事例あり	チアノーゼ，痙攣，肝細胞の壊死，無気肺	飼料からのマイコトキシンの検出（ELISA キット，機器分析）
ジクマロール（スイートクローバー中毒）	スイートクローバーに含まれる配糖体メリロトシドの糖がとれクマリンを生成。クマリンは P. nigricans に代謝されジクマロールとなる。	血液凝固障害 全身の出血病変	臨床所見：血液凝固時間の延長 病理所見：出血病変 飼料からのジクマロールの検出
イポメアマロン，イポメアノール，イポメアジノール（甘藷黒斑病）	サツマイモが，カビ（Fusarium 属）の発生に反応してイポメアマロン等を産生	呼吸困難，頻呼吸，泡沫性流涎，肺の重度出血，間質性肺気腫，肺水腫，マクロファージ浸潤	採食の確認（かびたサツマイモ）臨床症状および病理所見 4-イポメアノール等の検出

【参考】飼料安全法による飼料中マイコトキシンの規制

マイコトキシン	規制対象	許容基準(ppm)
アフラトキシン B1	配合飼料（牛，豚，鶏およびウズラ用）	0.02
	配合飼料（ほ乳期子牛，乳用牛，ほ乳期子豚，幼すうおよびブロイラー前期用）	0.01
ゼアラレノン	飼料中（家畜用）	1.0
デオキシニバレノール	飼料中（生後3か月以上の牛用）	4.0
	飼料中（上記以外の家畜等用）	1.0

41 熱性諸症

Fever Syndrome

1 解説

　感染症の場合は必ずといってよいほど発熱がみられる。逆に発熱がある場合はまず感染症を疑うのが常識となっている。

　と畜検査においては，検査すべき疾病として種々の感染症があげられているが，それらの個々の感染症以外に敗血症，膿毒症，尿毒症，黄疸，水腫，腫瘍，中毒諸症などとともに熱性諸症が検査すべき疾病としてあげられている。さらに，上記以外に外傷，炎症，変性，萎縮，奇形，注射反応などがある。これらはすべて発熱になにがしかの関係を有する。

　熱性諸症として措置することの趣旨は，たとえ疾病あるいは異常の診断がつかなくても，発熱している個体は何かの感染を受けている可能性が強く，解体してから診断がついたのでは，すでに病原体がばらまかれて，消毒，防疫などの処置が手遅れになってしまうことを防ぐためである。感染症やすでにあげられている疾病，異常以外にも発熱を伴うものが知られている。例えば熱射病あるいは日射病のように，高熱環境下で体温調節に異常を来した場合は発熱する。また熱傷（火傷）の場合も，体液の喪失，組織の分解による自家中毒によって，あるいは熱傷局所の浮腫，急性循環不全によって発熱する場合がある。これらによる場合も高熱を発しているものは食用として不適当である。

2 判定基準

(1) **生体検査**
　　十分休息させた後の体温が生体検査時において著しい高熱（豚：41℃以上，牛・馬・めん羊・山羊：40.5℃以上）を呈しているもの。

(2) **解体後検査**
　　判定基準なし。

(3) **解体後検査**
　　判定基準なし。

42 注射反応

Injection Reaction

1 解説

　注射反応には，通常の医薬品による場合と，生物学的製剤による場合とがある。と畜検査では，後者による反応が対象となる。非経口的に投与された生物学的製剤は，生体にとっては異物であるので，それに対して生体側はさまざまな反応をする。この生体側の反応には，主反応（生物学的製剤接種の目的にかなった反応）と，副反応いわゆる副作用とがある。一般に，生物学的製剤は精製され，できるだけ副反応を起こす物質は取り除く処理がなされている。しかしながら，それを完全に取り除くことはできず，局所の硬結，炎症，全身反応として発熱，中枢神経系症状，アレルギー反応などがみられることがある。一方，最近，いろいろな感染症に対して，弱毒生菌あるいは弱毒生ウイルスワクチンが開発されている。そのようなワクチン接種を受けた例では，ときとして対象とした疾病に感染，発症することがある。また，生物学的製剤製造中の過誤により適切なトキソイド化，死菌化（不活化）などがなされなかったり，細菌汚染を招来した結果として，接種事故が起きることもある。

　したがって，生物学的製剤の投与を受けた獣畜の検査に当たっては慎重な対応が必要である。なお，注射反応の有無にかかわらず，生物学的製剤を接種されてから20日以内の獣畜はと畜検査の対象とされないよう指導されている。

2 生体所見および剖検所見

　発熱など全身症状が示される。弱毒生菌（ウイルス）ワクチンによる感染の場合には，その疾病に類似した症状病変がみられる。注射局所には硬結，炎症などの所見がみられることもある。

3 判定基準

　前述の生体所見および剖検所見が認められ，かつ生物学的製剤等の投与が確認されたもの。

43 放線菌病

Actinomycosis

　わが国で放線菌病という場合，牛の上・下顎骨に異常を認める Actinomycosis と下顎リンパ節，耳下腺リンパ節などの軟部組織に病変を生ずる Actinobacillosis を併せていう。これら両者の共通点は慢性に経過する特殊な肉芽性病変といえる。特殊という意味は，菊花弁状の構造（ロゼット，菌塊）を含む，いわゆる硫黄顆粒（Sulfur granules）の存在をいう。

43-1 アクチノミコーシス

Actinomycosis

1 解説

　アクチノミコーシスは，微好気性，グラム陽性桿菌である *Actinomyces bovis* により起こる慢性の感染症である。
　主要な病変部位は下顎骨，あるいは上顎骨で，化膿性，増殖性の骨炎を引き起こす。*A. bovis* は牛の口腔内の常在菌とも考えられており，口腔粘膜や歯齦（槽）部の創傷，例えば植物片の穿刺などによる傷ができた場合，その部位から菌が侵入して病気になる。これはいわゆる内因性感染といわれているものである。本病は従来，病理学的検査により診断がなされているが，最近は菌検索技術が進み，細菌学的な面からの診断が比較的容易に行われるようになった。

2 診断

(1) **生体所見**

　下顎骨または上顎骨の骨性の肉芽性腫脹（肉芽腫）が顎骨の外縁に沿い徐々に起こる。しかし，腫脹に気がつくときはかなり病気が進行したときである。上顎が冒されると肉芽腫は鼻甲介骨上に広がり，鼻甲介を圧迫し，呼吸に支障を来す。さらに，肉芽腫はときに皮膚より突出した腫瘤となる。腫瘤は可動性がなく硬い。腫瘤の発達は一時的に停止することがあるが，また同一箇所または他の箇所に起こって

くる。腫瘤の発達により飼料摂取，咀しゃくに困難を来し，栄養不良に陥り，体重減少となり，予後不良である。腫瘤に瘻管ができ，外部に開口したり，あるいは自潰して膿汁を排出することがある。

(2) 剖検所見

病巣部や顎骨に肉芽腫が侵入し，骨の海綿体のみならず，骨体自身も冒される。病巣の拡大は皮下織におよび，皮下で膨れあがってくる。ときに皮膚を突き破り，突出した腫瘤となる。病巣の割面は線維性の緻密な組織で硬く，光沢のある黄白色を呈する。淡黄緑色，無臭の粘稠性のある膿が肉芽組織のなかにみられる。肉芽組織はときに分葉状である。

(3) 病理組織検査

種々の段階の肉芽腫性の病巣を示す。中心は，好酸性物であり，菌糸様の菌体，梶棒様物を入れ，好中球，類上皮細胞，線維芽細胞が囲む。合胞体性巨細胞のほか，リンパ球，形質細胞もみられる。

(4) 微生物検査

「44 ブドウ菌腫」の「2 診断」参照。

3 判定基準

(1) 生体検査

前述の生体所見が認められた場合は，放線菌病を疑う。

(2) 解体前検査

判定基準なし。

(3) 解体後検査

前述の剖検所見が認められ，細菌検査の結果，原因菌（*A. bovis*）が分離された場合は放線菌病（アクチノミコーシス）と判定する。

43-2 アクチノバチローシス

Actinobacillosis

1 解　説

　アクチノバチローシスは，通性嫌気性のグラム陰性桿菌である *Actinobacillus lignieresii* によって起こる慢性の感染病である。牛の頭部または他の部分の軟部組織，リンパ節，皮下織，舌，さらに肺などに化膿性，肉芽性の病変をみるのが特徴である。アクチノミコーシスと同様に菌が口腔内に常在し，創傷を通じて病気を起こすという説もあるが，集団的発生を示す場合はむしろ外因的感染といえる。すなわち，この場合は同一畜舎内の牛群が粗剛な質の飼料の給与を受け，同時的に外傷を受けることや，患畜のあるものの病変部からの排膿により，菌による汚染が起こることによると考えられる。

　わが国での本病は乳牛に比べて和牛に発生することが圧倒的に多い。

2 診　断

(1) **生体所見**

　頭頸部ではリンパ節，粘膜下織，舌が罹患する。肉芽腫の発達はその部分の腫大を招く。下顎部の腫脹は特に顕著で注目される。その他のリンパ節は頭部，躯幹体表部分を問わず，皮下の硬化，体表よりの膨出を認める。鼻，咽喉頭，気管，口腔の粘膜などが罹患した場合は局所的の硬結，腫脹を起こし，管腔への膨出がある。また粘膜表面の場合は潰瘍となる。木舌として知られている舌の感染では，舌は腫脹し，可動性を欠く。採食，咀しゃく，嚥下などの困難を生じてくることがある。唾液を口外に洩らす。病巣から粘稠性の膿汁を瘻管を通じて体表外に排出することもある。

(2) **剖検所見**

　下顎，咽頭後，耳下腺の各リンパ節，ならびに皮下織，舌，肺などが好検出部位である。病変部の大きさ，構造などで4型に区分される。以下に図で解説する。

　1型：中心は軟らかい肉芽組織で，圧すると膿を認め，周囲は硬い結合組織で囲まれている。この型が最も一般的である。

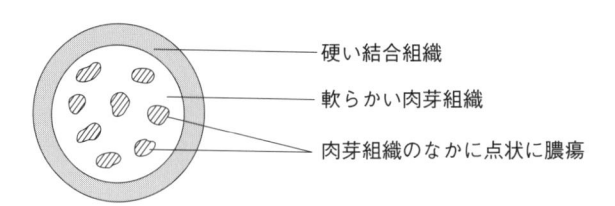

- 硬い結合組織
- 軟らかい肉芽組織
- 肉芽組織のなかに点状に膿瘍

2型：一見，他の細菌による膿瘍と区別しにくい。多量の粘稠の無臭膿を含むもので，周囲には薄い肉芽組織と硬い結合組織が認められる。

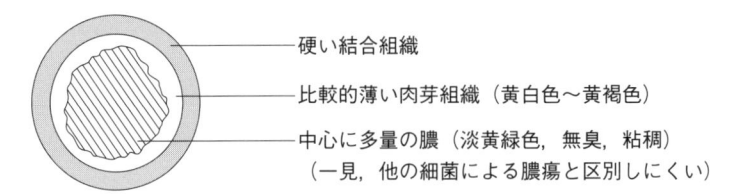

- 硬い結合組織
- 比較的薄い肉芽組織（黄白色〜黄褐色）
- 中心に多量の膿（淡黄緑色，無臭，粘稠）
  （一見，他の細菌による膿瘍と区別しにくい）

3型：石灰化した大小多数の硫黄顆粒を含み，顆粒の周囲にわずかに肉芽組織を認める。1，2型に比べ，病変部は小さく，陳旧病巣といえる。

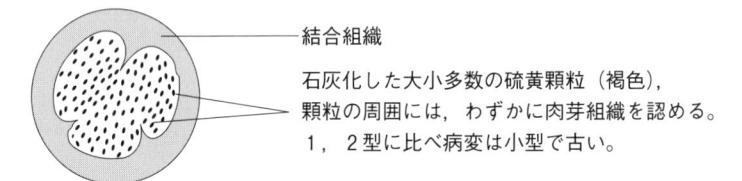

- 結合組織
- 石灰化した大小多数の硫黄顆粒（褐色），顆粒の周囲には，わずかに肉芽組織を認める。1，2型に比べ病変は小型で古い。

4型：正常組織のなかに小結節性の結合組織があり，圧すると灰白色の膿と顆粒をわずかに認めるもの。木舌はこのような病巣が広がったものである。

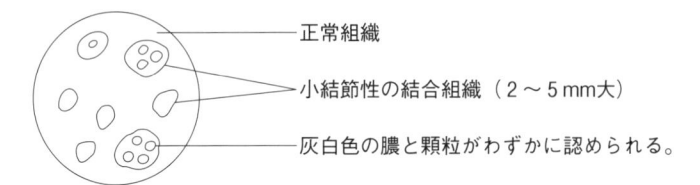

- 正常組織
- 小結節性の結合組織（2〜5mm大）
- 灰白色の膿と顆粒がわずかに認められる。

(3) 病理組織検査

アクチノミコーシスに似て，好酸性物，硫黄顆粒と好中球層，類上皮細胞層，線維芽細胞層が取り囲み，合胞体型巨細胞，リンパ球もみられる。一般にロゼット（菌塊）の大きさがアクチノミコーシスに比べ小さいといわれる。また，組織のグラム染色を行った場合，アクチノミコーシスではグラム陽性の菌体を認めるのに反し，アクチノバチローシスではグラム陰性の菌体の確認は容易でない。

(4) 微生物検査

「44　ブドウ菌腫」の「2　診断」参照。

3 判定基準

(1) **生体検査**
　判定基準なし。

(2) **解体前検査**
　判定基準なし。

(3) **解体後検査**
　剖検所見が認められ，細菌検査の結果，原因菌（*A. lignieresii*）が分離された場合は放線菌病（アクチノバチローシス）と判定する。

付❶▶豚の乳房アクチノミコーシス

1 解説

　豚における本病の存在はスウェーデン，ドイツなどで古くから知られている。したがって，わが国にもかなりの発生が予想される病気であるので，今後注意したい疾病といえよう。本病は，産次を重ねた繁殖雌豚の病気で，肉豚には認められない。

　本病は通性嫌気性でグラム陽性桿菌である *Actinobaculum suis* により起こる慢性の乳房炎である。

2 診断

(1) 剖検所見

　硬い無痛性の結節が乳頭の基部の皮下に生じる。しだいに乳房組織に広がり，より大きい結節となる。その形は卵型ないし球形で，ときにその重さのために乳房から下方に垂れ下がるようになる。皮膚が突き破られてそこから肉芽腫が裸出するに至ることもある。濃密で粘稠な膿を排出する。肉芽腫は黄色の硫黄顆粒を存在させる。

(2) 病理組織検査

　好酸性物ロゼット（菌塊）があり，密に白血球が集積した層，組織球，リンパ球，形質細胞から成り立つ広い肉芽組織の層で囲まれる。合胞体性巨細胞もみられる。その周りに線維性の結合織が囲む。

(3) 微生物検査

　「44　ブドウ菌腫」の「2　診断」参照。

付❷▶ *Arcanobacterium pyogenes*，*Pseudomonas aeruginosa* による肉芽腫性病変

　と畜検査において肉芽腫様病変を認めた場合，硫黄顆粒（ロゼット）の存在を確かめ，培養を試みると，普通にみられる *Actinomyces bovis* や *Actinobacillus lignieresii*，*Actinobaculum suis*，*Staphylococcus aureus* 以外に *Arcanobacterium pyogenes* や *Pseudomonas aeruginosa* が検出されてくることが，最近の研究でわかってきた。*A. pyogenes* は肝臓，縦隔膜リンパ節，舌など，*P. aeruginosa* は肺・下顎リンパ節などから見いだされる。従来これらの菌は硫黄顆粒（ロゼット）の形成を促す菌種とは考えられておらず，新しい知見とすべきかもしれない。しかし，今後さらに肉芽腫病変中の硫黄顆粒（ロゼット）の確認と，その関与菌の検索を慎重に行い，事実を明らかにしていくべき段階である。

44 ブドウ菌腫

Botryomycosis

1　解　説

　牛の乳房に放線菌病様の病変が認められることが古くから知られ，その原因は *Staphylococcus aureus* である。

　臨床現場では，ブドウ球菌による潜在性乳房炎といわれ，結節を伴うブドウ菌腫は，近年ほとんどみられない。

2　診　断

(1)　剖検所見

　通常1分房，ときに2ないし3分房が罹患する。前乳房より後乳房のほうがかかりやすい。病変は，特に乳頭に連なる乳房部分，乳槽部の周りの部分に多い。分房全体に広がると著しく大きくなり，かつ，硬くなる。乳腺組織から置き代わった結合織は線維性で皮下に連なり，厚さが3 cmにも達する。切開したときの切口は，結節性の病巣を示す。肉芽組織は，灰色〜灰黄色で，比較的薄い結合織でできた嚢をつくる。炎症過程が進行すると，腺実質細胞はほとんど消失する。肉芽組織のなかに黄色の結節がみられ，菊花弁状物（ロゼット）が含まれている。乳槽壁や乳管壁に，肉芽腫がきのこ状に突出してくることもある。付属リンパ節がやや腫大することもあるが，通常，肉眼的には変化がない。

(2)　病理組織検査

　好酸性物を中心として形成された肉芽腫性病変がみられる。好酸性物の周辺には好中球が浸潤して集積し，その外側に形質細胞，組織球性細胞，および線維芽細胞の増殖が著しい層があり，少量の好中球，リンパ球を混じている。少量ながら合胞体性巨細胞も認められる。その周りにさらに結合織の厚い層を形成する。

(3)　微生物検査

　1)　直接塗抹標本の染色鏡検

　　病変部の膿を10％水酸化カリウム溶液で処理し，スライドグラス上に取り，カバーグラスで圧扁後，無染色のまま200〜400倍の倍率で菊花弁状物の存在を観

察する。

2) 培　養

図Ⅱ-21に示す手順で，分離，同定を行う。

直接鏡検法で硫黄顆粒の菊花弁状物を確認したものは，必ず菌分離を行う。なお，上記の各疾病は *Actinomyces bovis*，*Actinobacillus lignieresii*，*Actinobaculum suis* および *S. aureus* のみならず *Arcanobacterium pyogenes*，*Pseudomonas aeruginosa* なども菌塊をつくることは注目すべきである。

シャーレに取った少量の生理食塩水中に，直接鏡検法で硫黄顆粒の存在を認めたものの膿汁を取り，遠心沈殿法でよく洗う。洗浄後，沈殿してくる硫黄顆粒の部分をスポイトで取り，培地上にコンラージで塗布するか，検体の一部を取り，ピンセットで培地上に直接塗抹してもよい。必要がある場合は，その一部は5％馬血液加ブレイン・ハートインフュージョンブイヨン培地で増菌培養する。*A. lignieresii* は，液体培養の場合管壁に付着して発育する。

平板上に発育したコロニーの特徴を観察した後，グラム染色を行い，菌型，配列を調べる。

A. bovis，*A. suis*，*A. pyogenes* はともに微細，半透明のコロニーをつくる。いずれも CO_2 加嫌気条件でよりよい発育を示す。*A. pyogenes* は溶血性がある。いずれもグラム陽性で菌型はくさび型の桿菌で，いわゆるコリネ様の配列を示す。鑑別上に重要な性状検査項目は，カタラーゼ，蛋白分解性（ゼラチン，ミルクなど）硝酸塩の還元，澱粉，マンニット，ラフィノース，サリシンなどの分解である。

A. lignieresii は径1～3mmのやや平滑な半透明のコロニーをつくる。このコロニーは粘着性を示し，白金耳で釣菌する際に糸を引く。本菌はマッコンキー寒天

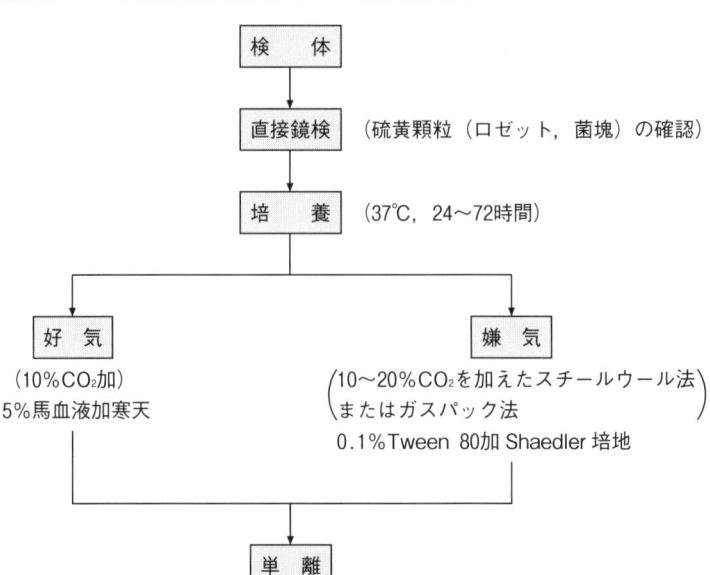

■図Ⅱ-21　肉芽腫性病変材料よりの菌検索方法

```
        ┌─────────┐
        │  検  体  │
        └────┬────┘
             │
        ┌────┴────┐
        │ 直接鏡検 │  （硫黄顆粒（ロゼット，菌塊）の確認）
        └────┬────┘
             │
        ┌────┴────┐
        │ 培  養  │  （37℃，24～72時間）
        └────┬────┘
       ┌─────┴─────┐
  ┌────┴───┐   ┌───┴────┐
  │ 好 気 │   │ 嫌 気 │
  └────┬───┘   └───┬────┘
（10%CO₂加）    （10～20%CO₂を加えたスチールウール法
5%馬血液加寒天    またはガスパック法）
               0.1%Tween 80加 Shaedler 培地
       └─────┬─────┘
        ┌────┴────┐
        │ 単  離  │
        └─────────┘
```

■表Ⅱ-26　肉芽腫形成細菌の主要な性状

	Actionomyces bobis	*Actinobaculum suis*	*Arcanobacterium pyogenes*	*Staphylococcus aureus*	*Actinobacillus lignieresii*	*Pseudomonas aeruginosa*
グラム	＋	＋	＋	＋	－	－
菌型	コリネ様	コリネ様	コリネ様	球	桿	桿
溶血性	－	－	＋	＋	－	－
カタラーゼ	－	－	－	＋	＋	＋
オキシターゼ	－	－	－	－	＋	＋
ウレアーゼ	－	－	－	＋	＋	－
硝酸塩	－	＋	－	＋	＋	＋N_2
ゼラチン	－	－	＋	＋	－	＋
凝固血清	－	－	＋	・	・	・
グルコース	＋	＋	＋	＋	・	・
ラクトース	＋	＋	＋	＋	・	・
キシロース	－	・	＋	－	＋	・
マンニット	－	・	－	＋	＋	・
ラフィノース	－	＋	・	・	－	・
サリシン	－	＋	・	・	－	・
澱粉	＋	V	＋	・	・	・
嫌気発育	＋	＋	＋	＋	＋	－
卵黄反応	・	・	・	＋	・	・

にも発育し，オキシダーゼ，カタラーゼ，ウレアーゼがいずれも陽性で，H_2S の産生もある。糖分解には，アンドラーデの指示薬を用いた培地を使用するとよい。なお *A. lignieresii* には血清型がある。

　S. aureus はグラム陽性の球菌で，正円，隆起，光沢のある黄色のコロニーをつくり，溶血性があり，卵黄反応は陽性である。

　P. aeruginosa はブドウ糖非発酵性のグラム陰性桿菌であり，嫌気培地には発育せず，OF 試験は酸化である。硝酸塩，亜硝酸塩から N_2 を出すいわゆる脱窒菌の一種である。

3　判定基準

(1) **生体検査**

　硬結な乳房炎が認められた場合は，ブドウ菌腫を疑う。

(2) **解体前検査**

　判定基準なし。

(3) **解体後検査**

前述の生体検査で結節性乳房炎を認め，微生物検査の直接塗抹標本に菊花弁状物が含まれており，細菌培養で *S. aureus* を分離した場合は，ブドウ菌腫と判定する。

45 外　傷

Wound

1　解　説

　外傷は，外力によって起こされる体組織の破壊的な障害をいう。外傷を起こす外力の種類によって機械的・温熱的・化学的・電気的損傷および放射線的損傷などに分類される。しかし，と畜検査，特に生体検査において最も多く遭遇するのは機械的損傷による外傷である。

　この機械的損傷には，筋肉，腱，血管などの軟部の損傷と，骨および軟骨など骨系統の損傷がある。また軟部の損傷では皮膚，粘膜を離断し，同時に他の組織も離断する開放性の損傷があり，一般的にはこれを創傷と呼ぶ。皮膚，粘膜を離断せずに，鈍性の外力によって起きた皮下組織や，器官を損傷した非開放性の損傷は挫傷といい，区別している。骨系統の機械的損傷には骨折のほか，骨膜下の血腫，骨髄出血などがあり，関節の損傷も少なくない。

　生体検査で創傷を認めた場合，創傷の部位と種類を記録しなければならない。その主な種類をあげると次のとおりである。

(1)　**創の形状による名称**
　1)　切　創
　　　創形が直線状で，創縁は平滑である。多くは刀，ガラスなど鋭利な外力によって生じた外傷で，加えられた外力が大きな物体，例えば農機具などの場合は，弁状創となる。また，鈍体で強い外力が加わると創形は皮膚組織を挫滅した切創となり，これを割創と呼ぶことがある。
　2)　刺　創
　　　創孔が小さく深部におよぶ場合で，針，釘，竹片などの刺入によって起こり，関節腔や内臓に達することもある。内出血して細菌感染を受けると関節炎，フレグモーネ，腹膜炎を継発するので注意して検査しなければならない。特に，破傷風は刺創に継発することが多い。
　3)　挫　創
　　　創形は不規則であるが，必ず組織の挫滅があり，多くの場合，皮下の出血と損傷部位周辺の皮下織に溢血がある。原因は打撲，転倒，蹴揚，角突などで，豚，牛，馬に最も多い損傷である。挫創を受けた局所の組織は不潔感があり，皮下出血の程度は受けた外力の大きさ，強さによって一様ではない。

4) 裂　　創

眼瞼，耳，鼻翼，乳房，外陰部に多く，他の物体に引っかけたときや，牛では角突によって起こることがあり，創形は弁状創が多いが一定しない。

5) 縛　　創

皮膚が離断し，皮下織まで創口は開く。深い創では筋肉までびらんし，創口は開く。特に，馬の後肢飛節以下に多発する。繋留の綱によって発症するので綱創ともいう。

6) 褥　　瘡

重症な起立不能性の疾病に継発したり，長期間にわたり，吊起帯を施したときの圧迫によって発症する。皮膚の圧迫による脱毛，皮膚炎を起こし，皮下には浮腫を生じ，原因が長期間にわたると湿性壊疽となって敗血症を併発する。

(2) その他の分類

創傷の状態により，皮膚，粘膜のみの損傷を単純創，筋肉，腱，骨，大血管，神経，内臓におよぶ損傷を生じた場合を複雑創という。創傷の新旧によって新鮮創，陳旧創あるいは肉芽創と呼び，穿孔の有無，すなわち皮膚を通して胸腔，腹腔などに達するか否かによって透創，不透創とし，また発生の動機によって手術創，災害創などの名称を付すことがある。

2　診　　断

(1) 生体所見

損傷部は出血による血液凝固物質によって被毛が膠着し，暗黒赤色に固着する。受傷後数日内の切創の創縁は比較的平滑である。家畜に最も多い挫創，裂創の創形は不正で，組織の挫滅を伴い不潔である。しかし，家畜の刺創は，内臓に達するような重篤な場合でも外景検査で見逃すことがあり，剥皮時に注意しなければならない。

1) 創　　傷

創傷の局所的な診断は望診，触診が重要で，生体検査で発見した場合，その局所の皮下，筋肉，骨について解体検査で照合しなければならない。

創傷の局所的所見の特徴は，触診による疼痛で，一般に受傷直後は疼痛が顕著であるが，時間が経過するにしたがって軽減する。しかし，創傷部が感染を受けると，その疼痛は持続するか，かえって増加する。また，鈍性の大きな外力が加わった場合は，いわゆる創傷麻痺を起こし，局所の末梢神経が麻痺して一時的に痛覚を失うことがある。

創傷の第2の特徴は出血で，これは必発の症状であるが，生体検査においては必ずしも遭遇するわけでない。創傷時の出血の量は，創傷の原因，部位および大

きさによって差があり，特に損傷を受けた血管の種類によって異なる。動脈性出血は最も出血量が多く，拍動性で鮮紅色を呈する。静脈性出血も太い血管では出血量が多いが，持続性で暗赤色を呈している。毛細血管性の出血では，出血量は少ないが湧出性で赤色を呈し，出血部位が一定でない。脾臓，肝臓，腎臓など実質性臓器からの出血は，毛細血管性に類似するが出血量は比較的多い。毛細血管や小血管の出血は，局所の血管断端の収縮，血管内腔への反転，局所の血圧低下などによって自然に止血することが多いが，たとえ新鮮創であっても，と畜場に入る場合は結紮法や焼烙法など，なんらかの止血法が施されている。大量の出血では著しい貧血とショックを起こし，最悪の場合は出血死を起こす。

　家畜の血液の総量は体重の 13 分の 1～15 分の 1 といわれ，その 3 分の 1 以上出血した場合は，救急処置を施さないと死亡する。特に短時間に大量の出血があった場合，内出血も含め，家畜は振戦，冷汗，結膜蒼白，体温の降下，呼吸促進，脈拍頻数，血圧低下などの症状を呈してショックを起こす。

　創傷による機能障害も生体検査では欠くことのできない所見である。これは創傷の種類や部位によって一様ではないが，知覚および運動神経が損傷を受けると，その神経が分布する筋肉や腱などの領域の運動機能に障害が起きる。特に，骨の運動，支柱器官に損傷があると運動障害が現れ，跛行，起立不能となる。

2) 挫　　傷

　皮膚に開放性の損傷がなく，皮下組織，器官に損傷ができた場合を挫傷という。多くは鈍性の外力が加わって起こるものである。牛馬は横臥保定時の操作ミスによって受傷することもある。疼痛をはじめ諸症状は，前者の創傷とほとんど同じであるが，皮下の溢血は創傷に比して多く，したがって腫脹が顕著である。初期の腫脹は液体が多く，局所に波動を認めるが，しだいに捏粉様の感触となり，ついには硬結する。筋，神経，骨，関節に損傷を受けると機能障害を現す。特に強い挫傷を受けると皮膚の壊死，離脱があり，創傷と同様に高度な場合はショックによって死亡することがある。

3) 骨の損傷

　骨の損傷の多くは挫傷で，同時に皮膚，皮下織，筋の挫傷を伴う。一般に四肢下端，顔面に発生しやすい。骨膜の挫傷では骨膜下血腫を形成し，波動性のある腫瘤を認める。外力が強いと局所は腫脹し，熱感，圧痛があり，生体検査で機能障害を認め，骨膜炎ないし骨髄炎を継発する。

　骨折は局所の疼痛，腫脹，出血，変形，異常運動および骨折端の接触による軋轢音を発し，骨折部の機能障害を伴う。開放性の骨折に継発する骨髄炎は激痛を伴い，発熱，白血球の増多，浮腫，リンパ節の腫脹を認め，歩行不能となる。

(2) **剖検所見**

　創傷の部位は原因，動機，程度によって多様で，切創，手術創は線状であるが，挫創，裂創などは一般に複雑な創形で，創の方向，受傷部組織の所見も一様でない。

■図Ⅱ-22　創傷の領域の区分

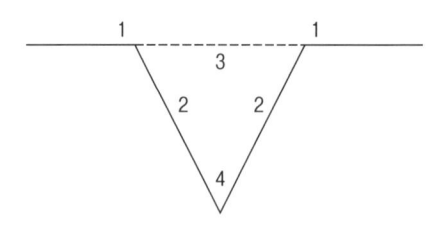

1　創縁　2　創面　3　創腔　4　創底

　皮膚，筋肉の線維の方向は家畜によって異なるが，一般に線維方向に直角の場合は創口の開きが大きく，平行した場合は小さい。

　創傷の局所は，図Ⅱ-22のように，創縁，創面，創腔，創底に区分されるが，一般に切創ではその区分が明瞭であるが，挫創，刺創では不明瞭である。血管断端は，挫創の場合は挫滅し，血管内腔が閉塞，縮小するので出血量が少ない。

　挫傷は非開放性の損傷で，外力が加わった部位よりかなり遠隔の皮下組織や筋肉の強い収縮によって影響を受け，筋，腱，骨，関節などの損傷が含まれることが多い。一般に皮下の溢血が顕著で，その程度によって点状出血，斑状出血，広汎な出血，血液浸潤および血腫などが認められる。頭部の挫傷では，皮下結合織が緊密なので血腫ができやすく，血腫の陳旧なものは血液の有形成分が吸収されて水瘤状となるか，液状成分が吸収されて線維腫となる場合がある。挫傷では，血液，リンパ液が貯留するため腫脹するのが特徴であるが，それらはしだいに周辺から吸収されて硬結し，腫瘤状となることが多い。

　熱傷または火傷は，と畜検査では少ないが，第1度の熱傷では皮膚に充血，紅斑を生ずる。第2度は水胞性熱傷とも呼ばれ，受傷後一両日に血液の滲出が旺盛となり，皮膚に水胞を形成する。第3度は高熱のため皮膚の全層が傷害を受け，皮下織に波及し，壊死部が細菌感染を受けると健康部と明瞭な分界線を形成し，壊死部は脱離して潰瘍を形成する。これは第3度の凍傷に類似している。

　電気的損傷では電流の流入部に血管の走行にほぼ一致する樹枝状の電気斑を認めるが，死を免れると速やかに消失する。また，局所の粘膜下織の出血，熱傷，皮膚の連続離断があり，心臓麻痺，呼吸中枢麻痺の剖検所見を伴う。

　挫傷を四肢下端や顔面に受けた場合，骨挫傷を起こしやすい。骨挫傷は骨膜に限られることが多く，骨膜および骨膜下に溢血を起こし，血腫を認める。さらに強い挫傷では，骨髄に血液浸潤を起こす。

　骨折は，開放性骨折であるか非開放性骨折であるかによって，剖検所見を異にする。創傷を伴う開放性骨折は，一般に挫傷を伴う皮下骨折より二次的な損傷を伴うことが多い。出血は必発の所見であるが，このために二次性ショックを受け，それに伴う病理学的諸所見を認める。すなわち，四肢，肝臓，腎臓など全身的に細小血

管の収縮による循環血量の減少，組織の水腫などである。開放性骨折では，骨折片の転位が著しく，創口から骨折端が露出することがあり，細菌感染を受けて化膿し，周囲にフレグモーネをみる。また，骨や軟骨の壊疽を起こすこともある。挫傷に伴う非開放性骨折では，骨折部周辺の血管損傷が多く，溢血，腫脹が顕著となる。骨折に合併して内臓損傷を生じ，肋骨骨折では胸膜，肺に，骨盤骨折では腸管，子宮，膀胱，尿路などに損傷を生ずることがあるので注意して剖検しなければならない。

(3) **病理組織検査**

外傷については特に組織学的に検査する必要はない。しかし，外傷に伴う継発症は重要であるが，これについては各疾病別に述べられている組織学的所見があるので省略する。わが国で外傷に継発する主な疾病は，敗血症，膿毒症，破傷風，気腫疽，ガス壊疽症，ブドウ菌腫，放線菌病などがある。

(4) **微生物検査**

病原体の検査は，上記の感染を疑う場合に行う。軽度な外傷では，特に臨床病理検査の必要はない。生体検査において，創傷を認め，食欲不振，体温の上昇，貧血，脱水などの症状があれば，感染症あるいは内臓の損傷，炎症を疑い微生物検査を行う。

(5) **その他検査**

血液検査（（　）内は正常範囲の平均値）

赤血球数（牛700万，豚660万/μl）：外傷により血液が濃縮した場合に増加する。また，骨髄の損傷，敗血症を併発すると減少する。血色素，血球容積もほぼ赤血球数に並行する。

白血球数（牛7,000，豚8,000～1万8,000/μl）：創傷から細菌感染して化膿性疾患を継発すれば増加し，敗血症を起こすと減少する。

好酸球％（牛9，豚4.6）：創傷感染によって急性感染症を継発すると減少する。

好中球％（牛28，豚37）：細菌感染症および炎症疾患で増加する。ただし，外科手術後は一般に一時的増加があり，また火傷では，その程度によって増加する。

血小板数（牛40万，豚37万/μl）：出血性の貧血で増加する。

凝固時間（牛9分，豚11～15分）：外傷による出血直後には短縮する。

血清総蛋白質と各分画（牛6.5～7.5，豚7～8 g/dl）：出血，ショック，浮腫では総蛋白質およびアルブミンが低値を示し，外傷後，体の水分不足を来すと総蛋白およびグロブリンが高値となる。

その他：血中の尿素窒素は外傷，手術時出血などによって増加し，薬物中毒およびショック時にも高値を示す。また，外傷によって泌尿器が侵襲を受けると血尿を現すことが多く，尿の潜血反応が陽性となる。

3 判定基準

(1) **生体検査**
　　前述の生体所見が認められ，当該所見が外力によって引き起こされたと判定されたもの。

(2) **解体前検査**
　　判定基準なし。

(3) **解体後検査**
　　前述の剖検所見が認められ，当該所見が外力によって引き起こされたと判定されたもの。

46 炎　症

Inflammation

1　解　説

　炎症とは，発赤，発熱，腫脹，疼痛を4大兆候とする組織への刺激と障害に対する生体の進行性反応で，傷害因子の破壊，あるいは拡散防止を目的として起こる。その過程は組織損傷，循環障害に始まり，血管性反応，細胞性反応が起こり障害刺激因子を除去し，損傷を受けた組織は再生した実質細胞あるいは線維性瘢痕に置換され修復が完了する。炎症を起こす傷害因子には，病原性微生物，物理化学的因子，外傷性およびアレルギーを代表とする内因性因子があり，これらに対する生体もしくは組織の反応は複雑多岐にわたる。

　炎症要因となる化学物質や病原性微生物や，炎症性細胞から放出された化学物質などが食用部に残存する可能性があることなどから炎症部位は食用不適であり，厳重に措置しなければならない。

2　診　断

(1)　**生体所見**

　生体検査時に患部の発赤，発熱，腫脹，疼痛（炎症の4大兆候）などが観察される。体内の炎症は解体しなければわからないことも多いが，生体検査時に体温の上昇，その他の全身症状や天然孔の状態に注意する。血液検査，尿検査，便検査も望ましい。

(2)　**剖検所見**

　剖検では実質臓器，体腔を覆う漿膜および管腔臓器の粘膜を観察し，充血，出血および水腫，滲出物，潰瘍ならびに膿などを確認する。実質臓器では割面を観察，付属リンパ節の病変にも注意する。

　表Ⅱ-27に，解体後検査でよくみられる病変について記載する。

II 検査対象疾病

■表II-27 剖検所見

系統	臓器		所見	備考
外景および皮膚		皮膚の菱形疹	表面に軽度に隆起する淡赤色で菱形〜斑状を呈する丘疹。	豚丹毒（蕁麻疹型）。
		水疱性口内炎	口およびその周辺に形成される水疱。	豚水疱病，口蹄疫，水疱性口炎など。
		硬組織の腫瘤（肉芽腫性炎）	顎骨に生じる腫瘤。皮膚の自壊が散見。	牛の放線菌病。*Actinomyces bovis* による肉芽腫性炎。
		軟組織の腫瘤（肉芽腫性炎）	頭，顎などの軟部組織に形成される腫瘤。	牛のアクチノバチルス症。*Actinobacillus lignieresii* による化膿性肉芽腫性炎。細菌が肺内に吸引されると肺にも病巣を形成。
		耳血腫，耳介炎	耳介に出血があり腫大。耳介が皺壁形成を伴い硬結。	外傷による出血と，出血巣の吸収と結合組織の増殖により硬結。
		豚の萎縮性鼻炎	鼻甲介の消失，鼻中隔の変形や湾曲による鼻梁の湾曲。	豚の萎縮性鼻炎。*Bordetella bronchiseptica* および *Pasteurella multocida* の毒素産生株との混合感染。
		乳房炎	化膿性，カタル性，肉芽腫性，壊死性，壊疽性乳房炎など。	壊疽性乳房炎では紫赤色で冷感を伴い硬結。多くは敗血症を招来。
眼		ピンクアイ	角膜が混濁し，角膜や結膜の周辺部の血管が充血し淡く紅色化。時として角膜潰瘍を生じて失明。	牛では *Moraxella bovis* による結膜炎が多い。
運動器系	筋肉	好酸球性筋炎	病変部は硬度を増し，びまん性あるいは索状の灰白色や緑色調を帯びた病巣として認められ，独特の異臭を発生。	住肉胞子虫によるアレルギー説が有力。
	関節	線維素性化膿性炎	線維素性多発性関節炎ないし線維素化膿性関節炎。関節液は粘稠性を増して増量し，滑膜面に絨毛状の増殖を形成。慢性化すると関節は腫脹。	豚丹毒（関節炎型）。関節の腫脹が明らかでない場合でも内側腸骨リンパ節の腫大や出血により関節炎の探知が可能。
		線維素性炎	線維素性多発性関節炎。関節腔内に多量の線維素析出，充出血。	*Hemophilus parasuis* 感染。
		化膿性炎	化膿性関節炎。	*Arcanobacterium pyogenes*, *Eschlichia coli* など。
		線維素性心外膜炎	線維素性心外膜炎を生じ，心外膜に多量の線維素が析出。重度では絨毛状に付着し，心	その外観から絨毛心，Bread and butter と呼ばれる。第2胃内の異物が心臓に達し病巣

循環器系	心臓		嚢と癒着。	を形成。
		疣状心内膜炎	多くは弁膜に発生。牛では主に三尖弁，豚では僧帽弁に多発。	細菌性心内膜炎の多くは敗血症を招来。豚丹毒の多くでは僧帽弁と大動脈弁に疣状性心内膜炎を形成。
		心筋炎	心筋の褪色病巣（壊死）や小膿瘍を形成。	ウイルス，細菌，原虫，寄生虫など感染性のものに由来。
	血管	結節性汎動脈炎	結節性汎動脈炎。冠状動脈，腎動脈，髄膜動脈などあらゆる筋型動脈および細動脈に硬結した小結節病変を形成。	結節性汎動脈炎。免疫学的機序が示唆。
		牛の増殖性好酸球性小葉間静脈炎	牛の増殖性好酸球性小葉間静脈炎。肝臓辺縁部に好発。乳白色の糸くず様病巣。	牛の増殖性好酸球性小葉間静脈炎は原因不明。
造血器・リンパ系	脾臓	脾腫	腫大し，割面は膨瘤し柔泥状となり刀背で擦過すると実質が容易に付着。	炭疽，サルモネラなどの細菌や，ウイルス感染などでも散見。
		肉芽腫性炎	暗赤色〜乳白色の結節を形成。	豚の非定型抗酸菌症。
	リンパ節	出血性炎	リンパ節の腫大，出血。	豚丹毒（関節炎型）では関節炎が著明でない場合，内腸骨リンパ節の腫大で探知が可能。
		肉芽腫性炎	リンパ節の腫大，出血を伴う壊死。	トキソプラズマ病では，桃色を呈する乾酪壊死が特徴。腸間膜リンパ節や胃肝門リンパ節に好発。
		乾酪壊死	リンパ節の乾酪壊死および石灰沈着。	豚の非定型抗酸菌症では，腸間膜リンパ節，胃肝門リンパ節，下顎リンパ節などに好発。乾酪壊死を形成せず，肉芽腫性炎のみの場合はリンパ節は腫大し，髄様化。牛の結核症では，肉芽腫性炎，乾酪壊死，石灰沈着，実質の融解などが散見。
呼吸器系	肺	線維素性胸膜炎	肺は壁側胸膜に線維素性に癒着。	
		カタル性肺炎	豚で，主として前葉，中葉に正常部位との境界明瞭な淡赤色を呈する無気肺病巣。	豚流行性肺炎。*Mycoplasma hyopneumoniae* による気管支間質性肺炎。
			気管支，細気管支内に漿液が滲出し，粘液や白血球を伴い白濁。	ウイルス，細菌など感染症が原因。
		胸膜肺炎	豚で，肺表面に硬く隆起する	*Actinobacillus pleuropneu-*

		（線維素性炎）	暗赤色病巣の表面に線維素の付着。漿膜の肥厚があり，病巣内は強い充出血，壊死など。	*moniae* による。二次感染を起こすと膿瘍を形成。
		膿瘍（化膿性炎）	実質内に大小の膿瘍を形成。	主として細菌感染による化膿性気管支肺炎に始まり被包化膿瘍を形成。
		乾酪壊死（肉芽腫性炎）	肺実質に乾酪壊死と肉芽組織を形成。	牛結核症。
		乳白色病巣（肉芽腫性炎）	肺表面，実質内および間質に透明感のある乳白色病巣を形成。表面の病巣はやや隆起。	豚の非定型抗酸菌症。
消化器系	舌	木舌（化膿性肉芽腫性炎）	舌に大小の黄白色結節を形成し，舌は硬度化。	牛のアクチノバチルス症。*Actinobacillus lignieresii* による化膿性肉芽腫性炎。
	胃	潰瘍	豚の胃食道部に潰瘍を形成。	潰瘍に隣接する上皮は錯角化症へ移行（びらんや潰瘍の前段階）。
		化膿性胃炎	釘などの異物が粘膜に刺入し粘膜の充出血や，膿瘍を形成。	異物により創傷性心嚢炎を発生。
	腸	カタル性腸炎	粘膜は発赤腫脹し，パイエル板は腫大しその周囲は充血。	非特異的な腸炎で，豚の伝染性胃腸炎や種々のウイルスにより発生。
		出血性腸炎	赤血球の滲出を特徴とする暗赤色の腸炎。	炭疽，豚赤痢，コクシジウム症など。
		線維素性腸炎	線維素の析出と粘膜の壊死により偽膜を形成。	牛ウイルス性下痢・粘膜病，牛疫，豚コレラ，悪性カタル熱，サルモネラ腸炎など。
		肉芽腫性腸炎	粘膜が著明に肥厚し，「ワラジ状」「脳回状」の外観。	牛，*Mycobacterium avium* subsp. *paratuberculosis* による「パラ結核（ヨーネ病）」。
肝臓	肝臓	多発性実質性好酸球性肝炎	被膜下に黄白色の点状〜斑状病巣。	豚では豚回虫の体内移行による病変でミルクスポットと呼称。経過が長くなると肝硬変を発症。牛では肝蛭の体内移行が原因。
		肝硬変（増殖性炎）	肝臓は白色を帯び，硬化ないし萎縮。	肝炎の終末像。
		乳白色病巣（肉芽腫性炎）	豚肝臓表面および実質内に球形〜不整形の乳白色病巣を確認。肝臓表面の病巣はやや隆起。	豚の非定型抗酸菌症。
		肉芽腫性炎・巣状壊	微細な巣状壊死および点状出血。	サルモネラ症，トキソプラズマ病などの感染症で発生。牛

		死		では鋸屑肝が該当。
		膿瘍（化膿性炎）	実質内に大小の膿瘍を形成。	化膿菌は，消化管から門脈を介してあるいは体循環を介して肝臓へ侵入。
		増殖性胆管炎	胆管の肥厚。	牛では多くが肝蛭由来。
	腹腔	腹水症（腹腔の漿液性炎）	腹腔内に大量の漿液が貯留。	原因は，うっ血，リンパ管障害，低蛋白症など。
泌尿器系	腎臓	糸球体腎炎	糸球体に一致する出血。	被膜が実質に癒着し，剥離が困難である場合は腎炎の確認が必要。慢性腎炎では表面の凹凸や萎縮が発生。
		間質性腎炎	髄放線に沿う白色病巣や白色結節。	
		腎盂腎炎	腎盂の拡張や出血，滲出物。	
		乳白色病巣（肉芽腫性炎）	実質内に球形〜不整形の乳白色病巣。	豚の非定型抗酸菌症。
	膀胱	出血性膀胱炎	粘膜の充出血，水腫。	
		化膿性膀胱炎	粘膜の充血，水腫，化膿性滲出物，びらん，潰瘍形成。	
		偽膜性膀胱炎	粘膜の壊死と偽膜形成。	炎症が重度で膀胱の壊死性変化が強い場合に偽膜性膀胱炎を発症。膀胱壁の壊死が著しく膀胱が破裂すると，多くは腹膜炎が惹起され，尿毒症，敗血症を招来。
生殖器系	精巣	精巣炎	陰嚢は腫大，熱感，下垂，実質内には壊死巣を形成。	ブルセラ病など。
	子宮	子宮蓄膿症（化膿性炎）	子宮腔内に貯留。	ミイラ胎児による子宮蓄膿症を原因とする腹膜炎では時として敗血症を招来。
神経系	脳	膿瘍（化膿性炎）	脳や髄膜に膿瘍形成。	化膿菌による。臨床的には斜頸などの神経症状を発症。
		血栓	脳や髄膜に血栓や出血を伴う膿瘍形成。	牛では *Haemophilus somnus* による血栓栓塞性化膿性髄膜脳脊髄炎。

Ⅱ 検査対象疾病

■図Ⅱ-23

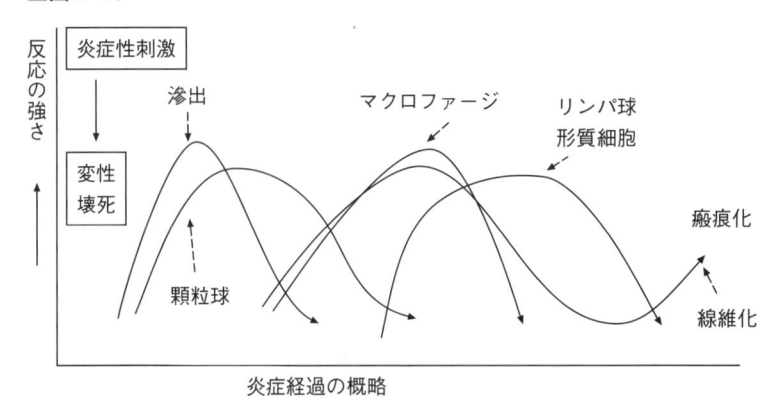

炎症経過の概略

出典 林俊春：炎症，動物病理学総論（日本獣医病理学会編），p.159，文永堂出版，2001．

(3) 病理組織検査
1) 炎症の経過

炎症はその持続時間によって分類される。急性炎症では血漿蛋白質の滲出と好中球を主とする白血球の浸潤が主体である。組織の損傷が強くない場合は血管透過性は正常に戻り，炎症性細胞浸潤が止まり，滲出液はリンパ管に吸収され，変性壊死した細胞はマクロファージによって除去され，数日で正常に戻る。組織損傷が強い場合等は慢性炎に移行し，マクロファージ，リンパ球，形質細胞の浸潤が主体となり線維芽細胞や膠原線維の増殖を伴って肉芽組織が形成される。

2) 炎症の転帰
❶ 治癒する場合
  ⅰ）炎症性滲出物の吸収，排除
  ⅱ）壊死組織片の吸収，被包化，器質化，排除
  ⅲ）傷害組織の修復（瘢痕形成）
❷ 慢性化する場合
  慢性の経過を特徴とするものや，急性炎から慢性炎へ移行するものがある。
❸ 死の転帰をとる場合
  ⅰ）炎症が生命維持に必要な部位を冒してその機能が障害，あるいは強い全身反応が起こった場合
  ⅱ）滲出物が二次的に生命維持に必要な器官を冒した場合

3) 炎症の分類

炎症は滲出物の種類によって漿液性炎，カタル性炎，線維素性炎，化膿性炎，出血性炎，壊疽性炎などに分類される。これらはそれぞれ連続する炎症性変化の一部を示すもので，種々に変化することがしばしばある。
① 漿液性炎は細胞成分に乏しい漿液が滲出物である炎症である。一般に可逆性で比較的軽度の炎症である。漿膜で覆われた体腔（胸腔，腹腔，心膜腔，関節

腔）に滲出液が貯留する漿液性炎では剥離した被覆細胞や好中球，単核細胞などを混じている。組織内に漿液性炎を生じると肉眼的には腫大し，組織学的には細胞成分に乏しい炎症性水腫を示す。

② カタル性炎は粘膜において漿膜性炎が生じた軽度の炎症で，粘液とともに漿液の分泌が認められる。組織学的には粘膜上皮の剥離，白血球の滲出，粘膜の充血および水腫がみられる。

③ 線維素性炎は滲出物のなかに多量の線維素が含まれている炎症で，中毒，伝染病など炎症刺激が激しい場合に生じる。漿膜や粘膜表面での線維素性炎は脱落した被覆細胞と線維素が混ざり合って組織表面を覆い偽膜を形成するので偽膜性炎とも呼ばれる。胸膜，腹膜，心膜など漿膜面に生じた場合，漿膜表面は線維素が付着して光沢を失い，混濁した黄白色膜様物で覆われる。粘膜における線維素性炎は偽膜形成と粘膜壊死を伴うことが多い。組織学的には網状の線維素の析出および炎症細胞の浸潤がみられる。粘膜のびらんを伴うものをクループ性炎，潰瘍を伴うものをジフテリア性炎と呼ぶ。

④ 化膿性炎は滲出物が主として膿からなる炎症で，漿液や線維素の滲出は少ない。滲出液は帯黄色，濃厚で混濁しており，独特の臭味がある。皮膚や粘膜表面に生じる表在性化膿性炎では組織自体の損傷は軽度であるが，組織内に生じた場合は顆粒球が変性，崩壊に陥りリソゾーム酵素を放出するため組織が融解し，それによって生じた空洞に膿汁が充満する。組織学的には中心部に好中球を主とした顆粒球とその変性物の集簇からなる膿汁を入れ，その周囲に好中球浸潤と正常組織の変性壊死がみられる。外側を線維性の被膜が覆う場合もある。

⑤ 出血性炎は滲出液中に多量の赤血球が含まれる滲出性炎である。強い血管傷害が起こっていることを意味し，急性感染症や急性中毒などで認められる。

⑥ 壊疽性炎は各種の炎症巣に腐敗菌の混合感染があった場合に滲出物や壊死組織が腐敗したものである。病巣は汚く灰白色〜黒色を呈し，悪臭を放つ。

⑦ 増殖性炎は細胞増殖を特徴とする非腫瘍性炎症反応であり，通常は慢性炎症，肝硬変，肺線維症など，線維芽細胞の増殖を主とし，線維成分や器官固有細胞の増殖がみられる。

⑧ 肉芽腫性炎（特異性炎）は結核，非定型抗酸菌症，放線菌病，鼻疽など特定の病原体によって生じる増殖性の炎症である。組織学的には上皮様に形態変換したマクロファージである類上皮細胞およびそれの融合細胞である巨細胞の集簇が中心にあり，リンパ球，形質細胞などの単核細胞がそれを取り巻く肉芽腫を形成する。

3 判定基準

(1) 生体検査
　発赤，発熱，腫脹，疼痛および機能障害を主徴とする生体反応が局所または全身に起きている場合であって，その他のと畜検査対象疾病に該当しないもの。

(2) 解体前検査
　判定基準なし。

(3) 解体後検査
　充出血，膿，滲出物の付着，水腫および癒着などが認められたものであって，その他のと畜検査対象疾病に該当しないもの。

[46　炎症：参考文献]
林俊春：炎症，動物病理学総論（日本獣医学会編），pp.143-177，文永堂出版，2005.
Thomson RG：炎症，トムソンの獣医病理学総論（藤本胖監），pp.149-254，学窓社，1980.
田中健蔵ほか：炎症総論，病理学（今井環監），pp.94-124，医学書院，1984.
小野豊：炎症総論，家畜病理学総論，pp.99-132，朝倉書店，1990.
武田勝男：炎症，新病理学総論（武田勝男編），pp.177-197，南山堂，1981.

47 変　性

Degeneration

1　解　説

　動物組織の機能障害が起こると，形態的には退行性変化がみられる。退行性変化は軽いものから重いものの順に並べて，萎縮，変性，壊死の3種類に区別される。これが変性の位置づけである。
　変性組織では，細胞体内または細胞間に異常な物質の出現，または常在の物質の異常な増減がみられる。それらの結果，組織の性状が変化を起こす。

2　診　断

(1)　**生体所見**
　　変性が急性に肝臓，腎臓，心筋，躯幹筋などの重要な臓器に起こるのは伝染病，中毒などの場合で，発熱，食欲廃絶などの症状が出るが，慢性に起こったときには症状としては不明の場合が多い。ただ，皮膚の病変，石灰化障害による骨軟化症などは外部からもよくわかる変化である。皮膚や天然孔の色素変性は生体検査で摘発する。特に黄疸は眼結膜でとらえられる。

(2)　**剖検所見**
　　変性はその物質によって分類することができる。
　① 混濁腫脹：肝臓，腎臓，心筋，躯幹筋などの実質臓器と呼ばれる臓器の色が濁り，臓器は腫脹した状態になる。筋肉では焼けたようになる。これは伝染病や中毒のときに起こるから，極めて重要な変化である。
　② 脂肪変性：臓器の色が混濁腫脹よりさらに白くなり，全体が腫脹する。脂肪滴の出現によるもので，実質臓器にみられ，混濁腫脹の原因がより長く，強く作用したときに起こるものである。したがって，これもまた重要な変化である。
　③ アミロイド（類澱粉）変性：ヨード反応で陽性を呈する。アミロイドが肝臓，脾臓，その他種々の臓器の血管周囲に出る。肝臓の場合「木肝」，脾臓では「サゴ脾」あるいは「ハム脾」と呼ばれる状態になる。慢性感染病のときにみられることが多い。
　④ 石灰変性：死滅した寄生虫，虫卵，壊死組織などにカルシウム塩が沈着し石灰

化が起こる。
⑤ 尿酸沈着：鶏に多く，尿酸や尿酸塩が関節や腎臓，肝臓に沈着して起こる。
⑥ 色素沈着：種々の色素の沈着によって，組織が着色する変化で，血液血球成分由来の色素として，ヘモジデリン，ビリルビン等の胆汁色素などがある。胆汁色素の沈着が黄疸である。

血液血球成分に由来しない色素で皮膚，毛髪に色をつける黒色色素（メラニン），リポフスチンなどがある。

外界に由来する炭粉などの外来性色素の沈着もある。

(3) その他検査
① 混濁腫脹：生の細胞を鏡検すると細胞体内に細かな不透明な顆粒が充満し核が見えないくらいである。これに3％の酢酸を加えると，顆粒は消失して，核が見えるようになる。伝染病，中毒に関連する変化である。
② 脂肪変性：生の細胞体内の顆粒が酢酸を加えても消失せず，エーテルやアルコールを加えて消失すれば，脂肪顆粒である。伝染病，中毒に関連する変化である。
③ アミロイド変性：切片にヨード反応を試みる。
④ 石灰変性：石灰の沈着した部分は砂のようで，切断すると刀に感ずる。切片に硝酸銀液を加え日光に当てると黒くなる（コッサ反応）。
⑤ 尿酸沈着：尿酸塩の組織内沈着によって起こるから，組織標本で針状の尿酸塩結晶を証明することができる。
⑥ 色素沈着：ヘモジデリンの証明には組織標本に鉄反応を試みる（切片を2％フェロシアン化カリウム＋1％塩酸水等量混液に30分浸漬）。胆汁色素の沈着，すなわち黄疸は組織をホルマリン固定すると緑色になるので明瞭である。

3 判定基準

(1) **生体検査**
前述の生体所見を認めたもの。

(2) **解体前検査**
判定基準なし。

(3) **解体後検査**
前述の剖検所見を認め，変性の原因がと畜検査対象疾病に該当しないもの。

48 萎　縮

Atrophy

1　解　説

　変性，壊死とともに生体に現れる退行性変化の一種である。臓器あるいは組織でなんらかの原因により構成する細胞の容積あるいは数が減少すると，その程度により臓器全体あるいは部分的に縮小が起き，これを萎縮という。その原因が他の臓器，嚢虫，新生物などによる圧迫である場合は圧迫萎縮，使用しないために起きる萎縮（例えば筋肉）を廃用萎縮という。この他に，生理的萎縮（胸腺），循環障害による萎縮，放射線障害による萎縮，毒物作用による萎縮，神経性萎縮等がある。

2　診　断

(1) **生体所見**
　外観では，筋肉等で正常な大きさに比較して縮小がみられる。

(2) **剖検所見**
　正常な組織あるいは臓器に比較して，容積が縮小し重量が減少する。

(3) **病理組織検査**
　組織学的には，組織あるいは臓器を構成する個々の細胞の容積あるいは細胞の数が減少する。

3　判定基準

(1) **生体検査**
　筋肉等で正常な大きさに比較して縮小が認められたものであって，奇形等その他のと畜検査対象疾病に該当しないと判定されるもの。

(2) **解体前検査**
　判定基準なし。

Ⅱ 検査対象疾病

(3) **解体後検査**

　正常な組織あるいは臓器に比較して，容積が縮小し重量が減少したものであって，奇形等その他のと畜検査対象疾病に該当しないものと判定される場合。

[48　萎縮：参考文献]
獣医学大事典編集委員会編：獣医学大事典，p.59，チクサン出版社，1989.

49 奇　形

Malformation

1　解　説

　胎児が種々の原因により発生障害を起こすと，奇形となる。遺伝性疾患による奇形は，家畜では交配のとき十分な配慮がなされるか，種畜の淘汰の対象となる。
　牛においては，遺伝性疾患による奇形は，遺伝子診断が可能である。

2　診　断

(1) **生体検査**
　　外部の奇形は生体検査で発見される。

(2) **剖検所見**
　　体内臓器等の奇形は解体後はじめて発見されるので，と畜検査は重要な役割を果たすことになる。
　　内臓奇形は，すべての臓器でみられ，よくみられるものとして，心臓弁膜水胞，胆嚢分裂，腎のう胞などがある。
　　と畜検査で発見された黒毛和牛の腎尿細管形成不全を伴うクローディン16欠損症が九州において近年数例報告されている。

3　判定基準

(1) **生体検査**
　　外貌に遺伝または発生途中の発育異常によって生じた正常の範囲を逸脱した形を認める場合。

(2) **解体前検査**
　　判定基準なし。

Ⅱ 検査対象疾病

(3) **解体後検査**
　と体および臓器等に遺伝または発生途中の発育不全によって生じた正常の範囲を逸脱した形を認める場合。

[49　奇形：参考文献]
(独)家畜改良センターホームページ

50 臓器の異常な形，大きさ，硬さ，色またはにおい（臓器の一部に局限されているもの）

1 解説

　臓器の形，大きさ，硬さ等に影響を与える要因は多数ある。各種疾病によって障害を受けた臓器は多少の差はあれ，時にこのような変化が認められる。こうした肉眼的，嗅覚的な変化からその原因となる疾病を突き止め，適切な対応をすることが重要であるが，これらの変化が臓器の一部に局限され他に異常が認められない場合，廃棄の対象となる。

　家畜ごとに各主要臓器の正常な状態を把握しておくことがこうした判断を下す際には重要である。

2 類症鑑別

　変性，奇形，萎縮，その他の疾病。

3 判定基準

(1) **生体検査**
　　判定基準なし。

(2) **解体前検査**
　　判定基準なし。

(3) **解体後検査**
　　異常な形，大きさ，硬さが認められた臓器であって，萎縮，奇形等その他のと畜検査対象疾病に該当しないと判定されるもの。

51 潤滑油および炎症性産物等による汚染

1 解説

　安全な食肉の生産は，家畜の衛生的な飼養管理から始まり，消費者のもとへ届くまでの間の総合的かつ一体的な衛生管理によって可能となる。と畜場においては，家畜が食品である食肉へと処理される生産工場であり，家畜が生理的に保有している細菌等が食肉へ移行することを防止する重要な管理ポイントである。このため，と畜場法ではと畜業者等の構ずべき衛生措置として，外皮，獣毛，腸内容物によると体の汚染防止やこれらに汚染された場合の枝肉のトリミングなどを義務付けている。

　一方，これら家畜が生理的にもっている汚染要因とは別に，病変部からの滲出液をはじめとする炎症産物，さらに解体処理で用いられる機器に使用される潤滑油など，解体処理工程においてと体を汚染し得る要因は他にも存在する。したがって，本現症はと畜業者等の責務において切除（トリミング）される外皮等からの汚染以外のものであって，と畜・解体処理工程でと体や枝肉を汚染する可能性のある有害物を対象に検査を実施しなければならないとするものである。

2 診断

(1) **生体所見**

　生体検査時において，炎症は発赤，発熱，腫脹，ならびに疼痛として確認される。滲出性の炎症の場合，その産物により全身が汚染されているものを認めることがあるが，一義的には当該炎症の原因を判断することが必要となる。膿毒症，敗血症，熱性諸症など他の疾病の可能性を追究し，その適用を総合的に判断することが重要である。また，他の家畜への汚染防止の観点から当該家畜は隔離するとともに，解体により診断が必要な場合には病畜と室において処理を行う。

　潤滑油等による汚染にあっては，その物質の特定を行うことが重要である。生産者等への原因を確認するとともに，中毒諸症の有無を注意深く観察することが必要である。なお，有害物質によるものでないことが明らかであれば，と畜業者等に生体の洗浄を指導し，と畜場内への汚染防止を図る。

(2) 剖検所見

　滲出性の炎症部位においては，膿性，血性，漿液性，カタール性，線維素性などの滲出物を認める。生体検査時と同様に，当該部位が全身に認められた場合には，敗血症などの諸疾患の可能性を追究し，適用を総合的に判断する。なお，炎症部位が臓器および枝肉の一部に限られるものは，当該炎症部位を切除し廃棄するとともに，他の部位が炎症産物に汚染された場合は，当該部位についても廃棄の措置を講ずる。

　潤滑油等による汚染は，内臓検査台，内臓処理台，内臓運搬具，と肉懸ちょう器に付随するコンベアや滑車等からの落下などにより発生する。その所見は，通常黒色で点状のシミとして内臓や枝肉表面に認められる。また，機器のサビが落下した場合，微細なゴミの付着として認められることもある。こうした場合，炎症と同様に当該部位を切除・廃棄するとともに，その原因をと畜業者等に確認し，その再発防止に向けた衛生管理の徹底を図ることが重要である。

Ⅱ 検査対象疾病

掲載疾病一覧表

(平成23年7月1日現在)

No	疾病名	人獣共通感染症	監視伝染病		監視伝染病対象家畜（と畜場法対象外含む）
			家畜伝染病	届出伝染病	
1	口蹄疫		○		牛，めん羊，山羊，豚等
2	流行性脳炎	○	○		牛，馬，めん羊，山羊，豚等
3	炭疽	○	○		牛，馬，めん羊，山羊，豚等
4	ブルセラ病	○	○		牛，めん羊，山羊，豚等
5	結核病	○	○		牛，山羊等
6	ヨーネ病		○		牛，めん羊，山羊等
7	ピロプラズマ病		○		牛，馬等，省令で定める病原体によるものに限る
8	アナプラズマ病		○		牛等，省令で定める病原体によるものに限る
9	伝達性海綿状脳症	○	○		牛，めん羊，山羊等
10	馬伝染性貧血		○		馬
11	豚コレラ		○		豚等
12	牛白血病			○	牛，水牛
13	牛丘疹性口炎	○		○	牛，水牛
14	破傷風	○		○	牛，水牛，鹿，馬
15	気腫疽			○	牛，水牛，めん羊，山羊，豚，いのしし等
16	レプトスピラ病	○		○	牛，水牛，鹿，豚，いのしし等
17	サルモネラ症	○		○	牛，水牛，鹿，豚，いのしし等
18	牛カンピロバクター症	○		○	牛，水牛
19	伝染性膿疱性皮膚炎	○		○	鹿，めん羊，山羊
20	トキソプラズマ病	○		○	めん羊，山羊，豚，いのしし
21	疥癬（めん羊）			○	めん羊
22	萎縮性鼻炎			○	豚，いのしし
23	豚丹毒	○		○	豚，いのしし
24	豚赤痢			○	豚，いのしし

掲載疾病一覧表

25	Q熱	○			
26	悪性水腫	○			
27	白血病				
28	リステリア病	○			
29	痘病	○			
30	膿毒症				
31	敗血症				
32	尿毒症				
33	黄疸				
34	水腫				
35	腫瘍				
36	旋毛虫病（トリヒナ病）	○			
37	有鉤嚢虫症	○			
38	無鉤嚢虫症	○			
39	その他寄生虫病				
40	中毒諸症				
41	熱性諸症				
42	注射反応				
43	放線菌病				
44	ブドウ菌腫				
45	外傷				
46	炎症				
47	変性				
48	萎縮				
49	奇形				
50	臓器の異常な形，大きさ，硬さ，色またはにおい（臓器の一部に限局されているもの）				
51	潤滑油および炎症性産物等による汚染				

＊詳細については家畜伝染病予防法参照のこと

その他の検査対象疾病

(平成23年7月1日現在)

No	疾病名（監視伝染病）	家畜伝染病	届出伝染病	監視伝染病対象家畜 （と畜場法検査対象外含む）
1	チュウザン病		○	牛，水牛，山羊
2	イバラキ病		○	牛，水牛
3	牛流行熱		○	牛，水牛
4	馬パラチフス		○	馬
5	伝染性胃腸炎		○	豚，いのしし
6	ブルータング		○	牛，水牛，鹿，めん羊，山羊
7	アカバネ病		○	牛，水牛，めん羊，山羊
8	悪性カタル熱		○	牛，水牛，鹿，めん羊
9	牛ウイルス性下痢・粘膜病		○	牛，水牛
10	牛伝染性鼻気管炎		○	牛，水牛
11	アイノウイルス感染症		○	牛，水牛
12	トリコモナス病		○	牛，水牛
13	ネオスポラ症		○	牛，水牛
14	馬インフルエンザ		○	馬
15	馬鼻肺炎		○	馬
16	馬痘		○	馬
17	野兎病		○	馬，めん羊，豚，いのしし等
18	馬伝染性子宮炎		○	馬
19	流行性羊流産		○	めん羊
20	山羊関節炎・脳脊髄炎		○	山羊
21	オーエスキー病		○	豚，いのしし
22	豚繁殖・呼吸障害症候群		○	豚，いのしし
23	豚流行性下痢		○	豚，いのしし
24	牛バエ幼虫症		○	牛，水牛

(現在日本で発生のない疾病)

25	牛疫	○		牛, めん羊, 山羊, 豚等
26	牛肺疫	○		牛等
27	狂犬病	○		牛, 馬, めん羊, 山羊, 豚等
28	水胞性口炎	○		牛, 馬, 豚等
29	リフトバレー熱	○		牛, めん羊, 山羊等
30	出血性敗血症	○		牛, めん羊, 山羊, 豚等
31	鼻疽	○		馬
32	アフリカ馬疫	○		馬
33	小反芻獣疫	○		鹿, めん羊, 山羊
34	アフリカ豚コレラ	○		豚等
35	豚水胞病	○		豚等
36	山羊痘		○	山羊
37	ランピースキン病		○	牛, 水牛
38	類鼻疽		○	牛, 水牛, 鹿, 馬, めん羊, 山羊, 豚等
39	トリパノソーマ病		○	牛, 水牛, 馬
40	ニパウイルス感染症		○	馬, 豚, いのしし
41	馬ウイルス性動脈炎		○	馬
42	馬モルビリウイルス肺炎		○	馬
43	仮性皮疽		○	馬
44	ナイロビ羊病		○	めん羊, 山羊
45	羊痘		○	めん羊
46	マエディ・ビスナ		○	めん羊
47	伝染性無乳症		○	めん羊, 山羊
48	山羊伝染性胸膜肺炎		○	山羊
49	豚エンテロウイルス性脳脊髄炎		○	豚, いのしし
50	豚水疱疹		○	豚, いのしし

＊詳細については家畜伝染病予防法参照のこと

III

関係法令等

と畜場法関係

●と畜場法

[昭和28年8月1日]
[法律第 114 号]

注 平成19年6月27日法律第96号改正現在

（この法律の目的）

第1条 この法律は，と畜場の経営及び食用に供するために行う獣畜の処理の適正の確保のために公衆衛生の見地から必要な規制その他の措置を講じ，もつて国民の健康の保護を図ることを目的とする。

（国，都道府県及び保健所を設置する市の責務）

第2条 国，都道府県及び地域保健法（昭和22年法律第101号）第5条第1項の規定に基づく政令で定める市（以下「保健所を設置する市」という。）は，家畜の生産の実態及び獣畜の疾病の発生の状況を踏まえ，食品衛生上の危害の発生を防止するため，食用に供するために行う獣畜の処理の適正の確保のために必要な措置を講じなければならない。

（定義）

第3条 この法律で「獣畜」とは，牛，馬，豚，めん羊及び山羊をいう。

2 この法律で「と畜場」とは，食用に供する目的で獣畜をとさつし，又は解体するために設置された施設をいう。

3 この法律で「一般と畜場」とは，通例として生後1年以上の牛若しくは馬又は1日に10頭を超える獣畜をとさつし，又は解体する規模を有すると畜場をいう。

4 この法律で「簡易と畜場」とは，一般と畜場以外のと畜場をいう。

5 この法律で「と畜業者」とは，獣畜のとさつ又は解体の業を営む者をいう。

（と畜場の設置の許可）

第4条 一般と畜場又は簡易と畜場は，都道府県知事（保健所を設置する市にあつては，市長。以下同じ。）の許可を受けなければ，設置してはならない。

2 前項の規定による許可を受けようとする者は，構造設備その他厚生労働省令で定める事項を記載した申請書を都道府県知事に提出しなければならない。

3 第1項の規定により許可を受けて設置したと畜場について，構造設備その他厚生労働省令で定める事項を変更しようとする者は，あらかじめ，都道府県知事に届け出なければならない。

第5条 都道府県知事は，前条第1項の規定による許可の申請があつた場合において，当該と畜場の設置の場所が次の各号のいずれかに該当するとき，又は当該と畜場の構造設備が政令で定める一般と畜場若しくは簡易と畜場の基準に合わないと認めるときは，同項の許可を与えないことができる。

一 人家が密集している場所

二 公衆の用に供する飲料水が汚染されるおそれがある場所

三 その他都道府県知事が公衆衛生上危害を生ずるおそれがあると認める場所

2 都道府県知事は，公衆衛生上必要があると認めるときは，前条第1項の規定による許可を受けたと畜場（以下単に「と畜場」という。）につき，その構造設備の規模に応じ，当該と畜場において通例として処理することができる獣畜の種類及び1日当りの頭数を制限することができる。

（と畜場の衛生管理）

第6条 と畜場の設置者又は管理者は，と畜場の内外を常に清潔にし，汚物処理を十分に行い，ねずみ，昆虫等の発生の防止及び駆除に努め，厚生労働省令で定める基準に従い，と畜場を衛生的に管理し，その他公衆衛生上必要な措置を講じなければならない。

（衛生管理責任者）

第7条 と畜場の管理者（と畜場の管理者がいないと畜場にあつては，と畜場の設置者。以下この項，第6項，次条及び第18条第1項第5号において同じ。）は，と畜場を衛生的に管理させるため，と畜場ごとに，衛生管理責任者を置かなければならない。ただし，と畜場の管理者が自ら衛生管理責任者となつて管理すると畜場については，この限りでない。

2 衛生管理責任者は，と畜場の衛生管理に関してこの法律又はこの法律に基づく命令若しくは処分に係る違反が行われないように，当該と畜場の衛生管理に従事する者を監督し，当該と畜場の構造設備を管理し，その他当該と畜場の衛生管理につき，必要な注意をしなければならない。

3 衛生管理責任者は，と畜場の衛生管理に関してこの法律又はこの法律に基づく命令若しくは処分に係る違反が行われないように，当該と畜場の衛生管理につき，当該と畜場の設置者又は管理者に対し必要な意見を述べなければならない。

4 と畜場の設置者又は管理者は，前項の規定による衛生管理責任者の意見を尊重しなければならない。

5 次の各号のいずれかに該当する者でなければ，衛生管理責任者となることができない。
 一 獣医師
 二 学校教育法（昭和22年法律第26号）に基づく大学，旧大学令（大正7年勅令第388号）に基づく大学又は旧専門学校令（明治36年勅令第61号）に基づく専門学校において獣医学又は畜産学の課程を修めて卒業した者
 三 学校教育法第57条に規定する者又は厚生労働省令で定めるところによりこれらの者と同等以上の学力があると認められる者で，と畜場の衛生管理の業務に3年以上従事し，かつ，都道府県又は保健所を設置する市が行う講習会の課程を修了した者

6 と畜場の管理者は，衛生管理責任者を置き，又は自ら衛生管理責任者となつたときは，その日から15日以内に，都道府県知事に，その衛生管理責任者の氏名又は自ら衛生管理責任者となつた旨その他厚生労働省令で定める事項を届け出なければならない。衛生管理責任者を変更したときも，同様とする。

7 受講科目その他第5項第3号の講習会の課程に関して必要な事項は，厚生労働省令で定める。

第8条 都道府県知事は，衛生管理責任者が次の各号のいずれかに該当する場合であつて当該衛生管理責任者に引き続きその職務を行わせることが適切でないと認めるときは，と畜場の管理者に対し，その解任を命ずることができる。
 一 この法律又はこの法律に基づく命令若しくは処分に違反したとき。
 二 前条第2項に規定する職務を怠つたとき。

（と畜業者等の講ずべき衛生措置）

第9条 と畜業者その他獣畜のとさつ又は解体を行う者（以下「と畜業者等」という。）は，と畜場内において獣畜のとさつ又は解体を行う場合には，厚生労働省令で定める基準に従い，獣畜のとさつ又は解体を衛生的に管理し，その他公衆衛生上必要な措置を講じなければならない。

（作業衛生責任者）

第10条 と畜業者等は，獣畜のとさつ又は解体を衛生的に管理させるため，と畜場ごとに，作業衛生責任者を置かなければならない。ただし，と畜業者等が自ら作業衛生責任者となつて管理すると畜場については，この限りでない。

2 第7条第2項から第7項までの規定及び第8条の規定は，作業衛生責任者について準用する。この場合において，必要な技術的読替えは，政令で定める。

（と畜場の使用等の拒否の制限）

第11条 と畜場の設置者又は管理者は，正当な理由がなければ，獣畜のとさつ又は解体のためにと畜場を使用することを拒んではならない。

2 と畜業者は，正当な理由がなければ，獣畜

のとさつ又は解体を拒んではならない。
（と畜場使用料及びとさつ解体料）
第12条　と畜場の設置者若しくは管理者又はと畜業者は，と畜場使用料又はとさつ解体料について，あらかじめ，その額を定めて，都道府県知事の認可を受けなければならない。認可を受けたと畜場使用料又はとさつ解体料の額を変更しようとするときも，同様とする。

2　と畜場の設置者若しくは管理者又はと畜業者は，前項の規定により認可を受けた額を超えると畜場使用料又はとさつ解体料を受けてはならない。

3　と畜場の設置者若しくは管理者又はと畜業者は，第1項の規定により認可を受けたと畜場使用料又はとさつ解体料を，と畜場内の見やすい場所に掲示しなければならない。

（獣畜のとさつ又は解体）
第13条　何人も，と畜場以外の場所において，食用に供する目的で獣畜をとさつしてはならない。ただし，次の各号に掲げる場合は，この限りでない。

　一　食肉販売業その他食肉を取り扱う営業で厚生労働省令で定めるものを営む者以外の者が，あらかじめ，厚生労働省令で定めるところにより，都道府県知事に届け出て，主として自己及びその同居者の食用に供する目的で，獣畜（生後1年以上の牛及び馬を除く。）をとさつする場合

　二　獣畜が不慮の災害により，負傷し，又は救うことができない状態に陥り，直ちにとさつすることが必要である場合

　三　獣畜が難産，産褥麻痺又は急性鼓張症その他厚生労働省令で定める疾病にかかり，直ちにとさつすることが必要である場合

　四　その他政令で定める場合

2　何人も，と畜場以外の場所において，食用に供する目的で獣畜を解体してはならない。ただし，前項第1号又は第4号の規定によりと畜場以外の場所においてとさつした獣畜を解体する場合は，この限りでない。

3　都道府県知事は，公衆衛生上必要があると認めるときは，前2項の規定により，と畜場以外の場所において獣畜をとさつし，又は解体する者に対し，とさつ又は解体の場所，肉，内臓等の取扱方法及び汚物の処理方法を指示することができる。

（獣畜のとさつ又は解体の検査）
第14条　と畜場においては，都道府県知事の行う検査を経た獣畜以外の獣畜をとさつしてはならない。

2　と畜場においては，とさつ後都道府県知事の行う検査を経た獣畜以外の獣畜を解体してはならない。

3　と畜場内で解体された獣畜の肉，内臓，血液，骨及び皮は，都道府県知事の行う検査を経た後でなければ，と畜場外に持ち出してはならない。ただし，次の各号のいずれかに該当するときは，この限りでない。

　一　この項本文に規定する検査のため必要があると認められる場合において都道府県（保健所を設置する市にあつては，市。以下同じ。）の職員が解体された獣畜の肉，内臓，血液，骨又は皮の一部を持ち出すとき。

　二　厚生労働省令で定める疾病の有無についてのこの項本文に規定する検査を行う場合において都道府県知事の許可を得て獣畜の皮を持ち出すときその他の衛生上支障がない場合として政令で定めるとき。

4　前3項の規定は，都道府県知事が特に検査を要しないものと認めた場合を除き，前条第1項第4号又はこれに係る同条第2項ただし書の規定によりと畜場以外の場所で獣畜のとさつ又は解体が行われる場合に準用する。この場合において，前項中「と畜場外」とあるのは，「獣畜の解体を行つた場所外」と読み替えるものとする。

5　前各項に規定する都道府県知事の権限に属する事務のうち，政令で定める疾病の有無についての検査に係るものは，前各項の規定にかかわらず，政令で定めるところにより，都道府県知事及び厚生労働大臣が行う。

6　前各項の規定による検査は，次に掲げるものの有無について行うものとする。

一　家畜伝染病予防法（昭和26年法律第166号）第2条第1項に規定する家畜伝染病及び同法第4条第1項に規定する届出伝染病
二　前号に掲げるもの以外の疾病であつて厚生労働省令で定めるもの
三　潤滑油の付着その他の厚生労働省令で定める異常

7　前項に定めるもののほか，第1項から第5項までの規定により都道府県知事及び厚生労働大臣の行う検査の方法，手続その他検査に関し必要な事項は政令で定める。

8　第1項から第5項までの規定により都道府県知事及び厚生労働大臣が行う検査の結果については，行政不服審査法（昭和37年法律第160号）による不服申立てをすることができない。

（譲受けの禁止）
第15条　何人も，第13条第2項の規定に違反してと畜場以外の場所で解体された獣畜の肉若しくは内臓，又は前条第3項（同条第4項において準用する場合及び同条第5項の規定の適用がある場合を含む。）の規定に違反して持ち出された獣畜の肉若しくは内臓を，食品として販売（不特定又は多数の者に対する販売以外の授与を含む。）の用に供する目的で譲り受けてはならない。

（とさつ解体の禁止等）
第16条　都道府県知事は，第14条の規定による検査の結果，獣畜が疾病にかかり，若しくは異常があり食用に供することができないと認めたとき，又は当該獣畜により若しくは当該獣畜のとさつ若しくは解体により病毒を伝染させるおそれがあると認めたときは，公衆衛生上必要な限度において，次に掲げる措置をとることができる。
一　当該獣畜のとさつ又は解体を禁止すること。
二　当該獣畜の所有者若しくは管理者，と畜場の設置者若しくは管理者，と畜業者その他の関係者に対し，当該獣畜の隔離，と畜場内の消毒その他の措置を講ずべきことを命じ，又は当該職員にこれらの措置を講じさせること。
三　当該獣畜の肉，内臓等の所有者若しくは管理者に対し，食用に供することができないと認められる肉，内臓その他の獣畜の部分について廃棄その他の措置を講ずべきことを命じ，又は当該職員にこれらの措置を講じさせること。

（報告の徴収等）
第17条　都道府県知事は，この法律の施行に必要な限度において，と畜場の設置者若しくは管理者，と畜業者その他の関係者から必要な報告を徴し，又は当該職員に，と畜場若しくはと畜場の設置者若しくは管理者，と畜業者その他の関係者の事務所，倉庫その他の施設に立ち入り，設備，帳簿，書類その他の物件を検査させることができる。

2　前項の規定により立入検査をする職員は，その身分を示す証票を携帯し，かつ，関係者の請求があるときは，これを提示しなければならない。

3　第1項の規定による権限は，犯罪捜査のために認められたものと解釈してはならない。

（と畜場の設置の許可の取消し等）
第18条　都道府県知事は，次に掲げる場合には，第4条第1項の規定による許可を取り消し，又はと畜場の設置者若しくは管理者に対し，期間を定めて，当該と畜場の施設の使用の制限若しくは停止を命ずることができる。
一　当該と畜場の構造設備が第5条第1項の規定による基準に合わなくなつたとき。
二　第5条第2項の規定による獣畜の種類及び頭数の制限が定められていると畜場において，その制限によらないで獣畜のとさつ又は解体が行われるに至つたとき。
三　第5条第2項の規定による獣畜の種類及び頭数の制限が定められていない簡易と畜場において，通例として，1日に10頭を超える獣畜又は生後1年以上の牛若しくは馬のとさつ又は解体が行われるに至つたとき。
四　当該と畜場の設置者又は管理者が，第6条又は第7条第1項若しくは第6項の規定

に違反したとき。
五　当該と畜場の管理者が，第8条の規定による命令に違反したとき。
2　都道府県知事は，次に掲げる場合には，と畜業者等に対し，期間を定めて，とさつ若しくは解体の業務の停止を命じ，又はとさつ若しくは解体を行うことを禁止することができる。
一　当該と畜業者等が，第9条又は第10条第1項若しくは第2項において準用する第7条第6項の規定に違反したとき。
二　当該と畜業者等が，第10条第2項において準用する第8条の規定による命令に違反したとき。

（と畜検査員）

第19条　第14条に規定する検査の事務に従事させ，並びに第16条及び第17条第1項に規定する当該職員の職務並びに食用に供するために行う獣畜の処理の適正の確保に関する指導の職務を行わせるため，都道府県知事は，当該都道府県の職員のうちからと畜検査員を命ずるものとする。
2　都道府県知事は，食品衛生法（昭和22年法律第233号）第24条第1項に規定する都道府県等食品衛生監視指導計画の定めるところにより，と畜検査員に前項に規定する事務又は職務を行わせなければならない。
3　と畜検査員の資格について必要な事項は，政令で定める。

（厚生労働大臣の調査の要請等）

第20条　厚生労働大臣は，食品衛生法第60条の規定に基づき報告を求めた場合その他食品衛生上の危害の発生の防止のため特に必要があると認めるときは，都道府県知事に対し，期限を定めて，第14条第1項から第4項までの規定により行う検査及び第17条第1項の規定による措置を実施し，食中毒の原因を調査し，調査の結果を報告するように求めることができる。

（国民の意見の聴取）

第21条　厚生労働大臣は，第6条，第9条，第13条第1項第3号若しくは第14条第6項第2号若しくは第3号の厚生労働省令を制定し，若しくは改廃しようとするとき，又は同条第7項の政令の制定若しくは改廃の立案をしようとするときは，その趣旨，内容その他の必要な事項を公表し，広く国民の意見を求めるものとする。ただし，食品衛生上の危害の発生を防止するため緊急を要する場合で，あらかじめ広く国民の意見を求めるいとまがないときは，この限りでない。
2　厚生労働大臣は，前項ただし書の場合においては，事後において，遅滞なく，広く国民の意見を求めるものとする。

（連絡及び協力）

第22条　厚生労働大臣及び農林水産大臣は，この法律の施行に当たつては，食用に供するために行う獣畜の処理の適正の確保に関する事項について，相互に緊密に連絡し，及び協力しなければならない。

（事務の区分）

第23条　第17条第1項の規定により都道府県が処理することとされている事務は，地方自治法（昭和22年法律第67号）第2条第9項第1号に規定する第1号法定受託事務とする。

（罰則）

第24条　次の各号のいずれかに該当する者は，3年以下の懲役又は300万円以下の罰金に処する。
一　第4条第1項の規定に違反した者
二　第13条第1項又は第2項の規定に違反した者
三　第14条第1項から第3項まで（同条第4項において準用する場合及び同条第5項の規定の適用がある場合を含む。）の規定に違反した者

第25条　次の各号のいずれかに該当する者は，1年以下の懲役又は100万円以下の罰金に処する。
一　第15条の規定に違反した者
二　第16条の規定による禁止若しくは命令に違反した者又は同条第2号若しくは第3号の規定により当該職員の職務の執行を拒

み，妨げ，若しくは忌避した者
三　第18条第1項の規定による命令又は同条第2項の規定による命令若しくは禁止に違反した者

第26条　次の各号のいずれかに該当する者は，50万円以下の罰金に処する。
一　第7条第6項（第10条第2項において準用する場合を含む。）の規定による届出をせず，又は虚偽の届出をした者
二　第11条の規定に違反した者
三　第12条第1項の規定による認可を受けないで，又は同条第2項の規定に違反して，と畜場使用料又はとさつ解体料を受けた者
四　第13条第3項の規定による指示に違反した者
五　第17条第1項の規定による報告をせず，若しくは虚偽の報告をし，又は当該職員の立入検査を拒み，妨げ，若しくは忌避した者

第27条　法人の代表者又は法人若しくは人の代理人，使用人その他の従業者が，その法人又は人の業務に関し，次の各号に掲げる規定の違反行為をしたときは，行為者を罰するほか，その法人に対して当該各号に定める罰金刑を，その人に対して各本条の罰金刑を科する。
一　第24条　1億円以下の罰金刑
二　第25条又は前条　各本条の罰金刑

　　　附　則　抄
（施行期日）
1　この法律は，公布の日〔昭和28年8月1日〕から施行する。ただし，第12条の規定は，公布の日から起算して1箇月を経過した日から施行する。

●と畜場法施行令

〔昭和28年8月25日〕
〔政　令　第　216　号〕

注　平成15年12月10日政令第505号改正現在

内閣は，と畜場法（昭和28年法律第114号）第4条第1項，第9条第1項第5号，第10条第5項及び第15条第3項の規定に基き，この政令を制定する。

（一般と畜場の構造設備の基準）
第1条　と畜場法（以下「法」という。）第5条第1項の規定による一般と畜場の構造設備の基準は，次のとおりとする。
一　係留所，生体検査所，処理室，冷却設備，検査室，消毒所，隔離所及び汚物処理設備並びに当該と畜場内において食肉（食肉に供する内臓を含む。第5号において同じ。）の取引が行われ，かつ，都道府県知事（保健所を設置する市にあつては，市長。以下同じ。）が特に必要があると認めた場合には，取引室を有すること。
二　係留所には，生後1年以上の牛及び馬については，1頭ごとに，その他の獣畜については適宜に，これを係留し，又は収容することができる区画が設けられており，かつ，その床は，不浸透性材料（石，コンクリートその他血液及び汚水が浸透しないものをいう。以下同じ。）で築造され，これに適当なこうばいと排水溝が設けられていること。
三　生体検査所は，次の要件を備えること。
　イ　床は，不浸透性材料で築造されていること。
　ロ　獣畜の計量及び保定に必要な設備が設けられていること。

ハ 法第14条第1項の検査の事務に従事する者の手指及びその者が使用する器具の洗浄又は消毒に必要な設備が設けられていること。
ニ 洗浄又は消毒に必要な設備は、第8条第2項に規定する措置を講ずるために必要な数が適当な位置に設けられていること。
四 処理室は、次の要件を備えること。
　イ と室、病畜と室、内蔵取扱室及び外皮取扱室に区画され、各室に、直接処理室外に通ずる出入口が設けられていること。
　ロ 床は、不浸透性材料で築造され、これに適当なこうばいと排水溝が設けられていること。
　ハ 内壁は、不浸透性材料で築造されている場合を除き、床面から少なくとも1.2メートルまで、不浸透性材料で腰張りされていること。
　ニ 十分に換気及び採光のできる窓が設けられていること。
　ホ 内臓検査台、内臓処理台、内臓運搬具、と肉懸ちよう器及び計量器が備えられていること。
　ヘ 獣畜のとさつ又は解体を行う者及び法第14条第2項又は第3項の検査の事務に従事する者の手指並びにこれらの者が使用する器具の洗浄又は消毒に必要な設備が設けられていること。
　ト 洗浄又は消毒に必要な設備は、法第9条に規定する措置及び第8条第2項に規定する措置を講ずるために必要な数が適当な位置に設けられていること。
　チ 洗浄又は消毒に必要な温湯を十分に供給することのできる給湯設備が設けられていること。
　リ 飲用に適する水を十分に供給することのできる給水設備が設けられていること。
五 冷却設備は、食肉を十分に冷却することのできるものであること。
六 検査室には、検査台その他検査に、必要な器具が備えられ、かつ、給水設備が設けられていること。
七 消毒所には、獣畜の部分等であつて、病毒を伝染させるおそれがあると認められるものの消毒に必要な設備が設けられ、かつ、その床は、不浸透性材料で築造されていること。
八 隔離所には、隔離された獣畜の汚物及び汚水を消毒することのできる設備が設けられており、かつ、その床は、不浸透性材料で築造されていること。
九 汚物処理設備は、次の要件を備えること。
　イ 汚物だめ並びに血液及び汚水の処理設備を有すること。ただし、血液及び汚水を終末処理場のある下水道に直接流出させると畜場にあつては、血液及び汚水の処理設備を設けないことができる。
　ロ 汚物だめは、処理室及び取引室から適当な距離を有し、かつ、不浸透性材料で築造され、適当な覆いが設けられていること。
　ハ 血液及び汚水の処理設備は、処理室及び取引室から適当な距離を有し、かつ、血液及び汚水の浄化装置を有すること。
十 取引室は、次の要件を備えること。
　イ 床は、不浸透性材料で築造され、これに適当なこうばいと排水溝が設けられていること。
　ロ 内壁は、不浸透性材料で築造されている場合を除き、床面から少なくとも1.2メートルまで、不浸透性材料で腰張りされていること。
　ハ 十分に換気及び採光のできる窓が設けられていること。
　ニ と肉懸ちよう器及びハンガーレールが備えられていること。
　ホ 飲用に適する水を十分に供給することのできる給水設備が設けられていること。
十一 その他都道府県（保健所を設置する市にあつては、市。以下同じ。）が条例で定め

る構造設備を有すること。
(簡易と畜場の構造設備の基準)
第2条　法第5条第1項の規定による簡易と畜場の構造設備の基準は，次のとおりとする。
一　処理室，検査所，消毒所及び汚物処理設備並びに生体検査及び隔離を行うために必要な敷地を有すること。
二　処理室は，次の要件を備えること。
　イ　内臓及び外皮をそれぞれ各別に取り扱うことができるように，適当な区画が設けられていること。
　ロ　床は，不浸透性材料で築造され，これに適当なこうばいと排水溝が設けられていること。
　ハ　十分に換気及び採光のできる窓が設けられていること。
　ニ　内臓検査台，と肉懸ちよう器及び計量器が備えられていること。
　ホ　飲用に適する水を十分に供給することのできる給水設備が設けられていること。
三　検査所には，検査台及び給水設備が設けられていること。
四　消毒所には，消毒に必要な設備が設けられており，かつ，その床は，不浸透性材料で築造されていること。
五　汚物処理設備は，次の要件を備えること。
　イ　汚物だめ並びに汚水だめ又は血液及び汚水の処理設備を有すること。ただし，血液及び汚水を終末処理場のある下水道に直接流出させると畜場にあつては，汚水だめ並びに血液及び汚水の処理設備を設けないことができる。
　ロ　汚物だめ及び汚水だめは，処理室から適当な距離を有し，かつ，不浸透性材料で築造され，適当な覆いが設けられていること。
　ハ　血液及び汚水の処理設備は，処理室から適当な距離を有し，かつ，血液及び汚水の浄化装置を有すること。
(作業衛生責任者について準用する法の規定の読替え)

第3条　法第10条第2項において作業衛生責任者について法第7条第2項から第6項までの規定及び法第8条の規定を準用する場合におけるこれらの規定に係る技術的読替えは，次の表のとおりとする。

読み替える法の規定	読み替えられる字句	読み替える字句
第7条第2項	と畜場の衛生管理に関して	獣畜のとさつ又は解体の衛生管理に関して
	当該と畜場の衛生管理	当該と畜場の獣畜のとさつ又は解体
	当該と畜場の構造設備を管理し，その他当該と畜場	その他当該と畜場の獣畜のとさつ又は解体
第7条第3項	と畜場の衛生管理に関して	獣畜のとさつ又は解体の衛生管理に関して
	当該と畜場の衛生管理	当該と畜場の獣畜のとさつ又は解体の衛生管理
	と畜場の設置者又は管理者	と畜業者等
第7条第4項	と畜場の設置者又は管理者	と畜業者等
第7条第5項第3号	と畜場の衛生管理	獣畜のとさつ又は解体
第7条第6項	と畜場の管理者	と畜業者等
第8条	と畜場の管理者	と畜業者等
第8条第2号	前条第2項	第10条第2項の規定により読み替えて準用する前条第2項

(と畜場以外の場所で獣畜をとさつすることができる場合)
第4条　法第13条第1項第4号の規定により，と畜場以外の場所において，食用に供する目的で獣畜をとさつすることができるのは，次に掲げる場合とする。
一　災害その他の事故により，と畜場が滅失し，又はその設備がき損し，と畜場以外の場所においてとさつすることがやむを得ない場合
二　離島であるため，その他土地の状況により，と畜場以外の場所においてとさつすることがやむを得ない場合であつて，かつ，都道府県知事が指定した地域において，又は都道府県知事の許可を受けて獣畜をとさつする場合

361

（と畜場外への持出しの禁止の特例）
第5条　法第14条第3項第2号の政令で定めるときは，次のとおりとする。
　一　法第14条第3項第2号の厚生労働省令で定める疾病の有無についての同項本文に規定する検査(次号及び第3号において「解体後検査」という。)を行う場合において，都道府県知事の許可を得て皮革の原料として牛の皮を持ち出すとき。
　二　解体後検査を行う場合において，都道府県知事の許可を得て牛の改良増殖（学術研究の用に供する場合を含む。）の目的のために牛の卵巣を持ち出すとき。
　三　解体後検査を行う場合において，都道府県知事の許可を得て獣畜の肉，内臓，血液，骨又は皮（以下この号から第5号までにおいて「獣畜の肉等」という。）の所有者又は管理者が焼却するために獣畜の肉等の全部又は一部を持ち出すとき。
　四　食品衛生監視員が食品衛生法（昭和22年法律第233号）第28条第1項の規定により獣畜の肉等の一部を収去するとき。
　五　家畜防疫官又は家畜防疫員が家畜伝染病予防法（昭和26年法律第166号）第51条第1項の規定により獣畜の肉等の一部を採取し，又は集取して持ち出すとき。
2　前項第1号から第3号までの許可の基準については，厚生労働省令で定める。
3　第1項第1号から第3号までの許可には，公衆衛生上必要な限度において条件を付することができる。
（都道府県知事及び厚生労働大臣によると畜検査）
第6条　法第14条第5項の政令で定める疾病は，伝達性海綿状脳症のうち牛，めん羊及び山羊に係るものとする。
2　都道府県知事が法第14条第5項の規定により行う事務は，次のとおりとする。
　一　前項に規定する疾病の有無についての法第14条第1項及び第2項（同条第4項において準用する場合を含む。）の規定による検査
　二　前項に規定する疾病のうち厚生労働省令で定めるものの有無についての法第14条第3項（同条第4項において準用する場合を含む。次項において同じ。）の規定による検査のうち，確認検査（疾病にかかつていることを確認するために高度な方法により行う検査をいう。以下同じ。）を実施する必要があるものを発見するために簡易な方法により行う検査
3　厚生労働大臣が法第14条第5項の規定により行う事務は，第1項に規定する疾病の有無についての法第14条第3項の規定による検査（前項第2号の厚生労働省令で定める疾病の有無についての検査にあつては，確認検査に限る。）とする。
4　前2項の規定にかかわらず，確認検査（当該確認検査の結果の判断に係る部分を除く。以下この項において同じ。）を適確に実施するに足りる技術的能力を有すると厚生労働大臣が認める都道府県においては，前項の規定により厚生労働大臣が行うこととされている確認検査を都道府県知事が行うことができる。
（検査の申請）
第7条　法第14条の規定による検査を受けようとする者は，厚生労働省令で定める事項を記載した申請書を都道府県知事に提出しなければならない。
（検査の方法）
第8条　法第14条の規定による検査は，望診，検温，触診，解剖検査，顕微鏡検査その他の必要な方法により行うものとする。
2　前項の検査の事務に従事する者は，清潔な器具を用い，必要に応じ，手指，器具等の洗浄又は消毒を行い，その他公衆衛生上必要な措置を講じなければならない。
（検印）
第9条　都道府県知事は，法第14条第3項の規定による検査を行つたとき（同条第5項の規定により都道府県知事及び厚生労働大臣が検査を行つたときを含む。）は，厚生労働省令で定めるところにより，検査に合格した肉，

内臓及び皮に検印を押さなければならない。
（と畜検査員の資格）
第10条　法第19条第1項に規定すると畜検査員は，獣医師でなければならない。

　　　附　則　抄
（施行期日）
1　この政令は，公布の日〔昭和28年8月25日〕から施行する。

●と畜場法施行規則

〔昭和28年9月28日　厚生省令第44号〕

注　平成21年3月25日厚生労働省令第44号改正現在

と畜場法（昭和28年法律第114号）第3条第2項及び第3項，第9条第1項第1号並びにと畜場法施行令（昭和28年政令第216号）第4条，第5条及び第6条の規定に基き，並びに同法を実施するため，と畜場法施行規則を次のように定める。

（と畜場設置の申請書の記載事項）
第1条　と畜場法（昭和28年法律第114号。以下「法」という。）第4条第2項の規定により申請書に記載すべき事項は，同条同項に規定する事項のほか，次のとおりとする。
　一　申請者の住所，氏名及び生年月日（法人にあつては，その名称，主たる事務所の所在地，代表者の氏名及び定款又は寄附行為の写）
　二　と畜場の名称及び所在地
　三　一般と畜場，簡易と畜場の区別
　四　処理する獣畜の種類及びその1日当りの頭数
　五　当該と畜場において食肉の取引を行おうとする場合は，その概要
2　前項の申請書には，当該と畜場の管理及び業務運営の概要を記載した業務規定又はこれに準ずる事項を記載した書類を添附しなければならない。
（と畜場の変更についての届出事項）
第2条　法第4条第3項の規定により届け出るべき事項は，同条同項に規定する事項のほか，前条第1項各号（第3号を除く。）に掲げる事項及び同条第2項の添附書類に記載した事項のうち主な事項とする。

（と畜場の衛生管理）
第3条　法第6条の厚生労働省令で定める基準は，次のとおりとする。
　一　清掃を適切に行い，衛生上支障のないように管理すること。
　二　整理整とんを行い，不必要な物品等を置かないこと。
　三　床，内壁，天井，窓又は扉等に破損又は故障等があるときは，速やかに補修又は修理を行うこと。
　四　汚臭及び過度の湿気を除くよう十分に換気すること。
　五　採光又は照明装置により必要な照度を確保すること。
　六　換気設備を設置している場合は，当該設備の維持管理を適切に行うこと。
　七　給水設備等の衛生管理は，次に掲げるところにより行うこと。
　　イ　水道法（昭和32年法律第177号）に規定する水道事業及び専用水道により供給される水以外の水を使用する場合は，1年に1回以上（災害等により水源等が汚染され，水質が変化したおそれがある場合は，その都度）水質検査を行い，その結果を証する書類を検査の日から1年間

保存すること。また，その結果，飲用不適となつたときは，直ちに都道府県知事（保健所を設置する市にあつては，市長。以下同じ。）の指示を受け，適切な措置を講じること。
　ロ　消毒装置又は浄水装置を設置している場合は，当該装置が正常に作動していることを毎日確認すること。この場合において，確認した日，確認の結果，確認した者その他必要な記録を確認の日から1年間保存すること。
　ハ　貯水槽を使用する場合は，定期的に点検及び清掃を行うこと。
八　冷蔵設備を設置している場合は，枝肉（獣畜をとさつした後，頭部，前後肢及び尾を切断し，第7条第5号，第6号及び第7号の処理を行つた物をいう。以下同じ。）又は食用に供する内臓が摂氏10度以下となるよう当該設備の維持管理を適切に行うこと。この場合において，冷蔵設備内の温度の測定は，作業開始前に1回，及び作業時間内に1回以上行い，測定した日時，温度，測定者その他必要な記録を測定の日から1年間保存すること。
九　法第14条第3項の検査で保留された枝肉は，その他の枝肉と区別して衛生的に管理すること。
十　係留所及び生体検査所の衛生管理は，次に掲げるところにより行うこと。
　イ　適宜，獣畜のふん便等を適切に処理し，洗浄すること。
　ロ　体表に多量のふん便等が付着している獣畜は，洗浄すること。
十一　外皮取扱室は，清潔を保持すること。
十二　汚物だめ並びに血液及び汚水の処理設備を設置している場合は，当該設備の維持管理を適切に行うこと。また，当該施設から生じる汚泥等は，衛生上支障のないように処理すること。この場合において，処理を行つた日，処理方法，処理を行つた者その他必要な記録を処理の日から1年間保存すること。

十三　排水溝は，固形物の流出を防ぎ，かつ，排水がよく行われるように清掃し，破損した場合は速やかに補修すること。
十四　と畜場内の洗浄消毒は，次に掲げるところにより行うこと。
　イ　血液又は脂肪等が付着している部分の洗浄は，温湯を使用すること。
　ロ　作業終了後の洗浄は，洗浄剤を使用すること。
　ハ　イ及びロ以外の洗浄は，十分な量の水，温湯又は洗浄剤を使用すること。
　ニ　消毒は，摂氏83度以上の温湯又は消毒剤を使用すること。
十五　機械器具の衛生管理は，次に掲げるところにより行うこと。
　イ　機械器具は，作業終了後洗浄し，又は消毒すること。
　ロ　獣畜のとさつ又は解体に使用するナイフ，動力付はく皮ナイフ，のこぎり，結さつ器その他のとたい（獣畜をとさつした物であつて，枝肉以外のものをいう。以下同じ。）又は枝肉に直接接触する機械器具の消毒は，摂氏83度以上の温湯を使用すること。
　ハ　機械器具及び分解したこれらの部品は，それぞれ所定の場所に衛生的に保管すること。
　ニ　機械器具は，定期的に点検し，故障又は破損等があるときは，速やかに修理又は補修を行い，常時適正に使用できるよう整備すること。
　ホ　温度計，圧力計及び流量計等の計器類は定期的にその精度を点検し，故障又は異常等があるときは，速やかに修理等を行うこと。
十六　不可食部分等の衛生管理は，次に掲げるところにより行うこと。
　イ　不可食部分（別表第1に掲げる部分を除く。），第16条第3号の規定により廃棄された物，同条第4号の規定により廃棄された物，別表第1に掲げる部分及びその他の廃棄物は，その種別を表示した

専用容器に収納し，処理室外に搬出し，及び焼却炉で焼却すること等により衛生上支障のないように処理すること。この場合において，同条第4号の規定により廃棄された物及び別表第1に掲げる部分の処理については，処理を行つた日，処理の方法，処理を行つた者その他必要な記録を処理の日から1年間保存すること。
　ロ　イの容器は，作業終了後所定の場所において洗浄消毒すること。
十七　ねずみ，昆虫等の防除は，次に掲げるところにより行うこと。
　イ　防そ・防虫設備のない窓及び出入口を開放状態で放置しないこと。
　ロ　防そ・防虫網その他の防そ・防虫設備の機能を点検し，必要に応じ，補修等を行うこと。
　ハ　処理室内に搬入される容器等による昆虫等の侵入を防ぐよう荷受け時に点検し，不用となつた容器等は速やかに処理室外に搬出し，及び焼却炉で焼却すること等により衛生上支障のないように処理すること。
　ニ　定期的に駆除作業を行うこと。この場合において，駆除を行つた日，駆除の方法，駆除を行つた者その他必要な記録を駆除を行つた日から1年間保存すること。
十八　手洗い設備には，手洗いに必要な洗浄消毒液を備え，常時使用できるようにすること。
十九　便所は，清潔に保ち，定期的に消毒を行うこと。
二十　清掃用器材は，所定の場所に保管すること。
二十一　洗浄剤及び消毒剤並びに殺そ剤及び殺虫剤その他の薬剤の取扱いは，次に掲げるところにより行うこと。
　イ　処理室及び枝肉等を保管する場所以外の所定の場所に保管すること。
　ロ　目的に応じた薬剤を適正な方法により使用すること。
　ハ　薬剤によるとたい並びに枝肉及び食用に供する内臓の汚染を防止すること。
　ニ　洗浄剤及び消毒剤等の容器を新たに開封した場合にあつては，開封した日，開封した薬剤の名称，開封した者その他必要な記録を開封の日から1年間保存すること。
　ホ　殺そ剤及び殺虫剤等を使用した場合にあつては，使用日，使用した薬剤の名称，使用量，使用者その他必要な記録を使用の日から1年間保存すること。
二十二　前各号の措置が適切に実施されるよう次に掲げるところにより管理すること。
　イ　適正かつ計画的に実施するため必要な事項を記載した文書を作成すること。
　ロ　法第7条第1項の衛生管理責任者（以下「衛生管理責任者」という。）に，イの文書に基づき適切に実施されていることを確認させること。ただし，同項の規定によりと畜場の管理者又は設置者が衛生管理責任者となつていると畜場にあつては，自ら確認の業務を行うこと。
2　衛生管理責任者は，前項第22号ロの確認の結果をと畜場の設置者又は管理者に対して報告すること。ただし，法第7条第1項の規定によりと畜場の管理者又は設置者が衛生管理責任者となつている場合は，この限りでない。
3　別表第1に掲げる部分についての第1項第16号イの適用については，同号イ中「焼却炉で焼却すること等」とあるのは，「牛海綿状脳症対策特別措置法（平成14年法律第70号）第7条第2項ただし書に該当する場合を除き，焼却炉で焼却すること」とする。
（衛生管理責任者の資格要件）
第4条　法第7条第5項第3号に規定する学校教育法（昭和22年法律第26号）第57条に規定する者と同等以上の学力があると認められる者は，次のとおりとする。
一　旧国民学校令（昭和16年勅令第148号）による国民学校の高等科を修了した者

二　旧中等学校令（昭和18年勅令第36号）による中等学校の2年の課程を終わつた者

三　旧師範教育令（昭和18年勅令第109号）による附属中学校又は附属高等女学校の第2学年を修了した者

四　旧盲学校及聾唖学校令（大正12年勅令第375号）によるろうあ学校の中等部第2学年を修了した者

五　旧高等学校令（大正7年勅令第389号）による高等学校尋常科の第2学年を修了した者

六　旧青年学校令（昭和14年勅令第254号）による青年学校の普通科の課程を修了した者

七　内地以外の地域における学校の生徒，児童，卒業者等の他の学校へ入学及び転学に関する規程（昭和18年文部省令第63号）第1条から第3条まで及び第7条の規定により国民学校の高等科を修了した者，中等学校の2年の課程を終わつた者又は第5号に掲げる者と同一の取扱いを受ける者

八　旧海員養成所官制（昭和14年勅令第458号）による海員養成所を卒業した者

九　前各号に掲げる者のほか，厚生労働大臣が衛生管理責任者の資格に関し学校教育法第57条に規定する者と同等以上の学力を有すると認定した者

（衛生管理責任者に関する届出事項）

第5条　法第7条第6項の厚生労働省令で定める事項は，次のとおりとする。

一　届出者の氏名又は名称及び住所並びに法人にあつては，その代表者の氏名

二　と畜場の名称及び所在地

三　衛生管理責任者の氏名，住所及び生年月日

四　衛生管理責任者が法第7条第5項各号のいずれかに該当する旨

五　衛生管理責任者を置いた年月日又は変更した年月日

2　前項の届出には，衛生管理責任者が法第7条第5項各号のいずれかに該当することを証する書面を添えなければならない。

（衛生管理責任者の講習会の課程）

第6条　法第7条第7項の厚生労働省令で定める講習会の課程は，次に掲げる要件のすべてに適合するものでなければならない。

一　別表第2の上欄に掲げる科目を同表の下欄に掲げる時間数教授し，講習会を3日間以上開催するものであること。

二　講師は，学校教育法に基づく大学において別表第2の上欄に掲げる科目に相当する学科を担当している者，国若しくは都道府県，保健所を設置する市若しくは特別区において食品衛生行政若しくは食品衛生に関する試験業務に従事している者又はこれらの者と同等の知識及び経験を有すると認められる者であること。

三　学校教育法に基づく中学校若しくはこれに準ずる学校を卒業した者若しくは中等教育学校の前期課程を修了した者又は第4条各号に掲げる者で，と畜場の衛生管理の業務に3年以上従事した者であることを受講資格とするものであること。

四　受講者に対し，講習会の終了に当たり試験その他の方法により課程修了の認定を適切に行うものであること。

（と畜業者等の講ずべき衛生措置）

第7条　法第9条の厚生労働省令で定める基準は，次のとおりとする。

一　処理室においては，獣畜の血液及び消化管の内容物等を適切に処理し，当該処理室を洗浄すること。この場合において，洗浄水の飛散によるとたい並びに枝肉及び食用に供する内臓の汚染を防ぐこと。

二　獣畜のとさつ又は解体に当たり手袋を使用する場合は，獣畜に直接接触する部分が繊維製品その他洗浄消毒することが困難な製品でないものを使用すること。

三　牛，めん羊及び山羊のとさつに当たつては，ピッシング（ワイヤーその他これに類する器具を用いて脳及びせき髄を破壊することをいう。）を行わないこと。

四　放血等は，次に掲げるところにより行うこと。

イ 放血された血液による生体及びほかのとたいの汚染を防ぐこと。
ロ 牛，めん羊及び山羊にあつては，放血後において消化管の内容物が漏出しないよう食道を第一胃の近くで結さつし，又は閉そくさせること。
ハ 手指（手袋を使用する場合にあつては，当該手袋。以下この項において同じ。）が放血された血液等により汚染された場合は，その都度洗浄剤を用いて洗浄すること。
ニ とたいに直接接触するナイフ，結さつ器その他の機械器具については，1頭を処理するごとに（外皮に接触すること等により汚染された場合は，その都度。以下次号及び第5号において同じ。）摂氏83度以上の温湯を用いて洗浄消毒すること。

五 頭部の処理を行う場合においては，次に掲げるところにより行うこと。
イ 角は，切断部の付近に外皮が残ることによる汚染を防ぐため，外皮と共に除去すること。
ロ はく皮された頭部は，外皮並びに床及び内壁等に接触することによる汚染を防ぐこと。
ハ はく皮された頭部の洗浄に当たつては，洗浄水の飛散によるほかのとたいの汚染を防ぐこと。
ニ 手指が外皮等により汚染された場合は，その都度洗浄剤を用いて洗浄すること。
ホ とたいに直接接触するナイフ，のこぎりその他の機械器具については，1頭を処理するごとに摂氏83度以上の温湯を用いて洗浄消毒すること。

六 とたいのはく皮は，次に掲げるところにより行うこと。
イ 獣毛等による汚染を防ぐため，必要な最少限度の切開をした後，ナイフを消毒し，ナイフの刃を手前に向け，皮を内側から外側に切開すること。
ロ はく皮された部分は，外皮による汚染を防ぐこと。
ハ はく皮された部分が外皮により汚染された場合においては，汚染された部位を完全に切り取ること。
ニ 牛，めん羊及び山羊の肛門周囲の処理に当たつては，消化管の内容物が漏出しないよう直腸を肛門の近くで結さつするとともに，肛門部によるとたいの汚染を防ぐこと。
ホ はく皮された部分が消化管の内容物により汚染された場合においては，迅速に他の部位への汚染を防ぐとともに，汚染された部位を完全に切り取ること。
ヘ 手指が外皮等により汚染された場合は，その都度洗浄剤を用いて洗浄すること。
ト とたいに直接接触するナイフ，動力付はく皮ナイフ，結さつ器その他の機械器具については，1頭を処理するごとに摂氏83度以上の温湯を用いて洗浄消毒すること。

七 乳房を切除する場合においては，次に掲げるところにより行うこと。
イ 乳房の内容物が漏出しないように行うこと。
ロ はく皮された部分が乳房の内容物により汚染された場合においては，迅速に他の部位への汚染を防ぐとともに，汚染された部位を完全に切り取ること。
ハ 手指が乳房の内容物等により汚染された場合は，その都度洗浄剤を用いて洗浄すること。
ニ とたいに直接接触するナイフその他の機械器具については，1頭を処理するごとに（乳房の内容物等に汚染された場合は，その都度）摂氏83度以上の温湯を用いて洗浄消毒すること。

八 内臓の摘出は，次に掲げるところにより行うこと。
イ とたいが消化管の内容物により汚染されないよう適切に行うこと。

ロ 内臓が床及び内壁並びに長靴等に接触することによる汚染を防ぐこと。
ハ はく皮された部分が消化管の内容物により汚染された場合においては、迅速に他の部位への汚染を防ぐとともに、汚染された部位を完全に切り取ること。
ニ 手指が消化管の内容物等により汚染された場合は、その都度洗浄剤を用いて洗浄すること。
ホ とたいに直接接触するナイフ、のこぎりその他の機械器具については、1頭を処理するごとに（消化管の内容物等に汚染された場合は、その都度）摂氏83度以上の温湯を用いて洗浄消毒すること。
九 背割り（枝肉を脊柱に沿つて左右に切断する処理をいう。）は、次に掲げるところにより行うこと。
イ 枝肉が床若しくは内壁、長靴又は昇降台等に接触することによる汚染を防ぐこと。
ロ 使用するのこぎりについては、1頭を処理するごとに摂氏83度以上の温湯を用いて洗浄消毒すること。
十 枝肉の洗浄は、次に掲げるところにより行うこと。
イ 洗浄の前に獣毛又は消化管の内容物等による汚染の有無を確認し、これらによる汚染があつた場合は、汚染された部位を完全に切り取ること。
ロ 十分な水量を用いて行うこと。
ハ 洗浄水の飛散による枝肉の汚染を防ぐこと。
ニ 洗浄水の水切りを十分に行うこと。
十一 枝肉及び食用に供する内臓は、床及び内壁等に接触しないよう取り扱うこと。
十二 内臓の処理は、次に掲げるところにより行うこと。
イ 消化管は、消化管の内容物によるその他の臓器の汚染を防ぐよう区分して処理すること。
ロ 食用に供する内臓が床及び内壁等に接触することによる汚染を防ぐこと。
ハ 消化管の処理に当たつては、消化管の内容物による汚染を防ぐよう消化管の内容物を除去するとともに、当該消化管を十分に洗浄すること。
ニ 内臓処理台等が消化管の内容物により汚染された場合は、その都度洗浄消毒すること。
十三 枝肉又は食用に供する内臓は、摂氏10度以下となるよう冷却すること。
十四 法第14条第3項の検査で保留された枝肉は、ほかの枝肉と区別して保管すること。
十五 外皮は、枝肉又は食用に供する内臓に接触しないよう保管すること。
十六 別表第1に掲げる部分は、当該部分による枝肉及び食用に供する内臓の汚染を防ぐよう処理すること。
2 と畜業者等は、前項各号の措置が適切に実施されるよう、次の各号に掲げるところにより管理すること。
一 適正かつ計画的に実施するため必要な事項を記載した文書を作成すること。
二 法第10条第1項の作業衛生責任者（以下「作業衛生責任者」という。）に、前号の文書に基づき適切に実施されていることを確認させること。ただし、同項の規定によりと畜業者等が自ら作業衛生責任者となつていると畜場にあつては、自ら確認の業務を行うこと。
3 作業衛生責任者（法第10条第1項の規定によりと畜業者が自ら作業衛生責任者となつていると畜場にあつては、と畜業者等）は、獣畜のとさつ又は解体を行う者に対して、獣畜の衛生的なとさつ又は解体の方法についての教育に努めなければならない。
（作業衛生責任者への準用）
第8条 第4条から第6条までの規定は、作業衛生責任者について準用する。この場合において、第5条第1項第4号及び同条第2項中「法第7条第5項各号」とあるのは、「法第10条第2項の規定により読み替えて準用される法第7条第5項各号」と読み替えるもの

とする。
（食肉を取り扱う営業の範囲）
第9条　法第13条第1項第1号に規定する食肉を取り扱う営業は，同号に規定するもののほか，次に掲げるとおりとする。
　一　食肉処理業
　二　食肉製品製造業
　三　飲食店営業
　四　そうざい製造業
（自家用とさつの届出）
第10条　法第13条第1項第1号の規定による届出は，次の事項について行わなければならない。
　一　届出者の住所，氏名，生年月日及び職業
　二　とさつしようとする年月日時
　三　とさつしようとする場所及びその周囲の概要
　四　とさつしようとする獣畜の種類，性別，年令（不明のときは，推定年令），特徴及び重量
　五　食用に供しようとする者の範囲
　六　自己及び同居者以外の者の食用に供しようとするときは，その旨及び量

（法第14条第3項第2号に規定する疾病）
第11条　法第14条第3項第2号の厚生労働省令で定める疾病は，伝達性海綿状脳症のうち牛に係るものとする。
（と畜場外への持出しの許可の基準）
第12条　と畜場法施行令（昭和28年政令第216号。以下「令」という。）第5条第1項第1号の許可の基準は，次のとおりとする。
　一　解体後検査（令第5条第1項第1号に規定する「解体後検査」をいう。以下同じ。）が終了するまでの間，持ち出された牛の皮がいずれの牛から得られたものであるかを識別するための措置が適切に講じられていること。
　二　解体後検査が終了するまでの間，持ち出された牛の皮の紛失を防止するための措置が適切に講じられていること。
　三　持ち出された牛の皮の保存（塩蔵により行うものを含む。以下この項において同じ。）を行う施設が，化製場等に関する法律（昭和23年法律第140号）第1条第2項に規定する化製場又は同法第8条に規定する獣畜の皮の貯蔵の施設であつて，解体後検査が終了するまでの間，当該牛の皮を適切に保存しておくことができるものであること。
　四　牛の皮が持ち出されると畜場の管理者（と畜場の管理者がいないと畜場にあつては，と畜場の設置者。以下この条において同じ。）により，当該牛の皮を持ち出した者の氏名又は名称及び連絡先，当該牛の皮の保存を行う施設の名称及び連絡先その他管理体制の確保のため必要な情報を適切に記録するための措置が講じられていること。
　五　持ち出された牛の皮の保存を行う施設において，当該牛の皮を持ち出した者の氏名又は名称及び連絡先，当該牛の皮が持ち出されたと畜場の名称及び連絡先その他管理体制の確保のため必要な情報を適切に記録するための措置が講じられていること。
2　令第5条第1項第2号の許可の基準は，次のとおりとする。
　一　解体後検査が終了するまでの間，持ち出された牛の卵巣がいずれの牛から得られたものであるかを識別するための措置が適切に講じられていること。
　二　解体後検査が終了するまでの間，持ち出された牛の卵巣の紛失を防止するための措置が適切に講じられていること。
　三　持ち出された牛の卵巣の保存を行う施設が，家畜改良増殖法（昭和25年法律第209号）に規定する家畜人工授精所，独立行政法人家畜改良センター又は牛の改良増殖に係る研究を行う機関であつて，解体後検査が終了するまでの間，当該牛の卵巣を適切に保存しておくことができるものであること。
　四　牛の卵巣が持ち出されると畜場の管理者により，当該牛の卵巣を持ち出した者の氏名又は名称及び連絡先，当該牛の卵巣の保存を行う施設の名称及び連絡先その他管理

体制の確保のため必要な情報を適切に記録するための措置が講じられていること。
　五　持ち出された牛の卵巣の保存を行う施設において，当該牛の卵巣を持ち出した者の氏名又は名称及び連絡先，当該牛の卵巣が持ち出されたと畜場の名称及び連絡先その他管理体制の確保のため必要な情報を適切に記録するための措置が講じられていること。
３　令第５条第１項第３号の許可の基準は，次のとおりとする。
　一　獣畜の肉等（令第５条第１項第３号に規定する「獣畜の肉等」をいう。以下同じ。）の焼却を行う施設が，廃棄物の処理及び清掃に関する法律（昭和45年法律第137号）の規定に基づき獣畜の肉等の焼却を適切に行うことができる施設であること。
　二　獣畜の肉等が持ち出されると畜場の管理者により，当該獣畜の肉等を持ち出した者の氏名又は名称及び連絡先，当該獣畜の肉等の焼却を行う施設の名称及び連絡先その他管理体制の確保のため必要な情報を適切に記録するための措置が講じられていること。
　三　獣畜の肉等が持ち出されたと畜場の管理者により，当該獣畜の肉等が焼却されたことについて，これを証明する書類を添えて都道府県知事に報告する体制が整備されていること。

（都道府県知事が簡易な検査を実施する疾病）
第13条　令第６条第２項第２号の厚生労働省令で定める疾病は，伝達性海綿状脳症のうち牛，めん羊及び山羊に係るものとする。
（検査すべき疾病又は異常の範囲）
第14条　法第14条第６項第２号又は第３号に規定する疾病又は異常は，別表第３のとおりとする。
（検査申請書の記載事項）
第15条　令第７条の規定により申請書に記載すべき事項は，次のとおりとする。
　一　申請者の住所，氏名及び生年月日（法人にあつては，その名称，主たる事務所の所在地及び代表者の氏名）
　二　とさつしようとする年月日（法第13条第１項第２号又は第３号の規定によりとさつした獣畜を解体しようとする場合にあつては，解体しようとする年月日）
　三　検査を受けようとする獣畜の種類，性別，品種，年令（不明のときは，推定年令），特徴及び産地
　四　検査を受けようとする獣畜の病歴に関する情報
　五　検査を受けようとする獣畜に係る動物用医薬品その他これに類するものの使用の状況
　六　法第13条第１項第２号又は第３号の規定によりとさつした獣畜を解体しようとする場合にあつては，当該獣畜をと畜場以外の場所でとさつした理由，日時及び場所
２　令第７条の申請書が，法第13条第１項第３号の規定によりとさつした獣畜を解体しようとする場合における法第14条第２項及び第３項の規定による検査に係るものであるときは，次の各号に掲げる事項を記載した死亡診断書又は死体検案書を当該申請書に添えなければならない。
　一　診断又とは検案の年月日時
　二　死亡年月日時（不明のときは，推定年月日時）
　三　獣畜の種類，性別，年令（不明のときは，推定年令）及び特徴
　四　病名及び主要症状（死体検案書にあつては，主要症状にかえて死体の状態）
　五　診断又は検案した獣医師の住所及び氏名
（検査の結果に基づく措置）
第16条　法第16条の規定に基づく措置は，次の各号に掲げる場合に応じ，当該各号に掲げる措置によるものとする。
　一　法第14条第１項の規定による検査を行なつた場合において獣畜が別表第４に掲げる疾病にかかり，又は異常があると認めたとき　とさつの禁止
　二　法第14条第２項の規定による検査を行なつた場合において獣畜が別表第４に掲げ

る疾病にかかり，又は異常があると認めた
とき　解体の禁止
- 三　法第14条第3項の規定による検査を行なつた場合において獣畜が別表第5の上欄に掲げる疾病にかかり，又は異常があると認めたとき　別表第5の下欄に掲げる部分について廃棄その他食用に供されることを防止するために必要な措置
- 四　獣畜が法第14条第6項各号に掲げる疾病のうち伝染性の疾病にかかり，又は異常があり，病毒を伝染させるおそれがあると認めたとき　当該獣畜の隔離，当該獣畜の肉，内臓その他の部分の消毒，病毒に汚染され又は汚染されたおそれのある処理室その他の場所又は物件の消毒その他病毒の伝染を防止するために必要な措置

（検印）

第17条　令第9条の規定により検印を押す場合は，別表第6により，獣畜の種類に応じ，様式第1号の検印を押さなければならない。

（と畜検査員の証票）

第18条　法第17条第2項の規定により，当該職員が携帯しなければならない証票は，様式第2号によるものとする。

　　　附　則　抄

（施行期日）

1　この省令は，公布の日〔昭和28年9月28日〕から施行する。

別表第1　（第3条，第7条関係）

牛の頭部（舌及び頬肉を除く。），せき髄及び回腸（盲腸との接続部分から2メートルまでの部分に限る。）並びにめん羊及び山羊の扁桃，脾臓，小腸及び大腸（これらに付属するリンパ節を含む。）並びにめん羊及び山羊（月齢が満12月以上のものに限る。）の頭部（舌，頬肉及び扁桃を除く。），せき髄及び胎盤

別表第2　（第6条関係）

科目	時間数
公衆衛生概論	4時間以上
と畜関係法令	4時間以上
家畜解剖・生理学	2時間以上
家畜内科・病理学	6時間以上
食肉衛生学	6時間以上
関連法令	2時間以上

別表第3　（第14条，第16条関係）

Q熱，悪性水腫，白血病，リステリア症，痘病，膿毒症，敗血症，尿毒症，黄疸，水腫，腫瘍，旋毛虫病その他の寄生虫病，中毒諸症，放線菌病，ブドウ菌腫，熱性諸症，外傷，炎症，変性，萎縮，奇形，臓器の異常な形，大きさ，硬さ，色又はにおい，注射反応（生物学的製剤により著しい反応を呈しているものに限る。）及び潤滑油又は炎性産物等による汚染

別表第4　（第16条関係）

牛疫，牛肺疫，口蹄疫，流行性脳炎，狂犬病，水胞性口炎，リフトバレー熱，炭疽，出血性敗血症，ブルセラ病，結核，ヨーネ病，ピロプラズマ病，アナプラズマ病，伝達性海綿状脳症，鼻疽，馬伝染性貧血，アフリカ馬疫，豚コレラ，アフリカ豚コレラ，豚水胞病，ブルータング，アカバネ病，悪性カタル熱，チュウザン病，ランピースキン病，牛ウイルス性下痢・粘膜病，牛伝染性鼻気管炎，牛白血病，アイノウイルス感染症，イバラキ病，牛丘疹性口炎，牛流行熱，類鼻疽，破傷風，気腫疽，レプトスピラ症，サルモネラ症，牛カンピロバクター症，トリパノソーマ病，トリコモナス病，ネオスポラ症，牛バエ幼虫症，ニパウイルス感染症，馬インフルエンザ，馬ウイルス性動脈炎，馬鼻肺炎，馬モルビリウイルス肺炎，馬痘，野兎病，馬伝染性子宮炎，馬パラチフス，仮性皮疽，小反芻獣疫，伝染性膿疱性皮膚炎，ナイロビ羊病，羊痘，マエディ・ビスナ，伝染性無乳症，流行性羊流産，

トキソプラズマ病，疥癬，山羊痘，山羊関節炎・脳脊髄炎，山羊伝染性胸膜肺炎，オーエスキー病，伝染性胃腸炎，豚エンテロウイルス性脳脊髄炎，豚繁殖・呼吸障害症候群，豚水疱疹，豚流行性下痢，萎縮性鼻炎，豚丹毒，豚赤痢，Q熱，悪性水腫，白血病，リステリア症，痘病，膿毒症，敗血症，尿毒症，黄疸（高度のものに限る。），水腫（高度のものに限る。），腫瘍（肉，臓器，骨又はリンパ節に多数発生しているものに限る。），旋毛虫病，有鉤嚢虫症，無鉤嚢虫症（全身にまん延しているものに限る。），中毒諸症（人体に有害のおそれがあるものに限る。），熱性諸症（著しい高熱を呈しているものに限る。），注射反応（生物学的製剤により著しい反応を呈しているものに限る。）及び潤滑油又は炎性産物等による汚染（全身が汚染されたものに限る。）

寄生虫病（旋毛虫病，有鉤嚢虫症及び無鉤嚢虫症（全身にまん延しているものに限る。）を除く。）	寄生虫を分離できない部分及び住肉胞子虫症にあっては血液
放線菌病	当該病変部分及び血液
ブドウ菌腫	当該病変部分及び血液
外傷	当該病変部分
炎症	当該病変部分及び炎性産物により汚染された部分並びに多発性化膿性の炎症にあっては血液
変性	当該病変部分
萎縮	当該病変部分
奇形	著しい当該病変部分
臓器の異常な形，大きさ，硬さ，色又はにおい（臓器の一部に局限されているものに限る。）	当該異常部分に係る臓器
潤滑油又は炎性産物等による汚染（全身が汚染されたものを除く。）	当該汚染部分に係る肉，臓器，骨及び皮

別表第5（第16条関係）

疾病又は異常	部分
別表第4に掲げる疾病	当該獣畜の肉，内臓その他の部分の全部
黄疸（病変が肉又は臓器の一部に局限されているものに限る。）	当該病変部分及び血液
水腫（病変が肉又は臓器の一部に局限されているものに限る。）	当該病変部分及び血液
腫瘍（病変が肉，臓器，骨又はリンパ節の一部に局限されているものに限る。）	当該病変部分及び血液

別表第6（第17条関係）

獣畜の種類	検印を押さなければならない部分
牛，馬，めん羊及び山羊	（肉）背（外部） （内臓）心臓，肺臓，肝臓，胃又は腸のうちいずれかの部位 （皮）尾根（内側）。ただし，食用に供しないことが明らかな場合は，押すことを要しない。
豚	（肉）背（外部）。ただし，湯はぎ法により処理した場合は，当該部位の皮に押すこと。 （内臓）心臓，肺臓，肝臓，胃又は腸のうちいずれかの部位 （皮）尾根（内側）。ただし，湯はぎ法により処理した場合又は食用に供しないことが明らかな場合は，押すことを要しない。

様式第1号（第17条関係）

獣畜の種類	様式	備考
牛	検 都道府県(市)名 と畜場番号（だ円形）	横径6.6センチメートル，縦径4センチメートルのだ円形とする。
馬	検 都道府県(市)名 と畜場番号（長方形）	横4センチメートル，縦5センチメートルの長方形とする。
豚	検 都道府県(市)名 と畜場番号（だ円形）	直径4センチメートルの円形とする。
めん羊及び山羊	検 都道府県(市)名 と畜場番号（六角形）	直径4センチメートルの円に内接する正六角形とする。

（注）　と畜場番号は，都道府県知事（保健所を設置する市にあつては，市長）の定めるところによるものとする。

III 関係法令等　と畜場法関係

様式第2号（第18条関係）

（表面）

｜←　　12 cm　　→｜

と畜検査員の証

第　号
所属庁
職名
氏名
生年月日
平成　年　月　日発行
（一年間有効）

写真ちょう付

都道府県知事（市長）印

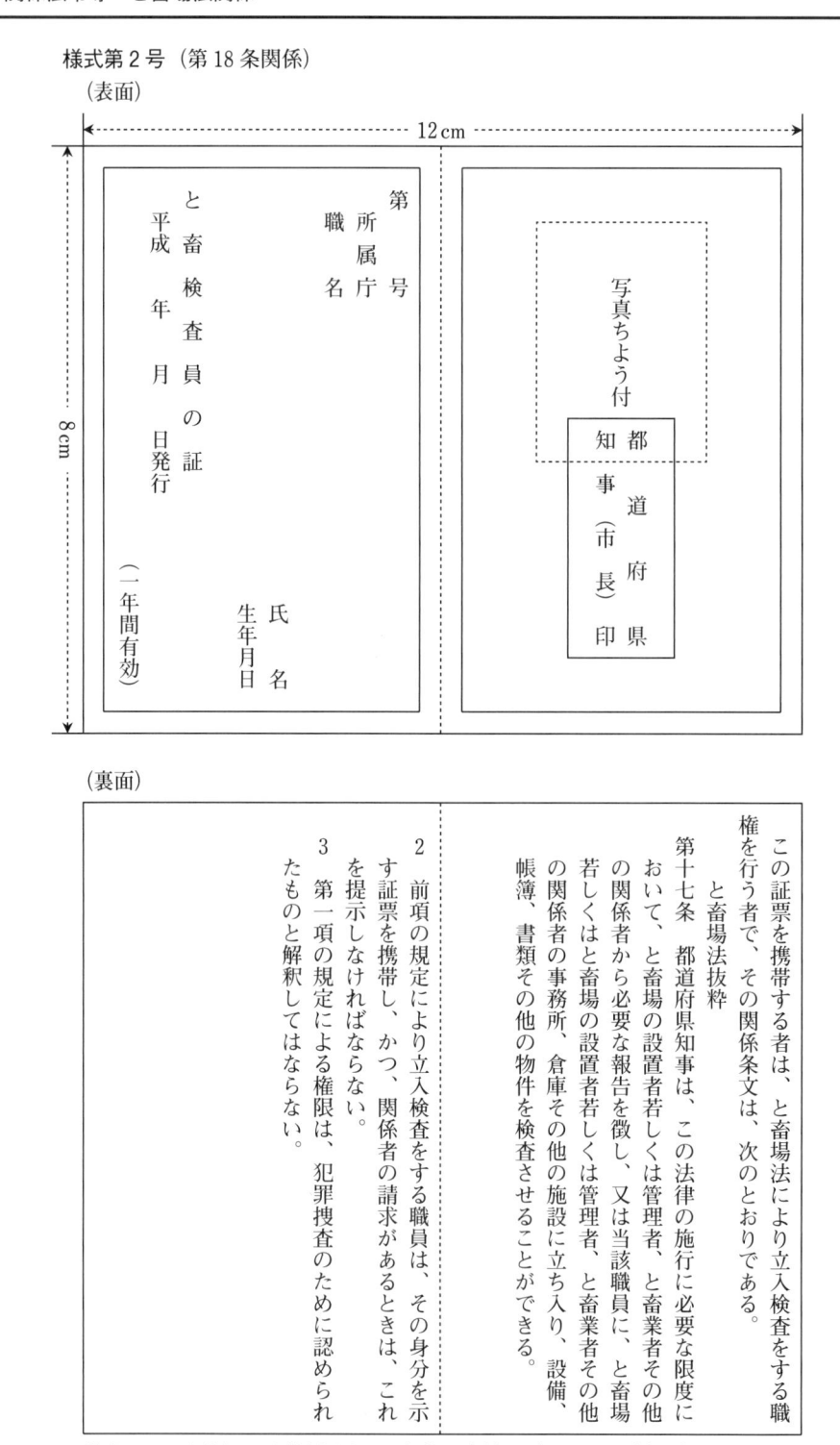

（裏面）

この証票を携帯する者は、と畜場法により立入検査をする職権を行う者で、その関係条文は、次のとおりである。

と畜場法抜粋

第十七条　都道府県知事は、この法律の施行に必要な限度において、と畜場の設置者若しくは管理者、と畜業者その他の関係者から必要な報告を徴し、又は当該職員に、と畜場若しくはと畜場の設置者若しくは管理者、と畜業者その他の関係者の事務所、倉庫その他の施設に立ち入り、設備、帳簿、書類その他の物件を検査させることができる。

2　前項の規定により立入検査をする職員は、その身分を示す証票を携帯し、かつ、関係者の請求があるときは、これを提示しなければならない。

3　第一項の規定による権限は、犯罪捜査のために認められたものと解釈してはならない。

備考　この用紙は、厚紙を用い、中央の点線の所から二つ折とする。

○と畜検査実施要領

〔昭和47年5月27日環乳第48号
各都道府県知事・各政令市市長宛
厚生省環境衛生局長通知〕

注　平成16年4月6日食安発第0406001号改正現在

（一般規程）

第1　と畜場法（昭和28年法律第114号。以下「法」という。）第14条の規定による検査は，と畜場法施行令（昭和28年政令第216号）第8条及びと畜場法施行規則（昭和28年厚生省令第44号。以下「規則」という。）第14条の規定によるほか，この要領により行うものとする。

第2　検査は，獣畜，肉，内臓等の本来の色彩に変化を与えない適正で十分な量の光線の下で行うものとする。

第3　と畜検査員は，帳簿を備え，検査を行った獣畜の種類及び頭数並びに規則第16条第1号，第2号又は第3号に掲げる措置をとった場合には，その措置の内容，その措置をとった理由その他必要な事項を記録し，保存するものとする。

（生体検査）

第4　法第14条第1項の規定による検査は，次の各号により行うものとする。

1　獣畜は，清潔にし，付着したふん便，泥等不必要なものを除去して，正しくけい留させること。

2　検査は，安静にけい留した獣畜について，とさつの直前に行うこと。

3　検査は，獣体各部の見やすい構造の区画のある場所で行い，必要に応じて保定設備のある場所で行うこと。

4　と畜検査員は，病歴に関する情報を確認した上で，まず望診を行い，必要に応じて，触診，聴診等により異常の有無を調べ，異常を認めたときは，症状によりさらに精密な検査を行うこと。

（生体検査の結果に基づく措置）

第5　第4の検査を終了したときは，と畜検査員は，その結果により規則第16条第1号又は第4号に掲げる措置をとるほか，次の各号の措置をとるものとする。

1　疾病にかかり又はその疑いのある獣畜については，他の獣畜の処理がすべて終了した後に，当該獣畜のとさつ及び解体を行わせること。ただし，一般と畜場においては，施設内を著しく汚染するおそれがある等必要があると認められる場合は病畜と室で行わせること。また，当該獣畜について，治療等が継続して行われていることが判明した場合には，動物用医薬品等の使用禁止期間が遵守されていることをと畜検査申請書等により確認すること。

2　異常が認められなかった獣畜については，検査番号票（合札）等により，解体時に当該獣畜に由来する頭，枝肉及び内臓であることが確認できるよう措置をとること。ただし，明らかに確認できると認められる場合は，この限りでない。

（解体前の検査）

第6　法第14条第2項の規定による検査は，必要に応じ，次の各号により行うものとする。

1　血液の性状を観察し，異常を認めたときは，さらに精密な検査を行うこと。

2　法第13条第1項第2号又は第3号の規定によりとさつした獣畜については，まず一般外部検査を行った後，天然孔，排出物及び可視粘膜の状態についての検査並びに末梢血管から採取した血液の染色鏡検を行い，異常を認めたときは，その状態により，さらに精密な検査を行うこと。

（解体前の検査の結果に基づく措置）

第7　第6の検査を終了したときは，と畜検査員はそれぞれの結果により規則第16条第2号又は第4号に掲げる措置をとるものとする。

（と畜場外でとさつされた獣畜の扱い）

第8　法第13条第1項第2号又は第3号の規

定によりとさつした獣畜については，他の獣畜の処理がすべて終了した後に，当該獣畜の解体を行わせること。ただし，一般と畜場においては，施設内を著しく汚染するおそれがある等必要があると認められる場合は病畜と室で行わせること。

（解体後の検査）

第9　法第14条第3項の規定による検査は，次の各号により行うものとする。

1　と畜検査員は，検査の際2個以上の検査刀を携帯し，病変部を切開するときは，当該病変部により肉，内臓，検査台，手指等を汚染しないように行い，1頭の検査ごと又は汚染の都度に，検査刀等の検査に用いる器具を，83℃以上の温湯により消毒すること。また，手指については，1頭の検査ごと又は汚染の都度に洗浄消毒すること。洗浄後，手を拭く場合は，使い捨て紙タオル等を用い，手指の再汚染を避けること。

2　と畜検査員は，次の部分について検査を行うこと。

(1)　血液
(2)　頭，舌，扁桃，咽喉及びこれらの部分のリンパ節並びに諸腺
(3)　肺，気管，気管支，縦隔膜及びこれらの部分のリンパ節並びに食道
(4)　心臓及び心膜
(5)　横隔膜
(6)　肝臓及びそのリンパ節並びに胆嚢
(7)　胃腸，腸間膜及びこれらの部分のリンパ節並びに大網
(8)　脾臓及びそのリンパ節
(9)　膵臓
(10)　腎臓及びそのリンパ節並びに膀胱
(11)　乳房及びそのリンパ節
(12)　精巣及び陰茎又は卵巣，子宮，腟及び外陰
(13)　枝肉及びその内外側に見られるリンパ節
(14)　尾
(15)　皮
(16)　せき髄
(17)　胎盤

3　検査は，望診及び触診によるほか，必要に応じ切開することにより行うこととし，さらに，次の各部位については，次に掲げる点に留意して検査を行うこと。

(1)　頭

外側の咬筋を切開して検査を行うこと。また，下顎リンパ節，内外側咽頭後リンパ節，耳下腺リンパ節を細切して検査を行うこと。

(2)　心臓

心嚢（心外膜）を切開し，心臓外貌の望診を行うこと。縦軸に左右心室及び左右心房を切開して検査を行うこと。

(3)　肺

左右気管支リンパ節，前部縦隔リンパ節，中間部縦隔リンパ節，後部縦隔リンパ節を細切して検査を行うこと。

(4)　肝臓

肝門部のリンパ節を細切して検査を行うこと。肝実質の検査は望診及び触診によるほか，必要に応じて，肝臓の臓側面の左葉から右葉にむかい門脈にそって垂直に切開し，その切開面より胆管を縦に切開して検査を行うこと。

(5)　胃及び腸

望診及び触診によるほか，必要に応じて，腸間膜リンパ節等を細切して検査を行うこと。また，腸間膜リンパ節を細切する場合は，検査刀による消化管の損傷により内容物が漏出して消化管の漿膜面を汚染しないように行うこと。

なお，検査を行うに当たって，消化管内容物が漏出した場合及び消化管を切開する必要がある場合は，消化管内容物の漏出等により正常部位の汚染がおこらないように措置をとること。

(6)　腎臓

脂肪を分離露出させて検査を行うこと。

(7)　乳房

乳房部ははく皮しないままと体から切

除し，望診及び触診により異常の有無を確認すること。乳房は必要な場合を除き切開しないこととし，乳汁による汚染部位は完全に切り取ること。

なお，未経産牛の場合は乳房もはく皮を行い，枝肉と併せて検査を行うこと。

(8) 枝肉

左右枝肉の外見及び枝肉の内外側に存在する各リンパ節を，上方から下方にかけて望診及び触診し異常の有無を確認すること。リンパ節は必要な場合を除き切開しないこととし，潤滑油又は炎性産物等による汚染部位は完全に切り取ること。

4 検査を行うに当たっては，臓器等を傷つけることによる汚染を防止するため，原則として鉤を使用しないこと。また，臓器等を切開する場合には，他の臓器等の汚染がおこらないように措置をとること。

5 と畜検査員は，第2号及び第3号の検査を行う場合に必要があると認められる場合は，横隔膜又は頚部から肉片を採取鏡検し，肉，内臓又は枝肉深部のリンパ節を細切し，又は頭蓋を開き，頭部を縦断し，顔面を横断して検査を行うこと。

6 検査により異常を発見し，さらに精密な検査を行うときは，検査結果が確定するまで，その措置を保留するものとする。

(解体後の検査の結果に基づく措置)

第10 第9の検査を終了したときは，と畜検査員は，それぞれの結果により規則第16条第3号又は第4号に掲げる措置をとるものとする。

(廃棄を命じたもの等の消毒方法)

第11 規則第16条第3号又は第4号の規定により廃棄を命じたもの及び病毒に汚染された場所又は物件についての消毒方法は，別表又は別途定める基準に従うものとする。

Ⅲ 関係法令等 と畜場法関係

別表

消毒方法の基準

消毒目的	処理室、運搬車	けい留所、生体検査所その他通路その他の場所	ふん尿溜、汚水溝そ場廃水、その他	器具器械その他	と体、肉、骨、内臓、血液皮等	汚物および胃腸内容物	接触者
一般消毒法	次亜塩素酸ソーダ（100～200PPM）又は逆性石けん（2％）両性石けん（0.5％）又はクレゾール石けん水（3％）石炭酸水（3％）クロール石灰（3％）を散布、浸潤させるか若しくは洗浄し、1時間以上経過した後に常水で十分に洗浄すること。	次亜塩素酸、消石灰、クロール石灰を用いるときは汚水量の$\frac{1}{10}$以上、クレゾール水又は石炭酸水を用いるときは汚水量と同量以上になるよう投入し撹拌して5時間以上経過し放置すること。	1時間以上煮沸又は流通蒸気による消毒をするか、若しくは30分以上1kg/cm²以上の加圧蒸気消毒をすること。ただしこの方法による消毒が困難な場合は逆性石けん（2％）両性石けん（0.5％）次亜塩素酸ソーダ（100～200PPM）クレゾール水（3％）に十分浸すこと。	適当な大きさに切断し、1時間以上煮沸又は、流通蒸気消毒するか焼却炉により焼却すること。ただしこの方法による消毒が困難なときはクレゾール（3％）石炭酸水（3％）ホルマリン1：水34）に十分浸すこと。	焼却するか、クロール石灰又は消石灰を用いるときは汚物量の$\frac{1}{10}$以上又は汚物量の同量以上投入し撹拌して5時間以上経過した後他の場所に埋却すること。	手指は逆性石けん（2％）両性石けん（0.5％）クレゾール石けん水（3％）石炭酸水（1％）に十分浸した後、常水で洗浄すること。被服類は1時間以上煮沸するか、流通蒸気による30分以上の加圧蒸気消毒をするか、若しくはクレゾール水（3％）ホルマリン水（ホルマリン1：水34）石炭酸水（3％）両性石けん（0.5％）に十分浸すこと。
炭疽等芽胞形成菌に対する消毒方法	次亜塩素酸ソーダ（5000PPM）又はホルマリン水（ホルマリン1：水34）を十分に撒布、浸潤させるか数日にわたり3回以上実施し、最終回には常水で洗浄すること。	次亜塩素酸ソーダ（5000PPM）クロール石灰を用い遊離塩素が十分残存するまで投入すること。	次亜塩素酸ソーダ（5000PPM）クロール石灰を十分撒布し、数日以上反復実施すること。土壌の場合は表面にクロール石灰又は消石灰を撒布してから深さ20～30cm掘起しこれを搬出した後、クロール石灰又は消石灰を撒布し、新しい土を入れること。搬出した土は焼却又は埋却すること。	1時間以上煮沸又は流通蒸気による消毒をするか、若しくは30分以上1kg/cm²以上の加圧蒸気消毒をすること。ただし、この方法による消毒が困難な場合、次亜塩素酸ソーダ（500～1000PPM）の水溶液に十分浸漬するか同（5000PPM）の水溶液、ホルマリン水（ホルマリン1：水34）で撒布浸潤若しくは洗浄すること。	焼却すること。血液等煮沸困難なものについては煮沸消毒を準用する。	焼却すること。	手、胸等接触部附近をブラシを用温水と石けんで繰り返しいて洗浄（0.1％）に1分以上浸して流水で洗うこと。被服類は1時間以上煮沸するか又は30分以上の加圧蒸気による消毒をすること。安価な被服類は焼却すること。

注 前記消毒方法によらない時はこれと同等以上の効果がある場合に限り実施することができる。

◯対米輸出食肉を取り扱うと畜場等の認定要綱

[平成2年5月24日衛乳第35号
各都道府県知事・各政令市市長宛
厚生省生活衛生局長通知]

注　平成22年3月23日食安発0323第1号改正現在

1　目的

　　この要綱は，米国に輸出する食肉（以下「対米輸出食肉」という。）を取り扱おうとすると畜場及び食肉処理場（以下「と畜場等」という。）について，厚生労働省がその施設・設備，とさつ・解体及び分割の方法，施設等の衛生管理，食肉検査体制等を審査し，米国に食肉を輸出することが可能なと畜場等として認定するための手続を定めるものとする。

2　要旨

(1)　対米輸出食肉を取り扱おうとすると畜場等の設置者（以下「設置者」という。）は，あらかじめ当該施設を管轄する都道府県知事又は保健所を設置する市の市長（以下「都道府県知事等」という。）を経由して，本要綱で定める食肉衛生及び家畜衛生に係る要件を満たしていることを示す資料を添付して厚生労働省医薬食品局食品安全部長に申請する。

(2)　都道府県知事等は，提出に当たり，副申とともに申請と畜場等における都道府県又は保健所を設置する市（以下「都道府県市」という。）の検査体制に関する資料を添付するものとする。

(3)　厚生労働省医薬食品局食品安全部長は，申請と畜場等に係る要件及び都道府県市の検査体制について書類審査及び現地調査の上，本要綱で定める要件を満たしていると確認した場合は，その旨を都道府県知事等を通じ設置者に通知するとともに，米国農務省に通知する。

(4)　米国農務省に通知後，認定されたと畜場等でとさつ・解体から分割までが一貫して行われ，かつ，衛生証明書を添付された食肉は，米国農務省により，輸入が認められる。

3　認定の要件

　　対米輸出食肉を取り扱うと畜場等は，次の要件を満たさなければならない。

(1)　食肉衛生関係

　ア　と畜場等関係

　　(ア)　と畜場等は，対米輸出食肉の種類以外の家畜をとさつ・解体及び分割する施設と完全に区画されていること。

　　(イ)　食肉処理場はと畜場に併設され，とさつ・解体から分割までが一貫して行われていること。

　　(ウ)　施設・設備等は，別添1「施設・設備等の構造・材質基準」に適合するものであること。

　　(エ)　とさつ・解体及び分割の取扱いは，別添2「衛生管理基準」に適合して行われること。

　　(オ)　(エ)を確実に実施するため，別表の1に掲げる内容のマニュアルが整備されていること。

　　(カ)　別添3「HACCP方式による衛生管理実施基準」に定める「第1　標準作業手順書」，「第2　大腸菌の検査」及び「第3　HACCPシステムを用いた自主衛生管理」を実施すること。

　イ　食肉検査関係

　　(ア)　厚生労働省があらかじめ都道府県知事等の推薦を受けて対米輸出食肉を検査する検査員として指名したと畜検査員（以下「指名検査員」という。）によって，別に定める方法により，当該と畜場等でとさつ・解体及び分割されるすべての獣畜及び食肉についての検査が実施されていること。

　　(イ)　指名検査員により，別添2「衛生管理基準」及び別添3「HACCP方式による衛生管理実施基準」に基づくと畜場等の衛生管理の適正な実施が監視されていること。

Ⅲ　関係法令等　と畜場法関係

(ウ) 別添3のうち，第1から第3までが適正に実施されているか検証するため，「第4　行政機関による検証」を実施すること。
(エ) 別添4「不正の防止基準」に基づく不正防止対策が実施されていること。
(オ) 別に定める方法により，残留物質に関するモニタリングが実施されていること。

(2) 家畜衛生関係
ア　と畜場は，米国農務省が牛疫又は口蹄疫の汚染地域と指定した地域（別表の2，以下「牛疫等汚染地域」という。）で生産され，若しくは飼養され，又は船舶等による輸送によりこれらの汚染地域に寄港若しくは陸揚げされた動物を受け入れていないこと。
イ　食肉処理場は，牛疫等汚染地域で生産された反芻類及び豚由来の肉又は他の生産物並びに牛疫又は口蹄疫の清浄地域産の肉又は他の生産物であって，牛疫等汚染地域を経由して輸送されたもの（原産国政府により封印された容器に収容されたものを除く。）を受け入れていないこと。
ウ　食肉処理場に搬入される食肉は，我が国で生産，飼養された動物由来であり，かつ牛疫等汚染地域に存在したことがないこと。
エ　当該と畜場等で処理された食肉は，当該と畜場等以外で処理された食肉との混合又は接触を防止する方法により処理，貯蔵及び輸送されること。

4　認定等の手続
(1) と畜場等の設置者の申請手続
　　対米輸出食肉を取り扱うと畜場等としての認定を受けようとすると畜場等の設置者は，と畜場にあっては別紙様式1により，食肉処理場にあっては別紙様式2により当該と畜場等を管轄する食肉衛生検査所長及び都道府県知事等を経由して厚生労働省医薬食品局食品安全部長あて関係資料を添付して申請する。

(2) 都道府県市の提出手続
　　対米輸出食肉を取り扱うと畜場等としての認定を受けようとすると畜場等の設置者から申請書を受け付けた都道府県知事等は，別紙様式3により当該と畜場等の検査体制に関する資料を添えて厚生労働省医薬食品局食品安全部長あて提出する。

(3) 審査
　　厚生労働省は，申請書等について書類審査を行い，問題がないと判断された場合は，厚生労働省医薬食品局食品安全部監視安全課の輸出食肉検査担当官を当該と畜場等及び食肉衛生検査所に派遣し，現地調査を実施する。

(4) と畜場等の認定及び指名検査員の指名
ア　と畜場等の認定
　　厚生労働省は，書類審査及び現地調査において，と畜場等の施設，設備等が本要綱に規定する要件等を満たしていると認められる場合には，当該と畜場等を米国に食肉を輸出可能なと畜場等と認定し（以下「認定と畜場等」という。），認定番号を付し，都道府県知事等を通じ設置者にその旨通知するとともに，米国農務省あて通知する。
イ　指名検査員の指名
　　厚生労働省は，書類審査及び現地調査により，都道府県知事等から推薦されたと畜検査員により，と畜場等で実施されている食肉の検査等が，適当であると認められる場合には，当該と畜検査員を米国向け認定と畜場等の指名検査員として指名し，併せて指名検査員の中から対米食肉輸出証明書の署名者として指名し，各と畜場等毎にリストを作成して都道府県知事等あてに通知するとともに，米国農務省あて通知する。

5　認定後の事務等
(1) 検査申請
　　認定と畜場等において，食肉を米国に輸出するために獣畜をとさつ・解体及び分割しようとする者は，と畜場法施行令（昭和

28年8月25日政令第216号）第7条に定める検査申請書のほか，別紙様式4による申請書を管轄する食肉衛生検査所長にあらかじめ提出する。
(2) 輸出食肉に関する食肉衛生証明書の発給等
　ア　厚生労働省は検査に合格した食肉に対して，当該食肉の輸出時に別紙様式5による食肉衛生証明書を発行する。
　イ　当該証明書は，原本及び副本を申請者に発行するとともに，原本の写しを食肉衛生検査所に保管する。
　ウ　申請者は，食肉の輸出に当たり証明書の原本を当該食肉に付して輸出するものとする。
(3) 検査結果及び輸出量の報告
　都道府県市は毎月10日までに前月分の検査結果等を認定と畜場等毎に別紙様式6により当該と畜場等がある地域を管轄する地方厚生局（以下「地方厚生局」という。）あて報告する。
(4) 厚生労働省の現地査察等
　厚生労働省は，地方厚生局食品衛生課の輸出食肉検査担当官を月1回以上認定と畜場等及び食肉衛生検査所に派遣し，査察等を実施する。
　ア　査察内容
　　　輸出食肉検査担当官は，前記3並びに5の(1)及び(2)が適正に実施されていることの確認を行う。
　イ　措置
　　　厚生労働省は査察の結果，上記内容が適正に実施されていないと判断した場合は，次の措置を採ることとする。
　　　(ｱ)　改善指導
　　　(ｲ)　認定の取消し
　　　(ｳ)　輸出証明書発行の停止
　　　(ｴ)　検査員の指名の取消し
(5) 変更の届出
　ア　と畜場等の設置者は4の(1)に規定する申請事項について変更しようとするときは，あらかじめ都道府県市の了承を得るものとし，変更後，都道府県市は遅滞なく当該変更の内容及び年月日を厚生労働省に報告する。
　イ　都道府県市は4の(2)に規定する検査体制等を変更しようとするときは，あらかじめ当該変更の内容及び変更予定日を厚生労働省に報告する。

別表
1　と畜場等におけるマニュアル
　ア　給水・給湯の管理マニュアル
　イ　排水処理マニュアル
　ウ　廃棄物処理マニュアル
　エ　そ族・昆虫防除マニュアル
　オ　消毒剤等管理マニュアル
2　米国が指定する牛疫又は口蹄疫の汚染地域
　（9 code of federal regulations § 94.1による。）
　2010年3月1日現在米国農務省が定めている牛疫又は口蹄疫の汚染地域は以下の地域以外の地域である。
　なお，これらの地域については変更されることがあるので最新の情報に留意する必要がある。
オーストラリア，オーストリア，バハマ諸島，バルバドス，ベルギー，バミューダ，英領ホンジュラス（ベリーズ），カナダ，チャネル諸島，チリ，コスタリカ，チェコ，デンマーク，ドミニカ共和国，エルサルバドル，エストニア，フィジー，フィンランド，フランス，ドイツ，ギリシャ，グリーンランド，グアテマラ，ハイチ，ホンジュラス，ハンガリー，アイスランド，アイルランド，イタリア，ジャマイカ，日本，ラトビア，リトアニア，ルクセンブルグ，メキシコ，ナミビア（獣医学的防疫フェンス以北を除く），オランダ，ニューカレドニア，ニュージーランド，ニカラグア，ノルウェー，パナマ，パプア・ニューギニア，ポーランド，ポルトガル，スペイン，サンピエール・ミクロン，スウェーデン，スイス，トリニダード・ドバコ，太平洋諸島信託統治領及び連合王国（サリー州を除く）

Ⅲ　関係法令等　と畜場法関係

（別紙様式1　と畜場設置者申請様式）

　　　　　　　　　　　　　　　　　　　　　　　　　　　　　年　　月　　日

厚生労働省医薬食品局食品安全部長　殿
　　　　　　　　　　申請者　住所
　　　　　　　　　　　　　　氏名　　　　　　　　　　　　　　印
　　　　　　　　　　　　　　法人にあってはその所在地，名称，及び代表者氏名

　　　　　　　　　　　　対米輸出と畜場認定申請書

　対米輸出食肉を取り扱うと畜場として認定を受けたく，下記により関係書類を添えて申請いたします。

　　　　　　　　　　　　　　　　　記

1　と畜場の所在地及び名称

2　衛生管理責任者名

3　添付書類
　　　（別紙のとおり）
（添付書類）
　(1)　施設の構造・設備に関する書類
　　　ア　施設配置図
　　　イ　施設の平面図
　　　ウ　施設の立面図
　　　エ　給湯設備の概要
　　　オ　給水・給湯系統図
　　　カ　排水系統図
　　　キ　汚水処理設備の概要
　　　ク　冷蔵庫の概要
　　　ケ　設備・機械等の仕様書
　(2)　衛生管理等に関する書類
　　　ア　組織の概要
　　　イ　衛生作業マニュアル
　　　　(ｱ)　施設・設備の衛生管理マニュアル（就業後清掃・始業前点検プログラムを含むもの。）
　　　　(ｲ)　給水・給湯の管理マニュアル
　　　　(ｳ)　排水処理マニュアル
　　　　(ｴ)　廃棄物処理マニュアル
　　　　(ｵ)　そ族・昆虫防除マニュアル
　　　　(ｶ)　消毒剤等管理マニュアル
　　　　(ｷ)　とさつ・解体処理作業マニュアル
　(3)　その他参考資料
　　　ア　当該施設におけるとさつ・解体処理能力及び3か年の実績
　　　イ　処理する獣畜の生産地についての過去3か年の実績及び今後3か年の計画
　(4)　HACCP等に関する資料
　　　ア　標準作業手順書に関する文書及び記録
　　　イ　大腸菌検査に関する文書及び記録
　　　ウ　HACCP計画に関する文書及び記録

(別紙様式2　食肉処理場設置者申請様式)

　　　　　　　　　　　　　　　　　　　　　　　　　　　　　年　　月　　日

厚生労働省医薬食品局食品安全部長　殿
　　　　　　　　　申請者　住所
　　　　　　　　　　　　　氏名　　　　　　　　　　　　　　　　　印
　　　　　　　　　　　　　法人にあってはその名称，所在地，及び代表者氏名

　　　　　　　　　　　　対米輸出食肉処理場認定申請書

対米輸出食肉を取り扱う食肉処理場として認定を受けたく，下記により関係書類を添えて申請いたします。

　　　　　　　　　　　　　　　　　　記

1　食肉処理場の所在地及び名称

2　衛生管理責任者名

3　添付書類
　　　(別紙のとおり)
(添付書類)
　(1)　施設の構造・設備に関する書類
　　　ア　施設配置図
　　　イ　施設の平面図
　　　ウ　施設の立面図
　　　エ　給湯設備の概要
　　　オ　給水・給湯系統図
　　　カ　排水系統図
　　　キ　汚水処理設備の概要
　　　ク　冷蔵庫の概要
　　　ケ　設備・機械等の仕様書
　(2)　衛生管理等に関する書類
　　　ア　組織の概要
　　　イ　衛生作業マニュアル
　　　　(ア)　施設・設備の衛生管理マニュアル（就業後清掃・始業前点検プログラムを含むもの。）
　　　　(イ)　給水・給湯の管理マニュアル
　　　　(ウ)　排水処理マニュアル
　　　　(エ)　廃棄物処理マニュアル
　　　　(オ)　そ族・昆虫防除マニュアル
　　　　(カ)　消毒剤等管理マニュアル
　　　　(キ)　分割処理作業マニュアル
　(3)　その他参考資料
　　　ア　当該施設における部分肉処理能力及び3か年の実績
　　　イ　処理する獣畜の生産地についての過去3か年の実績及び今後3か年の計画
　(4)　HACCP等に関する資料
　　　ア　標準作業手順書に関する文書及び記録
　　　イ　大腸菌検査に関する文書及び記録
　　　ウ　HACCP計画に関する文書及び記録

Ⅲ 関係法令等 と畜場法関係

(別紙様式3 都道府県市申請様式)

　　　　　　　　　　　　　　　　　　　　　　　　　　　　　　　　　年　　月　　日

厚生労働省医薬食品局食品安全部長　殿

　　　　　　　　　　　　　　　　　　　　　　　　　　　　都道府県知事市長名

　　　　　　　　　　　　　　対米輸出食肉の取扱いについて

　別添のとおり，と畜場及び食肉処理場設置者から対米輸出食肉取扱い施設としての認定を受けたいとの申請があり，内容を審査したところ差し支えないものと思料されるので，提出いたします。
　なお，当該と畜場及び食肉処理場を管轄する食肉衛生検査所の検査体制については下記のとおりです。

　　　　　　　　　　　　　　　　　　記

　1　食肉衛生検査所の概要

　2　組織

　3　検査基準に基づく検査を実施できるものとして推薦すると畜検査員の氏名及び証明書の署名者
　　として推薦する者の氏名

　4　その他参考資料

(別紙様式4　検査申請書様式)

　　　　　　　　　　　　　　　　　　　　　　　　　　　　　　　　　年　　月　　日

都道府県知事
保健所設置市長　殿

　　　　　　　　　　申請者　住所
　　　　　　　　　　　　　　氏名　　　　　　　　　　　　　　　　　　印
　　　　　　　　　　　　　　法人にあってはその名称，所在地，及び代表者氏名

　　　　　　　　　　　　　　食肉検査申請書

対米輸出食肉につき，検査を受けたいので下記のとおり申請いたします。

(1)とさつしようとする年月日	(2)と体番号	(3)獣畜の種類	(4)性別	(5)品種	(6)年齢	(7)毛色	(8)特徴	(9)産地	(10)生産者氏名

(11)　販売先住所・氏名
(12)　と畜場及び食肉処理場名称
(13)　仕向け地
(14)　積み荷記号

(別紙様式 5　食肉衛生証明書様式)

ORIGINAL
(原本)

一連番号

Official Meat-Inspection Certificate for Fresh Meat and Byproducts
食肉衛生証明書

Place　　　　　　　　　(City)　　　　　　　　(Country)
場所
Date
日付

　I hereby certify that the meat and meat byproducts herein described were derived from livestock which received ante-mortem and post-mortem veterinary inspections at time of slaughter in plants certified for importation of their products into the Uuited States and are not adulterated or misbranded as defined by the regulations governing meat inspection of the U. S. Department of Agriculture ; and that said products have been handled in a sanitary manner in this country and are otherwise in compliance with requirements equivalent to those in the Federal Meat Inspection Act and said regulations.

　The undersigned authorized veterinary official of the Government of Japan certifies that the whole cuts of boneless beef meet the following requirements :

・Were derived from cattle that were born, raised and slaughtered in Japan.

・Were prepared in an establishment that is eligible to have its products imported into the United States under the Federal Meat Inspection Act (21 U. S. C. 601 et seq.) and the regulations of 9 CFR 327.2 and the beef meets all other applicable requirements of the Federal Meat Inspection Act and regulations thereunder (9 CFR chapter Ⅲ), including the requirements for removal of SRM's and the prohibition on the use of air-injection stunning devices prior to slaughter on cattle from which the beef is derived.

・Were derived from cattle that were not subject to a pithing process at slaughter.

　下記の食肉及び食肉副製品は，対米輸出用認定と畜場において，とさつ時に生体検査及び死後検査を受けた獣畜から得られたものであって，かつ，米国農務省の食肉検査基準に認定されているとおり他物の混入や不正表示はないものであり，また，当該製品は我が国において衛生的に処理されたものであり，連邦食肉検査法及び規則と同等以上の基準に従っているものであることをここに証明する。

　ここに署名した日本国政府の獣医官は，骨なし肉が以下の基準に従っていることを証明する。

・日本において産まれ，飼育され，とさつされた牛由来であること

・連邦食肉検査法（21 U. S. C. 601 et seq.）及び 9CFR327.2 に規定される規則に適合した対米輸出認定施設において処理され，その牛肉は，SRM の除去及び空気注入スタンニングの禁止を含む，全ての適用され得る食肉検査法及び規則（9 CFR Ⅲ章）に従っていること

・ピッシングを実施していない牛由来であること

Kind of product 食肉・副製品の種類	Species of livestock derived from 獣畜の種類	Number of pieces or containers 数量	Weight 重量

Identification marks on products and containers
製品及び包装上の記号

Consignor　荷送り人名

Adress　住所
Establishment number　認定番号
Consignee　荷受け人名
Destination　仕向地
Shipping marks　積荷マーク
（Signature　署名）
（Name of official authorized by the national foreign government to issue inspection certificates for meat and meat byproducts exported to the United States）
（Official title）
（備考）用紙の大きさは，日本工業規格A列4番とすること。

（別紙様式6　報告様式）

年　　月　　日

○○厚生局長　殿

都道府県市衛生主管部局長

対米輸出食肉検査の報告について

対米輸出食肉の検査（　月分）について，発行した証明書の写しを添えて下記のとおり報告します。
記
1　認定と畜場等の名称
2　施設設備の構造材質等について
　(1)　問題点
　(2)　措置
3　衛生管理について
　(1)　問題点
　(2)　措置
4　検査について
　(1)　検査結果
　(2)　措置
5　不正防止について
　(1)　問題点
　(2)　措置
6　残留物質モニタリングについて
　(1)　検査結果
　(2)　措置
7　輸出数量

別添1　施設・設備等の構造・材質基準
第1　施設の周囲
1　施設は、異臭、煙、塵埃等の影響のない場所にあり、その他の工場又は建物と完全に分離されていること。
2　施設の周囲の地面は、清掃しやすい構造であって、雨水による水たまり及び塵埃の発生を防止するために、必要に応じ次の措置が講じられていること。
(1)　敷地内の道路、駐車場、建物の出入口周辺は舗装され、車両の運行に支障を生じないこと。
(2)　雨水等を排水するための排水溝が設けられていること。

第2　施設・設備の構造・材質
1　生体取扱施設（牛に限る。）
(1)　一般事項
　生体取扱施設は、けい留所、生体検査所及び隔離所を有すること。
　また、牛以外の獣畜に係る施設とは区画され、以下の条件を具備すること。
ア　給水・給湯設備
(ｱ)　飲用適の水を十分に、かつ、衛生的に供給できる設備を適切に配置するとともに、給水設備には必要に応じ逆流防止装置を設けること。
(ｲ)　井戸水及び自家用水道を使用する場合、その水源は、便所、汚物集積所等の地下水を汚染するおそれのある場所から少なくとも20m以上離れた場所に設けられていること。
(ｳ)　井戸水及び自家用水道を使用する場合は、滅菌装置又は浄水装置が設けられており、これら装置の作動状況をチェックする警報装置等が備えられていること。
(ｴ)　貯水槽を設ける場合は、不浸透性、耐蝕性材料を用い、内部は清掃しやすい構造であること。
(ｵ)　洗浄、消毒用に83℃以上の温湯を供給できる設備が作業する近くの便利な場所に設けられていること。
(ｶ)　洗浄用ホースの給水給湯栓を適切、かつ、便利な位置に設け、ホースを掛ける適当な棚又は枠が設けられていること。
(ｷ)　飲用不適の水の配管は、事故による飲用適の水の汚染を防止するため、飲用適の水の配管と交差せず物理的に分離されていること。
イ　床、屋根
(ｱ)　床は、不浸透性、耐蝕性材料を用い、排水に容易な適当な勾配をつけ、すき間がなく、清掃が容易な構造であること。
(ｲ)　耐水性の屋根が設けられていること。
ウ　けい留所は牛専用に1日のとさつ・解体処理する数に応じた広さを有し、生後1年以上の牛は1頭ごとにけい留できる区画が設けられていること。
エ　生体検査所は生体検査を行うための十分な広さを有し、牛の検査に必要な器具、計量及び保定に必要な設備が設けられており、照度は110ルクス以上であること。
オ　隔離所には、隔離された獣畜の汚物及び汚水を消毒することのできる設備が設けられていること。

2　とさつ・解体施設（牛に限る。）
(1)　一般事項
　とさつ・解体施設にはと室、内臓取扱室、外皮取扱室、検査室、枝肉冷蔵室及び可食副生物用冷蔵室を設け、これらが衛生的な作業が確保される位置に配置されるとともに、と室、内臓取扱室、外皮保管室については、各室に直接室外へ通じる出入り口が設けられていること。
　また、牛以外の獣畜の処理に係る施設との間には隔壁が設けられ、かつ次の要件を具備すること。
ア　床、内壁、天井等
(ｱ)　床は、不浸透性、耐蝕性材料を用い、排水に容易な適当な勾配をつけ、

すき間がなく，清掃が容易な構造であること。
(イ) 内壁は，すき間がなくその表面が平滑で不浸透性，耐蝕性材料が用いられていること。
(ウ) 施設の天井は，適当な高さを設け，平滑で不浸透性，耐蝕性の構造及び材料であること。また，各種配管，照明器具等は露出しない構造であること。ただし，やむをえずこれらが露出している場合にあっては，清掃が容易に行える措置が施されていること。
(エ) 内壁と床の境界は，清掃及び洗浄が容易な構造であること。
(オ) 水蒸気，熱湯等が発生する場所等の壁及び天井は，必要に応じ，その表面が結露，カビの発生等を防止できる構造であること。
(カ) 窓は，床面から 0.9 m 以上の高さに設け，窓枠は衛生保持のため，約 45° の傾斜を有するものであること。
(キ) 施設の出入り口は，耐蝕性材料で自動閉鎖式の扉を設け，扉と壁のつなぎ目は密閉されていること。また，と体，製品との接触を防ぐため，十分な幅を設けること。

イ 照明及び換気
(ア) 施設の採光又は照明及び換気は良好でこれらの装置は作業に支障のない場所に設置されていること。
(イ) 作業室での照明の照度は 330 ルクス以上，検査場所での照度は 540 ルクス以上であること。
(ウ) 照明装置の破損，落下等による汚染の防止措置を採ること。

ウ 給水・給湯設備
1 生体取扱施設(1)に同じ。

エ 汚水及び汚物処理
(ア) 作業が行われる区域には，排水溝を適切な位置に設け，排水溝にはトラップが設けられていること。
(イ) 各排水管は，直接排水溝と接続し，床に排水することのない構造であること。
(ウ) し尿処理の排水経路と他の排水経路は，当該施設内で接続していないこと。
(エ) 施設内には，蓋を有し，清掃しやすく，汚臭汚液が洩れない不浸透性材料で作られた無孔の汚物収納容器が用意されていること。
また，当該容器は汚物の集積場に容易に運搬できるものであること。

オ 器具洗浄・消毒室
運搬車，容器器具等の洗浄・消毒のために便利な位置に仕切りをした洗浄・消毒室又は洗浄・消毒場所が設けられていること。

カ ねずみ，昆虫等の侵入防止
ねずみ，昆虫等の侵入を防止するために，次の措置が講じられていること。
(ア) 外部に開放される窓及び吸排気口には，金網等を設け，また，排水口には鉄格子を設ける等ねずみ，昆虫等の侵入を防止するための有効な措置が講じられていること。
(イ) 外部からの戸口には，自動閉鎖式の扉（扉と壁のつなぎ目は密閉されていること。）等を設ける等，ねずみ，昆虫等の侵入を防止できる設備が設けられていること。

キ 手洗所
(ア) 各手洗所には，手及び腕の洗浄用に給水・給湯設備及びステンレス等耐久性材質（作業場においては陶磁器製は不可。）からなる十分な大きさの受水槽を適当な高さに設け，液体石けん，紙タオル等を入れる容器及びこれらの廃棄用容器を配置していること。
なお，各受水槽にはため水を張らないこと。
(イ) 手洗い設備は，排水管により直接

排水溝と接続していること。
　(ウ)　作業場の手洗設備は，足踏み式又は自動式のものであること。
ク　更衣室及び便所
　(ア)　更衣室，手洗所及び便所は，従業員の数に応じた十分な数及び大きさで便利な場所に位置し，清潔であること。また，便所は，隔壁により他の場所と完全に区画され，作業場等の間に通路等の控え区画を設け便所の出入り口を設置すること。
　(イ)　食肉処理施設と共用であっても差し支えないものとすること。
(2)　個別事項
ア　と室には，とさつペン，ドライ・ランディングゾーン，放血区域，解体区域（頭部処理場所，前後肢切離場所，剥皮場所，内臓摘出場所，背割り場所），検査区域（頭部，内臓及び枝肉検査場所）及び枝肉洗浄区域が設けられていること。
　(ア)　ドライ・ランディングゾーンは，2.2m×2.5m以上の広さを有し，獣畜の脱走防止のための設備を有していること。
　(イ)　放血区域には，適当な広さで，他のと体等への汚染防止のための設備が設けられていること。
　(ウ)　放血区域には，と体が床に接触しないよう4.9m以上の高さの放血用レールが設けられていること。
　(エ)　切除した頭部を洗浄し，除角する設備が設けられていること。解体用レールは，3.4m以上の高さを有し，コンベアー式内臓検査テーブルを用いる場合は3.8m以上の高さであること。
　(オ)　外皮の剥皮を行う場所には，剥皮の際他のと体等への汚染防止のための設備が設けられていること。
　(カ)　内臓運搬具の消毒場所が設けられていること。
　(キ)　枝肉の洗浄場所及び洗浄設備が設けられているとともに，洗浄液の飛散を防ぐ措置が講じられていること。
　(ク)　とさつ解体後検査（頭部検査，内臓検査及び枝肉検査）を行う場所は，十分な広さを有し，次の要件を具備すること。
　　①　検査が容易，かつ，衛生的に実施できる構造及び材質のテーブルその他必要な設備器具を設け，これらの洗浄・消毒用に給水・給湯設備が備えられていること。
　　②　手，検査用器具の洗浄・消毒用の給水・給湯設備が設けられていること。
　　③　保留用レールが設けられていること。
　　④　背割後の枝肉の最終検査を行う適当な大きさの室又は場所が設けられていること。
イ　内臓取扱室は，適当な広さを有し，作業に便利な場所に位置しており，次の要件を具備すること。
　(ア)　胃洗浄装置，腸洗浄装置が設置されていること。
　(イ)　食用部分を取り扱う場所と非食用部分を取り扱う場所は別にし，かつ，これらの場所は適切に配置されていること。
ウ　外皮保管室は，外皮の移動の際にと体及び内臓等へ影響を及ぼさない位置に設けられ，食品とは別の搬出口から，施設外に搬出される構造であること。
エ　枝肉冷蔵室は枝肉の製品検査が可能な広さを有し，次の要件を具備すること。
　(ア)　レールは，枝肉が床に接触しないよう3.4m以上の高さを有し，壁，機械設備との間に0.6m以上の距離が保たれていること。
　(イ)　施錠できる構造の保留ケージが設

けられていること。
3 食肉処理施設（牛に限る。）
(1) 一般事項
食肉処理施設は，牛専用の室又は場所を有し，作業，運搬及びすべての必要な器具の配置に支障のない広さであることのほか，2 とさつ・解体施設(1)一般事項と同様の要件を具備すること。
(2) 個別事項
ア 枝肉から部分肉まで処理する場所は，原料の荷受，製品の搬出のために施設外に直接通じる構造でなく，室内を低温（10℃又は15℃以下）に保持できる冷却装置が設けられていること。
イ 製品保管用の専用の冷蔵庫を設けること。
ウ 包装梱包材料の保管庫を便利な位置に設け，包装梱包材料は，床上 0.3m 以上の高さに棚を設け保管されていること。
4 汚水処理施設
当該施設から排出される汚水及び血液を処理するための汚水処理施設がとさつ・解体施設及び食肉処理施設等から適当な距離の位置に設けられていること。
5 汚物処理施設
(1) 汚物の集積場は，とさつ・解体施設及び食肉処理施設に設けられており，不浸透性材料で構築されていること。
(2) 汚物の集積場に配置される汚物収納容器は蓋を有し，清掃しやすく，不浸透性材料で作られた汚臭汚液が洩れない構造であること。
第3 機械・器具の構造・材質
機械器具等は容易に分解，洗浄及び消毒ができる構造であり，食肉・食用内臓等に接触する面は，すべて平滑でひび割れがないことのほか，次の要件を具備すること。
1 一般事項
(1) 内臓検査テーブル等食肉・食用内臓が接触する部分の材質は，すべて18—8 ステンレススティール等の耐蝕性金属又は衛生上支障のないプラスチック等であること。
(2) 溶接箇所は，すき間もなく平滑で，凹凸，ひび割れがないこと。
(3) 固定し又は移動できない器具類は，壁又は天井から適当な距離に配置されていること。
(4) 永久据付設備は，床から適当な距離に配置するか又は完全に床面に密着していること。
(5) 水を使用するテーブル及びその他の器具は，縁を付して水が床に落ちない構造であること。
(6) ナイフ及びやすりの柄はプラスチック製であり，鞘は耐蝕性金属その他不浸透性材料であること。
(7) 骨及び肉切り台は，衛生上支障のないプラスチック等で作られ，台は小部分に分割できるもので洗浄・消毒の容易なものであること。
(8) 消毒器の材質は，耐蝕性金属その他不浸透性材料からなるものであること。
(9) その他食肉・食用内臓が直接接触しない金属製の機械・設備等にあっては，ニッケル，錫，亜鉛メッキ等耐蝕・防錆処理が施されていること。
2 個別事項
(1) 角切り器を，1頭毎に消毒する消毒器が設置されていること。
(2) 足切り器を，1頭毎に消毒する消毒器が設置されていること。
(3) 胸割り鋸を，1頭毎に消毒する消毒器が設置されていること。
(4) 枝肉検査を終了する前に背割りする場合は，背割り鋸を，1頭毎に消毒する消毒器が設置されているか，帯鋸の場合には自動的に83℃以上の湯による消毒ができる構造であること。
(5) コンベアー式内臓検査台は，自動的にコンベアーを消毒する装置が装備されていること。
3 食用及び非食用部分の区分

食用及び非食用に区分し，その旨を明記した洗浄容易な運搬具，取扱用器具，棚，容器及びテーブル等を設けること。

なお，食用部分を収容する運搬具，容器及びテーブル等は直接床に設置する構造ではないこと。

別添2　衛生管理基準
第1　施設・設備等の衛生管理
1　施設周囲の衛生管理
(1)　施設周辺は，良好な衛生状態を保持するために，1日1回以上清掃すること。
(2)　施設敷地内の道路，駐車場，建物の出入り口周辺の舗装に破損を生じた場合には，臨時補修すること。
(3)　排水溝は，排水がよく行われるように必要に応じ補修を行い，1日1回以上清掃を行うこと。
2　施設・設備の衛生管理
(1)　施設の天井，内壁，床は，必要に応じ補修するとともに，随時清掃を行うこと。
(2)　各種配管，ダクト等は，定期的に点検し，正常な状態を保持するとともに随時清掃を行うこと。
(3)　照明器具は，定期的に清掃するとともに照度は，半年に1回以上測定し良好な照明を確保すること。
(4)　換気装置は，定期的に清掃するとともに吸排気管の状態を点検し，良好な換気を確保すること。
3　給水給湯設備の管理
飲用適の水の供給を確保するために，次により使用水の管理を行うこと。
(1)　水道水以外の水を使用する場合は，年2回以上水質検査を行い，その成績書を3年間保存すること。
ただし，天災等により水源等が汚染されたおそれがある場合には，その都度水質検査を行うこと。
(2)　水質検査は，公的機関に依頼して行うこと。また，水質検査の結果，飲用不適とされた場合は直ちに検査員の指示を受け，適切な措置を講ずること。
(3)　水道水以外の水の使用に当たっては，毎日殺菌装置又は浄化装置が正常に作動していることを確認し，その旨を記録すること。
なお，これらの水の消毒は，次亜塩素酸ソーダ又は塩素ガスを用い，末端給水栓で遊離残留塩素0.1ppm以上とし，遊離残留塩素の測定は，毎週1回定期的に行い，その測定結果を記録し3年間保存すること。
(4)　貯水槽は，清潔を保持するため，年1回以上清掃を行うこと。
(5)　洗浄・消毒に用いる温湯は，飲用適の水を加温加熱したもので，給湯を必要とするすべての施設に十分な圧力でいきわたるように給湯設備の維持管理を行うこと。
(6)　器具，床，内壁その他の消毒に用いる温湯の温度は，最低83℃を保持するとともに，洗浄に用いる場合はおよそ60℃を保持すること。
なお，これらの温度は，給湯口での温度であり，使用に便利な位置に温度計を備え温度管理をすること。
4　汚水，汚物及び不可食部分の管理等
(1)　当該施設において排出される汚水及び血液等は，汚水浄化施設を設け適切に処理すること。
(2)　浄化施設から産出される汚泥等は適正に処理すること。
(3)　定期的な汚水浄化施設の点検により浄化能力の維持管理を行い，管理記録を3年間保管すること。
(4)　とさつ・解体施設において，獣畜のとさつ・解体により生じる不可食部分は専用容器に収納し，作業終了後当該施設で焼却するか，化製場へ搬出すること。
(5)　と畜検査の結果不合格となったもので，伝染病の罹患により廃棄されたものは，専用容器に収納し作業終了後検査員立会いの下で当該施設において焼却する

か，検査員立会いの下で焼却施設等へ搬出する等，適切に処理すること。また，伝染病の罹患以外により廃棄されたものは，検査員立会いの下で当該施設において焼却するか，検査員立会いの下で着色後化製場へ搬出すること。
(6) 食肉処理施設における骨の除去及びカット作業において生じる不可食部分については，専用容器に収納し，作業終了後当該施設で焼却するか，化製場へ搬出すること。
(7) 食肉処理施設において検査員の指示により廃棄されるものは，専用容器に収納し，作業終了後検査員立会いの下で当該施設において焼却するか，検査員立会いの下で着色後化製場へ搬出すること。
(8) その他雑廃棄物については，当該施設で焼却するか，焼却施設等へ搬出すること。
(9) 不可食部分，不合格品及び廃棄物を収納する容器は，その用途を表示した上で使用すること。
(10) 廃棄物の処理を行った場合は，その内容を記録して3年間保管し，検査員に求められた場合に速やかに提示すること。

5 冷蔵庫及び冷凍庫
(1) 温度計を備え付け適切な温度管理を行う等冷蔵庫，冷凍庫の作動状況を常に監視し適正な冷蔵冷凍温度を保持すること。
(2) 枝肉を冷蔵庫に保管する場合は，枝肉間の接触を防ぐため冷蔵庫の収容能力に見合った数の枝肉を保管することとし，製品を冷蔵庫又は冷凍庫に保管する場合にあっては，冷蔵庫又は冷凍庫の収容能力に見合った数の製品を保管すること。
(3) 冷蔵庫への搬入は，枝肉洗浄水の水切りを十分行った上で行い，定期的に，かつ，必要な場合には，随時冷蔵庫の清掃を実施し，枝肉の衛生を保持すること。
(4) 冷蔵庫及び冷凍庫の扉の開閉は，迅速に行い，かつ，必要最小限に止めること。

6 消毒剤等
(1) 使用消毒剤等の承認
と畜場及び食肉処理場の設置者は，施設内及び施設周辺で使用する全ての消毒剤等（消毒剤，洗浄剤，殺虫剤，殺鼠剤，農薬等）について，リストを作成し，食肉衛生検査所に提出して，その承認を得ること。
(2) 承認を得た消毒剤等の使用及び保管
ア 消毒剤等の使用に当たっては，その使用基準に基づき，適正に使用すること。
イ 消毒剤等は，保管場所を定め，食肉衛生検査所に届け出るとともに保管・管理簿を作成して，記録すること。

7 そ族・昆虫等の管理
ねずみ，昆虫等の管理は，次のとおり行うこと。
(1) ねずみ，昆虫等の発生を防止するために，ねずみ，昆虫等の餌や飲水となるものの排除及びねずみ，昆虫等の巣や隠れ家となる屑などの除去を随時行うこと。
(2) 施設外部からのねずみ，昆虫等の侵入を防止するために窓や換気口に網戸の設置，施設外部からの戸口に自動閉鎖式ドアの設置や昆虫を引き寄せる紫外線を放射する機器の設置等の施設・設備の整備を行うこと。
(3) これらの設備に対し定期的な点検を実施し，補強修理等施設設備の維持管理を行うこと。
(4) 施設外から搬入される物品の梱包箱等に入り込んだ昆虫等の侵入を防止するため，当該物品の荷受け時に，昆虫等の有無の点検を行うとともに，不用となった梱包箱等は速やかに焼却等の処置を施すこと。
(5) 駆除の記録は3年間保管すること。
(6) 衛生管理責任者は，殺虫剤等の薬剤によるねずみ，昆虫等の駆除について，あらかじめ指名検査員と協議のうえ，「そ族・昆虫管理プログラム」を策定し，承

認された薬剤を用いて，定められた使用基準により，定められた者が行うこと。
　(7)　駆除実施区域については，食肉への薬剤の汚染を防止すること。
第2　衛生的なとさつ・解体及び分割等
　1　生体取扱施設及びとさつ・解体施設における設備の維持管理及び衛生保持
　　(1)　けい留した牛の汚物等は，随時汚物集積場等に運搬するとともに，けい留所の洗浄消毒を行い，清潔を保持すること。
　　(2)　搬入された牛は，生体検査前に洗浄を行い，清潔を保持すること。
　　(3)　生体検査において歩行困難と判断された牛については，認定施設内においてとさつ・解体を行わないこと。
　　(4)　と室の設備は，常に保守点検を行うとともに，随時清掃を行い，衛生的状態を保持すること。
　　(5)　エアースタンナーによるスタンニング及びピッシングは行わないこと。
　　(6)　放血に当たっては，血液が飛散して他のと体，内臓等を汚染しないように衛生的な処理を行うこと。
　　(7)　とさつ放血は，施設設備の規模に応じた数，速度で行い，放血区域に牛が密集しないようにすること。
　　(8)　頭部や内臓等の切除摘出及び外皮の除去作業等に当たっては，次に留意すること。なお，頭部，せき髄及び回腸遠位部の除去，分離及び廃棄については，別添3「HACCP方式による衛生管理実施基準」によること。
　　　ア　角の除去に当たっては，角は起部の皮膚と共に除去し，剥皮後，皮膚が頭部に残ることによる頭部の汚染を避けること。
　　　イ　頭部の剥皮に当たっては，頭部及び頚部の汚染を避け，剥皮した頭部は，他のと体，床，機械器具を接触させないこと。
　　　ウ　頭部の切断に当たっては，食道を結さつし胃内容物による汚染を防止すること。
　　　エ　頭部の洗浄に当たっては，洗浄水による他の頭部やと体への汚染を防止すること。
　　　オ　頭部の剥皮に用いるナイフ，その他器具は，1頭毎に洗浄消毒すること。
　　　カ　と体の剥皮時には，獣毛による汚染を防止すること。
　　　キ　剥皮したと体が隣接すると体の皮膚，皮による汚染を防止するため，と体間に十分な距離を保持すること。
　　　ク　乳房は，その内容物によりと体が汚染しないように除去するとともに，乳房内容物による壁，床及び機械器具の汚染を防止すること。
　　　ケ　と体が乳房内容物で汚染された場合には，他の部位の汚染防止措置を迅速かつ適切に行うとともに，乳，膿等の汚物及び必要に応じ清潔な部位のみが残るように十分な量の当該部位の除去を行うこと。
　　　コ　内臓摘出時開腹に用いるナイフ等の器具は，1頭毎に常に洗浄消毒すること。
　　　サ　内臓は，肛門部分を結さつする等，尿，糞その他内容物によりと体が汚染しないように摘出するとともに，消化管内容物による壁，床及び機械器具の汚染を防止すること。
　　　シ　枝肉が消化管内容物で汚染された場合には，他の部位の汚染防止を適切に行い，汚染された部位を完全かつ迅速に除去すること。
　　　ス　背割りの前にすべての汚染，損傷を除去し，のこ等背割り器具を介する汚染の拡大を防止すること。
　　　セ　背割りを行う場合には，頚部と床との接触を防ぐとともに，疾病の疑いのあるもの，検査保留のもの，及び疾病が明らかなものの背割りを行った後においては，その都度，背割り器具の消毒を必ず行うこと。

ソ 枝肉に付着した獣毛，ゴミその他を除去するために枝肉の洗浄を十分に行うこと。この場合，洗浄水の飛散により他の枝肉が汚染しないように処置するとともに，洗浄水の水切りを十分に行うこと。

なお，枝肉の洗浄を行う場合は，必ずと体検査が終了して合格と判明した後に行うこと。

(9) 解体レールに懸垂された枝肉は，壁や機械器具に接触しないように移動すること。

(10) 解体作業台は，枝肉移動に支障のない位置に配置すること。

(11) 解体処理室内に汚物用容器を備え，汚物等を収納し室内を清潔に保つこと。

(12) 外皮保管庫は，常に清潔を保持し，衛生的に外皮を保管すること。

(13) BSE感染牛が発見された場合には，あらかじめ作成された消毒マニュアルに基づき施設設備及び機械器具等について消毒措置等を確実に行うこと。

2 食肉処理施設における設備の維持管理及び衛生保持

(1) 作業に使用するナイフ，まな板等の器具は処理する食肉の部位，処理内容別に適当な大きさで専用のものを用いること。

(2) せき柱の除去，分離及び廃棄については，別添3「HACCP方式による衛生管理実施基準」によること。

(3) せき柱に付着した食肉を機械的に分離・回収する設備を使用しないこと。

(4) 給水給湯設備は使用に便利な場所に配置し，使用設備器具，従業員の手指等の洗浄消毒を行うこと。

(5) 使用した器具は，洗浄消毒後専用の棚等に保管すること。

(6) 汚物等の廃棄物は，随時専用容器に収納し，これらによる汚染を防止すること。

(7) 製品の鮮度を維持するために冷房装置等により室内を10℃以下に保持し作業を行うか，当該室温の保持が困難な場合には，室温を15℃以下とし，少なくとも，処理作業中5時間毎に製品に接触する機械器具の表面を洗浄，消毒すること。

(8) 包装梱包材料の保管庫は，随時清掃するとともに，包装梱包材料を整理し衛生的に保管すること。

第3 衛生管理体制

1 衛生管理責任者の設置義務

と畜場等の設置者は施設・設備等の衛生管理を行わせるために衛生管理責任者を置き，清潔な施設において，衛生的な方法を用いて，健全な製品を供給しなければならない。

(1) 誓約

認定を受けようとすると畜場及び食肉処理施設の衛生管理責任者は，本認定要綱及び検査に係る施設設置者側に関するすべての規定を厳重に遵守する旨の誓約をし，実際に施設を衛生的な状態に維持することを保証しなければならない。

(2) 教育及び訓練

衛生管理責任者は，食肉の適正な取扱方法と衛生的な処理方法について，従業員に対し教育及び訓練をしなければならない。

2 作業前点検

衛生管理責任者は，作業前に施設・設備の洗浄が十分に行われて，作業を開始することが適当であるかどうか点検し，すべての衛生基準を満たしている場合でなければ，作業を開始させてはならない。

第4 人道的な獣畜の取扱い及びとさつ

1 けい留場，導入路等は，獣畜に危害を与えないように必要に応じ修理補強を行い，その維持管理に努めること。

2 けい留中の獣畜には給水し，24時間以上けい留する場合は給餌を行うこと。

3 とさつペン室へ獣畜を追い込む際，獣畜に与える刺激や苦痛は最小限のものであること。

4 スタンナーによりとさつ処理を行う際に

は，1回の打撃で獣畜を無意識の状態にし，以後放血作業まで無意識の状態を保持させること。
5　スタンナーの整備を定期的に行い，その性能を保持すること。
6　スタンナーには安全装置を設けるとともに，使用に当たっては検査員，作業員に危害を与えないよう取り扱うこと。
7　非人道的な処理として，検査員に指摘された場合は，その指示に従い処理方法を改善すること。

別添3　HACCP方式による衛生管理実施基準
第1　標準作業手順書
1　認定施設は次の規定にしたがって衛生管理の方法に関する標準作業手順書（Sanitation Standard Operating Procedures）（以下「SSOP」という。）を作成し，実施するとともに，必要な改訂を行い，維持管理すること。
2　SSOPの作成
(1)　認定施設は，SSOPに食肉の直接的な汚染又は粗悪化を防止するために毎日作業前及び作業中に実施する手順を記載すること。また，SSOPの中には，食品が直接接触する設備，装置，機械及び器具の作業前の洗浄及び消毒について具体的な方法，回数等を記載すること。
(2)　認定施設は，本基準にしたがってSSOPの記載通りに実施し，管理する責任を明確にするため，作成したSSOPに，衛生管理責任者が署名し，署名した日付を記載すること。
(3)　認定施設は，本規定の施行日及びその後改訂した場合は，SSOPに改訂した旨，改訂した者の氏名及び日付の記載を行うこと。
(4)　認定施設は，各手順の実施に関する責任者を特定し，SSOPに記載すること。
3　SSOPの実施
(1)　認定施設は，SSOPの手順を遵守すること。
(2)　認定施設は，SSOPの手順が遵守されているかどうかについて毎日モニタリングすること。
4　SSOPの維持管理
認定施設は，SSOPに基づく衛生管理の実施による食肉の汚染防止効果を定期的に評価するとともに，施設内の設備，装置，機械，器具，作業方法及び責任者の変更に応じてSSOPを最も衛生管理効果のあるものに改訂し，最新のものを維持管理すること。
5　改善措置
(1)　認定施設又は指名検査員等が，食肉の汚染等を防ぐため当該施設のSSOPの内容，実際に行われた衛生管理の方法が不適切であると判断した場合，認定施設は適切な改善措置を講じること。
(2)　改善措置には，以下の事項を含むこと。
ア　汚染の疑いのある食肉を適切かつ確実に除去し，又は廃棄する手順
イ　機械，器具等を衛生的な状態へ回復するための手順
ウ　食肉の汚染等の再発防止のためのSSOPの適切な改訂
エ　その他必要な措置
6　記録
(1)　認定施設のモニタリングに関する責任者は，毎日，SSOPの各手順の実施，モニタリング結果及び改善措置の実施について記録し，記録した者が氏名及び日付を記入すること。
(2)　記録は，指名検査員等が閲覧できる状態で1年以上保管すること。また，当該記録は全て作成後最低2日間は認定施設内に保管し，それ以後は，指名検査員等がその要請から1日以内に閲覧できることを条件に，現場以外に保管できるものとする。
第2　大腸菌の検査
1　認定施設は，以下に定めるような大腸菌（Escherichia coli Biotype 1）の検査を実施すること。

2 検体採取方法等
(1) 認定施設は，検体採取手順を記載した文書を作成すること。
　この手順書には，次の事項を記載すること。また，必要に応じ，指名検査員等が閲覧できること。
　ア　検体を採取する従業員を指定すること。
　イ　検体採取場所を定めること。
　ウ　検体採取における無作為採取方法を定めること。
　エ　検体採取を確実にするための検体の取扱い方法を定めること。
(2) 認定施設は，冷蔵庫に搬入後12時間以上経過し，上記に定めた無作為採取方法により選定した枝肉から検体を採取すること。
(3) 検体は選定した枝肉（ともばら flank・胸部 brisket・臀部 rump）の3か所から切除法（と体の表面を無菌的に切り取ることにより検体を採取する方法）又はスポンジ法（と体の表面を滅菌したスポンジで無菌的に拭き取ることにより検体を採取する方法）により採取すること。（図1参照）
(4) 検体は，牛について少なくとも週1回採取することとし，1週間の処理頭数が300頭以下の場合は1検体を採取し，300頭を超える毎に1検体ずつ追加して採取すること。
(5) 認定施設は，第3で定めたHACCPシステムを検証する目的で，他の微生物検査等を実施し，指名検査員等が当該検査等が適切な検証手段であると認めた場合は，その検査等に代替してもよいこと。

3 検査方法
(1) 認定施設は，以下に述べたいずれかの定量分析方法で検査すること。
　ア　国際公認分析化学者協会（AOAC）によって認定された方法（参考1：大腸菌検査法）
　イ　最確数法（MPN法）（適正なMPN指数の95％信頼区間を満たしていて，外部学術団体によって評価試験が実施されていること。）

4 検査結果の記録
(1) 認定施設は，検査結果を正確に記録し，保管すること。
(2) 検査結果は，家畜種毎に処理工程管理表（参考2）に記録し，直近13回以上の検査結果が下記の5に定める基準に従っているかどうか評価できるようにすること。
(3) 検査結果の記録は，1年間保存し，指名検査員等の要請があればいつでも提供すること。

5 検査結果及び評価
(1) 切除法を用いて検査を実施した場合，認定施設は国際食品微生物規格（ICMSF／The International Commission on Microbiological Specification for Foods）の3階級法を採用し，下表を用いて以下のように検査結果を判定すること。
　ア　直近の検体数（n）13検体中の結果で判断する。
　イ　合格判定値（m）以下の場合，合格となる。
　ウ　mから条件付き合格判定値（M）までの条件付き合格範囲（m～M）の検体数（c）が3検体までの場合，合格となる。
　エ　m～Mの値を示す検体数が4検体以上の場合，不合格となる。
　オ　M以上の値を示す検体数が1検体以上の場合，不合格となる。

■表　大腸菌検査結果の評価

動物種	合格判定値（m）	条件付き合格判定値（M）	検体数（n）	条件付き合格範囲の検体数（c）
去勢牛／未経産牛	陰性(注)	100cfu／cm²	13	3
経産牛／雄牛	陰性	100cfu／cm²	13	3

（注）陰性：検出限界値5cfu／cm²以下

(2) スポンジ法を用いて検査を実施した場

■図1　牛枝肉の大腸菌検査用検体採取地点

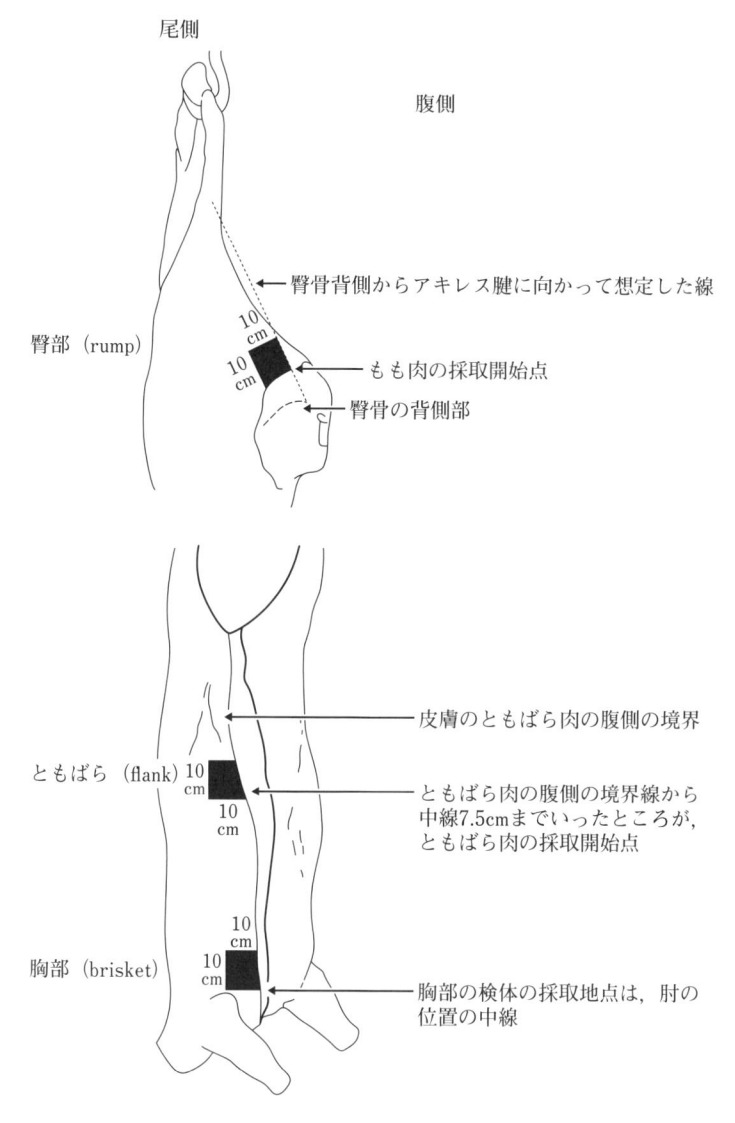

尾側

腹側

臀部（rump）

臀骨背側からアキレス腱に向かって想定した線
もも肉の採取開始点
臀骨の背側部

皮膚のともばら肉の腹側の境界

ともばら（flank）

ともばら肉の腹側の境界線から中線7.5cmまでいったところが、ともばら肉の採取開始点

胸部（brisket）

胸部の検体の採取地点は、肘の位置の中線

合，認定施設は次の統計学的手法を用いて検査結果を評価すること。
　ア　過去1年間の当該施設における検査結果の標準偏差（S.D.）を算出し，基準値（平均値±2 S.D.又は平均値±3 S.D.）を設定し，検査結果の評価を行うこと。
　イ　基準値の設定にあたっては，$1cm^2$当たりの菌数（不検出の場合は検出限界値）を用いること。
(3)　検査結果が合格とならない場合，認定施設における糞便汚染を防ぐための処理工程管理が十分に実施されていないと判断されるため，認定施設は指名検査員等の指導のもと，適切な改善措置をとること。
6　検査等の中止
　指名検査員は認定施設において上記の2～4の規定が遵守されていないと認めた場合はと畜検査業務等を中止し，当該施設による改善措置が行われない限り，作業を開始させないこと。

参考1：大腸菌検査法〈大腸菌（E.coli）測定用プレート法（AOAC法）〉
3Mペトリフィルム大腸菌測定プレートの概要
1　使用培地は，バイオレッド胆汁培地（VRB培地）（赤色）であること。
2　グルクロニダーゼ指示薬（大腸菌を確認）及テトラゾリウム指示薬（大腸菌以外のグラム陰性菌を染色）を含有すること。
3　コロニー周囲にガスを発生すること。
4　コロニーは青色（大腸菌により製造されたグルクロニダーゼが指示薬と反応し，青く染色する。）であること。

保管方法
1　ホイルパックを開封するまで8℃以下で保管すること。
2　開封後は未使用のプレートをアルミパックに戻し，テープで密封すること。
3　アルミパックは室温（25℃以下），湿度50％以上で保管すること。
4　開封後のパックは冷蔵庫に入れないこと。
5　開封後は1か月以内に使用すること。
6　オレンジ色又は茶色に変色したプレートは使用しないこと。
7　菌の培養したプレートは廃棄方法に注意（滅菌等）すること。

使用方法
1　ペトリフィルムを平らなところに設置する。
2　上部フィルムをあげ，下部フィルムの中央部に検体液を1ml流す。
3　気泡が入らないように上部フィルムをかぶせる。
4　スプレッダーの平面部を下にして，注意深く中心部を押し，検体を均一に広げる。
5　スプレッダーを離し，プレートをそのままにして，ゲル化するまで1分間待つ。
6　透明なフィルムを上にし，35±1℃ 24±2時間培養する。

使用上の注意点
1　培養器内で，プレートは水平になる場所に設置すること。
2　培養後，直ちに大腸菌を計測すること。場合によっては培養時間が24時間以上必要なときもある。
3　培養後，やむを得ず直ちに大腸菌を計測できない場合，24時間以内に計測する場合に限り，冷凍庫に保管しておいてもよい。

判定方法
1　ガスの気泡を伴う青いコロニーは，大腸菌と判定できる。
2　ガスを発生しない青いコロニーは，大腸菌として算定しないこと。
3　コロニーからガス気泡までの距離がコロニー1個の直径より長い場合はそのコロニーは大腸菌として数えないこと。

参考2：検出限界値の算出方法
例）10mlのペプトン水又はリン酸緩衝液を

含んだスポンジで300 cm²を拭き取った後，スポンジに15 mlのペプトン水等を加え，試料液を25 mlとし，試料液1 mlを3Mペトリフィルムを用いて培養し，大腸菌のコロニーが現れなかった場合の検出限界の算出方法

1 ml当たりの拭き取り面積は，12 cm²（300 cm²／25 ml）であることから，ペトリフィルム上に1コロニー現れた場合には，0.08 cfu／cm²（1コロニー／12 cm²）となる。

参考3：処理工程管理表

検体番号	日付	採取時間	検査結果 (cfu/cm²)	検査結果不合格 (注1)	検査結果条件付合格 (注2)	直近13検体結果条件付き合格数又は不合格数	合否
1	／	：					
2	／	：					
3	／	：					
4	／	：					
5	／	：					
6	／	：					
7	／	：					
8	／	：					
9	／	：					
10	／	：					
11	／	：					
12	／	：					
13	／	：					
14	／	：					
15	／	：					
16	／	：					
17	／	：					

注：1及び2の欄は，「はい」もしくは「いいえ」を記入する。

第3 HACCPシステムを用いた自主衛生管理
1 定義
　この規定において，以下の定義を適用する。
(1) 改善措置
　　逸脱がおこったとき，引き続いてとられる措置
(2) 重要管理点
　　食肉等の処理加工において，その部分を衛生的に管理することにより食品の安全性を損なうおそれのある危害因子を防止し，除去し，許容範囲内に収めることができる工程中のある時点，ある段階又は工程そのもの
(3) 管理基準
　　特定の食品の安全性を損なうおそれのある危害の発生を防止し，除去し，許容範囲内に収めるために，重要管理点において管理しなければならない生物学的，科学的，物理的危害の最高値又は最低値
(4) 食品の安全性を損なうおそれのある危害（危害）
　　安全でない食品を消費することにより起こる生物学的，化学的，物理的特性
(5) 防止措置
　　特定の食品の安全性を損なうおそれのある危害の発生を防止するための化学的，物理的又は他の方法
(6) 危害分析
　　原材料及び処理加工の段階で，食品の安全性を損なうおそれのある危害を明らかにし，これらの起こりうる可能性，起きた場合の被害の重篤性を評価すること
(7) HACCP（Hazard Analysis and Critical Control Points）
　　食品の安全性を保証するため，特異的な危害因子及びそれらを管理するための防止措置を明らかにすることによる危害分析及び重要管理点監視からなるシステムのこと
(8) HACCP計画
　　HACCP原則に基づく，特定の工程又は手続きの管理を保証するために従わなければならない事項を文書にした計画
(9) HACCPシステム
　　HACCP計画に基づく実施中のHACCPのこと
(10) モニタリング
　　重要管理点が適切に管理下にあるかどうか評価するとともに，将来，検証を実施する際の正確な記録を作成するため，計画された一連の観察又は測定
(11) 製造工程モニタリング装置
　　重要管理点において，処理加工時の条

件・状態を示すために用いられる器具又は装置
 ⑿ 施設内責任者
  施設の処理加工現場にいる全体責任者，又はより高い地位の管理職
2 危害分析及びHACCP計画
 ⑴ 危害分析
  ア 認定施設は，科学的な根拠に基づき，製造工程で発生する可能性のある食品の安全性を損なうおそれのある危害因子（以下「危害」という。）を特定するため危害分析を実施し，その危害の防止措置を定めること。
  イ 危害分析では，当該施設への搬入前，搬入時（とさつ，解体，処理等）及び搬入後のすべての工程において発生する可能性があるすべての危害を分析すること。
  ウ 危害は，過去にその施設で発生したことがあるか，又は適切な管理対策が実施されなければ発生する可能性があり，施設が管理できるものであること。
  エ 認定施設は最終的に食肉になるまでのとさつ，解体及び処理の各工程の流れを記載したフローチャートを作成すること。また，（危害発生防止のため，重要管理点において定める管理基準設定の際に特に留意しなければならない場合に限り）想定される食肉の用途（喫食方法等）又は販売等の対象とする消費者層を特定すること。
  オ 危害の原因となる物質には，以下のものが含まれていること。
   ㋐ 天然毒素
   ㋑ 微生物学的汚染物質
   ㋒ 化学的汚染物質
   ㋓ 農薬
   ㋔ 残留動物用医薬品
   ㋕ 人畜共通感染症
   ㋖ 腐敗
   ㋗ 寄生虫
   ㋘ 食品添加物の不適切な使用
   ㋙ 物理的危害
   ㋚ 特定危険部位（せき柱を含む。）
 ⑵ HACCP計画
  ア 認定施設は，認定施設内において製造される食肉（以下「製品」という。）毎に危害分析を行った後，当該製品についてHACCP計画を文書化し，その計画を実施すること。
  イ ただし，複数の異なった製品でも次の⑶で定めた特定及び実施が義務づけられる危害，重要管理点（以下「CCP」という。），管理基準，その他の手順が同一であり，適切に計画に記載され，モニタリングされる場合は，単一のHACCP計画により実施できるものとすること。
 ⑶ HACCP計画の内容
  HACCP計画は，次の要件を満たしていること。
  ア 危害の原因物質及び危害発生工程毎の防止措置を明示すること。
  イ 特定された各々の危害の防止措置のうち，次のCCPを明示すること。
   ㋐ 当該施設内で発生する可能性のある危害の防止を目的とするCCP
   ㋑ 当該施設への搬入前，搬入時，搬入後に発生する危害及び施設外から持ち込まれる危害の防止を目的とするCCP
  ウ 各CCPで遵守しなければならない管理基準を明示すること。この管理基準は，少なくとも，本通知で定める達成基準，達成規格及びその他の衛生管理基準を確実に満たすものであること。
  エ 各CCPにおいて管理基準が常に確実に遵守されていることを連続的な又は相当の頻度で確認するための測定方法（モニタリング方法）を明示すること。
  オ CCPにおいて管理基準からの逸脱があった際に実施される，下記の3に

規定する改善措置を明示すること。
　　カ　下記の5に規定するCCPにおけるモニタリングの記録方法を明示すること。当該記録は，モニタリング時における実際の数値，観察事項，実施担当者を含むものとすること。
　　キ　下記4に規定する認定施設による検証の方法及びその実施頻度を明示すること。
　(4)　HACCPへの署名及び日付の記載
　　ア　HACCP計画には，認定施設がHACCP計画を記述通りに実施し，管理する責任を明確にするため，当該施設内責任者が署名し，日付を記載すること。
　　イ　HACCP計画では，以下の時点で署名及び日付を記入すること。
　　　(ア)　HACCP計画の施行日
　　　(イ)　改訂時
　　　(ウ)　下記の4(1)ウに定めた最低年1回のHACCP計画の再評価時
　(5)　認定施設が上記2により定めるHACCP計画を作成し，あるいは実施しない場合，もしくはその他規定にしたがって作業をしない場合，そのような状態で製造された製品は，指名検査員等により不衛生な製品と判断されること。
3　改善措置
　(1)　HACCP計画の文書には，各CCPにおいて管理基準から逸脱した際の改善措置，その実施責任者を明記すること。管理基準からの逸脱とは，人の健康に有害であったり，粗悪な製品を製造することであり，改善措置は，次の要件を満たすものであること。
　　ア　逸脱の原因を特定し，これを排除するために実施すべき改善措置
　　イ　改善措置実施後のCCPの管理方法（及び管理状態が正常に戻ったと判定する検証，検証結果）
　　ウ　再発防止のための対策
　(2)　明記された改善措置によって逸脱が解消されない場合，又はその他の予想外の危害が発生した場合，当該施設は以下の措置を実施すること。
　　ア　最低でも次のイ及びウの要件が満たされるまでは，危害の影響を受けた製品を他の製品と分離し，保管すること。
　　イ　当該製品の流通の是非を判断するための評価を実施すること。
　　ウ　当該製品については，必要に応じて，製品を販売しないようにする措置を実施すること。
　　エ　下記7に定める講習を受けた者は，再評価を実施し，新たに特定された逸脱又はその他の予想外の危害についての検討がHACCP計画に盛り込まれているかを判断すること。
　(3)　全ての改善措置については，下記5に定める要件に従って記録すること。また，下記4(1)イ(ウ)に従って検証した場合についても記録すること。
4　確証，検証，再評価
　(1)　認定施設は，危害分析において特定された危害をHACCP計画で適切に防止されていることを確証すること。また，当該計画が効果的に実施されていることを検証すること。
　　ア　施行時の確証
　　　危害分析及びHACCP計画の作成が完了した時点で，認定施設は，HACCP計画が目的通り危害の発生防止に機能するかを判断するための認証方法として次の事項を実施すること。
　　　(ア)　CCP，管理基準，モニタリング方法，記録方法，改善措置の適正について繰り返し検査すること。
　　　(イ)　HACCPシステムに従って日常的に作成される記録自体の点検を行うこと。
　　イ　HACCPシステムの検証
　　　検証には以下の事項を満たすこと。ただし，これに限定されないこと。
　　　(ア)　製造工程モニタリング（監視）装

置の保守点検（計器の校正を含む。）
　　　(イ)　モニタリング及び改善措置の直接的な観察
　　　(ウ)　下記5(1)ウに定める記録の点検
　　ウ　HACCP計画の再評価
　　　(ア)　認定施設は，最低年1回，及び危害分析に影響を及ぼしたり，HACCP計画を改訂する必要が生じた際に，HACCP計画の妥当性を再評価すること。
　　　(イ)　この改訂とは，原料・その供給源，製品の組成，とさつ・解体・処理加工方法，製造量，従業員，包装，最終製品の流通方法，及び最終製品の用途・消費者層等の変更のことであるが，これらに限定されない。
　　　(ウ)　再評価は，下記7に定める講習を受けた者が実施すること。
　　　(エ)　再評価によって当該計画が上記2(3)の要件に適合していないことが明らかになった場合は，直ちにHACCP計画を改訂すること。
　(2)　危害分析の再評価
　　ア　危害分析によって危害が存在しないことが明らかになったため，HACCP計画を策定していない施設は，危害の発生するおそれのある変更が生じた際には危害分析の妥当性を再評価すること。
　　イ　この変更とは，上記(1)ウ(イ)に定める変更と同様のものである。
5　記録
　(1)　認定施設はHACCP計画に関する以下に定める文書及び記録を作成し，維持管理すること。また，これらの文書等には，作成された日付を記載すること。
　　ア　上記2(1)に定める危害分析に関する文書，その他の補助文書
　　イ　HACCP計画（危害分析，CCP，モニタリング，改善措置）の文書，CCPの選定及び管理基準の設定における検討結果に関する文書，モニタリングと検証の手順及びこれらの手順の実施頻度の選定について説明する文書
　　ウ　施設のHACCP計画に記載されている実際の時間，温度その他の数量化可能な数値の記録を含むCCP及び管理基準のモニタリングに関する記録，製造工程モニタリング装置の保守点検（計器の校正）記録，改善措置の記録，検証方法及び結果の記録，製品名又はその他の表示，製造ロット等
　(2)　HACCP計画の記録事項は，現場において，当該計画に定めた時点で，記録日時とともに記入すること。また，当該記録を記入した施設の従業員が氏名又はイニシャルもあわせて記入すること。
　(3)　認定施設は，製品を出荷する前に，全ての管理基準が遵守されたか，また必要に応じて製品の適切な廃棄等の改善措置がとられたかどうかを確認するため，上記(1)及び(2)に定めた当該製品の製造に関する記録を点検し，対米輸出食肉についてはその結果を記録した文書を作成すること。
　　　当該作業は，記録の作成者以外の下記7に定めた講習を受けた者又は施設内責任者が実施し，日付の記入と署名を行うこと。
　(4)　記録の保管
　　ア　認定施設は上記(1)ウの記録を指名検査員等が閲覧できる状態で1年以上保管すること。
　　イ　当該記録は，作成後半年間は製造現場に保管し，それ以後は，指名検査員等の要請から1日以内に閲覧できることを条件に，現場以外に保管できること。
　(5)　指名検査員等による評価
　　ア　記録，計画及び手順は，指名検査員等に副本を提出し，評価を受けること。
6　不適切なHACCPシステム
　認定施設が以下の事項に該当する場合，当該施設のHACCPプランは不適切であ

ると判定されること。
(1) HACCPシステムが本規定の要件を満たしていない場合
(2) 施設の従業員がHACCP計画に明記された業務を遂行していない場合
(3) 施設が上記3に定める改善措置を実施していない場合
(4) 施設が上記5に定めるHACCPの記録を維持管理していない場合
(5) 管理基準を逸脱した製品が製造又は出荷されている場合

7 講習
以下に定める事項を遂行する者は，必ずしも施設の従業員である必要はないが，食肉・食鳥肉製品の処理加工に対するHACCPの7原則の適用，HACCP計画の作成及び記録の評価に関しての講習を滞りなく修了している者とすること。
(1) 2(2)に定めるHACCP計画を作成すること。（特定の製品に対する一般的なHACCPモデルの適用を含む。）
(2) 3に定めるHACCP計画の再評価及び改訂を行うこと。

第4 指名検査員等による検証
1 SSOPの検証
(1) 指名検査員等は，認定施設が作成したSSOPに記載された衛生管理手順の妥当性及び効果を検証すること。
(2) 検証は次の事項を満たしていること。
ア SSOPの評価
イ SSOPの手順，モニタリング及び改善措置の実施記録の点検
ウ SSOPの手順，モニタリング及び改善措置の現場での実際の査察
エ 微生物学的検査等による当該施設の衛生状態の評価
(3) (2)ウの査察は，次の手順により実施すること。なお，査察は当該施設が行う作業前点検及び作業中のSSOPのモニタリングに同行して行うことができるものとし，同行の頻度は，施設の遵守事項違反の履歴，指名検査員の所持する記録及びSSOPに関する記録等を考慮して決定すること。
ア 作業前点検
施設周囲，施設・設備及び器具の洗浄が適正であるかを確認すること。特に製品が接触する部分，洗浄が困難で洗浄が十分に行われない設備について重点的に点検すること。なお，いずれかの部位に洗浄の不備又は不衛生な部位が発見された場合は，完全に再洗浄又は改善が行われない限り，作業を開始させてはならないこと。
イ 作業中点検
製品の取扱い，一般的な作業方法が衛生的であるか否か，すなわち，分割・細切方法，器具の消毒，手の洗浄，床の掃除，廃棄物の取扱い，従業員の不衛生な行動の管理，不可食部の取扱い等の状態を点検すること。

2 HACCPシステムの検証
(1) 指名検査員等は，施設のHACCP計画が第3に規定した全ての要件を遵守しているかを評価することにより，HACCP計画の妥当性を検証すること。この検証には以下の事項を含むこと。
ア HACCP計画の点検
イ CCPの記録の点検
ウ 逸脱が起こった場合に実施される改善措置の内容及びその点検
エ 管理基準の点検
オ HACCP計画・システム関連のその他の記録の点検
カ CCPにおける直接的な監視及び測定
キ 食肉の安全性を判断するための微生物等の検査
ク 製造現場の監視及び記録の点検

3 検証結果に基づく措置
検証の結果，当該施設のSSOP及びHACCPシステムが不適切と判断された場合は，その内容を文書により衛生管理責任者に通知すること。衛生管理責任者は，そ

の改善措置を文書により回答すること。
4 病原微生物削減達成規格
(1) 指名検査員は、上記2キとして、病原微生物の削減を達成するための規格として製品のサルモネラ検査を実施すること。
(2) 製品のサルモネラ達成規格値（病原微生物削減達成規格値）は下表のとおりとし、検査検体数（n）中、最大許容検体数（c）以上の検体数が達成規格値（サルモネラ陽性率）を超えてはならないこと。

■表　サルモネラ達成規格値

製品分類	達成規格値（サルモネラ陽性率a）	検査検体数（n）	最大許容検体数（c）
去勢牛肉／未経産牛肉	1.0%	82	1
廃用牛肉／種雄牛肉	2.7%	58	2

(3) 指名検査員によるサルモネラ検査の実施
ア 指名検査員は、予告なしに認定施設内の製品を採取し、サルモネラ菌について検査を実施し、達成規格値以下であることを確認すること。
イ 指名検査員が検査する頻度は、当該施設に対して過去に行われた検査の結果及び当該施設の検査結果実績に関するその他の情報に基づいて決定すること。
ウ サルモネラ菌の検査は、米国農務省食品安全検査局（FSIS）が監修している微生物試験室ガイドブック（Microbiology Laboratory Guidebook）で示されている方法又は当該方法と同等以上の検査方法で実施すること。
(4) 違反時の対応
ア 指名検査員等は、製品について上記の基準を満たしていないと判断した場合、次の措置をとること。
(ア) 認定施設による基準を満たすための対策を実施させること。
(イ) 製品について次回の検査で同基準を満たしていないと判断された場合、当該施設は製品のHACCP計画の点検を行うこと。
(ウ) 当該施設が、(イ)の対策を実施していないと指名検査員等により判断された場合、あるいは製品について3度めの検査で同基準を満たしていないと指名検査員等により判断された場合、当該施設が第3で規定した、製品に関する衛生状態の維持管理及び適切なHACCP計画の実施を怠ったと見なし、指名検査員等は検査業務を停止すること。
(エ) 検査業務の停止は、当該施設がHACCPシステムの改善措置及び病原微生物汚染の削減を目的とした対策を詳細に記述した文書を指名検査員等に提出するまで継続すること。
5 糞便、消化管内容物及び乳房内容物に関する衛生的なとさつ・解体の検証
(1) 指名検査員は、糞便、消化管内容物及び乳房内容物に関する衛生的なとさつ・解体を検証するため、枝肉が糞便、消化管内容物及び乳房内容物に汚染されていないことを検証すること。
(2) (1)の検証は、枝肉検査を行う指名検査員が行うとともに、作業中点検を行う指名検査員は、原則として、枝肉の最終洗浄前に下表の頻度により行うこと。
(3) 指名検査員が、枝肉に糞便、消化管内容物及び乳房内容物による汚染を認めた場合は、その監督の下で汚染された部位を迅速に除去させるとともに、施設が、糞便、消化管内容物及び乳房内容物による枝肉の汚染チェックをCCPとしている場合にあっては、第4の3に基づき、指名検査員は、当該施設に改善措置について回答を求め、提出された改善措置を検証すること。

■表 糞便，消化管内容物及び乳房内容物に関する衛生的なとさつ・解体の検証のための枝肉検査頻度

当日の処理頭数	検査頭数
100以下	2
101～250	4
251～500	7
500以上	11

（注）検査は左右の枝肉について実施すること。

別添4　不正の防止基準
第1　検印等
　1　検印等の承認
　　(1)　検印及び封印シール
　　　　都道府県知事等は認定を受けたと畜場等毎に，検査に合格した枝肉等に押印する認定番号をいれた検印（別記様式1）を作成し，厚生労働省医薬食品局食品安全部長にその印影を届け出て，承認を得なければならない。
　　　　容器包装の封印シール（別記様式2）についても同様とする。
　　(2)　容器包装に印刷する検査済証
　　　　都道府県市は認定を受けたと畜場等毎に，製品の容器包装に印刷する検査済証（別記様式3）及び必要な表示事項（別記様式4）の印刷見本をあらかじめ作成し，厚生労働省医薬食品局食品安全部長にその印刷見本を届け出て，承認を得なければならない。
　　　　なお，別記様式4の1の部位名及び6については，製品毎にラベルを貼付することが可能であり，その場合には，当該ラベルの見本を届け出て，承認を得なければならない。
　2　検印等の保管・管理
　　(1)　都道府県市は，承認を受けた検印について，その大きさ，形，通し番号，作成年月日を記した保管台帳を作成し，その写しを厚生労働省に届け出なければならない。
　　　　検印を廃棄したり，新たに作成した場合にもその都度，台帳に記入し，その写しを厚生労働省に届け出なければならない。
　　(2)　都道府県市は，承認を受けた封印シールについて，その大きさ，形，通し番号，作成年月日を記した保管台帳を作成し，その写しを厚生労働省に届け出なければならない。
　　(3)　検査済証の印刷済容器包装については，衛生管理責任者が管理し，注文・入荷台帳を作成し，検査員の求めがあればいつでも提出しなければならない。
　　(4)　検印の使用にあたっては，洗浄・消毒を行い，清潔な状態で使用しなければならない。
　　(5)　検印は，枝肉等への押印以外の目的に使用してはならない。
　3　格付印等
　　　格付印その他枝肉等に使用される印については，都道府県市より厚生労働省にその印影を届け出なければならない。

〔別記様式1〕

（検印：XX JAPAN INSP'D&P'S'D）

〔別記様式2〕
　JAPAN INSP'D&P'S'D XXXXXXXX

〔別記様式3〕

（検印：JAPAN INSPECTED AND PASSED BY MINISTRY OF HEALTH, LABOUR & WELFARE EST.XX）

〔別記様式4〕
　1　獣畜の種類及び部位名
　2　製造者名及び所在地

3 原産国名
4 認定番号
5 保存方法
6 処理年月日
（備考）和英併記とすること。

第2 不可食部及び廃棄物の管理
1 保留及び廃棄枝肉の管理
施錠できる保留用ケージの中に，「保留」又は「廃棄」のタグ（番号，日付，検査員の署名の記入されたもの）を付して保管し，検査員が施錠すること。

2 不可食部及び廃棄物（動物用又は工業用原料となるものも含む。）については，専用の容器に収納し，着色・着臭等の処理を施し，当日中にすべて施設から搬出すること。
なお，当日中に搬出が不可能な場合には，施錠のできる専用の容器に収納し，搬出時まで検査員が施錠して管理すること。

3 不可食部及び廃棄物（動物用又は工業用原料となるものも含む。）を施設から搬出する場合は，食用品搬出口とは別の専用の搬出口から搬出すること。

●牛海綿状脳症対策特別措置法

［平成14年6月14日
法　律　第　70　号］

注　平成15年7月16日法律第119号改正現在

（目的）
第1条　この法律は，牛海綿状脳症の発生を予防し，及びまん延を防止するための特別の措置を定めること等により，安全な牛肉を安定的に供給する体制を確立し，もって国民の健康の保護並びに肉用牛生産及び酪農，牛肉に係る製造，加工，流通及び販売の事業，飲食店営業等の健全な発展を図ることを目的とする。

（定義）
第2条　この法律において「牛海綿状脳症」とは，家畜伝染病予防法（昭和26年法律第166号）第2条第1項の表15の項に掲げる伝達性海綿状脳症のうち牛に係るものをいう。

（国及び都道府県の責務）
第3条　国及び都道府県（保健所を設置する市を含む。以下同じ。）は，牛海綿状脳症の発生が確認された場合又はその疑いがあると認められた場合には，次条に定める基本計画に基づき，速やかに，牛海綿状脳症のまん延を防止する等のために必要な措置を講ずる責務を有する。

（基本計画）
第4条　農林水産大臣及び厚生労働大臣は，牛海綿状脳症の発生が確認された場合又はその疑いがあると認められた場合において国及び都道府県が講ずべき措置（以下この条において「対応措置」という。）に関する基本計画（以下「基本計画」という。）を定めなければならない。

2 基本計画においては，次に掲げる事項を定めるものとする。
一　対応措置に関する基本方針
二　計画の期間
三　牛海綿状脳症のまん延の防止のための措置に関する事項
四　正確な情報の伝達に関する事項
五　関係行政機関及び地方公共団体の協力に関する事項
六　その他対応措置に関する重要事項

3 農林水産大臣及び厚生労働大臣は，基本計画を定め，又は変更しようとするときは，関

係行政機関の長に協議するものとする。

4　農林水産大臣及び厚生労働大臣は，基本計画を定め，又は変更したときは，遅滞なく，これを公表するとともに，都道府県に通知するものとする。

（牛の肉骨粉を原料等とする飼料の使用の禁止等）

第5条　牛の肉骨粉を原料又は材料とする飼料は，別に法律又はこれに基づく命令で定めるところにより，牛に使用してはならない。

2　牛の肉骨粉を原料又は材料とする牛を対象とする飼料及び牛に使用されるおそれがある飼料は，別に法律又はこれに基づく命令で定めるところにより，販売し，又は販売の用に供するために製造し，若しくは輸入してはならない。

3　前2項の規定による規制の在り方については，牛海綿状脳症に関する科学的知見に基づき検討が加えられ，その結果に基づき，必要な見直し等の措置が講ぜられるものとする。

（死亡した牛の届出及び検査）

第6条　農林水産省令で定める月齢以上の牛が死亡したときは，当該牛の死体を検案した獣医師（獣医師による検案を受けていない牛の死体については，その所有者）は，家畜伝染病予防法第13条第1項の規定による届出をする場合その他農林水産省令で定める場合を除き，農林水産省令で定める手続に従い，遅滞なく，当該牛の死体の所在地を管轄する都道府県知事にその旨を届け出なければならない。

2　前項の規定による届出を受けた都道府県知事は，当該届出に係る牛の死体の所有者に対し，当該牛の死体について，家畜伝染病予防法第5条第1項の規定により，家畜防疫員の検査を受けるべき旨を命ずるものとする。ただし，地理的条件等により当該検査を行うことが困難である場合として農林水産省令で定める場合は，この限りでない。

（と畜場における牛海綿状脳症に係る検査等）

第7条　と畜場内で解体された厚生労働省令で定める月齢以上の牛の肉，内臓，血液，骨及び皮は，別に法律又はこれに基づく命令で定めるところにより，都道府県知事又は保健所を設置する市の長の行う牛海綿状脳症に係る検査を経た後でなければ，と畜場外に持ち出してはならない。ただし，と畜場法（昭和28年法律第114号）第14条第3項ただし書に該当するときは，この限りでない。

2　と畜場の設置者又は管理者は，別に法律又はこれに基づく命令で定めるところにより，牛の脳及びせき髄その他の厚生労働省令で定める牛の部位（次項において「牛の特定部位」という。）については，焼却することにより衛生上支障のないように処理しなければならない。ただし，学術研究の用に供するため都道府県知事又は保健所を設置する市の長の許可を受けた場合その他厚生労働省令で定める場合は，この限りでない。

3　と畜業者その他獣畜のと殺又は解体を行う者は，別に法律又はこれに基づく命令で定めるところにより，と畜場内において牛のと殺又は解体を行う場合には，牛の特定部位による牛の枝肉及び食用に供する内臓の汚染を防ぐように処理しなければならない。

（牛に関する情報の記録等）

第8条　国は，牛1頭ごとに，生年月日，移動履歴その他の情報を記録し，及び管理するための体制の整備に関し必要な措置を講ずるものとする。

2　牛の所有者（所有者以外の者が管理する牛については，その者）は，牛1頭ごとに，個体を識別するための耳標を着けるとともに，前項の情報の記録及び管理に必要な情報を提供しなければならない。

（牛の生産者等の経営の安定のための措置）

第9条　国は，基本計画に定められた計画の期間において，牛海綿状脳症の発生により経営が不安定になっている牛の生産者，牛肉に係る製造，加工，流通又は販売の事業を行う者，飲食店営業者等に対し，その経営の安定を図るために必要な措置を講ずるものとする。

（協力依頼）

第10条　農林水産大臣及び厚生労働大臣は，

独立行政法人，地方公共団体，地方独立行政法人，獣医師の組織する団体，牛の生産者等の組織する団体又は牛海綿状脳症に係る試験研究若しくは検査を行う法人等に対し，牛海綿状脳症に関する専門家の派遣その他必要な協力を求めることができる。

2 都道府県知事及び保健所を設置する市の長は，国，独立行政法人，他の地方公共団体，獣医師の組織する団体，牛の生産者等の組織する団体又は牛海綿状脳症に係る試験研究若しくは検査を行う法人等に対し，牛海綿状脳症の検査に係る協力その他必要な協力を求めることができる。

（正しい知識の普及等）

第11条 国及び地方公共団体は，教育活動，広報活動等を通じた牛海綿状脳症の特性に関する知識その他牛海綿状脳症に関する正しい知識の普及により，牛海綿状脳症に関する国民の理解を深めるよう努めるとともに，この法律に基づく措置を実施するに当たっては，広く国民の意見が反映されるよう十分配慮しなければならない。

（調査研究体制の整備等）

第12条 国及び都道府県は，牛海綿状脳症の検査体制の整備，牛海綿状脳症及びこれに関連する人の疾病の予防に関する調査研究体制の整備，研究開発の推進及びその成果の普及並びに研究者の養成その他必要な措置を講ずるよう努めなければならない。

附 則 抄

（施行期日）

第1条 この法律は，公布の日〔平成14年6月14日〕から起算して20日を経過した日から施行する。ただし，第6条第2項の規定は，平成15年4月1日から施行する。

●牛海綿状脳症対策特別措置法施行規則

〔平成14年7月1日 農林水産省令第58号〕

注 平成16年12月24日農林水産省令第107号改正現在

牛海綿状脳症対策特別措置法（平成14年法律第70号）第6条第1項の規定に基づき，牛海綿状脳症対策特別措置法施行規則を次のように定める。

（届出を行うべき死亡した牛の月齢）

第1条 牛海綿状脳症対策特別措置法（以下「法」という。）第6条第1項の農林水産省令で定める月齢は，満24月とする。

（死亡した牛の届出の除外）

第2条 法第6条第1項の農林水産省令で定める場合は，次のとおりとする。

一 家畜伝染病予防法（昭和26年法律第166号）第4条第1項又は第4条の2第1項の規定による届出をした場合

二 家畜伝染病予防法第40条又は第45条の規定による検査中に牛が死亡した場合

三 薬事法（昭和35年法律第145号）第13条第1項の規定による許可を受けている製造業者が生物学的製剤の製造のためにけい留する牛が死亡した場合

四 薬事法第83条第1項の規定により読み替えて適用される同法第43条第1項の農林水産大臣の指定した者が同項の検定のためにけい留する牛が死亡した場合

五 農林水産大臣の指定を受けた学術研究機関が当該学術研究のためにけい留する牛が死亡した場合

六 と畜場でと殺された場合

(死亡した牛の届出の手続)
第3条　法第6条第1項の規定による届出は，次に掲げる事項につき，文書又は口頭でしなければならない。
　一　届出者の氏名及び住所
　二　牛の死体の所有者の氏名及び住所
　三　死亡した牛の性別及び月齢（不明のときは，推定月齢）
　四　牛の死体の所在の場所
　五　牛が死亡した年月日時及び死亡時の状態（牛の死体を発見した場合にあっては，当該牛の死体を発見した年月日時，発見時の状態及び推定死亡年月日）
　六　その他参考となるべき事項

(死亡した牛の検査の除外)
第4条　法第6条第2項ただし書の農林水産省令で定める場合は，次のとおりとする。
　一　死亡した牛の検査を行う施設が存しない離島その他の地域において牛が死亡した場合であって，当該検査を行うことが困難であると都道府県知事が認める場合
　二　火災，風水害その他の非常災害又は不慮の事故により牛の死体が滅失し，又は毀損したことにより，当該牛の検査に供する検体を確保できない場合
　三　家畜伝染病予防法第20条第1項の規定により牛の死体の病性鑑定を行ったことにより，当該牛の検査に供する検体を確保できない場合
　四　家畜伝染病予防法第32条第1項又は第2項の規定により牛の死体の移動，移入若しくは移出が禁止又は制限されていることにより，当該牛の検査に供する検体を確保できない場合

　　　附　則
この省令は，法の施行の日（平成14年7月4日）から施行する。

●厚生労働省関係牛海綿状脳症対策特別措置法施行規則

［平成14年7月1日　厚生労働省令第89号］

注　平成17年7月1日厚生労働省令第110号改正現在

牛海綿状脳症対策特別措置法（平成14年法律第70号）第7条第1項及び第2項の規定に基づき，厚生労働省関係牛海綿状脳症対策特別措置法施行規則を次のように定める。

(と畜場における牛海綿状脳症に係る検査の対象となる牛の月齢)
第1条　牛海綿状脳症対策特別措置法（平成14年法律第70号。以下「法」という。）第7条第1項の厚生労働省令で定める月齢は，21月とする。

(牛の特定部位)
第2条　法第7条第2項の厚生労働省令で定める牛の部位は，牛の頭部（舌及び頬肉を除く。），せき髄及び回腸（盲腸との接続部分から2メートルまでの部分に限る。）とする。

(牛の特定部位の焼却義務の例外)
第3条　法第7条第2項の厚生労働省令で定める場合は，次のとおりとする。
　一　法第7条第1項の規定による都道府県知事（保健所を設置する市にあっては，市長。次号において同じ。）の行う検査の用に供する場合
　二　薬事法（昭和35年法律第145号）に規定する医薬品及び医療機器の試験検査の用に供するものとして都道府県知事が認めた場合

三　家畜伝染病予防法（昭和26年法律第166号）第51条第1項の規定による家畜防疫官又は家畜防疫員の行う検査の用に供する場合

　　　　附　則　抄
（施行期日）
第1条　この省令は，法の施行の日（平成14年7月4日）から施行する。

関係法令

●食品衛生法（抄）

〔昭和22年12月24日〕
〔法　律　第　233　号〕

注　平成21年6月5日法律第49号改正現在

第1章　総則

〔目的〕

第1条　この法律は，食品の安全性の確保のために公衆衛生の見地から必要な規制その他の措置を講ずることにより，飲食に起因する衛生上の危害の発生を防止し，もつて国民の健康の保護を図ることを目的とする。

第2章　食品及び添加物

〔販売用の食品及び添加物の取扱原則〕

第5条　販売（不特定又は多数の者に対する販売以外の授与を含む。以下同じ。）の用に供する食品又は添加物の採取，製造，加工，使用，調理，貯蔵，運搬，陳列及び授受は，清潔で衛生的に行われなければならない。

〔不衛生な食品又は添加物の販売等の禁止〕

第6条　次に掲げる食品又は添加物は，これを販売し（不特定又は多数の者に授与する販売以外の場合を含む。以下同じ。），又は販売の用に供するために，採取し，製造し，輸入し，加工し，使用し，調理し，貯蔵し，若しくは陳列してはならない。

一　腐敗し，若しくは変敗したもの又は未熟であるもの。ただし，一般に人の健康を損なうおそれがなく飲食に適すると認められているものは，この限りでない。

二　有毒な，若しくは有害な物質が含まれ，若しくは付着し，又はこれらの疑いがあるもの。ただし，人の健康を損なうおそれがない場合として厚生労働大臣が定める場合においては，この限りでない。

三　病原微生物により汚染され，又はその疑いがあり，人の健康を損なうおそれがあるもの。

四　不潔，異物の混入又は添加その他の事由により，人の健康を損なうおそれがあるもの。

〔病肉等の販売等の禁止〕

第9条　第1号若しくは第3号に掲げる疾病にかかり，若しくはその疑いがあり，第1号若しくは第3号に掲げる異常があり，又はへい死した獣畜（と畜場法（昭和28年法律第114号）第3条第1項に規定する獣畜及び厚生労働省令で定めるその他の物をいう。以下同じ。）の肉，骨，乳，臓器及び血液又は第2号若しくは第3号に掲げる疾病にかかり，若しくはその疑いがあり，第2号若しくは第3号に掲げる異常があり，又はへい死した家きん（食鳥処理の事業の規制及び食鳥検査に関する法律（平成2年法律第70号）第2条第1号に規定する食鳥及び厚生労働省令で定めるその他の物をいう。以下同じ。）の肉，骨及び臓器は，厚生労働省令で定める場合を除き，これを食品として販売し，又は食品として販売の用に供するために，採取し，加工し，使用し，調理し，貯蔵し，若しくは陳列してはならない。ただし，へい死した獣畜又は家きんの肉，骨及び臓器であつて，当該職員が，人の健康を損なうおそれがなく飲食に適すると認めたものは，この限りでない。

一　と畜場法第14条第6項各号に掲げる疾病又は異常

二　食鳥処理の事業の規制及び食鳥検査に関する法律第15条第4項各号に掲げる疾病又は異常

三　前2号に掲げる疾病又は異常以外の疾病又は異常であつて厚生労働省令で定めるもの

②　獣畜及び家きんの肉及び臓器並びに厚生労働省令で定めるこれらの製品（以下この項において「獣畜の肉等」という。）は，輸出国の

411

政府機関によつて発行され，かつ，前項各号に掲げる疾病にかかり，若しくはその疑いがあり，同項各号に掲げる異常があり，又はへい死した獣畜又は家きんの肉若しくは臓器又はこれらの製品でない旨その他厚生労働省令で定める事項（以下この項において「衛生事項」という。）を記載した証明書又はその写しを添付したものでなければ，これを食品として販売の用に供するために輸入してはならない。ただし，厚生労働省令で定める国から輸入する獣畜の肉等であつて，当該獣畜の肉等に係る衛生事項が当該国の政府機関から電気通信回線を通じて，厚生労働省の使用に係る電子計算機（入出力装置を含む。）に送信され，当該電子計算機に備えられたファイルに記録されたものについては，この限りでない。

〔食品又は添加物の基準・規格の制定〕

第11条　厚生労働大臣は，公衆衛生の見地から，薬事・食品衛生審議会の意見を聴いて，販売の用に供する食品若しくは添加物の製造，加工，使用，調理若しくは保存の方法につき基準を定め，又は販売の用に供する食品若しくは添加物の成分につき規格を定めることができる。

② 前項の規定により基準又は規格が定められたときは，その基準に合わない方法により食品若しくは添加物を製造し，加工し，使用し，調理し，若しくは保存し，その基準に合わない方法による食品若しくは添加物を販売し，若しくは輸入し，又はその規格に合わない食品若しくは添加物を製造し，輸入し，加工し，使用し，調理し，保存し，若しくは販売してはならない。

③ 農薬（農薬取締法（昭和23年法律第82号）第1条の2第1項に規定する農薬をいう。次条において同じ。），飼料の安全性の確保及び品質の改善に関する法律（昭和28年法律第35号）第2条第3項の規定に基づく農林水産省令で定める用途に供することを目的として飼料（同条第2項に規定する飼料をいう。）に添加，混和，浸潤その他の方法によつて用いられる物及び薬事法第2条第1項に規定する医薬品であつて動物のために使用されることが目的とされているものの成分である物質（その物質が化学的に変化して生成した物質を含み，人の健康を損なうおそれのないことが明らかであるものとして厚生労働大臣が定める物質を除く。）が，人の健康を損なうおそれのない量として厚生労働大臣が薬事・食品衛生審議会の意見を聴いて定める量を超えて残留する食品は，これを販売の用に供するために製造し，輸入し，加工し，使用し，調理し，保存し，又は販売してはならない。ただし，当該物質の当該食品に残留する量の限度について第1項の食品の成分に係る規格が定められている場合については，この限りでない。

第7章　検査

〔報告の要求，臨検，検査，収去〕

第28条　厚生労働大臣，内閣総理大臣又は都道府県知事等は，必要があると認めるときは，営業者その他の関係者から必要な報告を求め，当該職員に営業の場所，事務所，倉庫その他の場所に臨検し，販売の用に供し，若しくは営業上使用する食品，添加物，器具若しくは容器包装，営業の施設，帳簿書類その他の物件を検査させ，又は試験の用に供するのに必要な限度において，販売の用に供し，若しくは営業上使用する食品，添加物，器具若しくは容器包装を無償で収去させることができる。

② 前項の規定により当該職員に臨検検査又は収去をさせる場合においては，これにその身分を示す証票を携帯させ，かつ，関係者の請求があるときは，これを提示させなければならない。

③ 第1項の規定による権限は，犯罪捜査のために認められたものと解釈してはならない。

④ 厚生労働大臣，内閣総理大臣又は都道府県知事等は，第1項の規定により収去した食品，添加物，器具又は容器包装の試験に関する事務を登録検査機関に委託することができる。

〔食品衛生監視員〕

第30条　第28条第1項に規定する当該職員の

職権及び食品衛生に関する指導の職務を行わせるために，厚生労働大臣，内閣総理大臣又は都道府県知事等は，その職員のうちから食品衛生監視員を命ずるものとする。

② 都道府県知事等は，都道府県等食品衛生監視指導計画の定めるところにより，その命じた食品衛生監視員に監視指導を行わせなければならない。

③ 内閣総理大臣は，指針に従い，その命じた食品衛生監視員に食品，添加物，器具及び容器包装の表示又は広告に係る監視指導を行わせるものとする。

④ 厚生労働大臣は，輸入食品監視指導計画の定めるところにより，その命じた食品衛生監視員に食品，添加物，器具及び容器包装の輸入に係る監視指導を行わせるものとする。

⑤ 前各項に定めるもののほか，食品衛生監視員の資格その他食品衛生監視員に関し必要な事項は，政令で定める。

●食品衛生法施行令（抄）

[昭和28年8月31日政令第229号]

注　平成21年8月14日政令第217号改正現在

内閣は，食品衛生法（昭和22年法律第233号）第14条第2項，第18条第3項，第19条第3項及び第5項，第20条，第27条第2項及び第3項並びに第29条の2の規定に基き，この政令を制定する。

（食品衛生監視員の資格）

第9条　食品衛生監視員は，次の各号の1に該当する者でなければならない。

一　厚生労働大臣の登録を受けた食品衛生監視員の養成施設において，所定の課程を修了した者

二　医師，歯科医師，薬剤師又は獣医師

三　学校教育法（昭和22年法律第26号）に基づく大学若しくは高等専門学校，旧大学令（大正7年勅令第388号）に基づく大学又は旧専門学校令（明治36年勅令第61号）に基づく専門学校において医学，歯学，薬学，獣医学，畜産学，水産学又は農芸化学の課程を修めて卒業した者

四　栄養士で2年以上食品衛生行政に関する事務に従事した経験を有するもの

2　第14条から第20条までの規定は，前項第1号の養成施設について準用する。

●食品衛生法施行規則（抄）

[昭和23年7月13日 厚生省令第23号]

注　平成23年6月28日厚生労働省令第76号改正現在

第1章　食品，添加物，器具及び容器包装

〔肉等の販売等が禁止される獣畜及び家きんの疾病等〕

第7条　法第9条第1項に規定する厚生労働省令で定める獣畜は，水牛とする。

② 法第9条第1項に規定する厚生労働省令で定める場合は，次のとおりとする。

一　と畜場法施行規則（昭和28年厚生省令第44号）別表第5の上欄に掲げる疾病にかかり，又は同欄に掲げる異常があると認められた獣畜について，それぞれ同表の下欄に掲げる部分について廃棄その他食用に供されることを防止するために必要な措置を講じた場合

二　食鳥処理の事業の規制及び食鳥検査に関する法律施行規則（平成2年厚生省令第40号）第33条第1項第3号の内臓摘出後検査の結果，同令別表第10の上欄について，同表の下欄に掲げる部分の廃棄等の措置を講じた場合

③ 法第9条第1項ただし書の規定により当該職員が人の健康を損なうおそれがなく飲食に適すると認める場合は，健康な獣畜が不慮の災害により即死したときとする。

●食品，添加物等の規格基準（抄）

[昭和34年12月28日 厚生省告示第370号]

注　平成23年6月28日厚生労働省告示第203号改正現在

第1　食品

A　食品一般の成分規格

1　食品は，抗生物質又は化学的合成品（化学的手段により元素又は化合物に分解反応以外の化学的反応を起こさせて得られた物質をいう。以下同じ。）たる抗菌性物質を含有してはならない。ただし，次のいずれかに該当する場合にあつては，この限りでない。

(1) 当該物質が，食品衛生法（昭和22年法律第233号。以下「法」という。）第10条の規定により人の健康を損なうおそれのない場合として厚生労働大臣が定める添加物と同一である場合

(2) 当該物質について，5，6，7，8又は9において成分規格が定められている場合

(3) 当該食品が，5，6，7，8又は9において定める成分規格に適合する食品を原材料として製造され，又は加工されたものである場合（5，6，7，8又は9において成分規格が定められていない抗生物質又は化学的合成品たる抗菌性物質を含有する場合を除く。）

2　食品が組換えDNA技術（酵素等を用いた切断及び再結合の操作によつて，DNAをつなぎ合わせた組換えDNA分子を作製し，それを生細胞に移入し，か

つ，増殖させる技術をいう。以下同じ。）によつて得られた生物の全部若しくは一部であり，又は当該生物の全部若しくは一部を含む場合は，当該生物は，厚生労働大臣が定める安全性審査の手続を経た旨の公表がなされたものでなければならない。

3　食品が組換えDNA技術によつて得られた微生物を利用して製造された物であり，又は当該物を含む場合は，当該物は，厚生労働大臣が定める安全性審査の手続を経た旨の公表がなされたものでなければならない。

4　削除

5　(1)の表に掲げる農薬等（農薬取締法（昭和23年法律第82号）第1条の2第1項に規定する農薬，飼料の安全性の確保及び品質の改善に関する法律（昭和28年法律第35号）第2条第3項の規定に基づく農林水産省令で定める用途に供することを目的として飼料（同条第2項に規定する飼料をいう。）に添加，混和，浸潤その他の方法によつて用いられる物又は薬事法（昭和35年法律第145号）第2条第1項に規定する医薬品であつて動物のために使用されることが目的とされているものをいう。以下同じ。）の成分である物質（その物質が化学的に変化して生成した物質を含む。以下同じ。）は，食品に含有されるものであつてはならない。この場合において，(2)の表の食品の欄に掲げる食品については，同表の検体の欄に掲げる部位を検体として試験しなければならず，また，食品は(3)から(18)までに規定する試験法によつて試験した場合に，その農薬等の成分である物質が検出されるものであつてはならない。

B　食品一般の製造，加工及び調理基準

1　食品を製造し，又は加工する場合は，食品に放射線（原子力基本法（昭和30年法律第186号）第3条第5号に規定するものをいう。以下第1　食品の部において同じ。）を照射してはならない。ただし，食品の製造工程又は加工工程において，その製造工程又は加工工程の管理のために照射する場合であつて，食品の吸収線量が0.10グレイ以下のとき及びD各条の項において特別の定めをする場合は，この限りでない。

2　生乳又は生山羊乳を使用して食品を製造する場合は，その食品の製造工程中において，生乳又は生山羊乳を保持式により63°で30分間加熱殺菌するか，又はこれと同等以上の殺菌効果を有する方法で加熱殺菌しなければならない。

食品に添加し又は食品の調理に使用する乳は，牛乳，特別牛乳，殺菌山羊乳，成分調整牛乳，低脂肪牛乳，無脂肪牛乳又は加工乳でなければならない。

3　血液，血球又は血漿（獣畜のものに限る。以下同じ。）を使用して食品を製造，加工又は調理する場合は，その食品の製造，加工又は調理の工程中において，血液，血球若しくは血漿を63°で30分間加熱するか，又はこれと同等以上の殺菌効果を有する方法で加熱殺菌しなければならない。

4　食品の製造，加工又は調理に使用する鶏の殻付き卵は，食用不適卵（腐敗している殻付き卵，カビの生えた殻付き卵，異物が混入している殻付き卵，血液が混入している殻付き卵，液漏れをしている殻付き卵，卵黄が潰れている殻付き卵（物理的な理由によるものを除く。）及びふ化させるために加温し，途中で加温を中止した殻付き卵をいう。以下同じ。）であつてはならない。

鶏の卵を使用して，食品を製造，加工又は調理する場合は，その食品の製造，加工又は調理の工程中において，70°で1分間以上加熱するか，又はこれと同等以上の殺菌効果を有する方法で加熱殺菌しなければならない。ただし，賞味期限を経過していない生食用の正常卵（食用

不適卵，汚卵（ふん便，血液，卵内容物，羽毛等により汚染されている殻付き卵をいう。以下同じ。），軟卵（卵殻膜が健全であり，かつ，卵殻が欠損し，又は希薄である殻付き卵をいう。以下同じ。）及び破卵（卵殻にひび割れが見える殻付き卵をいう。以下同じ。）以外の鶏の殻付き卵をいう。以下同じ。）を使用して，割卵後速やかに調理し，かつ，その食品が調理後速やかに摂取される場合及び殺菌した鶏の液卵（鶏の殻付き卵から卵殻を取り除いたものをいう。以下同じ。）を使用する場合にあつては，この限りでない。

5　魚介類を生食用に調理する場合は，飲用適の水（第1　食品の部D　各条の項の〇　清涼飲料水の2　清涼飲料水の製造基準の2.に規定するものをいう。）で十分に洗浄し，製品を汚染するおそれのあるものを除去しなければならない。

6　組換えDNA技術によつて得られた微生物を利用して食品を製造する場合は，厚生労働大臣が定める基準に適合する旨の確認を得た方法で行わなければならない。

7　食品を製造し，又は加工する場合は，第2　添加物D　成分規格・保存基準各条に適合しない添加物又は第2　添加物E　製造基準に適合しない方法で製造された添加物を使用してはならない。

8　牛海綿状脳症（牛海綿状脳症対策特別措置法（平成14年法律第70号）第2条に規定する牛海綿状脳症をいう。）の発生国又は発生地域において飼養された牛（以下「特定牛」という。）の肉を直接一般消費者に販売する場合は，せき柱（胸椎横突起，腰椎横突起，仙骨翼及び尾椎を除く。以下同じ。）を除去しなければならない。この場合において，せき柱の除去は，背根神経節による牛の肉及び食用に供する内臓並びに当該除去を行う場所の周辺にある食肉の汚染を防止できる方法で行われなければならない。

食品を製造し，加工し，又は調理する場合は，特定牛のせき柱を原材料として使用してはならない。ただし，特定牛のせき柱に由来する油脂を，高温かつ高圧の条件の下で，加水分解，けん化又はエステル交換したものを，原材料として使用する場合については，この限りでない。

C　食品一般の保存基準

1　飲食の用に供する氷雪以外の氷雪を直接接触させることにより食品を保存する場合は，大腸菌群（グラム陰性の無芽胞性の桿菌であつて，乳糖を分解して，酸とガスを生ずるすべての好気性または通性嫌気性の菌をいう。以下同じ。）が陰性である氷雪を用いなければならない。この場合の大腸菌群検出の試験法はつぎのとおりとする。

(1)　検体の採取および試料の調整
　　検体を，滅菌蒸留水でよく洗じようし，滅菌した容器にいれ，室温または40°以下の温湯中で振り動かしながら全部融解させた後，ただちにこの融解水の原液，10倍液，100倍液および1,000倍液を作る。

(2)　大腸菌群試験法
　　1.　推定試験　原液の10mlおよび1ml，ならびに10倍液，100倍液および1,000倍液の各1mlを試料とし，それぞれ発酵管にいれる。発酵管はダーラム管またはスミス管で，これに加えるブイヨンはB・T・B・加乳糖ブイヨンとし，これは少くとも試料量の2倍となるような濃度に調製する。
　　　発酵管を35°（上下1.0°の余裕を認める。）で24時間（前後2時間の余裕を認める。）培養した後ガス発生をみないときは，さらに培養を続けて48時間（前後3時間の余裕を認める。）まで観察する。
　　　この場合ガスの発生をみないもの

は推定試験陰性で，ガスの発生をみたものは推定試験陽性（大腸菌群疑陽性）である。

2．確定試験　推定試験陽性の場合に，これを行う。

遠藤培養基，Ｅ・Ｍ・Ｂ・培養基またはＢ・Ｇ・Ｌ・Ｂ・発酵管を用いる。

推定試験でガスを発生した発酵管をとり，これが多数ある場合は，そのうちの最大希釈倍数のものをとり，この１白金耳を遠藤培養基またはＥ・Ｍ・Ｂ・培養基に画線培養して，独立した集落を発生せしめるか，またはＢ・Ｇ・Ｌ・Ｂ・発酵管に移植し，培養する。24時間後遠藤培養基またはＥ・Ｍ・Ｂ・培養基において定型的の集落発生があれば確定試験陽性（大腸菌群陽性）とし，非定型的の集落の発生した場合は完全試験を行う。

Ｂ・Ｇ・Ｌ・Ｂ・発酵管で48時間以内にガス発生があれば，確定試験陽性（大腸菌群陽性）とする。ただし，培地の色調がかつ色になつたときは完全試験を行う。

3．完全試験　確定試験にＢ・Ｇ・Ｌ・Ｂ・発酵管を使用したものは，さらに遠藤培養基またはＥ・Ｍ・Ｂ・培養基に移してからつぎの操作を行う。

遠藤培養基またはＥ・Ｍ・Ｂ・培養基から，定型的大腸菌群集落または２以上の非定型的集落を釣菌し，それぞれ乳糖ブイヨン発酵管および寒天斜面に移植する。培養時間は48時間（前後３時間の余裕を認める。）とし，ガス発生を確認したものと相対する寒天斜面培養のものについてグラム染色を行い，鏡検する。乳糖ブイヨン発酵管でガスを発生し，寒天斜面の集落の菌がグラム陰性無芽胞の桿菌であれば，完全試験陽性（大腸菌群陽性）とする。

a　乳糖ブイヨン発酵管　普通ブイヨン（肉エキス５g，ペプトン10g，水1,000ml pH6.4～7.0）に乳糖を0.5％の割合で加え，発酵管に分注し，高圧滅菌し，すみやかに冷却する。間けつ滅菌法を採用してもよい。

b　遠藤培養基　３％の普通寒天（pH7.4～7.8）を加温溶解し，この1,000mlにあらかじめ少量の蒸留水に溶かした乳糖15gを加えてよく混和する。これにフクシンのエタノール飽和溶液（エタノール100mlにフクシン約11gを溶かしたもの）10mlを加え，冷却して約50°になつたとき，新たに作製した10％亜硫酸ナトリウム溶液を少量ずつ加え，フクシンの色が淡桃色になつたとき滴加を止める。

これを大形試験管に40～100mlずつ分注し，100°で30分間滅菌し，用時加温溶解して，約15mlずつ平板とする。

c　Ｅ・Ｍ・Ｂ・培養基　ペプトン10g，リン酸二カリウム２g，寒天25～30gを蒸留水1,000mlに加熱溶解し，沸騰後蒸発水量を補正する。これに乳糖10g，２％エオシン水溶液20mlおよび0.5％メチレンブルー水溶液13mlを加えて混和し，分注後間けつ滅菌する。用時約15mlずつ平板とする。

d　Ｂ・Ｇ・Ｌ・Ｂ・発酵管　ペプトン10gおよび乳糖10gを蒸留水500mlに溶解し，これに新鮮牛胆汁200ml（または乾燥牛胆末20gを水200mlに溶解したもので，pH7.0～7.5のもの）を加え，さらに蒸留水を加えて約975mlと

し，pH7.4に補正し，これに0.1％ブリリアントグリーン水溶液13.3mlを加え，全量を1,000mlとし，綿ろ過し，発酵管に分注し，間けつ滅菌する。このpHは7.1～7.4とする。

2　食品を保存する場合には，抗生物質を使用してはならない。ただし，法第10条の規定により人の健康を損なうおそれのない場合として厚生労働大臣が定める添加物については，この限りでない。

3　食品の保存の目的で，食品に放射線を照射してはならない。

D　各条

○　食肉及び鯨肉（生食用冷凍鯨肉を除く。以下この項において同じ。）

1　食肉及び鯨肉の保存基準
 (1)　食肉及び鯨肉は，10°以下で保存しなければならない。ただし，細切りした食肉及び鯨肉を凍結させたものであつて容器包装に入れられたものにあつては，これを－15°以下で保存しなければならない。
 (2)　食肉及び鯨肉は，清潔で衛生的な有蓋の容器に収めるか，又は清潔で衛生的な合成樹脂フィルム，合成樹脂加工紙，硫酸紙，パラフィン紙若しくは布で包装して，運搬しなければならない。

2　食肉及び鯨肉の調理基準
　食肉又は鯨肉の調理は，衛生的な場所で，清潔で衛生的な器具を用いて行わなければならない。

●家畜伝染病予防法（抄）

[昭和26年5月31日]
[法　律　第　166　号]

注　平成23年6月3日法律第61号改正現在

第1章　総則

（目的）

第1条　この法律は，家畜の伝染性疾病（寄生虫病を含む。以下同じ。）の発生を予防し，及びまん延を防止することにより，畜産の振興を図ることを目的とする。

（定義）

第2条　この法律において「家畜伝染病」とは，次の表の上欄に掲げる伝染性疾病であつてそれぞれ相当下欄に掲げる家畜及び当該伝染性疾病ごとに政令で定めるその他の家畜についてのものをいう。

伝染性疾病の種類	家畜の種類
一　牛疫	牛，めん羊，山羊，豚
二　牛肺疫	牛
三　口蹄疫	牛，めん羊，山羊，豚
四　流行性脳炎	牛，馬，めん羊，山羊，豚
五　狂犬病	牛，馬，めん羊，山羊，豚
六　水胞性口炎	牛，馬，豚
七　リフトバレー熱	牛，めん羊，山羊
八　炭疽	牛，馬，めん羊，山羊，豚
九　出血性敗血症	牛，めん羊，山羊，豚
十　ブルセラ病	牛，めん羊，山羊，豚
十一　結核病	牛，山羊
十二　ヨーネ病	牛，めん羊，山羊
十三　ピロプラズマ病（農林水産省令で定める病原体によるものに限る。以下同じ。）	牛，馬
十四　アナプラズマ病（農林水産省令で定める病原体に	牛

	よるものに限る。以下同じ。)	
十五	伝達性海綿状脳症	牛，めん羊，山羊
十六	鼻疽	馬
十七	馬伝染性貧血	馬
十八	アフリカ馬疫	馬
十九	小反芻獣疫	めん羊，山羊
二十	豚コレラ	豚
二十一	アフリカ豚コレラ	豚
二十二	豚水胞病	豚
二十三	家きんコレラ	鶏，あひる，うずら
二十四	高病原性鳥インフルエンザ	鶏，あひる，うずら
二十五	低病原性鳥インフルエンザ	鶏，あひる，うずら
二十六	ニューカッスル病（病原性が高いものとして農林水産省令で定めるものに限る。以下同じ。)	鶏，あひる，うずら
二十七	家きんサルモネラ感染症（農林水産省令で定める病原体によるものに限る。以下同じ。)	鶏，あひる，うずら
二十八	腐蛆病	蜜蜂

2　この法律において「患畜」とは，家畜伝染病（腐蛆病を除く。）にかかつている家畜をいい，「疑似患畜」とは，患畜である疑いがある家畜及び牛疫，牛肺疫，口蹄疫，狂犬病，豚コレラ，アフリカ豚コレラ，高病原性鳥インフルエンザ又は低病原性鳥インフルエンザの病原体に触れたため，又は触れた疑いがあるため，患畜となるおそれがある家畜をいう。

3　農林水産大臣は，第１項の政令の制定又は改廃の立案をしようとするときは，食料・農業・農村政策審議会の意見を聴かなければならない。

　　　第２章　家畜の伝染性疾病の発生の予防
（伝染性疾病についての届出義務）
第４条　家畜が家畜伝染病以外の伝染性疾病（農林水産省令で定めるものに限る。以下「届出伝染病」という。）にかかり，又はかかつている疑いがあることを発見したときは，当該家畜を診断し，又はその死体を検案した獣医師は，農林水産省令で定める手続に従い，遅滞なく，当該家畜又はその死体の所在地を管轄する都道府県知事にその旨を届け出なければならない。

2　農林水産大臣は，前項の伝染性疾病を定める農林水産省令を制定し，又は改廃しようとするときは，厚生労働大臣の公衆衛生の見地からの意見を聴くとともに，食料・農業・農村政策審議会の意見を聴かなければならない。

3　第１項の規定は，家畜が届出伝染病にかかり，又はかかつている疑いがあることを第40条又は第45条の規定による検査中に発見した場合その他農林水産省令で定める場合には，適用しない。

4　都道府県知事は，第１項の規定による届出があつたときは，農林水産省令で定める手続に従い，その旨を当該家畜又はその死体の所在地を管轄する市町村長に通報するとともに農林水産大臣に報告しなければならない。

（新疾病についての届出義務）
第４条の２　家畜が既に知られている家畜の伝染性疾病とその病状又は治療の結果が明らかに異なる疾病（以下「新疾病」という。）にかかり，又はかかつている疑いがあることを発見したときは，当該家畜を診断し，又はその死体を検案した獣医師は，農林水産省令で定める手続に従い，遅滞なく，当該家畜又はその死体の所在地を管轄する都道府県知事にその旨を届け出なければならない。

2　前項の規定は，家畜が新疾病にかかり，又はかかつている疑いがあることを第40条又は第45条の規定による検査中に発見した場合その他農林水産省令で定める場合には，適用しない。

3　第１項の規定による届出を受けた都道府県知事は，当該届出に係る家畜又はその死体の所有者に対し，当該家畜又はその死体について家畜防疫員の検査を受けるべき旨を命ずるものとする。

4　都道府県知事は，前項の検査により当該家畜がかかり，又はかかつている疑いがある疾病が，新疾病であり，かつ，家畜の伝染性疾病であることが判明した場合において，当該疾病の発生を予防することが必要であると認

めるときは，農林水産省令で定める手続に従い，その旨を農林水産大臣に報告し，かつ，当該家畜又はその死体の所在地を管轄する市町村長に通報しなければならない。
5 都道府県知事は，前項の場合には，同項の家畜の伝染性疾病の発生の状況を把握し，当該疾病の病原及び病因を検索するため，家畜又はその死体の所有者に対し，家畜又はその死体について家畜防疫員の検査を受けるべき旨を命ずるものとする。
6 前項の規定による命令は，農林水産省令で定める手続に従い，その実施期日の3日前までに次に掲げる事項を公示して行う。
一 実施の目的
二 実施する区域
三 実施の対象となる家畜又はその死体の種類及び範囲
四 実施の期日
五 検査の方法
7 農林水産大臣は，第4項の規定による報告を受けたときは，同項の家畜の伝染性疾病の発生を予防するために必要な試験研究，情報収集等を行うよう努めなければならない。

●家畜伝染病予防法施行規則（抄）

[昭和26年5月31日　農林省令第35号]

注　平成23年6月22日農林水産省令第38号改正現在

（ピロプラズマ病，アナプラズマ病及び家きんサルモネラ感染症の病原体）
第1条　家畜伝染病予防法（以下「法」という。）第2条第1項の表及び家畜伝染病予防法施行令（昭和28年政令第235号。以下「令」という。）第1条の表のピロプラズマ病，アナプラズマ病及び家きんサルモネラ感染症の農林水産省令で定める病原体は，次の表のとおりとする。

伝染性疾病	病原体
ピロプラズマ病	バベシア・ビゲミナ，バベシア・ボビス，バベシア・エクイ，バベシア・カバリ，タイレリア・パルバ，タイレリア・アヌラタ
アナプラズマ病	アナプラズマ・マージナーレ
家きんサルモネラ感染症	サルモネラ・プロラーム，サルモネラ・ガリナルム

（伝染性疾病についての届出）
第2条　法第4条第1項の農林水産省令で定める伝染性疾病は，次の表の上欄に掲げる伝染性疾病であつてそれぞれ同表の下欄に掲げる家畜についてのものとする。

伝染性疾病の種類	家畜の種類
ブルータング	牛，水牛，鹿，めん羊，山羊
アカバネ病	牛，水牛，めん羊，山羊
悪性カタル熱	牛，水牛，鹿，めん羊
チュウザン病	牛，水牛，山羊
ランピースキン病	牛，水牛
牛ウイルス性下痢・粘膜病	牛，水牛
牛伝染性鼻気管炎	牛，水牛
牛白血病	牛，水牛
アイノウイルス感染症	牛，水牛
イバラキ病	牛，水牛
牛丘疹性口炎	牛，水牛
牛流行熱	牛，水牛
類鼻疽	牛，水牛，鹿，馬，めん羊，山羊，豚，いのしし
破傷風	牛，水牛，鹿，馬
気腫疽	牛，水牛，鹿，めん羊，山羊，豚，いのしし

レプトスピラ症(レプトスピラ・ポモナ,レプトスピラ・カニコーラ,レプトスピラ・イクテロヘモリジア,レプトスピラ・グリポティフォーサ,レプトスピラ・ハージョ,レプトスピラ・オータムナーリス及びレプトスピラ・オーストラーリスによるものに限る。)	牛,水牛,鹿,豚,いのしし,犬
サルモネラ症(サルモネラ・ダブリン,サルモネラ・エンテリティディス,サルモネラ・ティフィムリウム及びサルモネラ・コレラエスイスによるものに限る。)	牛,水牛,鹿,豚,いのしし,鶏,あひる,うずら,七面鳥
牛カンピロバクター症	牛,水牛
トリパノソーマ病	牛,水牛,馬
トリコモナス病	牛,水牛
ネオスポラ症	牛,水牛
牛バエ幼虫症	牛,水牛
ニパウイルス感染症	馬,豚,いのしし
馬インフルエンザ	馬
馬ウイルス性動脈炎	馬
馬鼻肺炎	馬
馬モルビリウイルス肺炎	馬
馬痘	馬
野兎病	馬,めん羊,豚,いのしし,うさぎ
馬伝染性子宮炎	馬
馬パラチフス	馬
仮性皮疽	馬
伝染性膿疱性皮膚炎	鹿,めん羊,山羊
ナイロビ羊病	めん羊,山羊
羊痘	めん羊
マエディ・ビスナ	めん羊
伝染性無乳症	めん羊,山羊
流行性羊流産	めん羊
トキソプラズマ病	めん羊,山羊,豚,いのしし
疥癬	めん羊
山羊痘	山羊
山羊関節炎・脳脊髄炎	山羊
山羊伝染性胸膜肺炎	山羊
オーエスキー病	豚,いのしし
伝染性胃腸炎	豚,いのしし
豚エンテロウイルス性脳脊髄炎	豚,いのしし
豚繁殖・呼吸障害症候群	豚,いのしし
豚水疱疹	豚,いのしし
豚流行性下痢	豚,いのしし
萎縮性鼻炎	豚,いのしし
豚丹毒	豚,いのしし
豚赤痢	豚,いのしし
鳥インフルエンザ	鶏,あひる,うずら,七面鳥
低病原性ニューカッスル病	鶏,あひる,うずら,七面鳥
鶏痘	鶏,うずら
マレック病	鶏,うずら
伝染性気管支炎	鶏
伝染性喉頭気管炎	鶏
伝染性ファブリキウス嚢病	鶏
鶏白血病	鶏
鶏結核病	鶏,あひる,うずら,七面鳥
鶏マイコプラズマ病	鶏,七面鳥
ロイコチトゾーン病	鶏
あひる肝炎	あひる
あひるウイルス性腸炎	あひる
兎ウイルス性出血病	うさぎ
兎粘液腫	うさぎ
バロア病	蜜蜂
チョーク病	蜜蜂
アカリンダニ症	蜜蜂
ノゼマ病	蜜蜂

(焼却,埋却等の基準)

第29条 法第21条第1項の焼却及び埋却,法第23条第1項の焼却,埋却及び消毒並びに法第25条第1項の消毒についての農林水産省令で定める基準は,別表第2のとおりとする。ただし,腐蛆病の病原体により汚染し,又は汚染したおそれがある物品についての法第23条第1項の焼却及び消毒の基準は,別表第3の通りとする。

第35条 法第27条の場合には,家畜の死体については消毒薬を浸したむしろ,こも等でその全体を包み,物品又は施設については別表第2の消毒基準に準じて消毒しなければならない。

2 家畜の死体又は物品については,前項の措置に代えて,これを領海外において投棄することができる。但し,当該船舶の船長が物品

（当該家畜の運送のための敷料その他これに準ずるものを除く。）を投棄する場合には，あらかじめ，当該物品の所有者の同意を得なければならない。

別表第2　（第29条，第35条関係）
　　　焼却，埋却及び消毒の基準
　　一　焼却の基準

区分	焼却を行なう場所	焼却の方法	摘要
死体の焼却	次に掲げるいずれかの場所 1　死亡獣畜を焼却する施設を有する死亡獣畜取扱場 2　人家，飲料水，河川及び道路に近接しない場所であつて日常人及び家畜が接近しない場所	次に掲げるいずれかの方法 1　焼却炉によるときは，その装置の通常の用法による。 2　主として薪を用いるときは，次の基準に適合する方法による。 (イ)　燃料 　当該死体を焼却するに十分（死体重量の約2倍量）の薪及び補助燃料（わら，干草，タール，石油，ガソリン等）を用いる。 (ロ)　大家畜（牛馬）を焼却する場合にあつては縦横各2メートル，深さ0.75メートルの穴を掘り，これを外穴とし，その周壁を少し内面に傾斜させ，更に外穴の底に縦横各1メートル，深さ0.75メートルの内穴を掘つて埋設部にあてる。内穴の底には，わら等を厚さ約0.15メートルに敷き，タール等をまき，その上に薪を積み，外穴の底に死体をささえるに十分な鉄棒を横たえ，その上に腹部を下にして死体を載せわらに点火して完全に焼却する。（地形等を利用する場合は，この方法に準じて焼却する。） (ハ)　大家畜以外の家畜を焼却する場合にあつては，(ロ)の方法に準じて焼却する。	1　焼却後に残つた骨及び灰はなるべく土中に埋却すること。 2　焼却した場所及びその附近の場所は，消毒すること。
物品の焼却	次に掲げるいずれかの場所 1　焼却炉 2　人家，飲料水，河川及び道路に近接しない場所であつて日常家畜が接近しない場所	1　焼却炉によるときはその装置の通常の用法による。 2　当該物品を焼却するに十分な量の薪，わら等を用いて完全に焼却する。	1　残つた灰はなるべく埋却すること。 2　敷料等は散乱しないように注意すること。

　　二　埋却の基準

区分	埋却を行なう場所	埋却の方法	摘要
死体の埋却	次に掲げるいずれかの場所 1　死亡獣畜を埋却する施設を有する死亡獣畜取扱場 2　人家，飲料水，河川及び道路に近接しない場所であつて日常人及び家畜が接近しない場所	1　埋却する穴は，死体又は物品を入れてもなお地表まで1メートル以上の余地を残す深さとする。 2　死体の上には厚く生石灰をまいてから土でおおう。ただし，土質の軽い土地においては石片等をもつて死体をおおつてから土でおおう。	埋却した場所には，次の事項を記載した標示をしておくこと。 1　埋却した死体又は物品にかかる病名及び家畜にあつてはその種類 2　埋却した年月日及び発掘禁止期間 3　その他必要な事項
物品の埋却	人家，飲料水，河川及び道路に近接しない場所であつて日常人及び家畜が接近しない場所		

　　三　消毒の基準

種類	方法	適当な消毒目的物	摘要
蒸気消毒	消毒目的物を消毒器内に格納した後なるべく消毒器内の空気を排除してから流通蒸気を用いて消毒目的物を1時間以上摂氏100度以上の湿熱に触れさせる。	被服，毛布，器具，布製の飼料袋等	他物に染色のおそれがある物は，他物とともにしないこと。
煮沸消毒	消毒目的物を全部水中に浸し，沸騰後1時間以上	被服，毛布，毛，器具，	他物に染色のおそれがあ

家畜伝染病予防法施行規則（抄）

		煮沸する。	布製の飼料袋，肉，骨，角，蹄，飼料等	る物は，他物とともにしないこと。
薬物消毒	1　消石灰による消毒 　　生石灰に少量の水を加え，消石灰の粉末として直ちに消毒目的物に十分にさん布する。	畜舎の床，ふん尿，きゆう肥，ふん尿だめ，汚水溝，湿潤な土地等	生石灰は，少量の水を注げば熱を発して崩壊するものを用いること。
	2　サラシ粉による消毒 　　消毒目的物に十分にさん布する。	畜舎の床，尿だめ，汚水だめその他アンモニアの発生の著しいもの及び井水用水等	サラシ粉は，光線及び湿気による作用を受けないように貯蔵されたものであること。
	3　サラシ粉水（サラシ粉　5分／水　95分）による消毒 　　定量のサラシ粉に定量の水を徐々に加え，十分にかきまぜた後直ちに消毒目的物に十分にさん布し，又はと布する。	畜舎の隔壁，隔木，さく，土地等	サラシ粉水に用いるサラシ粉は，光線及び湿気による作用を受けないように貯蔵されたものであること。
	4　石炭酸水（防疫用石炭酸　3分／水　97分）による消毒 　　加熱してよう解した定量の防疫用石炭酸に少量の温湯又は水を加えてかきまぜ，又は振とうしながら徐々に水を注ぎ，定量にいたらせた後，消毒目的物に十分にさん布し，又はこれに消毒目的物を浸す。	手足，死体，畜舎，さく，器具，機械，革具類等	さん布の場合は，かきまぜながら使用すること。
	5　ホルムアルデヒドによる消毒 　　密閉した室内又は消毒器内において容積1立方メートルについてホルマリン15グラム以上を噴霧若しくは蒸発させ，又はホルムアルデヒド5グラム以上を発生させ，同時に28グラム以上の水を蒸発させる比例をもつて処置した後7時間以上密閉しておく。	室内，被服，毛布，畜舎，骨，肉，角，蹄，革具類，器具機械，内容の汚染していない飼料袋等	1　ホルムアルデヒドによつて毛束，被服若しくは毛布又はこれらの類似品でその内部にいたるまで消毒する必要があるものは，真空装置を使用すること。 　　この場合における消毒時間は，その装置によつて定めること。 2　ホルムアルデヒドによる消毒は，消毒効果が不安定にならないように保温（おおむね摂氏18度以上）に努めること。
	6　ホルマリン水（ホルマリン　1分／水　34分）による消毒 　　定量のホルマリンに定量の水を加えて直ちに消毒目的物に十分にさん布し，と布し，又はこれに消毒目的物を浸す。	畜舎，畜体，死体，器具，機械，骨，毛，角，蹄，革具類等	
	7　クレゾール水（クレゾール石けん液　3分／水　97分）による消毒 　　定量のクレゾール石けん液に定量の水を加えて消毒目的物に十分にさん布し，と布し，又はこれに消毒目的物を浸す。	手足，被服，畜舎，畜体，死体，さく，器具，機械（搾乳用のものを除く。），革具類等	
	8　塩酸食塩水（塩酸　2分／食塩　10分／水　88分）による消毒 　　定量の塩酸及び食塩に定量の水を加えてこれに十分に消毒目的物を浸す。	皮	
	9　苛性ソーダその他アルカリ水剤（アルカリ度1―2％）による消毒 　　これを消毒目的物に十分にさん布し，又はこれに消毒目的物を浸す。	畜舎，器具等	さん布し，又は浸した後ブラシ等でこすり水で洗うこと。
	10　アルコール（70％以上）による消毒 　　これを浸した脱脂綿等で十分にふく。	手指	

醸酵消毒	幅1メートルから2メートル,深さ0.2メートル,長さ適宜の土溝を掘り,この中に消石灰（生石灰に水を加えて粉末とした直後のものをいう。以下本項において同じ。）をさん布し病原体に汚染していない敷わら,きゆう肥等を満たし,その上に消毒目的物を1メートルから2メートルの高さに積む。その表面に消石灰をさん布してから病原体により汚染していないこも,むしろ,敷わら,きゆう肥等をもつて適当な厚さにこれをおおい,その上をさらに土をもつておおつて少なくとも1週間放置醗酵させる。	ふん,敷わら,きゆう肥等	牛又は豚のふんの消毒にあつては,消石灰に代えて生石灰を用い,適量のわらを混じて醸酵を十分にさせること。

注意　消毒の実施の基準は,次のとおりとする。
1. 畜舎の土床を消毒するには,土床に消石灰又はサラシ粉をさん布してから深さ0.3メートル以上掘り起こして,これを搬出した後,消石灰又はサラシ粉をさん布し,新鮮な土を入れ,搬出した土は,焼却又は埋却する。ただし,ブルセラ病又は家きんコレラ等の場合にあつては,消石灰,ホルマリン水,クレゾール水等を十分にさん布するだけでよい。
2. 著しく汚物が固着した畜舎,さく等を薬物消毒するときは,あらかじめ,熱ろ汁$\left(\frac{粗製カリ若しくは粗製ソーダ1分}{水　　　　　　　　　　　　20分}\right)$又は熱湯をもつて洗うこと。
3. 畜体の消毒は,ホルマリン水,クレゾール水等をもつて浸した布片を用いて十分にふき,とくに汚物の附着している部分は,これらの消毒薬液をもつて洗うこと。ただし,多数の畜体を消毒するときは,天候,中暑等に注意して,これらの消毒薬による薬浴をさせてもよい。
4. 患畜若しくは疑似患畜の死体又は汚染物品を運搬しようとするときは,石炭酸水,ホルマリン水,クレゾール水等に浸した布片等をもつて,病原体をもらすおそれのある鼻孔,口等の天然孔及びその他の部分を塞いで汚物の脱ろうを防ぎ,これらの消毒薬に浸したむしろ,こも等で全体を包むこと。
5. 患畜若しくは疑似患畜又はこれらの死体の移動中において,ふん尿その他汚物をもらしたときは,病原体を含有しないと認められる汚物を除き,適当な場所においてこれを焼却し,埋却し,又は消毒し,その汚物をもらした場所には,石炭酸水,クレゾール水を十分にさん布して消毒すること。
6. ふん尿だめ,汚水溝等を薬物消毒する場合においてサラシ粉又は消毒を用いるときは,ふん尿だめ,汚水溝等をあらかじめ粗製塩酸等を用いて弱酸性にし,その量は汚物量の10分の1以上,クレゾール水を用いるときはその量は汚物量と同量以上をそれぞれ消毒目的物中に投入してかきまぜ,その汚物をくみとつて他の場所に深く埋却し,ふん尿だめ,汚水溝等はさらにクレゾール水を十分さん布すること。（汚物をくみとることができないときはおおいをして5日間以上放置すること。）
7. 塩酸食塩水を用いて皮を消毒するときは,摂氏20度から22度の塩酸食塩水中に消毒目的物を2日間以上浸しておくこと。
8. ホルマリン水を用いて毛,角又は蹄を消毒するときは,ホルマリン水中に消毒目的物を3時間以上浸しておくこと。
9. 芽胞を形成する病原体を薬物消毒するときは,次のいずれかの消毒薬を用いること。
   ホルマリン水,サラシ粉水,塩酸食塩水又はシユウ酸,塩酸等を加えた石炭酸水
10. 薬物消毒は,通常,摂氏20度内外の環境において行うべきものであるが,その環境がこれに満たない場合でも,薬物の使用濃度の2倍を超えない範囲内においてその濃度を,又は薬物の変質を生じない程度においてその温度をそれぞれ適当に加減することにより行うことも差し支えない。
11. 異常プリオン蛋白質を薬物消毒するときは,有効塩素濃度2パーセント以上の次亜塩素酸ナトリウム水又は2モル毎リットル水酸化ナトリウム水を用いること。

備考　薬物消毒の場合において,農林水産大臣の指定した医薬品は,農林水産大臣の別に定めるところに従つて使用する場合には,この表の相当欄に掲げた薬品として用いることができる。

●薬事法（抄）

〔昭和35年8月10日〕
〔法律第145号〕

注　平成18年6月21日法律第84号改正現在

第7章　医薬品等の取扱い
第2節　医薬品の取扱い
（処方せん医薬品の販売）

第49条　薬局開設者又は医薬品の販売業者は,医師,歯科医師又は獣医師から処方せんの交付を受けた者以外の者に対して,正当な理由なく,厚生労働大臣の指定する医薬品を販売し,又は授与してはならない。ただし,薬剤

師，薬局開設者，医薬品の製造販売業者，製造業者若しくは販売業者，医師，歯科医師若しくは獣医師又は病院，診療所若しくは飼育動物診療施設の開設者に販売し，又は授与するときは，この限りでない。
2 　薬局開設者又は医薬品の販売業者は，その薬局又は店舗に帳簿を備え，医師，歯科医師又は獣医師から処方せんの交付を受けた者に対して前項に規定する医薬品を販売し，又は授与したときは，厚生労働省令の定めるところにより，その医薬品の販売又は授与に関する事項を記載しなければならない。
3 　薬局開設者又は医薬品の販売業者は，前項の帳簿を，最終の記載の日から2年間，保存しなければならない。

第10章　雑則
(動物用医薬品の使用の規制)
第83条の4　農林水産大臣は，動物用医薬品であつて，適正に使用されるのでなければ対象動物の肉，乳その他の食用に供される生産物で人の健康を損なうおそれのあるものが生産されるおそれのあるものについて，薬事・食品衛生審議会の意見を聴いて，農林水産省令で，その動物用医薬品を使用することができる対象動物，対象動物に使用する場合における使用の時期その他の事項に関し使用者が遵守すべき基準を定めることができる。
2 　前項の規定により遵守すべき基準が定められた動物用医薬品の使用者は，当該基準に定めるところにより，当該動物用医薬品を使用しなければならない。ただし，獣医師がその診療に係る対象動物の疾病の治療又は予防のためやむを得ないと判断した場合において，農林水産省令で定めるところにより使用するときは，この限りでない。
3 　農林水産大臣は，前2項の規定による農林水産省令を制定し，又は改廃しようとするときは，厚生労働大臣の意見を聴かなければならない。

●動物用医薬品等取締規則（抄）

［平成16年12月24日　農林水産省令第107号］

注　平成23年5月11日農林水産省令第31号改正現在

第5章　医薬品等の取扱い
(要指示医薬品)
第168条　法第49条第1項の農林水産大臣の指定する医薬品は，別表第3に掲げられているものとする。

別表第3（第168条関係）
　牛，馬，めん羊，山羊，豚，犬，猫又は鶏に使用することを目的とするものであって，次に掲げるもの，その誘導体及びそれらの塩類並びにこれらを含有する製剤。ただし，製剤である外用剤（抗菌性物質製剤である眼適用及び子宮内適用の外用剤，オフロキサシンを含有する外皮用剤，オルビフロキサシンを含有する外皮用剤，イベルメクチンを含有する外皮用剤（犬又は猫に使用することを目的とするものに限る。），黄体ホルモンを含有する腟内適用の外用剤，シクロスポリンを含有する眼適用の外用剤並びにセラメクチンを含有する外皮用剤を除く。）を除く。
一　アプラマイシン
二　アラセプリル
三　イソフルラン
四　イヌインターフェロン及びその製剤

五　イベルメクチン（犬又は猫に使用することを目的とするものに限る。）
六　インターフェロン―アルファ
七　エチプロストン
八　エナラプリル
九　エリスロマイシン
十　エンロフロキサシン
十一　黄体ホルモン
十二　オキソリン酸
十三　オサテロン
十四　オフロキサシン
十五　オメプラゾール
十六　オルビフロキサシン
十七　オレアンドマイシン
十八　カナマイシン
十九　カルバドックス
二十　カルプロフェン
二十一　キシラジン
二十二　キタサマイシン
二十三　クレンブテロール
二十四　クロミプラミン
二十五　クロラムフエニコール
二十六　ケタミン
二十七　ケトプロフェン
二十八　ゲンタマイシン
二十九　甲状腺ホルモン
三十　コリスチン
三十一　サリノマイシン
三十二　シクロスポリン
三十三　ジノプロスト
三十四　ジフロキサシン
三十五　ジョサマイシン
三十六　ジルロタピド
三十七　ストレプトマイシン
三十八　スピラマイシン
三十九　スペクチノマイシン
四十　スルファニルアミド
四十一　性腺刺激ホルモン（脳下垂体前葉ホルモンを除く。）
四十二　性腺刺激ホルモン放出ホルモン
四十三　性腺刺激ホルモン放出ホルモン・ジフテリアトキソイド結合物
四十四　生物学的製剤のうちワクチン（鶏痘ワクチンを除く。）及び抗牛ロタウイルス卵黄抗体
四十五　セデカマイシン
四十六　セファゾリン
四十七　セファピリン
四十八　セファレキシン
四十九　セファロニウム
五十　セフォベシン
五十一　セフキノム
五十二　セフチオフル
五十三　セフロキシム
五十四　セラメクチン（犬又は猫に使用することを目的とするものに限る。）
五十五　タイロシン
五十六　ダノフロキサシン
五十七　チアムリン
五十八　チアンフェニコール
五十九　チルミコシン
六十　デストマイシンA
六十一　テトラサイクリン
六十二　テポキサリン
六十三　テモカプリル
六十四　テルデカマイシン
六十五　トリメトプリム
六十六　トリロスタン
六十七　トルトラズリル
六十八　ナリジクス酸
六十九　ニトロキシニル
七十　ニトロフラン
七十一　ニメスリド
七十二　ネコインターフェロン
七十三　脳下垂体後葉ホルモン
七十四　脳下垂体前葉ホルモン
七十五　ノボビオシン
七十六　ノルフロキサシン
七十七　ハイグロマイシン
七十八　バシトラシン
七十九　バルネムリン
八十　バルビツール酸
八十一　ビコザマイシン
八十二　ビチオノール

八十三　ピモベンダン
八十四　ピリメタミン
八十五　フィロコキシブ
八十六　副腎皮質ホルモン
八十七　ブトルファノール
八十八　フラジオマイシン
八十九　フルニキシン
九十　プロチゾラム
九十一　プロポフォール
九十二　ブロムフェノホス
九十三　フロルフェニコール
九十四　ベダプロフェン
九十五　ベナゼプリル
九十六　ペニシリン
九十七　ベブフロキサシン
九十八　ホスホマイシン
九十九　マルボフロキサシン
百　マロピタント
百一　ミルベマイシン（犬又は猫に使用することを目的とするものに限る。）
百二　ミロサマイシン
百三　メラルソミン
百四　メロキシカム
百五　モキシデクチン（犬又は猫に使用することを目的とするものに限る。）
百六　モネンシン
百七　ラチデクチン
百八　ラミプリル
百九　卵胞ホルモン
百十　リンコマイシン
百十一　ロベナコキシブ
百十二　ロメフロキサシン

●動物用医薬品の使用の規制に関する省令（抄）

［昭和55年9月30日　農林水産省令第42号］

注　平成23年3月11日農林水産省令第9号改正現在

（定義）
第1条　この省令において「医薬品」とは、専ら動物のために使用されることが目的とされている医薬品をいう。

（対象動物）
第2条　この省令において「対象動物」とは、薬事法（以下「法」という。）第83条第1項の規定により読み替えて適用される法第14条第2項第3号ロに規定する対象動物をいう。

（使用者が遵守すべき基準）
第3条　法第83条の4第1項の使用者が遵守すべき基準は、次に掲げるとおりとする。

一　別表第1及び別表第2の医薬品の欄に掲げる医薬品は、それぞれ、当該医薬品の種類に応じ同表の使用対象動物の欄に掲げる動物（以下「使用対象動物」という。）以外の対象動物に使用してはならないこと。

二　別表第1及び別表第2の医薬品の欄に掲げる医薬品を使用対象動物に使用するときは、それぞれ、当該使用対象動物の種類に応じこれらの表の用法及び用量の欄に掲げる用法及び用量（当該医薬品の成分と同一の成分を含む飼料に当該医薬品を加えて使用する場合にあつては、その用量から当該飼料が含む当該成分の量を控除した量）により使用しなければならないこと。

三　別表第1及び別表第2の医薬品の欄に掲げる医薬品を使用対象動物に使用するときは、それぞれ、当該使用対象動物の種類に応じこれらの表の使用禁止期間の欄に掲げる期間を除く期間において使用しなければ

ならないこと。
（獣医師の使用の特例）
第4条　獣医師は，法第83条の4第2項ただし書の規定により医薬品を使用する場合は，その診療に係る対象動物の所有者又は管理者に対し，当該対象動物の肉，乳その他の食用に供される生産物で人の健康を損なうおそれがあるものの生産を防止するために必要とされる出荷制限期間（当該医薬品を投与した後当該対象動物及びその生産する乳，鶏卵等を食用に供するために出荷してはならないこととされる期間をいう。以下同じ。）を別記様式の出荷制限期間指示書により指示してしなければならない。この場合において，別表第1及び別表第2の医薬品の欄に掲げる医薬品を使用対象動物に使用するときは，当該使用対象動物の種類に応じこれらの表の使用禁止期間の欄に掲げる期間以上の期間を出荷制限期間として指示しなければならない。

別表第1　（第3条関係）　略
別表第2　（第3条関係）　略

●飼料の安全性の確保及び品質の改善に関する法律（抄）

〔昭和28年4月11日　法律第35号〕

注　平成19年3月30日法律第8号改正現在

第1章　総則

（目的）
第1条　この法律は，飼料及び飼料添加物の製造等に関する規制，飼料の公定規格の設定及びこれによる検定等を行うことにより，飼料の安全性の確保及び品質の改善を図り，もつて公共の安全の確保と畜産物等の生産の安定に寄与することを目的とする。

（定義）
第2条　この法律において「家畜等」とは，家畜，家きんその他の動物で政令で定めるものをいう。

2　この法律において「飼料」とは，家畜等の栄養に供することを目的として使用される物をいう。

3　この法律において「飼料添加物」とは，飼料の品質の低下の防止その他の農林水産省令で定める用途に供することを目的として飼料に添加，混和，浸潤その他の方法によつて用いられる物で，農林水産大臣が農業資材審議会の意見を聴いて指定するものをいう。

4　この法律において「製造業者」とは，飼料又は飼料添加物の製造（配合及び加工を含む。以下同じ。）を業とする者をいい，「輸入業者」とは，飼料又は飼料添加物の輸入を業とする者をいい，「販売業者」とは，飼料又は飼料添加物の販売を業とする者で製造業者及び輸入業者以外のものをいう。

第2章　飼料の製造等に関する規制

（基準及び規格）
第3条　農林水産大臣は，飼料の使用又は飼料添加物を含む飼料の使用が原因となつて，有害畜産物（家畜等の肉，乳その他の食用に供される生産物で人の健康をそこなうおそれがあるものをいう。以下同じ。）が生産され，又は家畜等に被害が生ずることにより畜産物（家畜等に係る生産物をいう。以下同じ。）の生産が阻害されることを防止する見地から，農林水産省令で，飼料若しくは飼料添加物の製造，使用若しくは保存の方法若しくは表示につき基準を定め，又は飼料若しくは飼料添加物の成分につき規格を定めるができ

きる。
2 農林水産大臣は、前項の規定により基準又は規格を設定し、改正し、又は廃止しようとするときは、農業資材審議会の意見を聴かなければならない。
3 第1項の基準又は規格については、常に適切な科学的判断が加えられ、必要な改正がなされなければならない。
（製造等の禁止）
第4条 前条第1項の規定により基準又は規格が定められたときは、何人も、次に掲げる行為をしてはならない。
　一 当該基準に合わない方法により、飼料又は飼料添加物を販売（不特定又は多数の者に対する販売以外の授与及びこれに準ずるものとして農林水産省令で定める授与を含む。以下同じ。）の用に供するために製造し、若しくは保存し、又は使用すること。
　二 当該基準に合わない方法により製造され、又は保存された飼料又は飼料添加物を販売し、又は販売の用に供するために輸入すること。
　三 当該基準に合う表示がない飼料又は飼料添加物を販売すること。
　四 当該規格に合わない飼料又は飼料添加物を販売し、販売の用に供するために製造し、若しくは輸入し、又は使用すること。

第2章 飼料の製造等に関する規制

（有害な物質を含む飼料等の製造等の禁止）
第23条 農林水産大臣は、次に掲げる飼料の使用又は第1号若しくは第2号に掲げる飼料添加物を含む飼料の使用が原因となつて、有害畜産物が生産され、又は家畜等に被害が生ずることにより畜産物の生産が阻害されることを防止するため必要があると認めるときは、農業資材審議会の意見を聴いて、製造業者、輸入業者若しくは販売業者に対し、当該飼料若しくは当該飼料添加物の製造、輸入若しくは販売を禁止し、又は飼料の使用者に対し、当該飼料の使用を禁止することができる。
　一 有害な物質を含み、又はその疑いがある飼料又は飼料添加物
　二 病原微生物により汚染され、又はその疑いがある飼料又は飼料添加物
　三 使用の経験が少ないため、有害でない旨の確証がないと認められる飼料
（廃棄等の命令）
第24条 製造業者、輸入業者又は販売業者が次に掲げる飼料又は飼料添加物を販売した場合又は販売の用に供するために保管している場合において、当該飼料の使用又は当該飼料添加物を含む飼料の使用が原因となつて、有害畜産物が生産され、又は家畜等に被害が生ずることにより畜産物の生産が阻害されることを防止するため特に必要があると認めるときは、必要な限度において、農林水産大臣は、当該製造業者又は輸入業者に対し、都道府県知事は、当該販売業者に対し、当該飼料又は当該飼料添加物の廃棄又は回収を図ることその他必要な措置をとるべきことを命ずることができる。
　一 第4条第2号から第4号までに規定する飼料又は飼料添加物
　二 特定飼料等で、当該特定飼料等又はその容器若しくは包装に第5条第1項本文、第16条第1項又は第21条第2項の表示が付されていないもの
　三 前条の規定による禁止に係る飼料又は飼料添加物
2 販売業者が前項各号に掲げる飼料又は飼料添加物を販売した場合又は販売の用に供するために保管している場合において、有害畜産物が生産されることを防止するため緊急の必要があると認めるときは、農林水産大臣は、必要な限度において、当該販売業者に対し、同項の措置をとるべきことを命ずることができる。

●飼料の安全性の確保及び品質の改善に関する法律施行令（抄）

［昭和51年7月16日　政令第198号］

注　平成19年3月30日政令第111号改正現在

（家畜等）

第1条　飼料の安全性の確保及び品質の改善に関する法律（以下「法」という。）第2条第1項の政令で定める動物は、次に掲げるとおりとする。
　一　牛、豚、めん羊、山羊及びしか
　二　鶏及びうずら
　三　みつばち
　四　ぶり、まだい、ぎんざけ、かんぱち、ひらめ、とらふぐ、しまあじ、まあじ、ひらまさ、たいりくすずき、すずき、すぎ、くろまぐろ、くるまえび、こい（農林水産大臣が指定するものを除く。）、うなぎ、にじます、あゆ、やまめ、あまご及びにつこういわなその他のいわな属の魚であつて農林水産大臣が指定するもの

●飼料の安全性の確保及び品質の改善に関する法律の規定に基づく飼料添加物

［昭和51年7月24日　農林省告示第750号］

注　平成22年2月4日農林水産省告示第270号改正現在

飼料の安全性の確保及び品質の改善に関する法律（昭和28年法律第35号）第2条第3項の規定に基づき、飼料添加物を次のように定める。

1　アルギン酸ナトリウム、エトキシキン、カゼインナトリウム、カルボキシメチルセルロースナトリウム、ギ酸、グリセリン脂肪酸エステル、ジブチルヒドロキシトルエン、ショ糖脂肪酸エステル、ソルビタン脂肪酸エステル、ブチルヒドロキシアニソール、プロピオン酸、プロピオン酸カルシウム、プロピオン酸ナトリウム、プロピレングリコール、ポリアクリル酸ナトリウム、ポリオキシエチレングリセリン脂肪酸エステル及びポリオキシエチレンソルビタン脂肪酸エステル並びにこれらのいずれかを有効成分として含有する製剤

2　L－アスコルビン酸、L－アスコルビン酸カルシウム、L－アスコルビン酸ナトリウム、L－アスコルビン酸―2－リン酸エステルナトリウムカルシウム、L－アスコルビン酸―2－リン酸エステルマグネシウム、アスタキサンチン、アセトメナフトン、β－アポ－8'―カロチン酸エチルエステル、アミノ酢酸、DL－アラニン、L－アルギニン、イノシトール、エルゴカルシフェロール、塩化カリウム、塩化コリン、塩酸ジベンゾイルチアミン、塩酸チアミン、塩酸ピリドキシン、塩酸L－リジン、β－カロチン、カンタキサンチン、クエン酸鉄、グルコン酸カルシウム、L－グルタミン酸ナトリウム、コハク酸クエン酸鉄ナトリウム、コレカルシフェロール、酢酸 dl－α－トコフェロール、酸化マグネシウム、シアノコバラミン、硝酸チアミン、水酸化アルミニウム、タウリン、炭酸亜鉛、炭酸コバルト、炭酸水素ナトリウム、炭酸マグネシウム、炭酸マンガン、2－デアミノ－2－ヒドロキシメチオニン、DL－トリプトファン、L－ト

リプトファン，L―トレオニン，DL―トレオニン鉄，ニコチン酸，ニコチン酸アミド，乳酸カルシウム，パラアミノ安息香酸，L―バリン，D―パントテン酸カルシウム，DL―パントテン酸カルシウム，d―ビオチン，ビタミンA粉末，ビタミンA油，ビタミンD粉末，ビタミンD_3油，ビタミンE粉末，フマル酸第一鉄，ペプチド亜鉛，ペプチド鉄，ペプチド銅，ペプチドマンガン，DL―メチオニン，メナジオン亜硫酸水素ジメチルピリミジノール，メナジオン亜硫酸水素ナトリウム，ヨウ化カリウム，葉酸，ヨウ素酸カリウム，ヨウ素酸カルシウム，リボフラビン，リボフラビン酪酸エステル，硫酸亜鉛（乾燥），硫酸亜鉛（結晶），硫酸亜鉛メチオニン，硫酸コバルト（乾燥），硫酸コバルト（結晶），硫酸鉄（乾燥），硫酸銅（乾燥），硫酸銅（結晶），硫酸ナトリウム（乾燥），硫酸マグネシウム（乾燥），硫酸マグネシウム（結晶），硫酸マンガン，硫酸L―リジン，リン酸一水素カリウム（乾燥），リン酸一水素ナトリウム（乾燥），リン酸二水素カリウム（乾燥），リン酸二水素ナトリウム（乾燥）及びリン酸二水素ナトリウム（結晶）並びにこれらのいずれかを有効成分として含有する製剤

3　亜鉛バシトラシン，アビラマイシン，アミラーゼ，アルカリ性プロテアーゼ，アルキルトリメチルアンモニウムカルシウムオキシテトラサイクリン，アンプロリウム・エトパベート，アンプロリウム・エトパベート・スルファキノキサリン，エフロトマイシン，エンテロコッカス フェカーリス，エンテロコッカス フェシウム，エンラマイシン，ギ酸カルシウム，キシラナーゼ，キシラナーゼ・ペクチナーゼ複合酵素，クエン酸モランテル，β―グルカナーゼ，グルコン酸ナトリウム，クロストリジウム ブチリカム，クロルテトラサイクリン，サッカリンナトリウム，サリノマイシンナトリウム，酸性プロテアーゼ，セデカマイシン，セルラーゼ，セルラーゼ・プロテアーゼ・ペクチナーゼ複合酵素，センデュラマイシンナトリウム，着香料（エステル類，エーテル類，ケトン類，脂肪酸類，脂肪族高級アルコール類，脂肪族高級アルデヒド類，脂肪族高級炭化水素類，テルペン系炭化水素類，フェノールエーテル類，フェノール類，芳香族アルコール類，芳香族アルデヒド類及びラクトン類のうち，一種又は二種以上を有効成分として含有し，着香の目的で使用されるものをいう。），中性プロテアーゼ，デコキネート，ナイカルバジン，ナラシン，ニギ酸カリウム，ノシヘプタイド，バージニアマイシン，バチルス コアグランス，バチルス サブチルス，バチルス セレウス，バチルス バディウス，ハロフジノンポリスチレンスルホン酸カルシウム，ビコザマイシン，ビフィドバクテリウム サーモフィラム，ビフィドバクテリウム シュードロンガム，フィターゼ，フマル酸，フラボフォスフォリポール，モネンシンナトリウム，ラクターゼ，ラクトバチルス アシドフィルス，ラクトバチルス サリバリウス，ラサロシドナトリウム，リパーゼ，硫酸コリスチン及びリン酸タイロシン並びにこれらのいずれかを有効成分として含有する製剤

4　前3号に掲げる物を2以上含有する製剤

●飼料及び飼料添加物の成分規格等に関する省令（抄）

［昭和51年7月24日　農林省令第35号］

注　平成22年5月31日農林水産省令第40号改正現在

第1条　飼料の安全性の確保及び品質の改善に関する法律（以下「法」という。）第3条第1項に規定する飼料の成分規格並びに製造等の方法及び表示の基準については，別表第1に定めるところによる。

第2条　法第3条第1項に規定する飼料添加物の成分規格並びに製造等の方法及び表示の基準については，別表第2に定めるところによる。

別表第1（第1条関係）　略
別表第2（第2条関係）　略

●水道法（抄）

［昭和32年6月15日　法律第177号］

注　平成18年6月2日法律第50号改正現在

第1章　総則

（水質基準）

第4条　水道により供給される水は，次の各号に掲げる要件を備えるものでなければならない。
一　病原生物に汚染され，又は病原生物に汚染されたことを疑わせるような生物若しくは物質を含むものでないこと。
二　シアン，水銀その他の有毒物質を含まないこと。
三　銅，鉄，弗素，フエノールその他の物質をその許容量をこえて含まないこと。
四　異常な酸性又はアルカリ性を呈しないこと。
五　異常な臭味がないこと。ただし，消毒による臭味を除く。
六　外観は，ほとんど無色透明であること。
2　前項各号の基準に関して必要な事項は，厚生労働省令で定める。

●水質基準に関する省令

[平成15年5月30日]
[厚生労働省令第101号]

注　平成23年1月28日厚生労働省令第11号改正現在

水道法（昭和32年法律第177号）第4条第2項の規定に基づき，水質基準に関する省令を次のように定める。

水道により供給される水は，次の表の上欄に掲げる事項につき厚生労働大臣が定める方法によって行う検査において，同表の下欄に掲げる基準に適合するものでなければならない。

一	一般細菌	1 ml の検水で形成される集落数が100以下であること。
二	大腸菌	検出されないこと。
三	カドミウム及びその化合物	カドミウムの量に関して，0.003 mg/l 以下であること。
四	水銀及びその化合物	水銀の量に関して，0.0005 mg/l 以下であること。
五	セレン及びその化合物	セレンの量に関して，0.01 mg/l 以下であること。
六	鉛及びその化合物	鉛の量に関して，0.01 mg/l 以下であること。
七	ヒ素及びその化合物	ヒ素の量に関して，0.01 mg/l 以下であること。
八	六価クロム化合物	六価クロムの量に関して，0.05 mg/l 以下であること。
九	シアン化物イオン及び塩化シアン	シアンの量に関して，0.01 mg/l 以下であること。
十	硝酸態窒素及び亜硝酸態窒素	10 mg/l 以下であること。
十一	フッ素及びその化合物	フッ素の量に関して，0.8 mg/l 以下であること。
十二	ホウ素及びその化合物	ホウ素の量に関して，1.0 mg/l 以下であること。
十三	四塩化炭素	0.002 mg/l 以下であること。
十四	1.4―ジオキサン	0.05 mg/l 以下であること。
十五	シス―1・2―ジクロロエチレン及びトランス―1・2―ジクロロエチレン	0.04 mg/l 以下であること。
十六	ジクロロメタン	0.02 mg/l 以下であること。
十七	テトラクロロエチレン	0.01 mg/l 以下であること。
十八	トリクロロエチレン	0.01 mg/l 以下であること。
十九	ベンゼン	0.01 mg/l 以下であること。
二十	塩素酸	0.6 mg/l 以下であること。
二十一	クロロ酢酸	0.02 mg/l 以下であること。
二十二	クロロホルム	0.06 mg/l 以下であること。
二十三	ジクロロ酢酸	0.04 mg/l 以下であること。
二十四	ジブロモクロロメタン	0.1 mg/l 以下であること。
二十五	臭素酸	0.01 mg/l 以下であること。
二十六	総トリハロメタン（クロロホルム，ジブロモクロロメタン，ブロモジクロロメタン及びブロモホルムのそれぞれの濃度の総和）	0.1 mg/l 以下であること。
二十七	トリクロロ酢酸	0.2 mg/l 以下であること。
二十八	ブロモジクロロメタン	0.03 mg/l 以下であること。
二十九	ブロモホルム	0.09 mg/l 以下であること。
三十	ホルムアルデヒド	0.08 mg/l 以下であること。
三十一	亜鉛及びその化合物	亜鉛の量に関して，1.0 mg/l 以下であること。
三十二	アルミニウム及びその化合物	アルミニウムの量に関して，0.2 mg/l 以下であること。
三十三	鉄及びその化合物	鉄の量に関して，0.3 mg/l 以下であること。
三十四	銅及びその化合物	銅の量に関して，1.0 mg/l 以下であること。
三十五	ナトリウム及びその化合物	ナトリウムの量に関して，200 mg/l 以下であること。
三十六	マンガン及びその化合物	マンガンの量に関して，0.05 mg/l 以下であること。
三十七	塩化物イオン	200 mg/l 以下であること。

三十八	カルシウム，マグネシウム等（硬度）	300 mg/l 以下であること。
三十九	蒸発残留物	500 mg/l 以下であること。
四十	陰イオン界面活性剤	0.2 mg/l 以下であること。
四十一	（4S・4aS・8aR）―オクタヒドロ―4・8a―ジメチルナフタレン―4a（2H）―オール（別名ジェオスミン）	0.00001 mg/l 以下であること。
四十二	1・2・7・7―テトラメチルビシクロ［2・2・1］ヘプタン―2―オール（別名2―メチルイソボルネオール）	0.00001 mg/l 以下であること。
四十三	非イオン界面活性剤	0.02 mg/l 以下であること。
四十四	フェノール類	フェノールの量に換算して，0.005 mg/l 以下であること。
四十五	有機物（全有機炭素（TOC）の量）	3 mg/l 以下であること。
四十六	pH値	5.8以上8.6以下であること。
四十七	味	異常でないこと。
四十八	臭気	異常でないこと。
四十九	色度	5度以下であること。
五十	濁度	2度以下であること。

●水質汚濁防止法（抄）

［昭和45年12月25日
法律第138号］

注 平成23年6月22日法律第71号改正現在

第1章 総則

（定義）

第2条 この法律において「公共用水域」とは，河川，湖沼，港湾，沿岸海域その他公共の用に供される水域及びこれに接続する公共溝渠，かんがい用水路その他公共の用に供される水路（下水道法（昭和33年法律第79号）第2条第3号及び第4号に規定する公共下水道及び流域下水道であつて，同条第6号に規定する終末処理場を設置しているもの（その流域下水道に接続する公共下水道を含む。）を除く。）をいう。

2 この法律において「特定施設」とは，次の各号のいずれかの要件を備える汚水又は廃液を排出する施設で政令で定めるものをいう。
  一 カドミウムその他の人の健康に係る被害を生ずるおそれがある物質として政令で定める物質（以下「有害物質」という。）を含むこと。
  二 化学的酸素要求量その他の水の汚染状態（熱によるものを含み，前号に規定する物質によるものを除く。）を示す項目として政令で定める項目に関し，生活環境に係る被害を生ずるおそれがある程度のものであること。

3 この法律において「指定地域特定施設」とは，第4条の2第1項に規定する指定水域の水質にとつて前項第2号に規定する程度の汚水又は廃液を排出する施設として政令で定める施設で同条第1項に規定する指定地域に設置されるものをいう。

4 この法律において「指定施設」とは，有害物質を貯蔵し，若しくは使用し，又は有害物質及び次項に規定する油以外の物質であつて公共用水域に多量に排出されることにより人の健康若しくは生活環境に係る被害を生ずるおそれがある物質として政令で定めるもの（第14条の2第2項において「指定物質」という。）を製造し，貯蔵し，使用し，若しくは処理する施設をいう。

5 この法律において「貯油施設等」とは，重油その他の政令で定める油（以下単に「油」という。）を貯蔵し，又は油を含む水を処理する施設で政令で定めるものをいう。

6 この法律において「排出水」とは，特定施設（指定地域特定施設を含む。以下同じ。）を設置する工場又は事業場（以下「特定事業場」という。）から公共用水域に排出される水をいう。

7 この法律において「汚水等」とは，特定施設から排出される汚水又は廃液をいう。

8 この法律において「特定地下浸透水」とは，有害物質を，その施設において製造し，使用し，又は処理する特定施設（指定地域特定施設を除く。以下「有害物質使用特定施設」という。）を設置する特定事業場（以下「有害物質使用特定事業場」という。）から地下に浸透する水で有害物質使用特定施設に係る汚水等（これを処理したものを含む。）を含むものをいう。

9 この法律において「生活排水」とは，炊事，洗濯，入浴等人の生活に伴い公共用水域に排出される水（排出水を除く。）をいう。

第2章 排出水の排出の規制等

（排水基準）

第3条 排水基準は，排出水の汚染状態（熱によるものを含む。以下同じ。）について，環境省令で定める。

2 前項の排水基準は，有害物質による汚染状態にあつては，排出水に含まれる有害物質の量について，有害物質の種類ごとに定める許容限度とし，その他の汚染状態にあつては，前条第2項第2号に規定する項目について，項目ごとに定める許容限度とする。

3 都道府県は，当該都道府県の区域に属する公共用水域のうちに，その自然的，社会的条件から判断して，第1項の排水基準によつては人の健康を保護し，又は生活環境を保全することが十分でないと認められる区域があるときは，その区域に排出される排出水の汚染状態について，政令で定める基準に従い，条例で，同項の排水基準にかえて適用すべき同項の排水基準で定める許容限度よりきびしい許容限度を定める排水基準を定めることができる。

4 前項の条例においては，あわせて当該区域の範囲を明らかにしなければならない。

5 都道府県が第3項の規定により排水基準を定める場合には，当該都道府県知事は，あらかじめ，環境大臣及び関係都道府県知事に通知しなければならない。

●水質汚濁防止法施行令（抄）

［昭和46年6月17日］
［政　令　第　188　号］

注　平成23年3月16日政令第22号改正現在

（特定施設）

第1条 水質汚濁防止法（以下「法」という。）第2条第2項の政令で定める施設は，別表第1に掲げる施設とする。

（カドミウム等の物質）

第2条 法第2条第2項第1号の政令で定める物質は，次に掲げる物質とする。

一 カドミウム及びその化合物

二 シアン化合物

三 有機燐化合物（ジエチルパラニトロフエニルチオホスフエイト（別名パラチオン），ジメチルパラニトロフエニルチオホスフエ

イト（別名メチルパラチオン），ジメチルエチルメルカプトエチルチオホスフエイト（別名メチルジメトン）及びエチルパラニトロフエニルチオノベンゼンホスホネイト（別名EPN）に限る。）
四　鉛及びその化合物
五　六価クロム化合物
六　砒素及びその化合物
七　水銀及びアルキル水銀その他の水銀化合物
八　ポリ塩化ビフェニル
九　トリクロロエチレン
十　テトラクロロエチレン
十一　ジクロロメタン
十二　四塩化炭素
十三　1・2―ジクロロエタン
十四　1・1―ジクロロエチレン
十五　シス―1・2―ジクロロエチレン
十六　1・1・1―トリクロロエタン
十七　1・1・2―トリクロロエタン
十八　1・3―ジクロロプロペン
十九　テトラメチルチウラムジスルフイド（別名チウラム）
二十　2―クロロ―4・6―ビス（エチルアミノ）―s―トリアジン（別名シマジン）
二十一　S―4―クロロベンジル＝N・N―ジエチルチオカルバマート（別名チオベンカルブ）
二十二　ベンゼン
二十三　セレン及びその化合物
二十四　ほう素及びその化合物
二十五　ふつ素及びその化合物
二十六　アンモニア，アンモニウム化合物，亜硝酸化合物及び硝酸化合物

（水素イオン濃度等の項目）
第3条　法第2条第2項第2号の政令で定める項目は，次に掲げる項目とする。
一　水素イオン濃度
二　生物化学的酸素要求量及び化学的酸素要求量
三　浮遊物質量
四　ノルマルヘキサン抽出物質含有量
五　フエノール類含有量
六　銅含有量
七　亜鉛含有量
八　溶解性鉄含有量
九　溶解性マンガン含有量
十　クロム含有量
十一　大腸菌群数
十二　窒素又はりんの含有量（湖沼植物プランクトン又は海洋植物プランクトンの著しい増殖をもたらすおそれがある場合として環境省令で定める場合におけるものに限る。第4条の2において同じ。）
2　環境大臣は，前項第12号の環境省令を定めようとするときは，関係行政機関の長に協議しなければならない。

（指定物質）
第3条の3　法第2条第4項の政令で定める物質は，次に掲げる物質とする。
一　ホルムアルデヒド
二　ヒドラジン
三　ヒドロキシルアミン
四　過酸化水素
五　塩化水素
六　水酸化ナトリウム
七　アクリロニトリル
八　水酸化カリウム
九　塩化ビニルモノマー
十　アクリルアミド
十一　アクリル酸
十二　次亜塩素酸ナトリウム
十三　二硫化炭素
十四　酢酸エチル
十五　メチル―ターシヤリーブチルエーテル（別名MTBE）
十六　トランス―1・2ジクロロエチレン
十七　硫酸
十八　ホスゲン
十九　1・2―ジクロロプロパン
二十　クロルスルホン酸
二十一　塩化チオニル
二十二　クロロホルム
二十三　硫酸ジメチル

二十四　クロルピクリン
二十五　りん酸ジメチル＝２・２―ジクロロビニル（別名ジクロルボス又はDDVP）
二十六　ジメチルエチルスルフイニルイソプロピルチオホスフエイト（別名オキシデプロホス又はESP）
二十七　１・４―ジオキサン
二十八　トルエン
二十九　エピクロロヒドリン
三十　スチレン
三十一　キシレン
三十二　パラージクロロベンゼン
三十三　Ｎ―メチルカルバミン酸２―セカンダリーブチルフエニル（別名フエノブカルブ又はBPMC）
三十四　３・５―ジクロロ―Ｎ―（１・１―ジメチル―２―プロピニル）ベンズアミド（別名プロピザミド）
三十五　テトラクロロイソフタロニトリル（別名クロロタロニル又はTPN）
三十六　チオりん酸Ｏ・Ｏ―ジメチル―Ｏ―（３―メチル―４―ニトロフエニル）（別名フエニトロチオン又はMEP）
三十七　チオりん酸Ｓ―ベンジル―Ｏ・Ｏ―ジイソプロピル（別名イプロベンホス又はIBP）
三十八　１・３―ジチオラン―２―イリデンマロン酸ジイソプロピル（別名イソプロチオラン）
三十九　チオりん酸Ｏ・Ｏ―ジエチル―Ｏ―（２―イソプロピル―６―メチル―４―ピリミジニル）（別名ダイアジノン）
四十　チオりん酸Ｏ・Ｏ―ジエチル―Ｏ―（５―フエニル―３―イソキサゾリル）（別名イソキサチオン）
四十一　４―ニトロフエニル２・４・６―トリクロロフエニルエーテル（別名クロルニトロフエン又はCNP）
四十二　チオりん酸Ｏ・Ｏ―ジエチル―Ｏ―（３・５・６―トリクロロ―２―ピリジル）（別名クロルピリホス）
四十三　フタル酸ビス（２―エチルヘキシル）
四十四　エチル＝（Ｚ）―３―［Ｎ―ベンジル―Ｎ―［［メチル（１―メチルチオエチリデンアミノオキシカルボニル）アミノ］チオ］アミノ］プロピオナート（別名アラニカルブ）
四十五　１・２・４・５・６・７・８・８―オクタロロ―２・３・3a・４・７・7a―ヘキサヒドロ―４・７―メタノ―1H―インデン（別名クロルデン）
四十六　臭素
四十七　アルミニウム及びその化合物
四十八　ニッケル及びその化合物
四十九　モリブデン及びその化合物
五十　アンチモン及びその化合物
五十一　塩素酸及びその塩
五十二　臭素酸及びその塩

別表第１（第１条関係）
　一の二　畜産農業又はサービス業の用に供する施設であつて，次に掲げるもの
　　イ　豚房施設（豚房の総面積が50平方メートル未満の事業場に係るものを除く。）
　　ロ　牛房施設（牛房の総面積が200平方メートル未満の事業場に係るものを除く。）
　　ハ　馬房施設（馬房の総面積が500平方メートル未満の事業場に係るものを除く。）
　二　畜産食料品製造業の用に供する施設であつて，次に掲げるもの
　　イ　原料処理施設
　　ロ　洗浄施設（洗びん施設を含む。）
　　ハ　湯煮施設
　十二　動植物油脂製造業の用に供する施設であつて，次に掲げるもの
　　イ　原料処理施設
　　ロ　洗浄施設
　　ハ　圧搾施設
　　ニ　分離施設
　四十七　医薬品製造業の用に供する施設であつて，次に掲げるもの
　　イ　動物原料処理施設
　　ロ　ろ過施設

Ⅲ 関係法令等 関係法令

　　ハ　分離施設
　　ニ　混合施設（第2条各号に掲げる物質を含有する物を混合するものに限る。以下同じ。）
　　ホ　廃ガス洗浄施設
　七十一の二　科学技術（人文科学のみに係るものを除く。）に関する研究，試験，検査又は専門教育を行う事業場で環境省令で定めるものに設置されるそれらの業務の用に供する施設であつて，次に掲げるもの
　　イ　洗浄施設
　　ロ　焼入れ施設

●排水基準を定める省令（抄）

〔昭和46年6月21日〕
〔総理府令第35号〕

注　平成23年3月16日環境省令第3号改正現在

（排水基準）
第1条　水質汚濁防止法（昭和45年法律第138号。以下「法」という。）第3条第1項の排水基準は，同条第2項の有害物質（以下「有害物質」という。）による排出水の汚染状態については，別表第1の上欄に掲げる有害物質の種類ごとに同表の下欄に掲げるとおりとし，その他の排出水の汚染状態については，別表第2の上欄に掲げる項目ごとに同表の下欄に掲げるとおりとする。

別表第1（第1条関係）

有害物質の種類	許容限度
カドミウム及びその化合物	1リットルにつきカドミウム0.1ミリグラム
シアン化合物	1リットルにつきシアン1ミリグラム
有機燐化合物（パラチオン，メチルパラチオン，メチルジメトン及びEPNに限る。）	1リットルにつき1ミリグラム
鉛及びその化合物	1リットルにつき鉛0.1ミリグラム
六価クロム化合物	1リットルにつき六価クロム0.5ミリグラム
砒素及びその化合物	1リットルにつき砒素0.1ミリグラム
水銀及びアルキル水銀その他の水銀化合物	1リットルにつき水銀0.005ミリグラム
アルキル水銀化合物	検出されないこと。
ポリ塩化ビフェニル	1リットルにつき0.003ミリグラム
トリクロロエチレン	1リットルにつき0.3ミリグラム
テトラクロロエチレン	1リットルにつき0.1ミリグラム
ジクロロメタン	1リットルにつき0.2ミリグラム
四塩化炭素	1リットルにつき0.02ミリグラム
1・2―ジクロロエタン	1リットルにつき0.04ミリグラム
1・1―ジクロロエチレン	1リットルにつき0.2ミリグラム
シス―1・2―ジクロロエチレン	1リットルにつき0.4ミリグラム
1・1・1―トリクロロエタン	1リットルにつき3ミリグラム
1・1・2―トリクロロエタン	1リットルにつき0.06ミリグラム
1・3―ジクロロプロペン	1リットルにつき0.02ミリグラム
チウラム	1リットルにつき0.06ミリグラム
シマジン	1リットルにつき0.03ミリグラム
チオベンカルブ	1リットルにつき0.2ミリグラム
ベンゼン	1リットルにつき0.1ミリグラム
セレン及びその化合物	1リットルにつきセレン0.1ミリグラム
ほう素及びその化合物	海域以外の公共用水域に排出されるもの1リットルにつきほう素10ミリグラム
	海域に排出されるもの1リットルにつきほう素230ミリグラム
ふつ素及びその化合物	海域以外の公共用水域に排出されるもの1リットルにつきふつ素8ミリグラム
	海域に排出されるもの1リットルにつきふつ素15ミリグラム

アンモニア，アンモニウム化合物，亜硝酸化合物及び硝酸化合物	1リットルにつきアンモニア性窒素に0.4を乗じたもの，亜硝酸性窒素及び硝酸性窒素の合計量100ミリグラム

備考
1　「検出されないこと。」とは，第2条の規定に基づき環境大臣が定める方法により排出水の汚染状態を検定した場合において，その結果が当該検定方法の定量限界を下回ることをいう。
2　砒素及びその化合物についての排水基準は，水質汚濁防止法施行令及び廃棄物の処理及び清掃に関する法律施行令の一部を改正する政令（昭和49年政令第363号）の施行の際現にゆう出している温泉（温泉法（昭和23年法律第125号）第2条第1項に規定するものをいう。以下同じ。）を利用する旅館業に属する事業場に係る排出水については，当分の間，適用しない。

別表第2　（第1条関係）

項目	許容限度
水素イオン濃度（水素指数）	海域以外の公共用水域に排出されるもの5.8以上8.6以下
	海域に排出されるもの5.0以上9.0以下
生物化学的酸素要求量（単位　1リットルにつきミリグラム）	160（日間平均120）
化学的酸素要求量（単位　1リットルにつきミリグラム）	160（日間平均120）
浮遊物質量（単位　1リットルにつきミリグラム）	200（日間平均150）
ノルマルヘキサン抽出物質含有量（鉱油類含有量）（単位　1リットルにつきミリグラム）	5
ノルマルヘキサン抽出物質含有量（動植物油脂類含有量）（単位　1リットルにつきミリグラム）	30
フェノール類含有量（単位　1リットルにつきミリグラム）	5
銅含有量（単位　1リットルにつきミリグラム）	3
亜鉛含有量（単位　1リットルにつきミリグラム）	2
溶解性鉄含有量（単位　1リットルにつきミリグラム）	10
溶解性マンガン含有量（単位　1リットルにつきミリグラム）	10
クロム含有量（単位　1リットルにつきミリグラム）	2
大腸菌群数（単位　1立方センチメートルにつき個）	日間平均3,000
窒素含有量（単位　1リットルにつきミリグラム）	120（日間平均60）
燐含有量（単位　1リットルにつきミリグラム）	16（日間平均8）

備考
1　「日間平均」による許容限度は，1日の排出水の平均的な汚染状態について定めたものである。
2　この表に掲げる排水基準は，1日当たりの平均的な排出水の量が50立方メートル以上である工場又は事業場に係る排出水について適用する。
3　水素イオン濃度及び溶解性鉄含有量についての排水基準は，硫黄鉱業（硫黄と共存する硫化鉄鉱を掘採する鉱業を含む。）に属する工場又は事業場に係る排出水については適用しない。
4　水素イオン濃度，銅含有量，亜鉛含有量，溶解性鉄含有量，溶解性マンガン含有量及びクロム含有量についての排水基準は，水質汚濁防止法施行令及び廃棄物の処理及び清掃に関する法律施行令の一部を改正する政令の施行の際現にゆう出している温泉を利用する旅館業に属する事業場に係る排出水については，当分の間，適用しない。
5　生物化学的酸素要求量についての排水基準は，海域及び湖沼以外の公共用水域に排出される排出水に限つて適用し，化学的酸素要求量についての排水基準は，海域及び湖沼に排出される排出水に限つて適用する。
6　窒素含有量についての排水基準は，窒素が湖沼植物プランクトンの著しい増殖をもたらすおそれがある湖沼として環境大臣が定める湖沼，海洋植物プランクトンの著しい増殖をもたらすおそれがある海域（湖沼であつて水の塩素イオン含有量が1リットルにつき9,000ミリグラムを超えるものを含む。以下同じ。）として環境大臣が定める海域及びこれらに流入する公共用水域に排出される排出水に限つて適用する。
7　燐含有量についての排水基準は，燐が湖沼植物プランクトンの著しい増殖をもたらすおそれがある湖沼として環境大臣が定める湖沼，海洋植物プランクトンの著しい増殖をもたらすおそれがある海域として環境大臣が定める海域及びこれらに流入する公共用水域に排出される排出水に限つて適用する。

●廃棄物の処理及び清掃に関する法律（抄）

[昭和45年12月25日　法律第137号]

注　平成23年6月3日法律第61号改正現在

　　　　第1章　総則
（目的）
第1条　この法律は，廃棄物の排出を抑制し，及び廃棄物の適正な分別，保管，収集，運搬，再生，処分等の処理をし，並びに生活環境を清潔にすることにより，生活環境の保全及び公衆衛生の向上を図ることを目的とする。

（定義）
第2条　この法律において「廃棄物」とは，ごみ，粗大ごみ，燃え殻，汚泥，ふん尿，廃油，廃酸，廃アルカリ，動物の死体その他の汚物又は不要物であつて，固形状又は液状のもの（放射性物質及びこれによつて汚染された物を除く。）をいう。

2　この法律において「一般廃棄物」とは，産業廃棄物以外の廃棄物をいう。

3　この法律において「特別管理一般廃棄物」とは，一般廃棄物のうち，爆発性，毒性，感染性その他の人の健康又は生活環境に係る被害を生ずるおそれがある性状を有するものとして政令で定めるものをいう。

4　この法律において「産業廃棄物」とは，次に掲げる廃棄物をいう。
　一　事業活動に伴つて生じた廃棄物のうち，燃え殻，汚泥，廃油，廃酸，廃アルカリ，廃プラスチック類その他政令で定める廃棄物
　二　輸入された廃棄物（前号に掲げる廃棄物，船舶及び航空機の航行に伴い生ずる廃棄物（政令で定めるものに限る。第15条の4の4第1項において「航行廃棄物」という。）並びに本邦に入国する者が携帯する廃棄物（政令で定めるものに限る。同項において「携帯廃棄物」という。）を除く。）

5　この法律において「特別管理産業廃棄物」とは，産業廃棄物のうち，爆発性，毒性，感染性その他の人の健康又は生活環境に係る被害を生ずるおそれがある性状を有するものとして政令で定めるものをいう。

6　この法律において「電子情報処理組織」とは，第13条の2第1項に規定する情報処理センターの使用に係る電子計算機（入出力装置を含む。以下同じ。）と，第12条の3第1項に規定する事業者，同条第3項に規定する運搬受託者及び同条第4項に規定する処分受託者の使用に係る入出力装置とを電気通信回線で接続した電子情報処理組織をいう。

（事業者の責務）
第3条　事業者は，その事業活動に伴つて生じた廃棄物を自らの責任において適正に処理しなければならない。

2　事業者は，その事業活動に伴つて生じた廃棄物の再生利用等を行うことによりその減量に努めるとともに，物の製造，加工，販売等に際して，その製品，容器等が廃棄物となつた場合における処理の困難性についてあらかじめ自ら評価し，適正な処理が困難にならないような製品，容器等の開発を行うこと，その製品，容器等に係る廃棄物の適正な処理の方法についての情報を提供すること等により，その製品，容器等が廃棄物となつた場合においてその適正な処理が困難になることのないようにしなければならない。

3　事業者は，前2項に定めるもののほか，廃棄物の減量その他その適正な処理の確保等に関し国及び地方公共団体の施策に協力しなければならない。

（国及び地方公共団体の責務）
第4条　市町村は，その区域内における一般廃棄物の減量に関し住民の自主的な活動の促進を図り，及び一般廃棄物の適正な処理に必要な措置を講ずるよう努めるとともに，一般廃棄物の処理に関する事業の実施に当たつては，職員の資質の向上，施設の整備及び作業

方法の改善を図る等その能率的な運営に努めなければならない。
2　都道府県は、市町村に対し、前項の責務が十分に果たされるように必要な技術的援助を与えることに努めるとともに、当該都道府県の区域内における産業廃棄物の状況をはあくし、産業廃棄物の適正な処理が行なわれるように必要な措置を講ずることに努めなければならない。
3　国は、廃棄物に関する情報の収集、整理及び活用並びに廃棄物の処理に関する技術開発の推進を図り、並びに国内における廃棄物の適正な処理に支障が生じないよう適切な措置を講ずるとともに、市町村及び都道府県に対し、前2項の責務が十分に果たされるように必要な技術的及び財政的援助を与えること並びに広域的な見地からの調整を行うことに努めなければならない。
4　国、都道府県及び市町村は、廃棄物の排出を抑制し、及びその適正な処理を確保するため、これらに関する国民及び事業者の意識の啓発を図るよう努めなければならない。

（清潔の保持等）
第5条　土地又は建物の占有者（占有者がない場合には、管理者とする。以下同じ。）は、その占有し、又は管理する土地又は建物の清潔を保つように努めなければならない。
2　土地の所有者又は占有者は、その所有し、又は占有し、若しくは管理する土地において、他の者によつて不適正に処理された廃棄物と認められるものを発見したときは、速やかに、その旨を都道府県知事又は市町村長に通報するように努めなければならない。
3　建物の占有者は、建物内を全般にわたつて清潔にするため、市町村長が定める計画に従い、大掃除を実施しなければならない。
4　何人も、公園、広場、キャンプ場、スキー場、海水浴場、道路、河川、港湾その他の公共の場所を汚さないようにしなければならない。
5　前項に規定する場所の管理者は、当該管理する場所の清潔を保つように努めなければならない。
6　市町村は、必要と認める場所に、公衆便所及び公衆用ごみ容器を設け、これを衛生的に維持管理しなければならない。
7　便所が設けられている車両、船舶又は航空機を運行する者は、当該便所に係るし尿を生活環境の保全上支障が生じないように処理することに努めなければならない。

第3章　産業廃棄物
第1節　産業廃棄物の処理
（事業者及び地方公共団体の処理）
第11条　事業者は、その産業廃棄物を自ら処理しなければならない。
2　市町村は、単独に又は共同して、一般廃棄物とあわせて処理することができる産業廃棄物その他市町村が処理することが必要であると認める産業廃棄物の処理をその事務として行なうことができる。
3　都道府県は、産業廃棄物の適正な処理を確保するために都道府県が処理することが必要であると認める産業廃棄物の処理をその事務として行うことができる。

（事業者の処理）
第12条　事業者は、自らその産業廃棄物（特別管理産業廃棄物を除く。第5項から第7項までを除き、以下この条において同じ。）の運搬又は処分を行う場合には、政令で定める産業廃棄物の収集、運搬及び処分に関する基準（当該基準において海洋を投入処分の場所とすることができる産業廃棄物を定めた場合における当該産業廃棄物にあつては、その投入の場所及び方法が海洋汚染等及び海上災害の防止に関する法律に基づき定められた場合におけるその投入の場所及び方法に関する基準を除く。以下「産業廃棄物処理基準」という。）に従わなければならない。
2　事業者は、その産業廃棄物が運搬されるまでの間、環境省令で定める技術上の基準（以下「産業廃棄物保管基準」という。）に従い、生活環境の保全上支障のないようにこれを保管しなければならない。
3　事業者は、その事業活動に伴い産業廃棄物

（環境省令で定めるものに限る。次項において同じ。）を生ずる事業場の外において，自ら当該産業廃棄物の保管（環境省令で定めるものに限る。）を行おうとするときは，非常災害のために必要な応急措置として行う場合その他の環境省令で定める場合を除き，あらかじめ，環境省令で定めるところにより，その旨を都道府県知事に届け出なければならない。その届け出た事項を変更しようとするときも，同様とする。

4 前項の環境省令で定める場合において，その事業活動に伴い産業廃棄物を生ずる事業場の外において同項に規定する保管を行つた事業者は，当該保管をした日から起算して14日以内に，環境省令で定めるところにより，その旨を都道府県知事に届け出なければならない。

5 事業者（中間処理業者（発生から最終処分（埋立処分，海洋投入処分（海洋汚染等及び海上災害の防止に関する法律に基づき定められた海洋への投入の場所及び方法に関する基準に従つて行う処分をいう。）又は再生をいう。以下同じ。）が終了するまでの一連の処理の行程の中途において産業廃棄物を処分する者をいう。以下同じ。）を含む。次項及び第7項並びに次条第5項から第7項までにおいて同じ。）は，その産業廃棄物（特別管理産業廃棄物を除くものとし，中間処理産業廃棄物（発生から最終処分が終了するまでの一連の処理の行程の中途において産業廃棄物を処分した後の産業廃棄物をいう。以下同じ。）を含む。次項及び第7項において同じ。）の運搬又は処分を他人に委託する場合には，その運搬については第14条第12項に規定する産業廃棄物収集運搬業者その他環境省令で定める者に，その処分については同項に規定する産業廃棄物処分業者その他環境省令で定める者にそれぞれ委託しなければならない。

6 事業者は，前項の規定によりその産業廃棄物の運搬又は処分を委託する場合には，政令で定める基準に従わなければならない。

7 事業者は，前2項の規定によりその産業廃棄物の運搬又は処分を委託する場合には，当該産業廃棄物の処理の状況に関する確認を行い，当該産業廃棄物について発生から最終処分が終了するまでの一連の処理の行程における処理が適正に行われるために必要な措置を講ずるように努めなければならない。

8 その事業活動に伴つて生ずる産業廃棄物を処理するために第15条第1項に規定する産業廃棄物処理施設が設置されている事業場を設置している事業者は，当該事業場ごとに，当該事業場に係る産業廃棄物の処理に関する業務を適切に行わせるため，産業廃棄物処理責任者を置かなければならない。ただし，自ら産業廃棄物処理責任者となる事業場については，この限りでない。

9 その事業活動に伴い多量の産業廃棄物を生ずる事業場を設置している事業者として政令で定めるもの（次項において「多量排出事業者」という。）は，環境省令で定める基準に従い，当該事業場に係る産業廃棄物の減量その他その処理に関する計画を作成し，都道府県知事に提出しなければならない。

10 多量排出事業者は，前項の計画の実施の状況について，環境省令で定めるところにより，都道府県知事に報告しなければならない。

11 都道府県知事は，第9項の計画及び前項の実施の状況について，環境省令で定めるところにより，公表するものとする。

12 環境大臣は，第9項の環境省令を定め，又はこれを変更しようとするときは，あらかじめ，関係行政機関の長に協議しなければならない。

13 第7条第15項及び第16項の規定は，その事業活動に伴い産業廃棄物を生ずる事業者で政令で定めるものについて準用する。この場合において，同条第15項中「一般廃棄物の」とあるのは，「その産業廃棄物の」と読み替えるものとする。

第4章 雑則

（投棄禁止）

第16条 何人も，みだりに廃棄物を捨ててはならない。

（焼却禁止）
第16条の2　何人も，次に掲げる方法による場合を除き，廃棄物を焼却してはならない。
一　一般廃棄物処理基準，特別管理一般廃棄物処理基準，産業廃棄物処理基準又は特別管理産業廃棄物処理基準に従つて行う廃棄物の焼却
二　他の法令又はこれに基づく処分により行う廃棄物の焼却
三　公益上若しくは社会の慣習上やむを得ない廃棄物の焼却又は周辺地域の生活環境に与える影響が軽微である廃棄物の焼却として政令で定めるもの

（ふん尿の使用方法の制限）
第17条　ふん尿は，環境省令で定める基準に適合した方法によるのでなければ，肥料として使用してはならない。

●廃棄物の処理及び清掃に関する法律施行令（抄）

［昭和46年9月23日］
［政　令　第　300　号］

注　平成22年12月22日政令第248号改正現在

第1章　総則

（産業廃棄物）
第2条　法第2条第4項第1号の政令で定める廃棄物は，次のとおりとする。
一　紙くず（建設業に係るもの（工作物の新築，改築又は除去に伴つて生じたものに限る。），パルプ，紙又は紙加工品の製造業，新聞業（新聞巻取紙を使用して印刷発行を行うものに限る。），出版業（印刷出版を行うものに限る。），製本業及び印刷物加工業に係るもの並びにポリ塩化ビフェニルが塗布され，又は染み込んだものに限る。）
二　木くず（建設業に係るもの（工作物の新築，改築又は除去に伴つて生じたものに限る。），木材又は木製品の製造業（家具の製造業を含む。），パルプ製造業，輸入木材の卸売業及び物品賃貸業に係るもの，貨物の流通のために使用したパレット（パレットへの貨物の積付けのために使用したこん包用の木材を含む。）に係るもの並びにポリ塩化ビフェニルが染み込んだものに限る。）
三　繊維くず（建設業に係るもの（工作物の新築，改築又は除去に伴つて生じたものに限る。），繊維工業（衣服その他の繊維製品製造業を除く。）に係るもの及びポリ塩化ビフェニルが染み込んだものに限る。）
四　食料品製造業，医薬品製造業又は香料製造業において原料として使用した動物又は植物に係る固形状の不要物
四の二　と畜場法（昭和28年法律第114号）第3条第2項に規定すると畜場においてとさつし，又は解体した同条第1項に規定する獣畜及び食鳥処理の事業の規制及び食鳥検査に関する法律（平成2年法律第70号）第2条第6号に規定する食鳥処理場において食鳥処理をした同条第1号に規定する食鳥に係る固形状の不要物
五　ゴムくず
六　金属くず
七　ガラスくず，コンクリートくず（工作物の新築，改築又は除去に伴つて生じたものを除く。）及び陶磁器くず
八　鉱さい
九　工作物の新築，改築又は除去に伴つて生じたコンクリートの破片その他これに類する不要物

十　動物のふん尿（畜産農業に係るものに限る。）

十一　動物の死体（畜産農業に係るものに限る。）

十二　大気汚染防止法（昭和43年法律第97号）第2条第2項に規定するばい煙発生施設，ダイオキシン類対策特別措置法第2条第2項に規定する特定施設（ダイオキシン類（同条第1項に規定するダイオキシン類をいう。以下同じ。）を発生し，及び大気中に排出するものに限る。）又は次に掲げる廃棄物の焼却施設において発生するばいじんであつて，集じん施設によつて集められたもの

　イ　燃え殻（事業活動に伴つて生じたものに限る。第2条の4第7号及び第10号，第3条第3号ヲ並びに別表第1を除き，以下同じ。）

　ロ　汚泥（事業活動に伴つて生じたものに限る。第2条の4第5号ロ(1)，第8号及び第11号，第3条第2号ホ，第3号ヘ及び第4号イ並びに別表第1を除き，以下同じ。）

　ハ　廃油（事業活動に伴つて生じたものに限る。第24条第2号ハ及び別表第5を除き，以下同じ。）

　ニ　廃酸（事業活動に伴つて生じたものに限る。第24条第2号ハを除き，以下同じ。）

　ホ　廃アルカリ（事業活動に伴つて生じたものに限る。第24条第2号ハを除き，以下同じ。）

　ヘ　廃プラスチック類（事業活動に伴つて生じたものに限る。第2条の4第5号ロ(5)を除き，以下同じ。）

　ト　前各号に掲げる廃棄物（第1号から第3号まで及び第5号から第9号までに掲げる廃棄物にあつては，事業活動に伴つて生じたものに限る。）

十三　燃え殻，汚泥，廃油，廃酸，廃アルカリ，廃プラスチック類，前各号に掲げる廃棄物（第1号から第3号まで，第5号から第9号まで及び前号に掲げる廃棄物にあつては，事業活動に伴つて生じたものに限る。）又は法第2条第4項第2号に掲げる廃棄物を処分するために処理したものであつて，これらの廃棄物に該当しないもの

●感染症の予防及び感染症の患者に対する医療に関する法律（抄）

［平成10年10月2日］
［法律　第　114　号］

注　平成23年6月3日法律第61号改正現在

第1章　総則

（獣医師等の責務）

第5条の2　獣医師その他の獣医療関係者は，感染症の予防に関し国及び地方公共団体が講ずる施策に協力するとともに，その予防に寄与するよう努めなければならない。

2　動物等取扱業者（動物又はその死体の輸入，保管，貸出し，販売又は遊園地，動物園，博覧会の会場その他不特定かつ多数の者が入場する施設若しくは場所における展示を業として行う者をいう。）は，その輸入し，保管し，貸出しを行い，販売し，又は展示する動物又はその死体が感染症を人に感染させることがないように，感染症の予防に関する知識及び技術の習得，動物又はその死体の適切な管理その他の必要な措置を講ずるよう努めなけれ

ばならない。

（定義）

第6条　この法律において「感染症」とは，一類感染症，二類感染症，三類感染症，四類感染症，五類感染症，新型インフルエンザ等感染症，指定感染症及び新感染症をいう。

2　この法律において「一類感染症」とは，次に掲げる感染性の疾病をいう。
　　一　エボラ出血熱
　　二　クリミア・コンゴ出血熱
　　三　痘そう
　　四　南米出血熱
　　五　ペスト
　　六　マールブルグ病
　　七　ラッサ熱

3　この法律において「二類感染症」とは，次に掲げる感染性の疾病をいう。
　　一　急性灰白髄炎
　　二　結核
　　三　ジフテリア
　　四　重症急性呼吸器症候群（病原体がコロナウイルス属SARSコロナウイルスであるものに限る。）
　　五　鳥インフルエンザ（病原体がインフルエンザウイルスA属インフルエンザAウイルスであってその血清亜型がH5N1であるものに限る。第5項第7号において「鳥インフルエンザ（H5N1）」という。）

4　この法律において「三類感染症」とは，次に掲げる感染性の疾病をいう。
　　一　コレラ
　　二　細菌性赤痢
　　三　腸管出血性大腸菌感染症
　　四　腸チフス
　　五　パラチフス

5　この法律において「四類感染症」とは，次に掲げる感染性の疾病をいう。
　　一　E型肝炎
　　二　A型肝炎
　　三　黄熱
　　四　Q熱
　　五　狂犬病

　　六　炭疽
　　七　鳥インフルエンザ（鳥インフルエンザ（H5N1）を除く。）
　　八　ボツリヌス症
　　九　マラリア
　　十　野兎病
　　十一　前各号に掲げるもののほか，既に知られている感染性の疾病であって，動物又はその死体，飲食物，衣類，寝具その他の物件を介して人に感染し，前各号に掲げるものと同程度に国民の健康に影響を与えるおそれがあるものとして政令で定めるもの

6　この法律において「五類感染症」とは，次に掲げる感染性の疾病をいう。
　　一　インフルエンザ（鳥インフルエンザ及び新型インフルエンザ等感染症を除く。）
　　二　ウイルス性肝炎（E型肝炎及びA型肝炎を除く。）
　　三　クリプトスポリジウム症
　　四　後天性免疫不全症候群
　　五　性器クラミジア感染症
　　六　梅毒
　　七　麻しん
　　八　メチシリン耐性黄色ブドウ球菌感染症
　　九　前各号に掲げるもののほか，既に知られている感染性の疾病（四類感染症を除く。）であって，前各号に掲げるものと同程度に国民の健康に影響を与えるおそれがあるものとして厚生労働省令で定めるもの

7　この法律において「新型インフルエンザ等感染症」とは，次に掲げる感染性の疾病をいう。
　　一　新型インフルエンザ（新たに人から人に伝染する能力を有することとなったウイルスを病原体とするインフルエンザであって，一般に国民が当該感染症に対する免疫を獲得していないことから，当該感染症の全国的かつ急速なまん延により国民の生命及び健康に重大な影響を与えるおそれがあると認められるものをいう。）
　　二　再興型インフルエンザ（かつて世界的規模で流行したインフルエンザであってその

後流行することなく長期間が経過しているものとして厚生労働大臣が定めるものが再興したものであって，一般に現在の国民の大部分が当該感染症に対する免疫を獲得していないことから，当該感染症の全国的かつ急速なまん延により国民の生命及び健康に重大な影響を与えるおそれがあると認められるものをいう。）

8 この法律において「指定感染症」とは，既に知られている感染性の疾病（一類感染症，二類感染症，三類感染症及び新型インフルエンザ等感染症を除く。）であって，第3章から第7章までの規定の全部又は一部を準用しなければ，当該疾病のまん延により国民の生命及び健康に重大な影響を与えるおそれがあるものとして政令で定めるものをいう。

9 この法律において「新感染症」とは，人から人に伝染すると認められる疾病であって，既に知られている感染性の疾病とその病状又は治療の結果が明らかに異なるもので，当該疾病にかかった場合の病状の程度が重篤であり，かつ，当該疾病のまん延により国民の生命及び健康に重大な影響を与えるおそれがあると認められるものをいう。

10 この法律において「疑似症患者」とは，感染症の疑似症を呈している者をいう。

11 この法律において「無症状病原体保有者」とは，感染症の病原体を保有している者であって当該感染症の症状を呈していないものをいう。

12 この法律において「感染症指定医療機関」とは，特定感染症指定医療機関，第一種感染症指定医療機関，第二種感染症指定医療機関及び結核指定医療機関をいう。

13 この法律において「特定感染症指定医療機関」とは，新感染症の所見がある者又は一類感染症，二類感染症若しくは新型インフルエンザ等感染症の患者の入院を担当させる医療機関として厚生労働大臣が指定した病院をいう。

14 この法律において「第一種感染症指定医療機関」とは，一類感染症，二類感染症又は新型インフルエンザ等感染症の患者の入院を担当させる医療機関として都道府県知事が指定した病院をいう。

15 この法律において「第二種感染症指定医療機関」とは，二類感染症又は新型インフルエンザ等感染症の患者の入院を担当させる医療機関として都道府県知事が指定した病院をいう。

16 この法律において「結核指定医療機関」とは，結核患者に対する適正な医療を担当させる医療機関として都道府県知事が指定した病院若しくは診療所（これらに準ずるものとして政令で定めるものを含む。）又は薬局をいう。

17 この法律において「病原体等」とは，感染症の病原体及び毒素をいう。

18 この法律において「毒素」とは，感染症の病原体によって産生される物質であって，人の生体内に入った場合に人を発病させ，又は死亡させるもの（人工的に合成された物質で，その構造式がいずれかの毒素の構造式と同一であるもの（以下「人工合成毒素」という。）を含む。）をいう。

19 この法律において「特定病原体等」とは，一種病原体等，二種病原体等，三種病原体等及び四種病原体等をいう。

20 この法律において「一種病原体等」とは，次に掲げる病原体等（薬事法（昭和35年法律第145号）第14条第1項の規定による承認を受けた医薬品に含有されるものその他これに準ずる病原体等（以下「医薬品等」という。）であって，人を発病させるおそれがほとんどないものとして厚生労働大臣が指定するものを除く。）をいう。

一 アレナウイルス属ガナリトウイルス，サビアウイルス，フニンウイルス，マチュポウイルス及びラッサウイルス

二 エボラウイルス属アイボリーコーストエボラウイルス，ザイールウイルス，スーダンエボラウイルス及びレストンエボラウイルス

三 オルソポックスウイルス属バリオラウイ

ルス（別名痘そうウイルス）
　四　ナイロウイルス属クリミア・コンゴヘモラジックフィーバーウイルス（別名クリミア・コンゴ出血熱ウイルス）
　五　マールブルグウイルス属レイクビクトリアマールブルグウイルス
　六　前各号に掲げるもののほか，前各号に掲げるものと同程度に病原性を有し，国民の生命及び健康に極めて重大な影響を与えるおそれがある病原体等として政令で定めるもの
21　この法律において「二種病原体等」とは，次に掲げる病原体等（医薬品等であって，人を発病させるおそれがほとんどないものとして厚生労働大臣が指定するものを除く。）をいう。
　一　エルシニア属ペスティス（別名ペスト菌）
　二　クロストリジウム属ボツリヌム（別名ボツリヌス菌）
　三　コロナウイルス属SARSコロナウイルス
　四　バシラス属アントラシス（別名炭疽菌）
　五　フランシセラ属ツラレンシス種（別名野兎病菌）亜種ツラレンシス及びホルアークティカ
　六　ボツリヌス毒素（人工合成毒素であって，その構造式がボツリヌス毒素の構造式と同一であるものを含む。）
　七　前各号に掲げるもののほか，前各号に掲げるものと同程度に病原性を有し，国民の生命及び健康に重大な影響を与えるおそれがある病原体等として政令で定めるもの
22　この法律において「三種病原体等」とは，次に掲げる病原体等（医薬品等であって，人を発病させるおそれがほとんどないものとして厚生労働大臣が指定するものを除く。）をいう。
　一　コクシエラ属バーネッティイ
　二　マイコバクテリウム属ツベルクローシス（別名結核菌）（イソニコチン酸ヒドラジド及びリファンピシンに対し耐性を有するものに限る。）
　三　リッサウイルス属レイビーズウイルス（別名狂犬病ウイルス）
　四　前3号に掲げるもののほか，前3号に掲げるものと同程度に病原性を有し，国民の生命及び健康に影響を与えるおそれがある病原体等として政令で定めるもの
23　この法律において「四種病原体等」とは，次に掲げる病原体等（医薬品等であって，人を発病させるおそれがほとんどないものとして厚生労働大臣が指定するものを除く。）をいう。
　一　インフルエンザウイルスA属インフルエンザAウイルス（血清亜型がH2N2，H5N1若しくはH7N7であるもの（新型インフルエンザ等感染症の病原体を除く。）又は新型インフルエンザ等感染症の病原体に限る。）
　二　エシェリヒア属コリー（別名大腸菌）（腸管出血性大腸菌に限る。）
　三　エンテロウイルス属ポリオウイルス
　四　クリプトスポリジウム属パルバム（遺伝子型が1型又は2型であるものに限る。）
　五　サルモネラ属エンテリカ（血清亜型がタイフィ又はパラタイフィAであるものに限る。）
　六　志賀毒素（人工合成毒素であって，その構造式が志賀毒素の構造式と同一であるものを含む。）
　七　シゲラ属（別名赤痢菌）ソンネイ，デイゼンテリエ，フレキシネリー及びボイデイ
　八　ビブリオ属コレラ（別名コレラ菌）（血清型がO1又はO139であるものに限る。）
　九　フラビウイルス属イエローフィーバーウイルス（別名黄熱ウイルス）
　十　マイコバクテリウム属ツベルクローシス（前項第2号に掲げる病原体を除く。）
　十一　前各号に掲げるもののほか，前各号に掲げるものと同程度に病原性を有し，国民の健康に影響を与えるおそれがある病原体等として政令で定めるもの
　　第3章　感染症に関する情報の収集及び公表

（獣医師の届出）

第13条　獣医師は，一類感染症，二類感染症，三類感染症，四類感染症又は新型インフルエンザ等感染症のうちエボラ出血熱，マールブルグ病その他の政令で定める感染症ごとに当該感染症を人に感染させるおそれが高いものとして政令で定めるサルその他の動物について，当該動物が当該感染症にかかり，又はかかっている疑いがあると診断したときは，直ちに，当該動物の所有者（所有者以外の者が管理する場合においては，その者。以下この条において同じ。）の氏名その他厚生労働省令で定める事項を最寄りの保健所長を経由して都道府県知事に届け出なければならない。

2　前項の政令で定める動物の所有者は，獣医師の診断を受けない場合において，当該動物が同項の政令で定める感染症にかかり，又はかかっている疑いがあると認めたときは，同項の規定による届出を行わなければならない。

3　前2項の規定による届出を受けた都道府県知事は，直ちに，当該届出の内容を厚生労働大臣に報告しなければならない。

4　都道府県知事は，その管轄する区域外において飼育されていた動物について第1項又は第2項の規定による届出を受けたときは，当該届出の内容を，当該動物が飼育されていた場所を管轄する都道府県知事に通報しなければならない。

5　第1項及び前2項の規定は獣医師が第1項の政令で定める動物の死体について当該動物が同項の政令で定める感染症にかかり，又はかかっていた疑いがあると検案した場合について，前3項の規定は所有者が第1項の政令で定める動物の死体について当該動物が同項の政令で定める感染症にかかり，又はかかっていた疑いがあると認めた場合について準用する。

●感染症の予防及び感染症の患者に対する医療に関する法律施行令（抄）

［平成10年12月28日　政令第420号］

注　平成23年1月14日政令第5号改正現在

（四類感染症）

第1条　感染症の予防及び感染症の患者に対する医療に関する法律（以下「法」という。）第6条第5項第11号の政令で定める感染性の疾病は，次に掲げるものとする。

　　一　ウエストナイル熱
　　二　エキノコックス症
　　三　オウム病
　　四　オムスク出血熱
　　五　回帰熱
　　六　キャサヌル森林病
　　七　コクシジオイデス症
　　八　サル痘
　　九　腎症候性出血熱
　　十　西部ウマ脳炎
　　十一　ダニ媒介脳炎
　　十二　チクングニア熱
　　十三　つつが虫病
　　十四　デング熱
　　十五　東部ウマ脳炎
　　十六　ニパウイルス感染症
　　十七　日本紅斑熱
　　十八　日本脳炎
　　十九　ハンタウイルス肺症候群

二十　Ｂウイルス病

二十一　鼻疽

二十二　ブルセラ症

二十三　ベネズエラウマ脳炎

二十四　ヘンドラウイルス感染症

二十五　発しんチフス

二十六　ライム病

二十七　リッサウイルス感染症

二十八　リフトバレー熱

二十九　類鼻疽

三十　レジオネラ症

三十一　レプトスピラ症

三十二　ロッキー山紅斑熱

（一種病原体等）

第１条の２　法第６条第20項第６号の政令で定める病原体等は，次に掲げるものとする。

一　アレナウイルス属チャパレウイルス

二　エボラウイルス属ブンディブギョエボラウイルス

（三種病原体等）

第２条　法第６条第22項第４号の政令で定める病原体等は，次に掲げるものとする。

一　アルファウイルス属イースタンエクインエンセファリティスウイルス（別名東部ウマ脳炎ウイルス），ウエスタンエクインエンセファリティスウイルス（別名西部ウマ脳炎ウイルス）及びベネズエラエクインエンセファリティスウイルス（別名ベネズエラウマ脳炎ウイルス）

二　オルソポックスウイルス属モンキーポックスウイルス（別名サル痘ウイルス）

三　コクシディオイデス属イミチス

四　シンプレックスウイルス属Ｂウイルス

五　バークホルデリア属シュードマレイ（別名類鼻疽菌）及びマレイ（別名鼻疽菌）

六　ハンタウイルス属アンデスウイルス，シンノンブレウイルス，ソウルウイルス，ドブラバーベルグレドウイルス，ニューヨークウイルス，バヨウウイルス，ハンタンウイルス，プーマラウイルス，ブラッククリークカナルウイルス及びラグナネグラウイルス

七　フラビウイルス属オムスクヘモラジックフィーバーウイルス（別名オムスク出血熱ウイルス），キャサヌルフォレストディジーズウイルス（別名キャサヌル森林病ウイルス）及びティックボーンエンセファリティスウイルス（別名ダニ媒介脳炎ウイルス）

八　ブルセラ属アボルタス（別名ウシ流産菌），カニス（別名イヌ流産菌），スイス（別名ブタ流産菌）及びメリテンシス（別名マルタ熱菌）

九　フレボウイルス属リフトバレーフィーバーウイルス（別名リフトバレー熱ウイルス）

十　ヘニパウイルス属ニパウイルス及びヘンドラウイルス

十一　リケッチア属ジャポニカ（別名日本紅斑熱リケッチア），ロワゼキイ（別名発しんチフスリケッチア）及びリケッチイ（別名ロッキー山紅斑熱リケッチア）

（四種病原体等）

第３条　法第６条第23項第11号の政令で定める病原体等は，次に掲げるものとする。

一　クラミドフィラ属シッタシ（別名オウム病クラミジア）

二　フラビウイルス属ウエストナイルウイルス，ジャパニーズエンセファリティスウイルス（別名日本脳炎ウイルス）及びデングウイルス

（疑似症患者を患者とみなす感染症）

第４条　法第８条第１項の政令で定める二類感染症は，結核，重症急性呼吸器症候群（病原体がコロナウイルス属SARSコロナウイルスであるものに限る。）及び鳥インフルエンザ（病原体がインフルエンザウイルスＡ属インフルエンザＡウイルスであってその血清亜型がH5N1であるものに限る。次条第９号において「鳥インフルエンザ（H5N1）」という。）とする。

（獣医師の届出）

第５条　法第13条第１項の政令で定める感染症は，次の各号に掲げる感染症とし，同項に規定する政令で定める動物は，それぞれ当該

各号に定める動物とする。
一　エボラ出血熱　サル
二　マールブルグ病　サル
三　ペスト　プレーリードッグ
四　重症急性呼吸器症候群（病原体がコロナウイルス属SARSコロナウイルスであるものに限る。）　イタチアナグマ，タヌキ及びハクビシン
五　細菌性赤痢　サル
六　ウエストナイル熱　鳥類に属する動物
七　エキノコックス症　犬
八　結核　サル
九　鳥インフルエンザ（H5N1）　鳥類に属する動物
十　新型インフルエンザ等感染症　鳥類に属する動物

●感染症の予防及び感染症の患者に対する医療に関する法律施行規則（抄）

［平成10年12月28日　厚生省令第99号］

注　平成23年5月19日厚生労働省令第61号改正現在

第1章　五類感染症

（五類感染症）

第1条　感染症の予防及び感染症の患者に対する医療に関する法律（平成10年法律第114号。以下「法」という。）第6条第6項第9号に規定する厚生労働省令で定める感染性の疾病は，次に掲げるものとする。

一　アメーバ赤痢
二　RSウイルス感染症
三　咽頭結膜熱
四　A群溶血性レンサ球菌咽頭炎
五　感染性胃腸炎
六　急性出血性結膜炎
七　急性脳炎（ウエストナイル脳炎，西部ウマ脳炎，ダニ媒介脳炎，東部ウマ脳炎，日本脳炎，ベネズエラウマ脳炎及びリフトバレー熱を除く。）
八　クラミジア肺炎（オウム病を除く。）
九　クロイツフェルト・ヤコブ病
十　劇症型溶血性レンサ球菌感染症
十一　細菌性髄膜炎
十二　ジアルジア症
十三　水痘
十四　髄膜炎菌性髄膜炎
十五　性器ヘルペスウイルス感染症
十六　尖圭コンジローマ
十七　先天性風しん症候群
十八　手足口病
十九　伝染性紅斑
二十　突発性発しん
二十一　破傷風
二十二　バンコマイシン耐性黄色ブドウ球菌感染症
二十三　バンコマイシン耐性腸球菌感染症
二十四　百日咳
二十五　風しん
二十六　ペニシリン耐性肺炎球菌感染症
二十七　ヘルパンギーナ
二十八　マイコプラズマ肺炎
二十九　無菌性髄膜炎
三十　薬剤耐性アシネトバクター感染症
三十一　薬剤耐性緑膿菌感染症
三十二　流行性角結膜炎
三十三　流行性耳下腺炎
三十四　淋菌感染症

第3章　感染症に関する情報の収集及び

公表
(獣医師の届出)
第5条　法第13条第1項の厚生労働省令で定める事項は、次に掲げるもの(同条第2項の規定により動物の所有者が行う届出にあっては、第2号及び第8号から第14号までに掲げる事項を除く。)とする。
　一　動物の所有者(所有者以外の者が管理する場合においては、その者。第3号において同じ。)の住所
　二　動物の所有者がない、又は明らかでない場合においては、占有者の氏名及び住所
　三　動物の所有者又は占有者が法人の場合は、その名称、代表者の氏名及び主たる事務所の所在地
　四　動物の種類
　五　動物が出生し、若しくは捕獲された場所又は飼育され、若しくは生息していた場所
　六　動物の所在地
　七　感染症の名称並びに動物の症状及び転帰
　八　診断方法
　九　初診年月日及び診断年月日
　十　病原体に感染したと推定される時期
　十一　感染原因
　十二　診断した獣医師の住所(診療施設その他の施設で診療に従事している獣医師にあっては、当該施設の名称及び所在地)及び氏名
　十三　同様の症状を有する他の動物又はその死体の有無及び人と動物との接触の状況(診断した際に把握したものに限る。)
　十四　その他獣医師が感染症の発生の予防及びそのまん延の防止のために必要と認める事項
2　前項の規定は、法第13条第5項において同条第1項の規定を準用する場合について準用する。この場合において、前項第8号中「診断方法」とあるのは「検案方法」と、同項第9号中「初診年月日及び診断年月日」とあるのは「検案年月日及び死亡年月日」と、同項第12号及び第13号中「診断した」とあるのは「検案した」と読み替えるものとする。
3　都道府県知事(保健所を設置する市又は特別区にあっては、市長又は区長。第8条、第20条第2項第2号、第20条の3第3項、第5項及び第6項、第23条の3、第23条の4、第26条の2並びに第26条の3において同じ。)は、法第13条第1項又は第2項の規定による届出があった場合において必要があると認めるときは、速やかに法第15条第1項の規定の実施その他所要の措置を講ずるものとする。

●動物の愛護及び管理に関する法律(抄)

［昭和48年10月1日　法律第105号］

注　平成18年6月2日法律第50号改正現在

第1章　総則
(基本原則)
第2条　動物が命あるものであることにかんがみ、何人も、動物をみだりに殺し、傷つけ、又は苦しめることのないようにするのみでなく、人と動物の共生に配慮しつつ、その習性を考慮して適正に取り扱うようにしなければならない。
第3章　動物の適正な取扱い
第1節　総則
(動物の所有者又は占有者の責務等)
第7条　動物の所有者又は占有者は、命あるも

のである動物の所有者又は占有者としての責任を十分に自覚して，その動物をその種類，習性等に応じて適正に飼養し，又は保管することにより，動物の健康及び安全を保持するように努めるとともに，動物が人の生命，身体若しくは財産に害を加え，又は人に迷惑を及ぼすことのないように努めなければならない。

2　動物の所有者又は占有者は，その所有し，又は占有する動物に起因する感染性の疾病について正しい知識を持ち，その予防のために必要な注意を払うように努めなければならない。

3　動物の所有者は，その所有する動物が自己の所有に係るものであることを明らかにするための措置として環境大臣が定めるものを講ずるように努めなければならない。

4　環境大臣は，関係行政機関の長と協議して，動物の飼養及び保管に関しよるべき基準を定めることができる。

第5章　雑則

（動物を殺す場合の方法）

第40条　動物を殺さなければならない場合には，できる限りその動物に苦痛を与えない方法によつてしなければならない。

2　環境大臣は，関係行政機関の長と協議して，前項の方法に関し必要な事項を定めることができる。

関係通知（施行通知）

※関係通知は題名のみ収載

○と畜場法の施行に関する件
　　（昭和 28 年 10 月 6 日厚生省発衛第 250 号　厚生事務次官通知）

○と畜場法施行規則の一部を改正する省令の施行について（施行通達）
　　（昭和 42 年 10 月 23 日環乳第 7,082 号　厚生省環境衛生局長通知）

○公共用水域の水質の保全に関する法律の一部を改正する法律の施行に伴うと畜場法施行令等の一部改正について
　　（昭和 45 年 7 月 29 日環乳第 66 号　厚生省環境衛生局長通知）

○と畜場法施行規則の一部を改正する省令等の施行について
　　（昭和 47 年 5 月 27 日環乳第 47 号　厚生省環境衛生局長通知）

○同
　　（昭和 47 年 6 月 20 日環乳第 52 号　厚生省環境衛生局乳肉衛生課長通知）

○食品衛生法施行規則及びと畜場法施行規則の一部改正について
　　（昭和 48 年 12 月 10 日環乳第 136 号　厚生省環境衛生局長通知）

○行政事務の簡素合理化及び整理に関する法律（厚生省関係部分）の施行について
　　（昭和 58 年 12 月 10 日厚生省発衛第 188 号　厚生事務次官通知）

○行政事務の簡素合理化及び整理に関する法律等の施行について
　　（昭和 58 年 12 月 23 日環企第 128 号　厚生省環境衛生局長通知）

○と畜場法施行令等の一部を改正する政令等の施行について
　　（昭和 59 年 3 月 24 日環乳第 11 号　厚生省環境衛生局長通知）

○と畜場法施行規則，食品衛生法施行規則及び食品，添加物等の規格基準の一部改正について
　　（昭和 60 年 1 月 18 日衛乳第 5 号　厚生省生活衛生局長通知）
　　・食用に供する目的で獣畜の血液を採取すると畜場の血液採取に係る構造設備の基準
　　・食用と畜血液の採取，運搬及び加工に関する指導事項

○地方公共団体の事務に係る国の関与等の整理，合理化等に関する法律等の施行について
　　（昭和 60 年 7 月 12 日衛企第 72 号　厚生省生活衛生局長通知）

○と畜場の施設及び設備に関するガイドラインについて
　　（平成 6 年 6 月 23 日衛乳第 97 号　厚生省生活衛生局乳肉衛生課長通知）

○と畜場法施行規則の一部を改正する省令の施行について
　　（平成 8 年 4 月 27 日衛乳第 84 号　厚生省生活衛生局長通知）

○と畜場法施行規則の一部を改正する省令の施行等について
　　（平成 9 年 1 月 28 日衛乳第 24 号　厚生省生活衛生局長通知）

○同
　　（平成 9 年 1 月 28 日衛乳第 25 号　厚生省生活衛生局乳肉衛生課長通知）

○と畜場法施行令の一部を改正する政令について
　　（平成 9 年 11 月 19 日衛乳第 319 号　厚生省生活衛生局長通知）

○と畜場法施行規則の一部を改正する省令の施行について
　　（平成 10 年 7 月 6 日生衛発第 1,095 号　厚生省生活衛生局長通知）

○とちく検査に関する実態調査について
　　（平成10年11月10日衛乳第270号　厚生省生活衛生局乳肉衛生課長通知）

○と畜場法施行令及び施行規則に係る指導について
　　（平成10年12月22日衛乳第306号　厚生省生活衛生局乳肉衛生課長通知）

○許認可等の審査・処理期間の半減・短期化について
　　（平成11年4月8日生衛発第656号　厚生省生活衛生局長通知）

○食品衛生法施行規則の一部を改正する省令の施行について
　　（平成13年2月15日食発第41号　厚生労働省医薬局食品保健部長通知）

○と畜場法施行規則の一部を改正する省令の施行について
　　（平成13年10月17日食発第308号　厚生労働省医薬局食品保健部長通知）
　・食肉処理における特定部位管理要領

○食品衛生法等の一部を改正する法律（平成15年法律第55号）及び健康増進法の一部を改正する法律（平成15年法律第56号）の施行について
　　（平成15年5月30日医薬発第0530001号　厚生労働省医薬局長通知）

○食品衛生法等の一部を改正する法律（平成15年法律第55号）の一部の施行及びと畜場法施行令等の一部を改正する政令（平成15年政令第237号）の施行等について
　　（平成15年5月30日食発第0530001号　厚生労働省医薬局食品保健部長通知）

○食品衛生法等の一部を改正する法律の施行に伴う関係政令の整備等に関する政令（平成15年政令第350号），食品衛生法等の一部を改正する法律の施行に伴う厚生労働省関係省令の整備等に関する省令（平成15年厚生労働省令第133号）及び健康増進法施行規則の一部を改正する省令（平成15年厚生労働省令第134号）の施行並びに食品衛生に関する監視指導の実施に関する指針（平成15年厚生労働省告示第301号）の制定等について
　　（平成15年8月29日薬食発第0829002号　厚生労働省医薬食品局長通知）

○食品衛生法等の一部を改正する法律の一部の施行に伴う関係政令の整備等に関する政令，健康増進法施行令の一部を改正する政令等の制定等について
　　（平成16年2月6日薬食発第0206001号　厚生労働省医薬食品局長通知）

○と畜場法施行規則の一部改正について
　　（平成17年7月1日食安発第0701002号　厚生労働省医薬食品局食品安全部長通知）

○同
　　（平成21年3月25日食安発第0325003号　厚生労働省医薬食品局食品安全部長通知）

関係通知（と畜検査）

○豚コレラの発生について
　　（昭和33年8月30日衛発第794号　厚生省公衆衛生局長通知）

○と畜場における検査について
　　（昭和35年1月13日衛発第34号　厚生省公衆衛生局長通知）

○炭疽牛の発生について
　　（昭和40年9月2日環乳第5,054号　厚生省環境衛生局長通知）

○炭疽対策要領について
　　（昭和40年12月6日環乳第5,079号　厚生省乳肉衛生課長通知）
　・炭疽対策要領準則

○と畜場における検印インクについて
　（昭和 47 年 12 月 27 日環乳第 133 号　厚生省環境衛生局長通知）

○同
　（昭和 61 年 8 月 25 日衛乳第 38 号　厚生省生活衛生局長通知）

○食肉衛生検査所の整備について
　（平成 4 年 6 月 2 日衛乳第 115 号　厚生省生活衛生局長通知）
　・食肉衛生検査所整備要綱

○食肉中の注射針の残留防止対策について
　（平成 6 年 1 月 17 日衛乳第 10 号　厚生省生活衛生局乳肉衛生課長通知）

○食肉衛生検査所等における検査機器の整備について
　（平成 8 年 8 月 23 日衛乳第 193 号　厚生省生活衛生局乳肉衛生課長通知）

○食肉中の注射針の残留防止の徹底について
　（平成 8 年 12 月 26 日衛乳第 286 号　厚生省生活衛生局乳肉衛生課長通知）

○同
　（平成 13 年 11 月 28 日食監発第 286 号　厚生労働省医薬局食品保健部監視安全課長通知）

○牛海綿状脳症に関する検査の実施について
　（平成 13 年 10 月 16 日食発第 307 号　厚生労働省医薬局食品保健部長通知）

○マイクロチップが埋め込まれた輸入馬の流通に際しての留意事項について
　（平成 14 年 10 月 30 日食監発第 1030002 号　厚生労働省医薬局食品保健部監視安全課長通知）

○と畜場法等に基づく検査対象疾病及び措置基準の見直し等について
　（平成 16 年 2 月 27 日食安監発第 0227006 号　厚生労働省医薬食品局食品安全部監視安全課長通知）

○と畜場における検印インクについて
　（平成 21 年 5 月 12 日食安発第 0512001 号　厚生労働省医薬食品局食品安全部長通知）

関係通知（残留物質検査）

○畜産物中の残留物質検査法について
　（昭和 52 年 9 月 10 日環乳第 40 号　厚生省環境衛生局乳肉衛生課長通知）

○畜水産食品の医薬品等の残留防止について
　（昭和 55 年 11 月 26 日環乳第 67 号　厚生省環境衛生局乳肉衛生課長通知）

○畜水産食品中の残留物質検査法について
　（昭和 56 年 3 月 23 日環乳第 20 号　厚生省環境衛生局乳肉衛生課長通知）

○同
　（昭和 57 年 3 月 15 日環乳第 19 号　厚生省環境衛生局乳肉衛生課長通知）

○同
　（昭和 58 年 3 月 24 日環乳第 9 号　厚生省環境衛生局乳肉衛生課長通知）

○同
　（昭和 59 年 2 月 20 日環乳第 3 号　厚生省環境衛生局乳肉衛生課長通知）

○同
　（昭和 61 年 10 月 21 日衛乳第 57 号　厚生省生活衛生局乳肉衛生課長通知）

Ⅲ　関係法令等　関係通知

○畜水産食品中の残留物質検査法について
　（昭和 63 年 2 月 29 日衛乳第 13 号　厚生省生活衛生局乳肉衛生課長通知）

○平成 5 年度畜水産食品の残留有害物質モニタリング検査の実施について
　（平成 5 年 4 月 1 日衛乳第 79 号　厚生省生活衛生局乳肉衛生課長通知）
　・畜水産食品中の残留合成抗菌剤の一斉分析法

○平成 6 年度畜水産食品の残留有害物質モニタリング検査の実施について
　（平成 6 年 7 月 1 日衛乳第 107 号　厚生省生活衛生局乳肉衛生課長通知）
　・畜水産食品中の残留抗生物質簡易検査法
　・畜水産食品中の残留抗生物質の分別推定法

○豪州産牛肉の取扱いについて
　（平成 6 年 11 月 17 日衛乳第 165 号　厚生省生活衛生局乳肉衛生課長通知）

○同
　（平成 6 年 12 月 1 日衛乳第 177 号　厚生省生活衛生局乳肉衛生課長通知）
　・牛肉中のクロルフルアズロンの分析法

○乳及び乳製品の成分規格等に関する省令及び食品，添加物等の規格基準の一部改正について
　（平成 8 年 1 月 29 日衛乳第 10 号　厚生省生活衛生局乳肉衛生課長通知）
　・オキシテトラサイクリンのスクリーニング法
　・ガスクロマトグラフー質量分析計を用いるゼラノールの試験法

○畜水産食品の動物用医薬品のモニタリング検査に係る試験法について
　（平成 9 年 10 月 1 日衛乳第 276 号　厚生省生活衛生局乳肉衛生課長通知）
　・チアベンダゾール試験法
　・イソメタミジウム試験法

○平成 12 年度輸入食品等モニタリング検査の実施について
　（平成 12 年 12 月 28 日衛食第 219 号・衛乳第 272 号・衛化第 57 号　生活衛生局食品保健・乳肉衛生・食品化学課長連名通知）
　・牛肉中の DES 分析法

○畜水産食品中に残留する動物用医薬品等の試験方法について
　（平成 13 年 11 月 20 日食基発第 50 号　厚生労働省医薬局食品保健部基準課長通知）
　・セフチオフル試験法（告示）の別法
　・レバミゾール試験法（告示）の別法

○平成 14 年度輸入食品等モニタリング検査の実施について
　（平成 14 年 3 月 29 日食監発第 0329005 号　医薬局食品保健部監視安全課長通知）
　・畜水産食品中のラサロシドナトリウム分析法

○古畳を原料とした飼料からの BHC，DDT，ディルドリン等の検出について
　（平成 14 年 4 月 10 日食発第 0410005 号　厚生労働省医薬局食品保健部長通知）

○畜水産食品中に残留する動物用医薬品等の試験方法について
　（平成 15 年 1 月 15 日食基発第 0115001 号　厚生労働省医薬局食品保健部基準課長通知）

○畜水産食品中に残留する動物用医薬品等の試験法について
　（平成 15 年 12 月 3 日食安基発第 1203001 号　厚生労働省医薬食品局食品安全部基準審査課長通知）

○食品に残留する農薬，飼料添加物又は動物用医薬品の成分である物質の試験法について
　　（平成 17 年 1 月 24 日食安発第 0124001 号　厚生労働省医薬食品局食品安全部長通知）
○食品中に残留する農薬等に関する試験法の妥当性評価ガイドラインについて
　　（平成 19 年 11 月 15 日食安発第 1115001 号　厚生労働省医薬食品局食品安全部長通知）
○「平成 23 年度輸入食品等モニタリング計画」の実施について
　　（平成 23 年 3 月 30 日食安輸発 0330 第 15 号　厚生労働省医薬食品局食品安全部監視安全課輸入食品安全対策室長通知）
　　・平成 22 年度輸入食品等モニタリング計画
○畜水産食品の残留有害物質モニタリング検査について
　　（平成 23 年 4 月 1 日　厚生労働省医薬食品局食品安全部監視安全課事務連絡）
　　・畜水産食品の残留有害物質モニタリング検査実施要領

関係通知（衛生保持）

○と畜場及びと畜の衛生向上について
　　（昭和 30 年 6 月 23 日衛発第 387 号　厚生省公衆衛生局長通知）
　　・と畜業者等に対する衛生教育訓練実施要領（案）
　　・と畜取扱競技会採点基準（案）
○乳肉関係の食品取扱施設等におけるはえの駆除について
　　（昭和 30 年 7 月 2 日衛乳第 45 号　厚生省乳肉衛生課長通知）
○枝肉の衛生保持について
　　（昭和 35 年 10 月 4 日衛発第 961 号　厚生省公衆衛生局長通知）
○食肉処理業に関する衛生管理について
　　（平成 9 年 3 月 31 日衛乳第 104 号　厚生省生活衛生局長通知）
○とちく場における衛生管理の徹底について
　　（平成 9 年 4 月 8 日衛乳第 114 号　厚生省生活衛生局乳肉衛生課長通知）
○腸管出血性大腸菌 O157 及び O26 の検査法について
　　（平成 18 年 11 月 2 日食安監発第 1102004 号　厚生労働省医薬食品局食品安全部監視安全課長通知）
○腸管出血性大腸菌 O111 の検査法について
　　（平成 23 年 6 月 3 日食安監発 0603 第 2 号　厚生労働省医薬食品局安全食品部監視安全課長通知）
○とちく場における衛生管理について
　　（平成 12 年 4 月 10 日衛乳第 78 号　厚生省生活衛生局乳肉衛生課長通知）
○同
　　（平成 12 年 9 月 6 日衛乳第 180 号　厚生省生活衛生局乳肉衛生課長通知）
○同
　　（平成 13 年 3 月 30 日食監発第 55 号　厚生労働省医薬局食品保健部監視安全課長通知）
○同
　　（平成 14 年 4 月 10 日食監発第 0410001 号　厚生労働省医薬局食品保健部監視安全課長通知）
○と畜場の衛生管理責任者及び作業衛生責任者資格取得講習会の受講資格認定について
　　（平成 15 年 8 月 29 日食安監発第 0829021 号　厚生労働省医薬食品局食品安全部監視安全課長通知）

○平成 20 年度と畜場における枝肉の微生物汚染実態調査等について
　（平成 20 年 4 月 9 日食安監発第 0409003 号　厚生労働省医薬食品局食品安全部監視安全課長通知）

関係通知（その他）

○密殺防止について
　（昭和 29 年 3 月 24 日衛乳第 13 号　厚生省乳肉衛生課長通知）

○密殺肉等の防止について
　（昭和 32 年 3 月 8 日衛発第 177 号　厚生省公衆衛生局長通知）

○不正食肉の流通防止について
　（昭和 55 年 11 月 28 日環乳第 70 号　厚生省環境衛生局乳肉衛生課長通知）

○オーエスキー病の取扱いについて
　（昭和 56 年 3 月 23 日環乳第 19 号　厚生省環境衛生局乳肉衛生課長通知）
　・オーエスキー病の防疫対策について（昭和 56 年 3 月 56 畜 A 第 1,041 号）

○クマ肉の生食によるトリヒナ症の発生防止について
　（昭和 57 年 4 月 12 日環乳第 27 号　厚生省環境衛生局乳肉衛生課長通知）

○レバー等食肉の生食について
　（平成 8 年 7 月 22 日衛食第 196 号・衛乳第 175 号　厚生省生活衛生局食品保健・乳肉衛生課長連名通知）

○総合衛生管理製造過程の承認と HACCP システムについて
　（平成 8 年 10 月 22 日衛食第 262 号・衛乳第 240 号　厚生省生活衛生局食品保健・乳肉衛生課長連名通知）

○生食用食肉等の安全性確保について
　（平成 10 年 9 月 11 日生衛発第 1,358 号　厚生省生活衛生局長通知）
　・生食用食肉の衛生基準

○同
　（平成 10 年 9 月 11 日衛乳第 221 号　厚生省生活衛生局乳肉衛生課長通知）

○狂牛病発生国等から輸入される牛肉等の取扱いについて
　（平成 13 年 2 月 15 日食監発第 18 号　厚生労働省医薬局食品保健部監視安全課長通知）

○と畜場の使用の一時的制限について（要請）
　（平成 13 年 9 月 27 日食発第 279 号　厚生労働省医薬局食品保健部長通知）

○肉骨粉が給与された牛について
　（平成 13 年 9 月 28 日食監発第 212 号　厚生労働省医薬局食品保健部監視安全課長通知）

○肉骨粉適正処分緊急対策の適切な実施等について
　（平成 13 年 10 月 4 日食監発第 222 号　厚生労働省医薬局食品保健部監視安全課長通知）

○特定危険部位を含むおそれのある牛由来原材料を使用して製造又は加工された食品の安全性確保について
　（平成 13 年 10 月 5 日食発第 295 号　厚生労働省医薬局食品保健部長通知）

○特定危険部位を含むおそれのある牛由来原材料を使用して製造又は加工された食品の自主点検実施状況の取りまとめについて
　（平成 13 年 10 月 10 日食監発第 229 号　厚生労働省医薬局食品保健部監視安全課長通知）

関係通知

○特定危険部位を含むおそれのある牛由来原材料を使用して製造又は加工された食品の安全確保に係る自主点検について
　（平成13年10月22日食監発第242号　厚生労働省医薬局食品保健部監視安全課長通知）

○家畜個体識別システム緊急整備に係る連携について
　（平成13年11月9日食監発第259号　厚生労働省医薬局食品保健部監視安全課長通知）

○牛のとちく・解体時の脊髄除去法に係る評価について
　（平成13年12月7日食監発第290号　厚生労働省医薬局食品保健部監視安全課長通知）
　・牛脊髄除去方法に係る調査実施要領

○乳用種廃用牛のと畜処理について
　（平成13年12月27日食監発第315号　厚生労働省医薬局食品保健部監視安全課長通知）

○と畜場衛生設備等整備事業について
　（平成14年1月31日食発第0131007号　厚生労働省医薬局食品保健部長通知）
　・と畜場衛生設備等整備事業実施要綱

○牛の背割り前の脊髄除去等の推進について
　（平成14年1月31日食監発第0131001号　厚生労働省医薬局食品保健部監視安全課長通知）

○家畜個体識別システムに係ると畜場における報告について（協力依頼）
　（平成14年2月14日食監発第0214003号　厚生労働省医薬局食品保健部監視安全課長通知）

○乳用種等廃用牛のと畜処理について
　（平成14年2月22日食監発第0222004号　厚生労働省医薬局食品保健部監視安全課長通知）

○乳用種等廃用牛のと畜処理等について
　（平成14年3月14日食監発第0315001号　厚生労働省医薬局食品保健部監視安全課長通知）

○めん羊及び山羊の取扱いについて
　（平成14年4月1日食発第0401005号　厚生労働省医薬局食品保健部長通知）

○廃用牛のと畜処理について
　（平成14年4月2日医薬発第0402001号　厚生労働省医薬局長通知）

○韓国における口蹄疫の発生に係る国内防疫の徹底について
　（平成14年5月7日食監発第0507002号　厚生労働省医薬局食品保健部監視安全課長通知）

○特定部位の取扱いについて
　（平成14年10月10日食監発第1010001号　厚生労働省医薬局食品保健部監視安全課長通知）

○生シカ肉を介するE型肝炎ウイルス食中毒事例について
　（平成15年8月1日健感発第0801001号・食安監発第0801001号　厚生労働省健康局結核感染症・医薬食品局食品安全部監視安全課長連名通知）

○食肉を介するE型肝炎ウイルス感染事例について
　（平成15年8月19日健感発第0819001号・食安監発第0819002号　厚生労働省健康局結核感染症・医薬食品局食品安全部監視安全課長連名通知）

○牛せき柱の脱骨時の注意事項について
　（平成16年1月16日食安基発第0116002号・食安監発第0116001号　厚生労働省医薬食品局食品安全部基準審査・監視安全課長連名通知）

○E型肝炎ウイルス感染事例について
　（平成16年11月29日食安監発第1129001号　厚生労働省医薬食品局食品安全部監視安全課長通知）

Ⅲ　関係法令等　関係通知

○食肉検査等情報還元調査要綱の改正について
　（平成 16 年 7 月 6 日食安監発第 0706003 号　厚生労働省医薬食品局食品安全部監視安全課長通知）

○豚コレラに関する特定家畜伝染病防疫指針に基づく発生予防及びまん延防止措置の実施に当たっての留意事項
　（平成 18 年 3 月 31 日 17 消安第 11229 号　農林水産省消費・安全局長通知）

○病性鑑定指針
　（平成 20 年 6 月 2 日 20 消安第 880 号　農林水産省消費・安全局長通知）

IV

参考資料

食肉衛生検査マニュアル判定基準一覧

疾病名	判定基準
1　口蹄疫	(1)　生体検査 　　生体所見（p.115）が認められた場合は口蹄疫を疑う。 (2)　解体前検査 　　判定基準なし。 (3)　解体後検査 　　剖検所見（p.115）が認められた場合は口蹄疫を疑う。
2　流行性脳炎	(1)　生体検査 　　生体所見（p.119）が認められ，時期や地域が日本脳炎の流行と疫学的に一致する場合は，流行性脳炎を疑う。 (2)　解体前検査 　　判定基準なし。 (3)　解体後検査 　　剖検所見および病理組織所見（p.120）が認められた場合は流行性脳炎を疑う。
3　炭疽	(1)　生体検査および解体前検査 　　生体所見（p.123）を認め，血液塗抹標本でレビーゲル染色またはメチレンブルー染色を行い，竹節状大桿菌および明瞭な莢膜をもった菌体を認めた場合は，炭疽と判定する。 (2)　解体後検査 　　剖検所見（p.124）が認められ，次のいずれかの検査により炭疽菌が分離された場合は，炭疽と判定する。 　①細菌検査（直接鏡検，培養検査） 　②動物接種試験 　③PCR検査
4　ブルセラ病	(1)　生体検査 　　多くの場合，明確な臨床症状を伴わないため，解体後の検査所見により判定する。 (2)　解体前検査 　　判定基準なし。 (3)　解体後検査 　　剖検所見（p.132）が認められ，ブルセラ菌の分離またはPCR検査により陽性と判定された場合はブルセラ病と判定する。
5　結核病	(1)　生体検査 　　重症例では削痩，発咳，発熱が認められるものの，多くの場合，ほとんど症状を示さないので，解体後の検査所見により判定する。 (2)　解体前検査 　　判定基準なし。 (3)　解体後検査

食肉衛生検査マニュアル判定基準一覧

疾病名	判定基準
	剖検所見（p.136）が認められ，次の検査においていずれも陽性のもの。 ①病理組織検査による特異的病変。 ②直接塗抹標本，組織標本での抗酸菌染色による菌体の検出。
6　ヨーネ病	(1) 生体検査 　症状（p.138）が認められ，糞便の直接鏡検で集塊状の抗酸菌が検出された場合はヨーネ病を疑う。 (2) 解体前検査 　判定基準なし。 (3) 解体後検査 　病理組織所見（p.139）が認められ，かつ次のいずれかの検査により陽性と判定された場合はヨーネ病と判定する。 ①リアルタイム PCR 法 ② ELISA 法 ③補体結合反応 ④原因菌の分離
7　ピロプラズマ病	(1) 生体検査 　生体所見（p.143）が認められ，血液塗抹標本の鏡検によりピロプラズマ病原体を確認し，さらに抗体検査により，と畜検査対象ピロプラズマの抗体を確認した場合はピロプラズマ病と判定する。 (2) 解体前検査 　判定基準なし。 (3) 解体後検査 　次のいずれかの場合にピロプラズマ病と判定する。 ①剖検所見（p.143）に加え，血液塗抹標本での病原体の確認および抗体検査でと畜検査対象ピロプラズマの抗体を確認した場合。 ②血液塗抹標本にて病原体を確認し，と畜検査対象ピロプラズマの発生地域および発生時期などが疫学情報と一致する場合。
8　アナプラズマ病	(1) 生体検査 　生体所見（p.148）に加え，血液塗抹標本の鏡検による病原体の確認および補体結合反応（CF 反応）の結果，と畜検査対象アナプラズマの抗体を確認した場合にアナプラズマ病と判定する。 (2) 解体前検査 　判定基準なし。 (3) 解体後検査 　剖検所見（p.148）に加え，血液塗抹標本の鏡検での病原体の確認および CF 反応の結果，いずれも陽性を呈したものをアナプラズマ病と判定する。
9　伝達性海綿状脳症	(1) 生体検査 　外部刺激に対する過剰反応，不安行動，運動失調が認められた場合 TSE を疑う。最終判定は，解体後検査の結果により行う。 (2) 解体前検査

疾病名	判定基準
	判定基準なし。 (3) 解体後検査 　各スクリーニング検査を実施，陽性と判定されたものは確認検査に供する。
10　馬伝染性貧血	(1) 生体検査 　生体所見（p.161）が認められた場合は馬伝染性貧血を疑う。 (2) 解体前検査 　判定基準なし。 (3) 解体後検査 　剖検所見（p.161）に加え，ゲル内沈降反応により陽性を呈した場合，またはPCR検査あるいはRT-PCR検査のいずれかで馬伝染性貧血ウイルス遺伝子を検出した場合は馬伝染性貧血と判定する。
11　豚コレラ	(1) 生体検査 　生体所見（p.167）および血液学的所見が認められた場合は，豚コレラを疑う。 (2) 解体前検査 　判定基準なし。 (3) 解体後検査 　剖検所見（p.168）が認められ，扁桃の塗抹または凍結切片の蛍光抗体染色により豚コレラウイルス抗原を検出した場合は豚コレラと判定する。
12　牛白血病	(1) 生体検査 　①白血病との関連が否定できない著しい体表リンパ節の腫大が認められること。 　②生体所見（p.172）が認められ，次のいずれかの所見が認められるものを牛白血病と判定する。 　　ア）血液塗抹標本で幼弱あるいは異型リンパ球の認められるもの。 　　イ）体表リンパ節，皮膚腫瘤等の細胞診で腫瘍化したリンパ球の認められるもの。 (2) 解体前検査 　判定基準なし。 (3) 解体後検査 　剖検所見（p.173）および病理組織所見が認められた場合は牛白血病と判定する。
13　牛丘疹性口炎	(1) 生体検査 　生体所見（p.178）が認められた場合は牛丘疹性口炎症を疑う。ただし，口蹄疫との類症鑑別を実施すること。 (2) 解体前検査 　判定基準なし。 (3) 解体後検査 　前述の剖検所見が認められ，①PCRによるウイルス遺伝子の検出，②ウイルス分離および③病理組織所見が認められた場合は牛丘

疾病名	判定基準
	疹性口炎と判定する。
14 破傷風	(1) 生体検査 　生体所見（p.182）が認められた場合は破傷風と判定する。 (2) 解体前検査 　判定基準なし。 (3) 解体後検査 　臨床症状から破傷風が疑われる個体について，感染創と考えられる部位の組織を用いて次のいずれかの検査を行い，これらの所見に基づき総合的に破傷風と判定する。 　①細菌検査（直接鏡検，培養検査） 　②動物接種試験 　③PCR検査
15 気腫疽	(1) 生体検査 　生体所見（p.186）が認められた場合は気腫疽を疑う。 (2) 解体前検査 　判定基準なし。 (3) 解体後検査 　剖検所見（p.187）が認められ，細菌検査の結果，原因菌が分離された場合は気腫疽と判定する。
16 レプトスピラ病	(1) 生体検査 　生体所見（p.191）が認められた場合はレプトスピラ症を疑う。 (2) 解体前検査 　判定基準なし。 (3) 解体後検査 　剖検所見（p.191）が認められ，細菌検査の結果，原因菌が分離された場合はレプトスピラ症と判定する。
17 サルモネラ症	(1) 生体検査 　明確な臨床症状を伴わないことが多く，非定型的な症状を示す個体も認められることから，解体後検査の検査所見により判定する。 (2) 解体前検査 　判定基準なし。 (3) 解体後検査 　剖検所見（p.197）を認め，細菌検査の結果，原因菌が分離された場合，サルモネラ症と判定する。
18 牛カンピロバクター症	(1) 生体検査 　多くの場合，明確な臨床症状を伴わないため，解体後の検査所見により判定する。 (2) 解体前検査 　判定基準なし。 (3) 解体後検査 　剖検所見（p.202）を認め，細菌検査の結果，原因菌が分離された場合は，牛カンピロバクター症と判定する。

疾病名	判定基準
19　伝染性膿疱性皮膚炎	(1)　生体検査 　生体所見（p.206）が認められた場合は伝染性膿疱性皮膚炎を疑う。ただし，口蹄疫との類症鑑別を実施すること。 (2)　解体前検査 　判定基準なし。 (3)　解体後検査 　生体所見および剖検所見（p.206）に加え，病理組織学的所見（p.206）が認められる場合またはウイルス学的検査で陽性となった場合は，伝染性膿疱性皮膚炎と判定する。
20　トキソプラズマ病	(1)　生体検査 　末期には耳，下腹部，下肢にチアノーゼあるいは皮下出血が認められるが，多くの場合，明確な臨床症状を伴わないため，解体後の検査所見により判定する。 (2)　解体前検査 　判定基準なし。 (3)　解体後検査 　剖検所見（p.211）を示し，リンパ節等の病変部の直接塗抹標本あるいは病理組織標本を用いた前記染色でトキソプラズマ原虫（タキゾイト・シスト）を認めたものはトキソプラズマ病と判定する。
21　疥癬（めん羊）	(1)　生体検査 　病変部からダニを検出し，ヒツジキュウセンヒゼンダニと同定した場合は疥癬と判定する。 (2)　解体前検査 　判定基準なし。 (3)　解体後検査 　寄生部位からヒツジキュウセンヒゼンダニを検出し，同定した場合は疥癬と判定する。
22　萎縮性鼻炎	(1)　生体検査 　生体所見（p.220）が認められた場合は，萎縮性鼻炎を疑う。 (2)　解体前検査 　判定基準なし。 (3)　解体後検査 　剖検所見（p.221）が認められ，原因菌が分離された場合は，萎縮性鼻炎と判定する。
23　豚丹毒	(1)　生体検査 　皮膚に淡赤色〜赤色，隆起した菱形あるいは四角形の特徴的な病変（菱形疹）を認めた場合は，豚丹毒（蕁麻疹型）と判定する。 (2)　解体前検査 　判定基準なし。 (3)　解体後検査 　①敗血症型所見（p.225）を認め，微生物検査により豚丹毒菌を認めた場合は，豚丹毒（敗血症）と判定する。 　②関節炎型所見（p.226）を認め，微生物検査により豚丹毒菌を

食肉衛生検査マニュアル判定基準一覧

疾病名	判定基準
	認めた場合は，豚丹毒（関節炎型）と判定する。 ③心内膜炎型（p.226）を認め，微生物検査により豚丹毒菌を認めた場合は，豚丹毒（心内膜炎型）と判定する。
24　豚赤痢	(1)　生体検査 　生体所見（p.233）が認められた場合は豚赤痢を疑う。 (2)　解体前検査 　判定基準なし。 (3)　解体後検査 　剖検所見（p.234）が認められ，細菌検査の結果，原因菌が分離された場合は豚赤痢と判定する。
25　Q熱	(1)　生体検査 　多くの場合，明確な臨床症状を伴わないため，解体後の検査所見により判定する。 (2)　解体前検査 　判定基準なし。 (3)　解体後検査 　血清学的および病原学的検査（p.239）で陽性と判定された場合はQ熱と判定する。
26　悪性水腫	(1)　生体検査 　生体所見（p.241）が認められ，病変部における滲出液の塗抹標本からグラム陽性の大桿菌を認めた場合は悪性水腫を疑う。 (2)　解体前検査 　判定基準なし。 (3)　解体後検査 　剖検所見（p.242）が認められ，当該菌を分離した場合は悪性水腫と判定する。
27　白血病（豚）	(1)　生体検査 　多くの場合，明確な臨床症状を伴わないため，解体後の検査所見により判定する。 (2)　解体前検査 　判定基準なし。 (3)　解体後検査 　剖検所見（p.246）および病理組織所見が認められた場合は白血病と判定する。
28　リステリア病	(1)　生体検査 　季節性を考慮し，生体所見（p.251）を認めた場合リステリア病を疑う。 (2)　解体前検査 　判定基準なし。 (3)　解体後検査 　脳炎例の場合は，延髄，脳橋，小脳髄質，大脳脚，頸髄上部髄液などから，敗血症例では，肝臓および脾臓などから，流産例では，

疾病名	判定基準
	胎仔の胃内容，母畜の悪露などから原因菌が分離された場合はリステリア病と判定する。
29　痘病（牛痘）	(1)　生体検査 　乳頭およびその周辺に丘疹が認められた個体であって，次のいずれかの検査において牛痘ウイルスを認めた場合は牛痘と判定する。 　①ウイルス分離 　②PCR法 (2)　解体前検査 　判定基準なし (3)　解体後検査 　乳頭およびその周辺の丘疹が認められ，かつ，病理組織検査で特異的病変を確認できた個体であって，次のいずれかの検査において牛痘ウイルスを認めた場合は牛痘と判定する。 　①ウイルス分離 　②PCR法
偽牛痘	(1)　生体検査 　乳頭および乳房に生ずる限局性の丘疹，痂皮，紅斑および浮腫が認められた個体であって，次のいずれかの検査において偽牛痘ウイルスを認めた場合は偽牛痘と判定する。 　①ウイルス分離 　②PCR法 　③寒天ゲル内沈降反応 (2)　解体前検査 　判定基準なし。 (3)　解体後検査 　乳頭および乳房に生ずる限局性の丘疹，痂皮，紅斑および浮腫が認められ，かつ，病理組織検査で特異的病変を確認できた個体であって，次のいずれかの検査において偽牛痘ウイルスを認めた場合は偽牛痘と判定する。 　①ウイルス分離 　②PCR法 　③寒天ゲル内沈降反応
豚痘	(1)　生体検査 　体表に発赤，丘疹，水胞，膿胞，痂皮が認められた個体であって，次のいずれかの検査において豚痘ウイルスを認めた場合は豚痘と判定する。 　①ウイルス分離 　②中和テスト 　③間接蛍光抗体法 　④寒天ゲル内沈降反応 (2)　解体前検査 　判定基準なし。 (3)　解体後検査

食肉衛生検査マニュアル判定基準一覧

疾病名	判定基準
	体表に発赤，丘疹，水胞，膿胞，痂皮が認められた個体であって，かつ，病理組織検査で特異的病変を確認できた個体であって，次のいずれかの検査において豚痘ウイルスを認めた場合は豚痘と判定する。 ①ウイルス分離 ②中和テスト ③間接蛍光抗体法 ④寒天ゲル内沈降反応
30　膿毒症	次の各項目の一に該当するものは，膿毒症と判定する。 (1)　生体検査 　外部より高度な化膿巣または膿瘍が認められ，かつ全身症状を伴うもの。 (2)　解体前検査 　判定基準なし。 (3)　解体後検査 ①2か所以上の臓器，筋肉にまたがって高度な化膿巣が認められ，原発巣から転移したもの。 ②尾の咬傷に起因し，腰椎前方に化膿が波及したもの。または多発性，化膿性骨髄炎を伴うもの。 ③筋肉膿瘍のうち，離れた部分に複数発生したもの。ただし，小型の膿瘍の場合は，枝肉各部に散発したもの。 ④皮下膿瘍のうち，全身に多発したもの。 ⑤化膿性リンパ節炎の多発したもの。 ⑥化膿性関節炎で，枝肉部分に複数の転移性化膿巣を伴ったもの。 ⑦化膿巣または膿瘍に起因する著しい削痩あるいは発育不良を示すもの。 ⑧局所的化膿巣または膿瘍であっても培養の結果，筋肉，主要臓器，躯幹リンパ節から膿瘍と同一菌の認められるもの。 　（注）　血液学的検査（白血球増多，好中球の核の左方移動）は他の所見と総合して判定の資料とする。
31　敗血症 （非定型抗酸菌症）	次の各項の一に該当するものは，敗血症と判定する。 (1)　生体検査 　全身性の症状を呈し，血液中に菌の存在が確認されたもの。 (2)　解体前検査 　判定基準なし。 (3)　解体後検査 ①病理学的に敗血症を疑う所見を呈し，臓器，リンパ節，枝肉のいずれかの2か所以上から同一の菌種が分離されたもの。 ②病理学的に敗血症の一般的所見を呈するもの。すなわち，皮下織の出血，呼吸器系（咽喉頭，肺等）の出血，主要臓器（心臓，肝臓，脾臓，腎臓，乳房など）の混濁腫脹，臓器付属リンパ節および躯幹リンパ節の腫脹，出血等の多くの所見を呈するもの。

疾病名	判定基準
32　尿毒症	(1)　生体検査 　①乏尿，下腹部の浮腫，神経症状の臨床所見を呈し，かつ口腔，呼気，汗などに著しい尿臭を認めるもの。 　②生体所見に加え，血中のBUN値が100mg/dl以上であるもの。 (2)　解体前検査 　判定基準なし。 (3)　解体後検査 　①腎臓の周囲脂肪層の浮腫，腎混濁，腎腫大，腎壊死，腎結石，膀胱粘膜の充血・出血，膀胱結石，尿道閉塞などの病変が認められ，かつ枝肉に尿臭を認めるもの。 　②尿毒症を誘発する所見が認められ，かつ血中（採血不能の時は眼房水）の尿素窒素値が100mg/dl以上であるもの。 　③血中（採血不能の時は眼房水）の尿素窒素値は100mg/dl未満であるが，解体後の検査の所見から総合的に尿毒症と判断し得るもの。
33　黄疸	次の各項のいずれかに該当するものを高度の黄疸と判定する。 (1)　生体検査 　①可視粘膜，全身の皮膚などが著しく黄変しているもの。ただし，感染症，敗血症，膿毒症，中毒諸症などその原因が明確に判定できるものを除く。 　②可視粘膜，全身の皮膚などが著しく黄変し，血清中の総ビリルビン値が正常値（1.0mg/dl以下）と比べ著しく上昇（4.0mg/dl以上）しているもの。ただし，馬では総ビリルビン値に加え，特に黄変の程度を考慮した上で判定する。 (2)　解体前検査 　判定基準なし。 (3)　解体後検査 　①全身の組織臓器が著しく黄変を呈しているもの。すなわち，皮下織，脂肪，主要臓器（心臓，肝臓，脾臓，腎臓，肺，胃，大腸，小腸），リンパ節が著しく黄変しているもの。 　②全身の組織臓器が黄変し，血清中の総ビリルビン値が正常値（1.0mg/dl以下）と比べ著しく上昇（4.0mg/dl以上）しているもの。ただし，馬では総ビリルビン値に加え，特に黄変の程度を考慮した上で判定する。
34　水腫	次の各項のいずれかに該当するものを高度の水腫と判定する。 (1)　生体検査 　全身の皮下織に浮腫が認められるもの。 (2)　解体前検査 　生体検査に同じ。 (3)　解体後検査 　水腫が全身の皮下織，筋肉に及んでいると認められるもの。
35　腫瘍	(1)　生体検査 　判定基準なし。

疾病名	判定基準
	(2) 解体前検査 　判定基準なし。 (3) 解体後検査 　剖検所見および病理組織所見（p.286）が認められた場合は腫瘍と判定する。
36　旋毛虫病	(1) 生体検査 　生体所見（p.293）による判定は容易ではない。 (2) 解体前検査 　判定基準なし。 (3) 解体後検査 　第2期および第3期（筋肉内寄生期および被嚢期）の剖検所見（p.293）の確認後，直接圧平法等によりトリヒナ幼虫を確認した場合は旋毛虫病と判定する。
37　有鉤嚢虫症	(1) 生体検査 　判定基準なし。 (2) 解体前検査 　判定基準なし。 (3) 解体後検査 　剖検所見（p.297）が認められ，鏡検で原頭節を認めた場合は有鉤嚢虫症と判定する。
38　無鉤嚢虫症	(1) 生体検査 　判定基準なし。 (2) 解体前検査 　判定基準なし。 (3) 解体後検査 　剖検所見（p.298）が認められ，鏡検で原頭節を認めた場合は無鉤嚢虫症と判定する。
39　その他寄生虫病 （肝蛭）	(1) 生体検査 　判定基準なし。 (2) 解体前検査 　判定基準なし。 (3) 解体後検査 　剖検所見（p.301）が認められ，扁平・木の葉状の虫体の確認または肝蛭の虫卵が確認された場合は肝蛭症と判定する。
（細頸嚢虫）	(1) 生体検査 　判定基準なし。 (2) 解体前検査 　判定基準なし。 (3) 解体後検査 　肝臓，腹腔臓器の漿膜面，大網，腸間膜等に大豆大から鶏卵大の薄い結合織性の膜で被嚢された嚢胞が懸垂されていた場合，嚢虫の寄生部位，嚢虫の大きさ，原頭節の鉤の数，大きさおよび形状から

疾病名	判定基準
（住肉胞子虫）	診断・同定する。 (1) 生体検査 　判定基準なし。 (2) 解体前検査 　判定基準なし。 (3) 解体後検査 　全身諸臓器にみられる点状ないし斑状の出血と水腫を認め，かつトリプシン消化法や直接法によりシストあるいはブラディゾイトが確認された場合は住肉胞子虫症と判定する。
40　中毒諸症	(1) 生体検査 　次のいずれかに該当する場合に中毒諸症と判定する。 　①有毒物質の摂取が確認され，かつ当該物質による特異的な生体所見が認められた場合。 　②生体所見に加え，血液（血清）や吐物中から有毒物質が検出された場合。 (2) 解体前検査 　判定基準なし。 (3) 解体後検査 　次のいずれかに該当する場合に中毒諸症と判定する。 　①有毒物質の摂取が確認され，かつ当該物質による特異的な剖検所見が認められた場合。 　②剖検所見（p.308）に加え，血液（血清），臓器または消化管内容物から有毒物質が検出された場合。
41　熱性諸症	(1) 生体検査 　十分休息させた後の体温が生体検査時において著しい高熱（豚：41℃以上，牛・馬・めん羊・山羊：40.5℃以上）を呈しているもの。 (2) 解体後検査 　判定基準なし。 (3) 解体後検査 　判定基準なし。
42　注射反応	生体所見および剖検所見（p.314）が認められ，かつ生物学的製剤等の投与が確認されたもの。
43　放線菌病　アクチノミコーシス	(1) 生体検査 　生体所見（p.315）が認められた場合は，放線菌病を疑う。 (2) 解体前検査 　判定基準なし。 (3) 解体後検査 　剖検所見（p.316）が認められ，細菌検査の結果，原因菌（*A. bovis*）が分離された場合は放線菌病（アクチノミコーシス）と判定する。
アクチノバチローシス	(1) 生体検査 　判定基準なし。

疾病名	判定基準
	(2) 解体前検査 　判定基準なし。 (3) 解体後検査 　剖検所見（p. 317）が認められ，細菌検査の結果，原因菌（*A. lignieresii*）が分離された場合は放線菌病（アクチノバチローシス）と判定する。
44　ブドウ菌腫	(1) 生体検査 　硬結な乳房炎が認められた場合は，ブドウ菌腫を疑う。 (2) 解体前検査 　判定基準なし。 (3) 解体後検査 　生体検査で結節性乳房炎を認め，微生物検査の直接塗抹標本に菊花弁状物（ロゼット）が含まれており，細菌培養で *S. aureus* を分離した場合は，ブドウ菌腫と判定する。
45　外傷	(1) 生体検査 　生体所見（p. 326）が認められ，当該所見が外力によって引き起こされたと判定されたもの。 (2) 解体前検査 　判定基準なし。 (3) 解体後検査 　剖検所見（p. 327）が認められ，当該所見が外力によって引き起こされたと判定されたもの。
46　炎症	(1) 生体検査 　発赤，発熱，腫脹，疼痛および機能障害を主徴とする生体反応が局所または全身に起きている場合であって，その他のと畜検査対象疾病に該当しないもの。 (2) 解体前検査 　判定基準なし。 (3) 解体後検査 　充出血，膿，滲出物の付着，水腫および癒着などが認められたものであって，その他のと畜検査対象疾病に該当しないもの。
47　変性	(1) 生体検査 　生体所見（p. 339）を認めたもの。 (2) 解体前検査 　判定基準なし。 (3) 解体後検査 　剖検所見（p. 339）を認め，変性の原因がと畜検査対象疾病に該当しないもの。
48　萎縮	(1) 生体検査 　筋肉等で正常な大きさに比較して縮小が認められたものであって，奇形等その他のと畜検査対象疾病に該当しないと判定されるもの。

疾病名	判定基準
	(2) 解体前検査 　判定基準なし。 (3) 解体後検査 　正常な組織あるいは臓器に比較して，容積が縮小し重量が減少したものであって，奇形等その他のと畜検査対象疾病に該当しないものと判定される場合。
49　奇形	(1) 生体検査 　外貌に遺伝または発生途中の発育異常によって生じた正常の範囲を逸脱した形を認める場合。 (2) 解体前検査 　判定基準なし。 (3) 解体後検査 　と体および臓器等に遺伝または発生途中の発育不全によって生じた正常の範囲を逸脱した形を認める場合。
50　臓器の異常な形，大きさ，硬さ，色またはにおい	(1) 生体検査 　判定基準なし。 (2) 解体前検査 　判定基準なし。 (3) 解体後検査 　異常な形，大きさ，硬さが認められた臓器であって，萎縮，奇形等その他のと畜検査対象疾病に該当しないと判定されるもの。
51　潤滑油および炎症性産物等による汚染	判定基準は，特段必要ない。

索 引

A~Z

Actinobacillosis 317
Actinobacillus lignieresii 317, 322, 332, 334
Actinobacillus pleuropneumoniae 333
Actinobaculum suis 320, 322
Actinomyces bovis 315, 320, 322, 332
Actinomyces pyogenes 270
Actinomycosis 315
Anaplazma centrale 141, 147
Anaplazma marginale 147
Anaplasmosis 147
Anthrax 123
APP 様肺炎 33
Arcanobacterium pyogenes 226, 262, 270, 320, 322
Aspergillus flavus 312
Aspergillus nomius 312
Atrophic Rhinitis 220
Atrophy 341
Atypical Mycobacteria 135, 272
Atypical Mycobacteriosis 272
β溶血 233
Babesia bigemina 141
Babesia bovis 141
Babesia caballi 141
Babesia divergens 142
Babesia equi 141
Babesia jakimovi 142
Babesia major 142
Babesia occultans 142
Babesia ovata 141
Bacillus anthracis 123
Bacillus cereus 103, 109
Bacillus subtilis 103, 109
BJ 培地 234
Blackleg 186

Boophilus microplus 143
Bordetella bronchiseptica 220, 332
Botryomycosis 321
Bovine Leukemia 171, 245
Bovine leukeosis virus 171
Bovine Papular Stomatitis 178
Bovine venereal campylobacteriosis 202
Brachyspira aalborgi 233
Brachyspira hyodysenteriae 233
Brachyspira innocens 233
Brachyspira intermedia 233
Brachyspira murdochii 233
Brachyspira pilosicoli 233
Brucella abortus 131, 204
Brucella canis 133
Brucella melitensis 131
Brucella neotomae 133
Brucella ovis 131
Brucella suis 131
Brucellosis 131
BUN 値 276
Campylobacter bubulus 204
Campylobacter coli 204
Campylobacter fetus 202
Campylobacter fetus subsp. *fetus* 202
Campylobacter fetus subsp. *venerealis* 202
Campylobacter hyointestinalis subsp. *hyointestinalis* 204
Campylobacter jejuni subsp. *jejuni* 204
Campylobacter sputrum viovar bubulus 204
Classical Swine Fever 167
Clostridium chauvoei 186
Clostridium novyi 188, 241
Clostridium perfringens 187, 241
Clostridium septicum 187, 241
Clostridium sordellii 241
Clostridium tetani 181

Contagious ecthyma 206
Corynebacterium pyogenes 270
Cowpox 255
Coxiella burnetii 238
CPE 256, 257, 259
CVS 培地 234
Cysticercosis 296, 298
Cysticercus bovis 298
Cysticercus cellulosae 296
Cysticercus tenuicollis 302
Degeneration 339
DHL 寒天 198
Edema 283
EMJH 培地 190
Enterococcus faecalis 253
Eperythrozoon 141
Equine Infectious Anemia 160
Erysipelothrix rhusiopathiae 225, 269
ES サルモネラ寒天培地Ⅱ 198
Eschlichia coli 332
ESK 細胞 121
Fasciola hepatica 300
Fever Syndrome 313
Foot-and-Mouth Disease 114
Fusarium culmorum 311
Fusarium graminearum 311
Fusarium proliferatum 312
Fusarium verticillioides 312
Fusobacterium necrophorum 262
Haemophilus parasuis 332
Hematopinus suis 259
Hemophilus somnus 335
Hog Cholera 167
Icterus 278
Infectious Encephalitis 118
Inflammation 331
Injection Reaction 314
Internalin 251
Intoxications 307
Jaundice 278

Johne's Disease 138
Kocuria rhizophila 103, 109
Leptospira australis 190
Leptospira autumnalis 190
Leptospira bratislava 191
Leptospira canicola 190
Leptospira copenhageni 194
Leptospira grippotyphosa 190
Leptospira hardjo 190
Leptospira hebdomadis 191
Leptospira icterohaemorrhagiae 190
Leptospira interrogans 190
Leptospira mankarso 194
Leptospira naam 194
Leptospira pomona 190
Leptospirosis 190
Leukemia 245
LIM 培地 198
Listeria grayi 253
Listeria innocua 253
Listeria ivanovii 253
Listeria monocytogenes 251
Listeria seeligeri 253
Listeria welshimeri 253
listeriolysinO 253
Listeriosis 251
Malformation 343
Malignant Edema 241
MLCB 寒天 198
Moraxella bovis 332
MPS 様肺炎 33
Mycobacterium 属 135
Mycobacterium africanum 272
Mycobacterium avium 140
Mycobacterium avium complex 270, 272
Mycobacterium avium subsp. *paratuberculosis* 138, 272, 334
Mycobacterium bovis 135, 272
Mycobacterium canetii 272
Mycobacterium leprae 272

Mycobacterium microti 272

Mycobacterium tuberculosis 135, 272

Mycoplasma hyopneumoniae 333

Nontuberculous Mycobacterial Infection 272

Pasteurella multocida 220, 332

PCR法 239

Penicillium claviforme 312

Penicillium expansum 312

Penicillium nigricans 312

Penicillium patulum 312

Piroplasmosis 141

POX Diseases 255

Pseudocowpox 257

Pseudocowpox Virus 178

Pseudomonas aeruginosa 320, 322

Psoroptes ovis 217

Pyemia 261

Q熱 238

Q Fever 238

Query fever 238

Rhodococcus equi 135

Salmonella Abortusequi 199

Salmonella Abortusovis 199

Salmonella Choleraesuis 196

Salmonella Dublin 196

Salmonella Enteritidis 196

Salmonella Gallinarum 199

Salmonella Paratyphi-A 199

Salmonella Sendai 199

Salmonella Typhi 199

Salmonella Typhimurium 196

Salmonella Typhisuis 199

Salmonellosis 196

Sarcocystis 213, 304

Sarcocystis cruzi 304

Sarcocystis hirsute 304

Sarcocystis hominis 304

Sarcocystis miescheriana 304

Sarcocystis porcifelis 304

Sarcocystis suihominis 304

Scabies 217

Septicemia 265

Serupulina hyodysenteriae 233

SIM培地 200

Staphylococcus aureus 263, 320, 321

Staphylococcus epidermidis 263

Streptococcus 226, 268

Streptococcus agalactiae 253

Suiparapoxvirus 259

Swine Dysentery 233

Swine erysipelas 225

Swine Leukemia 245

Swinepox 259

Taenia saginata 298

Tetanus 181

Theileria annulata 141

Theileria orientalis sergenti 141

Theileria parva 141

Theileria sergenti 141

Toxoplasma gondii 209

Toxoplasmosis 209

Transmissible Spongiform Encephalopathy 152

Treponema hyodysenteriae 233

Trichinella spiralis 292

Trichinosis 292

TSE 152

TSI培地 198

Tuberculosis 135

Tumor 285

Urease-Indophenol法 277

Uremia 275

Warthin-Starry法 234

Wound 325

あ

アイパッチ 221

合札 22

悪性水腫 241

アクチノバチルス症 31

索　引

アクチノバチロージス　317
アクチノミコーシス　315, 317, 320
アスコリーテスト　127
アナプラズマ病　147
暗視野鏡検　192
暗視野顕微鏡　235
硫黄顆粒　315, 318, 320
胃および腸の検査方法　35
萎縮　341
萎縮性鼻炎　31, 220
異常プリオン蛋白質　152
1％グリシン発育試験　203
一部廃棄　29
牛カンピロバクター症　202
牛丘疹性口炎　178
牛白血病　32, 33, 34, 35, 36, 171, 245
牛白血病ウイルス　171
うっ滞性浮腫　283
馬伝染性貧血　160
運動失調　153
エキノコックス症　33
壊死桿菌　262
壊疽性乳房炎　39
枝肉の検査方法　40
炎症　331
炎症性浮腫　283
延髄門部　153
黄疸　32, 35, 40, 141, 147, 266, 278
大型ピロプラズマ病　142

か

回帰熱　161
外傷　325
疥癬　217
解体禁止　29
解体後検査　29
解体前検査　29
海綿状表在性血管周囲性皮膚炎　217
下顎リンパ節　31, 49
可視粘膜　18

ガス壊疽　241
家畜伝染病　114
家畜の造血器腫瘍の分類　249
化膿巣　261
関節炎型　226
間接蛍光抗体法　259
間接ビリルビン　279
肝臓の検査方法　34
肝蛭　300
寒天ゲル内沈降反応　164, 179, 207
乾酪壊死　333
偽牛痘　255, 257
偽牛痘ウイルス　178, 206
奇形　343
気腫疽　186
寄生虫病　300
牛痘　255, 258
胸腺型牛白血病　171
強直症　181
虚脱肝　162
起立困難　17
筋トリヒナ症　293
グリア細胞　252
クレイギー管　200
結核結節　136
結核病　33, 135
結核様病変　135
血色素尿　141, 191
血清学的診断　239
結節性汎動脈炎　333
結節性病変　272
血栓栓塞性化膿性髄膜脳脊髄炎　335
ゲル内沈降反応　258, 259
検印　30
嫌気性芽胞形成桿菌　181
検査番号票　22
原頭節　297
顕微鏡下凝集試験　193
好酸球性筋炎　332
抗酸菌　138

抗酸菌染色　273
子牛型牛白血病　171
口蹄疫　114
小型ピロプラズマ病　142
黒色腫　33
虎斑心　115
コルトフ培地　190

さ

細頸嚢虫　302
錯角化症　334
サルモネラ症　34, 196
散発性流産　202
ジアゾ法　280
耳下腺リンパ節　31, 49
子宮・卵巣および精巣の検査方法　38
シスト　304
持続感染免疫　141
持続性リンパ球増多症　172
膝窩リンパ節　40, 55
脂肪壊死症　35, 37
縦隔リンパ節　33, 51
住肉胞子虫　213, 304
住肉胞子虫症　32, 33, 40
皺襞状の肥厚　138
出血性梗塞　168
腫瘍　285
潤滑油および炎症性産物等による汚染　346
消化法　294
触診　13
神経食現象　120
人獣共通感染症　190
心臓の検査方法　32
腎臓の検査方法　37
心内膜炎型　226
蕁麻疹型　225
水腫　35, 283
膵臓の検査方法　36
水胞性口炎　116
スピロヘータ　233

生体検査　12
赤血球凝集性　256
切迫と殺　13
セレナイト・シスチン培地　197
浅頸リンパ節　40, 49
全部廃棄　29
旋毛虫病　292
臓器の異常な形，大きさ，硬さ，色またはにおい　345
造血器系腫瘍　245
増殖性好酸球性小葉間静脈炎　333
相の誘導　200
そ径リンパ節　40, 55

た

体温　13, 21
体表リンパ節　19
タイレリア科　141
胆汁色素　278
炭疽　36, 123
炭疽菌　123
担鉄細胞　160
地方病性成牛型牛白血病　171
注射反応　314
中毒諸症　307
中皮腫　40
中和テスト　259
腸骨下リンパ節　40, 55
腸炭疽　35
腸トリヒナ症　293
直接圧平法　293
直接ビリルビン　279
ツベルクリン反応　136
点状出血　266
伝染性膿疱性皮膚炎　206
伝達性海綿状脳症　152
痘病　255, 257
頭部の検査方法　31
トキソプラズマ原虫　209
トキソプラズマ病　34, 209

鍍銀染色　192, 234
特定部位　31, 35, 36, 38, 40, 152
と殺禁止　12, 22
と畜場外と殺　13
トリヒナ病　292
トリヒノスコープ法　294
トリミング　346
豚コレラ　167
豚丹毒　40, 225
豚丹毒菌　225
豚痘　255, 259

な

内側腸骨リンパ節　40, 55
日本脳炎　118
乳房の検査方法　39
尿素窒素値　276
尿毒症　37, 38, 275
尿閉　275
ネオスポラ症　215
熱性諸症　313
捻髪音　187, 241
脳水腫　120
膿毒症　261
膿瘍　261

は

ハーナ・テトラチオン酸塩培地　197
パールテスト　127
肺炎　33
敗血症　265
敗血症型　225
肺等の検査方法　33
跛行　17
破傷風　181
破傷風菌　181
白血病　33, 34, 35, 176, 245
鼻曲がり　221
バベシア科　141
ハロー　253

非化膿性髄膜脳炎　168
非化膿性脳炎　120
非結核性抗酸菌症　272
鼻甲介の萎縮　220
尾咬症　17, 262
脾臓の検査方法　36
ヒツジキュウセンヒゼンダニ　217
非定型抗酸菌症　31, 34, 35, 272
皮膚型白血病　171
病原レプトスピラ　190
病畜と室　22, 29
ピロプラズマ　143
ピロプラズマ病　141
ピンクアイ　332
ファージ感受性　133
ファージテスト　127
封入体　178, 206, 256, 257, 259
浮腫　148
豚コレラ　36
豚水胞疹　116
豚水胞病　116
豚赤痢　35, 233
豚の白血病　245
ブドウ菌腫　321
ブルセラ結節　132
ブルセラ病　131
変性　339
放血不良　266
膀胱の検査方法　38
望診　13
放線菌病　31, 315, 319
胞嚢　297
ボタン状潰瘍　168
ポック　256

ま

脈拍　21
無鉤条虫　298
無鉤嚢虫症　31, 40, 298
無病巣反応牛　135

メタセルカリア　300
毛髪状長連鎖　228
木舌　318

や

有鉤条虫　296
有鉤嚢虫症　32, 33, 296
疣状心内膜炎　32
ヨーネ菌　138
ヨーネ病　35, 138
四類感染症　238

ら

ラセン状　233

らせん状菌　236
ラパポート培地　197
リステリア病　251
リポフスチン沈着症　32, 37
流行性脳炎　118
菱形疹　225
リンパ腫　245
レビーゲル法　125
レプトスピラ症　190
六鉤幼虫　302

わ

ワクチニアウイルス　260
ワルチン・スタリー法　192

新・食肉衛生検査マニュアル

2011年8月20日　発行

編　集　　全国食肉衛生検査所協議会

発行者　　荘村明彦

発行所　　中央法規出版株式会社
　　　　　〒151-0053 東京都渋谷区代々木2-27-4
　　　　　　　販　売：Tel 03 (3379) 3861　Fax 03 (5358) 3719
　　　　　　　編　集：Tel 03 (3379) 3784　Fax 03 (5351) 7855
　　　　　　　http://www.chuohoki.co.jp/

印刷所　　株式会社太洋社

定価はカバーに表示してあります。
ISBN 978-4-8058-3512-8
落丁本・乱丁本はお取替えいたします。